Andreas Klein (Hrsg.)

Kostenmanagement in Krisenzeiten

Andreas Klein (Hrsg.)

Kostenmanagement in Krisenzeiten

Haufe Mediengruppe
Freiburg • Berlin • München

Bibliografische Information Der Deutschen Bibliothek

Die Deutsche Bibliothek verzeichnet diese Publikation in der Deutschen Nationalbibliografie; detaillierte bibliografische Daten sind im Internet über http://dnb.ddb.de abrufbar.

ISBN 978-3-448-10031-0 Bestell-Nr. 01238-0001

1. Auflage 2009

Niederlassung München
Redaktionsanschrift: Postfach, 82142 Planegg/München
Hausanschrift: Fraunhoferstr. 5, 82152 Planegg/München
Telefon (089) 89517-0
Telefax (089) 89517-290
www.haufe.de
online@haufe.de
Lektorat: Bianka Katschek, Günther Lehmann

Umschlag: Kienle, Visuelle Kommunikation, Stuttgart
Druckvorstufe: Reemers Publishing Services GmbH, Luisenstraße 62, 47799 Krefeld.
Druck: Schätzl Druck & Medien, 86609 Donauwörth.

Zur Herstellung dieses Buches wurde alterungsbeständiges Papier verwendet.

Vorwort

Liebe Leserinnen und Leser,

die Wirtschaftskrise wird bis auf Weiteres das dominierende Thema in Controlling und Management bleiben. Controllerinnen und Controller sollten jedoch auch die Chancen sehen, die diese Krise bietet – auch ihre eigenen Chancen. Denn insbesondere die Controller sind gefordert und gefragt in Krisenzeiten. Vor allem anderen gilt es, intelligente Antworten auf die Herausforderungen zu finden.

Und hier zeigen sich Unterschiede. In Gesprächen mit Controllern und Managern in den letzten Monaten ergab sich für mich ein heterogenes Bild: Zwar dominieren die Schreckensmeldungen aus Banken, Automobil- und Maschinenbau – aber innerhalb derselben Branche gibt es einzelne Unternehmen, die signifikant weniger stark betroffen sind. Offensichtlich gibt es auch Managementmethoden und -instrumente, mit denen es Unternehmen gelingt, sich zumindest ein Stück weit aus dem allgemeinen Abwärtsstrudel herauszuhalten. In diesem Buch finden Sie Handlungsanleitungen für intelligente Antworten auf sinkende Umsätze und negative Cashflows.

Einen grundlegenden Einstieg in die Thematik liefern Alexander Sasse und Hans-Jürgen Stein in „*Krisenprävention durch integrierte Unternehmenssteuerung*". Wesentliche Fragen sind: Wie kündigen sich Krisen im Unternehmen an? Wie sollte eine integrierte Unternehmenssteuerung strukturiert sein und wie wirkt sie in Krisenzeiten?

Doch wie ist operativ zu reagieren, wenn die Umsätze wegbrechen? Zum einen sind „QuickWins" zu realisieren, aber auch für längerfristige Maßnahmen müssen frühzeitig die Weichen gestellt werden. Reinhard Bleiber greift beide Fragestellungen in seinen Beiträgen „*Einsparpotenziale ausschöpfen und Kosten senken*" und „*Mittelfristige Einsparpotenziale im Unternehmen*" auf. Für jedes Themengebiet hat er unmittelbar umsetzbare Einsparungsmaßnahmen zusammengetragen.

In Krisenzeiten ist die Liquidität letztendlich DAS Entscheidungskriterium. Ralf Dillerup beschreibt in dem Beitrag „*Liquiditätssteuerung in der Wirtschaftskrise – Cash is King*" die Möglichkeiten, um die Zahlungsfähigkeiten zu sichern.

Im Abschnitt **Umsetzung & Praxis** greifen wir kritische Aufgabenschwerpunkte auf und stellen Ihnen praxiserprobte Konzepte vor:

- Reinhard Bleiber setzt sich mit effizienten Konzepten im Rahmen der Personalarbeit auseinander.

- Wie sich Verwaltungsbereiche transparenter gestalten lassen, zeigt Marion Kellner-Lewandowsky in ihrem Beitrag „*Gemeinkostenmanagement – Kosten in Verwaltungs- und Servicebereichen steuern*“.
- Einen Kostenschwerpunkt stellen in vielen Unternehmen Forschung und Entwicklung dar. Wie damit umgehen? Die Möglichkeiten reichen von „Einstellen“ bis „Weiter wie bisher“. Matthias Schmitt zeigt in „*Forschung und Entwicklung in Krisenzeiten*“, wie grundsätzlich verfahren werden sollte. Diese Ausführungen werden durch ein Praxisbeispiel von Hubert Gebauer in „*F+E-Controlling bei Giesecke & Devrient*“ ergänzt.
- Gerade in schlechten Zeiten vermehren sich die teuren Produktvarianten. Hier kann der Beitrag von Harald Schnell und André Lüttich „*Variantenmanagement: Nur wer die Kosten kennt, kann die Komplexität beherrschen*“ nachhaltige Unterstützung bieten. Die Autoren stellen ein praxiserprobtes Konzept vor, das den Aufwand gegenüber einer Prozesskostenrechnung drastisch reduziert.
- Auch schlechte Nachrichten müssen kommuniziert werden. In „*Erfolgreiche Zusammenarbeit zwischen Manager und Controller*“ zeigt Marion Kellner-Lewandowsky, wie gegenseitige Schuldzuweisungen vermieden und eine konstruktive Zusammenarbeit ermöglicht werden.

In der Rubrik **Organisation & IT** finden Sie folgende Inhalte:

- Benjamin Kreisler und Thomas Sima zeigen, wie „*Kostensenkungsprogramme in der Praxis*“ sinnvollerweise umgesetzt werden sollten.
- Karsten Oehler erläutert die Anwendung von Business-Intelligence-Lösungen in „*Kostenrechnung mit OLAP: Verflachung oder Chance zur Flexibilisierung?*“.
- Für kleinere Unternehmen beschreibt Hartmut Erb, wie sich Daten automatisiert aus unterschiedlichen Vorsystemen mithilfe von Access aufbereiten lassen, um anschließend in Excel ausgewertet werden zu können.

Es besteht ein breites Spektrum an Möglichkeiten zur Effizienzsteigerung in allen Unternehmensbereichen. Grundsätzlich gilt: Wirtschaftlich schwierige Zeiten sind Controller-Zeiten! Die Widerstände gegen unpopuläre Maßnahmen sind zu keiner Zeit geringer. Jetzt können Controller zeigen, dass sie wichtige und verlässliche Partner des Managements sind.

Ich wünsche Ihnen eine anregende Lektüre und viel Erfolg bei der Umsetzung!

Worms im März 2009

Andreas Klein

Inhalt

Die Autoren:

Dipl.-Kfm. Reinhard Bleiber
Ist seit vielen Jahren in der kaufmännischen Verantwortung mittelständischer Unternehmen tätig

Prof. Dr. Ralf Dillerup
Professor für Unternehmensführung und Controlling an der Hochschule Heilbronn und für Financial Management an der University of Louisville

Dipl.-Betriebswirt (FH) Hartmut Erb
Unternehmensberater mit Schwerpunkten bei der Einführung von Controlling-Lösungen bis hin zu OLAP-Datenbanken

Hubert Gebauer
Arbeitet bei Giesecke & Devrient und ist im Bereich „Cards & Services“ für das F+E-Controlling international verantwortlich

Dipl.-Wirtschaftsinformatikerin Marion Kellner-Lewandowsky
Master der Organisationspsychologie, Managementtrainerin und -beraterin für Controlling und Organisationsentwicklung und stellvertretende Leiterin des AK Versorgungswirtschaft im ICV

Mag. Benjamin Kreisler
Managing Consultant bei Horváth & Partners am Standort Wien

Dipl.-Kfm., MBA, André Lüttich
Leiter des Entwicklungskosten-Controllings des Geschäftsbereiches Diesel Systems der Robert Bosch GmbH

Dr. Karsten Oehler
Leiter des Competence Centers Finance bei der Cognos GmbH in Frankfurt

Dr. Alexander Sasse
Partner bei der Concentro Management AG. Lehrbeauftragter an der Universität Erlangen-Nürnberg, an der Fachhochschule Nürnberg und an der European Business School (EBS)

Dr. Matthias Schmitt
Unternehmensberater und Interimsmanager in mittelständischen und Start-up-Unternehmen

Prof. Harald Schnell
Professor an der Hochschule Pforzheim für Controlling und Modernes Kostenmanagement

Mag. Thomas Sima
Geschäftsführer des Wiener Standortes von Horváth & Partners

Hans-Jürgen Stein
Berater bei der Concentro Management AG

Ergänzungen zum Buch im Internet

Neben den umfangreichen Informationen bieten wir noch diverse Unterstützungen im Internet an. Sie finden diese unter

www.haufe.de/datenanalyse

„Gestaltung eines Kostenrechnungssystems mit OLAP"

Der Beitrag „Kostenrechnung mit OLAP: Verflachung oder Chance zur Flexibilisierung“ (S. 227 – 260) erläutert die Grundlagen einer IT-unterstützten Kostenrechnung. Wie dies in der Praxis aussehen könnte, beschreibt der Autor anhand eines Beispiels in dem Beitrag „Gestaltung eines Kostenrechnungssystems mit OLAP“. Sie können diesen Beitrag als pdf-Datei unter der oben genannten Adresse herunterladen.

„Mit Excel und Access Kennzahlen aus Vorsystem generieren"
– Download-Möglichkeit der Beispieldateien aus dem Beitrag –

Kleine Unternehmen verfügen in der Regel nicht über die DV-Ausstattung von Großunternehmen wie ERP-Lösungen oder auch BI-Software. Kleine Unternehmen sind deshalb überwiegend darauf angewiesen, die notwendigen Daten aus ihren Finanzbuchhaltungs- und Fakturaprogrammen herauszuholen und zu analysieren. Geeignete Instrumente dazu sind Microsoft Access und Microsoft Excel. In dem Beitrag „Mit Excel und Access Kennzahlen aus Vorsystem generieren“ (S. 261 – 278) lesen Sie, wie Sie

- Daten in den Vorsystemen bereitstellen
- die Bewegungsdaten aus Access heraus aufbereiten und
- die Auswertungen in Excel entwickeln.

Die in dem Beitrag erwähnten Beispieldateien stellen wir hier zum Download zur Verfügung.

- **Auswertungen.xls**
- **Daten.mdb**
- Mengen2004.txt
- Mengen2005.txt
- Mengen2006.txt
- Mengen2007.txt
- Mitarbeiter2004.txt
- Mitarbeiter2005.txt
- Mitarbeiter2006.txt
- Mitarbeiter2007.txt
- Susa2004.txt
- Susa2005.txt
- Susa2006.txt
- Susa2007.txt

Somit können Sie die einzelnen Schritte selbst durchführen und später mit Ihren eigenen Systemen und Daten nachvollziehen.

Kapitel 1: Standpunkt

Das Experten-Interview zum Thema „Unternehmen in der Krise"

Interviewpartner

Prof. Dr. Henning Werner (henning.werner@fh-heidelberg.de) ist Dekan der Fakultät Wirtschaft der SRH Hochschule Heidelberg. Er ist Leiter des Studienschwerpunktfachs „Turnaround Management (Sanierung)". Vor seiner Berufung an die Hochschule war er u. a. als Mitglied der Geschäftsleitung bei einem mittelständischen Automobilzulieferer und als Finanzvorstand eines Technologieunternehmens tätig.

Das Interview führte CB-Herausgeber Prof. Dr. Andreas Klein.

Der Controlling-Berater: Wie beurteilen Sie die aktuelle Situation im deutschen Mittelstand?

Henning Werner: Nachdem wir in den letzten Jahren eine ständig sinkende Anzahl von Unternehmensinsolvenzen gesehen haben, werden wir nach den jüngsten Studienergebnissen der Creditreform einen drastischen Anstieg von Unternehmensinsolvenzen im Jahr 2009 zu verzeichnen haben. Nach 29.800 Unternehmensinsolvenzen im Jahr 2008 müssen wir im Jahr 2009 mit ca. 35.000 Unternehmensinsolvenzen rechnen.

Besonders drastisch wird dies eine unserer wichtigsten Branchen, die Automobilzulieferindustrie, treffen. Die Fahrzeughersteller mussten in den letzten Monaten dramatische Absatzeinbrüche hinnehmen. In der Folge wurden die Abrufzahlen bei den Zulieferern entsprechend reduziert. Vor dem Hintergrund der traditionell schwachen Eigenkapitalausstattung dieser Unternehmen gehe ich davon aus, dass wir zahlreiche Insolvenzen in diesem Bereich sehen werden.

Der Controlling-Berater: Haben hier die internen Risikomanagementsysteme bzw. die Controller bei der Früherkennung versagt?

Henning Werner: Zur Beantwortung dieser Frage ist es sicher wichtig, sich die Ursachen der aktuellen Krise vor Augen zu führen. Grundsätzlich lassen sich endogene und exogene Auslöser unterscheiden. Die Ursachen der aktuellen Krise sind sicher vorrangig im Umfeld der Unternehmen zu finden, also den exogenen Krisenfaktoren zuzuordnen. Insbesondere der durch die Finanzkrise ausgelöste weltweite Nachfragerückgang war in dieser Schärfe sicher kaum vorhersehbar. Darüber hinaus wird die Aufgabe der Controller in mittelständigen Unternehmen nach wie vor primär im Bereich des Kosten-Controllings gesehen. Demgegenüber ist der Umfang, in dem Markt- und Umfeldbeobachtungen durchgeführt werden, eher begrenzt. Insofern ist es wenig verwunderlich, dass viele Unternehmen von der Geschwindigkeit dieser Entwicklung überrascht worden sind. Gleichwohl wäre es im Sinne eines ganzheitlichen Controlling-Ansatzes wünschenswert gewesen, über den Tellerrand des eigenen Unternehmens hinauszuschauen, um frühestmöglich auch exogene Risikofaktoren zu identifizieren und dadurch möglichst zeitnah reagieren zu können. Dies gilt insbesondere für Unternehmen, die Anfang 2008 noch in größerem Umfang Erweiterungsinvestitionen vorgenommen haben.

Der Controlling-Berater: Wenn es nun jedoch so weit gekommen ist, dass sich Krisensignale auch im eigenen Betrieb manifestieren, was ist denn Ihrer Meinung nach in dieser Situation zu tun? Was empfehlen Sie den Controllerinnen und Controllern?

Henning Werner: Welche Maßnahmen mit welcher Priorität umzusetzen sind, leitet sich aus dem Krisenstadium des jeweiligen Unternehmens ab. Grundsätzlich unterscheiden wir drei verschiedene Krisenstadien: Liquiditätskrise, Erfolgskrise, Strategiekrise.

In der Liquiditätskrise besteht die drohende oder akute Gefahr der Zahlungsunfähigkeit. In dieser Phase muss es vorrangig um die Verbesserung der Liquiditätsausstattung gehen. Unmittelbare Maßnahmen zur Liquiditätssicherung bestehen bspw. darin, ein Liquiditätsbüro einzurichten, in dem zur Vermeidung unnötiger Auszahlungen alle Bestellungen und Zahlungsfreigaben koordiniert werden.

Des Weiteren sind alle Auszahlungen, die nicht kurzfristig zur Umsatzgenerierung beitragen, zu kürzen. Ferner müssen Maßnahmen zur Liquiditätsverbesserung durch eine Working-Capital-Optimierung konsequent umgesetzt werden. Die zentralen Stellhebel zur Verringerung des Working Capitals und damit zur Verbesserung der Liquiditätsausstattung liegen in der Reduktion von Beständen, der Verringerung des Forderungsbestandes sowie der Erhöhung der Verbindlichkeiten aus Lieferungen und Leistungen.

Auch die Kunden können mitunter in die Maßnahmen zur Liquiditätssicherung einbezogen werden. So kommt den Fahrzeugherstellern aufgrund der gegenseitigen Abhängigkeiten in der Automobilindustrie bei der Bewältigung von Krisen ihrer Zulieferer eine besondere Bedeutung zu. Hier kommen Verkürzungen von Zahlungszielen, Anzahlungen auf Lieferungen und Leistungen, der Verzicht auf vertraglich vereinbarte Rabatte (Savings) oder sogar zeitlich befristete Teilepreiserhöhungen in Frage. Auch in Bezug auf Entwicklungsleistungen können die Kunden stärker in die Pflicht genommen werden, wenn es um die

Erstattung von Aufwendungen für Entwicklungsleistungen oder für Spezialwerkzeuge geht.

Begleitend ist darauf zu achten, dass in der Liquiditätskrise fortlaufend ein Liquiditätsstatus zu erstellen ist, in dem die vorhandenen liquiden Mittel und die fälligen Verbindlichkeiten gegenübergestellt werden. Ergibt sich aus diesem Liquiditätsstatus eine Liquiditätsunterdeckung, die in einem Zeitraum von drei Wochen nicht geschlossen werden kann, ist die Geschäftsführung grundsätzlich verpflichtet, einen Insolvenzantrag zu stellen. Zur Vermeidung von späteren Haftungsrisiken ist der Geschäftsführer oder Vorstand gut beraten, die Liquiditätsentwicklung geeignet zu dokumentieren, um sich gegen einen etwaigen späteren Vorwurf der Insolvenzverschleppung zu wehren.

Der Controlling-Berater: Und was raten Sie in den beiden übrigen Krisenphasen? Was ist zu tun, damit es erst gar nicht zur Liquiditätskrise kommt?

Henning Werner: In der Erfolgskrise geht es unter dem Stichwort „Performance Improvement" im Wesentlichen um die Frage, was man zur Ertragsverbesserung und Aufwandsverringerung tun kann. Das ist ja eigentlich das klassische Feld der Controller, wenngleich leider immer noch festgestellt werden kann, dass das Controlling vieler Krisenunternehmen mangelhaft ist, beispielsweise unzureichende Transparenz dahingehend besteht, welche Produktgruppen welche Ergebnisbeiträge liefern. Hier möchte ich mich darauf beschränken, auf die bereits hinreichend bekannten Instrumente wie Deckungsbeitragsrechnungen etc. zu verweisen. Daneben gilt es, sich den Bereichen zuzuwenden, die noch Ansatzpunkte für Effizienzverbesserungen bieten. Dies sind trotz aller Erfolge der Vergangenheit fraglos die Produktionsbereiche, aber m. E. wird man sich vor allem intensiv mit den Verwaltungsbereichen auseinanderzusetzen haben.

Demgegenüber kann der Beitrag der Controller zur Vermeidung von Strategiekrisen beispielsweise darin bestehen, eine stärkere Marktorientierung zu gewährleisten, Kunden und Lieferanten stärker in den Fokus zu nehmen – Stichwort: Supply-Chain-Controlling – sowie die nachhaltige Innovationsfähigkeit, aber auch die Effizienz der eingesetzten Entwicklungsbudgets zu gewährleisten. Denn die Gründe für das Entstehen von strategischen Krisen liegen häufig darin, dass Produkte am Markt vorbei entwickelt werden, die falschen Lieferanten ausgewählt werden bzw. keine ausgewogene Kundenstruktur besteht und damit gefährliche Abhängigkeiten bestehen.

Der Controlling-Berater: Wie können die Controller diese Kri Chance für sich nutzen? Was sollten sie tun und was vermeiden?

Henning Werner: Nun, in einer ganzen Reihe von Jahren kontinuierlichen Wachstums ging es primär darum, dieses Wachstum bei einer drastischen Zunahme der Modell- und Variantenvielfalt zu gewährleisten. Die nächsten Jahre wird es – wie schon gesagt – darum gehen, wieder zu striktem Kostenmanagement und Effizienzsteigerungen zurückzukehren. Auch ist es vor dem Hintergrund zunehmend engerer Margen und gestiegener Risiken z. B. aufgrund der höheren Volatilität der Beschaffungspreise unerlässlich, quasi auf „Knopfdruck" Wirtschaftlichkeitsbetrachtungen, z. B. auf Basis der Deckungsbeitragsrechnung, auf Produktebene durchführen zu können, um ggf. frühzeitig Verlustbringer zu identifizieren und gegensteuernde Maßnahmen einleiten zu können.

Für den zukünftigen Unternehmenserfolg ist somit das Controlling von zentraler Bedeutung. Die klassischen Optimierungskriterien produzierender Unternehmen lauten „Kosten", „Qualität" und „Termintreue". Aufgrund des Trends zu einer immer stärkeren Kundenindividualisierung hat die Modell- und Variantenvielfalt stetig zugenommen. Neben den genannten drei klassischen Optimierungskriterien spielt heute die „Flexibilität", d. h. die Fähigkeit, die gestiegene Modell- und Variantenvielfalt beherrschen und auf Nachfrageschwankungen flexibel reagieren zu können, eine immer größere Rolle. Um „Kosten", „Qualität", „Termintreue" und „Flexibilität" zu erreichen, ist operative Exzellenz erforderlich. Die konsequente Umsetzung von Lean-Production- und Lean-Management-Konzepten mit dem Fokus auf Wertstromoptimierung, Eliminierung von Verschwendung, Fließfertigung etc. ist dazu in der Serienfertigung unerlässlich. Die Controller werden nicht umhinkommen, sich mit derartigen Konzepten zukünftig auseinanderzusetzen.

Der Controlling-Berater: Vielen Dank für das anregende Gespräch!

Kapitel 2: Grundlagen & Konzepte

Krisenprävention durch integrierte Unternehmenssteuerung

- Unternehmenskrisen spielen sich auf rechtlichen und betriebswirtschaftlichen Ebenen ab.
- Durch integrierte Unternehmenssteuerung können Krisen erkannt und ihnen entgegengesteuert werden.
- Die Integration der Unternehmenssteuerung muss in zwei Dimensionen erfolgen.

Inhalt Seite

Die Autoren

Dr. Alexander Sasse ist Partner bei der Concentro Management AG. Daneben ist er Lehrbeauftragter an der Universität Erlangen-Nürnberg, an der Fachhochschule Nürnberg und an der European Business School (EBS).

Hans-Jürgen Stein ist Berater bei der Concentro Management AG. Seine Schwerpunktthemen sind insbesondere die Restrukturierung/Sanierung und die Unternehmenssteuerung.

1 Schwache Wirtschaftslage erfordert präventiven, integrierten Ansatz

Wirtschaftliche Lage verschlechtert sich

In den letzten Monaten überschlugen sich die Meldungen zur aktuellen und zukünftigen wirtschaftlichen Entwicklung. Ein sinkender Konsumklimaindex[1] sowie verschiedene Prognosen für ein stark negatives Wirtschaftswachstum[2] stellen anspruchsvolle Herausforderungen an alle Teilnehmer des Wirtschaftslebens. Aufgrund dieser Prognosen wird entgegen den Entwicklungen der letzten Jahre wieder mit einer steigenden Zahl an Unternehmenskrisen und -insolvenzen gerechnet.[3]

Fragen, die sich Unternehmer in diesen Zeiten stellen, wie

- „Was schützt vor der Insolvenz?“ bzw.
- „Wie kann ich mein Unternehmen gegen die Krise rüsten?“,

Fehlendes Controlling als Ursache von Krisen

werden in einer Studie, die unter Insolvenzverwaltern durchgeführt wurde, beantwortet.[4] Einer der Hauptgründe für Insolvenzen ist danach ein unzureichendes oder gar fehlendes Controlling – genannt von 79 % der Teilnehmer.

Viele weitere genannte Ursachen könnten durch ein adäquates Controlling, nämlich eine integrierte Unternehmenssteuerung, abgemildert oder schneller beseitigt werden. Zum Beispiel fordern Geldgeber oft eine Unternehmensplanung zur Gewährung von Krediten oder die Sinnhaftigkeit von Investitionen kann mit einer Planung verprobt werden. So können Investitionsfehler oder unkontrollierte Investition und Expansion vermieden werden.

Im Folgenden werden die Charakteristiken von Krisen wirtschaftlicher und rechtlicher Natur beschrieben, um nach einer Darstellung der integrierten Unternehmenssteuerung zu zeigen, wie diese bei der Krisenprävention wirken kann.

---

1 Vgl. hierzu die Pressemitteilungen der Gesellschaft für Konsumforschung (GFK) auf www.gfk.de.

2 DIW (2009), S. 2.

3 Creditreform (2008), S. 2.

4 Euler Hermes (2006), S. 20.

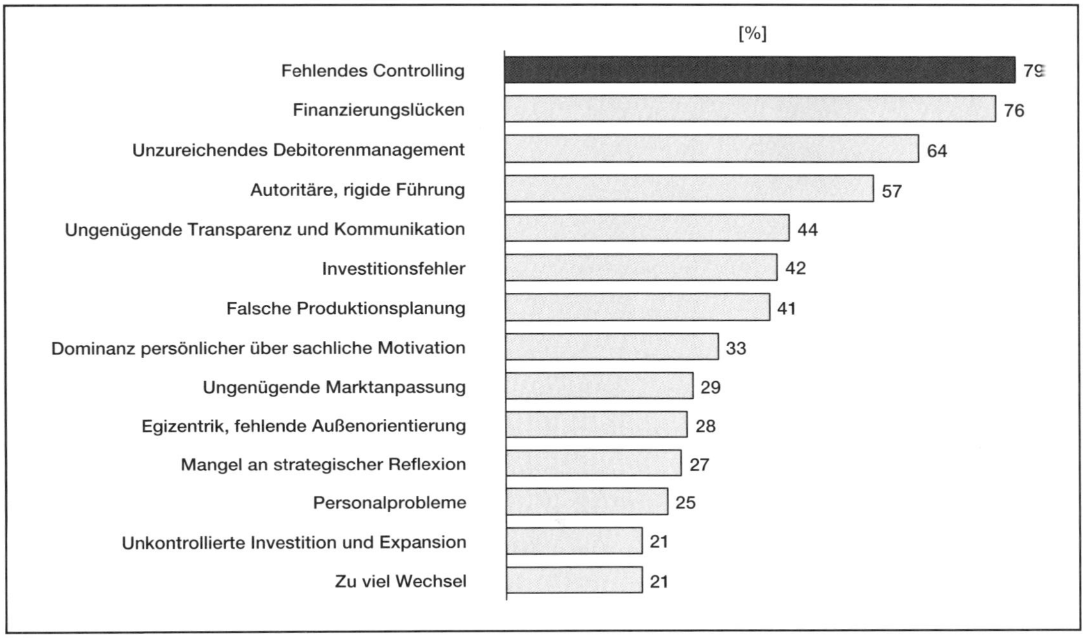

Abb. 1: Insolvenzursachen[5]

2 Was ist eine Unternehmenskrise?

2.1 Betriebswirtschaftliche Krise

Krisenverlauf

Die betriebswirtschaftliche Krise beschäftigt sich mit den Phasen des Unternehmensumbruchs bis zur finalen Krisensituation. In der Fachliteratur sind verschiedene Verlaufs- und Phaseneinteilungen von Krisen vorhanden.[6] Ein oft verfolgter und zitierter Ansatz ist der Krisenverlauf nach *Müller*[7] (vgl. Abb. 2). Die Krise wird unterteilt in die zeitlich aufeinanderfolgenden Phasen

- strategische Krise,
- Erfolgskrise,
- Liquiditätskrise und
- Insolvenz.

In der strategischen Krise werden die notwendigen Schritte zur Hebung zukünftiger Erfolgspotenziale falsch oder gar nicht gesetzt. Die Erfolgskrise lässt sich daran bemessen, dass Ertragsziele des Unternehmens nicht

---

[5] Euler Hermes (2006), S. 20.

[6] Eine Aufstellung findet sich bei Krystek/Moldenhauer (2006), S. 35.

[7] Vgl. Müller (1986), S. 25 ff.

erreicht werden können. In der Liquiditätskrise drohen sich die Tatbestände einer Insolvenz zu erfüllen, d. h., das Unternehmen droht zahlungsunfähig zu werden bzw. eine Überschuldung zu durchleiden. Die Nichtabwendung der Liquiditätskrise führt letztendlich zur Insolvenz.

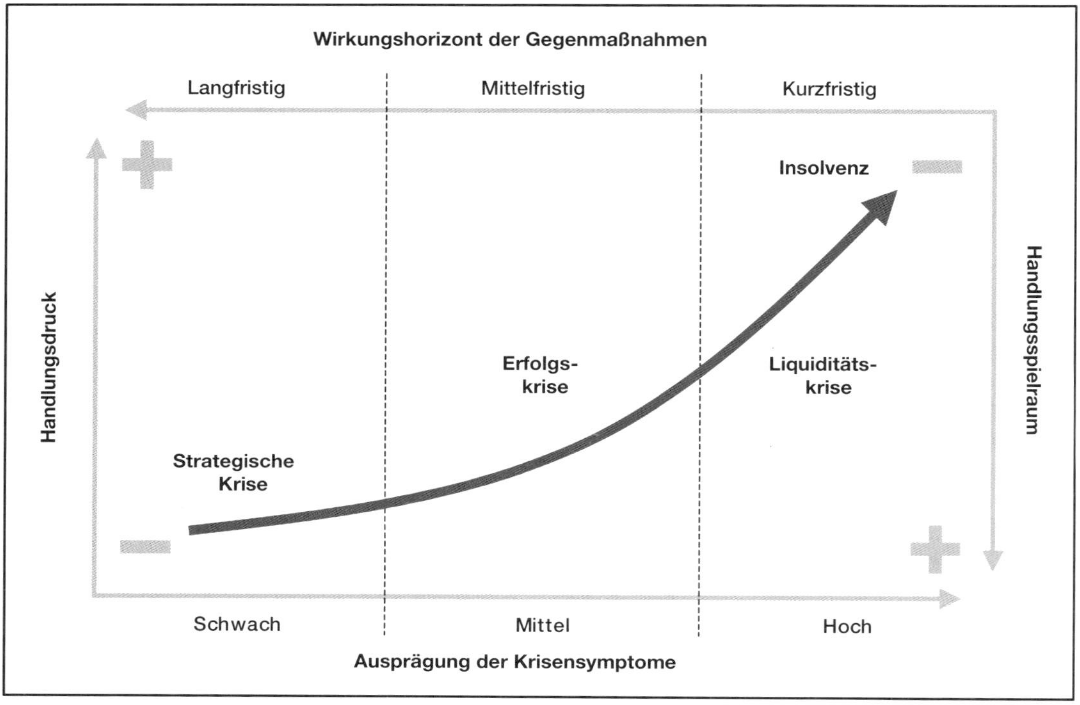

Abb. 2: Krisenverlauf[8]

2.2 Rechtliche Krise

Insolvenz

Der rechtliche Krisenbegriff setzt dort an, wo die betriebswirtschaftlichen Modelle aufhören. Im Wesentlichen wird der rechtliche Tatbestand der Insolvenz geprüft.

Für die Eröffnung einer Insolvenz muss zwingend ein Insolvenzeröffnungsgrund (vgl. Abb. 3) gegeben sein.[9]

[8] Müller (1986), S. 53.
[9] Vgl. §§ 16 InsO; Insolvenzgründe: §§ 17 – 19 InsO.

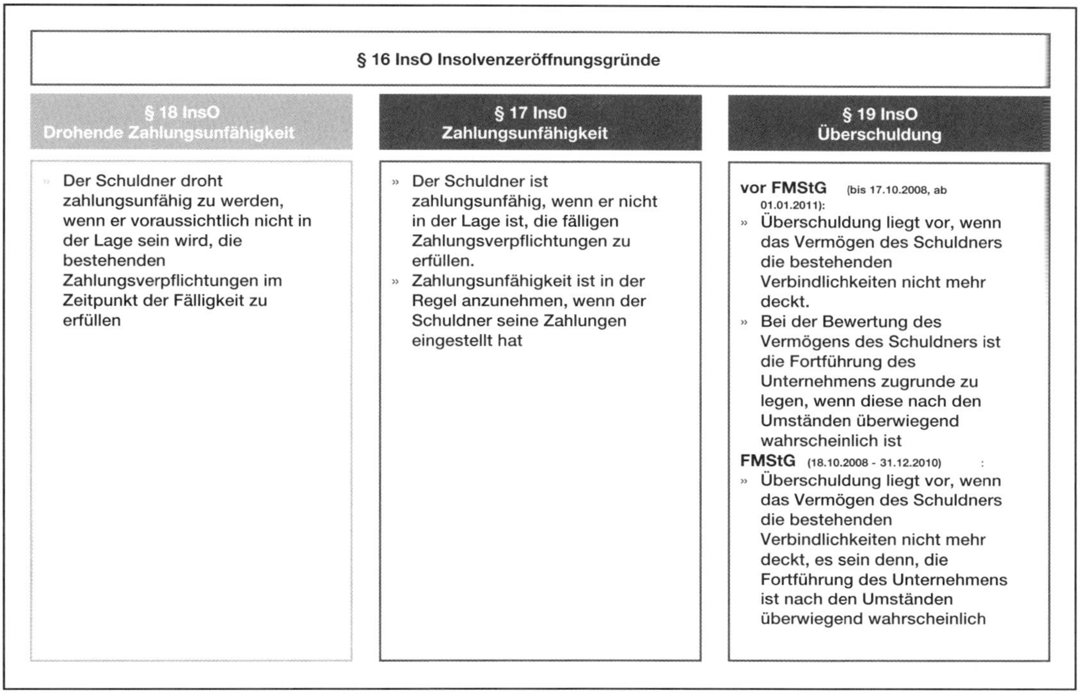

Abb. 3: Insolvenzeröffnungsgründe[10]

Die Pflicht zur Insolvenzantragsstellung ergibt sich lediglich aus der Zahlungsunfähigkeit und der Überschuldung.[11] Insolvenzgründe

- Zahlungsunfähigkeit bedeutet, dass das Unternehmen aktuell nicht mehr in der Lage ist die Zahlungen zur Fälligkeit zu bedienen.[12]
- Die drohende Zahlungsunfähigkeit bildet ein Insolvenzantragsrecht. Hierbei hat ein Vertretungsberechtigter des Schuldners die Möglichkeit Insolvenzantrag zu stellen, sofern absehbar ist, dass Zahlungsverpflichtungen in der Zukunft nicht zum Zeitpunkt der Fälligkeit gezahlt werden können.
- Der Tatbestand der Überschuldung zielt auf die Deckung der Schulden des Unternehmens durch sein Vermögen ab. Sollte diese nicht gegeben sein, so besteht die Antragspflicht.

[10] Vgl. §§ 16 – 19 InsO, Art. 5 und 6 FMStG.
[11] Vgl. §§ 17, 19 InsO.
[12] Genaueres in BGH, Urteil v. 24.5.2005, ZInsO 2005, S. 807 ff.

Hinweis
Die Insolvenzantragspflicht nach Überschuldung ist zeitweise vom 17.10.2008 bis zum 1.1.2011 ausgesetzt, sofern für das Unternehmen eine positive Fortführung als überwiegend wahrscheinlich gilt.

3 Was ist integrierte Unternehmenssteuerung?

Dimensionen

Die integrierte Unternehmenssteuerung beinhaltet zwei Dimensionen: die vertikale und die horizontale Integration.

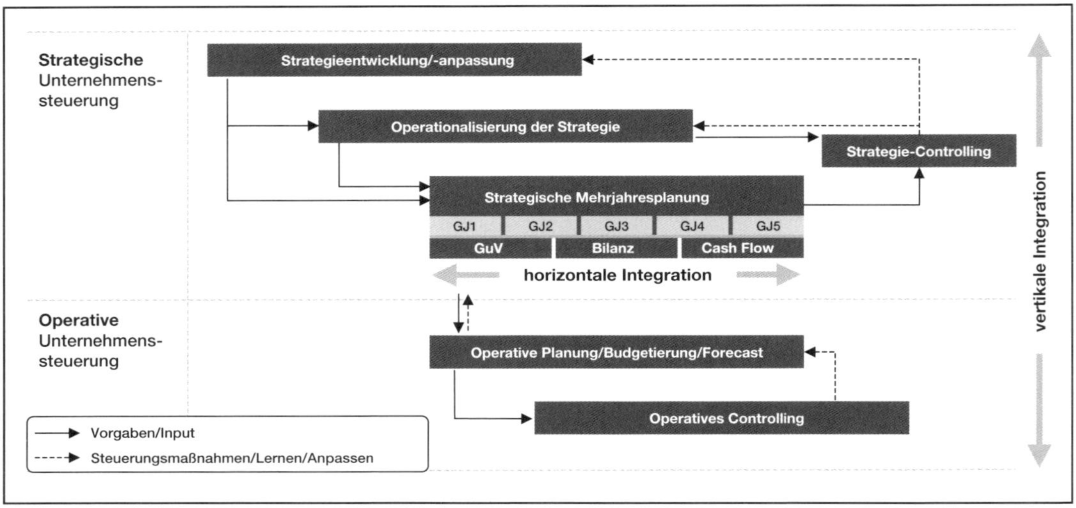

Abb. 4: Bivalente Integration

3.1 Vertikale Integration

Integration im Strategieprozess

Oftmals existieren in Unternehmen zwei Welten parallel nebeneinander. Zum einen die strategische Welt, die sich im Mittelstand meist nur in den Köpfen des Managements oder gegebenenfalls in einer Powerpoint-Präsentation wiederfindet. Zum anderen die operative Welt, in der einzelne Steuerungsprobleme mit isolierten Teillösungen allenfalls in einer Tabellenkalkulation abgebildet werden. Die vertikale Integration hat zum Ziel, diese Diskrepanz zu überbrücken.

Hierfür werden sowohl die zeitliche als auch die hierarchische Ebene der integrierten Unternehmenssteuerung abgebildet. Den Ausgangspunkt bildet in der strategischen Unternehmenssteuerung die Strategie Entwicklung bzw. Anpassung. Sie „beschäftigt sich mit den generellen Zielen der Unternehmung, mit Prinzipien, Normen und Spielregeln, die darauf ausgerichtet sind, die Lebens- und Entwicklungsfähigkeit der Unternehmung zu ermöglichen."[13] In der Praxis geschieht dies mit der Formulierung von Mission, Vision und Zielposition. Somit wird die zukünftige, längerfristige Ausrichtung des Unternehmens im Markt- und Wettbewerbsumfeld dargestellt.

Umsetzung mit Balanced Scorecard

Da der Erfolg einer Strategie zum großen Teil nicht von ihrer Güte an sich, sondern vielmehr von ihrer erfolgreichen Umsetzung abhängt,[14] ist es notwendig, eine entsprechende Methode zur Operationalisierung der Strategie anzuwenden. Als Denkmuster hierfür hat sich in der Praxis die Balanced Scorecard bewährt.[15] Die strategischen Ziele werden vier verschiedenen Perspektiven zugeordnet. So ergibt sich für das Unternehmen ein Gesamtbild zur Steuerung, bestehend aus

- Finanz-,
- Markt-,
- Prozess- und
- Ressourcensicht (vgl. Abb. 5).

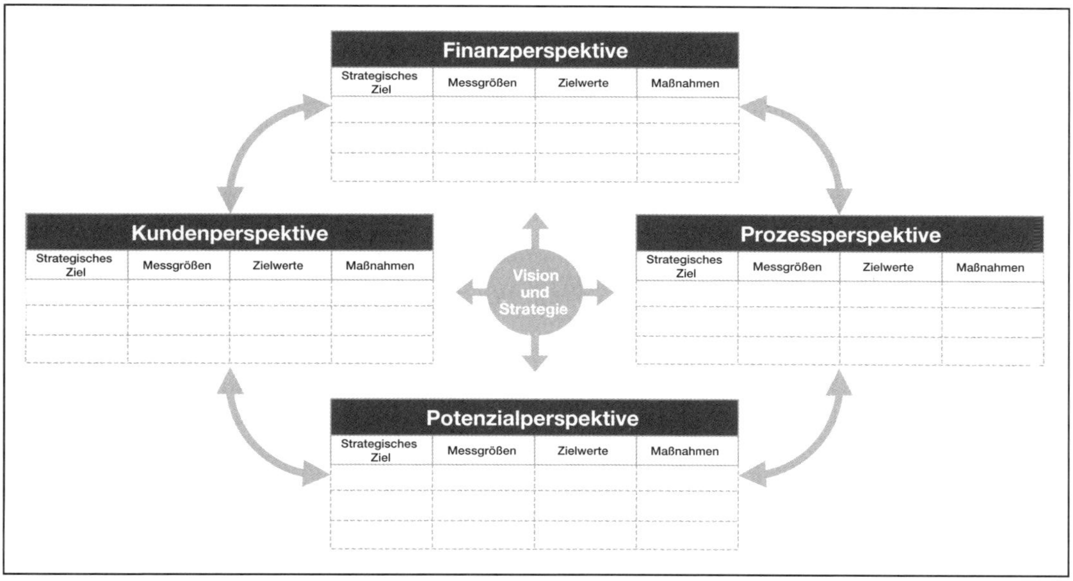

Abb. 5: Balanced Scorecard

[13] Bleicher (1996), S. 73.
[14] Kaplan/Norton (2004), S. 3.
[15] Vgl. Horváth & Partners (2007), S. 2 ff.

Ziele müssen messbar sein

Da nur gesteuert werden kann, was auch messbar ist, müssen für die strategischen Ziele jeweils Messgrößen sowie Zielwerte für diese Messgrößen vorgegeben werden. In der Operationalisierung i. e. S. müssen zur Erreichung der strategischen Ziele Maßnahmen hinterlegt und diese für die Finanzplanung zunächst budgetiert, aber auch in der Ergebniswirkung erörtert werden.

Steuerung mit mehrjährigem Strategieplan

Den Abschluss der strategischen Unternehmenssteuerung bildet eine robuste Mehrjahresplanung mit einer Darstellung der Auswirkungen strategischer Planung und Maßnahmen auf die Vermögens-, Finanz- und Ertragslage des Unternehmens. Während das erste Jahr der Mehrjahresplanung als Ausgangspunkt für die operative Planung und das operative Controlling dient, können die folgenden zwei bis vier Planjahre in ihrem Detaillierungsgrad abnehmen.

Zur Überwachung und Anpassung der strategischen Planung, der Operationalisierung der Strategie sowie der Mehrjahresplanung dient das strategische Controlling. Im Wesentlichen besteht dies in einem Prämissen-Controlling aus

- den Annahmen, die in die strategische Planung eingeflossen sind, sowie
- einem Maßnahmen-Controlling, welches an der Operationalisierung der Strategie ansetzt.

3.2 Horizontale Integration

Integration der Finanzplanung

Neben der beschriebenen vertikalen Integration muss die Integration der Unternehmenssteuerung auch eine horizontale Ebene umfassen, welche die Vermögens-, Ertrags- und Finanzlage in Form einer Bilanz, GuV und Cashflow-Planung enthält.

Zur Erstellung einer horizontal integrierten Unternehmensplanung existieren verschiedene datenbankbasierte Software-Tools am Markt. Prinzipiell erfolgt die Erstellung der Planung immer nach der gleichen Vorgehensweise (vgl. Abb. 6). Verschiedene Teilpläne aus Vorsystemen, etwa zu Umsatz, Personal etc., fließen in ein integriertes Planungssystem in Gewinn- und Verlustrechnung sowie Bilanz ein. Hieraus wird automatisch über die indirekte Methode der Cashflow ermittelt und dargestellt, getrennt nach Cashflow aus

- operativer Tätigkeit,
- Investitionstätigkeit und
- Finanzierungstätigkeit.

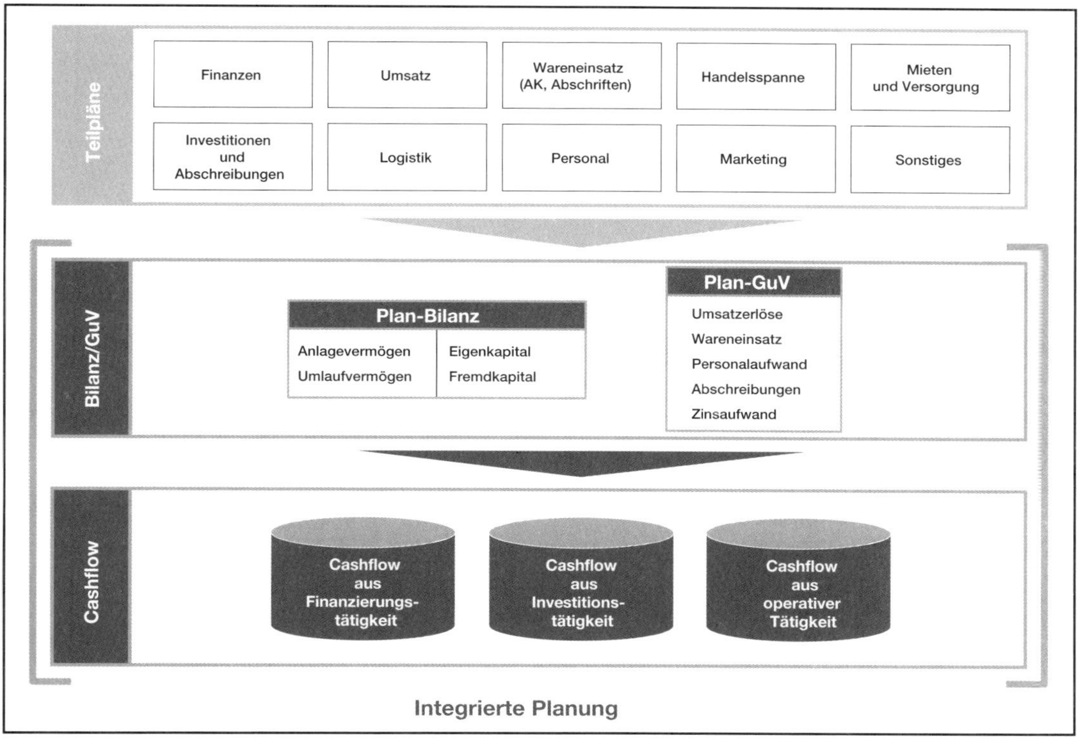

Abb. 6: Horizontale Planungsintegration

Es bietet sich an, die Planung in verschiedenen Schichten in Form einer sogenannten Layer-Planung durchzuführen. Auf diese Weise werden die Vorgaben aus der vertikalen Integration verarbeitet. Hierbei wird zunächst das Geschäft „as it is“ als Basisschicht geplant. Als zusätzliche Schicht werden Maßnahmen für Erweiterungen „on top“ zu der ersten Schicht hinzugefügt. Abschließend werden in einer dritten Schicht die finanziellen Implikationen aus den strategischen Zielen hinzugefügt. Abbildung 7 verdeutlicht dieses Planungsprinzip:

Planung in „Layers“

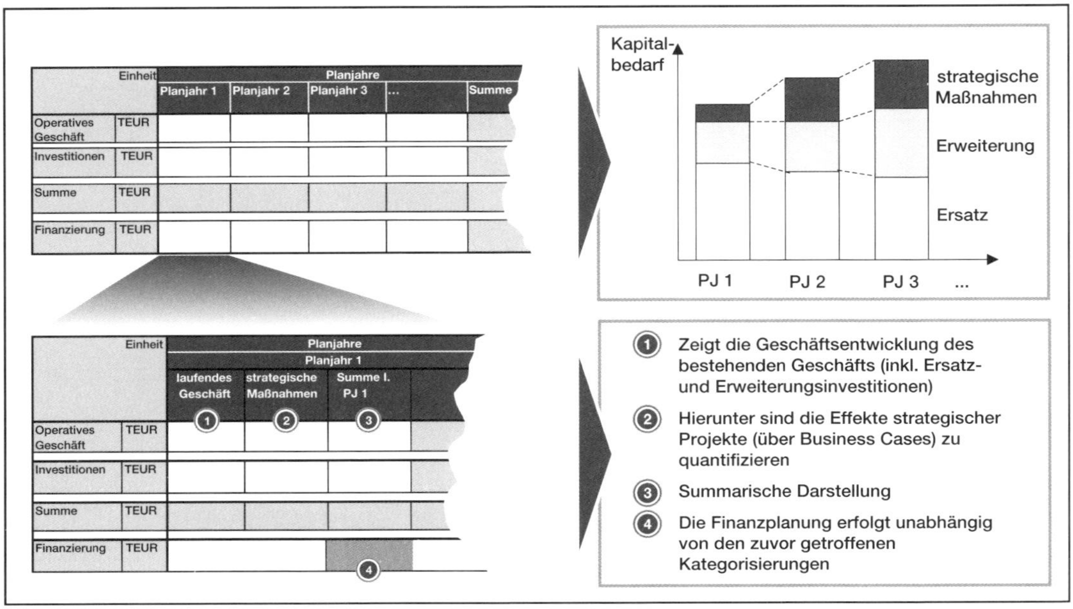

Abb. 7: Layer-Planung

Soll-Ist-Vergleich

Der Planung sollten monatlich Istdaten gegenübergestellt werden. So können Abweichungen identifiziert und Gegensteuerungsmaßnahmen initiiert werden.

4 Wie wirkt Unternehmenssteuerung in den Krisenphasen?

4.1 Strategische Krise

Kennzeichen der strategischen Krise

Die strategische Krise ist dadurch gekennzeichnet, dass noch keine monetären, sprich im Ertrag erkennbaren, Missstände zutage treten. Sie sind jedoch bereits latent vorhanden.[16] Gerade weil sich die Auswirkungen noch nicht in den Zahlen des Unternehmens niederschlagen, ist es schwierig, die strategische Krise zu erkennen.

In der Beratungspraxis spiegelt sich dies am Auftragseingang bei Restrukturierungsfällen wider. Meist befinden sich Unternehmen in der Ertrags- oder Liquiditätskrise, wenn sie einen Restrukturierungsberater engagieren. Dies ist zu bedauern, da analog zum Krisenfortschritt die Handlungsoptionen und der -spielraum des Unternehmens stärker

[16] Erläuterungen zum Begriff der latenten Krise finden sich in Krystek (1987), S. 29.

eingeschränkt sind. Für das Controlling stellt sich somit die Frage: „Wie kann eine strategische Krise identifiziert und verhindert werden?“

Mit Prämissen-Controlling Krisen früher erkennen

Mit einer integrierten Unternehmenssteuerung ist es Unternehmen möglich, schon frühzeitig einer strategischen Krise entgegenzuwirken. Maßgebliches Instrument hierfür ist das strategische Controlling.[17] Den wesentlichen Bestandteil des strategischen Controllings stellt hierbei die Prämissenkontrolle dar.[18] Die im Rahmen der Strategieentwicklung getroffenen Annahmen und Prämissen bezüglich der Makro- und der Branchenumwelt des Unternehmens gilt es regelmäßig zu hinterfragen (vgl. Abb. 8) und die strategische Unternehmenssteuerung hierauf anzupassen.

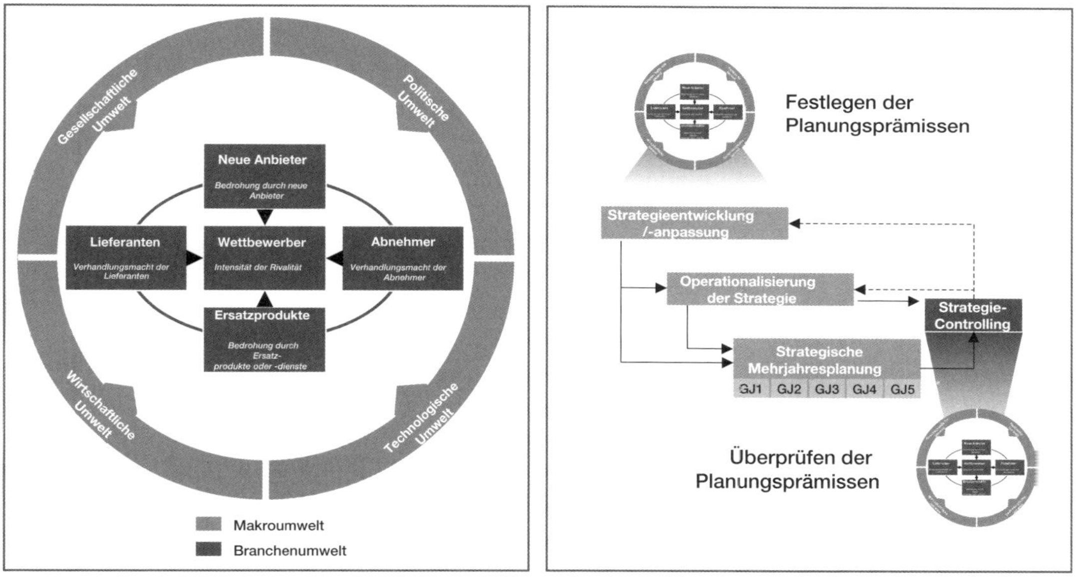

Abb. 8: Prämissen-Controlling

In der Makroumwelt sind insbesondere dis politische, die wirtschaftliche, die gesellschaftliche und die technologische Umwelt von Bedeutung. Beispielhafte Umbrüche aus der jüngeren Vergangenheit, die wesentliche Einflüsse auf strategische Planungen mit sich brachten, sind:

Politisch:

- die Rüstungsindustrie und das Ende des Kalten Krieges
- die Energiebranche (insb. erneuerbare Energien) und der Wahlsieg der Rot-Grünen Regierung
- Konflikte in rohstoffrelevanten Gebieten

[17] Vgl. zum strategischen Controlling: Horváth (2008).

[18] Vgl. Horváth (2008), S. 666.

Wirtschaftlich:

- Immobilien- und Finanzkrise
- Währungsschwankungen

Gesellschaftlich:

- Trends im Konsumverhalten der relevanten Zielgruppe (etwa durch Ökosensibilisierung)
- demografische Entwicklung

Technologisch:

- Durchbruch zu Flachbildschirmen
- Trend zu Netbooks (sehr kleine und günstige Laptops)

Ebenso muss die Branchenstruktur regelmäßig auf Veränderungen geprüft werden.[19] Hierbei spielen im Wesentlichen Annahmen zu Kunden, Lieferanten, Wettbewerbern, konkurrierenden Produkten und dem Verhalten innerhalb der Branche eine Rolle.

Sofern Unternehmen regelmäßig ihre Planungsprämissen und Planungsannahmen hinterfragen und mit den aktuellen Entwicklungen abgleichen bzw. auch zukünftige Erwartungen der aktuellen Situation anpassen, können sie mit dem strategischen Controlling die Eintrittswahrscheinlichkeit von strategischen Krisen vermindern.

Weniger Risiken durch Planung und vertikale Integration

Doch nicht nur das Prämissen-Controlling leistet seinen Beitrag bei der Vermeidung von strategischen Krisen. Der Planungsprozess und die vertikale Integration von strategischer Planung und Mittelfristplanung unterstützen durch das Aufzeigen von Herausforderungen und entsprechendem Handlungsbedarf. Insbesondere die strategischen Risiken, die schnell zu einer Krise führen können, werden im Planungsprozess aufgearbeitet; so z. B. Produkt-/Marktrisiken, Kapitalstrukturrisiken und organisatorische Risiken.

Produkt-/Marktrisiken

Schleichender Verlust von Marktanteilen

Externe Marktverschiebungen sind nicht zwingend sofort in den Ertragszahlen des Unternehmens zu finden. Wächst das Unternehmen, ist es grundsätzlich zu begrüßen. Wachsen die Wettbewerber des Unternehmens gleichzeitig jedoch stärker, so verliert es schleichend Marktanteile. Solch eine Kombination lässt darauf schließen, dass die am

[19] Vgl. Porter (1979), S. 137 ff.

Markt angebotenen Produkte nicht den Vorstellungen der Kunden entsprechen bzw. nicht mit den Konkurrenzprodukten mithalten können.

Kann das Unternehmen seinen Umsatz halten oder nur leicht ausbauen und müssen dafür jedoch immer mehr verschiedene Varianten hergestellt werden, so ist dies auch eine strategische Herausforderung für das Unternehmen. Bei steigenden Komplexitätskosten wird die Variantenvielfalt das Unternehmen zeitnah in die Ertragskrise führen. Zeigt sich in der Erstellung der Umsatzplanung, dass die wesentlichen Umsätze des Unternehmens durch überdurchschnittlich alte Produkte erzielt werden, so deutet dies darauf hin, dass das Unternehmen die Entwicklung neuer Produkte vernachlässigt und aus seiner Substanz lebt.

Steigende Komplexität kann gefährlich sein

Anhand einer Bottom-up-Umsatzplanung lassen sich außerdem „Klümpchenrisiken" identifizieren. Das heißt, es kann festgestellt werden, wie hoch strategische Risiken sind, die sich aus möglichen Abhängigkeiten von einzelnen Kunden oder Lieferanten ergeben.

Umsätze bottom up planen

Kapitalstrukturrisiken

Oft strategisch vernachlässigt, jedoch von großer Bedeutung ist die Kapitalstruktur der Unternehmen. Ein gesundes Verhältnis zwischen Eigenkapital und Fremdkapital sowie die Strukturierung der einzelnen Fremdkapitalbestanteile an sich sind notwendig, um die Finanzierung der Vermögensgegenstände des Unternehmens sicherzustellen. Eine ungeeignete Kapitalstruktur kann in Kombination mit Ertragsproblemen schnell zu einer Überschuldungsproblematik führen.

Kapitalstruktur ausgleichen

Organisatorische Risiken

Ein weiteres Element, welches in der strategischen Planung berücksichtigt werden muss, ist eine Führungskräfteplanung. Fehlende Nachfolgeregelungen für Unternehmen stellen ein wesentliches strategisches Risiko dar. In Deutschland stellt in den kommenden Jahren insbesondere bei mittelständischen Unternehmen die Nachfolgeproblematik eine große Herausforderung dar.

Nachfolge regeln

4.2 Ertragskrise

Leichter zu fassen und zu messen als die strategische Krise ist die Ertragskrise. Sie macht sich in sinkenden Erträgen (relativ und absolut) bemerkbar. Oft wird die Ertragskrise jedoch mit den Aussagen und der Einstellung „Das ist nur temporär", „Es handelt sich um eine allgemeine Marktschwäche" etc. leichtfertig abgetan und nicht weiter beachtet.

Bedrohlich wird die Ertragskrise, sobald keine positiven Erträge mehr erzielt werden können und dem Unternehmen womöglich sogar ein negativer Cashflow aus dem operativen Geschäft entsteht.

Mit GuV Ertragskrise erkennen

Eine erste Unterstützung bei der Erkennung und bei dem Weg aus der Ertragskrise liefert die Gewinn- und Verlustrechnung (GuV). Die Entwicklungen der einzelnen Positionen geben Aufschluss über die Gründe der veränderten Ertragslage. Auch anhand der Planung können Erwartungen für einzelne Kostenpositionen dargestellt werden. Plan-Ist-Vergleiche erlauben darüber hinaus die transparente Überwachung der Werte.

Abbildung 9 zeigt am Beispiel des Umsatzkostenverfahrens, wie aus der GuV Schlussfolgerungen zur Optimierung der Ertragssituation gezogen werden können. Durch eine transparente GuV ist eine schnelle Reaktion des Unternehmens sowohl bei Kostensenkungen als auch bei der Quantifizierung notwendiger Umsatzsteigerungen möglich.

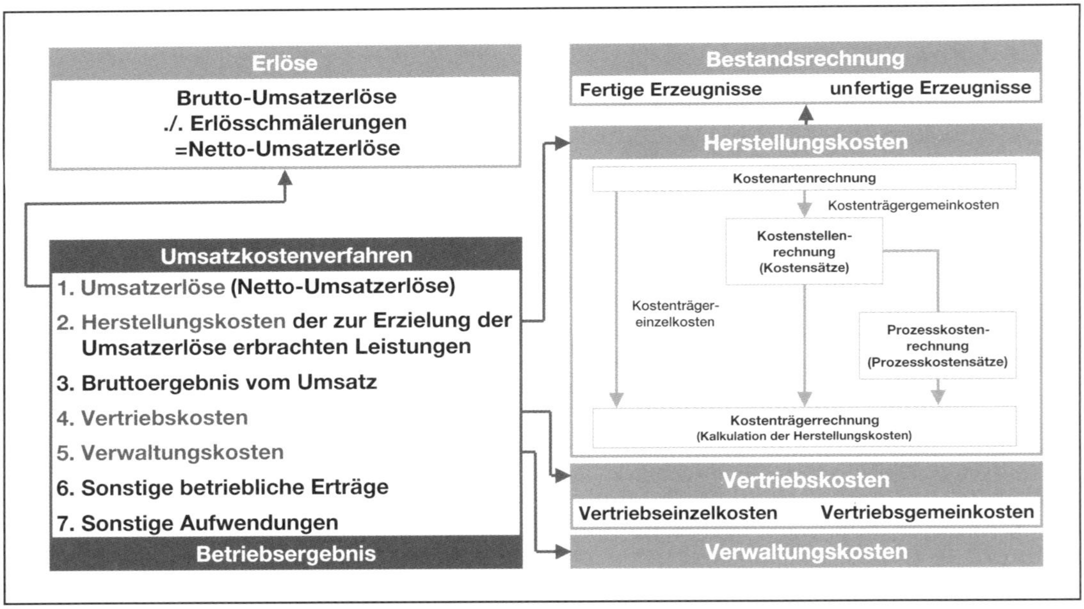

Abb. 9: Implikationen aus der GuV für Umsatz und Kostenstrukturen

Gegensteuerung in Ertragskrise

Natürlich liefert jede kostenvermeidende bzw. umsatzsteigernde Maßnahme im Unternehmen einen Beitrag zur Abwendung von Ertragskrisen. Hierbei sind alle Positionen der integrierten Unternehmenssteuerung von großer Relevanz. Die Strategieentwicklung liefert die Stoßrichtung, an der das Unternehmen seine Aktivitäten ausrichtet. Die

Operationalisierung gewährleistet, dass diese Ausrichtung in der Praxis auch umgesetzt wird. Operative Unternehmensplanung und das operative Controlling sind darauf ausgerichtet,

- Verschwendung[20] im Unternehmen zu vermeiden,
- die Optimierung des Einsatzes der Ressourcen voranzutreiben und so
- die Kosten zu senken.

Bereinigung des Produkt-sortiments

Neben der allgemeinen Umsatzsteigerung bzw. Kostensenkung bietet etwa die Deckungsbeitragsrechnung eine Möglichkeit, durch selektive Auswahl eine Ertragssteigerung zu erreichen. Die Betrachtung der Produktdeckungsbeiträge liefert Informationen, wie hoch die Beiträge der einzelnen Produkte zur Fixkostendeckung und zur Gewinnerzielung sind. Werden Produkte aus dem Programm genommen, die zu geringe Deckungsbeiträge haben, so hat dies positive Auswirkungen auf den Ertrag. Gleichzeitig bewirkt diese Bereinigung eine Reduzierung der Komplexitätskosten (Verbundeffekte sind jedoch zu beachten).

Bereinigung der Kundenstruktur

Den gleichen Effekt hat eine Bereinigung der Kundestruktur. Auch hier zeigt eine Analyse der Deckungsbeiträge, welche Kunden für das Unternehmen einen ausreichenden Deckungsbeitrag liefern und welche nicht.

4.3 Liquiditätskrise

Gerade in einer rechtlichen Krise lässt sich der Nutzen einer integrierten Unternehmenssteuerung zur Krisenprävention deutlich erkennen:

Zum einen leistet sie einen Beitrag zum Schutz vor einer Überschuldung. In der Planung und im Ist können die Entwicklung der Schulden sowie der Vermögenswerte und somit des Eigenkapitals verfolgt werden. Eine deutliche bzw. stetige Verringerung des Eigenkapitals kann als Anlass zur Durchführung einer Überschuldungsprüfung und letztendlich zur Einleitung von Gegenmaßnahmen bei einer drohenden Überschuldung dienen.

Cashflow-Planung zeigt mittel-fristige Liquidität

Des Weiteren kann mit der Cashflow-Planung präventiv gegen eine (drohende) Zahlungsunfähigkeit vorgegangen werden. Die Planung kann die mittelfristig benötigten liquiden Mittel des Unternehmens aufzeigen. Somit kann auf mangelnde finanzielle Mittel für den eingeschlagenen Kurs eingegangen werden, bevor das Problem akut wird.

[20] Vgl. hierzu die sieben Arten von Verschwendung in Imai (1993).

Beispiel: Mittelfristige Liquiditätsplanung
Abbildung 10 zeigt das Beispiel einer Unternehmensplanung, bei welcher der gleichzeitige Auf- und Ausbau dreier Geschäftsbereiche geplant war. Die ursprüngliche Planung zeigt auf, dass der Finanzbedarf für die Expansion nicht gedeckt werden kann. Die Cashflows aus dem operativen Geschäft und der Finanzierungstätigkeit können die geplanten Investitionen nicht decken. Nach einer Überarbeitung der weiteren Investition in Strategie und Erweiterung des Geschäftsbetriebes können die vorhandenen Mittel effizient genutzt werden. Ohne eine Cashflow-Planung wäre das Unternehmen vermutlich in Zahlungsschwierigkeiten gekommen und hätte seinen Zahlungsverpflichtungen nicht nachkommen können.

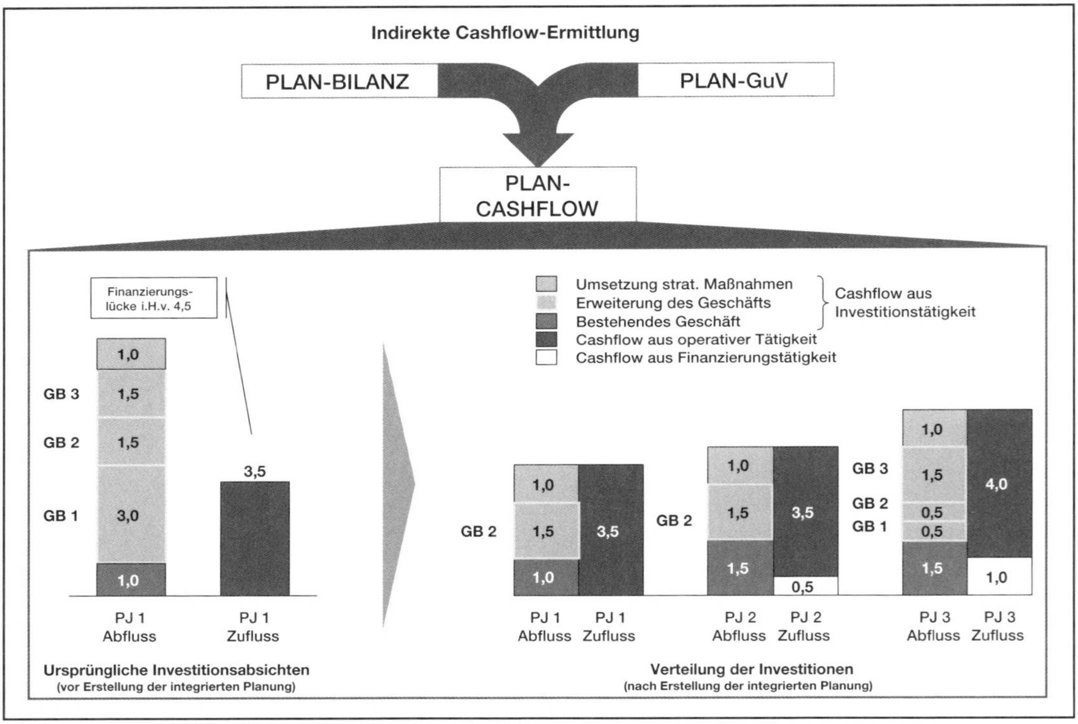

Abb. 10: Beispiel für Cashflow-Planung

Hierbei ist jedoch zu beachten, dass die indirekte Cashflow-Planung auf Monatsbasis nicht die wochen- oder taggenaue direkte Liquiditätsplanung ersetzt. Letztendlich sind tatsächliche Zahlungsverpflichtungen ausschlaggebend für eine Zahlungsunfähigkeit und nicht deren Planungen. Jedoch liefert die indirekte (mehrjährige) Cashflow-Planung das notwendige Instrument, um mittelfristige Investitions- und Finanzierungsentscheidungen und deren Wirkung auf die Liquidität aufzuzeigen.

5 Fazit

Sanierungs- und Restrukturierungsgutachten erfordern zwingend eine Planverprobungsrechnung des Konzepts.[21] Die Praxis zeigt, dass Unternehmen, die eine integrierte Unternehmenssteuerung betreiben, diese bereits vorhalten.

Integrierte Planung wird gefordert in der Krise

Gerade in guten Zeiten ist eine integrierte Unternehmenssteuerung erforderlich, um strategische Entscheidungen und das Unternehmenswachstum innerhalb der notwendigen „Leitplanken" kanalisieren zu können. Sie unterstützt das Unternehmen, den Eintritt von Krisen früh genug zu erkennen, um Gegensteuerungsmaßnahmen ergreifen zu können. In schwierigen Zeiten offenbart die integrierte Unternehmenssteuerung alsdann ihre Kraft und unterstützt den Unternehmenslenker beim Adjustieren der „Stellschrauben", um das Unternehmen auch in unruhigem Fahrwasser zu manövrieren.

Gerade die aktuelle internationale Finanz- und Wirtschaftskrise zwingt Unternehmer, schnelle und belastbare Entscheidungen zu treffen, deren Anforderungen und Implikationen ohne eine integrierte Unternehmenssteuerung nur schwer zu erfassen sind.

6 Literaturhinweise

Bleicher, Das Konzept Integriertes Management, 1996.

Creditreform, Insolvenzen, Neugründungen, Löschungen, 2008.

DIW, Wochenbericht 1-2, 2009.

Euler Hermes, Wirtschaft Konkret 414 – Ursachen von Insolvenzen, 2006.

FMStG, Finanzmarktstabilisierungsgesetz, 2008.

Horváth & Partners (Hrsg.), Balanced Scorecard umsetzen, 2007.

Horváth, Strategisches Controlling – Von der Bugetierung zur strategischen Steuerung, in: Controlling, Heft 12/2008, S. 663 – 669.

IDW (Hrsg.), Anforderungen an Sanierungskonzepte, FAR 1/1991.

[21] Vgl. IDW Standards (1991) und ISU, Mindestanforderungen an Sanierungskonzepte (2007).

Imai, KAIZEN: Der Schlüssel zum Erfolg der Japaner im Wettbewerb, 1993.

InsO, Insolvenzordnung, 2008.

ISU (Hrsg.), Mindestanforderungen an Sanierungskonzepte MaS, 2007.

Kaplan/Norton, Strategy Maps: Der Weg von imateriellen Werten zum materiellen Erfolg, 2004.

Krystek, Unternehmenskrisen. Beschreibung, Vermeidung und Bewältigung überlebenskritischer Prozesse in Unternehmungen, 1987.

Krystek/Moldenhauer, Handbuch Krisen- und Restrukturierungsmanagement, 2007.

Müller, Krisenmanagement in der Unternehmung, 2. Aufl. 1986.

Porter, How competitive forces shape strategy, in: HBR, 57. Jg. 1979, S. 137–156.

Einsparpotenziale ausschöpfen und Kosten senken: Kurzfristig auf die Krise reagieren!

- Im letzten Quartal 2008 ist die deutsche Wirtschaft geschrumpft, die Auftragsbücher sind leer, das Wirtschaftsklima ist so schlecht wie seit Jahren nicht mehr. Ebenso schnell, wie aus der US-amerikanischen Immobilienkrise über die Finanzmarktkrise die Weltwirtschaftskrise entstanden ist, werden deren Auswirkungen in den deutschen Unternehmen ankommen.
- Das Verhalten vieler deutscher Unternehmer vor allem im Mittelstand erinnert jedoch sehr an den Hasen, der auf die hungrige Schlange fixiert ist. Jeder sieht die Krise kommen, doch in vielen Unternehmen wird nicht reagiert.
- Dabei ist es überlebensnotwendig, dass so schnell wie möglich Maßnahmen ergriffen werden, um sinkende Absätze und reduzierte Preise auffangen zu können. Denn trotz aller Bemühungen des Vertriebs ist die Wahrscheinlichkeit für Absatz- und Umsatzverluste sehr hoch.
- Inmitten düsterer Wirtschaftsmeldungen vergessen viele Unternehmer, dass es durchaus praktikable Mittel gibt, die Kosten in Vertrieb, Produktion und anderen Bereichen der gesunkenen Nachfrage anzupassen und zu senken.

Inhalt		Seite

Der Autor

Dipl.-Kfm. Reinhard Bleiber ist seit vielen Jahren in der kaufmännischen Verantwortung mittelständischer Unternehmen tätig. Der Arbeitsschwerpunkt liegt im Bereich Finanzen, Rechnungswesen und IT.

1 Kosteneinsparungen in Vertrieb und Marketing

Mitarbeitereinsatz optimieren

In Krisenzeiten, so wird immer wieder gesagt, müssen die Vertriebs- und Marketinganstrengungen verdoppelt werden, nicht zurückgefahren. Das ist im Kern richtig. Dennoch muss der Einsatz von Mitarbeitern im Verkauf optimiert werden, ob im Außendienst, Innendienst oder Einzelhandel. Das läuft auf eine Reduktion der Mitarbeiter hinaus, die Kosten spart und dennoch die Kundenbetreuung optimiert. Gleichzeitig gibt es eine Reihe von Aufgaben in diesem Unternehmensbereich, die durch Anpassung an die veränderte Situation zu einer sofortigen Kosteneinsparung beitragen können.

1.1 Analyse des Kaufverhaltens und des Betreuungsaufwands

Betreuungsaufwand ermitteln

Das knappe und damit teure Gut Arbeitszeit der Außendienstmitarbeiter wird optimal verteilt auf die Kunden, die einen wirtschaftlich guten Beitrag versprechen. Die Einteilung der Kunden in A-Kunden mit hohem Betreuungsaufwand, B-Kunden mit mittleren Aufwand und C-Kunden fast ohne Aufwand wird nicht permanent wiederholt. Doch jetzt, zu Beginn der Absatzkrise, ist der geeignete Zeitpunkt gekommen, eine neue Bewertung durchzuführen.

Das Kaufverhalten der Kunden hat sich verändert oder wird sich in absehbarer Zeit den Gegebenheiten des Marktes anpassen:

- einige Kunden verschwinden ganz vom Markt,
- andere hören nur auf zu kaufen,
- wieder andere konzentrieren die Nachfrage auf einen Lieferanten.

Betreuung dem Kaufverhalten anpassen

Dadurch entstehen geänderte Anforderungen an die Betreuung. Jetzt gilt es, die Einteilung der Kunden in Betreuungsklassen so vorzunehmen, dass die Potenziale ebenso berücksichtigt werden wie die aktuelle Kaufsituation. Dabei darf nicht die vorhandene Zeit der Mitarbeiter neu verteilt werden. Der tatsächliche Betreuungsbedarf wird ermittelt und in vielen Vertriebsorganisationen einen geringeren Gesamtzeitbedarf ergeben. Kostensenkungspotenzial entsteht.

Das Problem der Handelsvertreter

Können sich Vertriebsleiter, die mit Handelsvertretern arbeiten, zurücklehnen? Nein! Zwar besteht die Vergütung der Handelsvertreter aus einer umsatzabhängigen Provision, wodurch der Handelsvertreter weniger Provision erhält, wenn die Umsätze sinken; er muss aber in aller Regel den gleichen Einsatz leisten, hat also auch vergleichbare Kosten wie vor der Krise. Das kann der Handelsvertreter als Unternehmer nicht dauerhaft leisten.

Konzentration und Kooperationen

Er wird die Zusammenarbeit mit dem Unternehmen beenden, der eine früher, der andere später, der eine freiwillig, der andere durch das Insolvenzrecht gezwungen. Dann entstehen Kosten für Ausgleichzahlungen und Neubesetzung des Gebiets. Kosten können gesenkt werden, wenn frühzeitig gemeinsam mit den Vertretern Lösungen durch Zusammenlegung von Gebieten oder Kooperationen von mehreren Repräsentanten gefunden werden.

1.2 Einsparpotenziale im Einzelhandel: Miet- und Personalkosten

Im Einzelhandel ist die Krise längst angekommen. Vor allem die Anbieter von Gütern, die nicht zum täglichen Bedarf gehören, kämpfen mit Kaufzurückhaltung, Schnäppchenjägern und fehlenden Kunden. Neben der Miete sind die Personalkosten der zweitgrößte Kostenfaktor, den es zu reduzieren gilt. Während die Miete nur wenig flexibel ist, kann der Personaleinsatz zurückgefahren werden.

Personalkapazitäten der veränderten Nachfrage anpassen

Wie der Einsatz von Mitarbeitern zurückgefahren werden kann, entscheidet sich im Personalbereich. **In welchem Umfang** das möglich ist, entscheidet sich im Vertrieb. Die Verkäuferdichte muss den veränderten Kundenfrequenzen angepasst werden. Auch hier gilt es, intelligent zu handeln. Eine einfache lineare Kürzung führt nicht zum Erfolg. Vielmehr muss untersucht werden, wie sich der Kundenandrang zeitlich verschoben hat, damit hier zur rechten Zeit noch immer ausreichend Personal verfügbar ist. Gleichzeitig muss die Veränderung in der Kundenstruktur berücksichtigt werden, um die richtigen Ansprechpartner zu behalten. Nur so kann das Kostensenkungspotenzial optimal ausgeschöpft werden.

1.3 Wirtschaftlichkeit der Marketingaktivitäten hinterfragen

Nicht jede Messe rechnet sich

Niemand will auf Marketingauftritte wie Messen, Events und andere Ereignisse verzichten. Dennoch muss die Krise als Anlass genommen werden, um die Wirtschaftlichkeit der Aktivitäten neu zu bewerten. Dabei wird sich herausstellen, dass nicht mehr jede Messe und jedes Event sinnvoll ist oder eine an sich sinnvolle Aktivität auch kostengünstiger durchgeführt werden kann:

- Jedes Marketingereignis muss seine Wirtschaftlichkeit neu beweisen. Auf kleinere Messen und Ereignisse kann verzichtet werden, wenn der erwartete Erfolg nicht mehr in Umsatz (kurz- und mittelfristig) gemessen werden kann.

- Der Messeauftritt kann in Krisenzeiten auch etwas kleiner ausfallen. Das spart Kosten für die Platzmiete und den Stand. Gleichzeitig wird der Messestand in der Größe der reduzierten Kundenzahl angepasst.
- Der Messestand kann sicherlich auch noch ein Jahr länger als geplant oder üblich genutzt werden. Trotz kleinerer Reparaturen lassen sich Kosten sparen. Vor allem wird der Geldbeutel geschont.
- Geringere Besucherzahlen auf einem Ereignis bedeuten auch weniger Betreuungsaufwand. Damit kann Vertriebspersonal eingespart werden, was Überstundenzahlungen, Reisekosten und Verpflegungskosten spart.
- Externes Messepersonal kann durch eigenes Vertriebspersonal ersetzt werden. Dadurch entsteht die Möglichkeit, im Innendienst mit fehlender Auslastung Ersatz durch den Messeeinsatz zu schaffen. Ohne Mehrkosten im eigenen Personalbereich können die externen Servicekosten gespart werden.

Werbeanzeigen kürzen!

Auch bei den Werbeanzeigen eines Unternehmens können sich erhebliche Kosteneinsparungen ergeben, gleichgültig ob in der Tages- oder Fachpresse. Um die negativen Auswirkungen von Ausgabenkürzungen so gering wie möglich zu halten, sollte an der Frequenz der Anzeigen festgehalten werden. Stattdessen können folgende Maßnahmen sehr hilfreich sein:

- Die Größe der Anzeige kann reduziert werden. Die Kosten sinken dann in der Regel proportional. Kostet z. B. eine Anzeige zweispaltig und 10 cm hoch 100 EUR, dann kostet sie bei einer Höhe von 9 cm nur 90 EUR. Der Einsparung von 10 % steht sicherlich eine geringere Nutzenreduktion gegenüber, zumindest kurzfristig.
- Die Umstellung von farbigen Anzeigen auf eine Schwarz-Weiß-Darstellung bringt erhebliche Kosteneinsparungen. Hier muss aber geprüft werden, ob der Verlust der Farbe z. B. im Logo wirklich tragbar ist.

1.4 Einsparpotenziale beim Internetauftritt

Der Internetauftritt ist für viele Unternehmen ein wichtiges Tor in die moderne Kommunikationswelt. Entsprechend hohe Kosten werden verursacht. Auch hier lässt sich ein sofortiger Einsparerfolg erzielen:

- Die regelmäßige Auswertung der Zugriffe auf die Internetseiten des Unternehmens zeigt, wie sich die technische Belastung entwickelt. Ist das Interesse aufgrund der Krise geringer als in der Vergangenheit, kann die technische Umgebung angepasst, also verkleinert werden.

Der Speicherplatz kann reduziert werden, die Bandbreite ebenfalls. Das spart Kosten.

- Nichts ist schädlicher als ein veralteter Internetauftritt. Regelmäßige Updates sind also Pflicht. Doch die Zeiträume zwischen den Erneuerungen und der Umfang der Arbeiten können optimiert werden. Das Angebot an Webseiten muss nicht jedes Jahr vollständig erneuert werden, es reicht auch eine Aufarbeitung ohne neue Strukturen. Das spart Kosten und bringt Liquidität.

2 Kosteneinsparungen in den Produktionsbereichen

Die Produktionsplanung ist immer auf der Suche nach dem Optimum zwischen

- den sinkenden Stückkosten bei großen Mengen,
- den steigenden Lagerkosten großer Lose und
- den Anforderungen des Vertriebs an die Lieferfähigkeit.

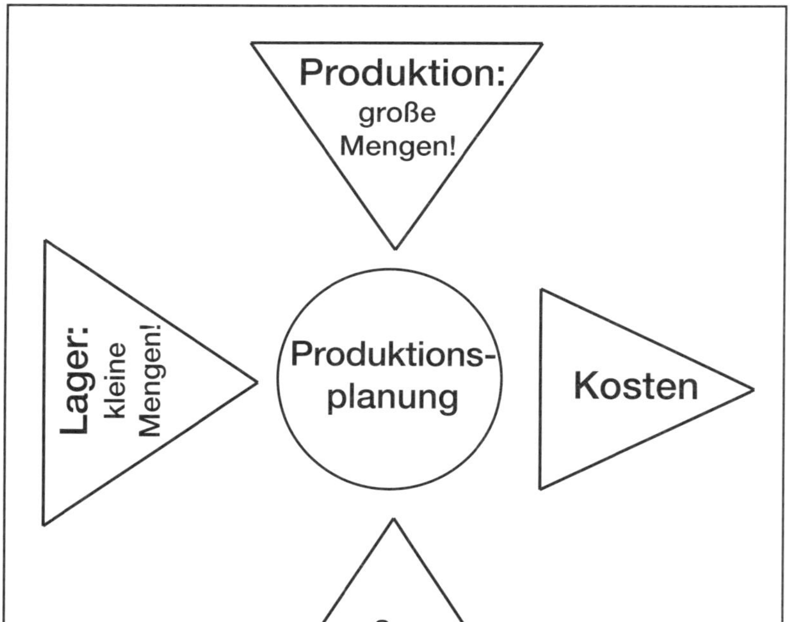

Abb. 1: Produktionsplanung

Das lässt den Kostenverantwortlichen in Krisenzeiten aufhorchen: Vieles hängt von den Produktionsmengen ab. Und die Mengen verändern sich in der Absatzkrise. Die Gesamtmenge sinkt, die Nachfrage konzentriert sich auf preiswertere Produkte. Damit verändert sich auch der Produktionsmix und es ergeben sich Chancen zur Kostensenkung.

2.1 Zeitvorteil nutzen

Sinkende Nachfrage verringert Termindruck

Die Lieferfähigkeit als oberstes Ziel der meisten Fertigungsunternehmen baut in Zeiten starker Nachfrage einen enormen Zeitdruck auf. Der wiederum sorgt dafür, dass Kostenoptima in der Produktion nicht eingehalten werden. Mit Überstunden und auf Hochtouren laufenden Maschinen wird produziert, um die Lieferverpflichtungen erfüllen zu können. Durch die Absatzkrise und die damit einhergehende sinkende Nachfrage lässt der Zeitdruck nach. Dies muss für ein kostensensibles Verhalten aller Beteiligten ausgenutzt werden. Die Produktionsplaner können jetzt optimale Kostenverhältnisse erreichen, wenn der Termindruck nicht mehr ganz so stark ist und die Kostenoptimierung nicht mehr überdeckt.

- Maschinen werden nicht mehr mit der größtmöglichen, sondern mit der optimalen Geschwindigkeit genutzt, in der Energie- und Hilfsstoffverbrauch minimiert werden. In der Praxis werden so erhebliche Kosten eingespart.
- Die Mitarbeiter können sorgfältiger arbeiten, da der Mengendruck reduziert ist. Damit ist ein besseres Arbeitsergebnis zu erreichen.
- Durch die größere Sorgfalt und die optimale Maschineneinstellung lässt sich der Materialverbrauch senken. Der größte Erfolg in dieser Kostenart ist dann zu erzielen, wenn sich die Vorarbeiter aktiv mit der Materialeinsparung beschäftigen, diese ausdrücklich beeinflussen und nicht nur die automatisch eintretenden Effekte mitnehmen.
- Die größte Kosteneinsparung in der Produktion bringt die Senkung des Ausschusses mit sich. Unbrauchbare fertige Produkte haben Materialkosten verursacht, Fertigungskosten verbraucht und Kapazitäten belegt. Die schonendere und zeitlich weniger unter Druck stehende Fertigung verringert den Ausschuss und senkt die Kosten.

2.2 Losgrößen der Nachfrage anpassen

Die sinkende Nachfrage nach Produkten beeinflusst bei gleichen Losgrößen die Lagerdauer der Waren. Jetzt dauert es länger, bis die eingelagerten Artikel abgesetzt werden können. Dadurch entsteht nicht nur ein Platzproblem im Lager, die Komponente der Lagerkosten in der

Formel für die Berechnung der optimalen Losgröße verändert sich. Der Trend wird zu geringeren Losgrößen gehen und damit zu steigenden Stückkosten. In der Summe der Lager- und Stückkosten wird sich aber eine Reduktion ergeben, wenn die Losgrößen in der Fertigung der neuen Nachfragesituation angepasst werden.

2.3 Verschobene Engpässe ausnutzen

In jeder Produktion gibt es Engpässe, die in die Produktionsplanung einfließen. Der Produktmix bestimmt,

- welche Maschine zu sehr belastet ist,
- welche Mitarbeiter Mehrarbeit leisten müssen oder
- wo nicht genügend Kapazität vorhanden ist.

Nachfragemengen verändern sich

In der Krise verändern sich die Mengen der nachgefragten Produkte, sodass sich plötzlich neue Engpässe ergeben und alte sich entschärfen. So werden z. B. vermehrt Produkte ohne aufwendige Lackierung nachgefragt, was den Anspruch an Trockenplätzen reduziert. Der Mietvertrag für zusätzliche Trockenräume kann daher gekündigt werden, was wiederum Kosten senkt.

Andere Beispiele für die Senkung von Kosten sind

- reduzierte Wochenarbeitszeiten für Mitarbeiter,
- die Stilllegung einer alten Maschine, deren Kapazität nicht mehr für bestimmte Produkte benötigt wird, oder
- der Verkauf von Fahrzeugen, wenn der Transport von Bauteilen zu einem zusätzlichen Bearbeitungsschritt überflüssig wird.

Das alles schafft sofort Kostenvorteile, die nur bei einer neuen Berechnung von Engpässen genutzt werden können.

2.4 Kosten für die verlängerte Werkbank reduzieren

Das Auslagern von Fertigungsschritten zu externen Partnern geschieht aus zwei Gründen:

- Zum einen kann der Partner die Leistung preiswerter anbieten als diese in der Produktionsabteilung des Unternehmens erledigt werden kann.
- Zum anderen erfolgt die Auslagerung, wenn in der Produktion die Kapazitäten nicht mehr vorhanden sind und keine eigenen zusätzlichen Kapazitäten aufgebaut werden sollen.

In beiden Fällen können die Kosten für die verlängerte Werkbank in Krisenzeiten reduziert werden.

- Wenn es bei der Auslagerung nur darum ging, externe Kapazitäten zu schaffen, jetzt aber Kapazitäten im Unternehmen durch den Nachfragerückgang wieder frei werden, kann die Arbeit sofort zurückverlagert werden. Die Kosten der verlängerten Werkbank werden gespart.
- Werden an anderen Stellen Kapazitäten frei, die auch ungenutzt Fixkosten verursachen, können diese dazu genutzt werden, die ausgelagerten Arbeiten auszuführen.
- Grundsätzlich entfallen bei der Abschaffung der verlängerten Werkbank die zusätzlichen Koordinations- und Transportkosten.

Optimale Produktionsplanung spart Kosten

Voraussetzung für alle neuen Entscheidungen in der Produktionsplanung ist es, dass der Vertrieb eine aktuelle Schätzung der jetzt erwarteten Verkaufsmengen abgeben kann. Das ist gerade in Zeiten einer Wirtschaftskrise nicht einfach, bildet aber die Grundlage für sichere Entscheidungen in der Fertigung und damit die Grundlage für eine erhebliche Kostensenkung.

3 Kosteneinsparungen in der Logistik

Neuverhandlungen können Kosten senken

Auch in der Logistik, innerbetrieblich oder auf dem Weg zum Kunden spielt die transportierte Menge eine ausschlaggebende Rolle in der Kostenentstehung. Für Unternehmen, die ihre Transportaufgaben durch Speditionen erledigen lassen, sinken die Kosten automatisch, da weniger Sendungen anfallen. Problematisch können in dieser Situation Vereinbarungen sein, die über Staffelpreise oder Mindestmengen die Preise pro transportierte Einheit bestimmen. Dort sind neue Verhandlungen notwendig, um das Kostenniveau halten zu können.

Für Unternehmen mit eigener Logistik gilt es, den Bezug der transportierten Menge pro Fahrzeug zu den Gesamtkosten zu beachten, wenn sich die Nachfrage reduziert. Gleichgültig, ob der Lkw die Strecke voll beladen oder nur zu 50 % ausgelastet fährt, die Gesamtkosten sind ziemlich identisch, die Kosten pro transportierte Einheit steigen jedoch. Hier setzen Maßnahmen zur Kostenreduktion an.

3.1 Tourenplanung anpassen

Die vorhandenen Tourenpläne basieren auf Berechnungen mit vergangenen Absatzzahlen. Da sich diese in der Krise verringern, führen die alten Pläne zu Leertransporten und überflüssigen Fahrten, wenn sie nicht angepasst werden.

- Müssen die Touren in bestimmten Zeitabständen gefahren werden, um z. B. Bäcker mit frischen Rohstoffen zu beliefern, können Touren zusammengelegt werden. Dadurch können variable Kosten (Treibstoff, Fahrer) eingespart werden. Die einzelne Tour wird dabei vielleicht länger, insgesamt reduzieren sich aber Fahrtzeit und Kilometer. Das senkt die Kosten.
- Kann der Zeitraum zwischen den Touren verlängert werden, sollte jeweils so lange gewartet werden, bis die Tour voll ist. Damit werden ganze Touren eingespart, was zumindest die variablen Kosten spart. Vor allem im innerbetrieblichen Verkehr kann die Disposition darauf Rücksicht nehmen.

3.2 Lieferzeiten anpassen

Lieferzeiten der Nachfrage anpassen

Längere Lieferzeiten bedeuten auch mehr Zeit, um optimale Touren zusammenzustellen. Optimale Touren senken die Transportkosten erheblich. Es muss mit dem Vertrieb geklärt werden, wie die verbleibenden Kunden in der Krise auf die Einschränkung reagieren. Sind keine negativen Auswirkungen zu erwarten, kann die Lieferzeitverlängerung durch die Transportkostenoptimierung sofort erhebliche Kosten einsparen.

3.3 Fuhrpark reduzieren

Ungenutzte Fahrzeuge abmelden ...

Die reduzierten Transportmengen führen dazu, dass bisher genutzte Fahrzeuge überflüssig werden. Um die Kosten für Kfz-Steuern, Versicherungen, Inspektionen und Abnahmen zu sparen, sollten nicht genutzte Fahrzeuge stillgelegt werden. Der Kosteneffekt tritt sofort ein. Der Verkauf der Transporter oder Lkw scheint nicht sinnvoll, weil der Markt für Gebrauchtfahrzeuge eben wegen der schwachen Konjunktur ein Überangebot aufweist. Ein Verkauf unter Buchwert würde einen Buchverlust erzeugen und ist daher nur sinnvoll, wenn die Liquidität gebraucht wird.

... und damit Fixkosten reduzieren

Die wirtschaftliche Lage wird sich erholen. Dann können die stillgelegten Fahrzeuge wieder angemeldet werden. Das kann nach und nach geschehen, entsprechend der steigenden Nachfrage. Werden die temporär überflüssigen Fahrzeuge nicht stillgelegt, werden sie in der Regel auch genutzt. Im Ergebnis kommt es zu einer suboptimalen Tourenplanung.

3.4 Auftragskosten durch Mengenanreize reduzieren

Kunden zur optimalen Bestellmenge animieren

Wenn die Kunden eines Unternehmens einen geringeren Bedarf an dessen Produkten haben, bestellen sie in der Regel nicht weniger oft, sondern geringere Mengen. Die Liefermengen werden weniger. Die Logistikkosten jedoch bleiben die gleichen und das wirkt sich negativ auf das Verhältnis des Deckungsbeitrages zu den Auftragskosten aus. Ziel der Logistik muss also sein, die Kunden dazu zu bewegen, den Bestellzyklus zu verlängern und gleichzeitig die Bestellmengen zu vergrößern.

	unverändertes Verhalten				angepasstes Verhalten			
	Auftrag	Stück	Auftragskosten	Transportkosten	Auftrag	Stück	Auftragskosten	Transportkosten
Januar								
Februar	1	1.000	500 €	450 €	1	1.333	500 €	500 €
März								
April								
Mai	2	1.000	500 €	450 €				
Juni					2	1.333	500 €	500 €
Juli								
Augus	3	1.000	500 €	450 €				
September								
Oktober					3	1.333	500 €	500 €
November	4	1.000	500 €	450 €				
Dezember								
		4.000	2.000 €	1.800 €		4.000	1.500 €	1.500 €
Gesamtauftragskosten				**3.800 €**				**3.000 €**

Abb. 2: Reduzierung der Auftragskosten bei geändertem Bestellverhalten

Beispiel: Reduzierung der Auftragskosten durch weniger Bestellungen und größere Bestellmengen

Wenn ein Kunde anstelle von vier Aufträgen pro Jahr à 1.000 Stück drei Aufträge à 1.333 Stück erteilt, sinken trotz steigender Transportkosten pro Auftrag die Gesamtauftragskosten um 800 EUR. Selbst wenn der Kunden dafür einen Mengenrabatt von 100 EUR pro Auftrag erhält, sinken die Kosten des Unternehmens um 500 EUR.

3.5 Versandkostenpauschalen neu berechnen

Viele Unternehmen arbeiten mit einer Versandkostenpauschale. Diese wurde in der Vergangenheit für eine durchschnittliche Auftragsgröße errechnet. Sinkt diese aufgrund eines Nachfragerückgangs – bestellt der

Durchschnittskunde also nicht mehr drei Bücher, sondern zwei pro Sendung –, muss die Pauschale überprüft werden. Ist eine Anpassung möglich, sollte sie durchgesetzt werden. Die Kostensituation begründet dies auf jeden Fall.

4 Kosteneinsparungen in der Informationsverarbeitung

Die IT-Kosten werden in aller Regel als Gemeinkosten behandelt und gelten als relativ fix. Das ist richtig für die traditionelle Kostenbetrachtung. Wenn in Zeiten einer Wirtschaftkrise Kostensenkungspotenzial aufgedeckt werden muss, finden sich auch im Bereich der Informationsverarbeitung Kosten, die vermieden werden können. Unternehmen, die Software bereits in Form von SaaS (Software as a Service) nutzen, zahlen neben einer Grundgebühr bereits mengenabhängige Gebühren. Hier erfolgt die Anpassung an das niedrigere Leistungsniveau automatisch. Alle anderen Unternehmen müssen prüfen, wo die sinkende Nachfrage Auswirkungen hat auf die notwendigen Leistungen der IT und wo diese Situation zu Kostensenkungen genutzt werden kann.

4.1 Wartungsverträge an die veränderte Auslastung anpassen

Wartungsverträge neu verhandeln

Um die Verfügbarkeit der IT im Unternehmen möglichst hoch zu halten, muss das System technisch auf einem sicheren Stand gehalten werden. Fehler sind so schnell wie möglich zu beseitigen. Dazu werden Wartungsverträge abgeschlossen. Diese basieren in ihrem Umfang auf Anforderungen, die vor der Krise bestanden haben.

- Durch die geringere Belastung werden an einigen Stellen im Unternehmen Teile der Informationstechnik nicht oder nicht mehr im kritischen Umfang genutzt. Das kann der Schnelldrucker im Versand sein oder das Kartenlesegerät in der Fertigung. Hier kann die Wartung gestrichen werden.
- Die Wartungsverträge beinhalten in der Regel eine Reaktionszeit des Wartungsanbieters. Auch diese wurde entsprechend einer früheren Belastung vereinbart. In der Fertigung ist die Reaktionszeit nicht mehr ganz so kritisch, wenn dort aufgrund geringerer Produktionsmengen Alternativen möglich sind. Wird die Reaktionszeit verlängert, sinken die Wartungskosten.
- Der zeitliche Rahmen der Verfügbarkeit von Wartungsleistungen kann eventuell verkürzt werden. Wenn z. B. die Nachtschicht nicht mehr gefahren wird, ist auch keine Fehlerbeseitigung in der Nacht mehr notwendig. Die teure 24-Stunden-Vereinbarung kann gekündigt werden.

Selbstverständlich spielt bei der Veränderung der Zusammenarbeit mit Externen die vertragliche Möglichkeit der Kündigung oder Veränderung eine wichtige Rolle. Auch der Dienstleister wird die Rezession spüren und über jede vertraglich vereinbarte Geldquelle froh sein. Er wird gleichzeitig aber die weitere Zukunft beachten müssen, in der einmal enttäuschte Vertragspartner sich einen anderen Dienstleister suchen. Das Unternehmen hat durchaus Chancen, die Wartungskosten sofort zu senken.

Wartungsverträge ggf. kündigen

4.2 Arbeitszeit der IT-Mitarbeiter an die Auftragslage anpassen

Die gleichen Gründe, die für die Reduzierung der Wartungsleistung gelten, gelten auch für die Beurteilung der notwendigen Arbeitszeit der IT-Mitarbeiter. Geringere Beanspruchung durch sinkende Absätze führt auch zu geringerer Nutzung von IT-Systemen und damit zu geringerer Anwenderbetreuung.

Auslastung kritisch prüfen

- In vielen Unternehmen arbeiten IT-Mitarbeiter zeitversetzt, um die Betreuung der Anwender in einem größeren Zeitfenster sicherzustellen. Wenn dafür ein finanzieller Ausgleich an die IT-Mitarbeiter gezahlt wird, kann dieser eingespart werden. Dazu muss die Arbeitszeit wieder der üblichen Regelung angepasst werden.
- Gibt es eine Bereitschaftsregelung, die den Zugriff auf IT-Mitarbeiter außerhalb der regulären Arbeitszeiten der IT-Abteilung sicherstellt, muss diese in der Krise auf den Prüfstand. Bereitschaftszeiten kosten Geld, das eventuell eingespart werden kann. Wird am Wochenende nicht produziert, versandt oder verwaltet, muss auch keine Bereitschaft mehr bestehen.

4.3 Externe Anwenderschulungen durch Inhouse-Schulungen ersetzen

Ein wichtiger Erfolgsfaktor für die Nutzung von Informationstechnologie ist die Ausbildung der Anwender. Während in der normalen Situation die IT-Abteilung mit vielen Aufgaben belastet ist, gibt es in der Absatzkrise durchaus die Möglichkeit, Freiräume zu schaffen. Dann können viele Schulungsinhalte auch intern von den Mitarbeitern der IT-Abteilung vermittelt werden. Das spart nicht nur die externen Schulungskosten, auch Reisekosten und Reisezeit entfallen. Gleichzeitig kann die Schulung inhaltlich genau auf das Unternehmen eingestellt werden.

Interne IT-Mitarbeiter als Multiplikatoren

4.4 Nicht sofort jede technische Neuerung umsetzen

Bei technischen Neuerungen Nutzwert hinterfragen

Die technische Entwicklung in der Informationsverarbeitung ist noch immer ungebrochen enorm. Neueste Techniken, mehr Kapazitäten und schnellere Verarbeitungen sind immer zu bekommen. Nicht immer dagegen bietet die neueste Generation an Geräten, Netzwerken und Software auch einen wirtschaftlichen Nutzen. In Krisenzeiten muss besonders genau geprüft werden, ob sich die Investition lohnt.

- Der Ersatz von Geräten wie z. B. Druckern oder PCs ist in aller Regel nicht technisch bedingt. Der PC wird ausgetauscht, weil das neue Betriebssystem einen schnelleren Prozessor benötigt, der Drucker, um noch mehr Farbe zu bekommen. Wer auf diesen Austausch ohne technische Begründung in Form von Ausfällen verzichtet, kann erhebliche Kosten sparen.
- Das neue Betriebssystem von Microsoft mag zwar technologisch anspruchsvoll und für die IT-Mitarbeiter sehr interessant sein. Trotzdem muss nicht sofort das gesamte Netzwerk entsprechend umgestellt werden. Auch wenn neue PCs mit dem neuen Betriebssystem ausgestattet sind, alte aber noch nicht, muss keine inhomogene Landschaft mit hohem Betreuungsaufwand entstehen. Auch die neuen PCs können kostenlos mit dem alten Betriebssystem genutzt werden. Eine Umstellung aller Systeme kann zu einem späteren Zeitpunkt erfolgen.
- Softwarewartung beinhaltet auch regelmäßige Updates der Software, typisch für ERP, PPS, CAD und viele andere Anwendungen. Trotz der laufenden vertraglichen Zahlungen sind Updates immer auch mit Kosten verbunden. Die können eingespart werden, wenn nicht jedes Update sofort umgesetzt wird, nur weil es vorhanden ist. Gerade in Krisenzeiten ist die Besinnung auf das, was vorhanden ist und gut genutzt werden kann, vorteilhaft.

Der technische Wandel in der IT kann in der Krise nicht mehr als Grund herhalten für einen Austausch von Systemkomponenten. Das spart Liquidität und enorme Kosten. Der Wechsel auf das neue System oder die Nutzung der neuen Softwareversion kann auch noch ein Jahr warten. Dadurch verliert das Unternehmen nicht, sondern gewinnt erheblichen finanziellen Spielraum.

5 Weitere Einsparpotenziale im Unternehmen

In der Wirtschaftskrise ist die sofortige Nutzung von Kostensenkungspotenzial überlebensnotwendig. In den genannten Bereichen Vertrieb, Produktion, Logistik oder IT ist dies schnell und oft ohne große

Einbußen möglich. Das gilt aber auch für viele weitere Bereiche im Unternehmen. Während die aufgezeigten Potenziale meist direkt gehoben werden können, müssen z. B. Einsparungen im Personalbereich langwierig mit den Mitarbeitervertretungen verhandelt und mit Zugeständnissen erkauft werden. Oder sie wirken wie bei der Nutzung von Möglichkeiten im Bereich des Working Capital nur indirekt.

5.1 Kostensenkung im Personalbereich

Die Möglichkeiten zur Kostensenkung sind im Personalbereich vielfältig und zeigen meist auch gute Erfolge, wenn sie denn umgesetzt werden können. Viele Betriebsräte sehen in den Verhandlungen nicht ihre Verantwortung für das Gesamtunternehmen, sondern nutzen die ungünstige Verhandlungsposition des Unternehmens aus, um die Maßnahmen zu verwässern oder spätere Wiedergutmachungen festzuschreiben. Dennoch müssen die folgenden Möglichkeiten in Betracht gezogen werden:

- Vorhandene Zeitguthaben können abgebaut werden. Darüber hinaus können auch negative Zeitguthaben aufgebaut werden, was zu einer Entspannung in der Zukunft führen wird.
- Kann ein großer Teil des Urlaubs in den Zeiten der Krise genommen werden, muss dies nicht später bei Anstieg der Nachfrage geschehen. Dadurch wird teure Vertretung gespart.
- Die Kurzarbeit ist eine Möglichkeit, die Minderbeschäftigungskosten zwischen Unternehmen, Mitarbeiter und Staat zu teilen und die Mitarbeiter nicht entlassen zu müssen. Die Bedingungen der Kurzarbeit werden derzeit für kleine Unternehmen verbessert.
- Nicht auszuschließen sind auch Entlassungen. Zeitarbeitsverhältnisse werden problemlos aufgelöst, Befristungen nicht verlängert. Reicht das nicht, müssen betriebsbedingte Kündigungen ausgesprochen werden.

5.2 Working Capital optimieren

Gezieltes Forderungsmanagement

In der Wirtschaftskrise werden alle Unternehmen versuchen, die Forderungen und Vorräte zu minimieren und die Lieferantenkredite zu nutzen, also das Working Capital zu optimieren. Die Maßnahmen sind vielversprechend, wenn bisher wenig Augenmerk auf diese Kennzahl gelegt wurde. Auf die Kosten wirken sie indirekt.

- Forderungen können an Inkassounternehmen verkauft werden. Das kostet zwar Geld, wie ein Kredit, verschafft aber Liquidität und entlastet vom Forderungsmanagement.
- Lagerbestände alter Waren, meist längst abgeschrieben, werden entsorgt. Dadurch wird der benötigte Lagerplatz geringer, das Lager kann besser organisiert werden. Die Wahrscheinlichkeit, dass die Waren trotz jahrelangen Winterschlafs noch genutzt werden können, ist in der Praxis minimal.
- Sinkt die Nachfrage, werden auch Rohstoffe und Materialien in geringerem Umfang benötigt. Dadurch werden die vorhandenen Vorräte zu groß. Vor allem verderbliche Waren, also natürliche Rohstoffe, oder modische Produkte müssen verkauft werden, solange noch ein vernünftiger Preis dafür erzielt werden kann.
- Wird die Kreditlinie des Unternehmens in Krisenzeiten voll ausgenutzt oder von den Banken gesenkt, kann die Nutzung der Lieferantenkredite Entspannung bieten. Das muss jedoch in Abstimmung mit den Lieferanten geschehen. Der Einkauf verhandelt längere Zahlungsziele, vielleicht sogar mit Beibehaltung von Skonto.

6 Fazit: Potenzial ist überall

Die Krise ist in den deutschen Unternehmen längst angekommen. Wer überleben will und die Krise sogar zur Verbesserung seiner Marktstellung nutzen kann, muss sich den finanziellen Spielraum schaffen. Eine wichtige Maßnahme dazu ist die Senkung der Kosten, die in Zeiten der Wirtschaftskrise unnötig anfallen. Diese müssen schnell und zuverlässig identifiziert werden. Jeder Unternehmensbereich kann dazu beitragen – das Potenzial ist in jedem Fall vorhanden.

Mittelfristige Einsparpotenziale im Unternehmen: Die Krise für die Zukunft nutzen!

- Die Wirtschaftskrise zwingt viele Unternehmen dazu, ihre Kosten sofort zu senken. Gleichzeitig muss jedoch auch an die Zukunft gedacht werden. Die aktuelle Krise kann noch viele Monate dauern. Wichtig ist, sich eine günstige Startposition zu schaffen und gestärkt aus der Krise hervorzugehen.
- Darum wird neben den Maßnahmen zur sofortigen Kostensenkung auch untersucht, welche mittel- und langfristigen Potenziale im Unternehmen schlummern. Die Zeit ist günstig, entsprechende Maßnahmen können gut begründet und einfacher durchgesetzt werden. Der fehlende Zeitdruck bei sinkender Nachfrage setzt Ressourcen frei, die in allen Abteilungen dazu genutzt werden können, Einsparpotenziale zu identifizieren.
- Mittel- und langfristige Maßnahmen zur Kostensenkung sind für ein Unternehmen weniger einschneidend als sofort wirkende, kurzfristige Maßnahmen, dafür aber vielfältiger und nachhaltiger.
- Der Unternehmer muss Kostensenkungsmaßnahmen vorantreiben und durchsetzen. Sie dürfen nicht bei ersten Anzeichen einer Erholung der wirtschaftlichen Situation aufgegeben werden. Nur unter diesen Bedingungen lohnt sich der Aufwand.

Inhalt		Seite

Der Autor

Dipl.-Kfm. Reinhard Bleiber ist seit vielen Jahren in der kaufmännischen Verantwortung mittelständischer Unternehmen tätig. Der Arbeitsschwerpunkt liegt im Bereich Finanzen, Rechnungswesen und IT.

1 Hohe Einsparpotenziale in Vertrieb und Marketing

Der Vertrieb und das Marketing sind näher an der Krise, als alle anderen Unternehmensbereiche. Sie erfahren jeden Tag, wie das Interesse der Kunden sinkt oder diese mit ihrer gewachsenen Marktmacht selbst unmoralische Forderungen durchsetzen. Trotz der starken Belastung der Mitarbeiter dieser Abteilung muss hier begonnen werden, das Potenzial an Kostensenkung für die Zukunft zu heben.

1.1 Kommunikationsstrategie evaluieren und anpassen

Kommunikationsstrategie überdenken

Vertriebswege und Preispolitik lassen sich mittelfristig kaum beeinflussen, da sie von den Gegebenheiten des Marktes und der Branche abhängen. Anders sieht es mit der Kommunikationsstrategie des Marketings aus. Anzeigen, Messeauftritte, Internetseiten oder Sponsoring von Sportveranstaltungen verursachen hohe Kosten. Nicht jedes Werbemedium ist anfällig gegen eine Krise, wie wir sie gerade erleben. Um für die Zukunft Kosten zu senken, muss der Mix der genutzten Medien überdacht werden.

- Ist es sinnvoll, fast das gesamte Werbebudget auf ein Medium zu setzen und die anderen Möglichkeiten zu vernachlässigen? Ein gesunder Mix garantiert einen Mindesterfolg in der Kundenkommunikation auch in Krisenzeiten.
- Ist es sinnvoll, das Budget auf viele Medien aufzuteilen? Die Nachfrage des Unternehmens nach Werbeleistung wird gesplittet und dadurch reduziert. Für die Kosten pro Werbeeinheit kann es sinnvoll sein, das Budget zu bündeln und Mengenrabatte auszuhandeln.

Diese beiden gegenläufigen Empfehlungen zeigen, dass die Kostensenkungspotenziale sehr individuell verteilt sind. Erfolg bringt die individuelle Beschäftigung mit diesem Thema unter dem Gesichtspunkt der Kosten.

Eine kurzfristige Reduktion der Werbung, um kurzfristig Kosten zu sparen, bringt Erkenntnisse über das Verhalten der Kunden. Kommt es zu einem Effekt, der auf die veränderte Werbung zurückzuführen ist? Ändert sich am Verhalten der Kunden auch bei weniger Werbung nichts? Gleichgültig, ob ein Effekt festzustellen ist oder nicht – beide Erkenntnisse müssen zu einer angepassten, kostengünstigeren mittel- bis langfristigen Kommunikationsstrategie führen.

1.2 Bestimmte Marketingaktivitäten auslagern

Im Marketing fallen viele Aufgaben an, die sowohl von eigenen Mitarbeitern als auch von Externen erledigt werden können. Marketingagenturen bieten unter anderem an:

- Kataloggestaltung,
- Platzierung von Anzeigen,
- Messeplanung und -durchführung oder
- Gestaltung der Verpackung.

Manche Argumente sprechen für die Nutzung externer Agenturen und gegen den Einsatz eigener Mitarbeiter:

- Agenturen arbeiten nur auftragsbezogen. Jede Aufgabe muss definiert, beschrieben und vor allem kalkuliert werden. Nebenaufgaben entfallen, wenn sie überflüssig sind, oder werden von anderen Stellen im Unternehmen erledigt, wenn sie wichtig sind. In vielen Fällen lassen sich dadurch Kosten sparen.
- Die Kosten werden durch das Outsourcing flexibler. Eigene Mitarbeiter haben erhebliche Rechte, was die Veränderung von Einsatzzeiten und Kapazitäten in der Marketingabteilung stark erschwert. Externe Agenturen erhalten in Krisenzeiten weniger Aufträge vom Unternehmen. Die Kosten für das Marketing sinken automatisch. Die Umstellung auf Agenturen in der Marketingabteilung muss mittel- bis langfristig betrieben werden.
- In einer Wirtschaftskrise, wie wir sie gerade erleben, haben auch die Marketingagenturen freie Kapazitäten, die auf den Marktpreis drücken. Wer jetzt die Agentur wechselt oder seine Marketingaktivitäten auf Agenturen umstellt, kann die Kosten für die Leistung drücken. Da die Marketingaktivitäten über einen längeren Zeitraum wirken, muss auch ein Agenturwechsel mittelfristig betrieben werden. Als zusätzlicher Vorteil führt der Agenturwechsel zu neuen Ideen, die das Geschäft beleben können.

1.3 In guten Zeiten einen Krisenplan erarbeiten

Von Marketing und Vertrieb wird in Krisenzeiten viel erwartet. Sie müssen schnell reagieren und erheblichen Einsatz leisten. Zeit für das Schmieden von Plänen ist nur bedingt vorhanden. Darum sollte für die Krise bereits in guten Zeiten ein Plan aufgestellt werden. Dann können Maßnahmen sofort ergriffen werden, die Kosten sinken schnell und geplant.

Im Marketing kann der Krisenplan die Festlegung der minimalen Werbemaßnahmen in Art und Umfang, das Einsparpotenzial bei der Wartung des Internetauftritts oder die maximale Kataloglaufzeit umfassen. Es wird erreicht, dass Kosteneinsparungen sofort veranlasst und Entscheidungen darüber in ruhigeren Zeiten ohne Druck der Krise gefällt werden können.

Der Vertrieb muss sich in Krisenzeit neu aufstellen. Wie er das tut, wird im Krisenplan festgehalten. Neue Kriterien der Kundenbeurteilung, neue Verteilung der vorhandenen Betreuungszeiten und maximale Zugeständnisse an Kunden sind bereits definiert und führen schnell zu den gewünschten Erfolgen.

1.4 Flexible Gehaltsbestandteile einführen

Geeignet für Außen- und Innendienst

Eine umsatzabhängige Gehaltskomponente, wie sie in vielen Vertriebsorganisationen üblich ist, führt dazu, dass sich die Personalkosten zumindest teilweise automatisch an die sinkenden Umsätze anpassen. In Zeiten der Krise werden so Kosten gespart. Das gilt nicht nur für die Mitarbeiter, die im Außendienst oder im Einzelhandel direkt mit dem Kunden zu tun haben. Die umsatzabhängige Vergütung kann auch für den Verkaufsinnendienst vereinbart werden. Dadurch werden Personalkosten gespart, ohne dass Verträge oder andere Vereinbarungen verändert werden müssen.

Nachteil flexibler Gehaltskomponenten

Die Umstellung vorhandener Entlohnungssysteme benötigt jedoch Zeit. In Krisenzeiten kann die Umsatzabhängigkeit nicht mehr als leistungsbezogen bezeichnet werden, weil der einzelne Verkäufer kaum noch wesentlichen Einfluss auf die Absatzentwicklung hat. Darin liegt auch der größte Nachteil der flexiblen Gehaltsbestandteile. Sinkt das Gehalt durch sinkende Provisionen oder variable Anteile dauerhaft, wird sich ein Mitarbeiter eine neue Aufgabe mit sicherer Entlohnung suchen. Gute Verkäufer verlassen das Unternehmen zuerst. Über eine begrenzte Krise hinweg ist das System jedoch kostensparend.

1.5 Planung verbessern

Planung ist das A und O

Wer die Krise am schnellsten erkennt und wer die Auswirkungen am besten vorhersagt, der kann auch schnell und gut reagieren. Dem Umsatzrückgang wird begegnet, Kostensenkungsmaßnahmen werden rechtzeitig auf den Weg gebracht. Gute Planung senkt also die Kosten der Krise.

- Unternehmen ohne Planung verbessern ihre Situation wesentlich, wenn eine Planung von Absatz und Umsatz sowie der wichtigsten Kostenarten eingeführt wird.
- Unternehmen mit einem Planungssystem erhalten eine verbesserte Planung, wenn mehrere Szenarien durchgerechnet werden. Eine Variante der Planung beschäftigt sich mit dem Worst Case, der Krise. Die Anzeichen werden dann früher erkannt, die Auswirkungen sind bekannt.
- Die Planungsinstrumente können verbessert werden, um die Planungsgenauigkeit zu steigern. So kostet z. B. der Zugang zu Daten von Marktforschungsinstituten zwar Geld, sorgt aber für aktuelle Informationen. Oder Mitarbeitern wird mehr Zeit für die Planung gegeben, damit die einzelnen Planer sich intensiver mit der Materie beschäftigen können.

Das Planungssystem zu verbessern ist ein langwieriger Prozess. Zunächst muss die Planungsstrategie angepasst werden, dann muss Erfahrung gesammelt werden. Erst danach können die Planungsabläufe festgeschrieben werden. Wird damit eine Krise früher erkannt, spart die schnellere Reaktion dem Unternehmen viel Geld.

1.6 Sortiment bereinigen

Eine wichtige Aufgabe im Marketing ist die Sortimentspolitik, die gemeinsam mit dem Vertrieb umgesetzt wird. In Krisenzeiten, in denen der Umsatz zurückgeht, ist der Vertrieb froh über jedes Produkt, das verkauft wird. Dabei wird in der Praxis nicht beachtet, dass nicht jeder Umsatz auch profitabel ist.

- Die Kostenstruktur vieler Artikel lässt keine ausreichende Marge zu. Der Preis liegt nur knapp über oder sogar unter den Herstellkosten. Diese Kosten können sofort eingespart werden, wenn das Produkt aus dem Sortiment genommen wird.
- Durch die Anzahl der nachgefragten Produkte wird in erheblichem Maße bestimmt, wie hoch die Fertigungskosten sind. Können wegen sinkender Nachfrage nur kleine Mengen verkauft werden, sinken die Fertigungslose bzw. die Bestellmengen und die Stückkosten steigen. Auch hier können Kosten eingespart werden, wenn auf bestimmte Produkte ganz verzichtet wird.

Eine Sortimentsveränderung sollte kurzfristig nur im äußersten Notfall durchgeführt werden. Verkaufsunterlagen müssen angepasst, Verkäufer geschult und Kunden informiert werden. Das verlangt Zeit und erhöht zunächst die Kosten. Ein gestrafftes Sortiment hilft durch die Krise und ist eine gute Basis für kommende Nachfragerückgänge.

2 Einsparpotenziale in der Produktion

Wie flexibel ist die Produktion?

In keinem Bereich werden die Kosten eines Produktes so stark bestimmt wie in der Produktion. Gleichzeitig ist das Unternehmen dort in der Kostenentstehung am stärksten von den nachgefragten Mengen abhängig. Sinken die Produktionsmengen, steigen die Stückkosten, wenn nicht gegengesteuert wird. Durch kurzfristige Maßnahmen können schnell Kosten gesenkt werden. Diese Maßnahmen müssen sich jedoch im vorgegebenen Rahmen, der von Maschinen, Verfahren und Konstruktionen geprägt ist, bewegen (s. Abb. 1).

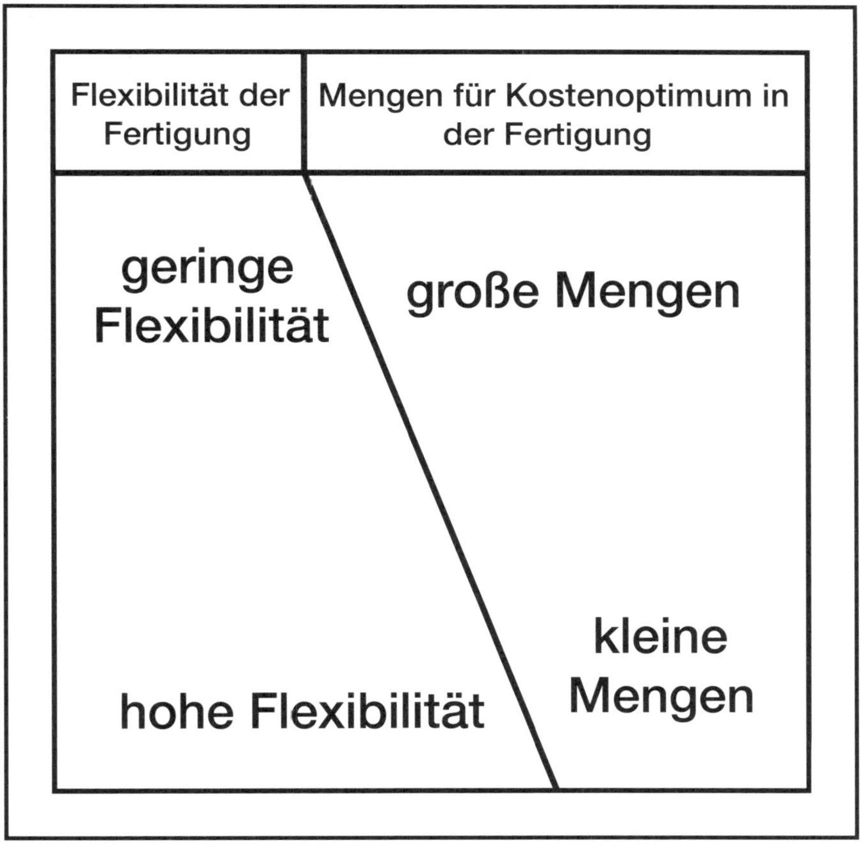

Abb. 1: Zusammenhang zwischen Flexibilität und Fertigungsmengen

Mittelfristig geht es darum, diese Rahmenbedingungen zu flexibilisieren. Bei veränderten Mengen muss sich auch die Produktionsplanung anpassen. Je größer dabei der Spielraum ist, desto größer ist das Potenzial zur Kostensenkung, das in der Krise genutzt werden kann.

2.1 Fertigung flexibilisieren

Je besser sich die Fertigung an sinkende Produktionsmengen anpassen kann, desto größer ist die Kosteneinsparung im Krisenfall. Gleichzeitig bedeutet Spezialisierung bei großen Mengen einen Kostenvorteil. Hier muss eine Risikoabwägung der Unternehmensführung erfolgen, um das richtige Ausmaß der Flexibilität festzulegen.

- Stark beeinflusst wird die Flexibilität von den eingesetzten Maschinen in der Fertigung. Spezialmaschinen erledigen eine Aufgabe schnell, gut und kostengünstig. Flexible Fertigungsanlagen sind für viele Aufgaben geeignet, dafür aber nicht so schnell und weniger günstig pro Arbeitsschritt. Sinken die Fertigungsmengen unerwartet, kann die Produktionsplanung bei Spezialmaschinen nur mit Leerzeit reagieren, während Fertigungszentren zusätzliche Aufgaben erledigen können.
- Das Verfahren für die Fertigung einzelner Produkte wird durch die Art des Produktes, aber auch durch dessen Konstruktion festgelegt. Dabei gibt es durchaus Spielräume, die für eine Flexibilisierung genutzt werden können. So bietet z. B. das Kleben einer Verbindung meist mehr Möglichkeiten als das Schrauben. Weniger aufwändige Maschinen sind notwendig, die Fähigkeiten der Mitarbeiter werden weniger beansprucht. Die Fertigung wird flexibler und kann sich in Krisenzeiten besser anpassen, um Kosten zu sparen.
- Je mehr Fähigkeiten ein Mitarbeiter hat, desto flexibler kann er eingesetzt werden. In Zeiten sinkender Mengen führt das zu einer vereinfachten Produktionsplanung. Der Mitarbeiter kann in einer Schicht verschiedene Aufgaben erledigen, Zeitarbeitnehmer werden nicht mehr benötigt – die Kosten sinken.

Flexibilisierung ist Daueraufgabe!

Die Flexibilisierung der Fertigung ist eine langfristige Aufgabe und im Grunde nie wirklich abgeschlossen. In Krisenzeiten zeigt sich der positive Effekt in Kostenvorteilen bei sinkenden Mengen und in normalen Zeiten wird die Produktionsplanung vereinfacht, wenn mehr flexible Maschinen in flexiblen Verfahren mit flexiblen Mitarbeitern eingesetzt werden können.

2.2 Losgrößen neu berechnen

Mit der Berechnung von Losgrößen für die Produktion wird das Optimum zwischen den sinkenden Stückkosten bei hohen Mengen und den entgegengesetzt wirkenden Lagerkosten gesucht. Gleichzeitig werden Engpässe in der Produktion berücksichtigt. In der Praxis werden Losgrößen einmalig berechnet und immer wieder verwendet. Wenn sich die notwendige Menge ändert, wie z. B. in einer Krise, sind die einmal berechneten Losgrößen nicht mehr optimal.

Für die Berechnung der Losgrößen ist eine Struktur zu schaffen, in der das Optimum für die einzelnen Fertigungsprodukte immer wieder neu berechnet wird. Damit werden notwendige Anpassungen bei Mengenrückgängen in einer Krise automatisch erkannt und in der Planung kostensenkend berücksichtigt.

Eine optimale Produktionsplanung wird nur erreicht, wenn die umfangreiche Aufgabe der Losgrößenberechnung durch Informationstechnologie unterstützt wird. Dann können auch Kapazitätsengpässe berücksichtigt werden. Das bietet erhebliche Vorteile in der alltäglichen Produktion und führt zur Senkung der Gesamtkosten in einer Krisensituation.

2.3 Alternative Fertigungsverfahren entwickeln

Ein neues Fertigungsverfahren umzusetzen ist sehr aufwendig und beinhaltet immer auch ein Risiko für die Produktion. Krisenzeiten verlangen nach Verfahrensänderungen, um damit Kostenvorteile zu realisieren. Damit dies möglichst problemlos umgesetzt werden kann, müssen bereits in normalen Zeiten alternative Fertigungsverfahren entwickelt, getestet und dokumentiert werden.

Das ist meist einfacher, als es sich zunächst anhört. Wird z. B. ein Drehteil auf einer automatischen, computergesteuerten Drehmaschine hergestellt, setzt das entsprechend hohe Mengen voraus, sonst sind die Kosten für Programmierung und Einrichtung der Maschine nicht gerechtfertigt. Das Bauteil könnte technisch auch auf einer CNC-Maschine gedreht werden. Wenn nun für beide Maschinen das entsprechende Programm vorhanden ist, kann in Krisenzeiten wesentlich schneller getauscht werden. Auch für die normale Produktionsplanung steigt die Flexibilität.

2.4 Verlängerte Werkbank nutzen

Einmal geschaffene Kapazitäten können in Krisenzeiten nur langsam und oft teuer abgebaut werden. Werden Aufgaben an Dritte vergeben, können die Aufträge entsprechend den benötigten Mengen angepasst werden, ohne dass ein Aufwand dafür entsteht. Die Kosten sinken entsprechend dem nachlassenden Absatz. Gleichzeitig können ausgelagerte Aufgaben dazu dienen, in Krisenzeiten frei werdende Kapazitäten im Unternehmen zu nutzen und die Fremdfertigung vollständig einzustellen.

Voraussetzung ist jedoch, dass die verlängerte Werkbank bereits in normalen Produktionszeiten genutzt wird. Jede eigene Kapazitätserweiterung sollte geprüft, Potenzial zur Fremdfertigung sollte festgestellt werden. In die Wirtschaftlichkeitsbetrachtung ist der Faktor einer flexiblen Reaktion in Krisenzeiten einzubeziehen.

Optimal ist es, wenn eine Aufgabe sowohl in der eigenen Produktion als auch bei einem externen Partner erledigt werden kann. So erhält sich das Unternehmen das Know-how für die Arbeit und kann dennoch im Krisenfall die verlängerte Werkbank wieder ins Unternehmen zurückholen.

3 Einfluss der Entwicklungskosten

Die Herstellkosten werden vor allem bestimmt von den Materialkosten und den Fertigungskosten. Beide, Material und Fertigung, werden bestimmt durch die Konstruktion der Produkte. Damit hat die Entwicklungsabteilung einen großen Einfluss auf die Kosten, ganz abgesehen davon, dass die Abteilung selbst auch Kosten verursacht.

3.1 Kostengünstigere Materialien in der Herstellung nutzen

Alternative, kostengünstigere Rohstoffe nutzen

Der Aufbau des Produkts, die Bauteile und die Verarbeitung bestimmen die Kosten. Das benötigte Material oder der Rohstoff hängen ganz erheblich davon ab, wie die Entwicklungsabteilung gearbeitet hat. In Zeiten knapper Kapazitäten wird sehr wahrscheinlich ein Material bevorzugt, das zwar etwas teuerer ist, aber weniger Bearbeitung beansprucht als ein alternatives Material. In Zeiten der Krise sind Kapazitäten vorhanden, finanzielle Mittel aber knapp. Darum kann eine Konstruktion, die alternative Materialien zulässt, in der Krise erhebliche Kosten einsparen.

3.2 Enge interne Zusammenarbeit ermöglichen

Schnittstellen managen

Um die Arbeit der Entwicklungsabteilung schnell und problemlos der Fertigungsabteilung zugänglich zu machen, ist eine enge Verbindung zwischen diesen Bereichen notwendig. Stücklisten, Arbeitspläne, Bearbeitungsbeschreibungen und Rohstoffspezifikationen können so direkt angepasst und übernommen werden. Dabei kann die IT helfen. Die enge Verknüpfung beider Bereiche mit Informationstechnologie muss vor allem organisatorisch sehr gut vorbereitet werden. Es ist daher eine Maßnahme, die erst in der nächsten Krise zu Kosteneinsparungen führt.

3.3 Dienstleister nutzen

Konstruktions- und Entwicklungsleistungen können von externen Anbietern zugekauft werden. Dadurch wird der Einsatz von Mitarbeitern, die gerade in der Entwicklungsabteilung sehr teuer sind, flexibler. In Krisenzeiten kann die Leistung zurückgefahren werden, indem z. B. die Entwicklung des neuen Produkts zeitlich gestreckt wird. Kosten können gesenkt werden. Es gilt wiederum, dass die Nutzung externer Dienstleister langfristig vorbereitet werden muss.

4 Einsparpotenziale mit einer geeigneten IT-Strategie

Die Kosten für die Informationsverarbeitung in einem Unternehmen sind relativ fix. Eine Abhängigkeit von den verkauften Mengen ist nur selten feststellbar. Dennoch können durch mittelfristige Maßnahmen auch in der IT-Abteilung Kosten gesenkt werden, wenn die IT-Strategie auf Flexibilität ausgerichtet wird. In Krisensituationen können die IT-Kosten dann auf ein Minimum reduziert werden.

4.1 Software-Landschaft vereinheitlichen und Schnittstellen optimieren

Traditionell gibt es in vielen Unternehmen historisch gewachsene IT-Lösungen, vor allem in Kleinunternehmen und im Mittelstand. Diese zeichnen sich durch viele verschiedene Module aus, die je nach Aufgabe von unterschiedlichen Software-Lieferanten gekauft wurden. Die Software-Landschaft ist dadurch sehr heterogen – das erschwert eine einfache Bedienung und die Pflege der Programme und Daten.

Einfache Programme erhöhen Flexibilität

In einer Krise müssen die Anwender mehr unterschiedliche Aufgaben erledigen als in normalen Zeiten. Das wird erleichtert, wenn die Logik der Programme und die Bedienung in den einzelnen Modulen identisch sind. Der Ersatz der vielfältigen Programme durch eine einheitliche modulare Software ist der richtige Weg dahin. Soweit sinnvoll, sollten die einzelnen Lösungen vom gleichen Lieferanten stammen. Spezialanwendungen sollte es nur noch in begrenztem Umfang geben. Dann kann auch ein Anwender sich leichter in andere Arbeitsgebiete einarbeiten. Das System wird flexibel und Kostenvorteile entstehen.

Auch bei einer optimalen Systemarchitektur bleiben Spezialanwendungen, die miteinander und mit der zentralen Anwendung Daten austauschen müssen. Die Bedienung der Schnittstellen, deren Wartung und Anpassung verursachen hohe Kosten. Wenn in der Krise Mengen nachlassen, sinkt die Belastung der Schnittstellen i. d. R. nicht. Oft stehen aber die notwendigen Kapazitäten und Fähigkeiten zur Schnittstellenbetreuung nicht mehr zur Verfügung. Darum muss als grundsätzliche Aufgabe der IT-Abteilung eine Vereinfachung der Schnittstellen festgeschrieben werden.

4.2 Anwenderschulungen fördern Flexibilität der Mitarbeiter

Wissen hilft Kosten zu sparen

Das Thema Flexibilisierung bestimmt die Kosten der IT in erheblichem Maße. Besonders betroffen sind die Anwender, die mit den IT-Systemen arbeiten müssen. Je besser diese informiert sind, desto größer ist der Vorteil für das Unternehmen. Je flexibler die Anwender in der Nutzung der IT sind, desto mehr unterschiedliche Aufgaben können übernommen werden – in Krisenzeiten eine Voraussetzung für die Nutzung von Kostensenkungspotenzial.

Wie so oft muss jedoch zunächst investiert werden, um später kostengünstiger arbeiten zu können, diesmal in die Ausbildung der Mitarbeiter. Bereits in normalen Zeiten sparen richtig ausgebildete Anwender erhebliche Kosten durch weniger Fehler, flexibleren Einsatz und bessere Nutzung der Funktionen in den Programmen. Kommt es zu einer Krise mit sinkender Beschäftigung, kann diese Flexibilität Kosten senken durch Zusammenfassung von Aufgabengebieten und Übernahme zusätzlicher Aufgaben. Vorbereitet werden muss dies über eine lange Zeit.

4.3 IT-Leistungen outsourcen

Ähnlich wie im Marketing, das mit Agenturen zusammenarbeiten kann, können auch im IT-Bereich Aufgaben ausgelagert werden. Externe übernehmen

- die Anwenderbetreuung,
- den Datenschutz oder
- die Wartung des Netzwerks.

Je nach individueller Situation des Unternehmens können so mit dem Outsourcing im IT-Bereich Kosten eingespart werden.

Kommt es zu einer Krise und sinkt die Beschäftigung auch in der IT-Abteilung, können die ausgelagerten Aufgaben zur Beschäftigungssicherung zurückgeholt werden. Die vorhandenen Mitarbeiter und deren Erfahrung werden gehalten, die Kosten des Outsourcings werden gespart.

5 Einsparpotenziale bei der Kapitalbeschaffung

Die Finanzierung des Unternehmens mithilfe von Fremdkapitalgebern ist schon zu normalen Zeiten teuer und mit Schwierigkeiten verbunden. In Zeiten der Wirtschaftskrise wird es nicht nur ungleich schwieriger, Fremdkapital zu bekommen, es wird auch teurer, wenn das Unternehmen nicht vorgesorgt hat.

Konkurrenz belebt das Geschäft, auch bei der Finanzierung. Jedes Unternehmen verfügt über eine Hausbank, der es allerdings auch „ausgeliefert“ ist. Wer langfristig eine Zwei-Banken-Strategie fährt, kann schnell Kredite wechseln. Das weiß die jeweils andere Bank und wird sich entsprechend preisgünstig verhalten. In einer Krise, wenn Sicherheiten knapp und Finanzbedarfe groß sind, gibt es zwei Banken, die Erfahrung mit dem Unternehmen haben und sich das Risiko teilen können. Voraussetzung ist jedoch, dass das Volumen für Bankaufträge groß genug ist, um zwei Partner zu beschäftigen.

Nach den Vorgaben von Basel II muss die Bank Zinsen verlangen, die vom bankinternen Rating abhängig sind. Für Unternehmen mit schlechtem Rating entstehen höhere Kosten, da die Zinsen höher sind. Intensive Beschäftigung mit dem Rating der Bank führt dazu, dass im Laufe der Zeit mit der richtigen Unternehmenspolitik die Kennzahlen hinsichtlich des Ratings optimiert werden. Die Kosten für die Finanzierung sinken.

Neben dem klassischen Fremdkapital gibt es Alternativen der Fremdfinanzierung, die für individuelle Situationen preiswerter sein können als der traditionelle Kredit. Dazu gehören unter anderem

- das Leasing,
- das Factoring oder
- die Einrichtung von Konsignationslagern im Unternehmen.

Die Beantragung ist aufwendig, von den Banken werden sie nicht geliebt, die Bedingungen sind oft unbekannt: staatliche Fördermittel. Für fast alle unternehmerischen Aufgaben und Situationen gibt es staatliche Förderung. Nur Sanierungen werden i. d. R. nicht gefördert. Die EU, die Bundesrepublik und die Länder und Kommunen subventionieren Unternehmenskredite oder, wichtiger noch, übernehmen Bürgschaften bzw. garantieren Sicherheiten für den Kreditgeber. Ein sinnvoller Mix von Bankkrediten und Fördermitteln stellt die Finanzierung des Unternehmens auf sicherere Füße. In der Krise sorgt das für eine zuverlässigere und kostengünstigere Finanzierung.

6 Einsparpotenziale in anderen Bereichen

Die vielen Beispiele zeigen, dass das Potenzial zur Kostensenkung vorhanden ist. In allen Unternehmensbereichen können Maßnahmen aktuelle und zukünftige Kosten senken. Das gilt auch für Funktionen, die nicht unbedingt direkt wirkende Maßnahmen umfassen oder deren Maßnahmen unternehmensübergreifend mit anderen Stellen abgestimmt werden müssen. Die Beschäftigung mit dem Working Capital ist ein Beispiel für indirekt auf Kosten wirkende Maßnahmen, der Personalbereich ist ein Beispiel für abzustimmende Maßnahmen.

6.1 Personalkosten senken

Arbeitszeitkonten bieten Handlungsspielraum

Die Personalkosten stellen in vielen Unternehmen einen der größten Kostenblöcke dar. Diese bei Kostensenkungsmaßnahmen nicht zu berücksichtigen wäre sträflicher Leichtsinn, auch wenn Diskussionen mit den Mitarbeitern und Verhandlungen mit dem Betriebsrat unangenehm sind. Aus diesem Grund zeigen Maßnahmen im Personalbereich in aller Regel mittel- und langfristig Auswirkungen. Darum müssen gerade sie frühzeitig begonnen werden.

- Durch den Einsatz von Zeitarbeitnehmern wird das Unternehmen flexibler, wenn Personalkapazitäten abgebaut werden müssen.
- Steigende Umsätze müssen nicht sofort mit fest angestellten Mitarbeitern beantwortet werden. Befristete Arbeitsverhältnisse und Aushilfen geben die Chance, die Entwicklung zunächst abzuwarten.
- Die Einführung von Arbeitszeitkonten erfordert meist langwierige Verhandlungen mit dem Betriebsrat und wird in offiziellen Betriebsvereinbarungen geregelt. Der Aufwand lohnt sich für das Unternehmen, da in Krisenzeiten Zeitsalden flexibel ab- und aufgebaut werden können.
- Flexible Mitarbeiter können in Zeiten von nachlassenden Umsätzen mehrere Aufgaben erledigen. Trotz notwendigem Mitarbeiterabbau funktionieren die Abläufe. Voraussetzung dafür ist die richtige Ausbildung der Mitarbeiter, damit die notwendigen Fähigkeiten abrufbereit sind.

6.2 Working Capital optimieren

Forderungsmanagement optimieren

Die Höhe der Forderungen eines Unternehmens hat Einfluss auf die Finanzierungskosten, die Höhe der Bestände wirkt sich zusätzlich auf Lagerkosten aus. Je höher die Verbindlichkeiten gegen Lieferanten sind, desto geringer sind die Kosten für Fremdfinanzierungen, vorausgesetzt, Skonto wird trotzdem genutzt. Maßnahmen, die diese Größen beeinflussen, die also das Working Capital optimieren, haben mittelfristig auch Auswirkungen auf die Kosten des Unternehmens.

- Gelingt es, die Zahlungsziele der Kunden eines Unternehmens zu reduzieren, sinken die Forderungen. Damit sinken die Finanzierungskosten und Ausfallrisiken.
- Das gleiche Ziel wird mit einem strikten Forderungsmanagement verfolgt. Schnelle Mahnungen, schnelle Klärungen von Differenzen und schnelles Eintreiben von Forderungen senkt die Höhe der Bilanzposition.
- Außerdem können die Verbindlichkeiten erhöht werden, wenn die eigenen Zahlungsziele bei den Lieferanten verlängert werden können. Die auf diese Weise entstehenden Lieferantenkredite ersetzen teures und mit vielen Bedingungen versehenes Fremdkapital.
- Durch Verbesserung der Disposition, z. B. mithilfe von IT, können Bestellmengen kleiner gehalten werden. Das wiederum senkt die Bestände und damit Kosten.

7 Fazit

Kosten zu senken, wo immer es möglich ist, ist eine permanente Aufgabe im Unternehmen. Maßnahmen zu ergreifen, die mit Blick auf eine zukünftige Krise dann Kostensenkungen möglich machen, bedeutet unternehmerische Weitsicht.

Das Wirtschaftsleben hat sich verändert. Sicherheit und Beständigkeit werden immer seltener. Mit plötzlichen Wirtschaftskrisen, wie wir sie gerade erleben, muss immer gerechnet werden. Umsatzausfälle aufgrund von Veränderungen im Käuferverhalten werden zur Normalität werden. Der Gesetzgeber wird durch seine Vorstellungen immer wieder lokale Krisen in bestimmten Wirtschaftskreisen hervorrufen. Ein Unternehmen, das dann nicht gewappnet ist und Kosten nicht schnell und nachhaltig senken kann, wird auf Dauer keinen Bestand haben.

Liquiditätssteuerung in der Wirtschaftskrise – „Cash is King"

- Klassisch lassen sich die finanziellen Ziele eines Unternehmens in die Bereiche Liquidität, Profitabilität und Risikobeherrschung unterteilen. Liquidität wird in der aktuellen Wirtschaftskrise zur dominanten Zielsetzung.
- Liquidität ist die Maßgröße für die jederzeitige Zahlungsfähigkeit eines Unternehmens. Liquiditätssteuerung umfasst demnach alle Aktivitäten zur Gewährleistung der ständigen Zahlungsfähigkeit.
- Kurzfristige Liquiditätssteuerung erfolgt über einen Liquiditätsstatus und eine Liquiditätsvorschau. Die mittel- und langfristige Liquiditätssteuerung wird in einem integrierten Ansatz aus der Gewinn- und Verlustrechnung sowie der Bilanz der Kapitalfluss abgeleitet.

Inhalt / Seite

Der Autor

Dr. Ralf Dillerup, Professor für Unternehmensführung und Controlling an der Hochschule Heilbronn und für Financial Management an der University of Louisville.

1 Renaissance der Liquidität oder „Cash is King"

Klassisch lassen sich die finanziellen Ziele eines Unternehmens in die Bereiche Liquidität, Profitabilität und Risikobeherrschung unterteilen. Diese Zielsetzungen sind miteinander verknüpft und zum Teil widersprüchlich. So geht eine höhere Profitabilität i. d. R. auch mit höherem unternehmerischen Risiko einher. Insofern sind die Teilziele immer wieder neu zu justieren, um eine nachhaltige und den Umständen gerecht werdende Unternehmensentwicklung zu ermöglichen.

Konjunktur bestimmt finanziellen Fokus

Die ökonomischen Bedingungen geben dabei die Prioritäten vor. So stehen in Zeiten des wirtschaftlichen Aufschwungs profitables Wachstum in einzelnen Geschäften und Portfolio-Veränderungen im Vordergrund. Passend zu den Konjunkturzyklen ändern sich der Aufgabenfokus und die Priorisierung der finanziellen Ziele in Zeiten des Stillstands oder der Schrumpfung. Liquidität gewinnt an Bedeutung, insbesondere wenn in der aktuellen Wirtschaftskrise nicht nur erheblicher Umsatzrückgang zu beklagen ist, sondern auch die Beschaffung von Liquidität zum Problem wird. Dann gibt es nicht nur eine Rückbesinnung bzw. „Renaissance" der Liquiditätsorientierung, sondern diese wird vielmehr dominant. Spätestens wenn die Zahlungsfähigkeit des Unternehmens in Gefahr gerät und die Insolvenz droht, gilt die Devise: „Cash is King."

Bevor auf die Möglichkeiten zur Steuerung der Liquidität eingegangen wird, ist es sinnvoll, die Zusammenhänge zwischen den finanziellen Zielen darzustellen. In den letzten Jahren stand die wertorientierte Unternehmensführung bzw. der Shareholder Value im Vordergrund. Unter Berücksichtigung des unternehmerischen Risikos wird dabei ermittelt, welche Mindestverzinsung ein Unternehmen für seine Eigentümer zu erwirtschaften hat und ab wann der Wert des Unternehmens gesteigert wird. Diese Vorstellung hat sich als Leitbegriff moderner Unternehmensführung heute weitgehend durchgesetzt. Aus dem Betrachtungswinkel von Eigentümern eines Unternehmens ist dieses dann erfolgreich, wenn der Unternehmenserfolg die Kosten des eingesetzten Kapitals übertrifft. Eine Wertsteigerung entsteht also, wenn eine risikogerechte Verzinsung des zur Verfügung gestellten Kapitals erwirtschaftet wird. Bei dem Konzept handelt es sich im Kern um die Definition einer risikoadäquaten Mindestprofitabilität, ab der der Unternehmenswert gesteigert werden kann.

Wertorientierung bei Wachstum dominant

Ausreichende finanzielle Ergebnisse sind erforderlich, um das langfristige Überleben des Unternehmens zu gewährleisten. Ausreichende Gewinne sind somit eine notwendige Voraussetzung, um neben den Eigentümerinteressen auch andere Interessen wie die der Mitarbeiter, Kunden, Anleger oder der Gesellschaft zu erfüllen. Wertorientierung ist demnach erforderlich, um langfristig die Existenz des Unternehmens zu sichern. In Zeiten des konjunkturellen Wachstums ist dies der dominierende Maßstab. Kann jedoch in konjunkturellen Schwierigkeiten keine Verzinsung auf die Kapitalkosten erwirtschaftet werden oder werden sogar Verluste eingefahren, dann gewinnt die Basisaufgabe kurzfristigen Überlebens – die Liquiditätssicherung – an Bedeutung.

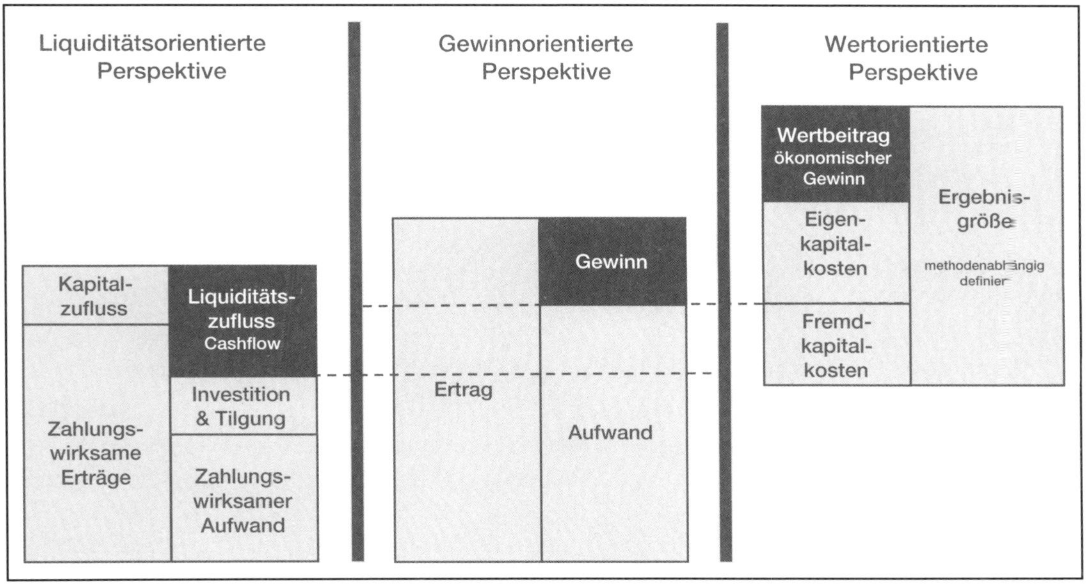

Abb. 1: Liquiditäts-, gewinn- und wertorientierte Perspektive

Der zentrale Unterschied zwischen der wert-, gewinn- und liquiditätsorientierten Sichtweise liegt in der Berücksichtung der gesamten Kapitalkosten sowie der zahlungswirksamen und nicht zahlungswirksamen Kosten bzw. Aufwendungen. Diese Unterschiede veranschaulicht Abb. 1. Die wesentlichen Unterschiede sind in Abb. 2 vergleichend gegenübergestellt.

	Liquiditäts-orientierte Perspektive	Gewinn-orientierte Perspektive	Wert-orientierte Perspektive
Rechnungs-größen	Einzahlungen/ Auszahlungen	Erträge/Aufwendungen bzw. Leistungen/Kosten	Einzahlungen/ Auszahlungen oder Erträge/Aufwendungen
Bewertung	Zahlungsrelevante Preise	Historische Anschaffungs- und Herstellungskosten oder Korrekturwerte	Zeitwerte, d. h. auch über historischen Kosten
Vermögens-umfang	Zahlungsrelevante Vermögensgegen-stände und Schulden	Aktivierungsfähige Vermögensgegen-stände und Schulden	Alle Vermögens-gegenstände und Schulden
Erfolgs-definition	Liquiditätszufluss = Änderung der liquiden Mittel	Gewinn = Änderung des ausgewiesenen Nettovermögens	Wertbeitrag = Ergebnis über den Kapitalkosten
Zeitbezug	Transaktionsbezug	Gegenwart bzw. Vergangenheit	Zukunft

Abb. 2: Vergleich der liquiditäts-, gewinn- und wertorientierten Perspektiven

2 Möglichkeiten und Formen der Liquiditätssteuerung

Zeitorientierte Steuerung

Liquidität ist die Maßgröße für die jederzeitige Zahlungsfähigkeit eines Unternehmens. Liquiditätssteuerung umfasst demnach alle Aktivitäten, um die ständige Zahlungsfähigkeit zu gewährleisten. Die Liquiditätssteuerung kann nach ihrem **Zeithorizont** in eine kurzfristige sowie eine mittel- und langfristige Steuerung unterteilt werden.

Kurzfristige Liquiditätssteuerung

Die Gewährleistung der jederzeitigen Zahlungsfähigkeit setzt eine kurzfristige Planung der zukünftigen Ein- und Auszahlungen voraus. Dies kann tages-, wochen- oder maximal monatsgenau erfolgen. Als Instrument hierzu dienen meist ein Liquiditätsstatus sowie eine Liquiditätsvorschau.

Liquiditätsstatus

Der Liquiditätsstatus gibt einen Überblick über die gegenwärtige Zahlungskraft und die fälligen Zahlungsverpflichtungen. Er dokumentiert die aktuelle Zahlungsfähigkeit unter Berücksichtigung von Zahlungsmitteln, nicht ausgenutzten Kreditlinien sowie erwarteten Einzahlungen im Verhältnis zu fälligen Zahlungsverpflichtungen und weiteren geplanten Auszahlungen. In diesem kurzfristigen Bereich können Zahlungen verschoben oder bereits vereinbarte Kredite in Anspruch genommen werden.

Cash Pooling

In der Realität ergibt sich dabei eine erhöhte Komplexität, wenn es unterschiedliche Währungen oder Standorte eines Unternehmens zu berücksichtigen gibt. Dann kann mit unternehmensinternen Ausgleichsmaßnahmen wie Cash Pooling, Hedging etc. gearbeitet werden. Eine solche Planung ist regelmäßig nur für einen kurzen Zeitraum, oftmals nur für wenige Tage, ausreichend genau und mit vertretbarem Aufwand möglich. Die kurzfristige Steuerung ist deshalb in eine mittel- und langfristige Betrachtung einzubetten.

Mittel- und langfristige Liquiditätssteuerung

Kapitalbedarfsplanung

In die mittel- und langfristige Liquiditätssteuerung fließen die grundlegenden Relationen von Finanzmittelbeschaffung und Finanzmittelherkunft (Kapitalbedarfsplanung) ein. Als Planungshorizonte werden häufig Monate, Quartale oder Jahre verwendet. In einem integrierten Ansatz wird, ausgehend von der Gewinn- und Verlustrechnung sowie der Bilanz, der Kapitalfluss abgeleitet. Somit ergeben sich viele Ansatzpunkte zur Liquiditätssteuerung. Die Planungen sind als gleitende, rollende oder revolvierende Planung angelegt. So wird z. B. bei der revolvierenden Planung jeweils nach Ablauf einer Planungsperiode eine weitere zukünftige Periode hinzugefügt und bereits geplante Perioden werden aktualisiert.

Steuerung nach Mittelflüssen/-beständen

Zur Steuerung der Liquidität gibt es neben der zeitlichen Differenzierung noch die Unterscheidung nach der Betrachtung der Mittelflüsse oder der -bestände. Die Zahlungsfähigkeit kann durch die Dimensionierung der Zahlungsmittelbestände sowie der Erhöhung oder Senkung dieser von außen gestaltet werden. Dabei stehen kurzfristig Finanzierungsmöglichkeiten im Rahmen bestehender Kreditlinien oder kurzfristiger Geldanlagen als Anpassungsmaßnahmen zur Verfügung.

Gestaltung der Kapitalstruktur

Mittel- und langfristig kann hier durch die Gestaltung der Kapitalstruktur eingewirkt werden. Das Zuführen von Eigen- oder Fremdkapital kann z. B. durch die Ausgabe neuer Aktien oder die Gewinnung neuer (Mit-)Eigentümer, durch Unternehmensanleihen oder durch Bankkredite erfolgen. In Zeiten der Finanzkrise sind diese Möglichkeiten eingeschränkt. So ist an der Börse derzeit kaum effizient Eigenkapital zu beschaffen und auch die Kreditkonditionen sowie -vergabe sind stark abhängig von einer Bonitätsprüfung. Die Formen der Liquiditätsgestaltung fasst Abb. 3 zusammen.

	Liquiditäts-flüsse	Liquiditäts-bestände
kurzfristig	Transaktionsbezogene Planung von Ein- und Auszahlungen	Kurzfristige Finanzierung
mittel- und langfristig	Liquiditätsplanung aus Kapitalflussrechnung, Gewinn- und Verlustrechnung sowie Bilanz	Gestaltung der Kapitalstruktur

Abb. 3: Formen der Liquiditätsgestaltung

Während die kurzfristigen Formen der Liquiditätsgestaltung eher reaktiv sind und in Zeiten der Finanzkrise die Gestaltung der Kapitalstruktur ebenfalls äußerst schwierig ist, wird nachfolgend die Liquiditätssteuerung aus der mittel- und langfristigen Liquiditätsplanung näher betrachtet. Sie bietet eine Reihe von Gestaltungsmöglichkeiten, die unternehmensintern zu optimieren sind, bevor auf kurzfristige Maßnahmen oder die Umgestaltung der Kapitalstruktur zurückgegriffen werden muss.

3 Integrierte Liquiditätssteuerung und Gestaltungsmöglichkeiten

Wie in jeder Unternehmensplanung ist der Ausgangspunkt die Gewinn- und Verlustrechnung bzw. die Ergebnisrechnung mit Kosten und Erlösen. Alle klassischen Ansatzpunkte zur Gewinnsteigerung führen auch zu höheren Liquiditätszuflüssen. Ausgenommen sind lediglich bilanzpolitische oder kalkulatorische Maßnahmen wie z. B. Abschreibungen oder Umbewertungen. Die Liquidität wird verbessert, indem – sofern möglich – die Einnahmen erhöht oder die Kosten gesenkt werden. Ansatzpunkte sind daher alle Maßnahmen zur Umsatzsteigerung, was in Zeiten konjunkturellen Abschwungs weniger relevant ist, sowie Kostensenkungen.

Kostensenkung im Vordergrund

Konjunkturell schlechte Zeiten gehen also zunächst mit Kostensenkungsprogrammen einher. So ist insbesondere eine schnelle Anpassung des Materialeinsatzes und der bezogenen Fremdleistungen wichtig, um Zeitverzögerungen zwischen Absatzrückgang und Vorleistungszufluss so gering wie möglich zu halten und damit Liquidität zu schonen. Da Fixkosten per Definition nicht kurzfristig anzupassen sind, verbleibt noch eine Anpassung der Personalkosten im möglichen Rahmen, z. B. durch Reduzierung von Fremdarbeitern, Nutzung von Arbeitszeitflexibilisierung, Kurzarbeit, bis hin zur Ultima Ratio: Entlassungen.

Ansatzpunkt Gewinn- und Verlustrechnung

Erfolgssteuerung

Zur Liquiditätsplanung ist der erste große Ansatzpunkt in der Gewinn- und Verlustrechnung zu finden. Diese ist traditionell im Fokus des Controllings und kann neben der in Abb. 4 exemplarisch dargestellten Form in vielen anderen Arten wie z. B. der stufenweisen Deckungsbeitragsrechnung aufgestellt sein. Dann können insbesondere aus der Teilkostenrechnung noch wesentlich differenziertere Ansatzpunkte nach Produkten, Kunden, Vertriebswegen etc. abgleitet werden.

Gewinn- und Verlustrechnung (in Mio. EUR)				Beispiel GmbH
Nettoumsatz		+	240	100 %
Materialeinsatz und Fremdleistungen		-	100	42 %
Andere Herstellungskosten		-	50	21 %
Bruttoergebnis		=	**90**	**38 %**
Gemeinkosten		-	24	10 %
Abschreibungen		-	20	8 %
Operatives Ergebnis (Earnings before Interest and Tax, EBIT)		=	**46**	**19 %**
(Fremdkapital-)Zinsen (Interest)		-	6	3 %
Gewinn/Verlust vor Steuern (Earnings before Tax, EBT)		=	**40**	**17 %**
Steuer (Tax)	35 %	-	14	6 %
Gewinn/Verlust nach Steuern (Earnings after Tax, EAT)		=	**26**	**11 %**

Abb. 4: Gewinn- und Verlustrechnung der Beispiel GmbH

Im Beispiel wird ein Gewinn erwirtschaftet, sodass die nicht zahlungsrelevanten Aufwendungen ebenfalls mit abgedeckt sind und daher ein Liquiditätszufluss aus dem operativen Geschäft entsteht.

Ansatzpunkt Bilanz

Bilanzrelationen

Neben der Erfolgssteuerung liegt der zweite Ansatzpunkt in der Beschäftigung mit den Bilanzkonten. Während die Aktivseite durchaus im Betätigungsfeld der Controller liegt, ist die Passivseite meist Angelegenheit der Buchhalter bzw. Treasurer. Zur Liquiditätssteuerung ist diese Unterteilung jedoch nicht wesentlich, da ein integrativer Ansatz erforderlich ist. Liquidität zirkuliert innerhalb der Bilanzpositionen und zeigt an, wo Zahlungsmittel gebunden sind. Grundsätzlich senkt die Reduzierung des eingesetzten Kapitals bzw. der Bilanzsumme die gebundene Liquidität und ist daher für die Liquiditätssteuerung wesentlich. Abbildung 5 zeigt die Bilanz der Beispiel GmbH zum Bilanzstichtag.

Bilanz (in Mio. EUR), Bilanzstichtag			Beispiel GmbH
AKTIVA	**420**	**420**	**PASSIVA**
Goodwill	40		
Grundstücke + Gebäude	20	124	Grundkapital + Gewinnrücklage
Maschinen	40	26	Gewinn/Verlust lfd. Jahr
Betriebs- und Geschäftsausstattung	20		Stille Reserven/Lasten
Anlagevermögen	**120**	***150***	**Eigenkapital**
Vorräte	190	50	Langfristige Finanzverbindlichkeiten
- davon Rohmaterial	*40*	25	Langfristige Rückstellungen
- davon unfertige Erzeugnisse	*60*	**75**	**Langfristiges Fremdkapital**
- davon fertige Erzeugnisse	*90*		
		180	Kurzfristige Verbindlichkeiten
Forderungen	80	*120*	*davon aus Lieferungen u. Leistungen*
Zahlungsmittel	30	*10*	*davon Anzahlungen*
Umlaufvermögen	***300***	*50*	*davon Finanzverbindlichkeiten*
		15	Kurzfristige Rückstellungen
		5	*davon Steuerrückstellungen*
		10	*davon andere Rückstellungen*
		195	**Kurzfristiges Fremdkapital**
			Fremdkapital

Abb. 5: Bilanz der Beispiel GmbH

Liquiditätskennzahlen

Die Bilanz der Beispiel GmbH zeigt einen Zahlungsmittelsbestand von 10 % der Bilanzsumme auf. Neben diesem relativ hohen Liquiditätsbestand liegen Gestaltungsmöglichkeiten zur Liquiditätssicherung in den Bilanzrelationen bzw. Relationen aus Bilanz sowie Gewinn- und Verlustrechnung. Dazu werden Liquiditätskennzahlen gebildet, die in Abb. 6 mit ihren Berechungsformeln und den Werten der Beispiel GmbH dargestellt sind.

Liquiditätsgrade sind Kennzahlen der bestandsorientierten Liquiditätsanalyse. Dabei werden Zahlungsverpflichtungen und Vermögenspositionen der Bilanz zueinander ins Verhältnis gesetzt. Von der Liquidität 1. Grades bis zur Liquidität 3. Grades nimmt dabei die Geldwerdungsdauer der einbezogenen Vermögensgegenstände ab. Zur Vermeidung von Liquiditätsproblemen sollten liquide Mittel oder kurzfristig liquidierbare Vermögenswerte in Höhe der kurzfristigen Verbindlichkeiten vorhanden sein.

Liquiditätskennzahlen Beispiel GmbH				
Liquidität 1. Grades	cash ratio	16,7	%	= Zahlungsmittel / Kurzfristige Verbindlichkeiten
Liquidität 2. Grades	quick ratio/acid test ratio	61,1	%	= (Umlaufvermögen - Vorräte) / Kurzfristige Verbindlichkeiten
Liquidität 3. Grades	current ratio	166,7	%	= Kurzfristiges Umlaufvermögen / Kurzfristige Verbindlichkeiten
Netto-Umlaufvermögen	net working capital	155	Mio. EUR	= (Umlaufvermögen - Anzahlungen - Verbindlichkeiten aus Lieferungen)
Durchschnittliche Debitorenlaufzeit	average collection period	120	Tage	= Forderungen aus Lieferungen und Leistungen × 360 / Nettoumsatz
Durchschnittliche Kreditorenlaufzeit	average payment period	432	Tage	= Verbindlichkeiten aus Lieferungen u. Leistungen × 360 / (Materialeinsatz + Fremdleistungen)
Durchschnittlicher Vorratsumschlag	inventory turnover	285	Tage	= Vorräte × 360 / Nettoumsatz
Liquiditätskreislauf	cash to cash cycle	-27	Tage	= Vorratsumschlag + Debitorenlaufzeit - Kreditorenlaufzeit
Dynamischer Verschuldungsgrad	debt to cash ratio	3,8		= Netto-Finanzschulden / Cashflow
Zinsdeckungsquote	interest coverage ratio	7,7		= EBIT / Zinsaufwand

Abb. 6: Liquiditätskennzahlen der Beispiel GmbH

Die Beispiel GmbH weist dabei Liquiditätsgrade auf, die unter den Erwartungen bleiben. Als Zielwerte gelten allgemein für die Liquidität 1. Grades ein Wert von 20 %, für die Liquiditätsgrade 2. und 3. Grades Werte von 100 % resp. 200 %. Allerdings ist die Aussagefähigkeit der Liquiditätsgrade begrenzt, da sie auf Vergangenheitsdaten beruhen, stichtagsbezogen sind und Liquiditätspotenziale, wie z. B. ungenutzte Kreditlinien, nicht berücksichtigen.

Netto-Umlaufvermögen

Neben dem Liquiditätsbestand ist das Netto-Umlaufvermögen ein wesentlicher Ansatzpunkt zur Verringerung des eingesetzten Kapitals und damit der erforderlichen Liquidität. Dabei wird vom Umlaufvermögen das zinslos zur Verfügung stehende Abzugskapital abgerechnet. Nicht zinswirksame Verbindlichkeiten sind insbesondere Verbindlichkeiten aus Lieferungen und Leistungen, Anzahlungen und einige Rückstellungspositionen wie z. B. Steuerrückstellungen. Mit der Gestaltung des Netto-Umlaufvermögens wird versucht, ein Gleichgewicht zwischen Forderungen und Verbindlichkeiten herzustellen. Teilweise wird sogar Liquidität geschöpft, indem negatives Netto-Umlaufvermögen realisiert wird.

In der Beispiel GmbH beträgt das Netto-Umlaufvermögen 155 Mio. EUR, womit effektiv weniger Liquidität als das Umlaufvermögen gebunden ist. Dies erklärt sich aus dem Ungleichgewicht von Debitoren- und Kreditorenlaufzeiten. Das Unternehmen bekommt nach durchschnittlich 120 Tagen seine Rechnungen vom Kunden bezahlt. Gleichzeitig werden Lieferanten im Beispiel erst nach 432 Tagen vergütet. Somit finanzieren die Lieferanten einen erheblichen Anteil des Umlaufvermögens. Wird noch der Vorratsumschlag von 285 Tagen mit berücksichtigt, so ergibt sich ein negativer Liquiditätskreislauf von 27 Tagen. Zwar sind die Debitoren- und Kreditorentage in der Praxis meist wesentlich geringer als in der Beispiel GmbH, Unternehmen mit negativem Net Working Capital gibt es jedoch sehr wohl, z. B. im Einzelhandel. So bezahlen z. B. die Kunden im Einzelhandel meist sofort, während die Lieferanten lange Zahlungsziele ohne Skonto akzeptieren müssen. Bei hoher Umschlagshäufigkeit des Umlaufvermögens kann so ein bedeutender Liquiditätseffekt entstehen.

Zur Gestaltung des Netto-Umlaufvermögens ergeben sich folgende Ansatzpunkte:

- **Vorratsmanagement**: Hohe Bestände binden Liquidität, weshalb die Bestandsführung, -planung und der Lagerumschlag wichtige Gestaltungsparameter darstellen. So sind Bestände nicht nur unter logistischen Gesichtpunkten, sondern auch hinsichtlich der Bestandswerte zu reduzieren. Ebenso ist eine Planung der Bestände mit dem Ziel eines hohen Lagerumschlags, insbesondere der besonders werthaltigen Materialien, zu erzielen.
- **Forderungsmanagement**: Schnelles Einsammeln der Forderungen schont die Liquidität und kann durch schnelle Rechnungsstellung, Kredit- und Mahnwesen sowie Beschwerdemanagement gefördert werden. Ausgangspunkt sind klare Lieferkonditionen, um schnell Einigkeit über die Korrektheit von Rechnungen zu erzielen. Darüber hinaus sind konsequentes Mahnen, Bonitätsprüfungen der Kunden sowie zügige Bearbeitung von Beschwerden mit zahlungsaufschiebender Wirkung Möglichkeiten des Forderungsmanagements.
- Verbindlichkeiten werden maßgeblich in den **Einkaufsbedingungen** festgelegt.

Ansatzpunkt Cashflow

Bilanzpolitik hat wenig Einfluss

Während die Werte in der Bilanz auch von den zugrunde liegenden Rechnungslegungsvorschriften sowie von bilanzpolitischen Maßnahmen abhängig sind, ist der Kapitalfluss bzw. Cashflow davon weitgehend frei. Er zeigt die geschaffene oder verbrauchte Liquidität einer Periode an. Dies kann durch direkte Gegenüberstellung aller betrieblichen Ein- und

Auszahlungen ermittelt werden. Die Liquiditätsgenerierung kann alternativ auch indirekt errechnet werden. Dazu wird der Jahresüberschuss um nicht zahlungswirksame Aufwendungen und Erträge korrigiert. Die indirekte Methode, auch Praktikerdefinition genannt, geht von den nicht liquiditätswirksamen Positionen aus. Abbildung 7 zeigt dies für die Beispiel GmbH.

Kapitalflussrechnung (in Mio. EUR)				Beispiel GmbH
Gewinn/Verlust nach Steuern (Earnings after Tax, EAT)	=			26
Fremdkapitalzinsen (Interest)	+	6		
Abschreibungen (Depreciation)	+	20		
Zunahme der Rückstellungen (Provisions)	+	2		
Abnahme der Rückstellungen (Provisions)	-	0		
Umbewertungen (Amortization)	+/-	0		
Operativer Cashflow (Brutto-Cashflow)			=	54
Netto-Zunahme der Vorräte	-	2		
Netto-Zunahme der Forderungen	-	2		
Netto-Zunahme der Verbindlichkeiten aus L&L	+	0		
Netto-Abnahme der Vorräte	+	0		
Netto-Abnahme der Forderungen	+	0		
Netto-Abnahme der Verbindlichkeiten aus L&L	-	2		
Veränderung des Netto-Umlaufvermögens (Working Capital)		=	-6	
Investitionen in Sachanlagen	-	9		
Investitionen in Firmenwerte & immaterielle Vermögenswerte	-	0		
Erlöse aus Deinvestitionen	+	1		
Veränderung des Anlagevermögens (Capital Expenditures, CAPEX)		=	-8	
Investiver Cashflow		=	-14	
Freier Cashflow (Netto-Cashflow)			=	40
Zufluss an Finanzmitteln aus Finanzierungsaktivitäten	+	0		
Abfluss von Finanzmitteln aus Finanzierungsaktivitäten	-	0		
Cashflow aus Finanzierungstätigkeiten		=	0	
Veränderung der Zahlungsmittel			=	40

Abb. 7: Cashflow der Beispiel GmbH

In der Beispiel GmbH konnte aus der operativen Geschäftstätigkeit ein Liquiditätszufluss von 54 Mio. EUR erwirtschaftet werden. Das Netto-Umlaufvermögen ist im Vergleich zur Vorperiode um 6 Mio. EUR angestiegen, wodurch Liquidität gebunden wurde. Zudem wurden Investitionen in Höhe von 8 Mio. EUR realisiert. Daraus ergibt sich ein freier Cashflow in Höhe von 40 Mio. EUR. Der freie Cashflow ist der Zahlungsstrom, der für Eigen- und Fremdkapitalgeber zur Verfügung steht, ohne das Unternehmen in seiner Geschäftstätigkeit zu beeinträchtigen.

Als weitere Ansatzpunkte zur Gestaltung der Liquidität kommt dabei die Investitionstätigkeit mit ins Spiel. Insbesondere in Krisensituationen können Investitionen zurückgefahren werden, um Liquidität nicht abfließen zu lassen. Als finale Möglichkeit zur Gestaltung der Liquidität ergibt sich die Finanzierungstätigkeit. Die Beispiel GmbH nutzt dies nicht und kann somit in der betrachteten Periode den Zahlungsmittelbestand um 40 Mio. EUR mehren.

4 Liquiditätsmanagement in Zeiten der Wirtschaftskrise

Rückgang der Liquidität

Nach den grundsätzlichen Möglichkeiten des Liquiditätsmanagements und der fiktiven Beispiel GmbH folgt noch ein Blick in die Unternehmenspraxis. Eine Analyse der DAX-30-Unternehmen zum Ende des dritten Quartals 2008 zeigt, dass diese Unternehmen durchschnittlich 4,6 % der Bilanzsumme an Zahlungsmitteln verfügbar haben (vgl. Abb. 8). Die Zahlungsmittelbestände sind im Vergleich zum 1.1.2008 jedoch um durchschnittlich 53 % zurückgegangen. Die Liquidität 3. Grades liegt bei durchschnittlich 127 %. Sie weist erhebliche Spannbreiten auf. Spitzenreiter dabei ist die Salzgitter AG (264 %), den niedrigsten Wert weist die Metro AG (69 %) auf. Der operative Cashflow liegt durchschnittlich mit über 4 Mrd. EUR rund 1,4-mal höher als der Zahlungsmittelbestand. Aber auch der Kapitalfluss ist in den drei Quartalen 2008 um 50 % gesunken.

Risikovorsorge füllt „Kriegskasse"

Insgesamt zeigen die Quartalsberichte eine deutliche Verschlechterung der Liquiditätssituation. Einige Unternehmen haben jedoch in den letzten Jahren kontinuierlich Zahlungsmittel und auch liquiditätsnahe Finanzpositionen in der Bilanz angehäuft. Diese gehen mit einer gestärkten Position in die Wirtschaftskrise, die sich auch als Chance für liquiditätsstarke Unternehmen darstellt. Bei einigen DAX-Unternehmen sind erhebliche Zahlungsmittel vorhanden, die durchaus auch darauf schließen lassen, dass Risikovorsorge für einen konjunkturellen Abschwung getroffen wurde. Umgekehrt sind alle Unternehmen mit schwächerer Liquiditätsposition gut beraten, die Ansatzpunkte zur Liquiditätsgestaltung konsequent zu nutzen, um Engpässe zu vermeiden, da gleichzeitig die „Kriegskassen“ anderer Unternehmen gefüllt sind. Insbesondere in Zeiten der Krise bewahrheitet sich die Devise: „Cash is King.“

Liquiditätssituation DAX-30-Unternehmen 3. Quartal 2008						
Unternehmen	Zahlungsmittel			Liquidität 3. Grades	Operativer Cashflow	
	(Mio. EUR)	% v. Bilanzsumme	Delta zu 1.1.08		(Mio. EUR)	Delta zu 1.1.08
Adidas AG	257	2,70%	-15%	199%	-100	-880%
Allianz SE	7.729	0,80%	-305%		26.566	52%
BASF SE	944	1,90%	19%	142%	3.577	-62%
Bayer AG	2.281	4,30%	-11%	119%	2.651	-62%
Beiersdorf AG	1.191	27,60%	6%	219%	327	-23%
BMW AG St	3.651	3,80%	34%	97%	8.630	-37%
Commerzbank AG	4.212	0,70%	-22%		-11.769	-77%
Daimler AG	8.288	6,10%	-89%	113%	4.594	-185%
Deutsche Bank AG	10.861	0,50%	21%		14.634	-15%
Deutsche Börse AG	638	0,50%	14%	101%	906	7%
Deutsche Lufthansa AG	1.565	6,90%	-33%	91%	2.142	-34%
Deutsche Post AG	1.245	0,50%	-276%	101%	1.259	-309%
Deutsche Postbank AG	3.486	1,60%	4%		12.950	38%
Deutsche Telekom AG	3.111	2,50%	29%	72%	11.298	-21%
E.ON AG	4.915	3,10%	-44%	85%	6.250	-40%
Fresenius Medical Care	333	1,60%	-8%	119%	740	-75%
Henkel KGaA Vz	653	8,90%	-121%	77%	612	-116%
Infineon Technologies AG	408	5,30%	-346%	160%	-152	894%
K+S	70	2,10%	30%	176%	726	115%
Linde AG	1.043	4,30%	18%	70%	1.301	-34%
MAN AG St	419	2,60%	-202%	121%	503	-319%
Merck KGaA	712	4,60%	40%	192%	677	-80%
METRO AG St	1.220	3,90%	-181%	69%	-2.654	-220%
Münchener Rück AG	3.718	1,70%	33%		5.999	-10%
RWE AG St	2.549	2,80%	25%	119%	4.637	-31%
Salzgitter AG	705	7,70%	-203%	264%	389	-101%
SAP AG	1.486	10,90%	-8%	132%	1.970	1%
Siemens AG	6.893	7,30%	11%	102%	9.281	95%
ThyssenKrupp AG	2.725	6,50%	11%	127%	3.679	105%
Volkswagen AG St	8.239	4,80%	-23%	116%	9.439	-36%
Durchschnitt	**2.852**	**4,60%**	**-53%**	**127%**	**4.035**	**-50%**

Abb. 8: Liquiditätssituation der DAX-30-Unternehmen zum 3. Quartal 2008

5 Literaturhinweise

Dillerup/Stoi, Unternehmensführung, 2. Aufl. München 2008.

Hölscher/Bonn, Liquiditätsplanung, Haufe Controlling Office Online – HaufeIndex 1120324.

Zehetner, K., Liquiditätssicherung und Wertschaffung durch Net-Working-Capital-Management, Haufe Controlling Office Online – HaufeIndex 933446.

Kapitel 3: Umsetzung & Praxis

Kostensenkungsmaßnahmen in Krisenzeiten im Personalbereich

- Die Personalkosten stellen in den meisten Unternehmen den größten Kostenblock dar. Dabei ist es nachvollziehbar, dass bei Kostensenkungsmaßnahmen dieser Bereich besonders im Fokus steht.
- Die Personalkosten können durchaus durch geeignete Maßnahmen reduziert werden. Diese Maßnahmen müssen nicht in Kündigungen bestehen. Abbau von Überstunden und Gleitzeitguthaben, Kurzarbeit oder Kürzung von freiwilligen Sozialleistungen sind weitere Möglichkeiten.
- Grundsätzlich ist bei allen Kostensenkungsmaßnahmen zu prüfen, in welchem Zeitraum sie die Ertragssituation und die Liquiditätssituation verbessern. Dies muss nicht parallel erfolgen. Häufig wird kurzfristig die Ertragssituation verbessert, während die Liquidität weiter belastet wird.
- Welche Handlungsmöglichkeiten bestehen und was rechtlich zu beachten ist, wird nachfolgend zusammengefasst. Insbesondere zu berücksichtigen ist, dass einige Maßnahmen die Mitwirkung des Betriebsrats oder gar das Einverständnis der betroffenen Arbeitnehmer voraussetzen.

Inhalt **Seite**

Der Autor

Dipl.-Kfm. Reinhard Bleiber ist seit vielen Jahren in der kaufmännischen Verantwortung mittelständischer Unternehmen tätig. Der Arbeitsschwerpunkt liegt im Bereich Finanzen, Rechnungswesen und IT.

1 Einseitig durch den Arbeitgeber umsetzbare Einsparmöglichkeiten

Die kurzfristig und einseitig durch den Arbeitgeber umsetzbaren Maßnahmen verbessern sowohl die Ertrags- als auch die Liquiditätssituation in gleichem Maße. Sie sollten deswegen als erste Kostensenkungsmaßnahmen geprüft und umgesetzt werden.

1.1 Abbau von Leiharbeitern, Auslaufen befristeter Arbeitsverträge

Eine sofortige oder jedenfalls sehr schnelle Einsparwirkung kann der Arbeitgeber durch den Abbau von Leiharbeitsverhältnissen im Betrieb erzielen. Die Fristen und Konditionen hierfür ergeben sich aus dem Arbeitnehmerüberlassungsvertrag, der mit dem Verleihunternehmen abgeschlossen wurde. Es sind keine arbeitsrechtlichen Kündigungsvorschriften einzuhalten und der Betriebsrat muss – anders als bei der Einstellung – nicht beteiligt werden.

Die Schlagzeilen über Kostensenkungsmaßnahmen in den letzten Monaten zeigen, dass diese Maßnahme bereits von vielen Unternehmen umgesetzt wurde.

Eher mittelfristig können Einsparungen im Personalbereich dadurch erfolgen, dass **befristete Arbeitsverträge nicht verlängert** werden. Ist eine wirksame arbeitsvertragliche Befristung vereinbart, trifft allein der Arbeitgeber die Entscheidung, ob es bei der vereinbarten Beendigung des Arbeitsverhältnisses bleibt oder nicht. Es sind weder die allgemeinen noch besonderen Kündigungsvorschriften zu beachten und es bestehen auch keine Mitbestimmungsrechte des Betriebsrats.

1.2 Streichung von Zahlungen, die freiwillig oder mit der Möglichkeit des Widerrufs gewährt werden

Eine ebenfalls relativ schnelle Einsparwirkung kann durch die Streichung von Gratifikationen oder anderen Einmalzahlungen erzielt werden. Dies setzt jedoch voraus, dass arbeitsvertraglich ein sog. Freiwilligkeits- oder Widerrufsvorbehalt vereinbart wurde.

Freiwilligkeitsvorbehalt

Im Fall des wirksamen Freiwilligkeitsvorbehalts der Einmalzahlung kann die Zahlung ohne Weiteres in Zukunft eingestellt werden. Der Freiwilligkeitsvorbehalt verhindert, dass ein Rechtsanspruch der Arbeitnehmer, z. B. aus betrieblicher Übung, entstanden ist. Dazu muss der Arbeitgeber bei jeder Zahlung darauf hinweisen, dass diese freiwillig erfolgt und auch aus wiederholter Zahlung kein Rechtsanspruch entsteht.

Widerrufs-
vorbehalt

Im Fall des Widerrufsvorbehalts muss der Arbeitgeber rechtzeitig vor der erwarteten Auszahlung und ausdrücklich den Widerruf erklären. Der Widerruf muss unter den im Widerrufsvorbehalt genannten Voraussetzungen (z. B. Umsatzrückgang in bestimmter Höhe) erfolgen und billigem Ermessen entsprechen.

Sind in den Arbeitsverträgen noch keine geeigneten Klauseln enthalten, sollte dies bei künftigen Neueinstellungen geändert werden. Während die vollständige Streichung von Sonderzahlungen ohne Mitbestimmung des Betriebsrats erfolgen kann, ist eine **Reduzierung mitbestimmungspflichtig**, wenn sich dadurch der Verteilungsmaßstab ändert (s. Kap. 2.5)!

Beispiel: Freiwilligkeitsvorbehalt/Widerrufsvorbehalt im Arbeitsvertrag

- Freiwilligkeitsvorbehalt, Ausschluss betrieblicher Übung

Die Zahlung von etwaigen Sondervergütungen (Gratifikationen, Urlaubsgeld, Prämien etc.) erfolgt in jedem Einzelfall freiwillig und auch bei wiederholter Gewährung ohne Begründung eines Rechtsanspruchs für die Zukunft.

- Widerrufsvorbehalt

Zulagen, die zusätzlich zum monatlichen laufenden Entgelt gewährt werden, können bei Vorliegen eines sachlichen Grundes (z. B. wirtschaftliche Gründe, Gründe im Verhalten oder in der Person des Mitarbeiters oder im Rahmen einer Umstrukturierung) widerrufen werden.

Der Arbeitgeber kann auch **Teile der monatlichen Vergütung** einseitig **reduzieren**, wenn diese als flexible Gehaltsbestandteile vereinbart sind. Voraussetzung hierfür ist, dass höchstens 25 % der Vergütung im Arbeitsvertrag unter einen wirksamen **Widerrufsvorbehalt** gestellt sind und durch den Widerruf die tarifliche Referenzvergütung nicht unterschritten wird. Der Widerruf muss unter den im Widerrufsvorbehalt genannten Voraussetzungen (z. B. Umsatzrückgang in bestimmter Höhe) erfolgen und billigem Ermessen entsprechen.

1.3 Verzicht auf freiwillige Sozialleistungen

Ebenfalls einseitig und ohne rechtliche Einschränkungen können im Regelfall Einsparungen erzielt werden, wenn **auf Betriebsfeiern, Jubiläumszuwendungen** oder andere **freiwillige Sozialleistungen verzichtet** wird, oder diese „abgespeckt" werden. Es ist allerdings wegen des nachgewiesenen hohen Motivationseffekts zu empfehlen, derartige „Zugaben" nicht ganz zu streichen, sondern den Mitarbeitern künftig auf kostengünstigerem Wege Anerkennung zukommen zu lassen.

Durch **betriebsbedingte Änderungskündigungen** oder **betriebsbedingte Beendigungskündigungen** können zwar ebenfalls Einspareffekte erzielt werden. Da in beiden Fällen die gesetzlichen oder vertraglich vereinbarten **Kündigungsfristen** einzuhalten sind, tritt eine Einsparwirkung aber erst danach ein. Zu beachten ist hierbei vor allem der allgemeine **Kündigungsschutz**, der, außerhalb von Kleinbetrieben, alle Arbeitsverhältnisse schützt, die länger als sechs Monate bestehen. Eine Änderungskündigung zur Entgeltreduzierung wegen wirtschaftlicher Notlage des Arbeitgebers ist nach der Rechtsprechung der Arbeitsgerichte praktisch so gut wie unmöglich. Sie ist nur dann gerechtfertigt, wenn aufgrund eines umfassenden Sanierungsplans eine drohende Insolvenz abgewendet werden muss. Auch betriebsbedingte Beendigungskündigungen sind eher schwierig durchsetzbar und bedürfen einer sorgfältigen Vorarbeit. Da sie negative Auswirkungen auf die Motivation der gesamten Belegschaft haben, sollten sie nur als **letztes Mittel** zum Einsatz kommen.

Kündigungen schwierig umzusetzen

2 Gemeinsam mit dem Betriebsrat umsetzbare Einsparmöglichkeiten

2.1 Abbau von Überstunden und Mehrarbeit

Eine sehr schnelle Einsparwirkung kann dadurch erzielt werden, dass der **Abbau von Überstunden und Mehrarbeit** angeordnet wird. Hier ist der **Betriebsrat** im Rahmen seiner **Mitbestimmungsrechte** zu beteiligen. Die Anordnung von Überstundenabbau durch den Arbeitgeber muss im Einzelfall billigem Ermessen entsprechen, also die beiderseitigen Interessen angemessen berücksichtigen. Häufig sind in **Betriebsvereinbarungen** zu Überstunden und Arbeitszeitkonten Regelungen enthalten, unter welchen Voraussetzungen und in welchem Umfang der Abbau von Überstunden angeordnet werden darf.

Der Überstundenabbau ist in jedem Fall nicht vergleichbar mit der Gewährung von Jahresurlaub und sollte deshalb auch nicht damit vermischt werden. Die Urlaubsnahme setzt grundsätzlich einen Antrag des Arbeitnehmers voraus und richtet sich nach dessen Wünschen, wenn keine betrieblichen Gründe entgegenstehen. Der Abbau von Überstunden kann dagegen vom Arbeitgeber i. d. R. viel einfacher nach den o. g. Maßgaben angeordnet werden.

Anordnung einfach

Der Abbau von Überstunden und Mehrarbeit entlastet nur die Ertragssituation: Hier können Rückstellungen für Überstunden und Mehrarbeit aufgelöst werden. In dieser Höhe reduzieren sich die Personalaufwendungen in der Gewinn- und Verlustrechnung. Da die Entgeltauszahlungen jedoch unverändert bleiben, wird die Liquidität wie sonst auch in Anspruch genommen.

Liquidität bleibt belastet

2.2 Kurzarbeit

2.2.1 Grundlagen

Bei fehlendem Beschäftigungsbedarf können auch durch Kurzarbeit Einsparungen erzielt werden. Kurzarbeit nennt man die vorübergehende Minderung der Arbeitszeit bei entsprechender Minderung des Entgelts der betroffenen Arbeitnehmer. Kurzarbeit hat den Vorteil, dass – bei Vorliegen der gesetzlichen Voraussetzungen – Kurzarbeitergeld (zwischen 60 und 67 % der Nettoentgeltdifferenz) von der Agentur für Arbeit bezogen werden kann. Der Arbeitgeber spart hierdurch Lohnaufwendungen und die Arbeitnehmer sind vor starken Lohnverlusten geschützt.

Kurzarbeitergeld durch die Agentur für Arbeit wird nur gewährt, wenn bestimmte gesetzliche Voraussetzungen vorliegen. So muss es sich um einen nur vorübergehenden Arbeitsausfall handeln, der nicht durch weniger einschneidende Maßnahmen (z. B. Abbau von Leiharbeit oder Überstunden) kompensiert werden kann. Die Beantragung und Einführung von Kurzarbeit setzen das Einverständnis des Betriebsrats voraus, der sowohl über das „Ob" als auch über das „Wie" der Kurzarbeit mitzubestimmen hat.

Grundsätzlich besteht ein Anspruch der Mitarbeiter auf Kurzarbeitergeld, wenn

- ein erheblicher Arbeits- und Entgeltausfall vorliegt,
- der Arbeitsausfall der Agentur für Arbeit schriftlich angezeigt worden ist und
- betriebliche und persönliche Voraussetzungen erfüllt sind.

Arbeitnehmer in Betrieben des Baugewerbes haben in der Schlechtwetterzeit vom 1.12. bis zum 31.3. ausschließlich Anspruch auf das neue Saison-Kurzarbeitergeld, das als Sonderform des Kurzarbeitergeldes dem allgemeinen Kurzarbeitergeld vorgeht (§ 169 SGB III).

Ein Arbeits- und Entgeltausfall im Rechtssinne liegt vor, wenn er

- auf wirtschaftlichen Gründen (z. B. Auftrags-, Absatz- oder Rohstoffmangel, betriebliche Strukturveränderungen) oder auf einem unabwendbaren Ereignis (z. B. ungewöhnliche Witterungsbedingungen oder behördliche Maßnahmen, die vom Arbeitgeber nicht zu vertreten sind) beruht,
- nur vorübergehend ist, d. h. in absehbarer Zeit wieder mit einem Übergang zur Vollzeitarbeit zu rechnen ist,
- unvermeidbar ist, d. h. unter Ausschöpfung aller zumutbaren Vorkehrungen nicht verhindert oder abgewendet werden kann, und

- im jeweiligen Kalendermonat (Anspruchszeitraum) für mindestens ein Drittel der in dem Betrieb beschäftigten Arbeitnehmer mindestens 10 % des ansonsten erzielten Arbeitsentgelts ausfallen (§ 170 SGB III).

Als vermeidbar gilt dabei insbesondere ein Arbeitsausfall, der überwiegend branchenüblich, betriebsüblich oder saisonbedingt ist oder ausschließlich auf betriebsorganisatorischen Gründen beruht.

2.2.2 Berechnungsmodus für das Kurzarbeitergeld

Das Kurzarbeitergeld für die Arbeitnehmer wird wie folgt berechnet:

Pauschaliertes Nettoentgelt aus Sollentgelt	
./.	pauschaliertes Nettoentgelt aus Istentgelt
=	Nettoentgeltdifferenz
×	Leistungssatz (60 % ohne Kind oder 67 % mit Kind im Sinne des Steuerrechts)
=	Kurzarbeitergeld

Sollentgelt ist grundsätzlich das regelmäßige laufende Arbeitsentgelt einschließlich etwaiger Zulagen, jedoch ohne Entgelte für Mehrarbeit und ohne Einmalzahlungen.

Istentgelt ist das im Anspruchszeitraum tatsächlich erzielte Bruttoentgelt (wiederum ohne Einmalzahlungen). Das Istentgelt erhöht sich jedoch um Entgelte, die

- aufgrund von Mehrarbeit im jeweiligen Kalendermonat erzielt wurden,
- aus anderen als aus wirtschaftlichen Gründen ausgefallen sind (z. B. unbezahlter Urlaub) oder
- der Kurzarbeiter aus einer anderen, während des Bezugs von Kurzarbeitergeld neu aufgenommenen Erwerbstätigkeit erzielt hat (§ 179 Abs. 2, 3 SGB III).

Sollentgelt und Istentgelt sind auf den nächsten durch 20 EUR teilbaren Betrag zu runden. Das dem Sollentgelt und dem Istentgelt jeweils zuzuordnende pauschalierte Nettoentgelt ergibt sich, indem das jeweilige Bruttoentgelt um folgende gesetzlich bestimmten Entgeltabzüge vermindert wird:

- eine Sozialversicherungspauschale in Höhe von 21 % des jeweiligen Bruttoentgelts,
- die Lohnsteuer nach Maßgabe der jeweiligen Lohnsteuerklasse und der jeweils gültigen Lohnsteuertabelle und
- der Solidaritätszuschlag ohne Berücksichtigung von Kinderfreibeträgen.

2.2.3 Praxisbeispiel: Berechnung der Ersparnis

Sachverhalt: Ein Arbeitnehmer mit einem Kind, Steuerklasse III, hat einen Stundenlohn von 20 EUR bei einer wöchentlichen Arbeitszeit von 40 Stunden. Aufgrund von Kurzarbeit im April 2009 von 40 Stunden reduziert sich sein Gehalt um 800 EUR. Ansonsten arbeitet der Mitarbeiter jeden Arbeitstag acht Stunden. Wie wird das Kurzarbeitergeld berechnet? Welche Ersparnis hat das Unternehmen?

Lösung: Der April 2009 hat 20 Arbeitstage und somit 160 Arbeitsstunden. Aufgrund der Kurzarbeit fallen somit nur 120 bezahlte Stunden an. Daraus ergibt sich ein verringertes Bruttoentgelt (sog. Kurzlohn) von 2.400 EUR. Ohne Kurzarbeit würde das Bruttoentgelt 3.200 EUR betragen.

Da auf der Lohnsteuerkarte des Arbeitnehmers ein Kinderfreibetrag eingetragen ist, kommt für ihn der Leistungssatz 1 von 67 % zum Tragen.

Das Kurzarbeitergeld berechnet sich aus der Differenz des pauschalierten Soll- und des pauschalierten Istentgeltes der Tabelle zur Berechnung des Kurzarbeitergelds der Agentur für Arbeit.

Die Berechnung sieht folgendermaßen aus:

Sollentgelt	3.200 EUR	
Pauschaliertes Nettoentgelt lt. Tabelle		1.466,86 EUR
Istentgelt	2.400 EUR	
Pauschaliertes Nettoentgelt lt. Tabelle		1.193,72 EUR
Tatsächliches Nettogehalt bei Kurzarbeit	1.785,54 EUR	
Kurzarbeitergeld		373,14 EUR
Auszahlung im April 2009	2.098,68 EUR	

Hinzu kommen für das Unternehmen die Sozialversicherungsbeiträge für die Kurzarbeit:

Fiktives Arbeitsentgelt	aus 40 Ausfallstunden = brutto	800,00 EUR
	Davon 80 % = Bemessungsentgelt	640,00 EUR
Davon SV-Beiträge	Krankenversicherung 15,5 %	99,20 EUR

	Pflegeversicherung 1,95 %	12,48 EUR
	Rentenversicherung 19,9 %	127,36 EUR
	Arbeitslosenversicherung	keine
	= Summe	239,04 EUR
Der Arbeitgeber zahlt in diesem Monat:		
Arbeitgeberanteil aus Kurzlohn und		471,00 EUR
Arbeitgeberanteil aus Bemessungsentgelt für die Ausfallzeit (nur 50 % des üblichen Betrags in den Jahren 2009 und 2010)		119,52 EUR
= Sozialversicherungsbeiträge insgesamt		590,52 EUR

Ersparnis des Arbeitgebers:

Normale Belastung mit AG-Leistungen zur Sozialversicherung:		3.831,20 EUR
Belastung bei Kurzarbeit 25 %:		
Bruttogehalt	2.400,00 EUR	
+ AG-Anteil aus Kurzlohn	471,00 EUR	
+ AG-Anteil für Kurzarbeitergeld	119,52 EUR	
Summe	2990,52 EUR	
Ersparnis		840,68 EUR
in % der ursprünglichen Belastung von 3.831,20 EUR		21,9 %

Tipp: Staatliche Hilfe bei Qualifizierungsmaßnahmen
Wenn der Arbeitgeber die Zeit der Kurzarbeit für die Qualifizierung der Mitarbeiter nutzt, kann es sogar eine volle Erstattung der Sozialversicherungsbeiträge durch die Agentur für Arbeit geben.

Auch für diese Qualifizierungsmaßnahmen gibt es Unterstützung vom Staat: Für die Jahre 2009 und 2010 stehen zusätzlich knapp 2 Mrd. EUR für

Fortbildung und Qualifizierung bereit, für Kurzarbeiter, aber auch für junge Beschäftigte ohne Berufsabschluss sowie für junge Menschen, die schon sehr lange einen Ausbildungsplatz suchen.

Achtung: Unbedingt ausführlich informieren
Die ordnungsmäßige Beantragung, Durchführung und Abrechnung von Kurzarbeit unterliegt zahlreichen arbeits- und sozialversicherungsrechtlichen Vorgaben. Informieren Sie sich deshalb ausführlich, damit Sie die geplanten Einsparungen auch realisieren.[1]

2.3 Einsatz von Leiharbeitnehmern anstelle von Neueinstellungen

Mittelfristig kann in wirtschaftlich unsicheren Zeiten der **Einsatz von Leiharbeitnehmern anstelle von Neueinstellungen** eigener Arbeitnehmer für Einsparungen und Kostensicherheit sorgen. Ist z. B. unklar, ob und wie lange ein durch Befristungsablauf frei gewordener Arbeitsplatz künftig erhalten bleiben kann, bietet es sich an, zunächst einen Leiharbeitnehmer einzustellen. Die Einstellung von Leiharbeitnehmern ist – wie auch die Einstellung eigener Arbeitnehmer – **mitbestimmungspflichtig**. Soll ein eigener Arbeitsplatz künftig durch einen Leiharbeitnehmer ersetzt werden, stößt dies häufig auf Widerstand beim Betriebsrat. Der Betriebsrat kann jedoch nur in den gesetzlich genannten Fällen des § 99 BetrVG seine Zustimmung zur Einstellung von Leiharbeitnehmern verweigern.

2.4 Anordnung von Betriebsferien

Urlaubsentgelt vorziehen

Mittelfristig kann wegfallendem Beschäftigungsbedarf auch durch die Anordnung von **Betriebsferien** Rechnung getragen werden. Während des Jahresurlaubs muss zwar das Urlaubsentgelt fortbezahlt werden, bei Arbeitsmangel im Betrieb ist die Urlaubsgewährung jedoch günstiger als die Unterbeschäftigung oder gar Freistellung der Arbeitnehmer und der daraus resultierende Annahmeverzug. Auch hier wird die Liquidität wie üblich belastet. Die ohnehin anfallenden Aufwendungen für Urlaubsentgelte können so „vorgezogen" werden. Steigt die Beschäftigungslage wieder, so stehen die Mitarbeiter dafür zur Verfügung und es müssen keine teuren Überstunden zum Ausgleich von urlaubsbedingten Ausfällen gefahren werden.

---

[1] Informationen zur Kurzarbeit erhalten Sie u. a. bei der Agentur für Arbeit und unter www.haufe.de/personal.

Arbeitsrechtliche Vereinfachung

Der Jahresurlaub der Arbeitnehmer muss grundsätzlich nach deren Urlaubswünschen gewährt werden. Einseitig Urlaub anordnen kann der Arbeitgeber nur, wenn der Urlaub der Arbeitnehmer sonst verfallen würde oder Betriebsferien angeordnet sind. Die Festlegung von Betriebsferien ist nicht unbeschränkt möglich. Der Arbeitgeber benötigt vielmehr **dringende betriebliche Belange** und muss eine Interessenabwägung zwischen den betrieblichen Gründen und den Urlaubswünschen der Arbeitnehmer durchführen. Besteht im Betrieb ein **Betriebsrat**, ist dies hier von Vorteil: Die Betriebsferien müssen zwar mit dem Betriebsrat gemeinsam beschlossen werden, da ein Mitbestimmungsrecht besteht. Haben Arbeitgeber und Betriebsrat sich jedoch auf Betriebsferien geeinigt, müssen die individuellen Urlaubswünsche einzelner Arbeitnehmer grundsätzlich zurücktreten. Die Betriebsferien müssen dann nicht im Einzelfall durch dringende betriebliche Belange gerechtfertigt sein.

2.5 Bestimmte weitere Reduzierung von Einmalzahlungen und Gehaltsbestandteilen

Die **Reduzierung von Einmalzahlungen oder flexiblen Gehaltsbestandteilen** ist bei einer **Änderung des innerbetrieblichen Verteilungsmaßstabs mitbestimmungspflichtig.** Ob der Arbeitgeber Vergütungsbestandteile kürzen oder streichen darf, richtet sich zuerst nach der Rechtsgrundlage, auf deren Basis der Vergütungsbestandteil gezahlt wird (s. o.). Ist der Arbeitgeber danach im individuellen Arbeitsverhältnis berechtigt, eine Anpassung von Vergütungsbestandteilen vorzunehmen, besteht dennoch ein Mitbestimmungsrecht des Betriebsrats, wenn sich innerbetrieblich der Verteilungsmaßstab ändert.

Ob das der Fall ist, bestimmt sich anschaulich nach der sog. **„Topftheorie“**: Der Arbeitgeber entscheidet alleine über das Volumen einer zur Verfügung gestellten Vergütungszahlung (z. B. 1 Mio. EUR zur betriebsweiten Verteilung als Sondergratifikation). Über die Verteilung aus diesem „Topf“ hat dann der Betriebsrat mitzubestimmen. Entscheidet sich der Arbeitgeber, künftig überhaupt keine Sonderzahlung mehr zu leisten, den „Topf“ also vollständig zu streichen, gibt es kein Mitbestimmungsrecht mehr. Ebenfalls mitbestimmungsfrei ist die Reduzierung des Gesamtvolumens ohne Änderung der Verteilungsgrundsätze (z. B. künftig nur noch 0,5 Mio. EUR Verteilungsvolumen, die Sondergratifikation halbiert sich für jeden Mitarbeiter).

Achtung: Abweichungen von tariflichen Ansprüchen sind grundsätzlich nicht möglich
Sind Sonderzahlungen oder flexible Gehaltsbestandteile in einem Tarifvertrag geregelt, darf auch mit dem Betriebsrat keine Kürzung oder ein Verzicht vereinbart werden! Die häufig zu diesem Zweck mit dem Betriebsrat abgeschlossenen betrieblichen **„Bündnisse für Arbeit"** sind rechtlich unwirksam. Den Arbeitnehmern bleiben ihre tariflichen Vergütungsansprüche erhalten. Abweichungen von tariflichen Ansprüchen sind nur möglich, wenn der Tarifvertrag eine Öffnungsklausel für Betriebsvereinbarungen enthält oder mit der zuständigen Gewerkschaft ein spezieller Sanierungstarifvertrag abgeschlossen wird.

3 Im Einvernehmen mit den Arbeitnehmern umsetzbare Einsparmöglichkeiten

Sind die betroffenen Arbeitnehmer mit Änderungen im Arbeitsverhältnis einverstanden, können Einsparungen mit sehr schneller Wirkung erzielt werden. So kann z. B. die vertraglich vereinbarte **monatliche Vergütung** oder eine vertraglich **vereinbarte Sonderzahlung einvernehmlich reduziert** werden. Auch die vertraglich vereinbarte **Arbeitszeit** kann einvernehmlich verändert werden, Änderungsvereinbarungen zum Arbeitsvertrag können sofort umgesetzt werden, Kündigungs- oder Übergangsfristen sind dabei nicht einzuhalten. Wegen des besseren Nachweises sollten jegliche Änderungen aber immer schriftlich vereinbart werden.

Achtung: Nur auf individualrechtliche Ansprüche kann verzichtet werden
Arbeitnehmer dürfen nur auf arbeitsvertragliche Ansprüche verzichten, nicht auf Ansprüche, die sich aus einer Betriebsvereinbarung oder einem unmittelbar geltenden Tarifvertrag ergeben.

Sind Arbeitnehmer bereit, in Altersteilzeit zu gehen, können gelegentlich auch hierdurch Einsparungen erfolgen. Voraussetzung für eine Förderung der Altersteilzeit durch die Bundesagentur für Arbeit ist allerdings, dass anlässlich des Übergangs in die Altersteilzeit ein arbeitslos gemeldeter Arbeitnehmer oder ein Ausgebildeter versicherungspflichtig beschäftigt wird. Die Förderung von Altersteilzeit läuft Ende 2009 aus. Gefördert werden nur noch Altersteilzeitverhältnisse, die bis 31.12.2009 angetreten sind.

Schließlich können auch Wünsche der Arbeitnehmer nach **unbezahlter teilweise oder vollständiger Freistellung** (Elternzeit, Pflegezeit, Teilzeit) genutzt werden, um Personalkosten einzusparen. Aber auch unabhängig von diesen gesetzlichen Freistellungsansprüchen können einvernehmlich beliebige Zeiten vereinbart werden, während derer das Arbeitsverhältnis ruhen soll, z. B. ein sog. Sabbatical.

4 Das letzte Mittel: Betriebsbedingte Kündigungen

Inwieweit ein Personalabbau der richtige Weg ist, um die laufenden Kosten eines Unternehmens zu senken, kann nur ermittelt werden, wenn auch der Aufwand für die Reduktion der Mitarbeiterzahl berücksichtigt wird. Nur so können andere Alternativen zur Sanierung eines Unternehmens korrekt einbezogen werden. Aufgabe der Kostenrechner und Controller ist es, diese Kosten für die Entscheidungsfindung zu ermitteln und in der Realisierungsphase korrekt zu steuern und zu verbuchen.

4.1 Was ist grundsätzlich beim Personalabbau zu beachten?

Kündigungen sind teuer

Die Kosten, die dem Unternehmen bei einem Personalabbau entstehen, können unerwartete Größenordnungen annehmen. Dabei gibt es eine Vielzahl von Kostenarten, die bei der Planung mit den individuellen Daten der betroffenen Mitarbeiter kombiniert werden müssen. Die Altersstruktur der Mitarbeiter, die freigesetzt werden sollen, bestimmt erheblich den Umfang der Kosten. So spielt z. B. die Anzahl derjenigen entlassenen Arbeitnehmer, die über 56 Jahre alt sind, eine Rolle bei der Erstattungspflicht des Arbeitslosengeldes und der Sozialkosten durch den Arbeitgeber an das Arbeitsamt. Rechtzeitig berücksichtigt, kann durch geringfügige Veränderungen der Entlassungspläne eine erhebliche Kosteneinsparung erreicht werden.

Auch indirekte Kosten einbeziehen

Neben der notwendigen detaillierten Berechnung der Kosten müssen weitere Aufwendungen einbezogen werden, die direkt oder indirekt mit dem Personalabbau einhergehen. Ein Teil der Kosten wird direkt in Abhängigkeit einer Person gezahlt, ein anderer Teil entsteht durch die notwendige Mehrarbeit für die Durchführung der Sozialauswahl, die Beteiligung des Betriebsrates oder durch das Führen von Arbeitsgerichtsprozessen. Hinzu kommen indirekte Kosten, die durch Unruhe innerhalb und außerhalb des Unternehmens entstehen, durch Verlust der Motivation bei den verbleibenden Mitarbeitern oder durch den Verlust der Kenntnisse und Erfahrungen von langjährigen Arbeitnehmern.

Tipp: Abfindungen in Wirtschaftlichkeitsrechnung berücksichtigen
Wenn Sie die Wirtschaftlichkeit einer Rationalisierungsmaßnahme berechnen, vergessen Sie bitte nicht, die Kosten für die Freisetzung der dann nicht mehr benötigten Mitarbeiter zu berücksichtigen. Diese erhöhen die Investitionssumme der Maßnahme und führen zu einer Verlängerung der Amortisationszeit dieses Rationalisierungsvorhabens.

4.2 Kosten des Personalabbaus

Der größte Kostenblock beim Personalabbau entsteht durch Zahlungen, die an die entlassenen Personen gehen. Die Gesetze und die Rechtsprechung in der Bundesrepublik Deutschland machen es den Arbeitgebern mit Ausnahme von Kleinstunternehmen schwer, Kündigungen betriebsbedingt auszusprechen. Gefordert wird eine sozial geprägte Vorgehensweise bei der Auswahl und eine Milderung der Auswirkungen durch die Zahlung von Abfindungen. Dies kann in Form eines Sozialplanes geschehen. Langfristig kann auch das Instrument der Altersteilzeit genutzt werden, um die Mitarbeiterzahl zu reduzieren. Kommt es zu einer Arbeitslosigkeit der ehemaligen Mitarbeiter, was zurzeit fast immer der Fall ist, kann es unter bestimmten Bedingungen zu einer Erstattungspflicht des Unternehmens für die Aufwendungen des Arbeitsamtes kommen. Nicht zuletzt verursacht die Freistellung von der Arbeit, bei einflussreichen Positionen unabdingbar, Kosten.

4.2.1 Kosten aus Abfindungen

Die Zahl der personen- oder betriebsbedingten Kündigungen, die vor einem Arbeitsgericht enden, steigt. Mit geringer Chance auf eine schnelle Neubeschäftigung versucht jeder Entlassene einen möglichst hohen Betrag von seinem alten Arbeitgeber zu erhalten. Dabei spielt die meist durch eine Rechtsschutzversicherung gegebene Deckung der Kosten und damit eine Minimierung des Risikos für den Arbeitnehmer eine wichtige Rolle. Der Trend der Arbeitsgerichte geht dahin, in der ersten Güteverhandlung eine finanzielle Einigung zwischen den Parteien zu erreichen. Da meist der Ausgang des Verfahrens ungewiss und der Aufwand für das Unternehmen recht hoch ist, gehen viele Arbeitgeber darauf ein und zahlen eine Abfindung. Um den Aufwand für die Gerichtsprozesse zu sparen, bieten viele Arbeitgeber den zur Entlassung anstehenden Mitarbeitern von vornherein eine Abfindung an. Die Berechnung der Höhe dieses Angebotes richtet sich nach der zu erwartenden Abfindung, die ein Arbeitsgericht festlegen würde.

Einflussgrößen der Abfindung

Dabei wiederum spielen neben der Auffassung des Arbeitsrichters vor allem persönliche Umstände des ehemaligen Mitarbeiters eine Rolle. Das Alter wird ebenso berücksichtigt wie die Anzahl der abhängigen Personen (z. B. Kinder) und die Dauer der Betriebszugehörigkeit. Es existieren durchaus regionale Unterschiede in der Beurteilung durch die Richter. Als eine erste Faustformel kann ein Durchschnittswert berechnet werden. In der Praxis hat sich gezeigt, dass jeweils ein halbes Monatsentgelt pro Beschäftigungsjahr gezahlt wird. Ältere Mitarbeiter erhalten oft mehr, ebenso Mitarbeiter, die eine Familie zu ernähren haben. Junge, ungebundene Arbeitnehmer müssen mit weniger rechnen.

Tipp: Rechtzeitig informieren

Versuchen Sie durch Anfragen bei befreundeten Unternehmen, Verbänden oder Rechtsanwälten zu erfahren, wie das lokale Arbeitsgericht i. d. R. Abfindungen festsetzt. Lassen Sie sich nicht von den Forderungen der Rechtsanwälte der gekündigten Mitarbeiter einschüchtern. Diese werden dafür bezahlt, Maximalforderungen aufzustellen.

Eine vom Arbeitgeber freiwillig angebotene Abfindung muss oberhalb der zu erwartenden gerichtlichen Entscheidung liegen. Sonst hat der Arbeitnehmer keinen Anreiz, darauf einzugehen. Für den Unternehmer haben die Mehrkosten jedoch einen wichtigen Vorteil: Sie ersparen viele der weiteren Nebenkosten, die bei einem Personalabbau anfallen.

Außergewöhnlicher Aufwand

Abfindungen sind keine laufenden Kosten und auch nicht durch den normalen Betriebsablauf bedingt. Sie werden daher nicht als Personalkosten verbucht. Es handelt sich vielmehr um einen außergewöhnlichen Aufwand. Auch in der Kostenrechnung werden die anfallenden Beträge nicht berücksichtigt. Es mag zwar interessant sein, die Abfindungen den einzelnen Kostenstellen zuzuordnen. Doch eine Verantwortung für den Kostenstellenleiter besteht i. d. R. nicht. Daher haben Abfindungen in der Kostenstellenrechnung nichts zu suchen. Das gilt auch für die Kostenträgerrechnung, da die Kostenträger nicht die Verursacher der entsprechenden Kosten sind.

4.2.2 Sonstige Kosten des Personalabbaus

Kosten aus entstehender Arbeitslosigkeit: Abfindungen werden von der Agentur für Arbeit auf das Arbeitslosengeld angerechnet. Diesen Verlust versuchen Arbeitnehmer dadurch auszugleichen, dass sie von vornherein eine höhere Abfindung fordern.

Kosten der Sozialauswahl und der Beteiligung des Betriebsrats: Hier fallen folgende Kosten an:

- Personalkosten in der Personalabteilung
- Personalkosten in den betroffenen Abteilungen
- Personalkosten für Gespräche mit dem Betriebsrat und für dessen Mitglieder
- Beraterkosten für Rechtsanwälte
- Gerichtskosten für Arbeitsgerichtsprozesse.

Weitere Kosten durch die Demotivation der vorhandenen Mitarbeiter und die Verunsicherung von Kunden, Lieferanten sowie der Öffentlichkeit sind dabei noch nicht berücksichtigt. Der Imageschaden durch Kündigungen kann sich später, wenn wieder Arbeitnehmer gesucht sind, sehr nachteilig auswirken.

4.3 Wie kann man die Amortisation des Personalabbaus feststellen?

Ob sich ein Personalabbau lohnt und wann die Wirkung auf die Kosten beginnt, muss auf verschiedenen Ebenen geprüft und festgestellt werden. Die Kosten werden von vielen individuellen Gegebenheiten bestimmt. Daher ist für jeden Mitarbeiter selbst eine individuelle Betrachtung anzustellen. Der Personalabbau als Gesamtprojekt muss ebenfalls auf seine Wirtschaftlichkeit untersucht werden.

4.3.1 Berechnung der individuellen Amortisation

Jeder einzelne Fall innerhalb der Mitarbeiter, die freigesetzt werden sollen, wird betrachtet. Auf der einen Seite stehen die Kosten, die durch die Maßnahme eingespart werden. Das sind i. d. R. die Lohn- bzw. Gehaltszahlungen zuzüglich der gesetzlichen und tariflichen Sozialabgaben. Einzubeziehen sind auch Nebenkosten wie Fahrtkostenerstattung, Jubiläumszahlungen, Zuschüsse zum Mittagessen usw.

Abzuziehen auf dieser Seite der Rechnung sind die Kosten, die für den Ersatz entstehen. Es ist sehr genau zu prüfen, ob wirklich alle von der Person erledigten Aufgaben ersatzlos entfallen können. Gibt es Teilaufgaben, die auch weiterhin erledigt werden müssen, fallen auch weiterhin Kosten dafür an. Diese reduzieren die Einsparungen.

Auf der anderen Seite der Rechnung stehen die Kosten, die durch die Kündigung dieses Mitarbeiters verursacht werden. Gleichgültig, ob es sich dabei um eine Abfindung, Kosten für die Altersteilzeit oder Arbeitsgerichtsprozesse handelt. Der Vergleich dieser Kosten mit den monatlichen Einsparungen ergibt den Zeitraum, in dem sich die Aufwendungen für diese Entlassung amortisieren (s. Tab. 1).

Amortisation Entlassung individuell	
Name	Werner Müller
Gehalt brutto monatlich	2.800 EUR
Monatlicher Anteil Urlaubsgeld, Sonderzahlung	350 EUR
Zusatzkosten	50 EUR
Sozialabgaben	591 EUR
Summe monatliche Kosten	**3.791 EUR**
Abzüglich neuer Aufwand/Monat	0 EUR
Summe monatliche Einsparungen	**3.791 EUR**
Abfindung	**14.000 EUR**
Amortisation in Monaten	**3,7**

Tab. 1: Berechnung der individuellen Amortisationszeit

4.3.2 Amortisation in der Gesamtbetrachtung

Die Prüfung der gesamten Kosten des Personalabbaus auf eine sinnvolle Amortisationsdauer hin beinhaltet eine zeitliche Komponente. Da i. d. R. unterschiedliche Mitarbeiter mit individuellen Kündigungszeiten betroffen sind, kann der Amortisationszeitraum im Kalender nicht exakt bestimmt werden. Dennoch ist ein Zeitraum ermittelbar, der einfach einen gleichen Beginn von Einsparungen unterstellt (s. Tab. 2).

Amortisation Entlassung (gesamt)	
Einsparungen Bruttolohn und -gehalt pro Monat	75.500 EUR
Monatlicher Anteil Urlaubsgeld, Sonderzahlung	9.400 EUR
Zusatzkosten	2.400 EUR
Sozialabgaben	17.000 EUR
Summe monatliche Kosten	**104.300 EUR**
Abzüglich neuer Aufwand/Monat	1.500 EUR
Summe monatliche Einsparungen	**102.800 EUR**
Abfindungen	512.000 EUR
Altersteilzeit	15.000 EUR
Freistellungen	19.500 EUR
Erstattung von Kosten der Agentur für Arbeit	0 EUR
Prozesskosten	2.400 EUR
Nebenkosten	5.000 EUR
Summe der Gesamtkosten	**553.900 EUR**
Amortisation in Monaten	**5,4**

Tab. 2: Berechnung der Amortisationszeit in der Gesamtbetrachtung

Da sich die Einsparungen und die Kosten innerhalb des Zeitraums entwickeln, kann es für den Entscheider sinnvoll sein, die Werte im Zeitverlauf zu sehen. Dadurch wird auch die Belastung des Unternehmens mit abfließender Liquidität bekannt. Der Zeitraum für die Amortisation wird exakt ermittelt.

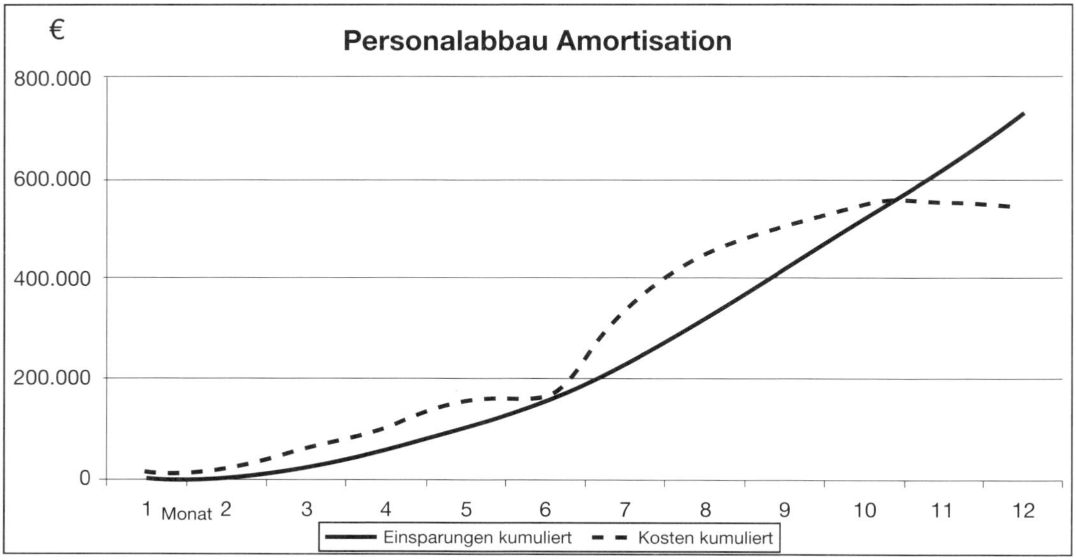

Abb. 1: Grafische Darstellung der echten Amortisationszeit

Das Beispiel in Abb. 1 zeigt, dass trotz der rechnerisch ermittelten Amortisationszeit von 5,4 Monaten die echte Amortisation erst im 10. Monat erreicht wird. Verursacht wird diese Diskrepanz durch die unterschiedliche Verteilung der Kosten und Einsparungen, da individuelle Kündigungsfristen zu berücksichtigen sind. Beide Informationen sind korrekt und wichtig für den Entscheider.

Tipp: Wenn schon, dann schnell
Wiederholen Sie nicht den Fehler vieler Unternehmen und beginnen Sie rechtzeitig mit dem Personalabbau. Sonst laufen Sie Gefahr, dass die Kosten Sie bis zum Ende der Maßnahme bereits erdrückt haben. Oder aber die Maßnahme zieht sich so lange hin, dass Sie bereits wieder Personal einstellen müssen. Unter Umständen holen Sie sich dann genau die Mitarbeiter wieder, die gerade mit hohen Kosten für Ihr Unternehmen freigesetzt wurden.

5 Literaturhinweis

Bleiber, Personalabbau und seine Kosten – Analyse und Behandlung in Buchhaltung und Kostenrechnung, Haufe Controlling Office Online, HaufeIndex 871040.

Gemeinkostenmanagement – Kosten in Verwaltungs- und Servicebereichen steuern

- Das Gemeinkostenmanagement vieler Unternehmen zeigt Mängel aufgrund struktureller Gegebenheiten und mentaler Blockaden. Der kontinuierliche Anstieg der Gemeinkosten macht das Thema zu einer wichtigen Aufgabe für Controller.
- Der Methodenkoffer des Gemeinkostenmanagements beinhaltet diverse, oftmals bekannte Instrumente, welche in anderen Bereichen des Unternehmens bereits erfolgreich angewendet werden. Die Herausforderung im Gemeinkostenmanagement liegt darin, Konsequenz und Durchgängigkeit in der Anwendung der Methoden im Gemeinkostenbereich zu schaffen.
- Der Beitrag stellt eine Auswahl von Methoden und Beispielen des Gemeinkostenmanagements anhand eines dreistufigen Vorgehens dar.

Inhalt		Seite

Die Autorin

Marion Kellner-Lewandowsky, Dipl.-Wirtschaftsinformatikerin und Master der Organisationspsychologie, arbeitet als Managementtrainerin und -beraterin für Controlling, Kommunikation und Organisationsentwicklung. Sie ist stellvertretende Leiterin des AK Versorgungswirtschaft im ICV.

1 Gemeinkostenmanagement – nur in Krisenzeiten ein Thema?

1.1 Steigende Verwaltungskosten machen Umdenken erforderlich

Ist Gemeinkostenmanagement ein Thema für den Controller, wenn es rundherum schlechte Nachrichten über den Einbruch der Märkte, Auftragsrückgang und umfangreiche Sparprogramme hagelt? Bringt es etwas, sich mit den Kosten von Verwaltung und Service auseinanderzusetzen, wenn die Aussichten der Unternehmen alles andere als rosig scheinen und die Prognosen maximal Unsicherheit versprechen? Selbstverständlich!

Wenige Unternehmen betreiben Gemeinkostenmanagement

Doch sowohl in Krisenzeiten als auch in guten Zeiten wird Gemeinkostenmanagement noch allzu oft als nachrangige Aufgabe angesehen. Nur wenige Unternehmen verfügen über ein funktionierendes Gemeinkostenmanagement, obwohl in den letzten Jahrzehnten ein kontinuierlicher Anstieg der Gemeinkosten zu verzeichnen ist.

Kontinuierlicher Anstieg der Gemeinkosten

In Seminaren berichten Controller aller Branchen über Gemeinkostenquoten von 4 % bis zu 65 %[1] der Gesamtkosten. In den Jahren 1998 bis 2002 sind laut einer Beraterstudie die indizierten Verwaltungskosten im Verhältnis zum Umsatz um mehr als 10 % gestiegen, während die indizierten Produktionskosten zum Umsatz leicht gesunken sind.[2] Diese Entwicklung hat sich auch nach 2002 nicht geändert. Mittlerweile arbeiten in vielen Unternehmen mehr als 50 % der Beschäftigten in den Büros der Verwaltung und anderer Strukturbereiche. Tendenz steigend!

1.2 Verstärkte Aufmerksamkeit des Controllers erforderlich

Diese Entwicklung hat unterschiedliche Gründe: *Einerseits* basiert sie auf den deutlichen **Veränderungen in den Kostenstrukturen** aufgrund der stärkeren Serviceorientierung vieler Unternehmen. Die Kosten verschieben sich immer mehr von den produktbezogenen Einzelkosten zu strukturbezogenen Gemeinkosten, weil die Komplexität der Aufgaben vor allem im Service- und Managementbereich zunimmt. Produktions- und Büroprozesse werden mehr und mehr automatisiert. Die Anforderungen an Qualität, Lieferzeiten, Kundenservice und Flexibilität steigen ständig. Organisation, Strukturen und Prozesse vieler Unternehmen werden dadurch immer komplexer. Ein Anstieg der Aufwendungen für Management und Verwaltung scheint daher unausweichlich.

Serviceorientierung verändert Kostenstrukturen

---

[1] Ergebnisse einer empirischen Befragung von teilnehmenden Controllern an den Seminaren Gemeinkostenmanagement der Controller Akademie Gauting, 2008.

[2] Frank Bünemann: Auslagerung gehört auch in Deutschland bald zum Alltag, faz.net am 28. Januar 2005.

Gemeinkosten als „Eh da"-Kosten einer „Black Box"?

Andererseits ist der **intransparente und oft auch inkonsequente Umgang mit den oft als nebenrangig betrachteten Gemeinkosten** eine Ursache des Anstiegs. Noch immer sehen viele Unternehmen die Gemeinkosten als gegeben und nicht steuerbar an. Nur ein Viertel der befragten Controller[3] gibt an, ein Gemeinkosten-Controlling zu haben oder zumindest teilweise Instrumente zur Kontrolle der Gemeinkosten im Unternehmen einzusetzen.

Fehlende Leistungsspezifikationen führen dazu, dass diese Bereiche als „Black Box" angesehen werden. Gemeinkosten werden noch immer über geschlüsselte, intransparente Zuschlagssätze auf die Leistungsbereiche umgelegt. Die Verantwortung für Gemeinkosten wird in den Managementetagen eher lax gehandhabt. Der gängige Begriff der „Eh da"-Kosten spiegelt dies wider.

Vorhandensein der Instrumente zur Gemeinkostensteuerung

Die Instrumente des Controllers waren lange Zeit vorrangig auf Produktionsprozesse und die Steuerung kostenträgerbezogener Einzelkosten ausgelegt – das Instrumentarium der Gemeinkostensteuerung fehlte lange Zeit. Umlagen und Schlüsselungen wurden toleriert. Fehler in der Aussagekraft solcher geschlüsselten Verteilungen wurden durch mehrstufige Deckungsbeitragsrechnungen korrigiert. Alles war gut, solange die Deckungsbeiträge der Produkte und Dienstleistungen für die Deckung der als gegeben angesehenen Gemeinkosten ausreichte. Eine Steuerung der „gemeinen Kosten" war nicht erforderlich.

Inzwischen gibt es Instrumente, um auch den Gemeinkostenbereich zu steuern. Und jetzt reichen bei zurückgehender Auftragslage die Deckungsbeiträge eventuell nicht mehr aus, um die Gemeinkosten zu decken. Warum also nicht jetzt die Chancen nutzen, das Unternehmen auch im Gemeinkostenbereich schlank und effizient aufzustellen? Warum also nicht jetzt ein Gemeinkostenmanagement aufbauen, um gestärkt in die Zeit nach der Krise zu gehen?

2 Grundlagen und Anforderungen an ein Gemeinkostenmanagement

Gemeinkosten müssen definiert werden

Fragt man Controller, was Gemeinkosten sind, so wird häufig die Antwort gegeben: „Nicht unmittelbar dem Kostenträger zuordenbare Kosten." Diese Antwort, so betriebswirtschaftlich richtig sie ist, hilft dem Controller im Unternehmen meist nicht weiter, wenn er eine vergleichbare Gemeinkostenquote ermitteln möchte. Die Entscheidung darüber,

3 Ergebnisse einer empirischen Befragung von teilnehmenden Controllern an den Seminaren Gemeinkostenmanagement der Controller Akademie Gauting, 2008.

- welche Kosten direkt den Kostenträgern zugeordnet werden (Einzelkosten) und
- welche über die Kostenstellenrechnung abgerechnet werden (Gemeinkosten),

wird nicht selten willkürlich getroffen. Im Gemeinkostenmanagement gilt es daher, zunächst eine unternehmensinterne Definition zu finden, welche Kosten Gemeinkosten sind.

Im sogenannten Kostenwürfel, der in Abb. 1 dargestellt ist, werden die Kosten unterschieden nach ihrer

- Notwendigkeit zur Produkterstellung (Produkt- und Strukturkosten),
- Beeinflussbarkeit (kurz- und mittelfristig) sowie nach der
- buchhalterischen Erfassbarkeit (Einzel- und Gemeinkosten).

Der Kostenwürfel ist ein „Erklärungsmodell für Kostensachverhalte, das sich in der Praxis bewährt hat".[4]

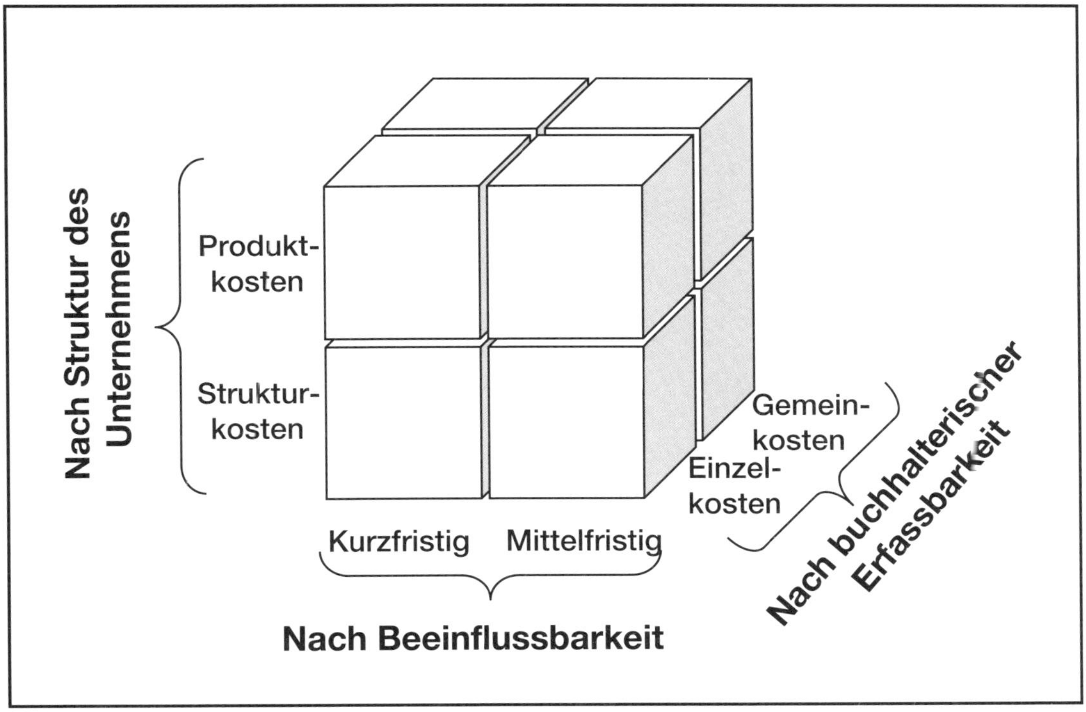

Abb. 1: Kostenwürfel

[4] IGC: Controller-Wörterbuch, 3. Aufl., 2005, S. 156 ff.

Gemeinkostenmanagement im Sinne des Kostenwürfels betrifft daher diejenigen Produkt- und Strukturkosten, welche nicht einzeln erfassbar sind. Es sind aber vor allem die nicht einzeln erfassbaren Strukturkosten der Verwaltungsbereiche, die ein leistungsfähigeres Gemeinkostenmanagement benötigen.

Wie wird die Gemeinkostenquote ermittelt?

Leitkennzahl Gemeinkostenquote

Ein wichtiger Anhaltspunkt für den Handlungsbedarf ist die Kennzahl Gemeinkostenquote. Die meisten Unternehmen ermitteln die Gemeinkostenquote aus dem Verhältnis der Gemeinkosten zu den Gesamtkosten. Die Gemeinkosten werden als die Summe der Kosten der indirekten Bereiche bzw. Strukturkosten angegeben.

$$\text{Gemeinkostenquote (\%)} = 100 \times \frac{\text{Summe der Kosten der indirekten Bereiche bzw. Strukturkosten}}{\text{Gesamtkosten}}$$

Zu den indirekten Verwaltungs- und Servicebereichen zählen dabei alle der direkten Leistungserbringung

- übergeordneten Bereiche,
- vorgelagerten Bereiche,
- nachgelagerten Bereiche und
- begleitenden Bereiche.

Beispiele indirekter Verwaltungs- und Servicebereiche sind Finanzbuchhaltung, Controlling, Einkauf, Forschung und Entwicklung, Informationstechnologie, Logistik, Personalwesen, Arbeitsvorbereitung, Qualitätssicherung, Instandhaltung, Vertrieb, Marketing, Service & Support, Recht, Interne Revision, Geschäftsführung usw.

Was sagt die Gemeinkostenquote aus?

Die Kennzahl Gemeinkostenquote liefert noch keine Vergleichsmöglichkeit mit anderen Unternehmen. Aber sie ist ein erster Ansatzpunkt, um im Unternehmen zu prüfen, wie sich Gemeinkosten entwickeln. Die durchschnittliche Gemeinkostenquote wird von befragten Controllern aller Branchen mit 25 % angegeben. Dies ist kein unerheblicher Anteil, denkt man daran, dass jeder gesparte Euro im Gemeinkostenbereich aus kurzfristiger Sicht direkt zum Erreichen der Gewinnziele beiträgt. Gemeinkostenmanagement kann also einen wichtigen Beitrag zum Unternehmenserfolg leisten.

Die Einsparpotenziale im Gemeinkostenbereich werden mit 10 bis 25 % beziffert. Aus langfristiger Sicht muss jedoch geprüft werden, ob an den richtigen Stellen optimiert wird.

Welche Anforderungen werden an das Gemeinkostenmanagement gestellt?

Ein erfolgreiches Gemeinkostenmanagement sollte folgenden Anforderungen genügen:

- Kosten im Gemeinkostenbereich transparent machen;
- Kostenpotenziale unter kurzfristiger und langfristiger Sichtweise aufzeigen;
- Gemeinkosten zielgerichtet optimieren;
- Controlling-Instrumente einführen, welche die Gemeinkosten langfristig verursachungsgerecht und verantwortungsvoll steuern;
- Motivation zum effizienten Umgang mit Gemeinkosten freisetzen.

3 Drei Schritte des Gemeinkostenmanagements

Gemeinkostenmanagement in drei Schritten

Der Werkzeugkasten eines effektiven Gemeinkostenmanagements kann eine Vielzahl verschiedener Methoden und Instrumente enthalten. Teilweise stammen sie aus klassischen Ansätzen der Kostenrechnung und des Controllings, teilweise sind sie speziell auf das Gemeinkostenmanagement ausgerichtet.

Eine dreistufige Struktur schafft Ordnung und orientiert sich einerseits an den wichtigsten Anforderungen und Aufgaben eines Gemeinkostenmanagements. Andererseits bildet sie auch genau die drei Schritte ab, welche beim Aufbau und bei der Umsetzung eines Gemeinkostenmanagements im Unternehmen anzugehen sind.

1. Schritt: Transparenz schaffen!
2. Schritt: Potenziale heben!
3. Schritt: Effizienz beibehalten!

1. Transparenz schaffen

Im ersten Schritt geht es darum, in die „Black Box" der Gemeinkosten zu schauen. Die den Kosten zugeordneten Leistungen und deren Kostentreiber sollen identifiziert und klare Verantwortlichkeiten und Bedingungen für Erstellung und Empfang der internen und externen Leistungen vereinbart werden.

2. Potenziale heben

Im zweiten Schritt werden Methoden eingesetzt, um kurz-, mittel- und langfristig erschließbare Potenziale zur Kostensenkung zu identifizieren. Hier kommen vor allem typische „Berater"-Methoden zum Einsatz, kreative Ideen werden entwickelt, Projekte angeschoben und Managementansätze, wie Lean Management und KAIZEN, auf ihre Anwendbarkeit im Gemeinkostenbereich geprüft.

3. Effizienz dauerhaft steuern

Im dritten Schritt müssen die Prozesse und Strukturen nachhaltig gestaltet werden. Dauerhafte Programme zur Gemeinkostenoptimierung sind ebenso zu implementieren, wie die Unternehmenskultur und -strategien auf dauerhafte Effizienz der Gemeinkosten anzupassen sind.

	1. Schritt Transparenz schaffen	2. Schritt Potenziale heben	3. Schritt Effizienz dauerhaft steuern
Controlling-Instrumente und -Methoden	• Kostenrechnung	• (Pauschale Budgetkürzung)	• Klare Verantwortlichkeiten
	• Prozesskostenrechnung	• Target Costing	• Kontroll- und Steuerungsmechanismen
	• Interne Leistungsverrechnung	• Gemeinkostenwertanalyse	• Kennzahlen (Früh- und Spätindikatoren)
	• Leistungskataloge	• Zero Base Budgeting	• Maßnahmenmonitoring
	• Leistungsvereinbarungen (SLA – Service Level Agreements)	• Prozessoptimierung	• Make-or-Buy-Entscheidungen
	• Dienstleistungsverträge		• Management von Dienstleistern
	• Interne Kunden-Lieferanten-Beziehungen		
Flankierende Methoden der Organisationsentwicklung	• Schlankes Geschäftsmodell		
	• Widerspiegelung in Zielen und Strategien		
	• Orientierung an Lean-Management- und KAIZEN-Prinzipien		
	• Etablieren einer effizienzorientierten Unternehmenskultur		
	• Wille zur kontinuierlichen Verbesserung		

Abb. 2: Methodenkoffer Gemeinkostenmanagement

Alle drei Schritte sind vom Controlling mit Instrumenten und Methoden zu unterstützen und müssen vom Management getragen und von entsprechenden Kommunikationsprozessen sowie Anpassungsmaßnahmen in Strategie, Führung und Kultur des Unternehmens begleitet werden.

3.1 Erster Schritt: Transparenz schaffen

Ein Gemeinkostenmanagement, welches die Transparenz der Gemeinkosten sicherstellt, muss zunächst die Fragen beantworten können:

- Sind die Gemeinkosten angemessen?
- Welche Faktoren beeinflussen die Kosten im Gemeinkostenbereich?
- Welche Leistungen sollen in welchem Umfang zu welchen Kosten erbracht werden und wer entscheidet darüber?

3.1.1 Interne Leistungsverrechnung mit Leistungskatalogen

Benötigt werden dafür Leistungskataloge für Gemeinkostenbereiche, welche die einzelnen Leistungen und deren Kosten der Inanspruchnahme transparent machen.

Stundenerfassung für Mitarbeiter in der Verwaltung

Beispiel: Leistungskatalog Personalabteilung

Leistung	Bezugsgröße		Verrechnungspreis
	Kennzahl	Menge p. a.	
Personaleinstellung (Standardverfahren)	Anzahl Neueinstellungen	50	2.000 EUR pro Neueinstellung
Personaleinstellung (Sonderverfahren)	Anzahl Fälle	5	Pro Stunde 90 EUR zzgl. externer Aufwand
Lohn- und Gehaltsabrechnung	Anzahl Abrechnungen	18.750	8 EUR pro Abrechnung
Ausbildung	Anzahl Azubis	40	200 EUR pro Azubi pro Monat
Organisation externer Weiterbildung	Anzahl externe Weiterbildungsmaßnahmen	200	300 EUR pro Weiterbildungsmaßnahme
Durchführung interner Weiterbildung	Anzahl interne Weiterbildungstage	300	700 EUR pro Weiterbildungstag
Personalberatung	Anzahl Beratungsstunden	200	90 EUR pro Stunde
Personal-Controlling	Anzahl Bearbeitungsstunden	2.200	75 EUR pro Stunde

Um einen solchen Leistungskatalog zu erstellen, gehen Sie wie folgt vor:

1. **Leistungen erheben, abgrenzen und definieren:** Dazu können vorhandene Tätigkeitsnachweise, Stellenbeschreibungen oder Stundenzettel herangezogen werden. Liegen Prozessdokumentationen vor, sollte auf diese zurückgegriffen werden.
2. **Aufwand der Einzelleistungen ermitteln:** Selten zeigen Kostenberichte der Gemeinkostenbereiche die Kosten einzelner Leistungen auf. Um eine eindeutige Zuordnung der Gesamtkosten zu den einzelnen Leistungen einer Kostenstelle oder eines Prozesses zu ermöglichen, werden Zeit- und Mengenerfassungen benötigt.
   Vielleicht liegen aufgrund von Prozessanalysen schon Daten über den zeitlichen Aufwand einzelner Leistungen vor. Ansonsten lässt sich zumindest mittelfristig eine Stundenerfassung im Gemeinkostenbereich nicht umgehen, um auf Dauer subjektive Schätzungen zu vermeiden.
3. **Bezugsgrößen als Kostentreiber einer Leistung identifizieren:** Bezugsgrößen sollen einerseits ein verursachungsgerechter Maßstab für die Kosten der Kostenstelle sein und andererseits in möglichst enger Leistungsbeziehung zu den Kostenträgern stehen. In den meisten Unternehmen gibt es keinen Mangel an Daten, die einer Leistung zugeordnet werden können.
   Bei der Ermittlung der Bezugsgröße ist wichtig, genau die Kenngröße zu finden, welche am besten mit der Höhe der Kosten einer Leistung korreliert. Ebenfalls ist darauf zu achten, dass nur maschinell ermittelbare Bezugsgrößen zum Einsatz kommen, um unnötigen manuellen Erfassungsaufwand im Nachgang zu vermeiden.
4. **Verrechnungssätze für die Leistungen bilden:** Die Verrechnungssätze können mit der Division der Kosten einer Leistung durch die Menge der dazugehörigen Bezugsgröße ermittelt werden. Die Verrechnung der Werte kann erfolgen als
   - Planverrechnung,
   - Istverrechnung oder
   - Sollverrechnung,

   je nachdem, ob der Leistungserbringer (die Gemeinkostenstelle) oder der Leistungsempfänger das Risiko von Plan-Ist-Abweichungen tragen soll. Es empfiehlt sich, dass die Gemeinkostenstelle das Kostenrisiko und der Leistungsempfänger das Mengenrisiko trägt, wie dies in der Sollkostenverrechnung abgebildet wird.

Transparenz durch Leistungskataloge

Auf Basis eines solchen Leistungskatalogs können die Leistungen der Gemeinkostenbereiche nun transparent nach dem Prinzip der Inanspruchnahme verrechnet werden. Die regelmäßige Kontrolle und Steuerung der Gemeinkosten erfolgen über

- den Vergleich der geplanten mit der tatsächlichen Verrechnung in den Gemeinkostenbereichen sowie
- die entstehende Unter- bzw. Überdeckung in den Gemeinkostenbereichen.

Allein die Transparenz durch das Bepreisen einzelner Leistungen in einem solchen Leistungskatalog und die darauf aufbauende Leistungsverrechnung führen in den meisten Unternehmen zu Überlegungen, ob Aufwand und Nutzen von Leistungen im angemessenen Verhältnis stehen.

Aufwand und Nutzen werden hinterfragt

Wenn eine Führungskraft in ihrem Kostenbericht ersehen kann, welche Kosten beispielsweise für die Leistung *Berichtswesen* aus dem Controlling verrechnet werden, beginnen häufig bereits Diskussionen über die Angemessenheit solcher Leistungen. Diese Diskussionen sind im Gemeinkostenmanagement ausdrücklich gewünscht.

3.1.2 Interne Leistungsverrechnung nach dem Kunden-Lieferanten-Konzept

Das Konzept kann durch interne Kunden-Lieferanten-Beziehungen erweitert werden. Dieses Steuerungsinstrument hilft, die Diskussion über die Angemessenheit von Gemeinkosten noch zielgerichteter und lösungsorientierter zu führen. Diese Idee stammt aus dem Lean Management und beinhaltet den Grundsatz, dass jede interne Abteilung Kunde der Abteilungen ist, deren Leistungen sie bezieht. Umgekehrt ist jede Abteilung, welche interne Kunden hat, gleichzeitig deren Dienstleister oder Lieferant.

Interne Kunden-Lieferanten-Beziehungen sorgen für Diskussionen

Beim internen Kunden-Lieferanten-Konzept geht es darum,

- Verantwortlichkeiten klar zu definieren,
- die Möglichkeit für den Kunden zu schaffen, über die Leistungsabnahme aus dem Gemeinkostenbereich (zumindest mit-) zu entscheiden, und
- den Preis der Leistung mit dem Dienstleister (jährlich neu) zu verhandeln.

Die Verantwortung für die Festlegung des Leistungsumfangs wird von der Verantwortung der effizienten Leistungserbringung getrennt. Während bislang der Leiter eines Gemeinkostenbereichs weitgehend selbst bestimmt hat, welche Aufgaben in welcher Spezifikation erbracht werden, hängt dies zukünftig von den Anforderungen der internen Kunden ab.

Verantwortungsteilung

Verantwortung des internen Kunden	Verantwortung des internen Lieferanten/Dienstleisters
• Klare Festlegung des benötigten Leistungsumfangs • „Einkauf“ kostengünstiger Leistungen • Kontrolle der Leistungserbringung (Qualität, Umfang, Kosten)	• Kundenorientierung und Flexibilität im Leistungsangebot • Kosteneffizienz in der Leistungserbringung • Genaue Abrechnung der Leistungen

Gerade in den Gemeinkostenbereichen bewirkt dieses Prinzip eine völlige Umkehrung der bisherigen Denk- und Arbeitsweise. Entgegen bisherigem „Das machen wir schon immer so!“ entscheiden jetzt die internen Kunden,

- welche Leistungen
- in welchem Servicegrad
- zu welchen Preisen

Automatischer Prüf- und Steuerungsmechanismus

von den Dienstleistern erbracht werden. Leistungen sollen nur dann erbracht werden, wenn ein interner Kunde die Leistung beauftragt und bereit ist, dafür den entsprechenden Preis zu zahlen. Dem Prinzip wohnt damit von Grund auf schon ein Prüf- und Steuerungsmechanismus inne. Das Konzept führt im Unternehmen zu einer konsequenten Selbststeuerung zwischen den Bereichen und damit auch zur erfolgreichen Steuerung der Gemeinkosten insgesamt.

Beispiel: Verhandlung der Hauptleistungen der Gemeinkostenbereiche

In einem mittelständischen Unternehmen in Nordrhein-Westfalen werden bereits seit 1998 die Kosten der Gemeinkostenbereiche über interne Leistungsverrechnung an die Profitcenter verrechnet. Seit 2001 werden die Hauptleistungen auf der Ebene der Profitcenterleiter einmal jährlich in einem vom Controller moderierten Planungsgespräch verhandelt. Hierbei wird der Leistungsumfang neu definiert und die Preise der Leistungen auf Basis von vergleichbaren Marktleistungen festgelegt. In einem Wertkontrakt werden die Vereinbarungen dieses Planungsgesprächs fixiert und von den Verhandlungspartnern unterzeichnet. Gravierende Änderungen beim abgenommenen Leistungsumfang müssen mindestens ein Jahr im Voraus angemeldet werden, um den internen Dienstleistern die Möglichkeit zur Umstrukturierung zu geben.

Im Jahr 2002 musste der Controller selbst den Leistungsumfang des Controllings anpassen, weil große Teile der umfangreichen Leistung „Berichterstattung“ von der Geschäftsführung des Unternehmens nicht mehr gewünscht wurden. Die Ressourcen eines halben Mannjahres wurden freigesetzt und konnten einem Projekt im Profitcenter Vertrieb angeboten werden.

Das interne Kunden-Lieferanten-Konzept lässt sich je nach Unternehmensanforderung in unterschiedlichem Grad ausbauen.

Folgende Ausbaustufen sind möglich:

→ Verstärkung des Konzepts	Interne Leistungsverrechnung	Erheben der internen Leistungen für Service und Verwaltung und Verrechnung nach Leistungspreisen (entspricht Idee Prozesskostenrechnung)
	Leistungskataloge	Abstimmen und Verhandeln von Leistungskatalogen mit den Leistungsempfängern
	Service Level Agreements	Vereinbaren unterschiedlicher Servicegrade für die Dienstleistungen
	Marktpreisorientierung	Orientierung der Verrechnungspreise am externen Markt
	Preisverhandlung	Verhandlung der Verrechnungspreise zwischen internem Kunden und internem Dienstleister wie auf externem Markt
	Make or Buy	Möglichkeit des Kunden, die Leistungen sowohl intern als auch extern einzukaufen

3.1.3 Fazit: Darum geht es im ersten Schritt

Beim Schaffen von Transparenz in den Gemeinkosten geht es darum,

- die Leistungen hinter den Kosten offenzulegen (mittels Leistungsverrechnung und Leistungskatalog),
- die Diskussion über Leistungsumfang und Angemessenheit der Kosten herbeizuführen (mittels interner Kunden-Lieferanten-Beziehungen) und
- Instrumente einzuführen, um diese Diskussion regelmäßig zu wiederholen (Service Level Agreements, Marktpreisorientierung, Preisverhandlungen, Make-or-Buy-Entscheidungen).

Der Controller muss das Instrumentarium bereitstellen und im Prozess eine moderierende Rolle zwischen den Verhandlungspartnern einnehmen.

3.2 Zweiter Schritt: Potenziale finden

Die gewollte Diskussion über die Angemessenheit von Leistungen im Gemeinkostenbereich soll im zweiten Schritt des Gemeinkostenmanagements verstärkt werden. Ziel ist es, mit einem strukturiert-methodischen Vorgehen das Kostenniveau nach unten zu korrigieren. So können Entscheidungen zur Kostensenkung objektiv und neutral vorbereitet werden.

Strukturiert-methodisches Vorgehen fördert neutrale Entscheidungen

Die Methoden des Gemeinkostenmanagements für den zweiten Schritt lassen sich unterscheiden in statische, dynamische, retrospektive und analytische Verfahren,[5] wie Abb. 3 zeigt.

- Statische Verfahren werden zu einem fixen Zeitpunkt eingesetzt und spiegeln das Bild eines statischen Zustands wider.
- Dynamische Verfahren können dauerhaft angewendet werden und helfen, die Gemeinkosten langfristig zu steuern.
- Bei retrospektiven Verfahren werden Vergangenheitswerte betrachtet, um Maßnahmen zur Gemeinkostensenkung zu finden.
- Analytische Verfahren betrachten teilweise Daten aus Vergangenheit und Gegenwart, unterstützen aber ebenso strategisch-planerische Ansätze für die zukünftige Gestaltung der Gemeinkostenbereiche.

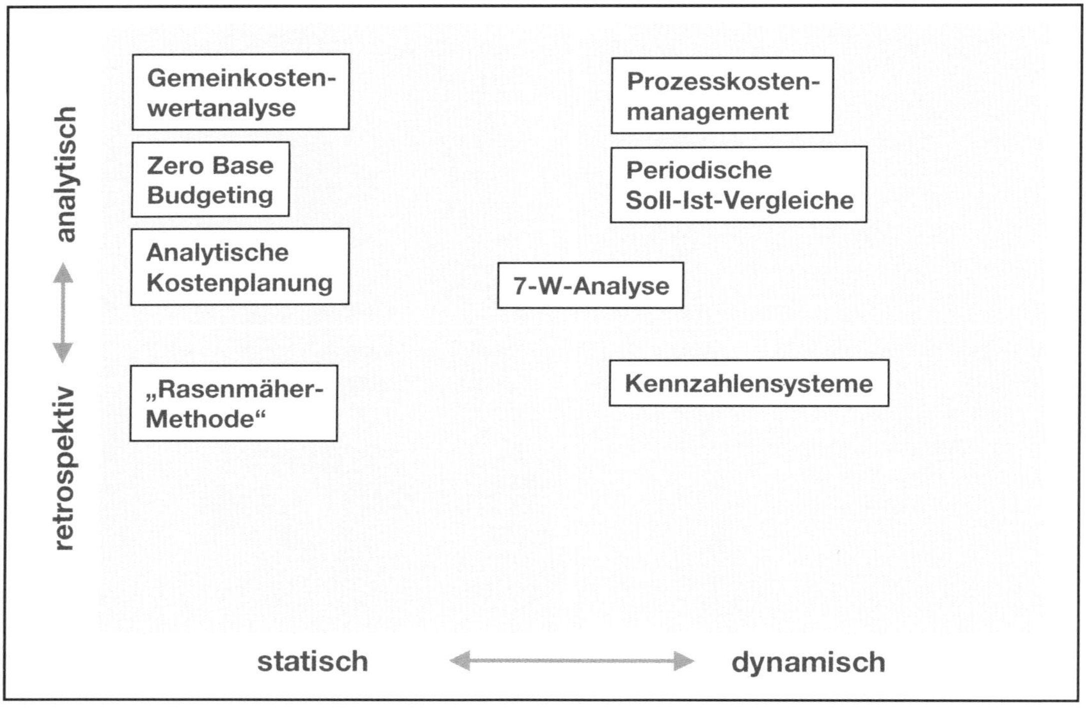

Abb. 3: Methoden des Gemeinkostenmanagements zur Identifizierung von Einsparpotenzialen

Beispielhaft sollen zwei der Methoden in ihrer Anwendung im Unternehmen beschrieben werden.

---

[5] Vgl. Vikas: Von der Gemeinkostenwertanalyse zum Prozessmanagement, in: Striening (Hrsg.): Chefsache Gemeinkostenmanagement, mi, 1995, S. 61 ff.

3.2.1 7-W-Analyse

Eine einfache, aber wirksame Methode, welche im Gemeinkostenbereich zur Analyse der Kosten angewendet werden kann, ist die 7-W-Analyse. Anhand der sieben Fragewörter Warum, Was, Wer, Wie, Womit, Wann und Wo werden die Leistungen der Gemeinkostenbereiche von einem Projektteam auf Notwenigkeit und Einsparpotenziale analysiert.

7-W-Analyse als wirksame Methode

Warum?	Warum wird diese Leistung benötigt (Sinn und Zweck, Alternativen)?
Was?	Was genau wird bei dieser Leistung gemacht (Ergebnisorientierung)?
Wer?	Wer ist an der Leistungserstellung beteiligt (Verantwortung und Beteiligungen)?
Wie?	Wie wird die Leistung erstellt (Prozessorientierung)?
Womit?	Womit wird die Leistungserstellung unterstützt (Werkzeuge, IT, Ressourceneinsatz)?
Wann?	Wann wird die Leistung erbracht (Zeit- und Terminorientierung)?
Wo?	Wo wird die Leistung erbracht (Ort, zentral/dezentral, Eigen-/Fremdleistung)?

Beispiel: 7-W-Analyse bei einem Abrechnungsdienstleister

Ein mittelständisches Dienstleistungsunternehmen der Massenkundenabrechnung wendete die einfache Methode in einem Kostenoptimierungsprojekt an. Ein Projektteam durchleuchtete alle Leistungen der Verwaltung mittels der sieben Fragen. Dabei wurde unter anderem festgestellt, dass die Vertriebsprozesse durch die Einbindung zu vieler Beteiligter aufgebläht waren und durch eine Zentralisierung der Aufgaben in einem Bereich optimiert werden konnten.

Die Frage „Womit?" führte im Controlling zur Einführung einer Software, um die Planungs- und Berichtsprozesse langfristig effizienter und schneller zu gestalten. Im Qualitätsmanagement wurden einige Leistungen gestrichen, welche nicht auf die Verbesserung der Leistungsqualität für den Kunden ausgerichtet waren. Durch diese und weitere Maßnahmen konnten Mitarbeiterressourcen im Gemeinkostenbereich freigesetzt werden. Hiermit wurden vorher regelmäßig anfallende Überstunden abgebaut.

Die 7-W-Analyse kann einfach und kostengünstig durchgeführt werden. Alle, denen die meist beraterunterstützten Methoden des Gemeinkostenmanagements zu aufwendig sind, können mit dieser Methode ein Arbeitsteam auf die erfolgreiche Suche nach versteckten Einsparpotenzialen in den Gemeinkostenbereichen schicken.

3.2.2 Gemeinkostenwertanalyse

Anwendung der Grundideen der Gemeinkostenwertanalyse

Ein stärker strukturiertes Herangehen bietet die Methode der Gemeinkostenwertanalyse (GWA). In ihrer Grundidee kann sie auch ohne teures externes Beraterteam angewendet werden. Alle Leistungen werden strukturiert durch Abwägen des Kosten-Nutzen-Verhältnisses analysiert, wie Abb. 4 zeigt. Das Ziel solcher Untersuchungen liegt meist im Abbau unnötiger Leistungen und übertriebener Perfektion.

Ausgehend von einem Leistungskatalog im Gemeinkostenbereich werden die Leistungen in eine Matrix nach ihrem Aufwand und dem geschätzten Nutzen eingeordnet. Die Diskussion über Aufwand und Nutzen wird mit dem Kunden der Leistung geführt.

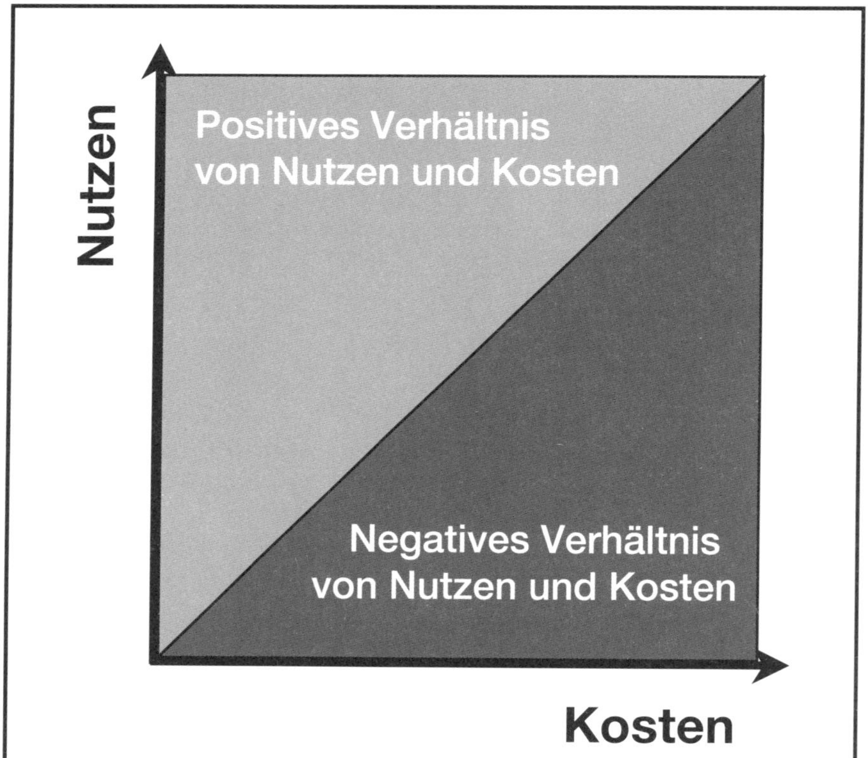

Abb. 4: Gemeinkostenwertanalyse – Verhältnis von Kosten und Nutzen einer Leistung

Nutzenbeurteilung in der Praxis vereinfachen

Die Nutzenbeurteilung durch den Leistungsempfänger wird in der Praxis häufig als schwierig angesehen. Hier empfiehlt sich eine vereinfachende qualitative Beschreibung des Nutzens: eine einfache Einordnung in die Kategorien *hoch*, *mittel* und *niedrig*. Auch die Frage „Was passiert, wenn die Leistung nicht mehr erbracht wird?“ kann hilfreich sein. Letztlich ist auch der Preis, den ein Empfänger für eine Leistung zu zahlen bereit ist, ein gutes Indiz für den wahrgenommenen Nutzen.

Anhand des Analyseergebnisses werden zwischen Leistungsempfänger und Leistungsersteller Möglichkeiten der Kostenminimierung gesucht. Dabei sind Alternativen zur bisherigen Verfahrensweise und Varianten der Leistungserbringung zu diskutieren. Die Diskussion wird durch strukturierte Checklisten mit beispielsweise den folgenden Fragestellungen unterstützt:

Checkliste Gemeinkostenwertanalyse

- Kann auf die Leistung verzichtet werden?
- Kann schrittweise auf die Leistung verzichtet werden?
- Kann der Nutzen der Leistung erhöht werden?
- Können Umfang und/oder Häufigkeit der Leistung verändert werden?
- Kann die Qualität der Leistung verändert werden?
- Gibt es Möglichkeiten, die Leistung durch alternative Verfahrensweisen zu ersetzen?

Abschließend wird im Rahmen der Gemeinkostenwertanalyse ein Aktionsprogramm erarbeitet, um die Maßnahmen der Kostenminimierung zeitnah umzusetzen und den Erfolg zu überprüfen.

Beispiel: Gemeinkostenwertanalyse im Personalbereich
Die Methode wurde im Personalbereich eines Handelsunternehmens angewendet und brachte zahlreiche Erkenntnisse und Ideen. Das Kosten-Nutzen-Verhältnis der Leistungen „Durchführen eines Assessment-Centers“, „Überprüfen der Reisekostenabrechnung“ und „Interne Weiterbildungsmaßnahmen“ wurde als unausgewogen eingeschätzt.

Mithilfe der Checklisten wurden Maßnahmen ausgearbeitet:

- Assessment-Center wurden nicht mehr durchgeführt, sondern durch strukturierte Bewerbungsgespräche oder auf Führungsebene durch eine externe Personalauswahl ersetzt.
- Das Formular zur Reisekostenabrechnung wurde überarbeitet und elektronisch im System bereitgestellt. Nach Ausfüllen des Formulars durch den Mitarbeiter können die Daten nun automatisch auf Plausibilität geprüft und weiterverarbeitet werden. Nur noch einige wenige Einzelfälle müssen manuell bearbeitet werden.
- Die aufwendigen internen Weiterbildungsmaßnahmen wurden nach dem Projekt durch einen externen Bildungsanbieter koordiniert und organisiert. Darüber hinaus konnten mit diesem Bildungsanbieter günstige Konditionen

für Weiterbildungsmaßnahmen ausgehandelt werden, welche bislang teurer einzeln eingekauft wurden.

Bei den Maßnahmen ist Kreativität gefragt

In der Praxis tritt beim Einsatz der oben beschriebenen Methoden manchmal das Problem auf, geeignete Maßnahmen zur Kostensenkung zu finden. Die Methoden des Gemeinkostenmanagements zeigen zwar strukturierte Vorgehensweisen zur Identifizierung der Einsparpotenziale auf. Geeignete Maßnahmen lassen sich aber oft nur in einem separaten Schritt finden. Neben dem Anzapfen des meist reichhaltigen Expertenwissens der Mitarbeiter in den betroffenen Bereichen eignen sich folgende Methoden, um Maßnahmen zu generieren:

- Brainstorming
- Checklisten-Methode, z. B. OSBORN-Checkliste
- Ursache-Wirkungs-Diagramm
- Mentale Provokation oder NIE-Technik
- Analogietechniken

Ideentank

Alle aufkommenden Ideen sollten in einem „Ideentank" gespeichert werden. Denn auch wenn ihre Umsetzung heute nicht realistisch erscheint, kann sich dies unter zukünftigen Rahmenbedingungen ändern.

Wichtig ist es, die Mitarbeiter für solche Projekte zu motivieren, indem

- sie in die Projektarbeit einbezogen werden,
- Klarheit über die Ziele solcher Projekte besteht und
- Anreize geschaffen werden, sich für den Projekterfolg zu engagieren.

Beispiel: Motivation freisetzen im Rahmen der Kostenoptimierung

In einem Energieversorgungsunternehmen wurde ein Projekt zur Kostenoptimierung in einem Profitcenter aufgelegt. Die Mitarbeiter wurden bereits vor dem Projektstart über die Ziele der Maßnahmen informiert. Der Leiter des Profitcenters selbst wurde als Projektleiter eingesetzt. Er war bis zum Schluss auch für die Umsetzung aller Maßnahmen in seinem Bereich verantwortlich. Von Anfang an wurden Personalentlassungen ausgeschlossen, frei werdende Ressourcen sollten in wachstumssteigernde Projekte investiert werden. Alle Mitarbeiter der betroffenen Abteilungen wurden regelmäßig über Zwischenstände im Projekt informiert und konnten eigene Vorschläge einbringen.

3.2.3 Fazit: Darum geht es im zweiten Schritt

Beim Heben der Einsparpotenziale im Gemeinkostenbereich mittels strukturierter Analysemethoden geht es darum,

- klare Kostensenkungsziele zu verfolgen,
- das Kosten-Nutzen-Verhältnis (bzw. das Verhältnis zwischen Ergebnis und Aufwand) in den Gemeinkostenbereichen zu optimieren und
- Maßnahmen zur Kostensenkung anzustoßen.

In diesem zweiten Schritt sind ein strukturiertes Vorgehen mit bewährten Methoden aus der Praxis und die Motivation der Mitarbeiter, aktiv das eigene Tun und Handeln zu hinterfragen, entscheidende Erfolgsfaktoren.

3.3 Dritter Schritt: Gemeinkosten dauerhaft steuern

Kultur effizienten Handelns schaffen

Einmalige, spontane, möglichst schnell greifende Projekte zur Kostensenkung bringen meist nur einmalige und kurzfristige Effekte. Wichtig ist es, Programme zur dauerhaften Kostenoptimierung zu installieren und im Sinne eines ständigen Optimierungsprozesses eine **„Kultur effizienten Handelns“** zu schaffen.

Um eine solche Kultur effizienten Handelns zu realisieren, müssen folgende Grundannahmen abgestimmt werden:

- Kostenoptimierung fängt oben an und kennt keine Tabus!
- Jeder beteiligt sich daran!
- Jede Kostenposition wird potenziell als optimierbar betrachtet!
- Kostenoptimales Handeln lohnt sich!

Verschwendung von Ressourcen vermeiden

Nur was von oben vorgelebt wird, wird unten auch akzeptiert und umgesetzt. Betraut eine Führungskraft beispielsweise den Controller mit dem dringenden Auftrag, umfangreiches Zahlenmaterial aufwendig aufzubereiten, um schließlich diesen Ad-hoc-Bericht doch nicht zu verwenden, so führt solche Verschwendung zu Frustration und Demotivation.

Gerade Mitarbeiter in den Verwaltungs- und Servicebereichen erleben aus der Nähe, wie verschwenderisch teilweise auf der Führungsseite mit Geld und Zeit umgegangen wird. Da ist die Versuchung groß, es ihnen gleichzutun. Erfolgreiches und dauerhaftes Gemeinkostenmanagement muss deshalb in den obersten Führungsebenen anfangen. Ein unbedingtes Commitment der Führung ist zwingende Voraussetzung, wenn aus einem einmaligen Projekt ein kultureller Wandel entstehen soll.

3.3.1 In 4 + 1 Schritten zur Kultur effizienten Handelns

4 + 1 Schritte braucht es, um solch eine Kultur effizienten Handelns (nicht nur) im Gemeinkostenmanagement zu verankern:

1. Akzeptanz und Commitment
2. Grundsätze und Werte
3. Methoden und Systeme
4. Kontrolle und Verbesserung

+ Kommunikation, Kommunikation, Kommunikation

Akzeptanz und Commitment

Zunächst ist es wichtig, für Akzeptanz und Commitment zu werben. Den Mitarbeitern muss klargemacht werden, warum eine Effizienzkultur im Unternehmen wichtig ist und welche Ziele damit verfolgt werden. Worum geht es?

- Existenzsicherung des Unternehmens?
- Sicherung des Unternehmensstandortes?
- Abwehr von Übernahmen?
- Renditeverbesserung?

Das Warum solcher Maßnahmen interessiert die Mitarbeiter. Und nur, wenn es gelingt, die Ziele verständlich und motivierend darzulegen, wird die Bereitschaft zur Mitarbeit dauerhaft gegeben sein.

Grundsätze und Werte diskutieren

Im zweiten Schritt müssen die Grundsätze und Werte des effizienten Handelns für das Unternehmen diskutiert werden. Ein Grundsatz kann beispielsweise sein: „Alle Leistungen im Unternehmen werden als produktive Leistungen angesehen und müssen sich an Effizienzzielen messen lassen." Darin spiegeln sich Anerkennung und Wertschätzung der Gemeinkostenleistungen als wichtige Unternehmensdienstleistungen wider.

Weitere Beispiele für Werte, die das effiziente Handeln fördern:

- langfristige Perspektive des Unternehmens,
- Lust auf Leistung,
- konsequente Weiterentwicklung und Veränderung,
- Berücksichtigung der Interessen aller am Unternehmen Beteiligten (Stakeholder),
- Transparenz, Offenheit und Konsequenz,
- Commitment und Einbindung.

Festlegung der Methoden und Systeme

Im nächsten – meist bereits parallel eingeleiteten – Schritt werden die Methoden und Systeme zur Effizienzsteuerung festgelegt und eingeführt. Welche Instrumente sollen im Unternehmen zur Effizienzbewertung eingesetzt werden? Wie, wann und wie oft werden Effizienzpotenziale erhoben? Welche Anreizsysteme zur Effizienzsicherung (visuelle Führung,

Zielvereinbarungen, Prämiensysteme, Wettbewerbslisten usw.) haben sich bewährt?

Abschließend muss das Gemeinkostenmanagement im kulturellen Umfeld effizienten Handelns regelmäßig auf Erfolg überprüft werden. Die Prozesse der Planung, Berichterstattung, Analyse und Steuerung sind um ein fokussiertes Gemeinkosten-Controlling zu erweitern. Die Verantwortung für die Aufgaben muss auf Personen übertragen werden. Einmal installierte Prozesse und Instrumente sind regelmäßig auf ihre Funktionsfähigkeit und auf ihre Wirksamkeit zu überprüfen und gegebenenfalls anzupassen.

Kontrolle und Verbesserung des Gemeinkostenmanagements

Letztlich ist auch die Frage zu stellen: Ist die Steuerung der Effizienz selbst noch effizient?

Beispiel: Controlling von Druckdienstleistungen
Die Analyse der Controlling-Prozesse brachte zutage, dass das Controlling der eingekauften Druckdienstleistungen teurer war als die jetzt noch erzielten Effekte. Durch eine Verlagerung der Datenaufbereitung zum Druckdienstleister und die Automatisierung der Datenprüfung konnte der Steuerungsprozess wieder deutlich effizienter gestaltet werden.

Die vier Schritte zur Umsetzung einer Kultur effizienten Handelns werden durch eine ständige Kommunikation unterstützt. Über die Aktivitäten, über Grundsätze und Werte, aber auch über die Instrumente muss geredet und geschrieben werden. Es ist wichtig, konsequent um die Akzeptanz und die Beteiligung zu werben in

Kommunikation ist unverzichtbar

- Mitarbeitergesprächen,
- Gruppengesprächen,
- Betriebsversammlungen,
- der Unternehmenszeitung,
- Unternehmensleitlinien usw.

Über positive Ergebnisse muss berichtet werden und Missstände sind als Ansatzpunkt erneuter Verbesserungen anzusehen.

3.3.2 Verankerung der Gemeinkosteneffizienz in der Strategie

Da Gemeinkostenmanagement wie alles Handeln im Unternehmen strategiegeleitet erfolgen soll, fängt Effizienz bereits bei der Festlegung der strategischen Ziele des Unternehmens und der Strategien zu deren Realisierung an. Effizienzstreben muss bereits in den Unternehmensleitlinien verankert sein. Leitsätze, wie der oben genannte „Alle Leistungen im Unternehmen werden als produktive Leistungen angesehen und müssen sich an Effizienzzielen messen lassen“, weisen bereits in den Unternehmensleitlinien darauf hin, dass es keine Ausnahmebereiche geben kann.

Effizienzziele in Unternehmensleitlinien und -strategie verankern

Durchforstet man die Unternehmensleitlinien vieler Unternehmen, so findet man häufig solche allgemeinen Leitsätze, welche in ihrem Effizienzstreben nicht zwischen Produktion und Verwaltung unterscheiden.

Beispiel: Beispiele für Leitlinien:[6]

- „Wir streben nach ständiger Verbesserung." (Siemens)
- „Effizienz in allen Bereichen des Unternehmens steigern." (Solar Group)
- „Qualität, Innovation und Effizienz sind (...) das verbindende Element im gesamten Konzern." (Deutsche Telekom)

Ein verbindliches Bekenntnis in den Unternehmensleitlinien ist der Ausgangspunkt der Effizienzausrichtung auch im Gemeinkostenbereich. Hier muss die weitere strategische und operative Umsetzung ansetzen und in konkrete Maßnahmen zur Umsetzung der Ziele münden.

3.3.3 Steuerung und Kontrolle über Kennzahlen

Kennzahlen sind das optimale Instrument zur Überwachung der Gemeinkostensteuerung im Unternehmen. Häufig verwendete Leitkennzahlen für das Gemeinkostenmanagement sind:

- Gemeinkostenquote sowie
- die Verhältniskennzahl Gemeinkosten zu Umsatz.

Kennzahlen zur Steuerung der Gemeinkosten

Dabei muss die Definition der Gemeinkosten (vgl. Kapitel 2) vorangesetzt werden. Gerade bei organisatorischen Veränderungen im Unternehmen, beispielsweise die Ausgliederung eines kompletten Unternehmensbereichs, gilt es, die Veränderungen und Anpassungen in den ausgewiesenen Leitkennzahlen kenntlich zu machen.

Unerlässlich sind weitere Kennzahlen zur Untergliederung der Leitkennzahlen. Nur selten kommen dabei absolute Kennzahlen zum Einsatz. In der Regel werden Kostenrelationen erhoben und überwacht:

- das Verhältnis der IT-Kosten zu den Gesamtkosten,
- das Verhältnis der Kosten der Personalverwaltung zu den Gesamtkosten,
- das Verhältnis der Materialkosten zum Umsatz,
- das Verhältnis der Personalkosten zur Leistung,
- die IT-Kosten pro Kunde,
- die Abrechnungskosten pro Kunde,
- das Verhältnis der Anzahl der Reklamationen zur Gesamtanzahl der Rechnungen,
- das Verhältnis der Forderungen zum Umsatz.

---

[6] Veröffentlichung der Unternehmensleitlinien auf den Webseiten der jeweiligen Unternehmen und Konzerne, Stand: November 2008.

Beispiel: Leitbild und Leitkennzahl Controlling
Die Controller eines Automobilzulieferers erarbeiteten im Rahmen eines Workshops zur Einführung des Gemeinkostenmanagements folgendes Leitbild für ihren Bereich: „Wir Controller entwickeln die Controlling-Instrumente aktiv weiter und erfüllen effizient die Serviceerwartungen unserer Kunden."

Leitkennzahlen sind die Kundenzufriedenheit und die Gesamtkosten Controlling im Verhältnis zu den Gesamtkosten des Unternehmens. Die Kundenzufriedenheit wird jetzt regelmäßig bei Hausbesuchen des Controllers beim Kunden anhand eines kurzen Kriterienkatalogs erfragt, um schnelle Reaktionen zu ermöglichen.

Kennzahlen müssen so frühzeitig erhoben werden, dass noch Einflussmöglichkeiten zur Steuerung bestehen. Wöchentlich, monatlich oder maximal quartalsweise erhobene Kennzahlen sind daher geeigneter für die Steuerung der Gemeinkosten als jährlich ermittelte Daten.

3.4 Fazit zum Gemeinkostenmanagement

Methodenkoffer Gemeinkostenmanagement

Das Gesamtpaket Gemeinkostenmanagement beinhaltet deutlich mehr als die hier dargestellten Methoden und Instrumente. Weitere Werkzeuge, die ebenfalls im Methodenkoffer des Gemeinkostenmanagements stecken sollten, sind beispielsweise:

- das Einsetzen eines Gemeinkostenmanagers,
- die Prozesskostenrechnung und -optimierung,
- Zero Base Budgeting,
- Benchmarking,
- Maßnahmenmonitoring,
- Outsourcing-Entscheidungen,
- Dienstleistungsmanagement,
- die Anwendung von Prinzipien des Lean Management und KAIZEN,
- der Umgang mit den Menschen in diesen oftmals sensiblen Führungsbereichen.

Ein Unternehmen muss hier seinen individuellen Weg finden, um unter Abwägen von Kosten und Nutzen seine Ziele im Gemeinkostenmanagement bestmöglich umzusetzen.

Alle Ansätze zum Aufbau eines Gemeinkostenmanagements enthalten jedoch die gleiche Grundstruktur:

- Transparenz schaffen,
- Potenziale heben,
- Effizienz beibehalten.

Ziel: Nachhaltige Konzepte für eine nachhaltige Steuerung

Transparenz ist wichtig, um aus Kosten Leistungen zu machen, die spezifiziert und klaren Verantwortlichkeiten zugeordnet sind. Sie bilden den Ausgangspunkt, um im zweiten Potenzial zu identifizieren und strukturiert-methodisch nachhaltige und motivierende Maßnahmen zu finden. Im schwierigsten letzten Schritt gilt es, dauerhafte Effizienz im Gemeinkostenbereich zu schaffen. Dies gelingt durch

1. die Verankerung der Ziele in Leitlinien und Strategien,
2. die Steuerung über Kennzahlen,
3. strukturierte Controlling-Prozesse, welche auf die Gemeinkosten fokussiert sind, sowie
4. eine Kultur effizienten Handelns, welche die Motivation zur Umsetzung freisetzt.

Gemeinkostenmanagement umzusetzen ist nicht schwierig – genügend Methoden werden in der Praxis bereits erfolgreich eingesetzt. Die Herausforderung ist jedoch die Konsequenz und Durchgängigkeit, die es braucht, um aus einmaligen Projekten ein dauerhaftes Steuerungskonzept auf der Basis von Transparenz zu schaffen.

4 Literaturhinweise

Haunerdinger/Probst, Kosten senken – Checklisten, Rechner, 2005.

Helfrich, Arbeitshandbuch Gemeinkostenabbau, 1980.

Kurz, Für immer aufgeräumt – Zwanzig Prozent mehr Effizienz im Büro, 2007.

Striening (Hrsg.), Chefsache Gemeinkostenmanagement, 1995.

Forschung und Entwicklung in Krisenzeiten – Manövriermasse oder unantastbarer strategischer Erfolgsfaktor?

- In der aktuellen Wirtschaftskrise brechen die Umsätze vieler Unternehmen ein, gleichzeitig wird die Kreditvergabe restriktiver gehandhabt. Dadurch ergibt sich ein enormer Kostendruck auf viele Unternehmen, dem sich auch der Bereich Forschung und Entwicklung (F+E) nicht entziehen kann.
- F+E-lastige junge Technologieunternehmen sind von der Wirtschaftskrise besonders betroffen, da sie zur Finanzierung ihrer F+E-Projekte auf die Kapitalmärkte angewiesen sind.
- Effektive und effiziente F+E ist ein entscheidender Erfolgsfaktor für die langfristige Erhaltung und Steigerung der Innovations- und Wettbewerbsfähigkeit des Unternehmens. Forschung und Entwicklung ist zudem ein äußerst wissensintensiver Bereich.
- Strategische Schlüsselprojekte sollten daher während der Wirtschaftskrise nicht angetastet werden. Gerade im personalintensiven F+E-Bereich sollte auch bei notwendigen Kostensenkungsmaßnahmen kein Personal abgebaut werden, da dadurch ein massiver Verlust von hoch spezialisierten Wissensträgern drohen würde.
- Die Wirtschaftskrise sollte Anlass sein, das F+E-Projektportfolio neu auszurichten. Erfolgreiche Unternehmen machten dies in der letzten Rezession 2002/2003 vor.

Inhalt		Seite

Der Autor

Dr. Matthias Schmitt beschäftigt sich als freier Unternehmensberater und Interimsmanager mit der Einführung von Controlling-Systemen in mittelständischen und Start-up-Unternehmen. E-Mail: MxSchmitt@aol.com.

1 Einführung: Von der Finanz- zur Wirtschaftskrise

Tiefste Rezession der Nachkriegszeit

Was im Sommer 2007 als Immobilienkrise in den USA begann und bald darauf zur Finanzkrise („credit crunch“) wurde, ist spätestens seit dem Zusammenbruch der US-amerikanischen Investmentbank Lehman Brothers im September 2008 eine globale Wirtschaftskrise mit weitreichenden Folgen für die Realwirtschaft.

Die Volkswirtschaften der USA, Großbritanniens, des Euroraums, Japans sowie vieler anderer Industrieländer befinden sich offiziell in der Rezession. Wirtschaftsforschungsinstitute (z. B. IFO, RWI) und internationale Organisationen (z. B. OECD, IWF) sagen die tiefste Rezession der Nachkriegszeit voraus. Hinzu kommt, dass der Abschwung aus der Boomphase der Jahre 2006 und 2007 sehr abrupt erfolgte, sodass viele Unternehmen im Herbst 2008 vom Ausmaß der Wirtschaftskrise überrascht wurden. Dabei sind die unterschiedlichsten Industriezweige betroffen: Gewinnwarnungen unter anderem von SAP und BASF machten deutlich, dass neben der besonders schwer getroffenen Automobilindustrie auch andere Branchen von der Wirtschaftskrise in Mitleidenschaft gezogen werden. Ein Ende der Wirtschaftskrise ist nicht abzusehen.[1]

Wie äußert sich die Wirtschaftskrise in Industrieunternehmen nun konkret? Hier bilden zwei oft in Kombination auftretende Elemente eine gefährliche Mischung:

- **Umsatzeinbruch:** Heftige Umsatzeinbrüche binnen kürzester Zeit haben weitreichende finanzielle Folgen: Die Fixkosten können nicht mehr gedeckt werden, die Lager füllen sich, da die Produktion nicht schnell genug gedrosselt werden kann. Operative Cashflows versiegen schnell. Klamme Kunden haben Schwierigkeiten, ihre Rechnungen pünktlich zu bezahlen.
- **Kreditklemme:** Besonders schmerzhaft werden die Folgen des Umsatzeinbruchs dadurch, dass die Banken trotz aller staatlichen Unterstützung bei der Kreditvergabe restriktiver vorgehen. Die Kapitalmärkte sind im Zuge der Finanzkrise praktisch ausgetrocknet. Das heißt, dass die Unternehmen in diesen sowieso schon kritischen Zeiten massive Schwierigkeiten haben, sich zu (re-)finanzieren.

Immenser Kostendruck

Die Kombination aus wegbrechendem operativen Cashflow bei gleichzeitigem Versiegen externer Finanzierungsquellen führt zur Gefahr von Liquiditätsengpässen und somit zu einem enormen Kostendruck. Mittelfristig ist zudem, zumindest in einigen Branchen, mit zunehmenden Preiskämpfen zu rechnen, was einen zusätzlichen Druck auf die sowieso schon schrumpfenden Gewinnmargen und operativen Cashflows ausübt.

---

[1] Stand: Januar 2009.

Zwar sind Massenentlassungen Anfang 2009 zumindest in Deutschland noch kein Thema, doch greifen Unternehmen schon zu verschiedenen anderen Kostensenkungsmaßnahmen, hauptsächlich im Personalbereich:

- Verzicht auf Leiharbeiter
- Verlängerte Weihnachtsferien
- Kurzarbeit
- Abbau von Überstunden/Arbeitszeitkonten
- Aussetzung von Lohn-/Gehaltssteigerungen
- Herunterfahren aller kurzfristig beeinflussbaren Kosten (Reisekosten, Unternehmensberater usw.).

Auch Unternehmen, die noch gar nicht direkt betroffen sind, treten vorsorglich massiv auf die Kostenbremse, um gerüstet zu sein, falls der Sog der Wirtschaftskrise sie auch noch erfassen sollte.

Der plötzliche Kostendruck betrifft somit praktisch das gesamte produzierende Gewerbe und in den betroffenen Unternehmen alle Abteilungen. Wie wirkt sich dieser Kostendruck nun auf den Bereich F+E aus, der so wichtig für die Innovationsfähigkeit und somit für die Erreichung strategischer Ziele ist? Wird der langfristige Unternehmenserfolg Opfer des kurzfristigen Krisenmanagements?

2 Forschung und Entwicklung: Kostenintensiver, strategischer Erfolgsfaktor

Signifikanter Kostenblock

Dass der F+E-Bereich in den Blickpunkt des Kostenmanagements gerät, ist nicht verwunderlich, wenn man sich vor Augen hält, wie viel Geld Unternehmen dafür ausgeben (s. Abb. 1). Bei produzierenden Unternehmen sind F+E-Kosten in Höhe von 3 bis 5 % des Umsatzes („F+E-Quote“) das Minimum – wenn man dies mit den Umsatzrenditen der Unternehmen vergleicht, sind dies zum Teil immense Beträge. In forschungsintensiven Branchen ist der Anteil der F+E-Ausgaben am Umsatz nicht selten zweistellig. Dies zeigen Beispiele, wie Google und Boehringer Ingelheim, einem typischen Vertreter der forschungsintensiven Pharmaindustrie (s. Abb. 1)

Noch drastischer ist die Situation in besonders F+E-lastigen jungen Technologieunternehmen: Diese Unternehmen aus Branchen wie Biotechnologie, Nanotechnologie, erneuerbare Energien oder der Software-Entwicklung haben meist noch keine nennenswerten Umsätze, geben aber große Summen für F+E aus. Finanziert werden diese Ausgaben i. d. R. durch Eigenkapital, das in Form von Risikokapital oder im Rahmen von Börsengängen hereingeholt wurde. Ein solches Zehren vom Eigenkapital kann dauerhaft nur gut gehen, wenn Produktumsätze in

Reichweite sind oder die Kapitalmärkte bereit sind, weiteres Kapital zur Verfügung zu stellen. Die GPC Biotech AG, die in 2007 F+E-Ausgaben von 281 % des Umsatzes berichtete, veranschaulicht diese Situation exemplarisch (s. Abb. 1).

Unternehmen	F+E-Ausgaben	% vom Umsatz	Umsatzrendite
Daimler	4,15 Mrd. EUR	4,2 %	4,0 %
Deutz	55,8 Mio. EUR	3,7 %	12,0 %
RWE	74 Mio. EUR	0,2 %	6,3 %
Google	2,12 Mrd. $	12,8 %	25,3 %
Apple	782 Mio. $	3,3 %	14,6 %
Boehringer Ingelheim	1,73 Mrd. EUR	15,8 %	16,5 %
GPC Biotech	51,4 Mio. EUR	281 %	< 0 %

Achtung! Bei nach IFRS bilanzierenden Unternehmen können signifikante Teile der F+E-Aufwendungen aktiviert worden sein!

Abb. 1: F+E-Ausgaben 2007 im Verhältnis zum Umsatz

Strategische Bedeutung der F+E

Warum lassen sich die Unternehmen F+E so viel kosten? Wie kein anderer Unternehmensbereich ist F+E die Grundlage für eine langfristige Strategieumsetzung und somit für den langfristigen Unternehmenserfolg: Hier wird durch neue, innovative Produkte, Technologien und Herstellungsverfahren für die Wettbewerbsvorteile der Zukunft gesorgt. Dabei sind nicht nur die Wirkung von F+E, sondern auch die einzelnen Aktivitäten (i. d. R. Projekte) sehr langfristig ausgerichtet. Entwicklungsprojekte dauern meist mehrere Jahre; in einigen Branchen (z. B. Pharma/Biotech) sind sogar Entwicklungszeiten von über zehn Jahren keine Seltenheit. Dies macht deutlich, wie viel Schaden im F+E-Bereich durch kurzsichtige Kostensenkungsmaßnahmen angerichtet werden kann.

Einfluss auf Unternehmenswert

Die große Bedeutung der F+E zeigt sich auch in gängigen DCF[2]-basierten Modellen der Unternehmensbewertung, wie sie z. B. von Investoren und Analysten eingesetzt werden. Bei diesen zukunftsorientierten, langfristig ausgerichteten Modellen kann der Misserfolg oder auch nur die

[2] Discounted Cashflow.

Verzögerung eines einzigen Entwicklungsprojekts die Bewertung eines Großunternehmens signifikant reduzieren. So sank der Aktienkurs der Airbus-Mutter EADS bei Bekanntwerden der Verzögerungen bei der Entwicklung des Airbus A380 im Juni 2006 an einem Tag um 26 %, was einen Wertverlust des Unternehmens von über 5 Mrd. EUR entsprach.

Wissen als Erfolgsfaktor

F+E ist ein besonders wissensintensiver Unternehmensbereich: Schließlich handelt es sich bei Forschern und Entwicklern um hoch qualifizierte Ingenieure, Techniker, Wissenschaftler oder Programmierer. Neben der Ausbildung ist aber vor allem auch das unternehmensspezifische Projekt-, Prozess- und Methodenwissen erfahrener Mitarbeiter in den für das Unternehmen strategisch relevanten Fachbereichen ein bedeutender Erfolgsfaktor. Daher ist es wichtig, auch in Krisenzeiten zumindest das Gros der erfahrenen F+E-Mitarbeiter zu halten und auf Massenentlassungen zu verzichten, um die Innovationsfähigkeit des Unternehmens nicht zu gefährden. Denn qualifizierte Spezialisten sind nach dem Ende der Wirtschaftskrise am Arbeitsmarkt schwer zu finden und nehmen bei einem möglichen Ausscheiden zudem ein immenses Wissen mit, das dem Unternehmen meist unwiederbringlich verloren ist.

Kostentreiber Personal

Der Bereich F+E ist sehr personalintensiv. In einigen Branchen, wie der Software-Entwicklung, stellen Personalkosten und direkt vom Personal abhängige Kosten, wie Reisekosten, über 90 % der F+E-Kosten. Damit ist offensichtlich, dass massive Einsparungen im F+E-Bereich in den meisten Unternehmen nur über eine signifikante Senkung der Personalkosten möglich sind. Dies stellt die Unternehmen vor dem Hintergrund der beschriebenen Wissensintensität vor große Herausforderungen.

3 Strukturiertes Krisenmanagement in Forschung und Entwicklung

Flexible Budgets im F+E-Bereich

Wie soll nun unter dem durch die Wirtschaftskrise verursachten Kostendruck mit F+E-Kosten umgegangen werden? Die im Rahmen der Diskussion moderner Budgetierungsmethoden oft angemahnte Flexibilität im Umgang mit Budgets ist sicher auch im F+E-Bereich angebracht,[3] doch will man sich wirklich durch Kostensenkungen im F+E-Bereich den Ast absägen, auf dem man sitzt?

Steigerung der F+E-Produktivität

Bei Berücksichtigung der Eigenheiten von F+E erscheint es offensichtlich, dass reine Kostensenkungsmaßnahmen hier zu kurz greifen. Die Steigerung der F+E-Produktivität dagegen ist ein lohnendes Ziel, welches Kostensenkungen mit dem dauerhaften Erhalt der Innovations- und

3 Siehe z. B. Schmitt (2005).

Wettbewerbsfähigkeit kombiniert. Die Definition der Produktivität gibt dabei Hilfestellung:

$$\textbf{Produktivität} = \frac{\text{Output}}{\text{Input}} = \frac{\text{Nutzen}}{\text{Kosten}}$$

Der Nutzen der F+E drückt sich in Form zukünftiger Cashflows aus den Resultaten der F+E-Projekte aus (z. B. neue Produkte); die Kosten sind die laufenden F+E-Kosten im Rahmen dieser Projekte. Hieraus können zwei Ansätze abgeleitet werden, wie Abb. 2 verdeutlicht:

- kurzfristige Maßnahmen zur Steigerung der F+E-Effizienz (Kostensenkung),
- mittel- bis langfristige Maßnahmen zur Steigerung der F+E-Effektivität (Nutzensteigerung).

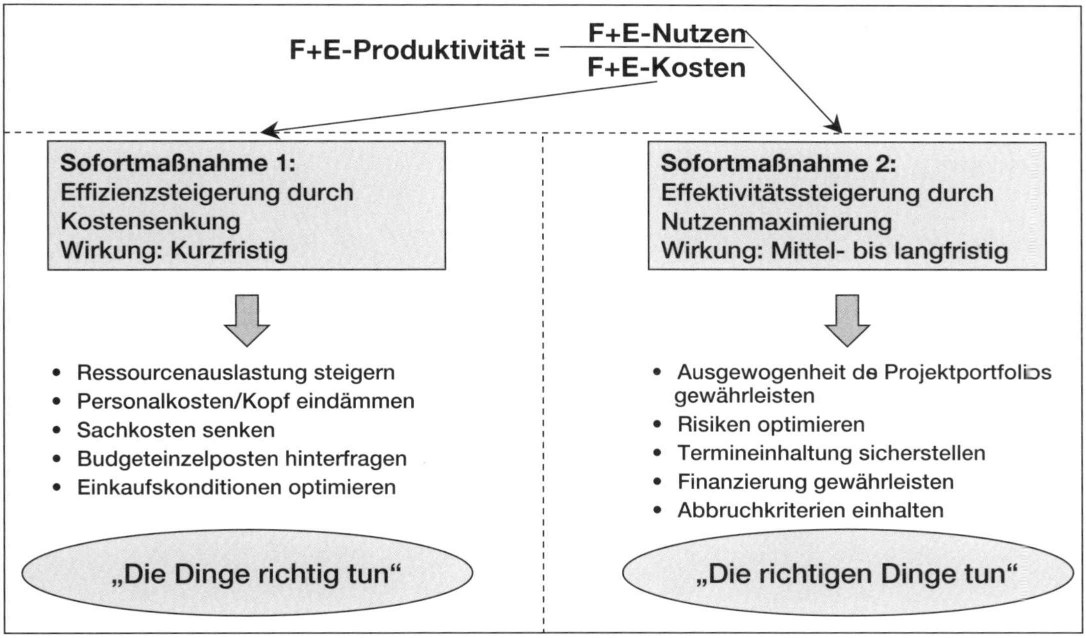

Abb. 2: Ansätze zur Steigerung der F+E-Effizienz

Beide Ansätze zielen darauf ab, durch Steigerung der F+E-Produktivität die langfristige Wettbewerbsfähigkeit des Unternehmens zu erhalten oder zu steigern, ohne die (kostenintensive) F+E-Abteilung in Zeiten der Wirtschaftskrise bei Kostensenkungsmaßnahmen außen vor zu lassen. Dies ist in Krisenzeiten aus psychologischen Gründen wichtig: Es sollte nicht der Anschein entstehen, dass einige Abteilungen, wie z. B. die Produktion, die Folgen der Wirtschaftskrise alleine zu spüren bekommen.

3.1 Steigerung der Effizienz in Forschung und Entwicklung

Einsparungen bei Personalkosten

Wie Abb. 3 verdeutlicht, bestehen eine Reihe von Möglichkeiten, in der Wirtschaftskrise die operativen F+E-Kosten zu senken, ohne die strategische Wettbewerbsfähigkeit des Unternehmens zu gefährden. Auf diese Weise kann die F+E-Effizienz gesteigert werden. Den größten Hebel stellen hier die Personalkosten dar, da diese in vielen Branchen den bei weitem größten Anteil an den F+E-Kosten haben.

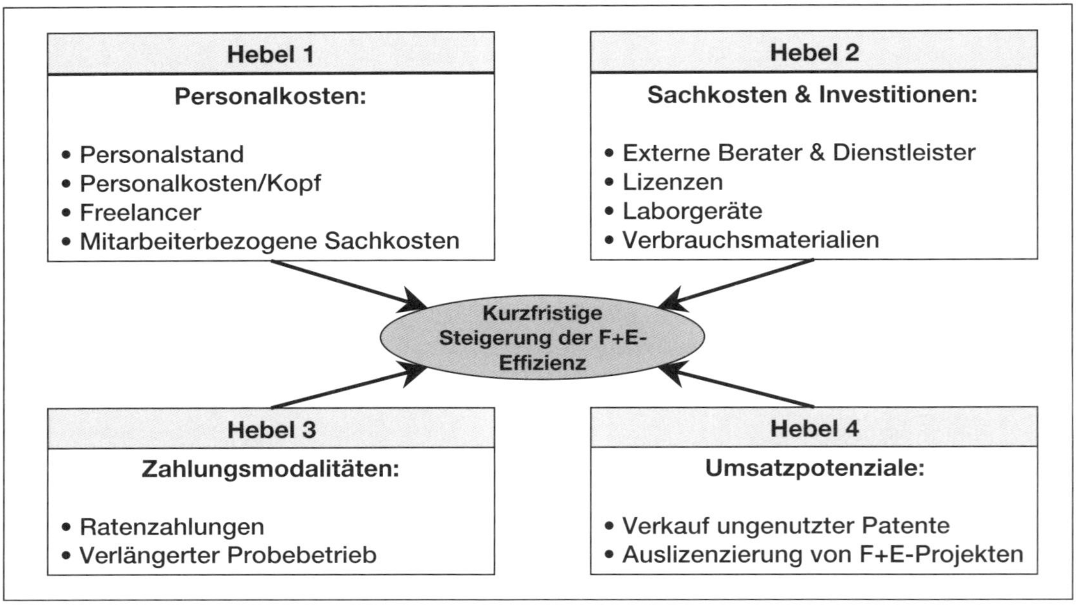

Abb. 3: Hebel zur Steigerung der F+E-Effizienz

- **Personalstand:** Auch wenn man auf Kündigungen im Bereich F+E verzichten will, um wichtige Wissensträger im Unternehmen zu halten, bieten sich hier trotzdem einige Möglichkeiten. Zuerst sollte natürlich auf Neueinstellungen weitestgehend verzichtet werden – nur absolute Schlüsselpositionen sollten bei Ausscheiden der entsprechenden Mitarbeiter wiederbesetzt werden, wobei interne Kandidaten den Vorrang haben sollten. Auf diese Weise führt die natürliche Fluktuation (Kündigungen durch Mitarbeiter, Ruhestand, Elternzeit) zu einem (allerdings erst mittelfristig wirksamen) Absinken der Mitarbeiterzahl.
- **Freelancer:** Neben diesem Mittelfristeffekt gibt es auch noch einen kurzfristigeren Hebel: Die Anzahl der in einigen Branchen (z. B. Software-Entwicklung) häufig eingestellten Freelancer oder externen

Experten lässt sich meist recht schnell reduzieren. Auf eine Verträglichkeit mit den Terminplänen strategisch wichtiger Projekte muss jedoch unbedingt geachtet werden.

- **Personalkosten:** Je nach Unternehmenssituation können hier auch ohne Entlassungen die unterschiedlichsten Methoden eingesetzt werden: Vom Verzicht auf Gehaltserhöhungen und Bonuszahlungen über den Verzicht auf bezahlte Überstunden bis hin zu Gehaltskürzungen ist hier vieles denkbar. Es muss allerdings darauf geachtet werden, hier nicht zu sehr unter die Referenzgehälter der Wettbewerber zu gehen, um die Abwerbung auch in Krisenzeiten begehrter Spezialisten zu vermeiden.
- **Mitarbeiterbezogene Sachkosten:** Bei Reisekosten, Mobiltelefonen und Ähnlichem können Unternehmen i. d. R. durch geänderte Richtlinien, neue Provider oder andere Maßnahmen sparen, ohne den Erfolg der F+E-Projekte zu gefährden.

Kapazitäten für laufende Projekte berücksichtigen

Bei all diesen Maßnahmen muss allerdings êines beachtet werden: I. d. R. sind alle F+E-Mitarbeiter auf Monate hinaus in laufende, meist strategisch bedeutende F+E-Projekte eingebunden. Maßnahmen, die den Personalstand beeinflussen (ob Festangestellte oder Freelancer), sollten daher immer vor dem Hintergrund des aktuellen Projektportfolios gesehen werden: Die termingerechte Fertigstellung laufender Projekte muss stets gewährleistet sein! Besteht allerdings bereits eine Unterauslastung der F+E-Mitarbeiter mit wertschöpfenden, strategiekonformen Tätigkeiten, dann sollte auch eine entsprechende Anpassung der F+E-Kapazitäten möglich sein.

Einsparpotenziale bei Sachkosten und Investitionen

Doch auch andere Kostenarten und die F+E-Investitionen sollten unter die Lupe genommen werden: Benötigt man wirklich all die externen Berater, Software-Lizenzen, neuen Messgeräte und Laboreinrichtungen? Oder gibt es dabei Dinge, die sich ohne signifikanten Effizienzverlust hinauszögern oder gar ganz streichen lassen? Oft haben die F+E-Abteilungen in den guten Jahren etwas „Speck“ angesetzt, z. B. wenn nicht alle Budgetpositionen regelmäßig kritisch hinterfragt wurden. Auch wenn die Forscher und Entwickler das ungern zugeben, finden sich in größeren F+E-Abteilungen immer einige Budgetposten, die der Kategorie „nice to have“ zuzuordnen sind und i. d. R. kurzfristig gestrichen werden können.

Absprachen zum Zahlungsziel

Zudem lässt sich die Wirtschaftskrise durchaus auch für Zugeständnisse von Lieferanten nutzen: Bevor die Bestellung eines teuren Messgeräts komplett storniert wird, lässt sich z. B. über eine verlängerte Probenutzung verhandeln. Auf diese Weise konnte in einem Praxisfall die Zahlung eines mittleren sechsstelligen Betrages um ein halbes Jahr verzögert werden, ohne die Arbeitsfähigkeit der betroffenen Forschungsabteilung zu beeinträchtigen.

Ungenutzte Potenziale

Neben Kostensenkungen ergeben sich in der Wirtschaftskrise weitere Möglichkeiten, die F+E-Effizienz zu steigern: die Erschließung zusätzlicher Umsatzpotenziale. Denn in den F+E-Portfolios forschender Unternehmen schlummern oft wahre Schätze, wie ungenutzte Patente oder aus wirtschaftlichen oder strategischen Gründen abgebrochene Projekte. Diese in guten Zeiten meist unbeachteten Kollateralschäden strategischer Richtungsänderungen lassen sich durchaus auch in Krisenzeiten durch Verkauf oder Lizenzierung zu Geld machen, auch wenn keine Riesenbeträge zu erwarten sind. In Zeiten knapper Liquidität ist schließlich jede Geldquelle hochwillkommen!

3.2 Steigerung der Effektivität in Forschung und Entwicklung

Budgetstrukturen als Leitlinie

Ein vielversprechender Ansatz zur Steigerung der F+E-Effektivität und Sicherung strategischer F+E-Projekte in Krisenzeiten ist die Definition sogenannter strategischer Budgets. Diese wurden ursprünglich im Rahmen der Diskussion moderner Budgetierungsmethoden vorgeschlagen, um den Budgetierungsprozess effizienter zu gestalten und die Strategieumsetzung zu gewährleisten.[4] Ausgaben, die der Umsetzung strategischer Maßnahmen dienen, werden dabei in Form eigens gekennzeichneter Budgets geplant.

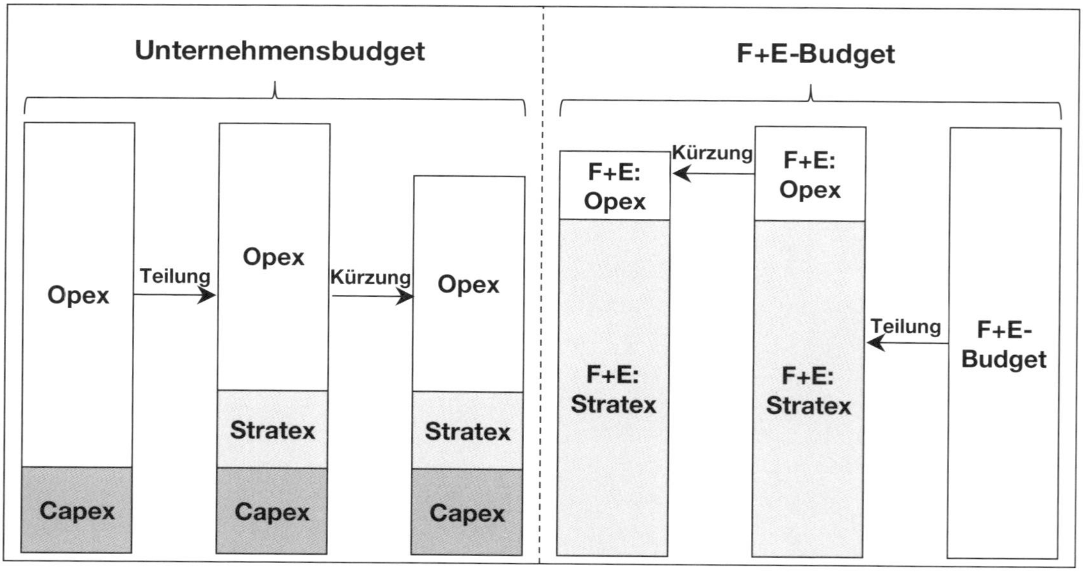

Abb. 4: Stratex-Konzept

[4] Siehe z. B. Sima (2007).

Dritte Budgetkategorie: Stratex

Kaplan und *Norton*, die Erfinder der Balanced Scorecard, schlagen in einem aktuellen Artikel[5] vor, genau solche strategischen Budgets in der Wirtschaftskrise von sämtlichen Sparmaßnahmen auszuklammern, um die langfristige Wettbewerbsfähigkeit des Unternehmens nicht durch kurzfristige Kostensenkungen nach dem „Rasenmäherprinzip" zu gefährden. Sie schlagen dabei neben den üblichen Budgetdimensionen „Capex" (Capital Expenditures – Investitionen) und „Opex" (Operating Expenses – operative Kosten) eine dritte Dimension „Stratex" (Strategic Expenses – strategische Kosten) vor, wie Abb. 4, linke Hälfte, zeigt. Obwohl *Kaplan* und *Norton* nicht explizit von F+E-Kosten sprechen, eignet sich der Ansatz hervorragend, strategische F+E-Projekte von Budgetkürzungen auszunehmen (s. Abb. 4, rechte Hälfte).

Review des Projektportfolios

Der von *Kaplan* und *Norton* vorgeschlagene Ansatz kann in der Wirtschaftskrise kurzfristig umgesetzt werden, obwohl seine Wirkungen eher mittel- bis langfristiger Natur sind. Der Ansatz zeigt auch eine Möglichkeit auf, wie Sparpotenziale im F+E-Bereich aufgedeckt werden können: indem F+E-Projekte anhand ihrer strategischen Bedeutung klassifiziert werden. Naturgemäß werden nicht alle F+E-Aktivitäten von gleich hoher strategischer Priorität sein, es finden sich immer einige „Nice to have"-Aktivitäten, die in Krisenzeiten dem Rotstift geopfert werden können. Es empfiehlt sich sogar, gerade in der Wirtschaftskrise das F+E-Projektportfolio einem kritischen strategischen Review zu unterziehen. Neben der Überprüfung der strategischen Relevanz sollten dabei folgende Fragen gestellt werden, wie Abb. 5 verdeutlicht:

- **Projektinhalte:** Sind alle Geschäftsbereiche des Unternehmens angemessen vertreten? Oder fokussiert man sich zu stark auf Krisenbranchen wie die Finanz- oder die Automobilbranche?
- **Projektrisiko:** Ist die Risikostruktur der Projekte vor dem Hintergrund neuester Erkenntnisse noch zeitgemäß? Dies kann mehrere Aspekte beinhalten, z. B. die Projektfinanzierung oder die Erfolgswahrscheinlichkeiten der Projekte. Auch die Abhängigkeit von (ebenfalls krisengeplagten) Lieferanten oder Kunden kann signifikant zum Projektrisiko beitragen.
- **Projekt-Controlling:** Werden die Projekte so geführt, wie verlangt? In Krisenzeiten von besonderer Bedeutung: Werden Projektabbruchkriterien eingehalten? Wie sieht es mit operativen Projektkennzahlen aus, z. B. aus der Earned Value Analysis (Leistungswertanalyse – die Fortschrittsbewertung eines Projekts):
  - dem Cost Performance Index (Kosteneffizienz – Wert der geleisteten Arbeit im Vergleich zur ursprünglich geplanten Leistung) oder

---

5 Kaplan/Norton (2008).

– dem Schedule Performance Index (Planleistungsindex – das Verhältnis erbrachter Leistungen zu geplanten Leistungen)?

Auch hier kann ein Review des Projektportfolios durchaus Handlungsbedarf aufzeigen.

- **Projekttiming:** Gibt es neue Erkenntnisse bezüglich des optimalen Zeitpunkts für das Produkt? Nicht jedes neue Produkt will man während der Wirtschaftskrise auf den Markt bringen, sodass bei einigen Projekten eine ressourcenschonende Verlangsamung möglich sein kann. Es kann je nach Unternehmenssituation aber auch ratsam sein, Projekte zu beschleunigen, um schnell zusätzliche Umsatzpotenziale zu realisieren.

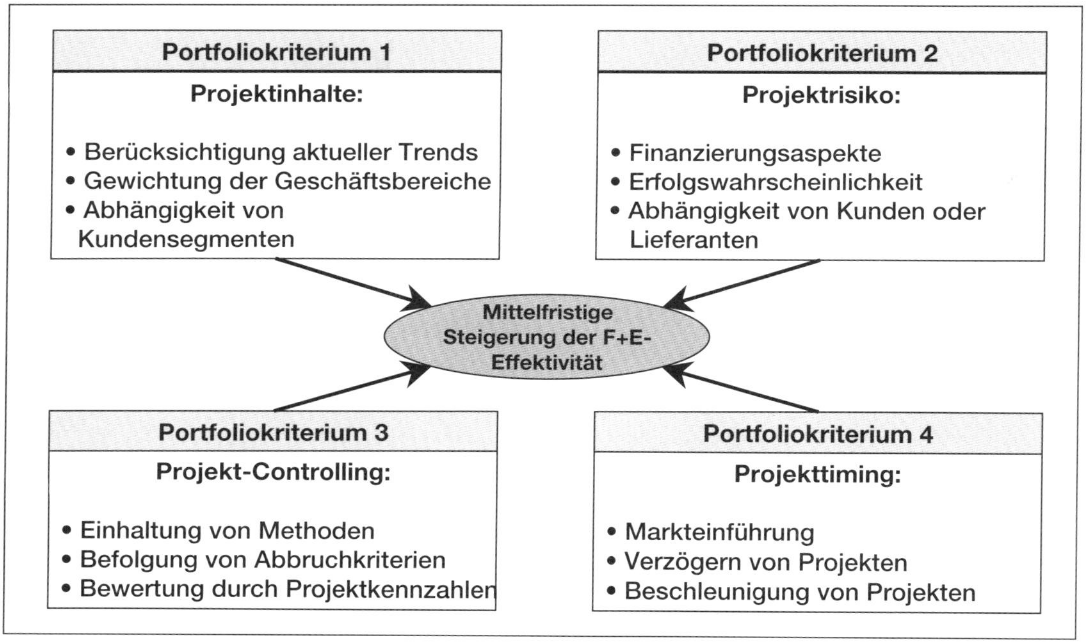

Abb. 5: Kriterien zur Überprüfung des Projektportfolios

Unter dem Strich sollte dabei keinesfalls eine radikale Kürzung des Projektportfolios stehen, sondern vielmehr eine gezielte strategische Überarbeitung. Diese sichert die zukünftige Innovations- und Wettbewerbsfähigkeit des Unternehmens vor dem Hintergrund aktueller Entwicklungen und bringt an der einen oder anderen Stelle auch noch mögliche Kostensenkungen mit sich.

Als Beispiel für eine Revision des Projektportfolios sei der Technologiekonzern Bosch genannt: Dieser verkündete mitten in der Wirtschaftskrise,[6] 530 Mio. EUR in Entwicklung und Fertigung von Solarzellen bei der Tochterfirma Ersol Solar Energy zu investieren. Diese strategische Investition dient der Diversifizierung, um die besonders in der Wirtschaftskrise zu Tage getretene starke Abhängigkeit von der Automobilindustrie zu reduzieren.

Beispiele von Bosch und Daimler

Ein weiteres Beispiel liefert der Daimler-Konzern, der eine strategische Allianz mit dem Evonik-Konzern zur Entwicklung und Fertigung von Lithium-Ionen-Batterien für Elektroautos einging.[7] Diese sollen nicht nur in eigenen Fahrzeugen eingesetzt, sondern auch an andere Automobilhersteller verkauft werden.

So gab die Wirtschaftskrise wertvolle Hinweise über die Neuausrichtung des F+E-Projektportfolios und sogar ganzer Geschäftsmodelle.

4 Forschung und Entwicklung in jungen Technologieunternehmen auf dem Prüfstand

Wenn der Bereich F+E schon in soliden produzierenden Unternehmen mit (normalerweise) positiven operativen Cashflows auf dem Prüfstand steht, wie sieht es dann erst in jungen Technologieunternehmen aus, bei denen F+E oft der Unternehmensmittelpunkt ist? Bei diesen Unternehmen aus Branchen wie

- erneuerbare Energien,
- Software oder
- Biotechnologie

wirkt die Wirtschaftskrise anders: Umsatzeinbrüche aufgrund sinkender Nachfrage sind hier weniger das Problem, da oft noch gar keine nennenswerten Umsätze bestehen.

Dafür macht sich der zweite Aspekt der Wirtschaftskrise umso stärker bemerkbar: das „Austrocknen" externer Finanzierungsquellen. Banken sind ohnehin zurückhaltend, wenn es darum geht, in riskante Technologieunternehmen zu investieren. Vor dem Hintergrund der Bankenkrise dürfte sich die Haltung weiter verstärken. Hinzu kommen ein nahezu vollständiger Zusammenbruch des Marktes für Börsengänge sowie ein starker Einbruch der Märkte für Risikokapital oder Private Equity.

Restriktive Kreditvergabe

[6] Siehe Pressemitteilung vom 15.12.2008.
[7] Siehe Pressemitteilung vom 15.12.2008.

Vor diesem Hintergrund geht es für viele junge Technologieunternehmen nur um eines: das nackte Überleben. Doch was heißt das für den Bereich F+E? Ein Blick auf Start-up-spezifische Finanzkennzahlen verdeutlicht die Misere:

- Cash-Burn: Bezeichnung für den Free Cashflow einer Periode, wenn er negativ ist
- Bestand liquider Mittel
- Reichweite der liquiden Mittel

$$\text{Reichweite der liquiden Mittel (Quartale)} = \frac{\text{Bestand liquider Mittel}}{\text{Cash-Burn pro Quartal}}$$

In vielen Unternehmen ist die Reichweite der liquiden Mittel deutlich kürzer als die Zeit bis zum Break-even. Unter normalen wirtschaftlichen Bedingungen ist dies kein Problem, denn Investoren sind gerne bereit, in aussichtsreiche Unternehmen zu investieren. Auf diese Weise können Anschlussfinanzierungen, je nach Branche auch in mehreren Runden, gesichert werden (s. Abb. 6).

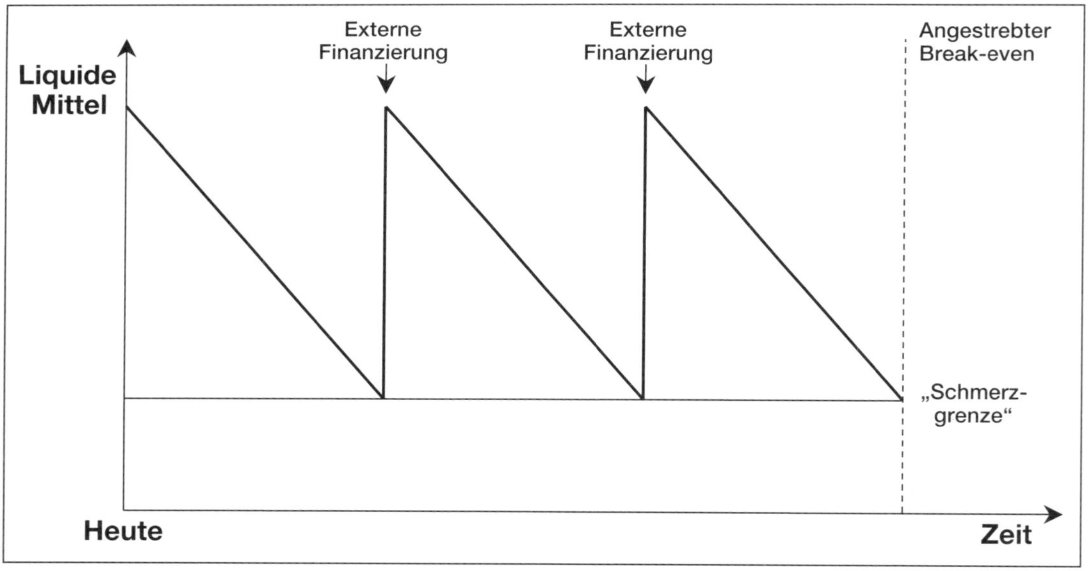

Abb. 6: Überbrückung der Zeit bis zum Break-even in „normalen Zeiten“

Da die Dauer der Finanzierungskrise von den Unternehmen nicht beeinflusst und der Bestand liquider Mittel momentan nicht aufgefüllt werden kann, gibt es nur zwei Hebel, um die Wirtschaftskrise zu überstehen (s. Abb. 7):

1. Reduktion des Cash-Burn pro Quartal
2. Verkürzung der Zeit bis zum Break-even

Doch wie können diese Hebel möglichst zielführend bedient werden? Es zeigt sich, dass beide Punkte zusammenhängen. Bei einer solch existenziellen Wirtschaftskrise sollte durchaus das gesamte Geschäftsmodell hinterfragt werden. Durch das „Backen kleinerer Brötchen“ und eine Abkehr von hoch profitablen, aber auch weit in der Zukunft liegenden Umsatzpotenzialen hin zu weniger ambitionierten, dafür aber kurzfristig erreichbaren Zielen kann eine Wirtschaftskrise gemeistert werden.

Beispiel: Neues Geschäftsmodell bei Morphosys
Das im TecDax enthaltene Münchener Biotechnologieunternehmen Morphosys stellte während der letzten Börsenkrise im November 2002 sein Geschäftsmodell von der zeitraubenden und teuren und daher riskanten Entwicklung eigener Medikamente auf ein weniger riskantes Geschäftsmodell als Dienstleister für die Pharmaindustrie um.[8] Ohne diesen Strategiewechsel, der vom vorübergehenden Abbau eines Viertels der Belegschaft begleitet wurde, hätte das Unternehmen die damalige Wirtschaftskrise nicht überstanden. Der Strategiewechsel sicherte aber nicht nur das Überleben, sondern machte Morphosys auch zum ersten und seit 2004 auch dauerhaft profitablen deutschen Biotechnologieunternehmen.

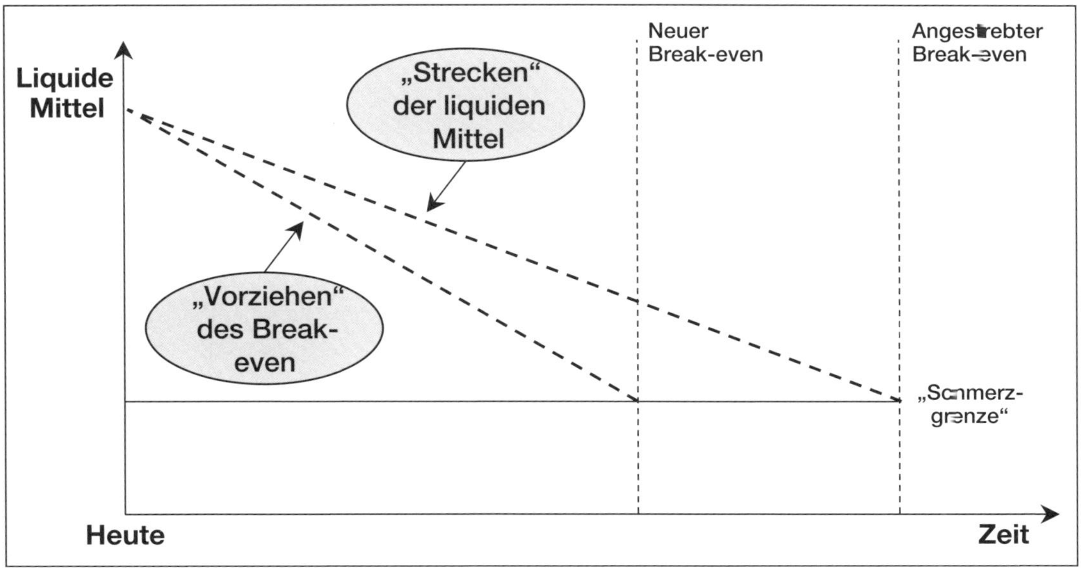

Abb. 7: Überbrückung der Zeit bis zum Break-even in Krisenzeiten

[8] Siehe Pressemitteilung der Morphosys AG vom 6.11.2002.

„Strecken" der liquiden Mittel

Doch nicht jedem Unternehmen bieten sich sinnvolle Möglichkeiten, das eigene Geschäftsmodell radikal zu verändern. In diesem Fall müssen die bestehenden liquiden Mittel entsprechend gestreckt werden, um die Durststrecke bis zum Ende der Wirtschaftskrise oder bis zur Profitabilität zu überwinden. Hier bieten sich vor allem die in Kapitel 3 beschriebenen Maßnahmen zur Steigerung der Effektivität und Effizienz im Bereich F+E an.

Beispiel: Überarbeitetes Projektportfolio bei GPC Biotech AG
Die strategischen Überarbeitungen des Projektportfolios der GPC Biotech AG in den Jahren 2001 und 2002 brachten eine Fokussierung auf die Indikation „Onkologie" mit sich. Projekte in den Bereichen „Immunologie" und „Bakteriologie" wurden eingestellt. Zudem verschob sich der Fokus des Unternehmens von der Technologieentwicklung hin zur Entwicklung von Medikamenten. Diese Fokussierung wurde dann im Jahr 2003 durch zwei Restrukturierungsrunden abgeschlossen, bei denen sich das Unternehmen von circa einem Viertel der Belegschaft trennen musste. Trotz hoher (einmaliger) Restrukturierungskosten und signifikanter Ausgaben für die Medikamentenentwicklung konnten so die F+E-Ausgaben in 2003 gegenüber 2002 leicht reduziert werden. Auf diese Weise wurden in einer für das Überleben des Unternehmens kritischen Phase wertvolle Ressourcen geschont, sodass das Unternehmen nach der Wiederbelebung der Kapitalmärkte im Jahr 2004 so solide dastand, dass durch ein Listing an der NASDAQ die notwendige Anschlussfinanzierung gesichert werden konnte.[9]

5 Lessons Learned: Lehren aus der Rezession 2002/2003

Renditeanforderungen setzen F+E-Bereiche unter Druck

Wie verhalten sich Großunternehmen in der Wirtschaftskrise? Dort stellt sich wegen der Substanz der Unternehmen meist nicht die Überlebensfrage. Doch der Druck von Eigentümern und Kapitalmärkten, stetig Rendite zu liefern, setzt natürlich auch die F+E-Bereiche dieser Unternehmen unter Druck. Vor diesem Hintergrund wäre es nicht verwunderlich, wenn die Unternehmen die F+E-Quote (F+E-Aufwand in Relation zum Umsatz) in Krisenzeiten zurückführen würden.

[9] Siehe Pressemitteilungen und Geschäftsberichte der GPC Biotech AG aus dieser Zeit.

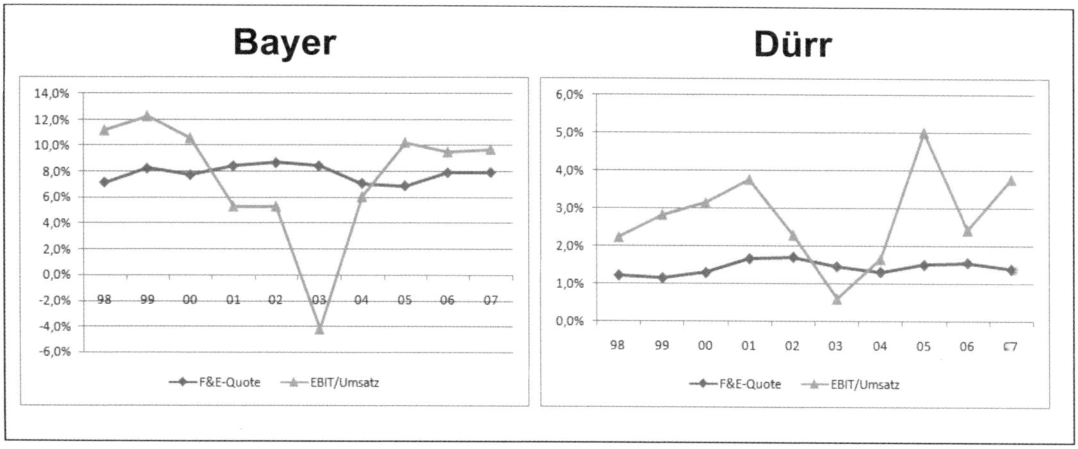

Abb. 8: Entwicklung der F+E-Ausgaben von Bayer und Dürr, 1998 – 2007[10]

Beispiel: Bayer und Dürr in der Rezession 2002/2003

Mit nachhaltigen Geschäftsmodellen der Krise trotzen

Stellvertretend für viele produzierende Unternehmen sollen die repräsentativen Beispiele des DAX-Unternehmens Bayer sowie des SDAX-Unternehmens Dürr zeigen, wie Unternehmen während der letzten (zugegebenermaßen schwächeren) Rezession 2002/2003 mit ihren F+E-Kosten umgegangen sind. Sowohl bei Bayer, einem internationalen Großkonzern der Pharma- und Chemieindustrie, als auch bei Dürr, einem noch eher mittelständisch geprägten Automobilzulieferer, blieb die F+E-Quote über die letzten zehn Jahre durch alle Boom- und Krisenphasen hinweg relativ konstant (s. Abb. 8). Und dies, obwohl die Wirtschaftskrise an beiden Unternehmen nicht spurlos vorbeiging: Sowohl Bayer als auch Dürr mussten vor allem in 2003 signifikante Einbußen beim EBIT hinnehmen. Doch die Beharrlichkeit hat sich ausgezahlt, denn beide Unternehmen gingen gestärkt aus der letzten Rezession hervor und konnten in den letzten Jahren ihre Umsätze steigern und ihre operativen Umsatzrenditen wieder in die vor der letzten Rezession erreichten Zonen führen. Dies zeigt, dass sich auch am Kapitalmarkt operierende Unternehmen langfristig ausrichten können und sich nicht jedem (vermeintlichen) Druck nach kurzfristigen Resultaten beugen müssen.

Konzentration auf Kernkompetenzen

Doch waren die Unternehmen in der Wirtschaftskrise untätig, was die strategische Neuausrichtung ihrer F+E-Abteilungen betraf? Bei weitem nicht! Bei Bayer z. B. fielen die Abspaltung der Spezialchemiesparte Lanxess sowie die Schließung von Forschungszentren in den USA und Japan in diesen Zeitraum. Gleichzeitig wurden die Aktivitäten in den verbleibenden Geschäftsbereichen und Forschungszentren intensiviert und fokussiert, sodass Bayer heute mit einer vielversprechenden Produktpipeline glänzen kann.[11]

[10] Quelle: Geschäftsberichte der Unternehmen Bayer und Dürr.
[11] Salz (2008).

Konstante Ausgaben für F+E seit 2000

Die Beobachtungen bei einzelnen Unternehmen werden auch durch den Anteil der F+E-Ausgaben der gesamten deutschen Volkswirtschaft am Bruttoinlandsprodukt bestätigt. Diese sogenannten Bruttoinlandsausgaben für F+E (BAFE), in die sowohl öffentliche (z. B. durch Universitäten, öffentliche Forschungseinrichtungen) als auch privatwirtschaftliche Ausgaben eingerechnet werden, hielten sich in den Jahren seit 2000 sehr konstant zwischen 2,45 % und 2,50 % des Bruttoinlandsprodukts.[12] Wenn man davon ausgeht, dass sich die F+E-Ausgaben öffentlicher Einrichtungen sehr gleichmäßig entwickeln, lässt sich auch aus diesen Daten schließen, dass die Konjunkturlage keinen nennenswerten Einfluss auf die gesamten F+E-Ausgaben der privaten Unternehmen hat.

6 Ausblick und Fazit: Forschung und Entwicklung ist eben nicht nur Manövriermasse

Mehr F+E-Produktivität ohne Personalabbau

Unabhängig davon, wie schwer die Unternehmen augenblicklich von der Wirtschaftskrise tatsächlich betroffen sind: Eine kritische Überprüfung der F+E-Produktivität ist vor dem Hintergrund trüber allgemeiner Wirtschaftsaussichten und ungewisser Zukunftsaussichten angebracht. Dabei zeigt es sich, dass es auch ohne (massiven) Personalabbau gelingen kann, die F+E-Produktivität kurz- und mittelfristig zu steigern und somit die zukünftige Innovations- und Wettbewerbsfähigkeit des Unternehmens sicherzustellen.

Budgetkürzungen in strategischen Bereichen vermeiden

Kurzfristig lässt sich die F+E-Produktivität hauptsächlich durch (moderate) Kostensenkungen beeinflussen. Solche Effizienzsteigerungen haben je nach Unternehmenssituation ihren Schwerpunkt bei den Personalkosten oder, wenn möglich, auch bei anderen Budgetpositionen. Mittelfristig bietet sich zudem eine ganze Reihe von Möglichkeiten, die Effektivität von F+E durch eine Neuausrichtung des Projektportfolios hin zu einem strategieorientierten Ressourceneinsatz zu steigern. Vor dem Hintergrund dieser Maßnahmen bietet sich die Definition sogenannter „Strategic Expenditures" (Stratex) an, um strategisch bedeutsame Budgetpositionen (z. B. große Teile des F+E Budgets) vor Kürzungen in Krisenzeiten zu verschonen.

Ausmaß der Wirtschaftskrise bestimmt das weitere Handeln

Das weitere Vorgehen der Unternehmen in der gegenwärtigen Wirtschaftskrise wird sehr stark davon abhängen, wie gravierend diese ausfallen wird. Sollten sich die aktuellen Prognosen einiger Wirtschaftsforschungsinstitute bewahrheiten, dann wäre die Talsohle im Laufe des Jahres 2009 erreicht. In diesem Fall ist davon auszugehen, dass viele Unternehmen auf die bewährten Mittel aus der letzten, schwächeren

[12] Quelle: Statistisches Bundesamt.

Rezession in 2002/2003 zurückgreifen.[13] Ein weitgehendes Konstanthalten der F+E-Kosten sorgte für die nachhaltige Innovations- und Wettbewerbsfähigkeit auch nach der Wirtschaftskrise. Nur wenn sich die Wirtschaftskrise wirklich zu einer über Jahre anhaltenden Depression entwickeln sollte, sind gravierende Einschnitte, wie wir sie bisher hauptsächlich bei jungen Technologieunternehmen beobachtet haben, auch bei der breiten Masse der etablierten Unternehmen zu erwarten. F+E-Kosten sind eben keine Manövriermasse, sondern ein strategischer Wettbewerbsvorteil, der in der Praxis nicht ohne Not angetastet wird!

7 Literaturhinweise

Bosch, Investition von rund 530 Millionen Euro bei der ersol Solar Energy AG, Pressemitteilung vom 15.12.2008.

Daimler, Evonik und Daimler gründen strategische Allianz zur Entwicklung und Fertigung von Lithium-Ionen-Batterien, Pressemitteilung vom 15.12.2008.

Fiedler, Controlling von Projekten, 4. Aufl. 2008.

Gorhan/Willmann, Forschung und Entwicklung: Abbildung und Steuerung am Beispiel der SICK AG, Controlling-Berater 6/2007, S. 729 – 738.

Kaplan/Norton, Protect Strategic Expenditures, Harvard Business Review 12/2008, S. 28.

Lamparter, Und jetzt elektrisch: Die deutsche Autoindustrie spart – aber nicht bei wichtigen Erfindungen, Die Zeit 2/2009, S. 21.

Macheleidt/Riedrich, FuE-Reporting für das Innovationsmanagement, Controlling 7/2008, S. 382 – 388.

Riedrich, Die Bedeutung der Earned-Value-Methode für die Steuerung von Produktentwicklungsprojekten, 2007.

Salz, Neues Medikament soll Bayer Milliarden bringen, Wirtschaftswoche 29.10.2008.

Schmitt, Planung: Erfolgreiche Unternehmenssteuerung mit flexiblen Budgets, Controlling-Berater 2/2005, S. 157 – 172.

Schmitt, F+E-Controlling in Technologieunternehmen: Im Spannungsfeld zwischen Kostentransparenz und Innovationsfähigkeit, Controlling-Berater 2/2008, S. 237 – 260.

[13] Siehe auch Lamparter (2009).

Sima, Planung und Budgetierung – wirkungsvolle Steuerung statt aufwändiger Pflichtübung. Controlling-Berater 4/2007, S. 491 – 514.

Steinbauer, Controlling in Forschung und Entwicklung: Die Anforderungen an ein F&E-Controlling und an den F&E-Controller in technologieorientierten Unternehmen, 1. Aufl. 2006.

Zayer, Verspätete Projektabbrüche in F&E: Eine verhaltensorientierte Analyse, 1. Aufl. 2007.

F+E-Controlling bei Giesecke & Devrient

- Dieser Praxisbeitrag beschreibt die für das F+E-Controlling bei der Giesecke & Devrient GmbH maßgeblichen Methoden und Strukturen.
- Grundlage für alle Arten des Berichtswesens bildet die detaillierte und vollständige projektbezogene Stundenerfassung. Eine möglichst hohe Qualität der Eingangsdaten ist entscheidend für Qualität und Aussagekraft der Controlling-Mechanismen auf allen Verdichtungsebenen.
- Hierauf lässt sich ein transparentes und in sich konsistentes Reporting über mehrere Konsolidierungsstufen aufbauen. Ausgehend vom Einzelprojekt als in sich abgeschlossene Einheit erfolgen über das Multi-Projekt-Controlling weitergehende Betrachtungen in den Bereichen Ressourcenplanung und -steuerung, Programm-Controlling sowie Portfoliomanagement. Die monatliche Zusammenfassung der wichtigsten Kennzahlen in einem standardisierten Management-Report ermöglicht ein übergreifendes F+E-Kosten-Controlling.

Inhalt — **Seite**

Der Autor

Hubert Gebauer arbeitet bei Giesecke & Devrient und ist im Bereich „Cards & Services“ für das F+E-Controlling international verantwortlich. Seine Tätigkeit umfasst schwerpunktmäßig die Projektplanung und -steuerung, (Multi-)Projekt-Controlling, F+E-Order-Management sowie die Weiterentwicklung der dazugehörigen EDV-Tools. Hubert Gebauer ist erreichbar unter der Mail-Adresse Hubert.Gebauer@gi-de.com

1 Giesecke & Devrient: Ein internationaler Technologiekonzern

Giesecke & Devrient wurde 1852 in Leipzig gegründet, begann zunächst mit dem Druck von Wertpapieren und spezialisierte sich rasch auf den Banknotendruck. Später kamen maschinenlesbare Merkmale und Systeme zur Banknotenbearbeitung hinzu. Durch den kontinuierlichen Transfer von Sicherheitstechnologien aus der Papierherstellung und dem Banknotendruck hat sich G&D im Laufe seiner Geschichte zahlreiche neue Geschäftsfelder erschlossen.

So bildet heute neben der Banknotenherstellung und -bearbeitung der Chipkartenbereich mit Systemlösungen zur Absicherung elektronischer Transaktionen und Daten das zweite Standbein des Konzerns. G&D ist führender Anbieter von Karten und komplexen Systemlösungen in den Bereichen

- Telekommunikation,
- elektronischer Zahlungsverkehr und Transport.

Der in 2006 von G&D geschaffene Unternehmensbereich Government Solutions bietet als drittes Standbein alle sicherheitsrelevanten Lösungen für Regierungen und Behörden an. Ebenfalls 2006 wurde die neue Division New Business gegründet. Sie hat die Aufgabe, systematisch neue Geschäftsfelder zu erschließen sowie Produkte und Services weiterzuentwickeln.

Der Konzern mit Sitz in München hat weltweit über 50 Tochtergesellschaften und Joint Ventures in mehr als 30 Ländern. G&D zählt rund 9.000 Beschäftigte, davon etwa 5.400 im Ausland. Im Geschäftsjahr 2007 erwirtschaftete das Unternehmen einen Gesamtumsatz von über 1,5 Mrd. EUR.

Forschung und Entwicklung genießen bei G&D einen hohen Stellenwert. Im Konzern arbeiten mehr als 800 Forscher und Entwickler an neuen Produkten und Verfahren. Die Aufwendungen für Grundlagenforschung und Produktentwicklung beliefen sich 2007 auf rund 100 Mio. EUR. Die Produkte bauen aufeinander auf, ergänzen sich gegenseitig und machen das Unternehmen weitgehend unabhängig von Konjunktureinflüssen.

Alle Erläuterungen in diesem Artikel beziehen sich auf das F+E-Controlling für die Unternehmensbereiche Cards & Services, Government Solutions und New Business. Die Forschung und Entwicklung umfasst hier weltweit rund 550 Mitarbeiter bei einem Projektvolumen von 60 Mio. EUR.

2 Rahmenbedingungen für das F+E-Controlling

Schwerpunkt Projekt-Controlling

Das F+E-Controlling bei G&D beschäftigt sich schwerpunktmäßig mit Fragestellungen aus dem Bereich des Projekt-Controllings. Aktivitäten, die die F+E-Organisation als solche betreffen und eher dem klassischen Controlling zuzuordnen sind, wie z. B.

- Kostenstellen-Controlling,
- Investitions-Controlling,
- Personal-Controlling,

werden zwar ebenfalls im notwendigen Umfang durchgeführt, sind aber nicht Gegenstand dieses Beitrags.

Besonders in Krisenzeiten wird der Nutzen eines erfolgreich durchgeführten Projekt-Controllings deutlich spürbar: Durch eine konsistente, realistische Planung und Mechanismen, die Abweichungen im Projekt frühzeitig aufzeigen, lassen sich unnötige Mehrkosten vermeiden. Wie allgemein bekannt, können die Entwicklungsaufwände in Software-Projekten im ungünstigsten Fall ein Vielfaches der ursprünglich budgetierten Kosten betragen. Hier besteht also ein erhebliches Einsparpotenzial.

Die hohen Anforderungen an das Projekt-Controlling machen es erforderlich, dass auf ein kompetentes Team sowie moderne Controlling-Methoden und IT-Systeme zurückgegriffen werden kann. Nur so lässt sich die Herausforderung bewältigen, ein Projekt-Controlling von hoher Qualität und Akzeptanz über mehrere Standorte hinweg mit teilweise konkurrierenden Ressourcen und einer hohen Anzahl von Projekten durchzuführen.

Projektlandschaft

In der F+E werden Projekte in sehr unterschiedlichen Größenordnungen (ein Personentag bis ca. 100 Personenjahre) durchgeführt. Kleinere Themen (sog. Vorhaben) werden i. d. R. innerhalb eines Entwicklungscenters, Großprojekte in einem eigenständigen Project Office bearbeitet.

Die Beauftragung der F+E kann grundsätzlich aus den Funktionsbereichen

- Vertrieb (= Division),
- Produktion,
- Corporate Technology Office oder
- F+E selbst

heraus erfolgen.

Je nach Inhalt wird hierbei zwischen folgenden Projektkategorien unterschieden:

- Grundlagen- und Vorentwicklung
- Produktentwicklung

- Applikationsentwicklung
- Produktpflege
- Kundenspezifische Entwicklung
- Support für andere Bereiche
- Prozessoptimierung.

F+E-Order-Management

Die Anlage und die Verfolgung der einzelnen Aufträge, die an die Entwicklung vergeben werden (ca. 800 pro Jahr), erfolgen durch ein Team „Projekt-Controlling/F+E-Order-Management". Bei diesen Mitarbeitern/-innen laufen alle projektrelevanten Daten zusammen. Dort werden auch der Großteil des monatlichen Reportings durchgeführt sowie Unterstützungsleistungen für alle F+E-Mitarbeiter in Fragen des Projekt-Controllings und der Stundenerfassung erbracht.

Projektmanagement-Software

Zur Abwicklung der hohen Anzahl von Projekten ist eine professionelle und auf die eigenen Prozesse zugeschnittene Software notwendig. G&D setzt hierbei die Projektmanagement-Lösung „Clarity" der Firma CA (Computer Associates) ein. Das Tool ist Browser-basiert und stellt standardmäßig die meisten der für Projektplanung und -Controlling benötigten Funktionalitäten zur Verfügung. Es besitzt zudem eine voll integrierte, bi-direktionale Schnittstelle zu MS Project.

Über einen automatisierten Datenabgleich mit dem ERP-System (SAP PS) wird sichergestellt, dass in beiden Systemen dieselben Informationen zur Verfügung stehen. Über Nacht werden (neue) Projektstrukturen und Stundenbuchungen von Clarity nach SAP übertragen; die hieraus berechneten Projektkosten werden anschließend zusammen mit in SAP gebuchten Rechnungsbeträgen wieder in Clarity eingespielt.

Komplexität

G&D besitzt mehrere Entwicklungsstandorte in Amerika, Europa und Asien. Die größeren Entwicklungszentren (in denen nicht nur lokale Applikationsentwicklung betrieben wird) sind über die zentrale Projektmanagement-Software miteinander verbunden. Einheitlich definierte Projektstrukturen und ein standardisierter Entwicklungsprozess stellen sicher, dass gemeinschaftlich an internationalen F+E-Projekten gearbeitet werden kann.

Die in F+E erbrachten Leistungen lassen sich in einer Matrixstruktur abbilden. Dies bedeutet, dass jeder Entwicklungsbereich für alle (potenziellen) Auftraggeber tätig werden kann. Sämtliche Kosten werden hierbei verursachungsgerecht den jeweiligen Projekten zugeordnet.

Zusätzlich zu den direkt an die auftraggebenden Divisionen verrechneten Projekten existieren noch sog. Querschnittsthemen (z. B. Grundlagenprojekte). Die anfallenden Kosten werden nach einem jährlich neu festgelegten Verteilungsschlüssel an die Divisionen weitergegeben.

Wenngleich der größte Teil der Aufwände zu den F+E-Kosten gerechnet wird, so gibt es darüber hinaus noch

- interne Support-Leistungen, welche den „Selling Expenses“ bzw. „Production Cost“ zuzurechnen sind, und
- Entwicklungen, die als Kundenprojekte abgewickelt werden und damit „Cost of Sales“ darstellen.

3 Die Bedeutung der Stundenerfassung

Da die in der F+E geleisteten Stunden den größten Anteil der Projektkosten ausmachen, muss hierauf ein besonderes Augenmerk gelegt werden. Die Qualität des Projekt-Controllings insgesamt hängt entscheidend von der Eingangsgröße „Projektstunden“ ab.

Historie

Bereits 1996 begann man bei G&D mit der Stundenerfassung im Entwicklungsbereich. Die vollständige Buchung sowohl projektbezogener als auch indirekter Zeiten (mit ca. 20 verschiedenen Kategorien) ermöglichte – neben der verursachungsgerechten Projektkostenermittlung – auch Aussagen zur Leistungsfähigkeit einzelner F+E-Abteilungen wie z. B.

- Aufwände für abteilungsinterne Besprechungen,
- Aufwände für Einarbeitung (bei neuen Mitarbeitern),
- Aufwände für Weiterbildung,
- Krankheitsquote oder
- Urlaubsquote.

Diese Systematik wurde auch mit der Einführung des SAP-Projektsystems (PS) in 2001 weitgehend beibehalten. Einige Buchungskategorien ließen sich ohne großen Informationsverlust zusammenfassen und damit eine Erleichterung der Stundenerfassung für die F+E-Mitarbeiter erzielen. Auch mit dem Wechsel auf Clarity in 2006 blieb man dem Prinzip einer 100-%-Erfassung treu.

Vorteile

Durch eine projektbezogene und vollständige Stundenerfassung ergeben sich zahlreiche Vorteile, sowohl für das Einzel-Projekt-Controlling als auch das F+E-Controlling insgesamt. Die verursachungsgerechte Ermittlung von Projektkosten erzeugt eine sehr hohe Transparenz, da man im Prinzip jede einzelne Entwicklerstunde (die, je nach Abteilung bzw. Kostenstelle, i. d. R. auch unterschiedliche Stundensätze beinhaltet) nachweisen kann.

Zudem ist es möglich, zu jeder Einzelbuchung Notizen hinzuzufügen, sodass gleichzeitig auch eine inhaltliche Kommentierung der Tätigkeiten erfolgen kann. Dies ist insbesondere für Themen relevant, bei denen eine exakte Protokollierung der Aufwände erforderlich ist (z. B. Förderprojekte). Durch den Aufruf des entsprechenden Buchungsberichtes inkl. Kommentaren lässt sich direkt aus dem System ein Dokument erstellen, das nicht mehr verändert werden kann und so auch einem etwaigen „Cost Audit“ standhält.

Auch die indirekten, nicht projektbezogenen („unproduktiven“) Zeiten beinhalten wichtige Informationen. Durch Auftragen der Monatswerte pro Buchungskategorie über die Zeit lassen sich sehr einfach wiederkehrende Ereignisse erkennen, z. B. ein hoher Urlaubsanteil in den Ferienmonaten (und die damit verbundene geringere Projektleistung, welche zu niedrigeren Projektkosten führt). Darüber hinaus ist eine Identifikation bestimmter Trends (z. B. ein kontinuierlicher Anstieg der Fehlzeiten ohne ersichtlichen Grund) möglich. Auch lassen sich die durchschnittliche Einarbeitungsdauer neuer Mitarbeiter und der hiermit verbundene Aufwand bei deren Kollegen feststellen.

Kommunikation

Damit die Stunderfassung in der Realität auch umsetzbar ist, müssen einige Faktoren beachtet werden. Neben der konkreten technischen Lösung ist eine offene und umfangreiche Kommunikation für die Akzeptanz sehr wichtig. So genügt es nicht, die Mitarbeiter auf ihre Pflicht zur Stundenbuchung (wöchentlich und am Monatsende) hinzuweisen, sondern es sollten allen Mitarbeitern die Zusammenhänge bewusst sein. Jede gebuchte Stunde erzeugt, multipliziert mit dem aktuell gültigen Stundensatz, einen Kostenfluss im System, der bei den dadurch entstehenden Projektkosten nicht aufhört, sondern über mehrere Stufen hinweg verdichtet wird und schließlich in die Darstellung der gesamten F+E-Kosten mündet.

Als großer Vorteil erwies sich auch die Tatsache, dass die Stundenerfassung zu einem Zeitpunkt eingeführt wurde, als es deutlich weniger Mitarbeiter in der F+E gab als heute. Der größte Teil der Mitarbeiter war also von Anfang an mit dieser Aufgabe und deren Notwendigkeit vertraut. Im Laufe der Zeit änderte sich zwar mehrmals das zur Verfügung gestellte Tool, nicht jedoch die dahinterliegende Methodik.

Wichtig ist zudem die Erkenntnis bei den Mitarbeitern, dass sie durch Eingabe einer zu geringen Stundenzahl keinerlei Einspareffekte erzielen können. Es werden zwar zunächst geringere Projektkosten ausgewiesen, jedoch wird auffallen, dass einige Stunden

- gar nicht (fehlende Stunden im Abteilungsbericht),
- auf indirekte Zeiten (zu geringer Produktivanteil) oder
- auf andere Projekte (zu viele Stunden im Projektbericht, u. U. sogar von nicht eingeplanten Mitarbeitern)

gebucht worden sind. Somit entsteht ein Mechanismus, der (wenn man kontinuierlich und zeitnah auf die entstandenen Abweichungen reagiert und entsprechende Gegenmaßnahmen veranlasst) sich mittelfristig selbst regelt.

Probleme

Die Verpflichtung zur vollständigen Stundenerfassung wird nicht immer positiv gesehen. Beispielsweise gab es seitens des Betriebsrats des Öfteren Bedenken, dass die erfassten Stunden oder auch andere Funktionalitäten, die die Projektmanagement-Software bietet, zur Leistungskontrolle einzelner Mitarbeiter herangezogen werden könnten.

Abhilfe geschaffen wurde hier durch eine eigene Betriebsvereinbarung, in der die Rahmenbedingungen zur Nutzung von Clarity (insbesondere was die Verarbeitung personenbezogener Daten und die damit verbundenen Zugriffsrechte anbelangt) festgehalten sind. Als Vorteil erwies sich hierbei, dass auch einige Mitarbeiter aus der F+E dem Betriebsrat angehörten und die tatsächlichen Gegebenheiten kannten.

So erfolgt z. B. die Buchung von Krankheitszeiten nicht durch die Mitarbeiter selbst, sondern anonymisiert über eine Gesamtsumme pro Abteilung. Dadurch sind aus den Buchungsdaten keinerlei Rückschlüsse auf die Krankheitstage einzelner Mitarbeiter mehr möglich. Bei genauer Betrachtung führt dies zu keinerlei Informationsverlust, da auf Abteilungsebene weiterhin die vollständigen Buchungsdaten vorliegen. Die Informationen über den Krankenstand pro Mitarbeiter stammen aus anderen EDV-Systemen und werden ausschließlich zwischen Personalabteilung und Abteilungsleitern ausgetauscht.

So kurios es klingen mag: Manchmal stellt die durch die Stundenerfassung erreichte Transparenz ein (psychologisches) Problem dar: Die Nachvollziehbarkeit der Kostenflüsse und der hohe Detaillierungsgrad führen oft dazu, dass man „angreifbar“ wird, weil die relativ vielen Abteilungen zugänglichen Projektdaten von jedermann in Frage gestellt werden können.

Gerade hinsichtlich Effektivität und Effizienz der Projektarbeit beanspruchen oftmals bestimmte Personen ein Mitspracherecht bei anstehenden Entscheidungen, welches ihnen von ihren Befugnissen her eigentlich nicht zusteht. Ohne die hohe Transparenz der Daten bestünde für diese Forderung meistens gar keine Diskussionsgrundlage. Daher sollte man auf solche Fälle vorbereitet sein und die Zuständigkeiten im Vorfeld abgeklärt haben.

4 Projektstrukturen und Reporting

Wichtigste Voraussetzung für die Konsistenz des gesamten Berichtswesens ist eine eindeutige und aufeinander aufbauende Struktur, sowohl innerhalb des einzelnen Projekts als auch in den übergeordneten Ebenen, auf denen später die Daten zusammengefasst werden.

Verdichtungsebenen

G&D verwendet insgesamt sieben Verdichtungsstufen (s. Abb. 1):

1. einzelne Stundenbuchung
2. Arbeitspaket
3. Projekt
4. Programm (Planungsthema)
5. Themenbereich (z. B. Produktlinie)
6. Division
7. F+E Gesamt

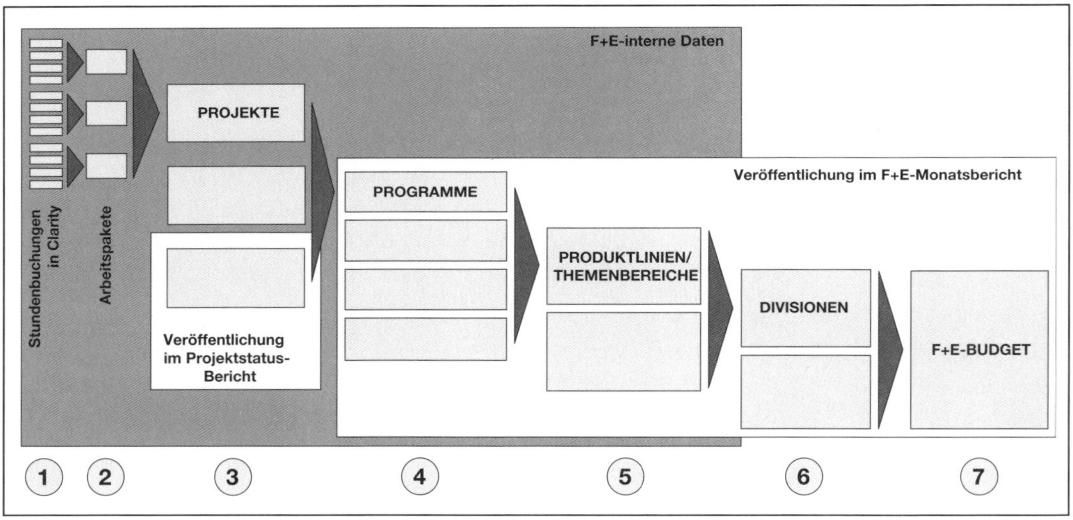

Abb. 1: Verdichtungsstufen im F+E-Controlling

4.1 Stundenbuchungen (Ebene 1)

Aus den Daten der Stundenerfassung lassen sich detaillierte Informationen zur Höhe und Verteilung der geleisteten Stunden gewinnen.

Buchungsstatistik

Die Verteilung der gebuchten Stunden pro Organisationseinheit (auch hier ist eine Konsolidierung möglich) lässt sich in Clarity über automatisch erzeugte Diagramme darstellen. In der Standard-Ansicht erfolgt eine Unterscheidung zwischen

- projektbezogenen Tätigkeiten,
- indirekten Zeiten,
- Krankheit und
- Urlaub.

Für die indirekten Zeiten lässt sich auch eine detailliertere Ansicht nach Kategorien (Einarbeitung, Weiterbildung etc.) generieren.

Ein weiteres Diagramm ermöglicht die Auswertung nach dem Buchungszeitpunkt. Die Mitarbeiter sind zwar verpflichtet, sowohl wochenweise als auch zum Monatsende hin pünktlich die Zeiten zu erfassen. Gleichzeitig beinhaltet der generell mögliche Buchungszeitraum aber auch noch die vergangenen beiden Wochen. Dies ist notwendig, um in einem gewissen Umfang auch Nachbuchungen (z. B. verursacht durch einen Krankheitstag am Ende der Arbeitswoche) zuzulassen.

Allerdings entstehen hierdurch Kostenverschiebungen, falls die Nachbuchungen über den Monatswechsel hinweg erfolgen, da als Buchungsdatum bei der Überleitung der Stunden nach SAP immer das aktuelle Tagesdatum verwendet wird. Eine Kontierung in eine abgeschlossene Periode hinein ist nicht möglich.

Um dieses Auseinanderdriften von geleisteten Stunden und deren Kosten zu minimieren, ist die Verfolgung der verspätet gebuchten Stunden sinnvoll. Die absolute Zahl erlaubt eine Abschätzung der aufgetretenen Kostenverschiebung, der relative Anteil zeigt (aufgetragen über Zeit) den Erfolg der eingeleiteten Gegenmaßnahmen (wiederholte Information der Mitarbeiter über Notwendigkeit der Stundenerfassung, strikteres Vorgehen bei nachlässigem Buchungsverhalten etc.) auf.

Abteilungsbericht

Für die Abteilungsleiter ist neben der relativen Verteilung auch die absolute Anzahl der geleisteten Stunden von Bedeutung. Diese ist aus dem monatlichen Abteilungsbericht ersichtlich, der eine Zusammenfassung der gebuchten Stunden pro Mitarbeiter und Projekt sowie die indirekten Zeiten pro Mitarbeiter darstellt. Die einzige Ausnahme bildet die Kategorie „Krankheit“. Hier wird lediglich eine Summe auf Abteilungsebene aufgeführt.

Mithilfe des Abteilungsberichtes lassen sich Inkonsistenzen sowohl in den Projekten als auch bei einzelnen Mitarbeitern erkennen, z. B.

- eine zu hohe/niedrige Gesamtstundenzahl,
- Tätigkeiten für Projekte, in denen der Mitarbeiter nicht eingeplant war,
- ein hoher Anteil an indirekten Zeiten ohne Projektbezug.

Es erfolgt jedoch kein Vergleich mit der direkten Ressourcenplanung.

4.2 Einzel- und Multiprojekte (Ebenen 2 und 3)

Die Gesamtverantwortung für die einzelnen Projekte (und damit auch für das Projekt-Controlling) obliegt jeweils dem zuständigen Projektleiter. Für die Projektplanung, -steuerung und das Berichtswesen erhält er jedoch Unterstützung von Mitarbeitern des Projekt-Controlling-Teams. Die Steuerung mehrerer parallel laufender Projekte (Multi-Projekt-Controlling) ist schwerpunktmäßig bei den Abteilungsleitern angesiedelt. Es umfasst im Wesentlichen die Ressourcenplanung sowie den Monatsbericht über sämtliche in einer Organisationseinheit laufenden Projekte (Auftragsstatusbericht).

Internes Auftragswesen

Voraussetzung für einen reibungslosen Ablauf der Beauftragung, Genehmigung, ggf. Verlängerung und des Abschlusses von Projekten ist, angesichts der hohen Anzahl von Projekten und Vorhaben, auch hier eine adäquate Tool-Unterstützung. Mitte 2005 löste ein elektronischer Workflow das bis dahin verwendete Formular (auf dem die entsprechenden Unterschriften zu leisten waren) ab. Im Laufe der Zeit wurde der sog. „Internal Order Workflow" ständig erweitert und optimiert, sodass heute z. B. auch die Einkaufsabteilung mit eingebunden ist. Bei der Beauftragung von Tochtergesellschaften per Workflow muss parallel dazu eine offizielle Bestellung versandt werden. Der Einkauf wird über den Workflow automatisch benachrichtigt und bekommt die relevanten Informationen (Zeitraum, Auftragsvolumen etc.) mitgeteilt. In Abb. 2 sind die einzelnen Schritte des Workflows dargestellt.

Bis zur endgültigen Freigabe des Projekts müssen also zahlreiche Stellen durchlaufen werden. Jede Person, die in den Workflow involviert ist, wird aber automatisch per Mail informiert, dass sie aktiv werden muss. Sämtliche Abschätzungen zum Umfang und zur Laufzeit des Projekts und alle notwendigen Genehmigungsschritte sind in den Workflow integriert. Durch die Protokollierung von Datum, Uhrzeit sowie des jeweiligen Bearbeiters sind der zeitliche Verlauf der Beauftragung sowie die per Knopfdruck geleisteten „Unterschriften" jederzeit nachvollziehbar. Sollten die für den nächsten Schritt verantwortlichen Personen nicht zeitnah reagieren, werden entsprechende Erinnerungsmails verschickt. Weiterhin ist es möglich, einen Vertreter zu benennen, auf den die Workflows (z. B. während des Urlaubs) automatisch umgeleitet werden.

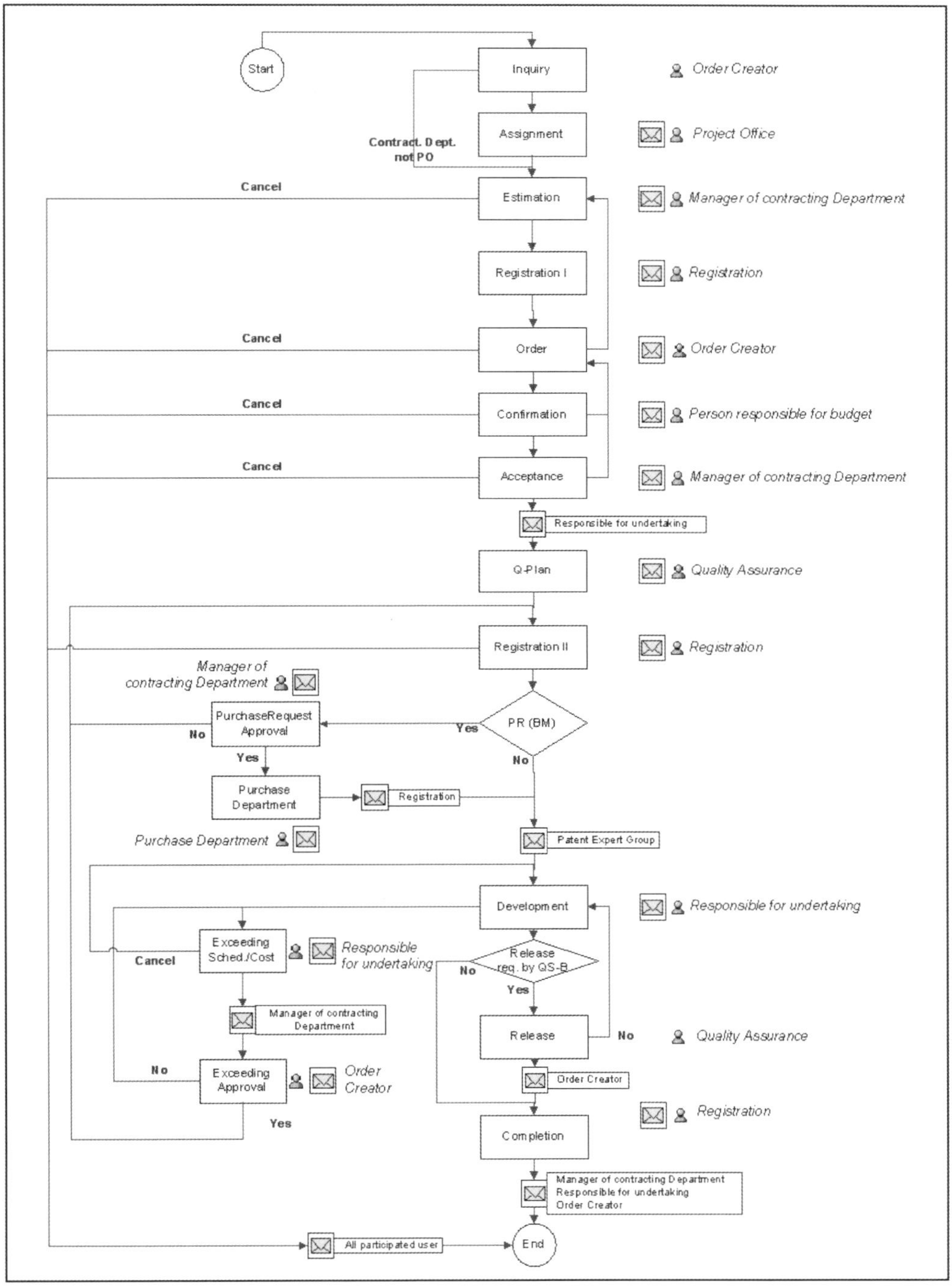

Abb. 2: Workflow zur Beauftragung von Entwicklungsprojekten

Projekt-Dashboard

Zur Durchführung des Projekt-Controllings stehen dem Projektleiter zahlreiche Hilfsmittel zur Verfügung. Die wichtigsten Informationen werden zentral im sog. „Projekt-Dashboard" angezeigt. Dies sind vor allem

- allgemeine Daten (Start- und Endtermin, Projektbudget, Projektleiter, Projektstatus etc.),
- die wöchentliche Teamauslastung,
- Kosten- und Aufwandsübersichten pro Arbeitspaket (Ist, Rest, Gesamt),
- Stundenbuchungen von nicht eingeplanten Mitarbeitern,
- Grafiken zum zeitlichen Verlauf von Kosten und Aufwänden (jeweils Plan, Ist und Forecast) und die
- Meilensteintrendanalyse.

Die Darstellung erfolgt in Echtzeit, d. h., jede neue Stundenbuchung wird sofort berücksichtigt – zunächst als vorläufiger Aufwand, nach der Verbuchung der Zeitformulare am Ende der Woche dann als Istaufwand.

Projektstundenbericht

Analog der Stundenübersicht für die Abteilungsleiter haben die Projektleiter ebenfalls die Möglichkeit, die angefallenen Stunden pro Mitarbeiter auf Vorgangsebene (Arbeitspakete) auszuwerten. Neben der monatlichen ist auch eine wöchentliche Darstellung möglich. Außerdem lassen sich bei Bedarf die von den Mitarbeitern eingetragenen Notizen anzeigen. Falls dem Projekt eines oder mehrere Teilprojekte zugeordnet sind, können diese wahlweise ein- oder ausgeblendet werden.

Projektstatusbericht

Der „offizielle" Projektstatusbericht ist nur für größere Projekte relevant und wird auf Monatsbasis erstellt. Er umfasst zwei Seiten, die automatisch aus Clarity heraus generiert werden. Neben den wichtigsten Daten aus dem Dashboard sowie der klassischen „Projektampel" enthält dieser Bericht auch Informationen zum Inhalt und Fortschritt des Projekts. Die Projektleiter müssen hierbei den aktuellen Status hinsichtlich

- der Zielerreichung,
- der momentanen Situation (ggf. mit Gründen für Planabweichungen),
- der bestehenden Risiken und
- evtl. eingeleiteter Gegenmaßnahmen

kommentieren. Der Bericht dient auch als Diskussionsgrundlage für den sog. PLENK („Projektlenkungskreis"), einer regelmäßigen Projektbesprechung, an der unter anderem der Auftraggeber und die Qualitätssicherung teilnehmen.

Auftragsstatusbericht

Im Rahmen des Multi-Projekt-Controllings wird ein monatlicher Auftragsstatusbericht auf Abteilungsebene generiert. Er beinhaltet eine

Zusammenfassung aller laufenden bzw. im vergangenen Monat abgeschlossenen Projekte. Die wichtigsten Projektinformationen wie

- Plan und Forecast für Termine,
- Plan, Ist und Forecast für Aufwände (in Personenmonaten),
- Plan und Ist für Kosten,
- Gesamt-Projektstatus (rot/gelb/grün) und
- ggf. Kommentare zu Kosten- und Terminveränderungen

werden in zwei Zeilen je Projekt dargestellt. Zusätzlich dient eine farbige Markierung (mit dazugehöriger Filtermöglichkeit) zur Unterscheidung zwischen

- neuen,
- abgeschlossenen,
- geänderten und
- überzogenen

Projekten.

Die Abteilungsleiter bekommen durch diesen Bericht regelmäßig den „Auftragsbestand" ihrer Abteilung und den jeweiligen Projektstatus mitgeteilt. Hieraus können dann (in Kombination mit dem Projektstatusbericht – sofern vorhanden) Entscheidungen für das weitere Vorgehen in den einzelnen Projekten abgeleitet werden.

Ressourcenplanung

Aus dem aktuellen Auftragsbestand lässt sich zwar abschätzen, an welchen Themen die Mitarbeiter in den nächsten Wochen und Monaten arbeiten werden. Um das genaue Auslastungsprofil zu erhalten und konkrete Aussagen zur Machbarkeit neuer Projekte treffen zu können, ist aber eine detaillierte Planung der verfügbaren Ressourcen auf Wochenebene notwendig. Hierfür müssen die Abteilungsleiter eine Zuordnung ihrer Mitarbeiter auf die neu gestarteten Projekte vornehmen bzw. diese bei den laufenden Projekten regelmäßig aktualisieren.

Auf der Seite der Projekte können die zugeordneten Mitarbeiter vom Projektleiter auf Arbeitspakete zugewiesen werden. Kurzfristig ist sogar eine Überplanung möglich, z. B. wenn ein wichtiger Meilenstein ansteht und die Mitarbeiter in der nächsten Woche mehr Stunden für das Projekt leisten müssen, als die (durchschnittliche) Zuordnung vorgibt.

In einer grafischen Auswertung erfolgt dann auf Wochen-, Monats- oder Quartalsbasis eine Gegenüberstellung von

- verfügbarer Kapazität,
- Zuordnungen der Abteilungsleiter sowie
- Zuweisungen der Projektleiter

für die betrachtete Abteilung bzw. verdichtet auf übergeordnete Einheiten.

In die mittel- bis langfristige Kapazitätsplanung können darüber hinaus auch Projekte mit einbezogen werden, die noch nicht begonnen wurden, deren Beauftragung aber in den nächsten Monaten zu erwarten ist. Diese sogenannten ungenehmigten Projekte werden mit Ressourcen, ggf. auch bereits mit Arbeitspaketen, beplant. Sie sind aber noch nicht zur Bearbeitung (und damit Stundenerfassung) freigegeben.

4.3 Programme und Portfolios (Ebenen 4 bis 6)

In den Programmen wird die Vielzahl der Projekte inhaltlich in Planungsthemen zusammengefasst. Diese entstehen größtenteils aus der Kombination von Produktlinie (Ebene 5) und Projektkategorie (siehe Abschnitt „Projektlandschaft"). Aus der Summe der Programme und den dazugehörigen Verdichtungsstufen (Ebenen 5 bis 7) ergibt sich die F+E-Jahresplanung.

Plan-Ist-Vergleich

Bei dem Plan-Ist-Vergleich (s. Abb. 3) handelt es sich um eine umfangreiche Tabelle, die für Auftraggeber und Auftragnehmer eine hohe Bedeutung hat. Der Bericht ist zweizeilig aufgebaut (1. Zeile: Planwerte/ 2. Zeile: Istwerte) und enthält Kosten und Aufwände

- pro Planungsthema,
- pro Abteilung und
- pro Quartal.

Hieraus entsteht eine Wertematrix, die sowohl ein Programm-Controlling (horizontale Sicht) als auch die Ressourcensteuerung (vertikale Sicht) ermöglicht. Ausgehend von der genehmigten Jahresplanung mit dem veranschlagten Kapazitätsbedarf lässt sich monatlich bzw. quartalsweise der tatsächliche Ressourceneinsatz nachverfolgen. Größere Abweichungen werden sofort sichtbar und man kann zeitnah darauf reagieren.

Giesecke & Devrient

Cards & Services
R&D Plan 2008
Actual data 12/08

	Plan vs. Actuals			DEPARTMENTS							
	Plan 2008 Act. 12/08 [kEUR]	Plan 2008 Act. 12/08 [PM]	Add. ext. cost Plan 08 [kEUR]	Dept. 1	Dept. 1 Q1	Dept. 1 Q2	Dept. 1 Q3	Dept. 1 Q4	Dept. 2	Dept. 3	■ ■ ■
Program 1	402	5,0	150	3,0	0,75	0,75	0,75	0,75		2,0	
	275	5,3	122	2,6	0,82	0,72	0,74	0,28	0,1	2,6	
Program 2	101		70								
	53		79								
Program 3	130	7,5	20	1,0	0,25	0,25	0,25	0,25		6,5	
	62	4,2	5	0,3	0,05	0,08	0,07	0,11		3,9	
Program 4	89	3,0	20	2,0	0,50	0,50	0,50	0,50		1,0	
	9	0,3	2							0,3	
Program 5	139	10,0		10,0	2,50	2,50	2,50	2,50			
	146	10,6		10,1	1,58	4,59	3,27	0,68		0,5	
Program 6	264	4,0	80	2,0	0,50	0,50	0,50	0,50		2,0	
	151	2,8	41	1,2	0,15	0,64	0,15	0,28		1,6	
Program 7	49	1,0	10							1,0	
	28	0,3	12							0,3	
Product Line 1	**1.175**	**30,5**	**350**	**18,0**	**4,50**	**4,50**	**4,50**	**4,50**		**12,5**	
	724	**23,5**	**261**	**14,2**	**2,60**	**6,03**	**4,23**	**1,35**	**0,1**	**9,2**	
Program 1	1.074	13,0	280	11,5	2,88	2,88	2,88	2,88		1,5	
	1.954	31,4	336	26,0	8,20	9,22	4,92	3,63	0,2	5,2	
Program 2	161	8,5		1,0	0,25	0,25	0,25	0,25		7,5	
	160	8,1		0,7	0,29	0,24	0,14	0,07		7,4	
Program 3	210	9,0	10	8,5	2,13	2,13	2,13	2,13		0,5	
	428	15,0	11	14,6	5,19	2,56	3,14	3,66	0,3	0,2	
Program 4	257	7,0		2,0	0,50	0,50	0,50	0,50		5,0	
	128	4,1		1,0	0,95	0,02	0,01	0,05		3,1	
Program 5	44										
	47										
Program 6											
	82										
Product Line 2	**1.746**	**37,5**	**290**	**23,0**	**5,75**	**5,75**	**5,75**	**5,75**		**14,5**	
	2.800	**58,7**	**347**	**42,3**	**14,63**	**12,04**	**8,21**	**7,41**	**0,5**	**15,9**	
Program 1	804		200								
	584	3,0	158	0,0				0,03		3,0	
Program 2	418	18,0		9,0	2,25	2,25	2,25	2,25		9,0	
	148	8,1		1,3		0,01	1,29			6,8	
Program 3	163	1,0								1,0	
	84	2,1							1,2	0,9	
Program 4											
	15	1,0		0,0		0,02				1,0	
Program 5	28	1,0								1,0	
	24	0,3								0,3	
Product Line 3	**1.413**	**20,0**	**200**	**9,0**	**2,25**	**2,25**	**2,25**	**2,25**		**11,0**	
	855	**14,5**	**158**	**1,4**		**0,03**	**1,29**	**0,03**	**1,2**	**12,0**	
DIVISION 1 (GmbH)	**4.333**	**88,0**	**840**	**50,0**	**12,50**	**12,50**	**12,50**	**12,50**		**38,0**	
	4.378	**96,7**	**766**	**57,9**	**17,23**	**18,10**	**13,73**	**8,79**	**1,7**	**37,1**	
Additional cost Subsidiaries	2.081										
	2.099										
DIVISION 1 (GROUP)	**6.414**	**88,0**	**840**	**50,0**	**12,50**	**12,50**	**12,50**	**12,50**		**38,0**	
	6.477	**96,7**	**766**	**57,9**	**17,23**	**18,10**	**13,73**	**8,79**	**1,7**	**37,1**	

■
■
■

Abb. 3: Programm-Controlling mittels „Plan-Ist-Vergleich“

Rollierende Quartalsplanung

In einem sich sehr schnell ändernden Marktumfeld muss auch die Entwicklung in der Lage sein, auf neue Gegebenheiten flexibel zu reagieren. Die F+E-Planung lässt sich daher meist nicht über den Zeitraum von einem Jahr stabil halten.

Zu diesem Zweck wurde die rollierende Quartalsplanung eingeführt, welche eine Detailplanung für das nächste Quartal und den Forecast für die darauffolgenden fünf Quartale enthält (s. Abb. 4).

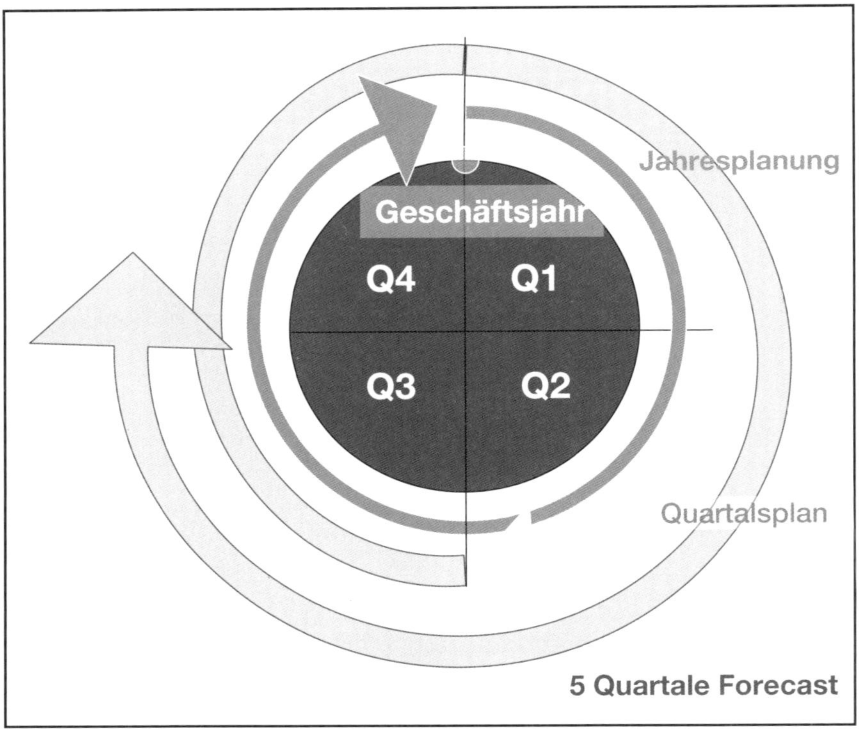

Abb. 4: Rollierende Quartalsplanung

Es ist nun unterjährig möglich, die ursprüngliche Planung regelmäßig anzupassen und hieraus den Forecast für das laufende Geschäftsjahr abzuleiten. Für die Jahresplanung selbst ist kein einmaliger, umfangreicher Planungsprozess mehr erforderlich, sondern sie entsteht im Wesentlichen durch die Nutzung bereits vorhandener Daten.

Zu Beginn des 3. Quartals im laufenden Jahr wären also folgende Schritte notwendig:

- Detailplanung für Q3 (auf Basis der bereits vorhandenen Grobplanung),

- Grobplanung auf Programmebene für Q4 (nur Aktualisierung, da bereits Daten vorhanden),
- Grobplanung auf Programmebene für Q1 bis Q3 des Folgejahres (nur Aktualisierung, da bereits Daten vorhanden),
- Grobplanung auf Programmebene für Q4 des Folgejahres (Neuplanung, da noch keine Daten vorhanden).

Damit lägen dann sämtliche Daten für die Jahresplanung des Folgejahres vor.

Für die Darstellung der rollierenden Planung existiert ein Bericht, der von der Grundstruktur her in etwa dem Plan-Ist-Vergleich entspricht, allerdings keine Abteilungssicht mehr enthält. Dafür können aber die einzelnen (laufenden bzw. auch ungenehmigten) Projekte eingeblendet werden. Deren Forecast (Aufwände und Kosten) lässt sich aufsummieren (= Bottom-up-Betrachtung) und mit den Werten auf Programmebene (= Top-down-Betrachtung) abgleichen.

Ein toolgestütztes Portfoliomanagement befindet sich bei G&D gerade im Aufbau. Es ist geplant, mit der Software Clarity nach bestimmten Kriterien standardisierte Portfoliodarstellungen zu erzeugen. Hierzu muss man die gewünschten Projekte oder Programme zunächst in ein Portfolio aufnehmen. Anschließend können für diese (nach beliebigen Kriterien zusammenstellbaren) Objekte verschiedenste tabellarische und grafische Auswertungen vorgenommen werden, z. B. Portfolios

- eine zeitliche Darstellung als Balkenplan (Gantt-Diagramm),
- der Plan- und Istkostenverlauf,
- zweidimensionale Portfolios, auch in erweiterter Form als
- „Bubble“-Diagramme (z. B. mit dem Projektbudget als Flächenmaßstab für unterschiedlich große Datenpunkte), auch mit
- farblicher Unterscheidung (z. B. abgeleitet aus dem Projektstatus).

Damit ein sinnvolles Portfoliomanagement betrieben werden kann, müssen alle an den Ergebnissen interessierten Bereiche bereits in der Definitionsphase mit eingebunden sein. Erst wenn geklärt ist, welche Informationen grundsätzlich in die Portfolios aufgenommen werden sollen und wie diese Daten im System entstehen, können spezifische Anforderungen einzelner Fachbereiche und die daraus folgenden unterschiedlichen Ausprägungen berücksichtigt werden.

4.4 Gesamtdarstellung (Ebene 7)

Auf der letzten und höchsten Ebene findet die Konsolidierung der Daten auf den gesamten F+E-Bereich statt, sodass eine übergeordnete Sichtweise möglich ist.

F+E-Kostenbericht

Der monatliche F+E-Kostenbericht fasst die zentralen Aussagen zusammen und enthält nur noch den zur Steuerung der gesamten F+E notwendigen Detaillierungsgrad.

Im Wesentlichen sind dort folgende Informationen enthalten:

- Übersicht der Plan- und Istkosten pro Division (Tabelle),
- aktueller Mitarbeiterstand pro Organisationseinheit (Tabelle),
- Gesamtkostenverlauf im Geschäftsjahr (Grafik),
- F+E-Kosten pro Division und Monat (Grafik),
- externe, nicht durch Stundenbuchung verursachte Kosten (Grafik),
- F+E-Kosten pro Tochtergesellschaft (Grafik),
- Herleitung der in der Deckungsbeitragsrechnung enthaltenen F+E-Kosten (Tabelle),
- Beschäftigungsabweichung pro Monat und Kostenstelle (Grafik),
- diverse andere Auswertungen (z. B. Reisekosten).

Obwohl insgesamt nur noch wenige zentrale Daten berichtet werden, so entstehen sie hauptsächlich durch das Aufsummieren von Stundenbuchungen und sonstigen Projektkosten (z. B. Materialkosten, Reisekosten, externe Beauftragungen) durch alle Verdichtungsstufen hindurch. An dieser Stelle spiegelt sich (obwohl dies auf den ersten Blick nicht so aussehen mag) also auch die Qualität des F+E-Controllings insgesamt wider. Nur vollständige und in sich konsistente Daten können letztlich zu der gewünschten Transparenz und Aussagekraft des gesamten Berichtswesens führen.

Variantenmanagement: Nur wer die Kosten kennt, kann die Komplexität beherrschen!

- In der Krise sehen viele Unternehmen in der Ausweitung der Produktpalette eine Möglichkeit, Marktanteile und Umsätze zu halten.
- Doch Produktvielfalt zählt zu den wichtigsten Ursachen betrieblicher Komplexität und damit als Ursache für Ineffizienz und Ineffektivität im Unternehmen. Denn der durch die Vielfalt ausgelöste Nutzen wird oftmals durch die entstehenden Aufwendungen überkompensiert. Insofern ist das Augenmerk der Unternehmensleitung darauf zu richten, dass die optimale Anzahl von Produktvarianten angeboten wird und Variantennutzen und Variantenkosten in einem ausgewogenen Verhältnis zueinander stehen.
- Erst die Kenntnis der Variantenkosten gibt den Anreiz, über ein effektives Variantenmanagement nachzudenken. Diese Information wiederum liefert nur eine spezifische Variantenkalkulation, die eine typ- und mengenorientierte bzw. variantenabhängige Verrechnung von Gemeinkosten ermöglicht.

Inhalt | Seite

Die Autoren

Prof. Harald Schnell lehrt an der Hochschule Pforzheim Controlling und Modernes Kostenmanagement. E-Mail: Prof.Schnell@gmx.net.

Dipl.-Kfm., MBA, André Lüttich ist Leiter des Entwicklungskosten-Controllings des Geschäftsbereiches Diesel Systems der Robert Bosch GmbH.

1 Komplexitätstreiber „Produktvielfalt"

Kein Umsatzrückgang durch Varianten

In Krisenzeiten mit stagnierenden oder sogar schrumpfenden Märkten ist es besonders wichtig, sich auf die Stärken des eigenen Unternehmens zu besinnen und sich der wichtigsten Erfolgsfaktoren bewusst zu werden. Die Kundenorientierung ist dabei in den letzten Jahren ein zentraler Aspekt. Entsprechend hat die Erfüllung der individuellen Kundenwünsche eine hohe Bedeutung erlangt, was sich vor allem in der Breite und Tiefe des Produktprogramms vieler Unternehmen niederschlägt.

Beispiel Automobilindustrie

Mit ihrem Angebot vom Kleinstwagen bis zur Luxuslimousine in unterschiedlichsten Varianten und Ausstattungspaketen decken mittlerweile die meisten Fahrzeughersteller jedes denkbare Marktsegment ab. Aus Sicht des Marketings ein idealer Zustand, da so jedem Käufer sein individuelles Produkt maßgeschneidert werden kann. Gleichzeitig wird mit dem Ausbau der Produktpalette die Hoffnung verknüpft, Marktpräsenz und Konkurrenzfähigkeit zu erhalten, um so der Krise zu trotzen. Der Anstieg der Produktvarianten erscheint damit in vielen Märkten heute bereits als Normalfall.[1]

Die Folge dessen ist eine zunehmende Komplexität im Unternehmen:

- Neue Produktvarianten erfordern zusätzliche Entwicklungsaktivitäten.
- Produktionsabläufe werden komplizierter oder erfordern laufende Umstellungen und Anpassungen.
- Die Beschaffungs- und Vertriebsprozesse weiten sich mit zunehmender Anzahl der Teile- und Erzeugnisvielfalt aus.

Damit steigt bei häufig gleichzeitig sinkender Kostentransparenz auch der in den betrieblichen Funktionsbereichen anfallende Aufwand für

- Planungs-,
- Koordinations-,
- Budgetierungs-,
- Dispositions-,
- Steuerungs- und
- Kontrollprozesse.[2]

Abbildung 1 verdeutlicht dies.

Dieser Problematik steigender Komplexitätskosten wird dabei von vielen Unternehmen oftmals zu wenig Beachtung geschenkt oder sie wird zumindest unterschätzt. Gerne blickt man einseitig auf die potenziellen Umsatzzuwächse, ohne dabei zu beachten, dass die Kosten mit zuneh-

1 Vgl. hierzu die empirische Untersuchung von Lösch (2001), S. 267 ff.
2 Reiners/Sasse (1999), S. 222.

mender Variantenzahl steigen und dabei häufig sogar einen überproportionalen Verlauf verzeichnen.

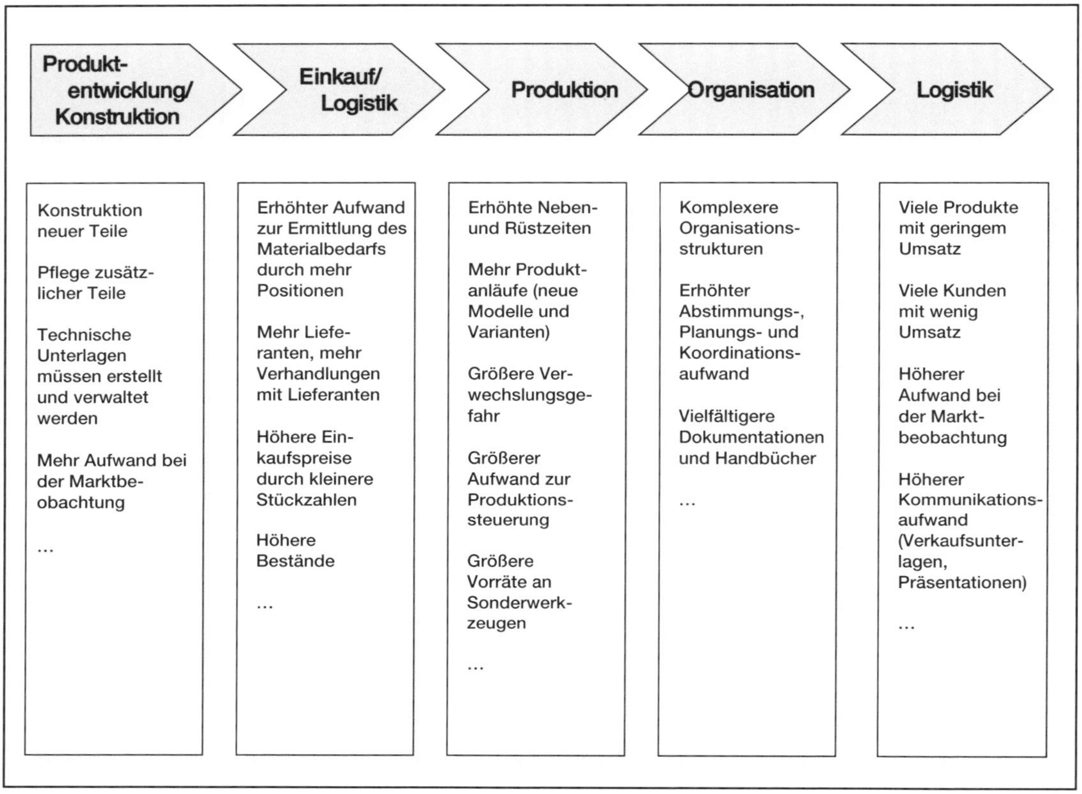

Abb. 1: Auswirkungen zunehmender Variantenvielfalt[3]

In diesem Zusammenhang spricht man oftmals auch von einer Kostenfalle, in die ein Unternehmen gerät, wenn es einseitig einer umsatzorientierten Sichtweise den Vorzug gibt. Um diese Entwicklung rechtzeitig erkennen zu können, ist die Kenntnis der Kosten einer Produktvariante unerlässlich. Denn allein die Kostentransparenz schafft das Kostenbewusstsein, das für die Optimierung bzw. für die Begrenzung der Produktvielfalt erforderlich ist.

Kostenunterdeckung vor allem bei „Exoten"

Wie Abb. 2 zeigt, führt die Ausweitung der zunächst nur auf wenigen Typen („Standard“) basierenden Produktpalette und die Einführung neuer Produktvarianten („Exoten“) in Krisenzeiten bzw. Zeiten stagnierender Märkte zunächst nur zu einer Umverteilung der Umsätze:

[3] In Anlehnung an Lösch (2001), S. 49; Schulte (1992), S. 87.

Die „Gauß'sche Verteilungskurve", die die Absatzstückzahlen wiedergibt, flacht sich ab; der Absatz bleibt in der Summe konstant. Gleichzeitig steigen mit Ausweitung der Produktpalette die Kosten der Produktvielfalt überproportional an und werden – insbesondere bei den Exoten – von den Marktpreisen nicht mehr gedeckt. Die vom Unternehmen angebotenen, kleinstückzahligen Produktvarianten verursachen Verluste und verschlechtern die Ertragssituation. Die Krise wird damit sogar weiter verschärft.

Erschwerend kommt in den Unternehmen hinzu, dass diese Situation als solche überhaupt nicht erkannt wird, da die traditionelle, auf Zuschlagswerten basierende Produktkalkulation die Kosten nicht verursachungsgerecht abbildet und bei Exoten Gewinne anstelle von Verlusten suggeriert.

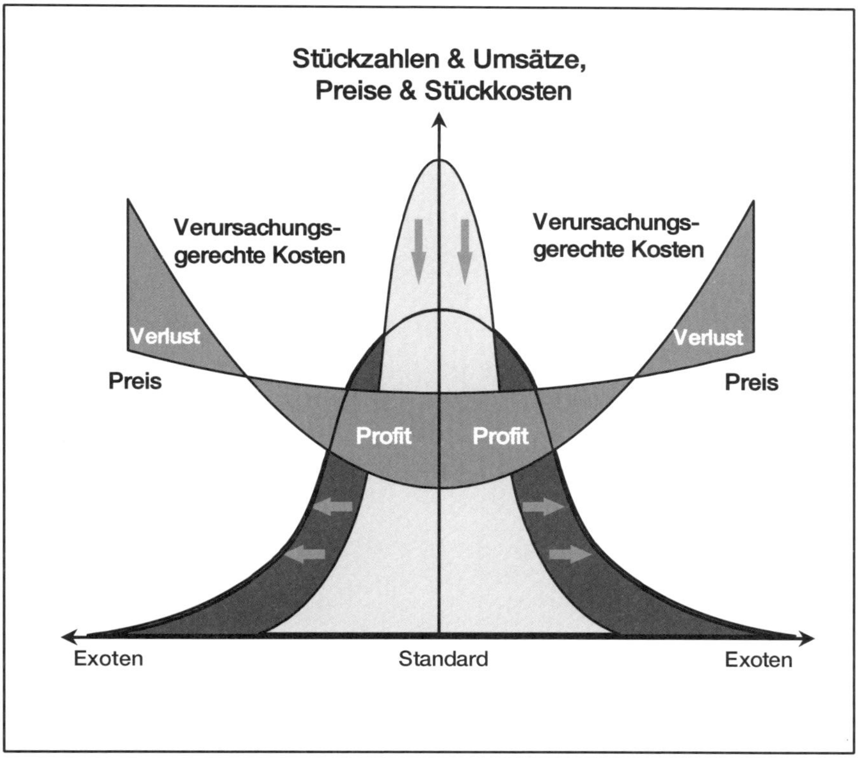

Abb. 2: Kostenfalle „Produktvielfalt"[4]

[4] Vgl. Schuh (2005), S. 20.

2 Notwendigkeit einer Variantenkalkulation

Einfache Berechnung der Einzelkosten

Die exakten Kosten eines Produkts bzw. einer Produktvariante zu ermitteln ist Aufgabe der Kalkulation. Hierzu werden zunächst die Kosten (Einzelkosten) ermittelt, die auf Basis von Stücklisten und Arbeitsplänen einzelnen Produkten eindeutig zugeordnet werden können. Durch Multiplikation der Materialeinsatzmenge mit dem Materialeinstandspreis bzw. von Fertigungszeit und Fertigungsstundensätzen ergeben sich exakt die durch das Produkt oder deren Varianten verursachten Material- oder Fertigungseinzelkosten.

Probleme bei Gemeinkosten

Weitaus schwieriger gestaltet sich die Ermittlung der Kosten einer Produktvariante, wenn es um die Verrechnung der allgemeinen Kosten eines Unternehmens, nämlich der Gemeinkosten, geht.

2.1 Verursachungsgerechte Verrechnung variantenabhängiger Gemeinkosten

Traditionelle Zuschlagskalkulation ungenau

Traditionell und noch immer weit verbreitet findet die Verteilung der Gemeinkosten über prozentuale Zuschlagssätze auf Basis der Einzelkosten statt. Diese Zuschlagssatzrechnung ist aber gerade mit Blick auf die Bewertung einzelner Produktvarianten sehr ungenau, da sie den Zusammenhang zwischen Gemeinkosten und Produktvielfalt nicht hinreichend abbildet. So wird beispielsweise

- Logistikaufwand in Prozent von Materialeinzelkosten,
- technischer Verwaltungsaufwand in Prozent der Fertigungseinzelkosten und
- sonstiger Dienstleistungs- und Verwaltungsaufwand (z. B. Aufwand des Rechnungswesens, der Personalabteilung u. a.) prozentual auf Basis der Herstellkosten eines Produkts

verrechnet. Eine solche prozentuale Abhängigkeit der Dienstleistungs- und Verwaltungsaufwendungen zur Höhe von Materialeinzel-, Lohneinzel- oder Werkstattgemeinkosten ist jedoch häufig nicht gegeben. Vielmehr entsteht derartiger Verwaltungs-, Dienstleistungs- und Logistikaufwand in vielen Fällen erzeugnis-, typ- bzw. variantenabhängig.[5]

Die prozentuale Verrechnung der allgemeinen Kosten führt oftmals sogar zu einer nicht mehr vertretbaren Unschärfe, die gravierende Verzerrungen in der Kostenzuordnung bewirkt. Eine Folge davon ist, dass die Großserienerzeugnisse („Renner“) zu teuer und die Kleinserienerzeugnisse („Exoten“) zu billig kalkuliert werden. Es findet damit eine

[5] Vgl. Reiners/Sasse (1999), S. 229.

Quersubvention innerhalb der Produktpalette statt, wie das nachfolgende Beispiel zeigt:

„Exote“: 100 Stück „Erzeugnis 5512“		
Herstellkosten	à 527,– EUR/Stück	52.700,– EUR
zuzüglich 6 % Verwaltungskosten (technische und kaufmännische Verwaltung)	à 31,62 EUR/Stück	3.162,– EUR
„Renner“: 10.000 Stück „Erzeugnis 5513“		
Herstellkosten	à 250,– EUR/Stück	2.500.000,– EUR
zuzüglich 6 % Verwaltungskosten (technische und kaufmännische Verwaltung)	à 15,– EUR/Stück	150.000,– EUR

Tab. 1: Beispiel für Quersubventionierung innerhalb der Produktpalette

Das Beispiel zeigt, dass nach der traditionellen Zuschlagssatzrechnung ein Produkt, das in einer Kleinserie gefertigt wird (Exote), einen Betrag in Höhe von nur 3.162 EUR für technische und kaufmännische Verwaltung tragen muss. Großserienerzeugnisse (Renner) werden hingegen sogar trotz geringerer Herstellkosten mit 150.000 EUR belastet.

Gemeinkostenanalysen haben jedoch gezeigt, dass die Verwaltung einer Variante mit Stücklistenanlage, Zeichensatzverwaltung, Arbeitsplanpflege, Preispflege usw. grundsätzlich Aufwendungen pro Jahr in Höhe von 15.000 EUR und mehr verursachen kann. Die Proportionalität von Verwaltungsaufwand und Herstellkosten – wie es die Zuschlagskalkulation darstellt – ist nur bedingt gegeben.

Kostenverteilur g verfälscht Produktrendite

Eine den tatsächlichen Aufwendungen entsprechende Kostenverteilung auf „Exoten“ und „Renner“ ist mit dem bisherigen Kalkulationsverfahren nicht gewährleistet. In Anbetracht der scheinbar günstigen Kosten von Exoten besteht damit auch keine Notwendigkeit, das Angebot derselben infrage zu stellen. Ein aktives Variantenmanagement mit dem Ziel der Begrenzung der Variantenanzahl unterbleibt. Umgekehrt besteht durchaus die Gefahr, dass Renner zu teuer und damit wettbewerbsnachteilig am Markt angeboten werden müssen.

2.2 Variantenkalkulation als Anreiz für ein aktives Variantenmanagement

Effizienz durch Varianten-kalkulation

Die hohe Variantenrelevanz vieler Unternehmensprozesse bei gleichzeitig ungenügender Abbildung der entsprechenden Variantenkosten in der traditionellen Kostenrechnung verstärkt den Wunsch nach einer expliziten Variantenkalkulation. Gelingt es, die durch eine Variante verursachten Kosten dieser *verursachungsgerecht* zu zuordnen, so werden

- Kosteneinsparpotenziale bzw. Mehrkosten aufgezeigt, die sich durch den Wegfall oder das Angebot von Varianten ergeben können, und damit
- Potenziale zur Effizienzsteigerung offengelegt (Kostengestaltungsfunktion),
- Anreize für ein Management und insbesondere für eine Begrenzung der Varianten- bzw. Typen-Vielfalt geschaffen (Ordnungsfunktion),
- Subventionen von kleinstückzahligen Erzeugnisse durch Großserienerzeugnisse unterbunden (Preisbildungsfunktion).

Diese Transparenz der Variantenkosten fördert die Bereitschaft, die Produktprogramm-Komplexität infrage zu stellen. Gleichzeitig darf die Erweiterung des bestehenden Kostenrechnungsinstrumentariums aber nicht ihrerseits zu einer Erhöhung der Komplexität im Unternehmen führen; insofern muss die Variantenkalkulation einfach und praktikabel ausgestaltet werden.

3 Konzeption einer Variantenkalkulation

Über Stücklisten und Arbeitspläne lassen sich die Einzelkosten, die durch ein Produkt bzw. eine Produktvariante entstehen, klar nachvollziehen und eindeutig zuordnen. Bei den allgemeinen Kosten eines Unternehmens ist hingegen die Kausalität zwischen Kostenanfall und Produktvielfalt nicht unmittelbar erkennbar. Zur Lösung dieser Probleme wurden in Literatur und Praxis verschiedene Ansätze untersucht. Das Spektrum reicht von sehr differenzierten, jedoch komplexen und damit aufwendigen Verfahren bis hin zu weniger differenzierten, aber geeignete Verfahren.[6] Nahezu alle Vorschläge zielen im Kern auf den Einsatz der Prozesskostenrechnung[7] ab, die sich in mehreren Schritten vollzieht.

---

6 Vgl. hierzu beispielsweise Schuh (2005), S. 201 ff. Dort wird eine „Ressourcenorientierte Prozesskostenrechnung (RPK)" vorgeschlagen.

7 Ausführlich zur Prozesskostenrechnung siehe beispielsweise bei Joos-Sachse (2006), S. 320 – 339.

Ablauf der Variantenkalkulation im Überblick

Zunächst ist eine umfassende Analyse der Unternehmensprozesse durchzuführen, die Hinweise gibt, inwieweit Varianten Komplexitätskosten verursachen. Die Auswertung von Stellenbeschreibungen, Arbeitsaufzeichnungen und Zeiterfassungen einzelner Tätigkeiten dienen dabei als Grundlage zur Beantwortung der Frage, welche Aktivitäten durch Varianten ausgelöst werden.

Als alleiniger Kostentreiber wird damit die Variante in den Fokus der Betrachtungen gestellt. Hierzu werden zunächst sämtliche Prozesse, deren Aufwand maßgeblich durch die Anzahl der Produktvarianten beeinflusst wird, von solchen separiert, die variantenneutral agieren. Anschließend erfolgt eine Quantifizierung der konkreten variantenabhängigen Kosten je Prozess. Der Variantenaufwand wird hierzu zunächst je Prozess bzw. Abteilung in Personaljahren beziffert und erst anschließend in Euro umgerechnet. Durch Division dieser vielfaltinduzierten Prozesskosten durch die Anzahl der Varianten erhält man anschließend das Gemeinkostenvolumen pro Variante. Abschließend wird dieses durch die variantenspezifische Produktionsmenge dividiert und man erhält schließlich die Variantenkosten pro Stück.

$$\text{Variantenkosten pro Stück} = \frac{\text{Prozesskosten} \times \text{variantenabhängiger Anteil}}{\text{Anzahl der Varianten} \times \text{Produktionsmenge}}$$

Beispiel: Gemeinkosten-Verteilung

Gemeinkosten der analysierten Unternehmensbereiche	=	4,5 Mio. EUR
davon laut Prozessanalyse variantenabhängig	=	65 %
Anzahl der gefertigten Produktvarianten	=	45
Produktionsmenge der 45 Varianten	=	10.000 Stück

Damit betragen die variantenabhängigen Gemeinkosten 6,50 EUR pro Stück!

Diese scheinbar einfache Berechnung erfordert jedoch detaillierte Analysen und umfassende Diskussionen im Unternehmen, wie nun im Nachfolgenden erläutert wird.

Schritt 1: Bestimmung vielfaltinduzierter Aufwendungen

Detaillierte Prozessanalyse durchführen

In einem ersten Schritt sind sämtliche Unternehmensbereiche und -prozesse zu analysieren. Tätigkeiten, Abläufe und Verfahren sind per Interview, durch Auswertung von Stellen- und Arbeitsplatzbeschreibungen sowie durch Aufzeichnungen der Mitarbeiter zu erfassen und auf ihre Variantenrelevanz hin zu überprüfen.

Varianten-induzierte Tätigkeiten identifizieren

Gerade in den Funktionsbereichen Entwicklung und Konstruktion sowie technische und kaufmännische Verwaltung können dabei zahlreiche Tätigkeiten als variantenabhängig identifiziert werden.[8] Der Verlauf der Variantenkosten kann dabei meist als proportional betrachtet werden (z. B. Erstellung von Arbeitsplänen, Anlage von Stücklisten), in einigen wenigen Fällen sind aber auch überproportionale Anstiege zu verzeichnen (z. B. Reihenfolgeplanung in der Fertigung).[9]

Dieser aufwendigste Schritt hin zu einer Variantenkalkulation ist meist nur einmalig durchzuführen. In mehrjährigen Abständen empfiehlt sich dann allenfalls eine Aktualisierung der Prozessdokumentationen, die im Zuge von geforderten Zertifizierungen des Unternehmens und dazugehörigen Qualitätshandbüchern meist sowieso erstellt werden müssen.

Schritt 2: Unternehmensindividuelle Definition einer Variante

Varianten abgrenzen und definieren

Ein wichtiger und unternehmensindividuell zu klärender Aspekt ist die Frage, was genau unter einer Variante zu verstehen ist. Nach *Heina* liegt bereits dann eine Variante vor, wenn „sich ein Produkt in mindestens einer Merkmalsausprägung von der Grundversion" unterscheidet.[10] Damit müsste man jeden Artikel, auch wenn er sich beispielsweise „nur" durch die Farbe unterscheidet, als eigene Variante betrachten.

DIN 199 beschreibt Varianten als „Gegenstände ähnlicher Form oder Funktion mit einem in der Regel hohen Anteil identischer Gruppen oder Teile"[11]. Demnach könnten ähnliche Artikel zu einer Erzeugnisfamilie zusammengefasst und diese dann als Variante betrachtet werden. Dies hätte den Vorteil, dass die Zahl der Kalkulationsobjekte reduziert und damit die Komplexität einer Variantenkalkulation begrenzt wird. Entscheidend für die Definition ist jedoch letztlich, wie genau das Unternehmen kalkulieren möchte.

Schritt 3: Bestimmung der Kosten pro Variante mithilfe der Abteilungs-Varianten-Matrix

Im nächsten Schritt ist der konkrete variantenabhängige Prozessaufwand auf Basis der ermittelten Prozessdaten (vgl. Schritt 1) zu bestimmen. Dabei stellt sich die Frage, ob jede Variante denselben Aufwand verursacht oder ob die Varianten unterschiedliche Verwaltungs- und Betreuungsintensitäten aufweisen.

---

8 Reiners/Sasse (1999), S. 229.

9 Vgl. hierzu ausführlicher Reiners/Sasse (1999), S. 229. Die dort veröffentlichte Tabelle beschreibt detailliert und umfassend typische Teilprozesse eines Industriebetriebs und deren Variantenabhängigkeit.

10 Vgl. Heina (1999), S. 5.

11 DIN 199 (1977), S. 9.

Sind keine Unterschiede erkennbar, stellt sich die Rechnung relativ einfach dar: Die Variantenkosten aller relevanten Abteilungen werden dann durch die Gesamtanzahl der Varianten des Unternehmens dividiert. Man erhält einen konstanten Kostensatz für jede Variante des Unternehmens. Durch die sich anschließende Division durch die Produktionsmenge ergeben sich die Variantenkosten je Stück.

Weist das Unternehmen hingegen eine sehr heterogene Produktstruktur auf – was in der Praxis häufig der Fall sein wird – und verursachen die Produktvarianten unterschiedlichen Betreuungs- bzw. Bearbeitungsaufwand, so scheint eine differenzierte Betrachtung der Varianten geboten. Hier empfiehlt sich der Einsatz der Abteilungs-Varianten-Matrix (vgl. Abb. 3). Diese hat sich für diese Zwecke als sehr vorteilhaft erwiesen, da sie sehr einfach zu handhaben ist.

In ihr werden die variantenspezifischen Aufwendungen aller Abteilungen analytisch auf die Varianten des Unternehmens verteilt. Die Quantifizierung erfolgt dabei zunächst meist anhand der Personalkapazität in Stunden oder in Personaljahren (Pj). Erst anschließend werden die Aufwendungen über abteilungsspezifische Stundensätze in Geldbeträge umgerechnet.

So wird beispielsweise in Abb. 3 die Personalkapazität der Abteilung 506201 in Höhe von 6 Personaljahren (Pj) auf die Variante 4711 in Höhe von 1 Pj und auf die Variante 4712 in Höhe von 3,5 Pj verteilt. Die verbleibende Restkapazität von 1,5 Pj sowie deren entsprechende Kosten, sogenannte nicht variantenabhängige Aufwendungen, werden gesondert auf die Produkte verrechnet, beispielsweise durch traditionelle Zuschlagssätze oder durch einfache Divisionskalkulation.[12]

In der Summe ergibt sich damit beispielsweise für Variante „4711" ein Aufwand von 14,5 Personaljahren bzw. 1.069.500 EUR. Das gesamte Variantenkostenvolumen wird in dem Beispielunternehmen mit 53,75 Personaljahren und rund 4,3 Mio. EUR beziffert.

---

[12] Eine ähnliche Vorgehensweise beschreibt Joos-Sachse (2006), S. 332f., in Anlehnung an Horváth/Mayer (1989), S. 218 f. Dort wird vorgeschlagen, die Abteilungskosten grundsätzlich in einen produktionsvolumenabhängigen und einen variantenabhängigen Teil aufzuspalten. Das Variantenkostenvolumen wird anschließend pauschal durch die Anzahl der vom Unternehmen insgesamt angebotenen Varianten dividiert. Für jede Variante wird damit derselbe Kostensatz angesetzt.

Abteilungs-Varianten-Matrix
Verteilung des variantenabhängigen Personalaufwands auf Varianten

Variantenrelevante Abteilungen	*Personalkap. Abt.kosten*	*Variante 4711*	*Variante 4712*	*Variante 4713*	*Variante 4714*	*Summe 4711 bis 14*	*Rest-Kapa., Restkosten*
Abteilung 506201	6 800.000 €	1 133.333 €	3,5 466.667 €	 0 €	 0 €	4,5 600.000 €	1,5 200.000 €
Abteilung 506202	16 1.500.000 €	2 187.500 €	1,5 140.625 €	4 375.000 €	0,5 46.875 €	8 750.000 €	8 750.000 €
Abteilung 506203	25 2.200.000 €	4 352.000 €	 0 €	9 792.000 €	1 88.000 €	14 1.232.000 €	11 968.000 €
Abteilung 506204	6 700.000 €	1,5 175.000 €	2 233.333 €	1 116.667 €	0,75 87.500 €	5,25 612.500 €	0,75 87.500 €
Abteilung 506205	4,5 450.000 €	 0 €	 0 €	1,5 150.000 €	1 100.000 €	2,5 250.000 €	2 200.000 €
Abteilung 506206	12 220.000 €	3 55.000 €	2,5 45.833 €	 0 €	1 18.333 €	6,5 119.167 €	5,5 100.833 €
Abteilung 506207	25 2.500.000 €	3 300.000 €	5 500.000 €	2 200.000 €	3 300.000 €	13 1.300.000 €	12 1.200.000 €
Personaljahre Kosten je Variante	**94,5** 7.570.000 €	**14,5** 1.069.500 €	**14,5** 919.792 €	**17,5** 1.633.667 €	**7,25** 640.708 €	**53,75** 4.263.667 €	**40,75** 3.306.333 €

Varianten- bwz. typspezifische Kosten: Verrechnung per Festbetrag pro Variante

Verrechnung über Zuschläge

Abb. 3: Ermittlung des variantenspezifischen Aufwands

Schritt 4: Ermittlung der Variantenkosten pro Stück

Im letzten Schritt erfolgt die Mengenorientierung der Kalkulation, die zu einer verursachungsgerechten Kostenverteilung zwischen „Rennern" und „Exoten" führt. Die bis dato ermittelten Kostenvolumina je Variante werden durch die individuelle Produktionsmenge der einzelnen Varianten dividiert. Man erhält somit einen stückbezogenen Festbetrag, der als eigenständiges Element in die Produktkalkulation eingestellt wird.

Beispiel: Variantenkosten in der Kalkulation

Stückkosten der Variante 4711 = 1.069.500 EUR : 120.000 Stück = 8,91 EUR/Stück

Würde es sich bei Variante 4711 hingegen nur um eine Kleinserie von 9.000 Stück handeln, so würden die Variantenkosten je Stück auf 118,83 EUR ansteigen. Dieser in der Literatur als Degressionseffekt bezeichnete Kostenunterschied würde bei einer einzelkostenbasierten Zuschlagskalkulation nicht auftreten; mit der hier beschriebenen Variantenkalkulation wird hingegen die gewünschte verursachungsgerechte Kostendifferenzierung zwischen „Rennern" und „Exoten" ermöglicht.

Abschließend werden die so ermittelten stückbezogenen Variantenkosten in der Produktkalkulation als eigenständiges Kalkulationselement berücksichtigt:

Materialeinzelkosten (MEK)		100,00
+ Materialgemeinkosten (MGK)	10 % von MEK	10,00
+ Fertigungseinzelkosten (FEK)		45,00
+ Fertigungsgemeinkosten (FGK)		112,50
= Herstellkosten (HK)		**267,50**
+ Vertriebs- und Verwaltungsgemeinkosten	20 % von HK	53,50
+ Variantenabhängige Gemeinkosten	**Festbetrag**	**8,91**
= Selbst- bzw. Gesamtkosten (SK)		**329,91**

Tab. 2: Ermittlung der stückbezogenen Variantenkosten

4 Wirkungsweise einer „Typ-Mengen-orientierten Gemeinkostenkalkulation" (TMOGK)

Aufgrund dieser typspezifischen Verteilung der variantenabhängigen Kosten einerseits und der mengenbasierten Verrechnung andererseits kann man auch von einer „Typ-Mengen-orientierten Gemeinkostenrechnung (TMOGK)“ sprechen. Dadurch wird den eingangs gestellten Forderungen nach mehr Transparenz und Verursachungsgerechtigkeit in mehrfacher Hinsicht entsprochen.

Kosteneinsparpotenziale werden aufgezeigt

Allein die Kenntnis, was eine Variante kostet, wird die Diskussion über die Rentabilität einzelner Varianten anstoßen, was insbesondere für Kleinserienprodukte gilt. Es werden damit Anreize gegeben, das Produktportfolio und dessen Vielfalt zu begrenzen. Gleichzeitig hilft die Variantenkostenrechnung, Kosteneinsparpotenziale zu quantifizieren, die sich mit Wegfall einer Variante ergeben.

Kosten werden varianten-verursachungsgerecht zugeordnet

Des Weiteren ermöglicht die Variantenkalkulation eine verursachungsgerechte Verteilung von Gemeinkosten. Dies gilt insbesondere für Unternehmen mit einem heterogenen Produktspektrum. Denn mit der Variantenkalkulation werden variantenabhängige Gemeinkosten nicht mehr einzelkostenabhängig (traditionelle Zuschlagskalkulation) auf die Produkte verrechnet, sondern analytisch über das „TMOGK“-Verfahren (Stichwort: Abteilungs-Varianten-Verfahren) verteilt. Varianten mit hoher Betreuungsintensität werden entsprechend hohe Gemeinkosten zugeordnet; auf Produkte mit geringerer Betreuungsintensität werden entsprechend geringere Gemeinkosten verrechnet. Diese verursachungsgerechte Kostenverteilung ist in der Prozesskostenrechnung unter dem Begriff *Allokationseffekt* bekannt.

Beispiel: Allokationseffekt

Variante 4711: 14,50 Pj, 1.069.500 EUR Variantenkosten, 120.000 Stück

Variante 4714: 7,25 Pj, 640.708 EUR Variantenkosten, 120.000 Stück

Damit Variantenkosten pro Stück:

Variante 4711 = 1.069.500 EUR : 120.000 Stück = 8,91 EUR/Stück

Variante 4714 = 640.708 EUR : 120.000 Stück = 5,33 EUR/Stück

Aufwandsbedingte Differenz (Allokationseffekt): 3,58 EUR pro Stück

Ebenso erreicht man bei Anwendung des TMOGK-Verfahrens den sogenannten *Degressionseffekt*. Dieser bewirkt eine kalkulatorisch exakte Abgrenzung zwischen groß- und kleinstückzahligen Erzeugnissen, indem man die gesamten Kosten einer Variante durch deren Stückzahl dividiert.

Beispiel: Degressionseffekt

Variante 4711: 14,5 Pj, 1.069.500 EUR Variantenkosten, 120.000 Stück

Variante 4712: 14,5 Pj, 1.069.500 EUR Variantenkosten, 15.000 Stück

Damit Variantenkosten pro Stück:

Variante 4711 = 1.069.500 EUR : 120.000 Stück = 8,91 EUR/Stück

Variante 4712 = 1.069.500 EUR : 15.000 Stück = 71,30 EUR/Stück

Mengenbedingte Differenz (Degressionseffekt): 62,39 EUR/Stück

Die gewünschte verursachungsgerechte Kalkulation von Varianten und die angestrebte Kostendifferenzierung werden somit sichergestellt. So offengelegten Kostenunterschiede zwischen den einzelnen Varianten stoßen i. d. R. eine Diskussion über die Variantenrentabilität und damit über das Angebot einzelner Varianten an. Es werden weitere Anreize gegeben, über die Komplexität des Produktprogramms nachzudenken und Maßnahmen zu ergreifen, um diese zu begrenzen oder erst gar nicht am Markt anzubieten. Insofern ist gerade die Variantenkalkulation für das Variantenmanagement ein unentbehrliches Instrument; nur mit ihrer Hilfe kann das Management für die eingangs beschriebenen Probleme steigender Prozesskosten aufgrund steigender Variantenzahl ausreichend sensibilisiert werden.

5 Fazit: Kostentransparenz führt zu effektivem Variantenmanagement

Vorsicht bei der kosten-orientierten Preisbildung

Für Zwecke der kostenorientierten Preisbildung ist die Variantenkalkulation nur bedingt einsetzbar. Denn die Mengenorientierung bewirkt hohe Stückkosten in der Einführungs- sowie in der Auslaufphase einer Variante. Marktabhängig können diese aber meist nicht an den Kunden weitergereicht werden. Stattdessen werden – wie Abb. 4 verdeutlicht – von den Kunden auf Basis eines vom Markt akzeptierten Einstiegspreises kontinuierliche Senkungsraten erwartet, die der Kunde mit Lernkurveneffekten und Rationalisierungsmaßnahmen begründet. Preisanhebungen in der Auslaufphase sind damit eigentlich ausgeschlossen, sofern diese nicht als Mindermengenzuschläge deklariert werden können.

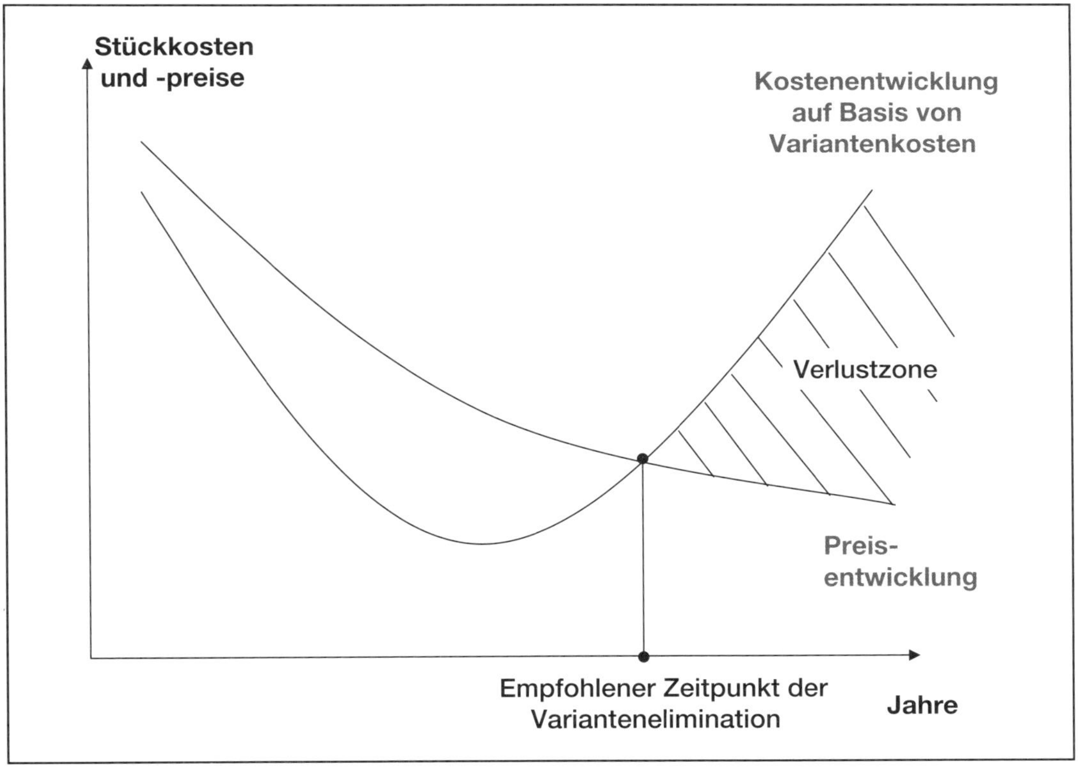

Abb. 4: Preis- und Kostenentwicklung während des Produktlebenszykluses

Dies ist aber insofern nicht gravierend, als in der Zeit gesättigter, wettbewerbsintensiver Märkte Preise in den seltensten Fällen in Form einer reinen Gewinnzuschlagsrechnung auf Basis von stückbezogenen

Selbstkosten erhoben werden. Andere Instrumente, wie beispielsweise der Ansatz des Target Costing und der Einsatz einer Lebenszyklusbetrachtung, bieten diesbezüglich bessere Entscheidungshilfen bei der Preisfindung.

In jedem Fall gibt aber nur eine Variantenkalkulation die steigenden Stückkosten in der Auslaufphase korrekt wieder, was bei konstanten bzw. sinkenden Marktpreisen exakt das Signal zur Einstellung einer Variante gibt. Insofern ist gerade die Variantenkalkulation für das Variantenmanagement, mit dem Ziel der Begrenzung von Produktvarianten, ein unentbehrliches Instrument. Nur mit ihrer Hilfe kann das Management für die Probleme steigender Prozesskosten aufgrund steigender Varianten ausreichend sensibilisiert werden und die Effizienz des Produktprogramms gesichert werden.

6 Literaturhinweise

Franke/Hesselbach/Huch/Firchau, Variantenmanagement in der Einzel- und Kleinserienfertigung, 2002.

Heina, Variantenmanagement. Kosten-Nutzen-Bewertung zur Optimierung der Variantenvielfalt, 1999.

Horváth/Mayer, Prozesskostenrechnung, in: Controlling 4/1989, S. 214–219.

Joos-Sachse, Controlling, Kostenrechnung und Kostenmanagment. 4. Aufl. 2006.

Lösch, Controlling der Variantenvielfalt. Eine koordinationsorientierte Konzeption zur Steuerung von Produktvarianten, 2001.

Rathnow, Integriertes Variantenmanagement, 1993.

Reiners/Sasse, Komplexitätskostenmanagement, in: krp 4/1999; S. 222–232.

Schuh, Produktkomplexität managen, 2. Aufl. 2005.

Schulte, Effektives Kostenmanagement: Methoden und Implementierung, 1992, S. 83–94.

Erfolgreiche Zusammenarbeit zwischen Manager und Controller

- Controlling ist Zusammenarbeit zwischen Personen. Die Qualität dieser Zusammenarbeit wird durch intrapersonelle, interpersonelle und apersonelle Faktoren bestimmt.
- Voraussetzung einer erfolgreichen Zusammenarbeit im Controlling ist ein gemeinsames Controlling-Verständnis. Die Vielzahl unterschiedlicher Varianten des Controllings in Theorie und Praxis erschwert dies und zeigt die Notwendigkeit von unternehmensinternen Abstimmungen.
- Kenntnisse über Persönlichkeits- und Kommunikationsmodelle unterstützen den Controller in der empfängerorientierten Zusammenarbeit und Kommunikation mit dem Management.

Inhalt		Seite

Die Autorin

Marion Kellner-Lewandowsky, Dipl.-Wirtschaftsinformatikerin und Master der Organisationspsychologie, arbeitet als Managementtrainerin und -beraterin für Controlling, Kommunikation und Organisationsentwicklung. Sie ist stellvertretende Leiterin des AK Versorgungswirtschaft im ICV.

1 Was macht Controlling erfolgreich?

Konflikt zwischen Unabhängigkeit und Führungsbeteiligung

Die Entwicklungsgeschichte des Controllings wird als erfolgreich bezeichnet und dabei werden besonders die Nähe zur Unternehmensführung sowie der spürbare Einfluss der Controller auf das Management und dessen Entscheidungen hervorgehoben.[1] Doch gerade diese Nähe zur Unternehmensführung und die Einbeziehung der Controller in die Führungs- und Entscheidungsprozesse des Managements beinhalten das Potenzial für Konflikte zwischen der Unabhängigkeit der Controller einerseits und der Mitverantwortung durch die Beteiligung an der Führung andererseits.[2]

Controller unterstützen die Führung

Controlling ist Führungsunterstützung. Aber damit unterstützt der Controller denjenigen in der Führung, von dem er selbst auch geführt wird. Wie ein Controller es einmal ausdrückte: „Ich muss manchmal gerade dem Manager unangenehme Informationen vermitteln, der letztlich über mein Gehalt und meinen Urlaub entscheidet."

Controller als interne Berater nicht immer gefragt

Nicht selten offenbaren sich Frust und Unmut über die erlebte Zusammenarbeit mit Controllern. Controller werden teilweise als *Handlanger* der Führung oder des Konzern-Controllings erlebt, ihr „Einmischen" wird als *störend* und *bremsend* empfunden. Die Einstellung gegenüber Controllern ist nicht selten zwiespältig.

Auf der anderen Seite berichten auch Controller über

- mangelnde Anerkennung ihres Beitrags zum Unternehmenserfolg,
- unzureichende Einbindung in wichtige Unternehmensprojekte oder
- stete Ausweitung ihres Aufgabenfelds.

In der Ausbildung lernen Controller, „Berater des Management"[3] zu sein, „Führungsunterstützung und Rationalitätssicherung"[4] zu leisten. In der Praxis erleben sie jedoch, dass ihre Unterstützung nicht immer gefragt ist.

Was macht Zusammenarbeit erfolgreich?

Das bloße Vorhandensein von Controlling mit den entsprechenden Personen, Systemen und Prozessen reicht offensichtlich nicht aus, um eine erfolgreiches, für alle Beteiligten zufriedenstellendes Controlling zu etablieren. Es stellt sich die Frage, welche Faktoren die Zusammenarbeit zwischen Manager und Controller beeinflussen und wie diese Zusammenarbeit verbessert werden kann. Was also macht Controlling wirklich erfolgreich?

---

1 Vgl. Weber et al., Controlling 2006 – Stand und Perspektiven, 2006, S. 4.
2 Bauer, Controllership in Deutschland – Zur erfolgreichen Zusammenarbeit von Controllern und Managern, 2002, S. 7.
3 Vgl. Leitbild Controlling der IGC.
4 Vgl. Weber, Einführung in das Controlling, 1999.

2 Psychologische Faktoren der Interaktion zwischen Manager und Controller

2.1 Interaktionsbeziehung Controlling

„Controlling passiert, wenn Manager und Controller zusammenarbeiten."[5] So steht es im Controller-Wörterbuch der International Group of Controlling und so stellt es sich in der bekannten Grafik der beiden überschneidenden Kreise dar, welche den Verantwortungsbereich des Managers und den des Controllers aufzeigen, in deren Schnittmenge das Controlling dargestellt ist.

Controlling wird von Menschen betrieben

Vernachlässigt wird aber, dass es Menschen sind, welche die Funktionen des Managers und des Controllers einnehmen. Diese Menschen bringen in ihre Interaktionen ihre eigenen Erwartungen, Anforderungen, Ziele, Vorlieben, ihre ganze eigene Person ein.

Das Modell der überschneidenden Kreise müsste aus psychologischer Sicht, wie in Abb. 1, dargestellt werden.

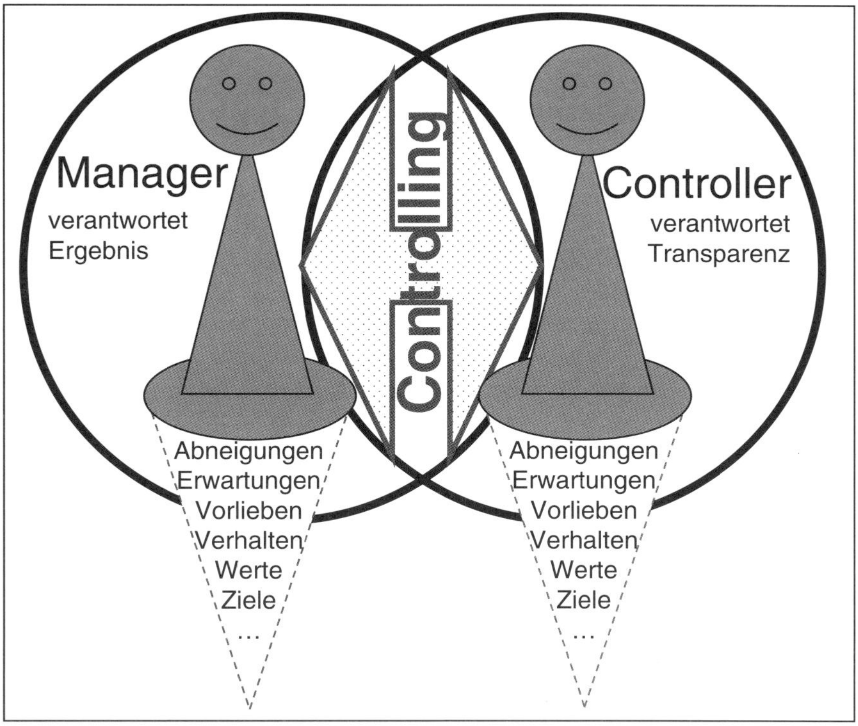

Abb. 1: Controlling als Teamarbeit

[5] IGC (Hrsg.), Controller-Wörterbuch, 3. Aufl. 2005, S. 56.

Interaktionen sind in der Sozialpsychologie als „gegenseitige Beeinflussung von Individuen innerhalb von und zwischen Gruppen und die dadurch entstehenden Änderungen des Verhaltens oder der Einstellungen, Meinungen etc."[6] definiert. Das Controlling stellt sich als ein Prozess der Interaktion zwischen den beteiligten Personen Manager und Controller dar.

Im einfachsten Fall ist dies eine 1:1-Beziehung. In der Realität stehen einem oder mehreren Controller(n) oftmals aber mehrere Manager gegenüber. Die Zusammenarbeit dieser Personen wird wesentlich von den Personen und ihrer Fähigkeit, miteinander zu interagieren, bestimmt.

Für eine optimale Gestaltung der Zusammenarbeit zwischen Manager und Controller ist es wichtig, die Faktoren zu kennen, welche die Interaktionsbeziehung im Controlling beeinflussen. Aus verhaltenswissenschaftlicher Sicht sind dies:

- **intrapersonelle Faktoren** – psychische Phänomene, welche in einer der beteiligten Personen selbst angelegt sind,
- **interpersonelle Faktoren** – alle Aspekte, die zwischen den beteiligten Personen auftreten, und
- **apersonelle Faktoren** – systembedingte Faktoren der Umwelt, der Situation, der Rahmenbedingungen, welche die Interaktion beeinflussen.

Für die Interaktion zwischen Controller und Manager spielen nachfolgende Faktoren eine wichtige Rolle.

Intrapersonelle Faktoren	Interpersonelle Faktoren	Apersonelle Faktoren
• Erwartungen • Ziele • Werte • Anforderungen • Persönlichkeit/Typ • Qualifikation, Wissen • Fähigkeiten und Fertigkeiten • Wahrnehmung • Einstellungen, Vorurteile • Motivation • Emotionen	• Art und Weise der Interaktion • Kommunikation • Verteilung von Verantwortung • Gegenseitiges Rollenverständnis • Führungsstil • Macht und Einfluss	• Führungs- und Steuerungskultur im Unternehmen • Aufgabenverteilung und -festlegung • Formale Regelungen • Organisationsstruktur • Unternehmenskultur • Unternehmenshistorie • Branche

[6] Dorsch/Häckel/Stapf, Psychologisches Wörterbuch, 11. Aufl. 1987, S. 315.

2.2 Intrapersonelle Faktoren des Controllings

Intrapersonelle Faktoren beziehen sich auf die jeweilige Person. Sie müssen für den Controller und den Manager separat berücksichtig werden. So gibt es beispielsweise Erwartungen des Controllers an

Intrapersonelle Faktoren der Person von Controller oder Manager

- seine Aufgaben,
- seine Rolle,
- seine Einflussmöglichkeiten oder auch
- sein Gegenüber.

Er bringt seine Person mit bestimmten Neigungen und einem bestimmten Typus in das Controlling ein, mit einer bestimmten Wahrnehmungsfähigkeit und vorhandenen Einstellungen. Der Controller hat Ziele und Werte (persönliche, berufliche, von anderen übernommene oder eigene, öffentliche und nicht veröffentlichte), welche seine Arbeit im Controlling beeinflussen. Im besten Fall passen diese verschiedenen Ziele und Werte zu seiner Arbeit, anderenfalls kann es zu intrapersonellen Konflikten kommen. Ein typischer intrapersoneller Konflikt kann beispielsweise in einer Situation auftreten, in der vom Controller eine Wirtschaftlichkeitsberechnung für eine Verlagerung des Produktionsstandortes ins Ausland durchgeführt werden soll, deren Umsetzung zum Arbeitsplatzabbau für – vielleicht auch befreundete – Mitarbeiter führen wird. Ethisch-moralische Wertvorstellungen und die von Controllern oftmals angestrebte Neutralität und Objektivität können hier zu inneren Konflikten führen. Dies gilt ebenso für den Manager.

Stimmt die Chemie im Controlling?

So treffen im Controlling (mindestens) zwei Personen mit eigenen Vorstellungen, Verhaltensstilen, Bedürfnissen usw. aufeinander. Wenn diese Personen in der Zusammenarbeit gut miteinander „können", spricht man oft davon, dass „die Chemie stimmt". Wenn nicht, kann es wie in allen anderen zwischenmenschlichen Interaktionen zu tiefgehenden Konflikten kommen, die es im Controlling als Führungsunterstützung jedoch besonders zu vermeiden gilt.

2.2.1 Controllers Rollenerwartung

Betrachten wir einmal die Erwartungen des Controllers an seine Rolle. In der Studie „Controlling 2006 – Stand und Perspektiven des Controllings" wurden Controller gefragt, in welchem Rollenbild sie von ihrem Management wahrgenommen werden. Zwei Drittel der Controller sahen sich als interner Berater, die Hälfte als ökonomisches Gewissen und etwa ein Drittel als Kontrolleur. Für die Zukunft gaben sich die Controller die Zielsetzung, sich vor allem von negativ besetzten Rollenbildern weiter lösen zu wollen und sich stärker noch als Gestalter und Treiber des Wandels zu positionieren.[7]

Selbstbild versus Fremdbild

Nun spiegelt sich in diesen Angaben vor allem die Selbstwahrnehmung der Controller wider. Und dieses muss nicht zwingend mit dem Bild, welches Manager mit dem Controller verbinden, übereinstimmen.

Nicht selten berichten Controller, dass sich in der Praxis die ihrem eigenen Rollenverständnis entsprechenden Erwartungen an die Aufgaben und die Einbindung des Controllings nicht umsetzen lassen. Sie sagen aus, dass sie *„idealerweise als Berater der Führungskraft"* auftreten wollen und dies ihre *„Wunschrolle"* ist, sie aber aus der *„Rechenknechtrolle … nicht rauskommen"* und eher *„Dienstleister als Berater sind, weil das Management eben gern auch glaubt, es kann alles selber."*[8]

Eine Gegenüberstellung von Selbstbild und Fremdbild in Abb. 2 verdeutlicht das Konfliktpotenzial.

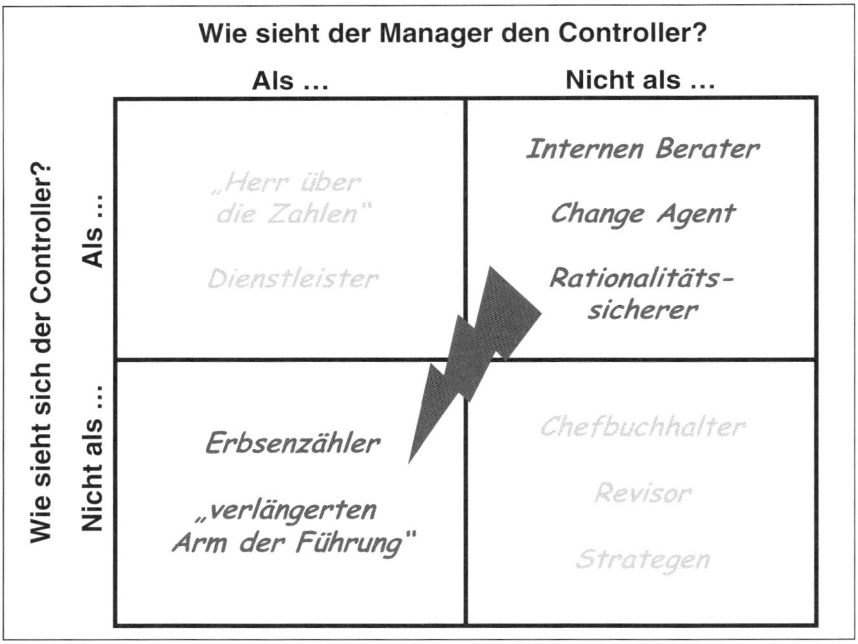

Abb. 2: Selbstbild und Fremdbild des Controllers

[7] Weber et al. (2006), S. 44.

[8] Kellner-Lewandowsky, Das Erleben und Verhalten der Controller in der Interaktionsbeziehung mit dem Management, 2007, S. A46 f.

Hinter diesen Rollenbildern verbergen sich Denkmuster und Einstellungen, welche im ungeklärten, unterschwelligen Zustand die Zusammenarbeit im Controlling stark belasten können. Es empfiehlt sich daher, im Abgleich des Selbstbilds (Wie sieht sich der Controller?) mit dem Fremdbild (Wie sieht der Manager den Controller?) solches Konfliktpotenzial sichtbar zu machen.

Die moderierte Auseinandersetzung zwischen Controller und Manager mit den nachfolgenden Fragen helfen, die unterschiedlichen Denkmuster aufzuzeigen und zu bearbeiten:

- Welche Rollenbilder werden welchem der vier Quadranten zugeordnet?
- Was bedeuten diese Rollen für die Teampartner?
- Welche Priorität haben diese Rollen in der Arbeit des Controllers?
- Auf welche Rollenbilder kann man sich einigen?

2.2.2 Gemeinsames Controlling-Verständnis

Gemeinsames Controlling-Verständnis

Bei der Diskussion solcher Fragen in einem Unternehmen offenbart sich nicht selten die fehlende Abstimmung darüber, welche Art von Controlling im Unternehmen installiert werden soll. Bei Managern – insbesondere den nicht kaufmännisch ausgebildeten – sind nicht selten nur ungefähre Vorstellungen darüber vorhanden, was Controlling eigentlich ist. Die Beteiligten agieren und reagieren ohne ein gemeinsames Controlling-Verständnis und ohne ein schlüssiges Gesamtkonzept zum Controlling.

Die Literatur zum Controlling macht es nicht gerade leichter. Finden sich dort doch mehrere Arten von Controlling-Verständnissen wieder. *Weber* stellt in seiner Studie dar, dass das von ihm vertretene Controlling-Verständnis der Rationalitätssicherung mit 37,4 % neben der Informationsversorgung, Planung und Kontrolle sowie Koordination das am weitesten verbreitete Verständnis ist.[9] Allerdings gilt dies eben nur aus Sicht der befragten Controller.

Kontinuum des Controllings

Der Schweizer *Lanter,* welcher in seiner Arbeit der *Beziehungsdynamik im Controlling* nachgeht, ordnet die von ihm herausgearbeiteten Controlling-Verständnisse der Fachliteratur in einem Kontinuum an. Beginnend bei einem traditionell geprägten betrieblichen Rechnungswesen als Beginn von Controlling-Aktivitäten bis zur Umsetzung des Controllings als umfassendes Denk-, Handlungs- und Steuerungsparadigma zeigt er die Bandbreite möglicher Controlling-Verständnisse auf.

[9] Weber et al., 2006, S. 4.

Je nachdem, wohin sich das Controlling-Verständnis in einem Unternehmen verschiebt, fällt demnach die Hauptverantwortung im Controlling mehr dem Controller oder dem Manager zu.

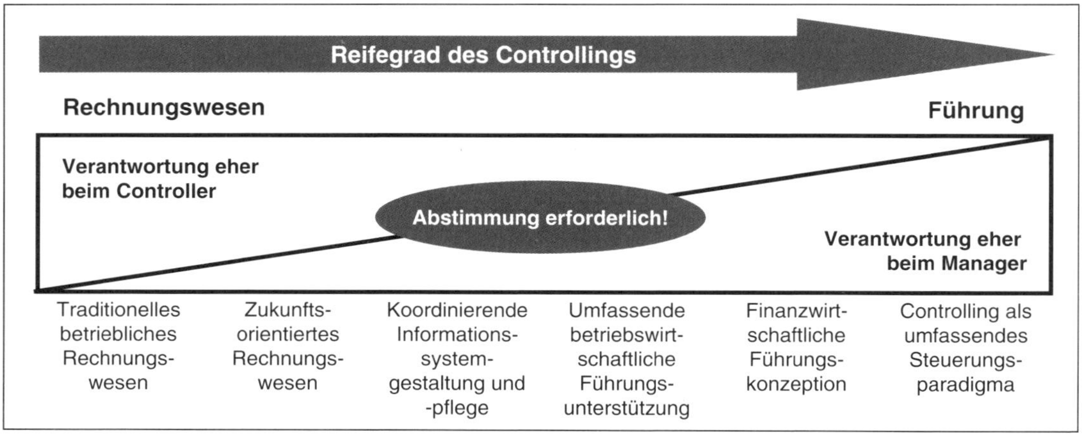

Abb. 3: Kontinuum der Controlling-Verständnisse (weiterentwickelt nach *Lanter*[10])

Controlling-Verständnis muss mit dem Management erarbeitet werden

Ein Controlling-Verständnis kann also nicht allein vom Controller festgelegt, sondern muss in Abstimmungsprozessen zwischen den Beteiligten entwickelt und umgesetzt werden. Erst wenn ein gemeinsames Controlling-Verständnis zwischen Führungskräften und Controller entstanden ist, werden Anerkennung und Zufriedenheit mit der Controller-Arbeit möglich. Dies kann kein einmaliger Prozess sein, sondern muss sich entsprechend der Weiterentwicklung des Controllings regelmäßig wiederholen. Das Kontinuum spiegelt infolgedessen auch den Reifegrad des Controllings in einem Unternehmen wider.

Controller ist verantwortlich

Die Verantwortung für diese – einem Controlling-Konzept zugrunde liegende – Abstimmungsaufgaben liegt beim Controller. Die Erfahrungen der Praxis zeigen, dass diese Diskussionen noch zu selten geführt werden.

2.2.3 Controlling – eine Frage der Persönlichkeit(en)

Das DISG-Persönlichkeitsmodell

Neben den persönlichen Erwartungen spielt in der Controlling-Interaktion – wie in jeder anderen Beziehung auch – die Persönlichkeit der Beteiligten eine wichtige Rolle. Die Anwendung eines psychologischen Persönlichkeitsprofils zur Einschätzung des Gegenübers und auch der eigenen Person kann dabei helfen, die Zusammenarbeit im Controlling zu verbessern.

[10] Lanter, Beziehungsdynamik im Controlling (1996), S. 16.

Ein hilfreiches, einfaches Modell ist das **DISG-Modell nach** *William Moulton Marston.*[11] Es unterscheidet zwei Achsen der Persönlichkeitsausprägung:

1. Achse: offensiv/extrovertiert → defensiv/introvertiert
2. Achse: aufgabenorientiert → menschenorientiert

Während **offensive/extrovertierte** Menschen bestimmt auftreten und kontaktfreudig und offen auf fremde Menschen und Situationen zugehen, sind **defensive/introvertierte** Menschen eher zurückhaltend, verschlossen, nachdenklich und bewahrend.

Aufgabenorientierte Menschen sind an Leistung, Ergebnissen und Erfolgen interessiert, während **menschenorientierte** Personen stärker das Umfeld und die Bedürfnisse anderer Personen wahrnehmen und es für sich und andere angenehm gestalten wollen.

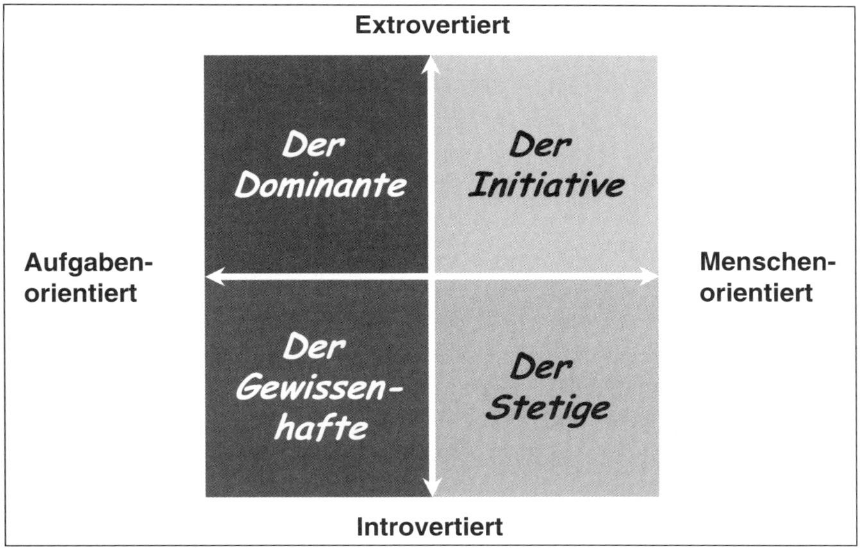

Abb. 4: DISG-Modell nach *W. M. Marston*[12]

In der Kombination dieser beiden Achsen unterscheidet das Modell vier grundlegende Verhaltensweisen von Menschen (s. Tab. 1).

[11] Seiwert/Gay, Das 1x1 der Persönlichkeit (1996).
[12] Nach Seiwert/Gay (1996).

Verhaltensstil	Merkmale
D – Dominant Aufgabenorientiertes und extrovertiertes Verhalten	**Bedürfnisse:** Kontrolle, Erfolg und Herausforderungen **Auftreten:** willensstark, entschlossen, wetteifernd, unabhängig und praktisch
I – Initiativ Menschenorientiertes und extrovertiertes Verhalten	**Bedürfnisse:** Einfluss, Entwicklung, Anerkennung, Gehörtwerden **Auftreten:** emotional, begeistert, beeinflussend, optimistisch, gesprächig
S – Stetig Menschenorientiertes und introvertiertes Verhalten	**Bedürfnisse:** Stabilität, Harmonie, gute Beziehungen **Auftreten:** liebenswert, unterstützend, zurückhaltend, loyal, beständig
G – Gewissenhaft Aufgabenorientiertes und introvertiertes Verhalten	**Bedürfnisse:** das Richtige richtig tun, Präzision, Genauigkeit, Wissen **Auftreten:** ernsthaft, vorsichtig perfektionistisch, empfindsam, ausdauernd

Tab. 1: Verhaltensstile nach dem DISG-Modell

Obwohl Menschen grundsätzlich Verhaltensweisen aus jedem der vier Verhaltensstile zeigen, neigen sie dazu, in bestimmten Situationen meist einen dieser Verhaltensstile tendenziell häufiger als die anderen zu zeigen.

Je nach Vermischung der Anteile aus den vier Verhaltensstilen unterscheidet *Marston* noch 15 verschiedene Ausprägungen. Zu diesen DISG-Persönlichkeitstypen zählen:

- der Entwickler,
- der Kalkulierer,
- der Überzeuger,
- der Spezialist,
- der objektive Denker etc.

Es ist hilfreich, auch die unterschiedlichen Ausprägungen zu kennen und einschätzen zu können. Hierfür wird auf das Buch von *Seiwert* und *Gay* verwiesen.

Für die Anwendung in der Praxis reicht es vorerst, die vier Grundverhaltensweisen zu verstehen. Diese sind grundsätzlich neutral, können aber aus Sicht anderer – insbesondere solcher, die andere Verhaltensweisen bevorzugen – negativ wirken (s. Tab. 2).

DISG-Stil	Eigene Sicht (Positive Wirkung)	Andere Sicht (Negative Wirkung)
D – Dominat	• Entschieden • Schnell • Energisch • Anspruchsvoll • Selbstbewusst	• Beherrschend • Überfahrend • Autoritär • Überfordernd • Arrogant
I – Initiativ	• Ideenreich • Enthusiastisch • Emotional • Großzügig • Einflussreich	• Sprunghaft • Theatralisch • Unsachlich • Verschwenderisch • Manipulierend
S – Stetig	• Loyal • Voraussagbar • Teamfähig • Zuverlässig • Geduldig	• Unterwürfig • Unflexibel • Unterordnend • Unselbstständig • Ausnutzbar
G – Gewissenhaft	• Genau • Systematisch • Diplomatisch • Beherrscht • Analytisch	• Pedantisch • Unflexibel • Umständlich • Unbeteiligt • Bremsend

Tab. 2: Eigene Sicht und Fremdsicht auf die DISG-Verhaltensstile

Unterschiede im Verhaltensstil

Menschen fühlen sich grundsätzlich wohler mit Menschen, die ähnliche Persönlichkeits- und Verhaltensmerkmale aufweisen. Treffen Menschen zusammen, deren bevorzugte Verhaltensstile stark voneinander abweichen, so kann dies zu Unverständnis und Konflikten führen. So kann ein **I**(nitiativer)-Manager mit vielen, kreativen, wechselnden Ideen die Zusammenarbeit mit einem analytischen, genauen, vielleicht auch pedantischen **G**(ewissenhaften)-Controller anstrengend und bremsend finden.

Dennoch birgt gerade diese Unterschiedlichkeit – sofern sie transparent gemacht und verstanden wird – die Möglichkeit, sich in der Controlling-Aufgabe der Führungsunterstützung gegenseitig zu ergänzen. Ein **D**(ominanter)-Manager, der Leistungsziele und schnelle Erfolge fokussiert, kann so beispielsweise die Zusammenarbeit mit einem **S**(tetigen)-

Controller schätzen lernen, der allzu schnelles Vorgehen auch mal kritisch unter Hinweis auf die Zielstellungen hinterfragt.

Diversifikation im Team

Das Aufzeigen solcher Persönlichkeitsmodelle im Controlling hilft, sein Gegenüber zu verstehen, Toleranz zu entwickeln und sich gegenseitig zu schätzen. Es kann im Sinne der Ergänzungsfunktion des Controllers auch die notwendige Diversifikation im Team schaffen, um persönliche Verhaltenstendenzen der Führung auszugleichen.

2.3 Interpersonelle Faktoren des Controllings

Konkrete Gestaltung der Zusammenarbeit

Mit den sich hier anschließenden Fragen zur Kommunikation mit diesen unterschiedlichen Managertypen geht es in den Bereich der interpersonellen Faktoren des Controllings über. Fragen zu interpersonellen Faktoren der Zusammenarbeit zielen auf die Aspekte, wie die Beziehung zwischen den Beteiligten konkret gestaltet ist:

- Wie häufig und in welcher Form laufen die Interaktionen ab?
- Treffen sich die Beteiligten persönlich oder wird stärker auf unpersönlichen, beispielsweise elektronischen, Wegen kommuniziert?
- Wie stark sind Interaktionsprozesse geregelt und strukturiert?

Geregelte Interaktionen stärken Einbindung

Diese Faktoren können die Zusammenarbeit im Controlling immens beeinflussen. So können stark geregelte – ja fast ritualisierte, regelmäßige – Treffen dazu beitragen, die Einbindung des Controllings in den Führungsprozess zu stärken. Dagegen sind ungeregelte, seltene oder vorrangig unpersönliche Interaktions- und Kommunikationsformen weniger geeignet, das Controlling auf einen höheren Reifegrad gemäß dem oben aufgezeigten Kontinuum zu heben.

2.3.1 Kommunikation im Controlling

Kommunikation ist wichtige Controller-Aufgabe

„Controlling geht nur, wenn das Nadelöhr der Kommunikation bewältigt ist.“[13] Die Kommunikation mit dem Management wird von den meisten Controllern als eine wichtige, wenn nicht sogar als die wichtigste, Aufgabe im Controlling angesehen. Controllers Hausbesuche und das Austauschen über Ziele, Zahlen und Zusammenhänge sind wichtige Einflussfaktoren für erfolgreiches Controlling. Die meisten Controller schätzen es, wenn diese Kommunikation mit den Managern persönlich und regelmäßig erfolgt. Sie fühlen sich dafür verantwortlich, die Kommunikation mit dem Gegenüber so zu gestalten, dass die Informationen ankommen und Reaktionen auslösen. Wie kann das konkret erfolgen?

[13] Deyhle, Controllers Kommunikationsregeln für die Alltagsarbeit, in: Probst/Schmitz-Dräger (Hrsg.), Controlling und Unternehmensführung, Bern 1985.

2.3.2 Informationen persönlich verpackt

Unterschiede in Kommunikationsstil und Informationsbedarf

Kenntnisse über die verschiedenen Persönlichkeiten (beispielsweise mit dem oben genannten DISG-Modell) helfen Controllern, auch die Kommunikation mit dem Management zu verbessern. Je nach Persönlichkeit und bevorzugtem Verhaltensstil haben Manager unterschiedliche Bedürfnisse an die ihnen präsentierten Informationen und den Kommunikationsstil. Die Kenntnis dieser Bedürfnisse hilft Controllern, empfängerorientierter und effizienter zu kommunizieren.

Während dominante und initiative Manager tendenziell einen schnellen Überblick und wenige, prägnante Informationen bevorzugen, wünschen stetige und gewissenhafte Manager oft zusätzliche Detail- und Hintergrundinformationen. Bei der Kommunikation mit initiativen und stetigen Managern ist es hilfreich, das Gespräch mit einem kleinen Smalltalk (z. B. zum Befinden, zum Urlaub, zu Hobbys etc.) zu starten, um die Beziehungsebene zu pflegen. Manager mit starker Aufgaben- und Ergebnisorientierung wünschen sich dagegen meist einen schnellen fachlichen und sachlichen Start ohne eine „persönliche Aufwärmphase".

Folgende Anforderungen an Informationen und an den Kommunikationsstil sind je nach bevorzugtem DISG-Verhaltensstil empfehlenswert:

DISG-Verhaltensstil	Informationsbedarf	Kommunikationsstil
D – Dominant	• wollen schnellen Überblick • wünschen wenige, prägnante Sachinformationen und vorbereitete Analysen • wollen auf Basis von Vorlagen schnelle Entscheidungen treffen	• wünschen vorrangig eine klare, sachliche Begegnung ohne zu viele persönliche Fragen • wollen das Gefühl haben, stets Herr der Lage und der Entscheidungen zu sein • wollen in ihrer Hierarchie berücksichtigt werden

DISG-Verhaltensstil	Informationsbedarf	Kommunikationsstil
I – Initiativ	• wollen wenige, überschaubare Informationen und keine langen Ausführungen • wollen die Möglichkeiten haben, sich kreativ (!) in den Analyse- und Entscheidungsprozess einzubringen	• persönliche Chemie muss stimmen! • mögen es, wenn Gespräche mit persönlichen Dingen beginnen (Urlaub, Hobbies, Familie etc.) • können gern auch spontan angesprochen werden • schätzen gegenseitigen Gedankenaustausch und gutes Zuhörenkönnen des Gegenübers
S – Stetig	• schätzen umfassende Detailinformationen über alle Bereiche • wünschen oft Hintergrundinformationen und Belege für Zahlen • benötigen Informationen, wie andere Personen die Daten und Entscheidungen einschätzen • brauchen ausreichend Zeit für Informationsanalyse (Daten vorab schicken)	• legen Wert auf gute persönliche Beziehung • Gespräche mit persönlichen Themen starten • brauchen vor Entscheidungen Zeit für Gespräche mit anderen • wollen Entscheidungen mit Kopf und Bauch treffen (manchmal nicht erklärbar!) • wollen, dass klar definierte Verantwortungsbereiche eingehalten werden

DISG-Verhaltensstil	**Informationsbedarf**	**Kommunikationsstil**
G – Gewissenhaft	• wünschen umfangreiche, sachliche Informationen, welche fehlerfrei und logisch aufbereitet sind • schätzen Genauigkeit, Qualität und Korrektheit • vertiefen sich gern in weiteres Datenmaterial • wollen Gelegenheit und Zeit zur eigenen Analyse und Bewertung der Daten • wünschen Vergleichsmaßstäbe und -daten (Benchmarks)	• wünschen sachliche und korrekte Begegnung • brauchen ausreichend Zeit für Analyse und Auseinandersetzung mit den Themen • schätzen Pünktlichkeit (!) • wollen methodisch klar und gut strukturiert diskutieren • fühlen sich durch persönliche Fragen in ihrer Privatsphäre gestört

Tab. 3: Informationsbedarf und Kommunikationsstil der DISG-Manager

2.3.3 Das SIDA-Modell für eine bessere Kommunikation

Ein hilfreiches Modell für die Analyse und Verbesserung der Kommunikationsfähigkeiten ist das **SIDA-Modell der Kommunikation nach** *Friedemann Schulz von Thun.*[14] Es untergliedert jede Botschaft oder Nachricht in vier wichtige Bestandteile:

- den Sachaspekt,
- die Ich-Botschaft oder Selbstaussage,
- die Du-Botschaft bzw. Beziehungsbotschaft,
- den Appell.

Der **Sachaspekt** vermittelt den Sachverhalt oder Inhalt und wird am besten durch einfache Darstellungen, schlüssige Gliederungen, überschaubare Ordnung und zusätzliche Stimulanzen (Beispiele, sprachliche Bilder, Analogien) getragen.

Die **Appellseite** einer Nachricht weist darauf hin, dass Kommunikation selten ziellos erfolgt. Meist strebt der Kommunikator eine Wirkung bzw. eine Reaktion auf seine Nachricht an, die in der Appellseite klar oder weniger klar enthalten ist.

[14] Schulz von Thun, Miteinander reden 1 – Störungen und Klärungen (1998).

Die **Beziehungsbotschaft** einer Nachricht vermittelt dem Gegenüber, wie der Sender den Empfänger und sein Verhältnis zum Empfänger sieht. So können in einer Nachricht beispielsweise Wertschätzung und Respekt vermittelt werden, ohne dass dies direkt ausgesprochen wird. Auch das Gegenteil – der unterschwellige Ausdruck fehlender Wertschätzung – ist denkbar.

Da es unmöglich ist, sich in einem Gespräch selbst gänzlich auszublenden, enthält jede Kommunikation auch eine **Selbstaussage.** Diese (oft verpackte) Ich-Botschaft kann dem Empfänger Informationen über den Sender der Nachricht vermitteln.

Die vier Seiten einer Nachricht werden in Abb. 5 als Beispiel aus dem Controller-Kontext aufgezeigt. Ein Controller präsentiert dem Vertriebsleiter des Unternehmens die aktuellen Quartalsumsatzzahlen mit dem Satz: „Sie haben da eine gravierende negative Abweichung zu den Quartalszielen!" Was er mit seiner Botschaft meinen könnte, geht aus Abb. 5 hervor.

Vom Controller gemeint:

Sachinhalt:
Es gibt eine negative Abweichung der Umsatzzahlen im Quartal.

Selbstaussage:
Ich bin der Controller und will Dich in der Führung Deines Bereiches unterstützen!

Botschaft:
Sie haben da eine gravierende negative Abweichung zu den Quartalszielen!

Appellseite:
Komm, lass uns das mal zusammen anschauen!

Beziehungsbotschaft:
Wir sind gemeinsam verantwortlich, Gegenmaßnahmen zu erarbeiten.

Abb. 5: Beispiel für die vier Seiten einer Nachricht nach dem SIDA-Modell

Es wird deutlich: Auch wenn der Controller die einzelnen Botschaften der vier Seiten nicht explizit so gesagt hat, schwingen sie in seiner Aussage mit. Problematisch wird es allerdings, wenn der Empfänger diese nicht so versteht, sondern – aufgrund eigener Erfahrungen und Deutungen – andere Inhalte, dargestellt in Abb. 6, „hört".

Vom Vertriebsleiter gehört:

Sachinhalt:
Es gibt eine negative Abweichung der Umsatzzahlen im Quartal.

Selbstaussage:
Ich bin der Controller und muss Dich kontrollieren!

Botschaft:
Sie haben da eine gravierende negative Abweichung zu den Quartalszielen!

Appellseite:
Erklär mir das

Beziehungsbotschaft:
Du hast Schuld!

Abb. 6: Interpretationsspielraum bei gesagter, gemeinter und gehörter Nachricht

Es wird deutlich: Gesagt ist nicht gemeint, ist nicht gehört, ist nicht verstanden! Diese einfache Formel lässt sich auf Controllers gesamte Kommunikation anwenden.

Mithilfe des Vier-Seiten-Modells der Kommunikation (SIDA-Modell) können (insbesondere misslungene) Gesprächssituationen analysiert und verbessert werden. Mit zunehmender Übung in dem Modell gelingt es schon im Gesprächsverlauf, zu erkennen, welche Seiten vom Empfänger überbetont und falsch verstanden und welche Seiten vom Sender nicht klar genug kommuniziert werden.

Der Controller selbst kann aber im Sinne dieses Modells für mehr Transparenz und Wirksamkeit seiner Kommunikation sorgen, wenn er folgende Aspekte in seiner Gesprächsführung berücksichtigt:

Allgemeine Gesprächsführung:	• Bereiten Sie Ihre Gespräche vor, indem Sie die vier Seiten der Kommunikation zunächst für sich klären. Was ist die Sachinformation? In welcher Rolle sehen Sie sich? Wie ist Ihre Beziehung zum Gegenüber? Was wollen Sie mit dem Gespräch erreichen? • Kommunizieren Sie klar und machen Sie die vier Seiten möglichst transparent.

Sachseite:	• Schildern Sie die Sachverhalte klar und prägnant. • Passen Sie sich sprachlich an den Empfänger an, verwenden Sie nur die Fachbegriffe, welche auch verstanden werden. • Vereinfachen Sie, soweit wie möglich. • Wenden Sie das Zoomprinzip (Aggregation nach oben) an: zunächst Überblick, dann Einstieg in relevante Details. • Erläutern Sie anhand konkreter Beispiele.
Selbstaussage:	• Die meisten Controller streben Werte wie Objektivität, Neutralität, Glaubwürdigkeit und Authentizität an. • Um dies zu gewährleisten bzw. zu vermitteln, bieten sich methodisches Vorgehen anhand festgelegter Kriterien und Routinen sowie der Einsatz von Tools und Systemen an. • Sprechen Sie möglichst offen an, wenn Ihnen wichtige Werte verletzt werden. • Kommunizieren Sie klar Ihre Rolle oder Ihren Auftrag.
Beziehungsbotschaft:	• Die Beziehungsebene zu pflegen – gerade wenn es mit einer Person schwerfällt – ist Ausdruck der Professionalität für Controller. • Die Beziehung des Controllers zum Management muss nicht harmonisch, aber von Wertschätzung und Respekt geprägt sein. • Vermitteln Sie Ihrem Gesprächspartner Wertschätzung und Respekt. Wenn Ihnen das schwerfällt, suchen sie sich einen Aspekt, den Sie an ihm schätzen können, und fokussieren sie sich auf der Beziehungsebene darauf. • Unternehmen Sie das Mögliche zur Förderung einer kollegialen Zusammenarbeit. • Trennen Sie Beziehung und Sachinhalte klar, insbesondere beim Vermitteln von unangenehmen Informationen.

Appell:	• Fokussieren Sie sich auf die Ziele! Kommunizieren Sie lösungsorientiert! • Klären Sie, welchen Appell Sie senden wollen, und sprechen Sie diesen klar aus. • Sorgen Sie für „Rückendeckung" durch das Top-Management! • Trainieren Sie Ihre Argumentationsfähigkeit! • Kommunizieren Sie manipulationsfrei!

Neben diesen Aspekten der Kommunikation können weitere Faktoren bei der Entwicklung und Adaption einer erfolgreichen Zusammenarbeit im Controlling hilfreich sein, wie beispielsweise

- der Führungsstil der Manager,
- die Art und Weise der Einbindung in Entscheidungsprozesse,
- der Grad der Informiertheit des Controllers oder
- die Analyse des eigenen Macht- und Einflusspotenzials.

2.4 Apersonelle Faktoren des Controllings

Apersonelle Faktoren werden im Praxisalltag der Controller der Interaktionsbeziehung Controlling bereits am häufigsten berücksichtigt. Dies erfolgt unter anderem

- in der Regelung und Fixierung von Verantwortungsbereichen und Aufgaben der Controller in Stellen- oder Tätigkeitsbeschreibungen;
- in formalen Regelungen zum Controlling, wie beispielsweise die Dokumentation von Controlling-Konzepten oder Unterschriftenregelungen;
- bei der Einordnung des Controllings in die Organisationsstruktur des Unternehmens (Stabstelle oder Linienfunktion, zentraler oder dezentraler Controller).

Wichtig für die Zusammenarbeit im Controlling ist die Prüfung, ob diese Regelungen zum abgestimmten Controlling-Verständnis im Unternehmen passen. So erschwert beispielsweise die Einordnung eines Controllers in der Linie (vielleicht unterhalb des kaufmännischen Abteilungsleiters) die Umsetzung seiner Rolle als interner Berater. Konflikte über Zuständigkeiten können beispielsweise durch fehlende Stellen- oder Tätigkeitsbeschreibungen oder ein fehlendes Controlling-Konzept entstehen.

Aufgaben nehmen zu – Prioritäten verschieben sich

Viele Controller berichten darüber, dass ihr Aufgabenfeld von Jahr zu Jahr anwächst. Dies zeigt einerseits den ansteigenden Unterstützungsbedarf im Controlling auf, birgt aber andererseits auch die Gefahr, dass wichtige Controller-Aufgaben – beispielsweise Analysetätigkeiten oder Hausbesuche – immer wieder aus Zeitgründen zurückgestellt werden.

Der Controller muss auf solche Umfeldfaktoren Einfluss nehmen und die Zusammenarbeit verbessern.

3 Fazit

Die meisten Controller sind es bereits gewohnt, über ihr Aufgabenfeld hinaus Zusammenhänge im Unternehmen und in den Märkten zu erkennen. Gute Kenntnisse des Unternehmens, seiner Branche, Märkte und Kunden sind heutzutage unverzichtbar für die Arbeit von Controllern. Es lohnt sich, diese Aufgeschlossenheit auch auf übergreifende Fachgebiete auszuweiten. Kenntnisse der Organisationspsychologie, Arbeitswissenschaften, Persönlichkeitsforschung, Motivationspsychologie oder Verhaltenswissenschaften können dem Controller im zwischenmenschlichen Bereich des Controllings helfen, seine Arbeit noch effizienter zu gestalten.

4 Literaturhinweise

Attems/Heimel, Typologie des Managers, 2003.

Bauer, Controllership in Deutschland – Zur erfolgreichen Zusammenarbeit von Controllern und Managern, 2002.

Kellner-Lewandowsky, Das Erleben und Verhalten der Controller in der Interaktionsbeziehung mit dem Management, 2007.

Lanter, Beziehungsdynamik im Controlling – Schwierigkeiten in der Zusammenarbeit zwischen Managern und Controllern unter konstruktivistischer Sicht, 1996.

Nüchter, Controlling – Konflikte und Konfliktbewältigung, 1999.

Schulz von Thun, Miteinander reden 1 – Störungen und Klärungen, 1998.

Seiwert/Gay, Das 1x1 der Persönlichkeit, 1996.

Weber/Hirsch/Rambusch/Schlüter/Sill/Spatz, Controlling 2006 – Stand und Perspektiven, eine Veröffentlichung des ICV und der WHU, 2006.

Kapitel 4: Organisation & IT

Potenziale heben statt Personal abbauen: Kostensenkungsprogramme in der Praxis

- Viele Unternehmen versuchen, ihre Kostensituation in Krisenzeiten ausschließlich durch Personalabbau zu verbessern. Sie ignorieren dabei verborgene Effizienzsteigerungspotenziale innerhalb der Organisation.
- Kostensenkungsprogramme haben sich in der Vergangenheit als erfolgreiche Mittel zur Identifikation und Hebung dieser Potenziale bewährt.
- Aus der Praxiserfahrung lassen sich sechs Empfehlungen für die erfolgreiche Durchführung solcher Programme identifizieren.
- Wie sich diese Erfolgsfaktoren praktisch umsetzen lassen, demonstrieren die Autoren anhand eines Referenzbeispiels aus dem Vertriebsbereich.

Inhalt | Seite

Die Autoren

Mag. Thomas Sima ist Geschäftsführer des Wiener Standortes von Horváth & Partners und Experte für Strategieumsetzung, Restrukturierungs- und Kostenmanagement.

Mag. Benjamin Kreisler ist Managing Consultant bei Horváth & Partners am Standort Wien mit dem Schwerpunkt Planung und Steuerung von Kostensenkungsprogrammen.

1 Alternativen zur traditionellen Kostensenkung

Kostensenkung = Personalabbau?

Vor dem Hintergrund der weltweiten Finanz- und Wirtschaftskrise verzeichnen derzeit viele Unternehmen dramatische Einbrüche in Umsatz und Auftragslage und beginnen, sich auf eine Phase der Konsolidierung und des allgemeinen Wirtschaftsabschwungs einzustellen. Im Zuge dessen sind rigorose Kostensenkungsmaßnahmen zumeist unausweichlich. Damit steigt in vielen Branchen in der Belegschaft auch die Sorge, dass der Rotstift in erster Linie bei den Mitarbeitern angesetzt und mehr oder weniger großflächiger Personalabbau durchgeführt wird.

Und tatsächlich ist es so, dass in vielen Unternehmen Kostensenkung mit Personalabbau gleichgesetzt wird. Die Personalkosten stellen zumeist einen der bedeutendsten Kostenblöcke dar. Sie lassen sich verhältnismäßig schnell und einfach beeinflussen und steuern – wenngleich das Unternehmen damit massiv in das Schicksal vieler Menschen eingreift und seiner sozialen Verantwortung nur schwerlich gerecht wird.

Versteckte Potenziale nutzen

Welche Alternativen bestehen nun, um effektive Kostensenkungen ohne bzw. nur mit geringem Personalabbau herbeizuführen? Tatsächlich eine ganz Menge. In jeder Organisation schlummern unzählige Effizienzsteigerungspotenziale, die entweder kaum sichtbar sind oder nicht konsequent verfolgt und realisiert werden. Gelingt es, diese versteckten Reserven und Ineffizienzen zu identifizieren und zu heben, sind signifikante Kostensenkungen möglich, ohne dass schmerzhafte Einschnitte wie großflächiger Personalabbau erforderlich sind.

2 Umsetzungshindernisse bei Programmen zur Kostensenkung

Wenngleich sich viele Unternehmen des Bestehens dieser versteckten Potenziale und Ineffizienzen durchaus bewusst sind, so gelingt es häufig nicht oder nur unzureichend, diese aufzuspüren und zu beseitigen – Grund dafür sind zumeist einer oder mehrere der typischen Mängel.

1. Es ist zumeist nicht klar ersichtlich, in welchen Bereichen/Kostenarten etc. nach diesen Potenzialen gesucht werden muss. Liegen dem Unternehmen nicht umfangreiche, aktuelle und aussagefähige Benchmarks vor, so ist es schwer einzugrenzen, in welchen Bereichen Einsparungen möglich und zu erwarten sind.
2. Die systematische Identifikation der Potenziale wird durch folgende Situation erschwert:

  - Der eine Teil der Effizienzsteigerungspotenziale betrifft übergreifende Themen, die auf Ebene des Gesamtunternehmens analysiert und bearbeitet werden sollten.
  - Der andere Teil jedoch liegt in den dezentralen Bereichen, wo ein zentrales Aufspüren und Beseitigen nicht möglich ist.
3. Häufig fehlt eine hinreichend konkrete und ambitionierte finanzielle Zielsetzung (z. B. maximal zulässige Gesamtkosten oder unit costs) bzw. wird diese kaum auf die einzelnen Bereiche heruntergebrochen. Ein klar definiertes, ehrgeiziges Ziel ist jedoch zwingend erforderlich, um in den Projekten/Bereichen ein Denken außerhalb der gewohnten Strukturen herauszufordern. Nur so lassen sich die entsprechenden Einsparungspotenziale identifizieren.
4. Sind Potenziale bereits bekannt, so scheitern viele Organisationen daran, daraus konkrete, umsetzbare Maßnahmen abzuleiten und die Umsetzung dieser Maßnahmen sicherzustellen. Insbesondere in größeren Unternehmen/Einheiten verlaufen zu viele Projekte im Sand und werden nicht erfolgreich abgeschlossen.
5. Vielfach werden die Effekte der durchgeführten Maßnahmen und Projekte im Vorfeld nicht konsequent quantifiziert und bewertet – eine Abschätzung der Zielerreichung bzw. eine Nachverfolgung und Bewertung der noch verbleibenden Kostenlücke ist zumeist kaum möglich.
6. Wird eine Quantifizierung der finanziellen Effekte vorab in einigen Unternehmen noch vorgenommen, so ist eine Nachrechnung nach Abschluss des Projekts/der Maßnahme wirklich die absolute Ausnahme. Es findet zumeist also keine Ergebniskontrolle statt – die Unternehmen befinden sich in Bezug auf das Kostensenkungsziel häufig im Blindflug.

Diese Schwachstellen zeigen, dass Unternehmen sowohl bei der Identifikation von versteckten Ineffizienzen als auch bei der Definition und Umsetzung der Optimierungsmaßnahmen zu kämpfen haben. Sollen Kosten effektiv und nachhaltig gesenkt werden, so muss ein Vorgehen gewählt werden, das in der Lage ist, Potenziale in der gesamten Organisation aufzuspüren, daraus Optimierungsmaßnahmen zu entwickeln und umzusetzen und deren finanziellen Effekt zu bewerten, um die noch verbleibende Optimierungslücke zu beurteilen.

3 Vorgehen zur Durchführung eines Optimierungsprogramms und Erfolgsfaktoren

Erfolgsfaktoren von Kostensenkungsprogrammen

Wie können diese Ineffizienzen nun systematisch aufgedeckt und tatsächlich beseitigt werden? In der Praxis hat sich hier ein Vorgehen bewährt, das gezielt nach diesen versteckten Potenzialen sucht und sie in ein Maßnahmenprogramm überleitet. Der Grundgedanke dabei ist, ein unternehmensweites Kostensenkungsprogramm aufzusetzen, das – ausgehend von einer klar definierten (finanziellen) Zielposition – die wesentlichen Kostenpositionen untersucht. Ausgehend von dieser Analyse werden

- einerseits gezielt einzelne Kostensenkungsprojekte gestartet, um unternehmensübergreifend Einsparungspotenziale zu heben,
- andererseits auch in intensiver Zusammenarbeit mit den dezentralen Einheiten die versteckten Potenziale auf dezentraler Ebene identifiziert und bearbeitet.

Um die Zielerreichung tatsächlich zu gewährleisten, wird für alle gestarteten Projekte/Maßnahmen der Effekt auf die Gewinn- und Verlustrechnung ermittelt und verfolgt.

Wie ein derartiges Programm aufgebaut ist, wird im Folgenden anhand der 6 zugrunde liegenden Erfolgsfaktoren erläutert (vgl. Abb. 1). Im zweiten Teil dieses Artikels wird anhand eines konkreten Fallbeispiels die praktische Anwendung erklärt.

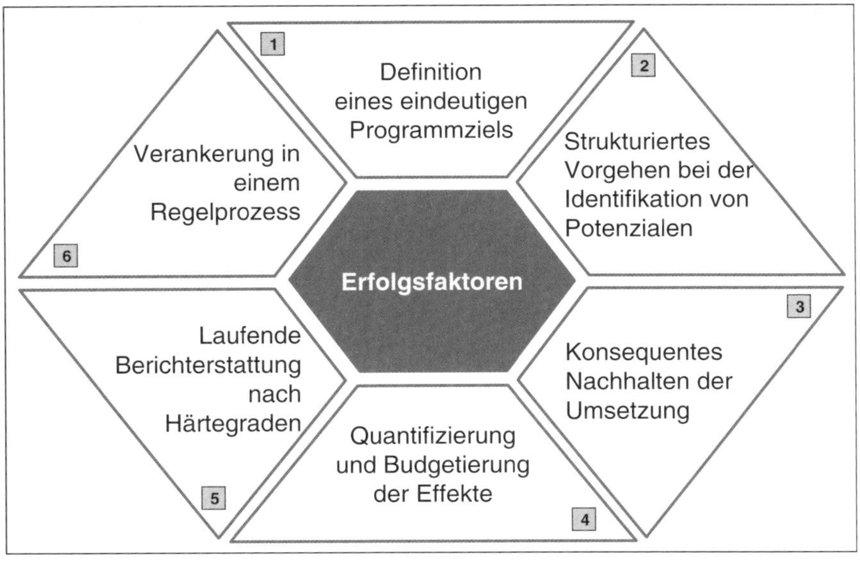

Abb. 1: Sechs Erfolgsfaktoren für Kostensenkungsprogramme

3.1 Erfolgsfaktor 1: Definition eines eindeutigen Programmziels

Konkrete Ziele vs. vage Appelle

Der erste Schritt zur systematischen unternehmensweiten Suche nach Optimierungspotenzialen ist die Initialisierung eines übergreifenden Programms mit einem eindeutigen finanziellen Programmziel. Grundsätzliche Anweisungen an die Mitarbeiter, die den allgemein bestehenden Kostendruck und die Kostensensibilität betonen, sind zwar gut und richtig, um das Kostenbewusstsein der Mitarbeiter zu fördern, können jedoch selten signifikante Kostensenkungen herbeiführen. Sie führen zu keinen nachhaltigen Änderungen der Kostenstruktur, sondern bringen zumeist nur kurzfristige Reduktionen (insb. bei Fremdleistungen) und schlagen häufig nur mit einem geringen Effekt zu Buche.

Ziele klar definieren und kommunizieren

Um eine Kostensenkung im gewünschten Ausmaß sicherzustellen, ist die Formulierung **einer** klaren und ambitionierten Zielgröße (z. B. Gesamtkosten oder Kosten pro produzierte Einheit) die Basis. Dieses Ziel gilt es im nächsten Schritt – je nach Steuerungslogik des Unternehmens – auf die einzelnen Bereiche, Einheiten oder Landesgesellschaften herunterzubrechen, um das Gesamtziel auf die einzelnen steuerbaren Einheiten zu verteilen und für alle Einheiten den erwarteten Wertbeitrag festzulegen. Zusätzlich können auch noch Nebenbedingungen zur Zielerreichung definiert werden (Kostenziele für bestimmte Bereiche oder Kostenarten, z. B. Instandhaltung), um die angestrebte Kostensenkung in eine nachhaltige Richtung (dauerhafte Optimierung der Instandhaltungskosten anstelle von kurzfristiger Reduktion der Marketingaufwendungen) zu lenken. Die Motivationsstärke, die ein klar definiertes und intensiv kommuniziertes finanzielles Ziel in der Organisation entfalten kann, wird häufig ignoriert oder zumindest unterschätzt.

3.2 Erfolgsfaktor 2: Strukturiertes Vorgehen bei der Identifikation der Potenziale

Kostenanalyse

Nach Festlegung der Zielgröße müssen im nächsten Schritt jene Bereiche identifiziert werden, in denen Kostensenkungspotenziale vermutet werden.

1. Zunächst werden die einzelnen Kostenblöcke analysiert. Aufgrund der Entwicklung im Zeitverlauf, des internen und externen Benchmarkings sowie natürlich der Fach- und Geschäftskenntnis der Fachbereiche und des Managements werden jene Kostenblöcke herausgearbeitet, bei denen signifikante Einsparungspotenziale vermutet werden.
2. Im zweiten Schritt wird die Beeinflussbarkeit der Kosten hinterfragt (Welche Einheit kann die betreffenden Kosten steuern?), um später die Initiativen an der richtigen Stelle im Unternehmen aufsetzen zu können. Dazu wird ermittelt,

- welche Kostenblöcke zentral beeinflussbar sind,
- welche dezentral beeinflussbar sind und
- welche Kostenblöcke nicht/kaum beeinflussbar sind (z. B. zumeist große Teile der Abschreibung etc.).

3. Im dritten Schritt wird ermittelt, inwieweit die Bearbeitung der Kostenblöcke auf unternehmensübergreifender Ebene Sinn macht (z. B. weil Synergien zu erwarten sind oder eine einheitliche, für alle Bereiche/Länder standardisierte Lösung erforderlich ist) bzw. welche Kosten in den jeweiligen Einheiten dezentral zu bearbeiten sind.
4. Ausgehend vom Ergebnis dieser Analyseschritte werden dann für jene Kostenblöcke, die übergreifend bearbeitet werden müssen oder zentral beeinflussbar sind, einzelne Optimierungsprojekte aufgesetzt; für die Optimierung der dezentral beeinflussbaren Kostenblöcke müssen die jeweiligen verantwortlichen Einheiten entsprechende Optimierungsmaßnahmen entwickeln.

3.3 Erfolgsfaktor 3: Quantifizierung und Budgetierung der Effekte

Bewertung der Maßnahmen

Sind die wesentlichen Kostensenkungsthemen definiert und die entsprechenden Projekte aufgesetzt (inkl. detaillierter Projektplanung etc.), werden finanzielle Zielsetzungen für die einzelnen Projekte und die dezentral, beeinflussbaren Kostenblöcke festgelegt. Diese stellen dann im weiteren Verlauf eine wichtige Messlatte für den Erfolg jedes einzelnen Projekts/der jeweiligen Einheit dar. Im Zuge der Projektarbeit werden konkrete Umsetzungsmaßnahmen erarbeitet, wobei gleichzeitig der finanzielle Effekt jeder Maßnahme auf die Gewinn- und Verlustrechnung bewertet wird.

In der gleichen Art erarbeiten auch die dezentralen Bereiche Maßnahmen zur Optimierung jener Kostenblöcke, die nicht sinnvoll durch zentrale Initiativen optimiert werden können.

So entsteht eine Vielzahl von konkreten Einsparungsmaßnahmen und Projekten und der konkrete Weg zur Erreichung des Optimierungsziels wird sichtbar. Durch die kontinuierliche Gegenüberstellung der bewerteten Einsparungspotenziale zu dem Gesamtziel lassen sich jederzeit die noch verbleibende Optimierungslücke beziffern und entsprechende zusätzliche Maßnahmen initiieren.

Integration in die Budgets

Von zentraler Wichtigkeit ist es, in weiterer Folge den finanziellen Effekt der so ermittelten Optimierungsmaßnahmen in das Budget überzuleiten und die geplanten und versprochenen Kostenreduktionen auch in den Kostenbudgets entsprechend abzubilden. Die Integration der geplanten Kostenreduktionen in das Budget stellt – insbesondere bei diesem

Vorgehen mit einem hohen dezentralen Leistungsanteil – eine Anreiz- und Steuerungswirkung dar, auf die nicht verzichtet werden kann, da eine zentrale Bewertung und Nachverfolgung der einzelnen Maßnahmen nicht immer sinnvoll möglich ist.

3.4 Erfolgsfaktor 4: Konsequentes Nachhalten der Umsetzung

Tracking auf Basis detaillierter Planung

Das Vorgehen basiert darauf, durch die Einbindung der gesamten Organisation und die gleichzeitige und abgestimmte Optimierung aller wichtigen Kostenblöcke signifikante Einsparungen auf Gesamtunternehmensebene zu generieren. Dies bedingt, dass im Rahmen des Programms eine Vielzahl von Maßnahmen und Initiativen entsteht. Diese Maßnahmen werden von unterschiedlichsten Bereichen gesteuert und verantwortet. Um die durchgängige Umsetzung dieser Maßnahmen zu gewährleisten, ist eine konsequente Nachverfolgung an zentraler Stelle erforderlich. Dies ist auch erforderlich, um frühzeitig zu erkennen, welche Maßnahmen nur verzögert oder überhaupt nicht abgeschlossen werden können, um frühzeitig gegenzusteuern und entsprechende Ersatz- oder Gegenmaßnahmen zu definieren. Im Zuge eines engen Trackings wird zweiwöchentlich bis monatlich über die entsprechenden Umsetzungsfortschritte berichtet und Vorschläge für Gegenmaßnahmen werden zur Entscheidung vorgelegt. Die Basis für ein qualitativ hochwertiges Umsetzungstracking stellt selbstverständlich eine entsprechend feine Planung der Optimierungsprojekte und Maßnahmen dar.

3.5 Erfolgsfaktor 5: Laufende Berichterstattung nach Härtegraden

Beurteilung der Zielerreichung

Neben der laufenden Beobachtung des inhaltlichen Fortschritts hat ein umfassendes Programmreporting auch laufend den Blick auf den finanziellen Zielerreichungsgrad zu richten. Eine laufende Bewertung der Maßnahmen nach Härtegraden macht deutlich, wie sicher das Eintreten des jeweils gemeldeten Optimierungspotenzials ist, und gibt somit eine Indikation für weiteren Handlungsbedarf (s. Abb. 2).

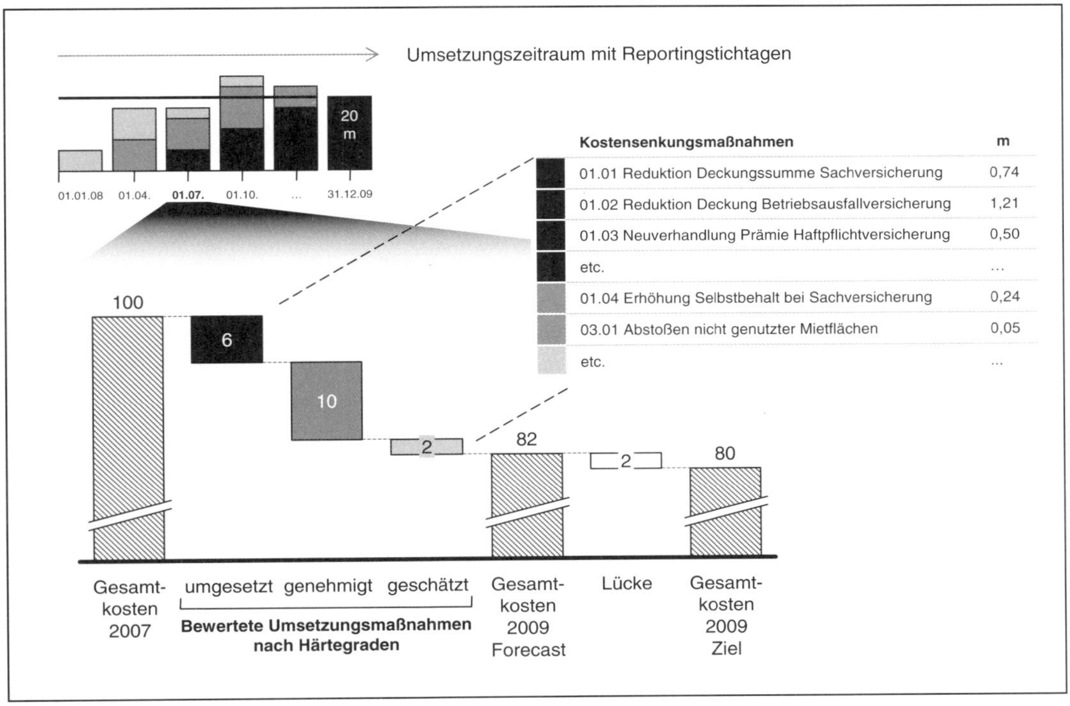

Abb. 2: Laufendes Programmreporting mit Härtegradlogik

3.6 Erfolgsfaktor 6: Verankerung in einem Regelprozess

Laufende Steuerung

Der letzte zentrale Erfolgsbaustein besteht darin, einen geschlossenen Steuerungszyklus zur Sicherstellung der Ergebniserreichung zu etablieren und daraus regelmäßig Handlungsbedarf abzuleiten. In regelmäßigen Abständen sind der Umsetzungsgrad der definierten Projekte und Maßnahmen zu erheben bzw. auch die entsprechenden Schätzungen der Optimierungspotenziale zu erneuern und in der Folge ist konsequent gegenzusteuern. Darüber hinaus wird auch regelmäßig die Entwicklung der Istzahlen in der GuV verfolgt und mit den definierten Maßnahmen abgeglichen, um den tatsächlichen, in der GuV sichtbaren Umsetzungserfolg zu hinterfragen und nötigenfalls steuernd einzugreifen.

4 Kostensenkungsprogramme in der Praxis

Weite Verbreitung

Wie eingangs schon erwähnt, sind in diesen Tagen Kostensenkungsprogramme ein fester Bestandteil der Unternehmenspraxis. Tatsächlich geben in einer Befragung von insgesamt 370 Führungskräften in Österreich,

Deutschland und der Schweiz mehr als 75 % an, dass in den letzten drei Jahren ein Kostensenkungsprogramm in ihrem Unternehmen durchgeführt wurde – bei mehr als 50 % sogar mehrfach. Dabei fällt die subjektive Einschätzung über den Programmerfolg durchaus zwiespältig aus:

- Gut ein Viertel der Unternehmen erzielte durch die Programme nach eigener Einschätzung keine Verbesserung der Wettbewerbssituation.
- Ein weiteres Drittel der Unternehmen sah nur kurzfristige Verbesserungen.[1]

Kostensenkungsprogramme derart durchzuführen, dass sie sich auch in einer nachhaltigen Steigerung des Unternehmenserfolgs niederschlagen, scheint somit durchaus eine größere Herausforderung für viele Organisationen zu sein. Wie Unternehmen mit Kostensenkungsprogrammen eine nachhaltige Steigerung des Unternehmenserfolgs erzielen, soll anhand des nachfolgenden Praxisbeispiels dargestellt werden.

Praxisbeispiel Vertriebsbereich

Das dabei beschriebene Profitabilitätssteigerungsprogramm wurde in der Vertriebssparte eines multinationalen Konzerns der petrochemischen Industrie durchgeführt. Die Division erwirtschaftet auf mehr als 2.000 Vertriebsstandorten in Zentral- und Osteuropa einen Jahresumsatz von etwa 520 Mio. EUR. Organisatorisch gliedert sich die Division in einen zentralen Bereich sowie in mehr als 10 dezentrale Vertriebsgesellschaften in den Ländern. Das Programm war auf einen Zeitraum von zwei Jahren angelegt und durchlief in seinem Lebenszyklus vier zentrale Phasen, auf die im Folgenden im Detail eingegangen wird.

4.1 Programmsetup

Konsolidierung nach raschem Wachstum

Hintergrund des Profitabilitätssteigerungsprogramms war eine anstehende Konsolidierungsphase im zuvor rasch und nur teilweise homogen gewachsenen Vertriebsbereich. Steigende Einkaufspreise und ein zäherer Wettbewerb drohten, den Druck auf die Margen in den kommenden Jahren stetig zu erhöhen. Gleichzeitig sah sich das Unternehmen stagnierender bis sinkender Kundennachfrage in tendenziell gesättigten Märkten gegenüber.

Vor dieser Ausgangssituation konzentrierten sich die Programmziele einerseits auf die Segmentierung und Bereinigung des gewachsenen Vertriebsnetzwerkes, andererseits auf die Nutzbarmachung von Synergien, die Optimierung von Prozessen und generell eine Rationalisierung innerhalb der Vertriebsorganisation.

---

[1] Matzler et al. (2005).

4.1.1 Entwicklung eines Zielgrößensystems

Die quantitative Zielvorgabe an das Programm bestand in der Erreichung einer Kapitalrentabilität im Vertriebsbereich von sechs Prozent innerhalb der nächsten zwei Jahre – wobei die Kapitalrentabilität im spezifischen Fall als Quotient aus EBIT und durchschnittlichem (im)materiellen Anlagevermögen errechnet wird. Der Fokus des Programms sollte dabei auf der EBIT-Seite liegen. Die Entwicklung des Anlagevermögens wurde entsprechend der Mittelfristplanung als vergleichsweise konstant angenommen.

6 % Kapitalrentabilität

Unter diesen Parametern musste das Programm innerhalb von zwei Jahren einen EBIT-Wert sicherstellen, der einer Verdreifachung der Ausgangsgröße entsprach. Die organisatorischen Grundlagen dafür mussten allerdings bereits nach Ablauf des ersten Jahres geschaffen sein, um möglichst im zweiten Jahr ihren vollen Effekt entfalten zu können. Somit würde sich das Gesamtprogramm in der ersten Phase auf die Entwicklung von Maßnahmen konzentrieren, die geeignet und ausreichend waren, um das Ziel-EBIT-Niveau zu erreichen. Die zweite Phase würde dann in einer Überwachung des tatsächlichen Effekts dieser Maßnahmen und der Initialisierung eventuell erforderlicher Gegensteuerungsmaßnahmen bestehen.

Verdreifachung des EBIT

Insgesamt eine herausfordernde Aufgabenstellung, die eine möglichst breite Einbindung der Organisation bei der Entwicklung von Initiativen erforderlich machte. Denn während sich bestimmte Potenziale nur durch ein länderübergreifendes Vorgehen heben lassen, verlangen wieder andere nach lokalen Kenntnissen und einer dezentralen Bearbeitung. Dieser Überlegung folgend, sollte im Praxisbeispiel gut die Hälfte der EBIT-Zielvorgaben durch zentral entwickelte Konzepte zur Fixostenreduktion und Deckungsbeitragssteigerung erreicht werden. Für die Erfüllung der verbleibenden 50 % waren die einzelnen Länderorganisationen verantwortlich. Basierend auf dem jeweiligen Abstand zu den Zielkosten, wurde für jedes Land ein Kostensenkungspotenzial errechnet und als Zielgröße für die Entwicklung von Maßnahmen vorgegeben.

Zentrale und dezentrale Potenziale

4.1.2 Identifikation und Priorisierung von Projektansätzen

Zur Identifikation von internationalen, zu bearbeitenden Potenzialen wurde unter anderem eine detaillierte Kostenartenanalyse für den gesamten Vertriebsbereich vorgenommen, in der alle Kostenarten anhand zweier Dimensionen angeordnet wurden:

Analyse der Kostenarten

- Bedeutung = Prozentualer Anteil der Kostenart an den Gesamtkosten
- Entwicklung = Prozentuale Veränderung der Kostenart, bezogen auf die vertriebene Menge innerhalb der letzten drei Jahre (Anm.: Durch

die Berücksichtigung der vertriebenen Menge werden Wachstumseffekte aus der Analyse eliminiert.)

Die sich daraus ergebende Verteilung der Kostenarten wurde in der Folge in ein Vierer-Portfolio unterteilt, aus dem sich eine direkte Implikation für die Priorisierung von Projektansätzen ergab:

- Priorität A: Der höchste potenzielle Beitrag zur Schließung der EBIT-Lücke im Programm konnte aus jenen Kostenarten erwartet werden, die
  - einerseits einen großen Anteil am Gesamtbudget einnahmen und
  - gleichzeitig in den letzten Jahren stärker angestiegen waren als der Durchsatz im Vertriebsbereich.

Im konkreten Fallbeispiel betraf dies unter anderem die Kostenarten Marketing & Werbung, Instandhaltung, Abschreibung, Miete & Pachten, IT-Kosten und Lagerschwund.

- Priorität B: Von sekundärem Interesse waren all jene Kostenarten, die zwar eine hohe Bedeutung für das Gesamtbudget hatten, in denen allerdings bereits in den letzten Jahren signifikante Kostensenkungen erreicht werden konnten. Eine weitere Senkung in diesem Bereich wäre nur mit unverhältnismäßig hohem Aufwand zu erreichen gewesen.
- Priorität C: Ein vergleichsweise geringes Potenzial boten alle Kostenarten, die zwar in der Vergangenheit deutlich angestiegen waren, allerdings nur einen geringen Wert im Vergleich zu den Gesamtkosten darstellten.

In der Folge wurde für alle Kostenarten der Priorität A zumindest ein internationales Projekt aufgesetzt. Alle „B“- und „C“-Prioritäten wurden zunächst nicht weiter verfolgt – über etwaige Aktivitäten in diesen Bereichen würde aber nachgedacht werden, sollten die „A“-Projekte nicht ausreichend sein, um die Ziellücke zu schließen.

20 internationale Projekte

Gemeinsam mit weiteren Projekten, die auf die Umsatzseite wirken sollten, wurden im Programmsetup insgesamt 20 Projekte initialisiert. Der auf Basis der Potenzialanalysen ermittelte EBIT-Beitrag dieser Initiativen schloss die Lücke zur Gesamtzielerreichung. Die Erwartung an diese zentral betriebenen Projekte bestand darin, dass diese das grob ermittelte Potenzial detaillierter analysierten, Konzepte zur Potenzialhebung entwickelten und diese in den einzelnen Länderorganisationen erfolgreich implementierten.

4.1.3 Definition der Programmorganisation und -strukturen

Komplexität als Risiko

In der Praxis ist in vielen Programmen der Erfolg dadurch gefährdet, dass die einzelnen Initiativen ohne eine übergreifende Steuerung die erforderlichen Maßnahmen nicht zeitgerecht bzw. nicht in ausreichender Höhe entwickeln und umsetzen. So stellte auch im konkreten Fall der Programmauftrag für die Mehrzahl der Projektleiter und Länderverantwortlichen einen Zusatz zu ihren operativen Aufgaben dar. Um trotz der Komplexität und der erhöhten Arbeitsbelastung den Programmerfolg sicherzustellen, musste ein rigoroser Steuerungsansatz zur Anwendung kommen.

Basis dieses Ansatzes war die Schaffung einer aus folgenden Komponenten bestehenden Programmorganisation:

- Der **Steuerungskreis** mit den Programmsponsoren bildete das Kontroll- und Aufsichtsgremium.
- Die **Programmleitung** trug die Verantwortung für die Sicherstellung des Programmerfolgs.
- Das **Programmbüro** war für die Schaffung aller erforderlichen Strukturen und Instrumente zur Programmsteuerung, aber auch für die operative Abwicklung verantwortlich.

Spezifikum der Programmorganisation war die Doppelbesetzung aller Positionen mit jeweils einem Vertreter aus dem Vertriebsbereich und dem Finanzbereich – ganz im Sinne des Verständnisses vom Controller als betriebswirtschaftlicher Sparringpartner des Linienmanagements.

Sicherstellung des Programmerfolgs

Die zentrale Aufgabe der Programmleitung und des Programmbüros bestand in der Sicherstellung der inhaltlichen Entwicklung von organisatorischen Maßnahmen, die von ihrem finanziellen Effekt her ausreichend wären, um die Lücke zur Erreichung des EBIT-Ziels zu schließen. Gegenüber dem Steuerungskreis musste man laufend über den inhaltlichen Fortschritt der Projekte und die aktuelle Höhe der Ziellücke aussagefähig sein. Aus Steuerungsgesichtspunkten war es daher erforderlich, den Projektleitern einheitliche Strukturen vorzugeben, innerhalb derer diese ihre Konzepte zur Profitabilitätssteigerung dann erarbeiteten.

Tracking auf 4 Ebenen

Auf Basis dieser detaillierten und strukturell einheitlichen Einzelprojektplanung konnte in der Folge das Programm-„Tracking" aufgebaut werden, das auf vier Ebenen stattfand:

- Auf Ebene des **Gesamtprogramms** wurde in regelmäßigen Abständen eine qualitative Aussage über Fortschritt und Risiken vom jeweiligen Projektleiter abgegeben. Zusätzlich gab dieser nach einer dreistufigen Ampellogik seine Einschätzung zum aktuellen Status ab.

- Die im Projektplan definierten **Aufgaben und Meilensteine** wurden durch die Projektleiter hinsichtlich ihres Status (nicht begonnen/begonnen/abgeschlossen) und des erwarteten End-Datums „a jour" gehalten. Mittels dieser Informationen konnten Verzögerungen und Verschiebungen im Projekt rasch identifiziert werden.
- Die zur Hebung der Potenziale entwickelten **Maßnahmen** wurden sowohl hinsichtlich ihrer Umsetzung wie auch ihrer finanziellen Bewertung laufend nachgehalten.
- Die vierte Tracking-Ebene konzentrierte sich auf die tatsächlichen **finanziellen Effekte** des Projekts und startete nach dem inhaltlichen Abschluss des Projekts.

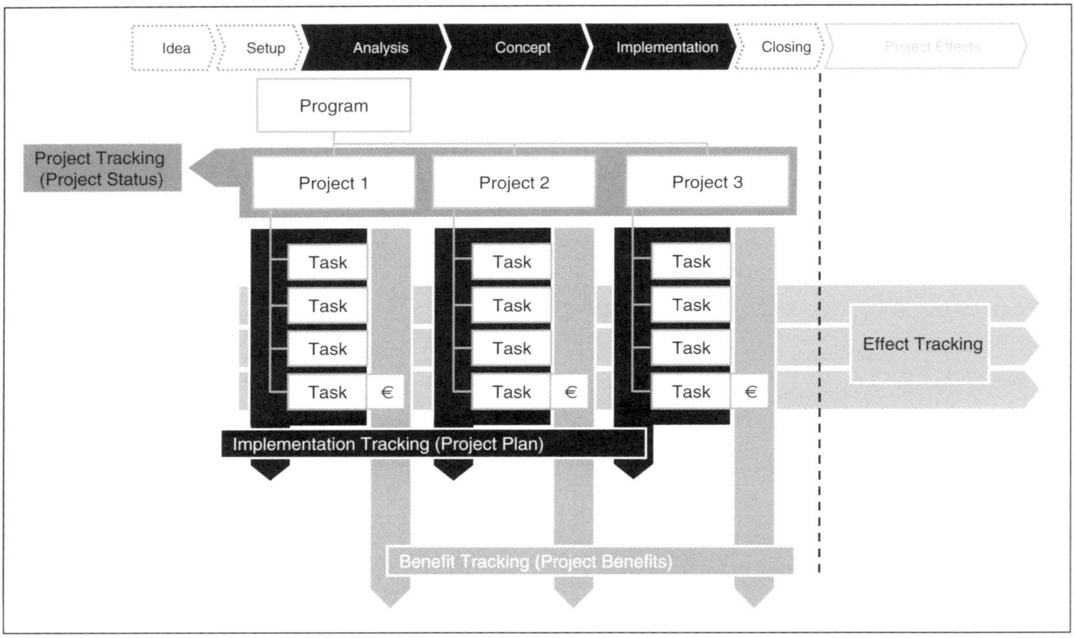

Abb. 3: Konsequentes Tracking auf vier Ebenen

4.2 Konzeptentwicklung

Beispiele Kostensenkungskonzepte

Aus der Vielzahl der im Rahmen des Gesamtprogramms entwickelten Konzepte sind im Folgenden einige Ansätze steckbriefartig beschrieben, um generelle Möglichkeiten zur Profitabilitätssteigerung im Vertriebsbereich zu illustrieren:

- **Netzwerksegmentierung:** Zentraler Ansatzpunkt für eine EBIT-Optimierung im Vertriebsbereich war die Schaffung einer einheitlichen

Netzwerksegmentierung der mehr als 2.200 Vertriebsstandorte. Durch diese Clusterung wurden einerseits Schließungskandidaten identifiziert, die gegenwärtig den Unternehmens-EBIT belasteten. Gleichzeitig wurden aber auch einheitliche Kriterien pro Segment hinsichtlich der Umsatz-, Investitions- und Kostenziele definiert – ebenso wie Vorgaben in Bezug auf Wartungsintervalle, Betriebsöffnungszeiten etc.

- **Instandhaltung:** Eine positive Kostenwirkung hatte die Netzwerksegmentierung etwa auf die Instandhaltung. Durch die Definition längerer Wartungsintervalle für Non-Premium-Standorte ließen sich signifikante Einsparungen erzielen. Die lokalen Verträge mit Instandhaltungsunternehmen wurden aufgelöst und international neu ausgeschrieben. Weitere Kostenvorteile konnten durch die konsequentere Ausnutzung von Garantiezeiten sowie eine Übertragung einfacherer Instandhaltungsarbeiten in den Verantwortungsbereich der Standortmitarbeiter realisiert werden.
- **Abschreibungen:** Durch eine Adaptierung der baulichen Standards von Neubauobjekten sowie durch die internationale Ausschreibung bestimmter Gebäudebestandteile wurden die Investitionskosten und Abschreibungen für zukünftige Standorte reduziert.
- **Versicherungen:** Im Versicherungsbereich wurde die bisherige Sachversicherung aufgekündigt, da die Schadensfälle der vergangenen Jahre im Schnitt nur etwa 70 % der Prämienzahlungen ausmachten. Um dennoch für größere Schadensereignisse abgesichert zu sein, wurde ein Versicherungsschutz bei hohem Selbstbehalt und gleichzeitig geringer Prämie abgeschlossen.
- **Deckungsbeiträge:** Zur Erhöhung der Deckungsbeiträge wurde beispielsweise die Preissensitivität der Kunden für bestimmte Schlüsselprodukte in einem Pilotprojekt erhoben. Die Erkenntnisse daraus wurden dann auf die Preisgestaltung des Gesamtunternehmens angewandt. Darüber hinaus wurde mit internationalen Lieferanten und Logistikpartnern über Bonifikationen und absatzabhängige Prämien verhandelt.

4.3 Maßnahmenentwicklung und -umsetzung

500 Umsetzungsmaßnahmen

Die in den internationalen Projekten entwickelten Konzepte wurden durch die Definition länderspezifischer Maßnahmen weiter operationalisiert und so für eine dezentrale Umsetzung aufbereitet. Parallel dazu entwickelten die Länderorganisationen ihrerseits Maßnahmen zur Hebung der dezentralen Potenziale. Über den gesamten Programmverlauf wurden so an die 500 Einzelmaßnahmen entwickelt, freigegeben und umgesetzt. Für die Maßnahmen wurden Steckbriefe erstellt, die auch für die Erfolgskontrolle hinzugezogen wurden (s. Abbildungen 4 und 5).

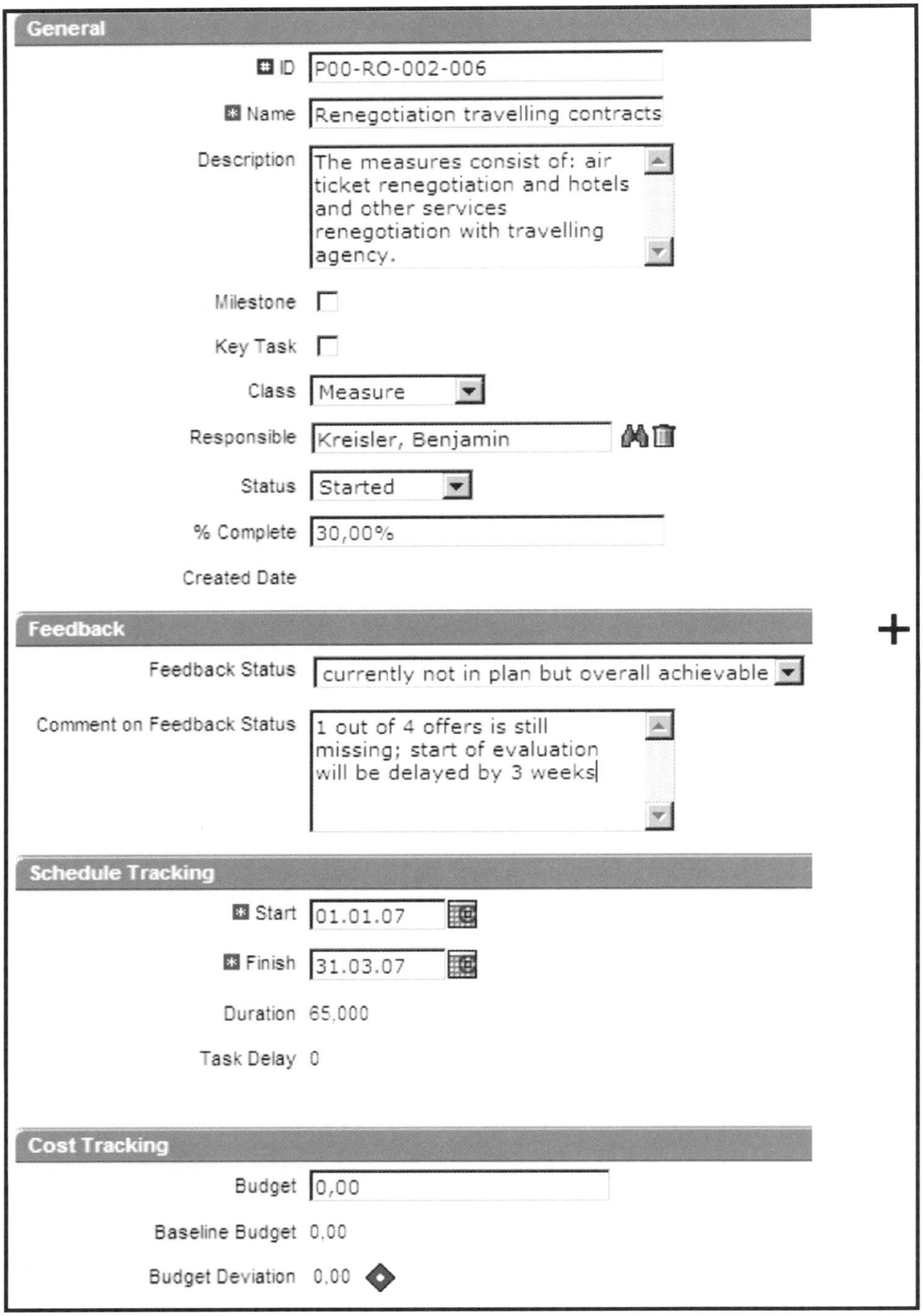

General

ID: P00-RO-002-006

Name: Renegotiation travelling contracts

Description: The measures consist of: air ticket renegotiation and hotels and other services renegotiation with travelling agency.

Milestone: ☐

Key Task: ☐

Class: Measure

Responsible: Kreisler, Benjamin

Status: Started

% Complete: 30,00%

Created Date

Feedback

Feedback Status: currently not in plan but overall achievable

Comment on Feedback Status: 1 out of 4 offers is still missing; start of evaluation will be delayed by 3 weeks

Schedule Tracking

Start: 01.01.07

Finish: 31.03.07

Duration: 65,000

Task Delay: 0

Cost Tracking

Budget: 0,00

Baseline Budget: 0,00

Budget Deviation: 0,00

Abb. 4: Maßnahmensteckbrief (Teil 1)

Financial Scorecard Project ABC (Romania), Measure: Renegotiation travelling contracts, Stage Gate: Approved					
[EUR]	Total	Jan	Feb	Mar	Apr
Net Margin					
Personnel Expenses					
Depreciation					
Lease, Rent					
Advertising&Marketing					
Maintenance					
Expenses other services					
IT Expenses					
Other material for consumption					
Energy					
Insurance					
Financ.contribution, bonification					
Results from f.a. sale					
Deficit, Damages					
Trainings					
Card costs					
Advising Exp.					
Taxes					
Valuation Reserve					
Provisions					
Bank exp./Exchange loss					
Travel expenses	120.000	10.000	10.000	10.000	10.000
Communication					
Representation					
Other Expenses					
office costs					
Allocation of costs					
Recharging to third parties					
revenue from group cost allocation					
revenue from internal recharching					
discharge of cost allocations					
capitalized service					
gains from disposal of f.a.					
revenue from release of provisions					
Total	**120.000**	**10.000**	**10.000**	**10.000**	**10.000**

Abb. 5: Maßnahmensteckbrief (Teil 2)

Von laufendem Interesse im Programm war daher die Frage, ob bereits ausreichend Maßnahmen definiert und in der Folge umgesetzt sind, um das gesteckte Ziel zu erreichen. Dies machte eine Vereinheitlichung der Bewertung aller im Programm entwickelten Maßnahmen erforderlich. Im Konkreten hieß das, dass der Effekt kostenartengenau zu erfassen war. Jede Maßnahme war so viel „wert“, wie sie das Ausgangsergebnis verbessern konnte.

Integration in die Budgets

Diese detaillierte Erfassung war Grundvoraussetzung dafür, dass die Programminhalte anschließend in die operativen Budgets integriert werden konnten. Denn die Integration der finanziellen Auswirkungen des Gesamtprogramms in die Jahresbudgets ist unverzichtbar, will man die Effektivität eines Kostensenkungsprogramms auch im operativen Bereich sicherstellen (s. Abb. 6).

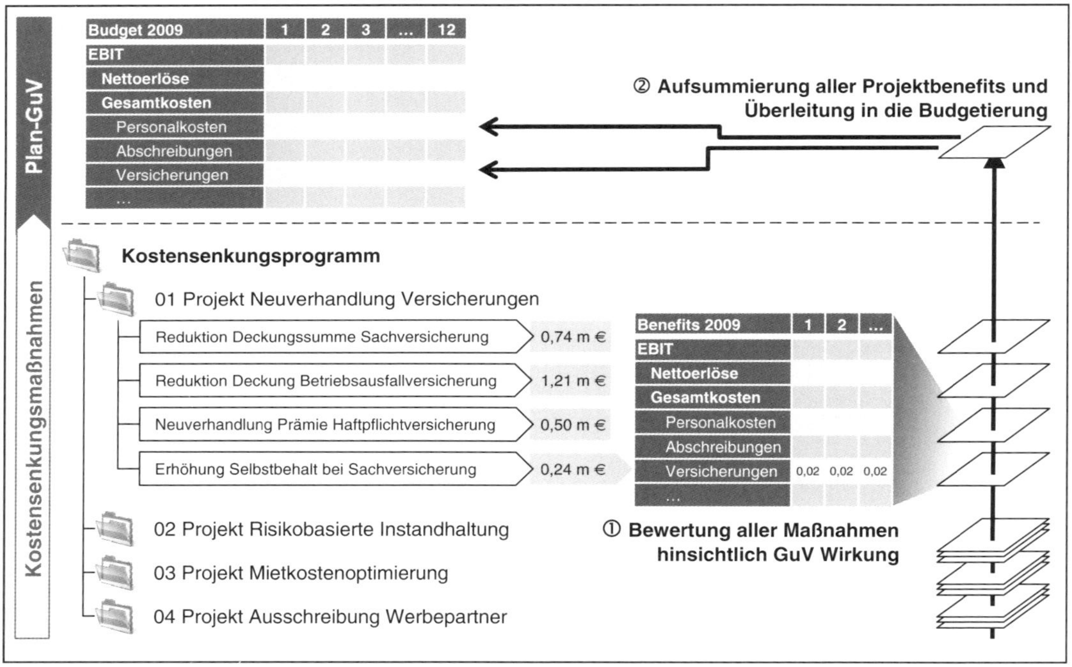

Abb. 6: Integration der Programminhalte in die operativen Budgets

4.4 Effektkontrolle

Schwierige Kontrolle

Nach Erfahrung der Autoren konzentrieren sich Projekt- bzw. Programmmanagementansätze in der Praxis auf die Phasen der Initialisierung, Konzeption und Umsetzung. In die Überprüfung der Wirksamkeit und Nachhaltigkeit der implementierten Projektvorhaben wird wenig bis keine Zeit investiert.

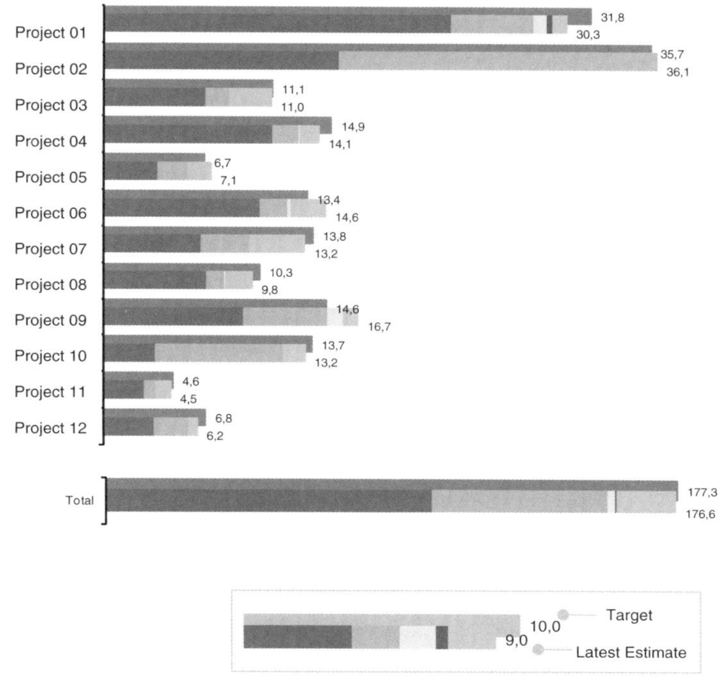

Done	In Plan	Not in Plan	Not achievable	Not started	Gap	Project
22,62	5,37	0,91	0,34	1,02	-1,59	P01
15,32	20,81				0,39	P02
6,67	1,47			2,84	-0,08	P03
11,01	1,73	0,04		1,34	-0,82	P04
3,53	1,98			1,55	0,40	P05
10,23	1,75	0,27		2,30	1,20	P06
6,34	3,24			3,63	-0,55	P07
6,72	1,19	0,03		1,82	-0,52	P08
9,10	5,55	0,96		1,06	2,07	P09
3,39	8,34			1,48	-0,47	P10
2,67	0,78			1,02	-0,15	P11
3,34	2,22			0,64	-0,56	P12
100,94	**54,44**	**2,21**	**0,34**	**18,70**	**-0,68**	**Total**

Abb. 7: Erfolgskontrolle der Maßnahmen

- Zum einen liegt dies gewöhnlich an der beschränkten Verfügbarkeit von Ressourcen: Projektleiter stehen nach Abschluss der Umsetzung ihres Projektes häufig nicht mehr zur Verfügung, da sie bereits wieder neue Projekte und/oder ihre Linienagenden übernommen haben. Auch das Controlling kann eine konsequente Nachverfolgung finanzieller Projektergebnisse neben den laufenden Standardprozessen kaum leisten.
- Zum anderen ist die Nachrechnung von Projektbenefits selten trivial. Denn üblicherweise stellen finanzielle Ergebniszahlen eine Aggregation unterschiedlichster, sich überlappender betriebswirtschaftlicher Sachverhalte dar. Somit können aus dem standardisierten GuV-Reporting kaum eindeutige Rückschlüsse auf den finanziellen Erfolg von Einzelprojekten und -maßnahmen getroffen werden.

Im Referenzbeispiel war die Frage der Wirksamkeit der entwickelten Maßnahmen entscheidend für den Programmerfolg. Hätte man nach Abschluss der Implementierung der Einzelmaßnahmen auf eine weiterführende Nachrechnung verzichtet, wäre dies einem 12-monatigen Blindflug gleichgekommen – mit der Hoffnung, am Jahresende tatsächlich auf dem gewünschten Wert zu landen. Es galt also, den Programmerfolg durch eine laufende Überprüfung der tatsächlichen finanziellen Auswirkungen der Maßnahmen sowie der Entwicklung allenfalls erforderlicher Gegensteuerungsaktionen sicherzustellen (s. Abb. 7).

4.4.1 Laufende Überprüfung des finanziellen Isteffekts der Maßnahmen

Erfolgsfaktor Budget-integration

Bei der Umsetzung der laufenden Effektkontrolle machte sich ein Umstand besonders bezahlt: die Integration der Benefit-Schätzungen aller Maßnahmen im Programm in das aktuelle Jahresbudget. Dadurch konnten die Standard-Controlling-Prozesse wie Monatsberichtswesen und Jahresendforecasting ohne Einschränkung auch für die laufende Verfolgung der Programmzielerreichung verwendet werden. Eine groß angelegte Parallelrechnung war somit nicht erforderlich und es konnte jeweils auf die bereits bekannten Ergebniszahlen referenziert werden.

Bei relevanten Budgetüberschreitungen wurden die zugehörigen Einzelmaßnamen im Sinne eines „Management by Exception" näher betrachtet. Parallel wurde die Wirksamkeit der wertmäßig bedeutendsten Maßnahmen von zentraler Stelle aus analysiert, um etwaige gravierende Ausfälle auszuschließen.

4.4.2 Entwicklung kurzfristiger Gegensteuerungsmaßnahmen

Rasche Reaktion auf Abweichungen

Sobald feststeht, dass es in bestimmten Unternehmensbereichen zu Abweichungen gekommen ist, sollte sich in der Folge sehr schnell die Frage nach Möglichkeiten zur Gegensteuerung stellen. Denn je weiter das

Jahr fortschreitet, desto geringer werden die Möglichkeiten, Fehlentwicklungen der Vormonate zu korrigieren. In der Praxis haben sich insbesondere drei Vorgehensweisen zur Sicherung des Programmerfolgs bewährt:

- **Konsequentes Nachhalten definierter Maßnahmen:** Ein Teil der entstandenen Lücken lässt sich i. d. R. schon alleine dadurch schließen, dass verzögerte Maßnahmen konsequent in Richtung Fertigstellung bewegt werden. Zu prüfen ist darüber hinaus, ob erfolglose Maßnahmen eventuell durch kurzfristig angestoßene Ersatzmaßnahmen kompensiert werden können. Hier empfiehlt sich der Blick über die Bereichs- bzw. Landesgrenze hinaus hinsichtlich der Möglichkeit zur Übertragung erfolgreicher Ansätze.
- **Kontrolle der Purchase-to-pay-Prozesse:** Potenzial bietet auch eine Analyse aller relevanten Bestell- und Bezahlprozesse in Bezug auf fehlende Kostenkontrollmechanismen und ähnlicher Schwachpunkte. So hat sich im Praxisbeispiel bei der Überprüfung der Bestellprozesse herausgestellt, dass jeder Gebietsleiter die Möglichkeit hatte, Instandhaltungsleistungen direkt bei den Partnerfirmen zu beauftragen. Die Genehmigung der Ausgabe wurde dann i. d. R. im Nachhinein ausgestellt. Durch diese unkoordinierten Bestellungen kam es regelmäßig zur Überschreitung des Instandhaltungsbudgets. Nachdem der Sachverhalt transparent gemacht worden war, wurde der Beauftragungsprozess entsprechend umgestellt: Heute gibt es einen Single Point of Contact in der zentralen Instandhaltungsabteilung, der die Beauftragung der Partnerfirmen unter Berücksichtigung des verfügbaren Budgets steuert. Dienstleistern und Gebietsmanagern wurde kommuniziert, dass Rechnungen über Leistungen aus dezentralen Bestellungen künftig nicht mehr bezahlt werden.
- **Identifikation der verbleibenden, beeinflussbaren Kostensenkungsmöglichkeiten:** Als letzte Möglichkeit bleibt natürlich die unterjährige Kürzung von Budgets. Dabei sind allerdings zwei Restriktionen zu berücksichtigen: Zum einen sind die Jahresbudgets bereits bis zu einem gewissen Grad ausgegeben oder gebunden. Zum anderen eignen sich auch nur ganz bestimmte Kostenarten für kurzfristige Einschnitte. So wird eine Kürzungsvorgabe für einen Bereich, der nur noch über freie Budgets in den Kostenarten „Abschreibung“ und „Personal“ verfügt, tendenziell wenig erfolgreich sein. Vor der Vereinbarung und Kommunikation unterjähriger Budgetstopps empfiehlt es sich also, die bereichsindividuelle Budgetsituation entsprechend zu analysieren.

Maßnahmen aktiv einfordern

Für alle vorgeschlagenen Gegensteuerungsmaßnahmen gilt, dass sie aktiv vom Programmsteuerungskreis einzufordern sind. Anders gesagt, müssen alle Beteiligten verstanden haben, dass die in der Effektkontrolle festgestellten Abweichungen nicht alleine kommentiert, sondern durch konkrete Aktionen auch reduziert werden müssen. Im Praxisfall entschied man sich dafür, die kritischsten Länder im Rahmen des monatlichen Jour fixe des Steuerungskreises vorzuladen um sich über den Status der entwickelten Gegensteuerungsmaßnahmen berichten zu lassen.

4.5 Ergebnisse

Programmziele deutlich erreicht

Die strukturierte Identifikation von Potenzialen, das laufende Nachhalten des Projektfortschritts auf vier Ebenen, die Bewertung und Integration der Umsetzungsmaßnahmen in die Budgetierung sowie die laufende Effektkontrolle ermöglichten es nach zweijähriger Laufzeit, das ambitionierte Programmziel mehr als deutlich zu erreichen. Durch die laufende Steuerung war über alle Phasen im Programm hinweg transparent, wie sehr man zum jeweiligen Zeitpunkt von der Zielerreichung entfernt war und in welche Richtung man entsprechende Anstrengungen konzentrieren musste. Durch das gewählte Vorgehen war es aber nicht nur gelungen, die finanzielle Zielsetzung im Programm zu erfüllen. Innerhalb der beiden Jahre wurden Organisation und Prozesse im Bereich nachhaltig kosteneffizienter gestaltet und damit die Basis für zukünftige Wettbewerbserfolge in einem stürmischeren Umfeld geschaffen.

5 Fazit

Kosten sind mehr als Personal

Kosteneffizienzen zu heben statt kurzfristigen Personalabbau zu betreiben ist vielleicht nicht in jeder wirtschaftlichen Situation ein gangbarer Weg. Akute Unternehmenskrisen verlangen oftmals rasche und schmerzhafte Eingriffe in die Organisationsstrukturen, um schnelle Kostensenkungen realisieren zu können. Trotzdem werden auch abseits von Krisenzeiten in vielen Unternehmen ausschließlich personalbezogene Kosten als Reduktionspotenzial angesehen, während alle anderen Kostenblöcke nahezu als „gottgewollt“ und damit unbeeinflussbar erscheinen. Aber gerade durch die Hebung der in diesen Blöcken versteckten Effizienzpotenziale lassen sich nachhaltige Wettbewerbsvorteile für die Kostenposition des Unternehmens gewinnen.

6 Literaturhinweis

Matzler/Bailom/Tschernernjak/Hinterhuber, Kostensenkungsprogramme in der Praxis: Ergebnisse einer Managerbefragung, Der Controlling-Berater (5), S. 723–738.

Kostenrechnung mit OLAP: Verflachung oder Chance zur Flexibilisierung?

- Der Anwendungsbereich der klassischen Kostenrechnung wird überwiegend durch standardisierte Transaktionslösungen wie SAP ERP abgedeckt. Allerdings sind entsprechende Lösungen relativ starr.
- Die Anforderungen an Kostenrechnungsinformationen sind vom Rechnungszweck abhängig. Dies erfordert i. d. R. den Einsatz paralleler Abrechnungsverfahren und Sonderrechnungen.
- Die OLAP-Technologie erlaubt ein einfaches Modellieren von Werteflüssen. Durch die Entkopplung von ERP-Systemen besteht die Möglichkeit, mit geringem Aufwand flexible Teilrechnungen aufzubauen.

Inhalt **Seite**

Der Autor

Dr. Karsten Oehler verantwortet seit Anfang September 2008 das Competence Center Finance bei der Cognos GmbH, einer IBM-Tochter, in Frankfurt.

1 Überblick

Veränderungen im Rechnungswesen

Die Art der DV-Unterstützung in Rechnungswesen und Controlling hat sich in den letzen Jahren verändert. Dominierten früher fast ausschließlich zentrale Systeme für die Massenverarbeitung sowie Tabellenkalkulationen für die Berichtsaufbereitung und Ad-hoc-Analyse, haben sich mehr und mehr analytische Anwendungen im Bereich zwischen den beiden oben aufgeführten Aufgabenschwerpunkten etabliert (vgl. Abb. 1).

Analytische Anwendungen sind Werkzeuge, die für die Aufbereitung und Analyse großer Datenmengen geeignet sind und speziell die Analyse durch das Navigieren (sogenanntes „Slice and Dice" bzw. „Drill down/ Drill up") dieser Datenbestände unterstützen.

Unterstützung durch Regelsprache

Neben der Aufgabe der Informationsanalyse leisten viele dieser Werkzeuge Beachtliches in Bezug auf die Ableitung von Informationen. So ist meistens eine Regelsprache vorhanden, mit der komplexe Ableitungen bis hin zur differenzierten innerbetrieblichen Leistungsverrechnung umgesetzt werden können. Zudem kann auch die Planung durch Eingabefunktionen und Simulationsmöglichkeiten unterstützt werden.

Konzeptionelle Vereinfachung

Diese Werkzeuge sind durch die kontinuierlich verbesserte Skalierbarkeit mittlerweile auch für Aufgabenbereiche geeignet, die zurzeit noch leistungsfähigen Abrechnungssystemen vorbehalten sind. So sind Konzepte zur Abbildung von Kostenrechnungssystemen wie z. B. der Prozesskostenrechnung verfügbar. Bei genauerem Hinsehen erweisen sich diese Konzepte meistens als sehr stark vereinfachend, wenn nicht gar als Rückschritt gegenüber etablierten Kostenrechnungssystemen. Die Abbildung eines differenzierten Werteflusses wird zugunsten einer rein statistisch orientierten Rechnung aufgegeben. Somit sind bewährte Instrumente wie z. B. Abstimmungsrechnungen nicht mehr verfügbar. Zudem werden lediglich Teilaspekte einer an sich umfassenden Kostenrechnungskonzeption berücksichtigt.

OLAP und komplexe Kostenrechnungssysteme

Eine tiefergehende Untersuchung in Bezug auf die Umsetzung bekannter Systeme wie der Grenzplankostenrechnung, der relativen Einzelkostenrechnung, der Betriebserfolgsrechnung usw. erscheint zweckmäßig. Insbesondere im Hinblick auf teilweise äußerst hohe Anforderungen dieser Systeme ist hier durchaus eine gewisse Skepsis angebracht. Auf der anderen Seite zeichnen sich analytische Anwendungen dadurch aus, dass sie relativ leicht konfigurierbar sind. Gegenüber den verbreiteten komplexen betriebswirtschaftlichen Standardsoftware-Systemen ist somit ein hohes Einsparungspotential zu erwarten.

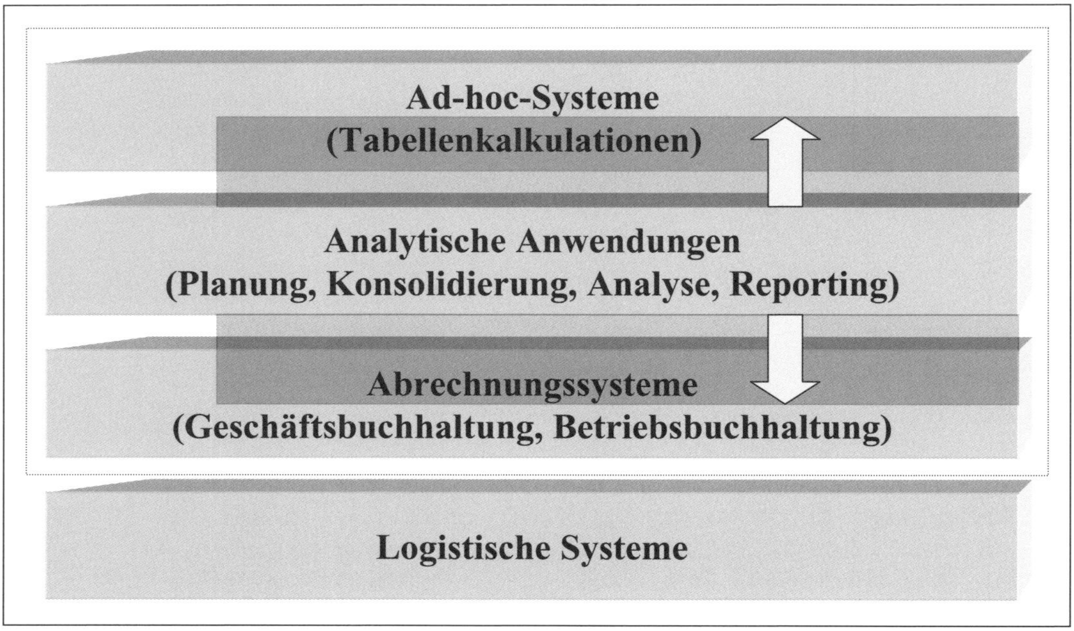

Abb. 1: Geltungsanspruch analytischer Anwendungen im Rechnungswesen

Zielsetzung

Der Beitrag soll die Eignung analytischer Anwendungen (inbesondere Online Analytical Processing) anhand einiger spezieller Themen der Kostenrechnung aufzeigen. Typische Auswertungsfunktionen wie das „Drill down“ in einer Ergebnisrechnung oder in einem BAB sollen hierbei nicht betrachtet werden. Dies ist die ureigenste Domäne dieser Werkzeuge, sodass hier kaum ein Erkenntnisgewinn zu erwarten ist.

Zur Verdeutlichung der Möglichkeiten ist ein Beispiel erstellt worden. Da die Darstellung den Umfang des Beitrags sprengen würde, ist das Beispiel im Beitrag „Gestaltung eines Kostenrechnungssystems mit OLAP“ unter www.haufe.de/datenanalyse zu finden.

2 Die wichtigsten Problempunkte einer DV-Unterstützung

Kritik an etablierten DV-Systemen zur Kostenrechnung wird häufig bezüglich der Starrheit geäußert.[1] Änderungen im Abrechnungsfluss oder die Erfüllung zusätzlicher Rechnungszwecke sind i. d. R. nur schwer in das bestehende Konzept zu integrieren.

---

[1] Fröhling (1993), S. 321.

Wo liegen nun Anforderungen an die Systemunterstützung aus dem Blickwinkel einer vielfältig verwendbaren Kostenrechnung? Man kann hier die vier Kategorien

- Zweckpluralität,
- Differenzierung,
- Flexibilität und
- Wirtschaftlichkeit

unterscheiden.

2.1 Zweckpluralität

Die Zweckpluralität kennzeichnet den Erfüllungsgrad unterschiedlicher Rechnungszwecke. Bezüglich dieser Anforderung gibt es im Wesentlichen zwei Grundrichtungen. Die Vertreter der einen Richtung fordern eine **Angleichung unterschiedlicher Zweckrechnungen** (im Besonderen des externen und des internen Rechnungswesens).[2] Es werden „Unschärfen" in Bezug auf unterschiedliche Rechnungszwecke zugunsten einer einheitlichen Gewinnkonzeption in Kauf genommen.

Vertreter der anderen Richtung plädieren für die **Aufrechterhaltung unterschiedlicher Zweckrechnungen**, da ansonsten die Gefahr von Fehlentscheidungen wächst.[3] „Die betriebswirtschaftliche Vernunft verlangt, die Rechnungszweckabhängigkeit des Rechnungsinhalts beizubehalten."[4] Unterschiedliche Zwecke im Rechnungswesen spiegeln sich meistens in unterschiedlichen Bewertungen wider,[5] sodass technisch kaum ein Problem der differenzierten Weiterverrechnung besteht. Probleme werden eher in der Erklärbarkeit unterschiedlicher Ergebnisse gesehen.

2.2 Differenzierung

Die Differenzierung stellt hingegen auf den verfügbaren Detaillierungsgrad der Zielinformationen ab. Der Jahresüberschuss als Residualgröße ist als eine wenig differenzierte Zahl zu betrachten. Eine Aufspaltung nach Geschäftsbereichen, Primärkontierungen usw. erweitert hingegen die Nutzbarkeit dieser Information.

---

2 Vgl. Küpper (1997).
3 Zum Beispiel Schneider (1998); Coenenberg (1995).
4 Schneider (1998), S. 34.
5 Müller (1996), S. 130.

Differenzierung ist eine wesentliche Voraussetzung für die Zweckpluralität, ist jedoch nicht mit dieser gleichzusetzen, da die Differenzierung auch unabhängig von der Zweckpluralität gesehen werden kann.

2.3 Flexibilität

Flexibilität ist die Fähigkeit der Anpassung eines Systems an unterschiedliche oder veränderte Kontexte. Flexibilität kann strukturbezogen oder auswertungsbezogen gesehen werden. Im ersten Fall kennzeichnet sie die Fähigkeit, Systemabläufe während der Konfiguration und während der Laufzeit anzupassen. Die auswertungsbezogene Flexibilität kennzeichnet die Möglichkeit, während der Analyse beliebige Sichten zu wählen. In diesem Beitrag steht die strukturbezogene Flexibilität im Vordergrund.

Grobarchitektur

Damit stellt sich die Frage nach einer Grobarchitektur. *Weber* hat bereits 1994 das Ende der klassischen Kostenrechnungssysteme prognostiziert. Seiner Auffassung nach werden die wenigen fest definierten Rechnungssysteme durch schlanke Datenaufbereitungen abgelöst, die leicht durch fallweise Rechnungen ergänzt werden können (vgl. Abb. 2).

Abgrenzung zur Grundrechnung

Der Gedanke ähnelt dem der Grundrechnung, der bereits in den dreißiger Jahren des letzten Jahrhunderts von *Schmalenbach* aufgebracht wurde und von *Riebel* und seinen Schülern konsequent weiterentwickelt wurde: Ein zweckneutraler Grundspeicher liefert alle Daten, die dann durch fallweise Sonderrechnungen ergänzt werden. Der wesentliche Unterschied zum Vorschlag von *Weber* ist die Aufgabe der kompromisslosen Zweckneutralität. Der Auswertungsspeicher enthält schon zweckbezogene Aufbereitungen. Dies entspringt auch der Erkenntnis, dass ein Auswertungszweck bereits Einfluss auf die Erfassung und den gesamten Wertefluss hat. Eine Aufbereitung zum Bedarfszeitpunkt verbietet sich damit in vielen Fällen. Auch mit modernen Werkzeugen ist beispielsweise eine komplexe Abweichungsnachverrechnung von Kostenstellen über ein Auftragsnetz nicht ohne erheblichen Aufwand umsetzbar. Die hieraus entstehenden Daten sind also auch als Bestandteil einer zweckpluralen Grundrechnung zu sehen.

Abstraktion und Standardsoftware

In diesem Zusammenhang ist eine Diskussion des richtigen Konkretisierungsgrads von Standardsoftware-Systemen von Bedeutung. Hierbei kann der Grad der Lösungsunterstützung höchst unterschiedlich erfüllt werden. Werden sehr konkrete Strukturen fest implementiert, wird das System relativ starr und kann entsprechend nur genau für die vorgesehene Problemstellung eingesetzt werden. Soll dann beispielsweise eine Kostenstellenrechnung um eine prozessorientierte Rechnung ergänzt werden, geht dies häufig nur mit einem hohen Anpassungsaufwand. Man macht i. d. R. Abstriche und passt die organisatorischen Anforderungen an die entsprechende Lösung an.

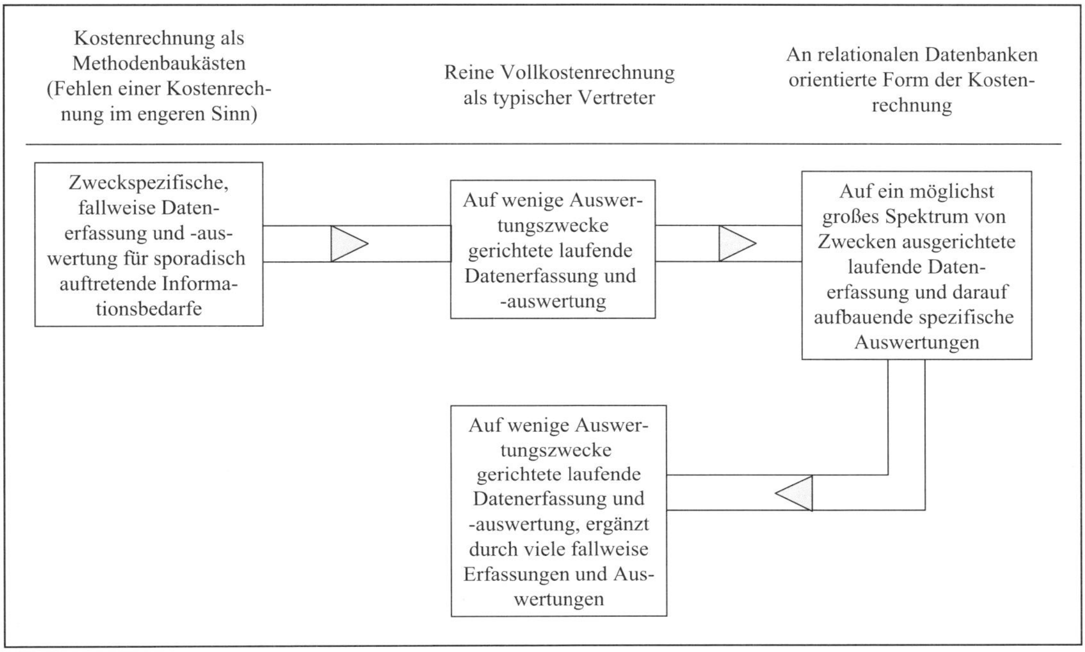

Abb. 2: Entwicklungslinien der Kostenrechnung[6]

Generischer Ansatz

Implementiert man hingegen abstrakte Strukturen – man geht z. B. von der konkreten Kostenstelle auf ein generisches Kalkulationsobjekt über – erhöht sich der Anwendungsgrad. Damit erhöhen sich jedoch i. d. R. auch die Kosten für die Konfiguration, da ein konkretes System erst „customized" werden muss. Standardfunktionen einer Kostenstellenrechnung wie beispielsweise ein Modul zur Umlagenrechnung sind dann nicht vorhanden. Der Grad der Konkretisierung schwankt erheblich. Ein extremes Beispiel wäre die Nutzung einer relationalen Standard-Datenbank als Entwicklungsplattform.

2.4 Wirtschaftlichkeit

Es sind zwei gegenläufige Kostentreiber zu betrachten: niedrige Anpassungskosten der Software und niedrige Anpassungskosten der Organisationsänderungen. Bei diesen gegenläufigen Kosten ist ein Optimum zu finden. Eine Kernhypothese dieses Beitrags ist es, dass dieses Optimum näher bei OLAP-Systemen als bei Standardsoftware-Systemen für die Kostenrechnung liegt.

[6] Quelle: Weber, J., Kostenrechnung zwischen Verhaltens- und Entscheidungsorientierung, in: krp 2/94, S. 103.

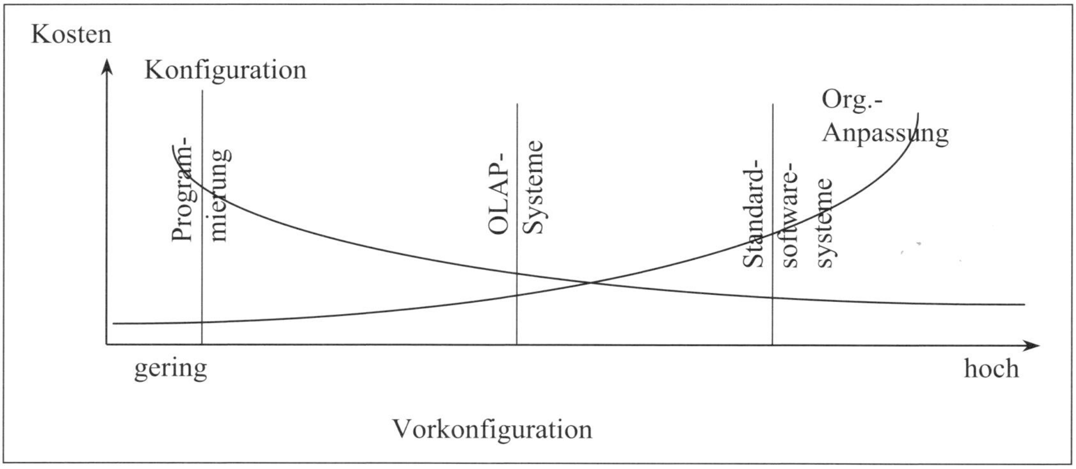

Abb. 3: Abstraktionsgrad von Anwendungssystemen

3 Modellierung mit Dimensionen und Würfeln

3.1 Entwicklung von analytischen Anwendungen

Die Unzufriedenheit vieler Anwender mit der Informationsbereitstellung führte schon vor über 30 Jahren zur Entwicklung relationaler Datenbanksysteme, die gegenwärtig den Standard für Speichersysteme großer Datenmengen darstellen. Mit der Einführung solcher Systeme wurde die Zielvorstellung verbunden, gleichermaßen Datenunabhängigkeit, Integritätssicherung und für den Endanwender zugängliche Auswertungsvielfalt zu erreichen. Dass alle Ziele nicht in gleichem Maße erreicht wurden, liegt im Wesentlichen an den unterschiedlichen Anforderungen an solche Systeme. Die Integritätssicherung steht in einem Zielkonflikt zur einfachen Auswertbarkeit. Durch die sogenannte Normalisierung von Datenstrukturen werden Informationsstrukturen in kleine Einheiten zerlegt, die für Auswertungen entsprechend wieder zusammengesetzt werden müssen. Diese Aufgabe kann einem Endanwender kaum zugemutet werden.

12 Anforderungen an OLAP

Codd und Mitarbeiter haben in einem viel beachteten Artikel zwölf Anforderungen an rein auswertungsbezogene Werkzeuge gestellt und somit den Begriff OLAP als Abgrenzung zu OLTP (Online Transaction Processing, die klassische Transaktionsverarbeitung) geprägt.[7] Mittels zwölf Regeln werden seitdem OLAP-Systeme definiert. Zentraler Anker-

[7] Vgl. Codd/Codd/Salley (1993).

punkt ist dabei das Denken in Dimensionen und entsprechender Mehrdimensionalität. Weitere Anforderungen sind schnelle Antwortzeiten, intuitive Datenanalyse, flexible Berichterstellung, unbegrenzte Anzahl der Dimensionen, verteilte Architektur, Multi-User-Fähigkeit etc.

Eigene Datenhaltung

Deutlich wurde, dass die Anforderungen eine eigenständige Modellierung neben den operativen Datenverwaltungssystemen erfordern. Unter dem Begriff OLAP wurden dann alle denkbaren Abfragewerkzeuge subsumiert und der Begriff somit ziemlich verwässert. Mittlerweile hat ein Prozess der konzeptionellen Stabilisierung eingesetzt.

Datenerfassung mit OLAP

Eine wichtige Eigenschaft für die Modellierung der Kostenrechnung ist von *Codd* und seinen Mitautoren allerdings nicht problematisiert worden: Jede anspruchsvollere Kostenrechnung ist auch gleichzeitig eine Plankostenrechnung. Mit anderen Worten: Es müssen Planungsinformationen erfasst werden können. Entsprechend benötigen entsprechende OLAP-Werkzeuge auch die Möglichkeit des Schreibens von Daten. Zwar ermöglichen immer mehr Werkzeuge das Erfassen von Informationen, allerdings gibt es hier erhebliche Unterschiede (vgl. auch Abb. 4):

- Relationale OLAP-Systeme, die die mehrdimensionale Struktur auf Basis einer relationalen Datenbank virtuell aufbauen, sind, wenn überhaupt, nur sehr eingeschränkt in der Lage, Daten zurückzuschreiben.
- Sogenannte MOLAP[8]-Datenbanken sind hier i. d. R. wesentlich leistungsfähiger. Sie ermöglichen beispielsweise auch die automatische Erstellung von Vorschaurechnungen oder Verteilungen, bei denen ein Anwender beispielsweise auf einem aggregierten Element (z. B. einer Kostenstellengruppe) einen Wert eingeben kann, der dann in Echtzeit auf die untergeordneten Elemente nach einem bestimmten Verteilungsschema verteilt wird. Besonders leistungsfähig in Bezug auf die Verarbeitung von Regeln sind sogenannten „In Memory"-Datenbanken, die alle Informationen in den Arbeitsspeicher laden. Typische Vertreter sind IBM Cognos TM1 oder Infor ALEA.
- Ein weiterer Ankerpunkt ist die Festlegung von Regeln. In der Kostenrechnung besteht die Notwendigkeit, komplexe Regeln zu definieren, um den Wertefluss beschreiben zu können. Dies sollte vom Werkzeug adäquat unterstützt werden.

[8] „Mehrdimensionales OLAP"; solche Werkzeuge speichern die Daten optimiert für den Zugriff, sodass die Lese- und Schreiboperationen für Datenoperationen minimiert werden.

Werkzeug	Anbieter	Eignung	Anmerkung
Analysis Service	Microsoft	o	Begrenzte Rückschreibefähigkeit, begrenztes Regelwerk in Bezug auf Iterationsfähigkeit
Alea	Infor	+	Rückschreibefähiges, flexibles Regelwerk, Limitierung bei Iterationsverfahren
BI	SAP	o	Begrenzte Rückschreibefähigkeit, Regeln über programmiersprachenähnliche Methoden
BPC	SAP	+	Rückschreibefähiges, flexibles Regelwerk
Cognos Powercube	IBM	-	Keine Rückschreibefähigkeit, minimales Regelwerk
Cognos TM1	IBM	+	Rückschreibefähiges, flexibles Regelwerk, Unterstützung Iterationsverfahren
Excel Pivot-Tables	Microsoft	-	Keine Rückschreibefähigkeit, minimales Regelwerk
Essbase	Oracle	+	Rückschreibefähiges, flexibles, aber komplexes Regelwerk, Unterstützung Iterationsverfahren

Abb. 4: Auswahl populärer OLAP-Systeme und deren Eignung für Kostenrechnungsmodellierung

Die Anforderungen werden in den folgenden Abschnitten noch weiter konkretisiert.

3.2 Strukturelemente

Dimensionen

Der zentrale Begriff von OLAP ist die Dimension. Dieser Begriff wurde bereits vom Einzelkostenrechner *Riebel* verwendet[9] und kennzeichnet zunächst einmal ein strukturiertes Auswertungsinteresse an vorhandenen oder gewünschten Informationen. Bekannte Dimensionen sind Kostenstellen, Produkte, Kunden, Zeit oder auch Konten. Für die Kostenrechnung sind die Kategorie (Plan, Soll, Ist), die Abhängigkeit vom Beschäftigungsgrad (fix, proportional) und Aufträge weitere wichtige Dimensionen.

Dimensionen umfassen Elemente, die zueinander in Beziehung stehen können. Hierzu werden Hierarchien auf der Basis der Elemente gebildet. Für die Dimension Produkt könnte eine Hierarchie aus der Basis Produkt und den Hierarchieebenen Produktgruppe, Produktart und Geschäftsbereich bestehen. Gegenüber anderen Informationselementen eines Systems zeichnen sich Dimensionen durch einen rechnungszweckbezogenen allgemeinen Konsens aus. So stellt ein Kommentarfeld beispielsweise keine Dimension dar, da kein Konsens über die Struktur dieser Information besteht.

9 Riebel (1979), S. 867 ff.

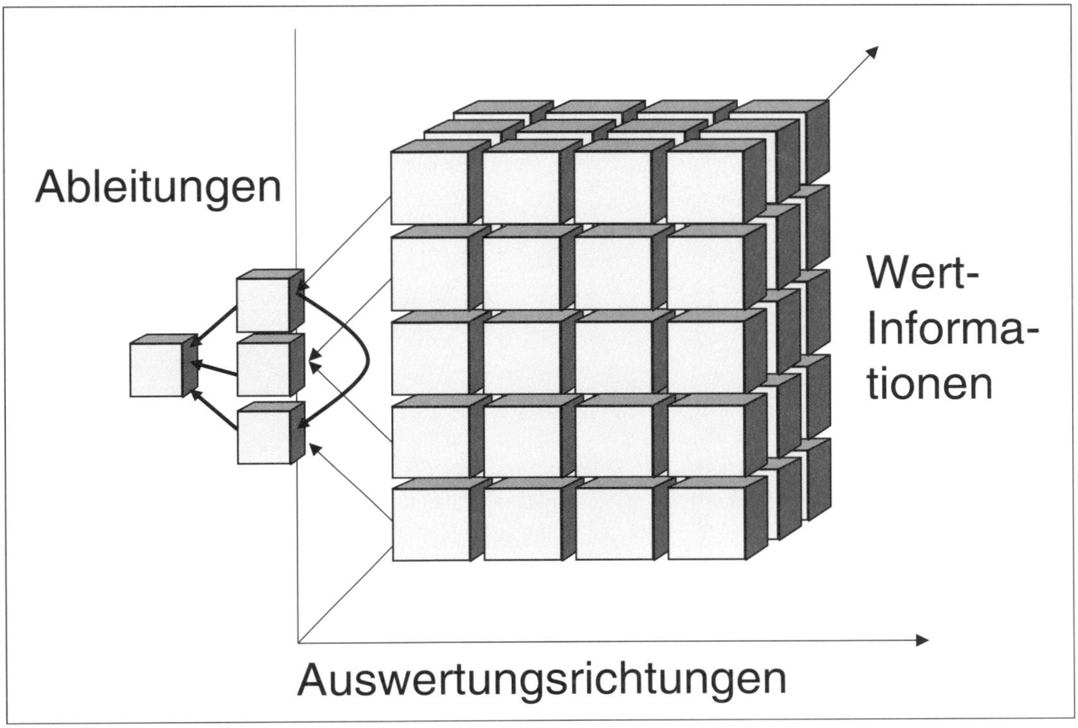

Abb. 5: OLAP-Konzepte

Würfel-Metapher

Würfel stellen Kombinationen von Dimensionselementen dar und enthalten die eigentlichen Werte (vgl. Abb. 5). Die Kombination von Dimensionen legt es nahe, die Würfelmetapher zu benutzen. Diese verdeutlicht die Mehrdimensionalität, wobei ein Würfel auf drei Dimensionen begrenzt ist, reale Phänomene jedoch nach wesentlich mehr Dimensionen gekennzeichnet werden. So können dem Würfel *Umsatz* die Dimensionen *Kunden, Produkt, Periode, Region' Vertriebsweg* usw. zugeordnet werden. Um diese höhere Dimensionalität zu kennzeichnen, wird auch häufig von einem Hyperwürfel gesprochen.

Zellen in OLAP

Eine Zelle eines Würfels repräsentiert genau eine Zahl, die sich aus einer eindeutigen Auswahl der Elemente aus den zugehörigen Dimensionen ergibt, z. B. 35.000 EUR Umsatz der Kundengruppe *Mittelstand* der Produktgruppe *Mittlere Datentechnik* der Region *Mitte* im *Januar*. In einem Unternehmen kann eine Vielzahl unterschiedlicher Würfel existieren.

3.3 Transaktionsebene versus Saldenebene

Wichtig für das Verständnis von mehrdimensionalen Datenbanken ist die Unterscheidung zwischen der Abbildung einzelner Geschäftsvorfälle und einer periodischen Zusammenfassung derselben. Diese Trennung ist keinesfalls neu, sie ist ein wesentliches Kennzeichen jeder Buchhaltung. Ein einzelner Geschäftsvorfall stellt hier einen unverdichteten Vorgang dar und wird im Abrechnungssystem als Datensatz gespeichert. Objekte einer solchen Klasse können in einer Zeiteinheit beliebig oft vorkommen.

Saldenebene im Rechnungswesen

Daneben spielen Verdichtungen – in der Sprache der Buchhaltung Salden oder Verkehrswerte – eine wichtige Rolle. Lediglich Salden gehen in die bekannten Abschlussrechnungen GuV, Bilanz oder Finanzflussrechnung ein. Man abstrahiert vom Einzelfall und betrachtet lediglich zeitliche und meistens auch andere Verdichtungen. So steht hinter der GuV-Position „sonstige betriebliche Erträge" meistens eine Vielzahl von einzelnen Konten. Eine Summensaldenliste stellt hingegen ausschließlich auf die zeitliche Verdichtung ab. Verallgemeinert man diesen Ansatz auf beliebige Auswertungsrichtungen kommt man zur Mehrdimensionalität.

Bedeutung der Trennung

Diese Trennung zwischen Einzelfall und Saldenebene ist für eine Abbildung eines Abrechnungssystems mit mehrdimensionalen Systemen von zentraler Bedeutung. Mehrdimensionale Systeme unterstützen sinnvoll nur die Saldenebene.[10] Für die Abbildung einzelner Geschäftsvorfälle eignen sich mehrdimensionale Datenbanken hingegen nur bedingt. Eine direkte Adressierung einer Zelle mithilfe der Dimensionselemente ist aufgrund der ex ante nicht bekannten Zahl der Datensätze nicht oder nur über Hilfskonstruktionen (z. B. Belegnummer als Dimension) möglich. Abschlussbuchungen und Salden können hingegen direkt von mehrdimensionalen Systemen abgebildet werden.

Doppische Buchhaltung

In doppischen Buchhaltungssystemen fällt es unter Umständen nicht leicht, die Salden- und Transaktionsebene zu unterscheiden. Man kann von der Struktur eines Buchungssatzes nicht mehr auf Bedeutung schließen,[11] denn Abschlussbuchungen und Geschäftsvorfallsbuchungen sind strukturgleich. Betrachtet man das reine Einkreissystem, wird deutlich, dass jegliche Verdichtung über die Doppik abgebildet wird. So entstehen die GuV und die Bilanz nicht durch die Aggregation von Verkehrswerten einzelner Zahlen, sondern durch explizites Buchen von Salden. Das ist allerdings kein Geschäftsvorfall denn dies repräsentiert keinen realen Vorgang im Unternehmen, sondern stellt lediglich aggregierte Informationen für eine bestimmte Auswertungsrichtung zur

---

[10] Mittlerweile unterstützen die meisten Systeme ein sogenanntes „Drill through", den Durchgriff auf relationale Tabellen, in denen sich die zugehörigen Buchungsbelege befinden.

[11] Zu dieser Problemstellung auch Wedekind (1978).

Verfügung. Die Gleichbehandlung von saldenbezogenen und transaktionsbezogenen Buchungssätzen führt zu einer sehr einfachen Implementierung von Abrechnungssystemen, hat jedoch den Nachteil, dass dadurch auswertungstechnisch sehr schwerfällige Systeme generiert werden.[12]

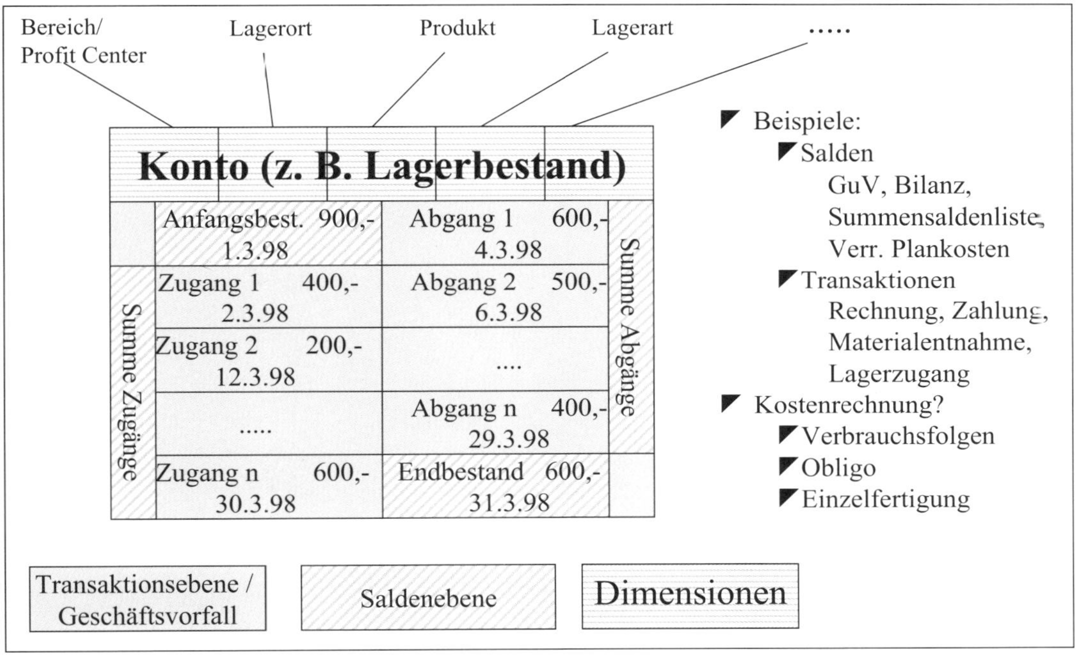

Abb. 6: Salden- versus Transaktionsebene

Pragmatische Aspekte der Trennung

Die grundsätzliche Frage besteht nun darin, zu untersuchen, ob eine Trennung derart möglich ist, dass eine Kostenrechnung auf einer Saldenebene aufgebaut werden kann. Dies erscheint genau dann möglich, wenn von der Doppik auf eine statistisch-tabellarische Form übergegangen wird.[13] Betrachtet man die Kostenrechnung in diesem Kontext, erkennt man, dass die Kostenrechnung traditionell eher eine Rechnung der Saldenebene ist. Natürlich spielen Belege eine Rolle, allerdings i. d. R. bei der Erfassung in Vorsystemen. Die Verrechnungsflüsse der innerbetrieblichen Leistungsrechnung oder der Kalkulation basieren meistens auf Salden. Die Bedeutung der Transaktionsebene für die Bewertung dürfte jedoch fallweise unterschiedlich sein. In vielen

[12] Zu dieser Problematik auch Eisele (1993), S. 503.
[13] Eisele (1993), S. 504.

Branchen reicht die Saldenebene als Grundlage einer Kostenrechnung aus.

Teilgebiete einer Kostenrechnung basieren allerdings durchaus auf der Transaktionsebene. Typische Beispiele sind:

- Zur zeitnahen Bewertung von Kalkulationsobjekten besteht häufig die Anforderung, bereits disponierte, aber noch nicht in Rechnung gestellte Faktoren einzubeziehen. Dies wird üblicherweise als Obligo bezeichnet. Um ein direktes Ausziffern zu ermöglichen, kann hier ein Zugriff auf die Bestelltransaktion notwendig sein.
- Verschiedene Verfahren der Gruppenbewertung (FIFO, LIFO usw.) basieren auf einer expliziten Berücksichtigung von Einzelentnahmen.
- Eine mitlaufende Kalkulation von Fertigungs- bzw. Kundenaufträgen erfordert eine zeitnahe Bewertung, sodass jede Fertigungsmeldung unmittelbar in der Kostenrechnung berücksichtigt werden muss.

Transaktionale und Saldenebenen nähern sich in Bezug auf die Granularität der Daten an, je enger der Zeitraum der Verdichtung gewählt wird. Wenn beispielsweise die Zeiteinheit die gewählte kleine Verdichtungsstufe ist, ist das Abrechnungssystem trotz des Verzichts auf die Einzelebene sehr zeitnah.

3.4 Matrizenrechnung und OLAP

Eine beliebte Darstellungsform für betriebswirtschaftliche Modelle sind Matrizen. Es lassen sich damit wechselseitige Beziehungen zwischen Systemelementen sehr elegant berechnen, z. B. lässt sich die innerbetriebliche Leistungsverrechnung bei gegenseitigen Leistungsbeziehungen über eine Matrizeninvertierung exakt berechnen. Input-Output-Modelle wie beispielsweise die Betriebsplankostenrechnung von *Lassmann*[14] sind typische Ausprägungen dieser Verarbeitungsform.

Als Darstellungsform mit dem Ziel einer hohen Übersichtlichkeit sind Matrizenkalküle hingegen weniger geeignet; hier sind gerichtete Grafen sicherlich die bessere Darstellungsform. Abbildung 7 zeigt eine typische analytische Kostenplanungssituation in Matrizenschreibweise. Die Kosten (r) ergeben sich aus der Kostenmatrix, multipliziert mit den Einflussgrößen, neudeutsch „Treiber“ genannt.

Buchhaltungssysteme

Auch Buchhaltungssysteme sind gelegentlich in Form von Matrizen beschrieben worden, da hier ebenfalls der Wertefluss im Vordergrund steht.[15] Die Zeilen stellen dabei meist die Sollbuchungszeile und die

[14] Schweitzer/Küpper (1995), S. 358 ff.
[15] Mattesich (1970), S. 196 ff.

Spalten die Habenbuchungszeile dar. Die Matrizendarstellung ist strukturgleich mit der doppelten Buchhaltung, da es sich um eine andere Darstellungsform des gleichen Sachverhaltes handelt,[16] jedoch verlässt man hierbei die Transaktionsebene.

$$\begin{bmatrix} r1 \\ r2 \\ r3 \\ r4 \\ r5 \\ r6 \\ r7 \\ r8 \\ r9 \\ r10 \\ r11 \\ r12 \\ r13 \end{bmatrix} = \begin{bmatrix} -67 & 3{,}33 & & & & & \\ 50 & & & & & & \\ -9 & & & & 13{,}57 & & -0{,}12 \\ -144 & & & 6{,}261 & & & \\ -144 & & & 6{,}261 & & & \\ 20 & 0{,}861 & & & & & \\ 20 & 0{,}861 & & & & & \\ 3 & & 0{,}06 & & & & \\ 15 & & & 0{,}808 & -2{,}909 & & 0{,}039 \\ 42 & 0{,}05 & & & -0{,}294 & & \\ 3500 & 15 & & & & & \\ 2000 & & & & & & \\ 89 & & & & & & \end{bmatrix} * \begin{bmatrix} 1 \\ e1 \\ e2 \\ e3 \\ e4 \\ e5 \\ e6 \end{bmatrix}$$

r1 = Betriebslöhne eig. Betrieb	r2 = Anlernen / Anfall	r3 = Mehrarbeitslohn
r4 = Koksofengas	r5 = Koksofengas Nebenkosten	r6 = Heizöl
r7 = Heizöl Nebenkosten	r8 = Drehrohrofendolomit	r9 = Sinterdolomit
r10 = Reparaturlöhne eig. Betrieb	r11 = Kalkulatorische Abschreibungen	r12 = Kalkulatorische Z
r13 = Betriebssteuern		
e1 = Schmelzzeit	e2 = Einschmelzzeit	e3 = Kochzeit
e4 = Anzahl der Schmelzen	e5 = Flüssige Erzeugung	e6 = Monatsfaktor

Abb. 7: Kostengüter-Einflussgrößen-Funktionen[17]

Hier besteht ein Anknüpfungspunkt für mehrdimensionale Anwendungen. Die mehrdimensionale Würfelsicht ist die Ausdehnung der Matrizenrechnung auf *n* Dimensionen. Hierin liegt der wesentliche Unterschied zwischen der matrizenorientierten Sicht einer Buchhaltung und den mehrdimensionalen Systemen. Die OLAP-Dimensionen dienen der Darstellung der Auswertungsrichtungen, nicht dem Wertefluss. Ein Systemelement soll hingegen bei der Matrizendarstellung entlastet und ein anderes belastet werden. Damit sind die beiden Dimensionen einer Matrix auch i. d. R. identisch.

OLAP und Matrizenrechnung

Überträgt man diesen Matrizengedanken auf mehrdimensionale Datenbanken, muss als Konsequenz die gleiche Dimension zweimal in einem Würfel verwendet werden (von einem Fluss zwischen unterschiedlichen Dimensionen – z. B. Kostenstelle an Kostenträger – abgesehen). Dimensionen gleichen Inhalts stellen jedoch in der Idee der mehrdimensionalen

„Von-An"-Beziehungen

16 Mattesich (1970), S. 46; anders hingegen Dauner/Dauner-Lieb (1996), S. 234.

17 Quelle: Schweizer/Küpper (1995), S. 362.

Auswertung eher die Ausnahme dar. Kein bekanntes mehrdimensionales System unterstützt diese Eigenschaft direkt.

Trotzdem ist i. d. R. eine Spiegelung einer solchen Dimension möglich. Meist wird die gleiche Dimension mit unterschiedlichem Namen mehrfach verwendet. Allerdings ergibt sich damit ein unter Umständen erhöhter Pflegeaufwand, da die Elemente doppelt gepflegt werden müssen. Abgesehen davon kann allerdings der Mengen- und Wertefluss analog der Matrizenrechnung aufgebaut werden. Dies wird anhand einiger Beispiele noch gezeigt.

3.5 Modellieren mit Würfeln und Regeln

Im Unterschied zu einzelnen Teilrechnungen, wie beispielsweise eine sich an Vertriebsstrukturen orientierte Deckungsbeitragsrechnung, zeichnet sich eine vollständige Kostenrechnung durch eine Vielzahl unterschiedlicher Informationsstrukturen aus. In der OLAP-Terminologie müsste man entsprechend von verschiedenen Würfeln sprechen. Die Leistungsfähigkeit von OLAP-Anwendungen bezüglich der Unterstützung betriebswirtschaftlicher Verfahren zeigt sich in der flexiblen Verknüpfung von Würfeln. Ähnlich der mathematischen Formulierung von Kostenfunktionen[18] können einfache Verknüpfungen wie Menge × Preis, aber auch umfassende Formeln bereitgestellt werden. Typische Funktionen sind:

- Verwendung der Kostenstellenbewertungssätze für die Produkt- bzw. Auftragskalkulation,
- Durchrechnung der Abweichungen bis in die Deckungsbeitragsrechnung und in die geschlossene Kostenträgerrechnung.

Produktunabhängige Modellierung

In der Regel ist es nachteilig, wenn bereits während der Konzeption einer Kostenrechnung auf ein spezifisches Umsetzungsmodell abgestellt wird. So gibt es zum Teil in den angebotenen OLAP-Systemen Limitationen bezüglich der Anzahl der Dimensionen. Teilweise ist pro Problembereich nur ein einzelner Würfel vorgesehen. Zwar lassen sich auch in einem solchen Fall umfassende Abrechnungssysteme konstruieren. Nur werden diese eher generischen Würfel mit einer hohen Anzahl Dimensionen sehr unübersichtlich.

Technisch gesehen arbeitet man in einem solchen Fall mit einem dünn besiedelten Würfel („Sparsity“), was i. d. R. von der Verarbeitungsgeschwindigkeit her unkritisch ist. Aus Sicht der Modellierung ist jedoch eine genauere Beschreibung der Elemente hinsichtlich der relevanten Dimensionen sinnvoll, um die Komplexität zu reduzieren. Hierbei

[18] Vgl. hierzu z. B. Lackes (1989).

handelt es sich um eine Problemstellung, die mit der klassischen Normalisierungslehre zu vergleichen ist. Die Verwendung eines einzelnen Würfels entspricht dann dem Ausgangspunkt des Normalisierungsprozesses, der sogenannten Universalrelation.[19]

Problem der Dimensionsanzahl

Das Problem beim Umgang mit einem solchen universellen Würfel ist, dass man ein sehr genaues Verständnis über die Bedeutung der zahlreichen Dimensionen haben muss. Praktiker berichten, dass es häufig eher schwer ist, überhaupt Daten in einem vieldimensionalen Würfel zu finden. Es gibt beispielsweise häufig mehrere Alternativen, den Datenelementen die entsprechenden Dimensionen zuzuordnen. So könnte der Preis eines Produkts dem Umsatzkonto zugeordnet werden oder auch keine Kontierung enthalten, da es zwar einen Preis darstellt, aber keinen Umsatz. Das Wissen um diese Zuordnung muss dem Controller bei Auswertungen bekannt sein.

Bewertungsmatrix und OLAP

Betrachtet man den Wertefluss in einer Kostenrechnung, ist dieser meistens kein eindimensionaler Strom, bei dem ein Wert von Kostenobjekt zu Kostenobjekt weitergereicht wird, da so wichtige Informationen am Zielobjekt verloren gehen. Werden die Kosten am Quellobjekt nach fix und variabel aufgespalten, würde diese Information bei der einwertigen Weiterverrechnung verloren gehen. Referenz ist im Fall der Grenzplankostenrechnung mit paralleler Fixkostenverrechnung die sogenannte Bewertungsmatrix.[20] Bei jeder Verrechnung wird der Verrechnungspreis in diverse Bewertungsbestandteile der Bewertungsmatrix aufgespalten. Die Bewertungsmatrix ist mehrdimensional. Die Bewertung des Mengengerüsts selber zu einem OLAP-Objekt.

Berechnung abgeleiteter Kosten

Auf der Basis des mehrdimensionalen Modells werden nun Berechnungen in der Kostenrechnung durchgeführt, die über das reine Verdichten hinausgehen. Dabei geht es nicht darum, komplexe mathematische Konstrukte abzubilden, sondern darum, arithmetische Operationen über eine Vielzahl von Dimensionen und Elementen anzuwenden. Hierbei ist zwischen eindimensionalen und mehrdimensionalen Funktionen zu unterscheiden.

Eindimensionale Funktionen verknüpfen Teilschnitte eines Würfels, indem nur auf eine einzige Dimension zugegriffen werden kann. Eine Deckungsbeitragsdefinition stellt eine solche eindimensionale Formel dar, da die Rechenoperationen nur auf die Dimension „Kennzahlen" angewendet werden. Bedeutend schwerer umzusetzen und auch zu verstehen sind jedoch Formeln, die explizit mehrere Dimensionen umfassen.

---

[19] Date (1995), S. 315.
[20] Vgl. Müller (1996), S. 155–160.

Ein typisches Beispiel ist eine Sollkostenfunktion von Kostenstellen der Form

Fixe Plankosten +
proportionale Plankosten *
Istbeschäftigung/Planbeschäftigung

oder formal:

$$K^{S}_{Kst,Koa} = K^{P}_{Kst,Koa,f} + K^{P}_{Kst,Koa,v} * \frac{BZG^{I}_{Kst}}{BZG^{P}_{Kst}}$$

mit

K	Kosten		Kst	Kostenstelle
S	Soll		BZG	Bezugsgröße
P	Plan		f	fix
Koa	Kostenart		pr	proportional

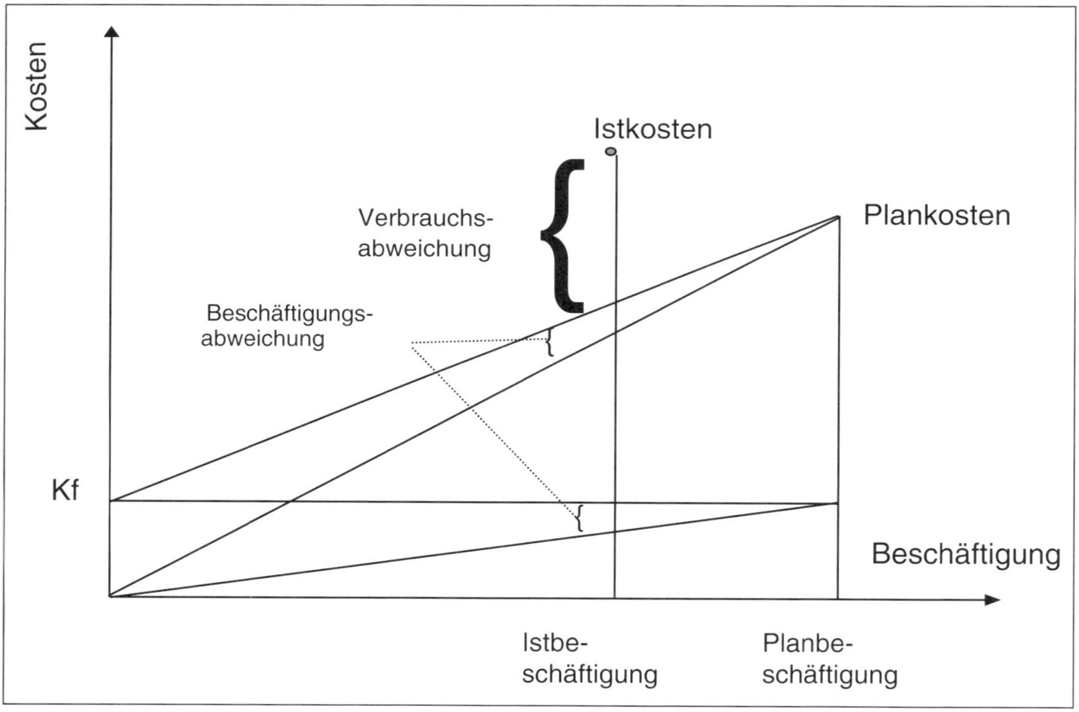

Abb. 8: Soll-Ist-Vergleich

Die entsprechenden Dimensionen sind in diesem Fall Kostenobjekt, Kostenart, Bezugsgröße, Szenario (Plan/Soll/Ist) und Zeit.

Erstellung der Regel

Stellt das System entsprechende Regeln bereit, lässt sich diese Berechnungsformel strukturgleich abbilden. Jeder Großbuchstabe stellt eine mehrdimensionale Sicht auf einen Würfel dar. Die Sichten werden durch die Operanden (+, *, /) verknüpft. Die Indizes der oben aufgeführten Formel repräsentieren die Dimensionen. Damit ist eine Adaption von Kostenrechnungsfunktionen unmittelbar möglich. Umsetzungstechnisch kann diese Berechnung auch in einem einzigen Würfel umgesetzt werden. In IBM Cognos TM1 könnte die Regel (bei Zugriff auf einen einzigen Würfel) wie folgt formuliert werden.[21]

Beispiel

[„Szenarien":„Soll"] = n:

[„Szenarien":„Plan Fix"] + [„Szenarien":„Plan Variabel"]*

[„Kostenarten":„Kst-Leistung",„Szenarien":„Ist"]/

[„Kostenarten": „Kst-Leistung", „Szenarien":„Plan Variabel"];

Erläuterungen zur Formel

Zum besseren Verständnis wird jedem Element der Dimensionsname, gefolgt durch einen Doppelpunkt, vorangestellt. Dies ist nur dann zwingend notwendig, wenn das gleiche Element in unterschiedlichen Dimensionen enthalten ist, wie es bei einer Leistungsbeziehung („Von“-„An“) regelmäßig der Fall ist.

Die Leistung wird als statistische Kostenart *Kst-Leistung* ausgewiesen. In diesem Fall ist nur eine Leistungsart pro Kostenobjekt vorgesehen. Dies kann jedoch leicht erweitert werden.

n: bedeutet, dass die Regel bei Hierarchien immer auf der niedrigsten Ebene ausgeführt wird. Bei verdichteten Objekten (z. B. Bereichen) werden dann die ermittelten Werte aufaddiert.

Interessanterweise erscheint das Kostenobjekt (Kostenstelle oder -träger) nicht in der Formel. Auch die Kostenarten scheinen nicht im Bildbereich. Damit gilt die Formel automatisch für alle möglichen Kostenobjekte. Dies ist eine besondere Eigenschaft aller OLAP-Regelinstrumente und ein wichtiger Aspekt für die Flexibilität eines solchen Systems. Wird nämlich ein neues Objekt, z. B. eine Kostenstelle oder eine Kostenart, hinzugefügt, gelten die vorhandenen Regel automatisch auch für das neue Objekt.

[21] Alle Regeln in diesem Beitrag werden in der speziellen Syntax von IBM Cognos TM1 formuliert. Eine Übertragung auf andere Systeme gelingt allerdings leicht, denn INFOR Alea oder Jedox Palo besitzen eine ähnliche Syntax. Auch die Transformation auf Oracle Essbase sollte problemlos möglich sein. Eine Vertriefung der Regelsprache erfolgt in Abschnitt 4.

Abgrenzung zur Tabellen-kalkulation

Man kann das gut von der Tabellenkalkulation abgrenzen: Bei der Tabellenkalkulation muss für jedes Objekt eine Verknüpfung erstellt werden. Kommt ein neues Objekt hinzu, muss eine entsprechende Verknüpfung in die Tabellenkalkulation kopiert werden. Bei einer neuen Kostenstelle heißt das, dass die Sollkostenfunktion über alle Kostenarten und Perioden kopiert werden muss. Dies ist fehleranfällig, da das Kopieren manuell erfolgt. Bei einer gut formulierten OLAP-Regel entfällt dieser Anpassungsaufwand. Die oben aufgeführte Formel wird vom OLAP intern wie folgt umgesetzt:

Beispiel

[„Szenarien":„Soll",<Aktuelle Kst>,<Aktuelle KoArt>] = n:

[„Szenarien":„Plan Fix",<Aktuelle Kst>,<Aktuelle KoArt>] + [„Szenarien":„Plan Variabel",<Aktuelle Kst>,<Aktuelle KoArt>]*

[„Kostenarten":„Kst-Leistung",„Szenarien":„Ist",<Aktuelle Kst>]/

[„Kostenarten": „Kst-Leistung", „Szenarien":„Plan Variabel,<Aktuelle Kst>"];

Dabei läuft die Formel automatisch über alle vorhandenen Kostenstellen und Kostenarten.

Variierende Dimensionsanzahl

Die unterschiedlichen Dimensionalitäten der Objekte werden über „Leerstellen" ausgeglichen. So werden häufig die Fixkosten mit einer Bezugsgröße erfasst. Die Bezugsgrößen hingegen sind unabhängig von der Kostenart. Man nimmt häufig noch weitere Vereinfachungen vor: So kann die Bezugsgröße beispielsweise auch in die Dimension Kostenobjekt übernommen werden. Sie steht dann unterhalb der Kostenstelle. Dann muss man sich allerdings überlegen, wie Fixkosten bezugsgrößenneutral erfasst werden können.

Hieraus können dann die Abweichungen ermittelt werden. Die verrechneten Plankosten geben an, welche Vollkostenanteile verrechnet worden sind:

$$\text{Verrechnete Plankosten} = \text{Gesamtkosten} \times \frac{\text{Istbeschäftigung}}{\text{Planbeschäftigung}}$$

Danach ermittelt sich die Verbrauchsabweichung zu:

$$\text{Verbrauchsabweichung} = \text{Istkosten} - \text{Sollkosten}$$

Die Beschäftigungsabweichung ermittelt sich wie folgt:

$$\text{Beschäftigungsabweichung} = \text{Sollkosten} - \text{Verrechnete Plankosten}$$

Ablauf-unabhängigkeit

Eine wichtige Voraussetzung zur Komplexitätsreduzierung ist die Ablaufunabhängigkeit der Berechnung. Darunter ist zu verstehen, dass die Reihenfolge bei der Formulierung der Ableitungsregeln keine Rolle spielt. So ist es egal, wo die Formel der Bezugsgrößenermittlung im gesamten Regelwerk steht. Dies erleichtert die Erstellung solcher Regeln erheblich, ist aber leider nur bei wenigen Systemen gegeben.

Dynamisch versus statisch

Bei der Ausführung von Regeln unterscheidet man die dynamische und die statische Kalkulation. Während bei einer dynamischen Kalkulation Verrechnungen und Verdichtungen erst bei einer Informationsanforderung durchgeführt werden, findet eine statische Kalkulation nur bei einem expliziten Aufruf der Berechnungsfunktion statt.

Bei komplexen Abrechnungsläufen wird man nicht umhinkommen, bestimmte Berechnungen statisch auszuführen, da die Rechenbelastung zur Auswertungszeit zu groß werden dürfte. So müssten bei einer Auswertung der Ergebnisrechnung über alle Kostenträger jede definierte Leistungsverrechnung im gesamten System neu ausgeführt werden.

Iterative Berechnungen

Wichtig in diesem Zusammenhang sind zudem wechselseitige Abhängigkeiten zwischen Kalkulationsobjekten. Diese treten häufig bei der innerbetrieblichen Leistungsverrechnung oder auch bei der chemischen Produktion auf. So leistet eine Raumkostenstelle („Facilitites") an die Personalkostenstelle. Die Personalkostenstelle wiederum leistet an die Raumkostenstelle („Human Resource Management"). Erfolgt eine sequenzielle Entlastung der jeweiligen Kostenstellen in der Reihenfolge Raumkostenstelle – Personalkostenstelle, befinden sich nach Abschluss der Verrechnungen wieder Sekundärkosten der Personalkostenstelle auf der Raumkostenstelle, was i. d. R. nicht erwünscht ist. Insofern muss eine weitere Verrechnung der (zusätzlichen) Belastung erfolgen.

Iterationsverfahren

Aus dieser Problemstellung ergeben sich lineare Gleichungssysteme, die i. d. R. exakt lösbar sind. Pragmatisch wird hierzu das Iterationsverfahren vorgeschlagen, welches sich durchgesetzt hat.[22] Zur Abbildung des Iterationsverfahrens sind prozedurale Erweiterungen notwendig. Dies wird im Weiteren noch konkretisiert.

3.6 Grenzen von OLAP

Die Regelsprache bietet die Möglichkeit, komplexe Anforderungen mit wenigen Zeilen umzusetzen. Wenn die Modellierung einer Kostenrechnung so einfach ist, warum gibt es dann überhaupt noch die klassischen transaktionsorientierten Lösungen? Das hat folgende Gründe:

- Es werden bei den Erläuterungen nur einzelne Aspekte herausgearbeitet. Baut man alle Anforderungen zusammen, ergibt dies ein recht komplexes System. Die Regeln müssen koordiniert werden. Wenn

[22] Zu den Verfahren Schweizer/Küpper (1995) S. 139 ff.

man hier nicht methodisch vorgeht, läuft man leicht in eine **Komplexitätsfalle:** Das nachträgliche Hinzufügen neuer Objekte oder Regeln führt dazu, dass andere Regeln unerwünschte Ergebnisse liefern. OLAP bietet verhältnismäßig wenig Unterstützung bei der Erstellung solcher komplexen Systeme. Für ein effektives „Software Engineering" fehlen unter anderem wichtige Eigenschaften wie das Geheimnisprinzip, bei dem Module gekapselt werden und nur noch über eine spezifizierte Schnittstelle abgerufen werden können. Erfahrene Berater legen sich hier methodische Beschränkungen auf, um die Komplexität handhaben zu können.

- Das **Nachvollziehen von Strukturveränderungen** hat für die Auswertenden häufig große Bedeutung. Wenn die Kostenrechnung beispielsweise für die externe orientierte Lagerbestandsbewertung herangezogen wird, müssen diese Werte auch nachträglich nachvollziehbar sein. Die zum Zeitpunkt der Bewertung gültige Struktur muss eingefroren werden. Dem stehen aktuelle Änderungen bei Kostenobjekten und Kostenarten gegenüber. Die meisten OLAP-Systeme unterstützen veränderliche Strukturen nur sehr begrenzt. Deswegen sind beispielsweise auch OLAP-Systeme nur selten als Basis für die handelsrechtliche Konsolidierung zu finden.
- Die Kostenrechnung umfasst häufig auch die **Kalkulation** auf der Basis von Stücklisten. Eine Abbildung solcher Strukturen zum Zweck der Kalkulation ist nur eingeschränkt möglich.
- Unter Umständen besteht die Anforderung, **Dimensionselemente** zur Laufzeit vom Anwender neu anlegen zu lassen. Dies ist in einigen OLAP-Systemen häufig mit einer Reorganisation der gesamten Datenbank verbunden und somit nicht praktikabel. Moderne Systeme wie TM1 unterstützen dies allerdings mittlerweile.

4 Unterstützung der Zweckpluralität

Die folgenden Gedanken betreffen die Ausgestaltung von zweckbezogenen Teilinformationen und sollen die Leistungsfähigkeit von OLAP-basierten Rechnungswesensystemen verdeutlichen.

Die Zwecke, die mit einer Kostenrechnung erfüllt werden sollen, sind äußerst vielfältig. Stark vereinfacht kann man die Zwecke nach der Beeinflussung eigener Entscheidungen (Entscheidungsaspekt der Kostenrechnung) und die Beeinflussung fremder Entscheidungen (Verhaltensaspekt der Kostenrechnung) unterteilen.[23] Insbesondere der Verhaltens-

[23] Auch Weber (1994).

aspekt steht im Mittelpunkt neuer Kostenrechnungsuntersuchungen.[24] Traditionell wird für jede Anforderung eine eigene Abrechnungslogik implementiert. In den Worten von Kaplan: „One Cost System isn't enough".[25] Eine Architektur könne, wie in Abb. 9 dargestellt, aussehen.

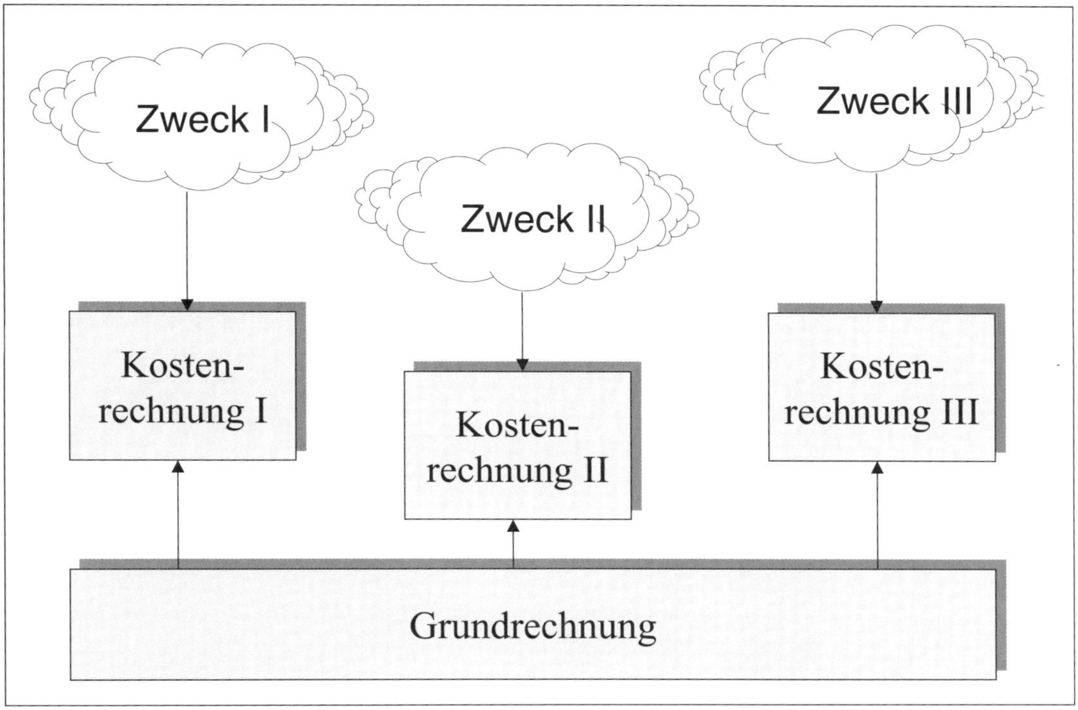

Abb. 9: Zweckrechnungen – Alternative 1

Integrierter Wertefluss

Eine Integration von vielfältigen Zwecken in ein Abrechnungssystem erfordert zum einen die integrierte Nutzung von Abrechnungsstrukturen, aber zum anderen auch die klare Trennung von unterschiedlichen Kosteninformationen. Nachteilig an dem Ansatz ist, dass Verrechnungen und Berechnungen, die nicht in der Grundrechnung enthalten sind, jeweils individuell für den Rechnungszweck implementiert werden. Eine Wiederverwendbarkeit wird höchstens durch Kopieren erreicht. Da die geschilderte Primärkostenrechnung auf beliebige Dimensionen erweitert werden kann, bietet sich eine weitere Modellierungsart an (s. Abb. 10).

[24] Zum Beispiel Pfaff (1993).
[25] Vgl. Kaplan (1988).

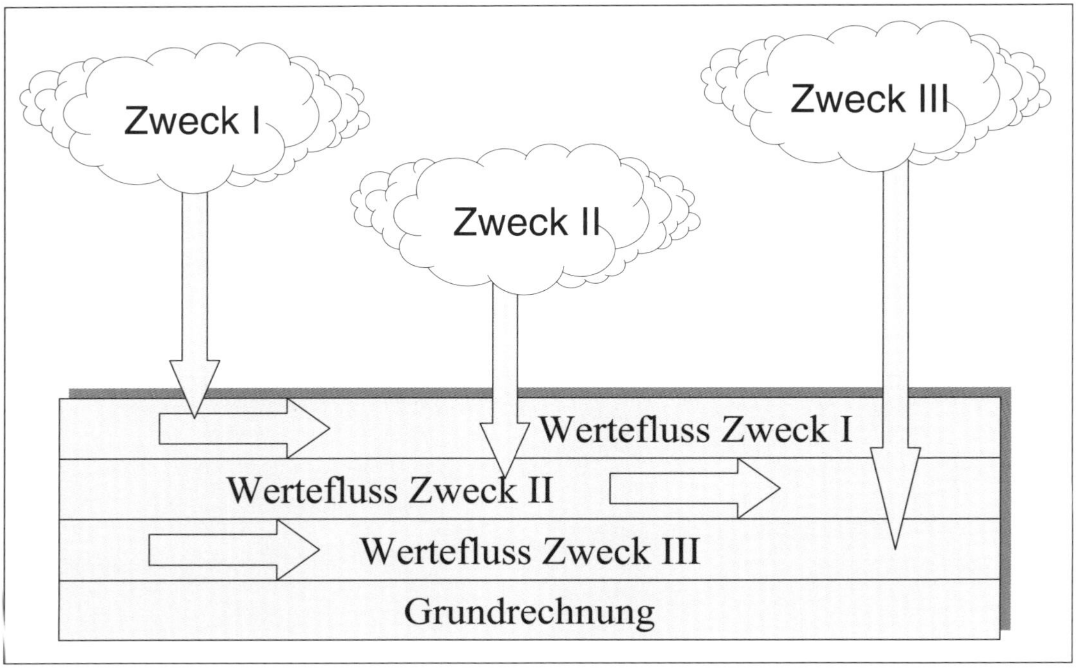

Abb. 10: Zweckrechnungen – Alternative 2

Aus einer Vielzahl von Möglichkeiten werden hier kurz die Bereiche Konzernkostenrechnung und handelsrechtliche/kalkulatorische Abgrenzungsrechnung dargestellt. Auch hier werden aus Platzgründen nur grundsätzliche Punkte angesprochen.

4.1 Abgrenzungsrechnung

Während in den handelsrechtlichen/steuerrechtlichen Kalkülen der Bewertung enge Grenzen gesetzt werden, besteht bezüglich der internen Ansätze vollständige Bewertungsfreiheit. Dies führt zu nicht unerheblichen Differenzen zwischen beiden Rechnungen. Aufgabe einer Abgrenzungsrechnung ist es, die Unterschiede zwischen dem kalkulatorischen und dem handelsrechtlichen Wertefluss unterjährig und jährlich offenzulegen. Dies wird i. d. R. konten- bzw. kostenartenbezogen durchgeführt. Daneben erfolgt häufig eine Übergangsrechnung von der geschlossenen Kostenträgerrechnung auf die bilanzielle Ergebnisrechnung.[26]

[26] Vgl. Müller (1996).

Bedeutung einer Abgrenzungsrechnung

Die Bedeutung einer differenzierenden Abgrenzungsrechnung wird umso größer, je differenzierter kalkulatorische Bestandteile auf Kostenträger verrechnet werden. So könnte es sein, dass bei innovativen Produkten grundsätzlich höhere Wagniskosten verrechnet werden. Auch im Rahmen einer Produktlebenszyklusrechnung könnten hier durchaus größere Abweichungen auftreten.[27]

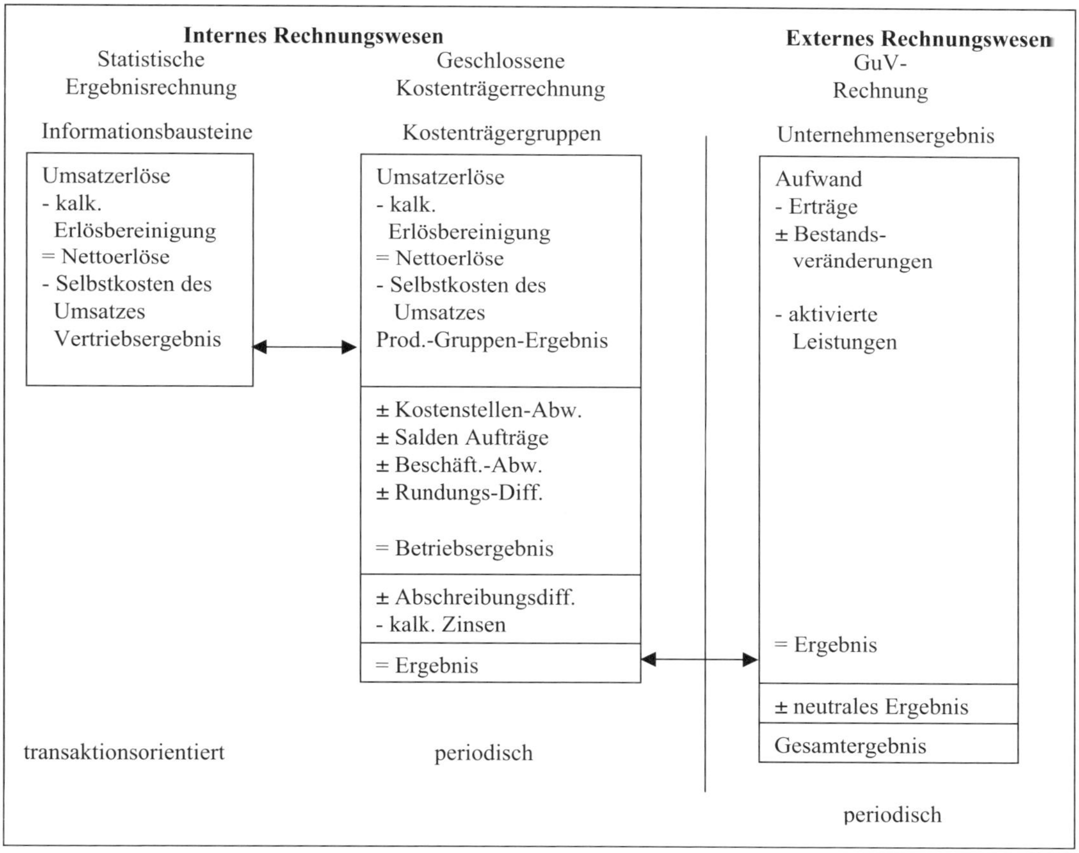

Abb. 11: Aufbau Überleitungsrechnung[28]

Nur die wenigsten Informationen werden in der Kostenrechnung selber erfasst. Ein großer Teil der Kostenelemente wird aus der Finanzbuchhaltung übernommen. Bekanntermaßen unterscheidet sich die Finanzbuchhaltung in der zeitlichen und sachlichen Bewertung gegenüber der Kostenrechnung. Über Rückstellungen und Abgrenzungsposten wird in

[27] Zum Konzept vgl. Wübbenhorst (1994).
[28] Quelle: Müller, Prozeßkonforme Granzplankostenrechnung, (1996), S. 577.

der Finanzbuchhaltung eine jahresgenaue Zuordnung vorgenommen. Das interne Rechnungswesen ist hingegen i. d. R. monatlich ausgerichtet. Daher ergeben sich zum Teil signifikante unterjährige Verschiebungen, die das interne und externe Ergebnis nicht mehr vergleichbar machen.

Zur Klärung der Unterschiede sollte jedoch sorgfältig zwischen einer Zweckdifferenz und einer Zeitdifferenz getrennt werden, was durch den gemeinsam genutzten Begriff „kalkulatorisch" nicht gerade erleichtert wird. Die Aufteilung von kalkulatorischen Erlösschmälerungen beispielsweise stellt nicht darauf ab, andere Informationen als in der Finanzbuchhaltung bereitzustellen, sondern zu einem frühestmöglichen Zeitpunkt zusätzliche Informationen einzubeziehen.

Monatlicher Abgleich

Zur Angleichung beider Systeme schlägt *Männel* vor, eine monatliche Abgrenzung bereits in der Finanzbuchhaltung durchzuführen. Obwohl viele Systeme hierzu Funktionen bereitstellen, ist dies mit einem gewissen Aufwand verbunden. Dies lässt sich vermeiden, wenn die Saldenebene der Finanzbuchhaltung ebenfalls in die analytische Anwendung übernommen wird. In diesem Fall kann die gleiche Abgrenzungsrechnung für die handelsrechtliche und die kalkulatorische Teilrechnung verwendet werden.

Für eine Transparenz der Ergebnisdifferenzen auf Artikelebene zum handelsrechtlich ermittelten Jahresüberschuss sind solche Rechnungen jedoch nur eingeschränkt nutzbar. Die Abgrenzungsrechnung ist im Wesentlichen für die Integritätssicherung sinnvoll. Für eine genaue Verfolgung der Differenzen sind i. d. R. detailliertere Werte notwendig. Ziel einer Abgrenzungsbrücke sollte es sein, nicht nur formale Richtigkeit sicherzustellen, sondern auch Hilfestellung bei der Beurteilung von Ergebnissen zu liefern. Ein von *Müller* skizziertes Beispiel einer positiven Deckungsbeitragssituation und eines negativen Jahresüberschusses hat weniger eine Zweckdifferenz als Ursache als vielmehr eine Abstimmungsproblematik, wobei nur unzureichende Abgrenzungen vorgenommen werden.[29]

Lösungsansatz

Ein Lösungsvorschlag ist die parallele Durchrechnung handelsrechtlicher und kalkulatorischer Bestandteile. Damit entsteht die Möglichkeit, alle Abschlusskalküle, d. h. auch die internen Rechnungen, alternativ mit kalkulatorischen und handelsrechtlichen Werten darzustellen. Umsetzungstechnisch würde das bedeuten, dass man in einer Dimension „Primäranteile" zwei oder mehrere verschiedene Hierarchien pflegt. Ziel ist es, mögliche Abweichungen zwischen handelsrechtlichen und kalkulatorischen Kalkülen zu jeder Zeit im Berichtswesen klären zu können.

---

[29] Vgl. Müller (1983), S. 378 – 379.

Diese Struktur ist Bestandteil aller Verrechnungen, sodass alle Bewertungsansätze immer in der gleichen Struktur verwendet werden.

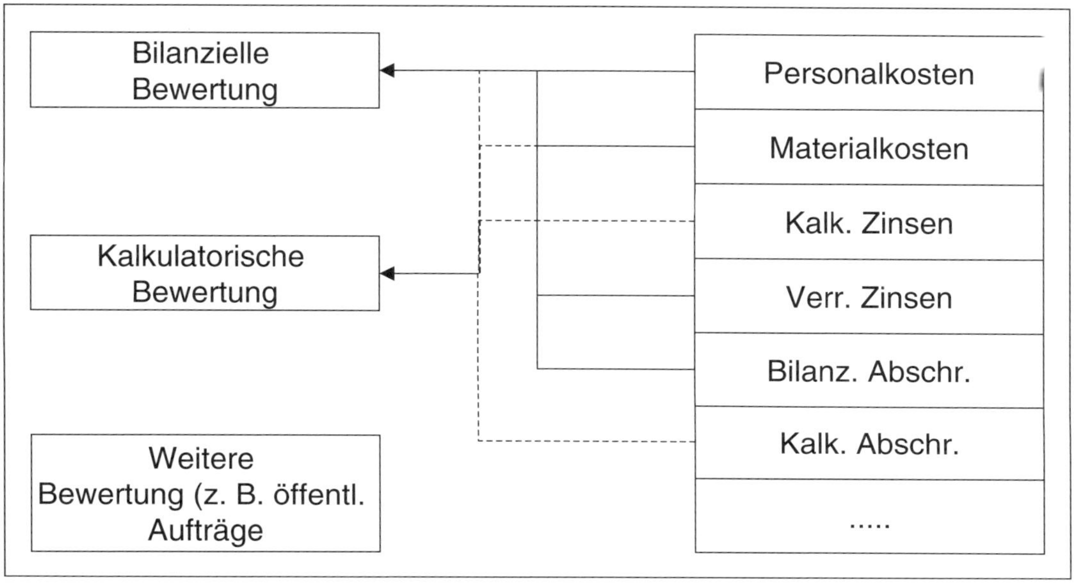

Abb. 12: Zweckplurale Verdichtung

Ursachenanalyse

Wie könnte bei einem solchen System eine Ursachenanalyse vonstattengehen? Bei einer Analyse erkennt man beispielsweise, dass die Ergebnisrechnung positiv ist, die zeitentsprechende GuV aber einen Verlust aufweist. Durch Wechsel der Sicht bezieht man die monatlichen zeitlichen Abgrenzungen in die GuV mit ein. Dies erklärt jedoch nur einen Teil der Abweichungen. Durch Einbezug des Bewertungszwecks „handelsrechtlich" in eine Werte-Spalte der Ergebnisrechnung werden pro Position die Differenzen ausgewiesen. Je nach Struktur der aktuellen Ergebnisrechnung erfolgt dies produkt- oder bereichsbezogen. Über Drill down können pro Detailposition die Bewertungsdifferenzen nachverfolgt werden.

4.2 Konzernkostenrechnung

Babuschka-Effekt

Für die Konzernsteuerung als eigenständiges Tätigkeitsfeld sind Konzernkostenrechnungsinformationen von zunehmender Bedeutung. Konzernleistungsbeziehungen werden zu Transferpreisen bewertet, sodass der Primärkostencharakter auf Konzernebene verloren geht (gerne auch als „Babuschka-Effekt" bezeichnet). Für die konzernbezogene Bestandsbewertung ist jedoch der Primärkostencharakter maßgeblich.[30] Auch sind Fehlentscheidungen aus Konzernsicht nicht auszuschließen, da die jeweilige Teilunternehmung bei Konzernlieferungen von variablen Kostenbestandteilen ausgeht. Aus Konzernsicht sind jedoch meistens fixe Bestandteile zu identifizieren. Auch bei Simulationsrechnungen kann dieses Wissen hilfreich sein.

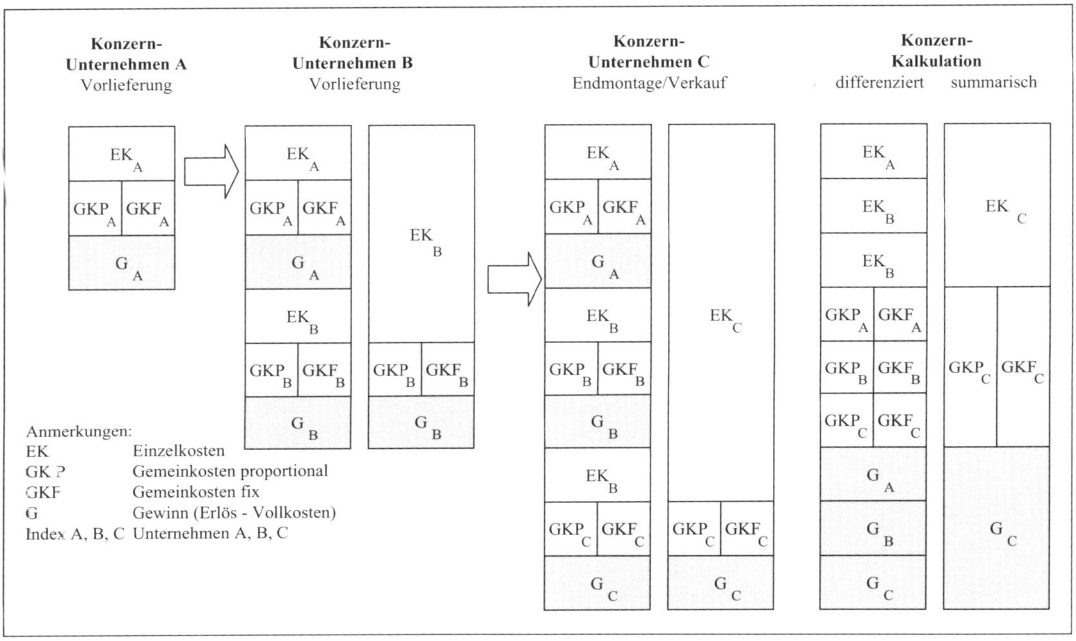

Abb. 13: Konzernkostenrechnung[31]

Problematik der Erstellung

Diese Informationen müssen i. d. R. mit einem hohen Zusatzaufwand bereitgestellt werden. Die Berücksichtigung der Zweckpluralität im Abrechnungsfluss kann hier weiterhelfen. Allerdings stehen bei der Umsetzung die Integrationsprobleme der Vorsysteme im Vordergrund, da davon auszugehen ist, dass es sich bei den DV-Systemen der Teilkonzerne um äußerst heterogene Architekturen handelt.

Übernahme der Primärkostenstruktur

Ein Lösungsansatz könnte es sein, nicht nur Transferpreise, sondern auch die Primärkostenstruktur der liefernden Schwester in die lokale Kostenrechnung zu übernehmen. Dies muss sich nicht auf einen Preisvektor beschränken, sondern kann den gesamten Umfang eines Bewertungswürfels umfassen. Hierbei ergibt sich jedoch ein nicht zu

[30] Küting/Weber (1997), S. 310.
[31] Quelle: Müller, Konzernkostenrechnung (1996).

unterschätzendes Problem. Häufig besteht kein Kontraktionszwang zwischen den Unternehmen eines Konzerns. Auch sind die Transferpreise häufig auf dem Verhandlungswege festzulegen. Im Fall der Übergabe des kompletten Preisvektors wird dem empfangenden Unternehmen ein wesentlicher Einblick in die Kosten- und Gewinnstruktur des leistenden Unternehmens gewährt. Dies dürfte sich auf die Verhandlungen ganz erheblich auswirken. Zwar könnte man die Konzernbewertung im DV-System der Empfängerunternehmung verbergen. Da die Verantwortung des DV-Systems i. d. R. bei den Einzelunternehmungen liegt, dürfte dies kein praktikabler Schutz sein.

Eigenständige Konzernkostenrechnung

Ein weiterer Ansatz könnte es sein, das benötigte Mengen- und Wertegerüst der Unternehmungen in eine eigenständige Konzernkostenrechnung zu übernehmen. Dies bedeutet jedoch auch, dass der Wertefluss in der Konzernkostenrechnung ein zweites Mal durchgerechnet werden muss. Des Weiteren führen Doppelverwendungen von Primärschlüsseln usw. zu Problemen, die äußerst aufwendig zu lösen sind.

Beide Ansätze lassen sich mit den vorgestellten Konzepten handhaben. Hierbei treten, wie erläutert, weniger technische, sondern organisatorische Problemstellungen auf. Unter Berücksichtigung dieser Einschränkungen sind konzernbezogene Kostenrechnungsinformationen nur stark vereinfacht bereitstellbar.

5 Eingliederung in eine Informationssystem-Architektur

Nachdem nun verschiedene Ansätze zur Umsetzung mit OLAP diskutiert worden sind, müssen die Teilmodelle „montiert“ und in eine Rechnungswesenarchitektur eingebunden werden. Bezüglich der organisatorischen Gestaltung von Geschäfts- und Betriebsbuchhaltung gibt es eine lange Tradition. Man unterscheidet die grundsätzlichen Gestaltungsmöglichkeiten Einkreissystem, Zweikreissystem und reine statistische Kostenrechnung bzw. zugeschaltetes System.[32]

Einkreissystem

Das Einkreissystem bindet die Kostenrechnung vollständig in den Wertefluss der Geschäftsbuchhaltung ein. Die Schwerfälligkeit des Abschlusses hat dazu geführt, dass diese Form in der Datenverarbeitung wenig verbreitet ist.[33] Neben der reinen kontenmäßigen Abwicklung gibt es auch noch das Einkreissystem mit ergänzter statistischer Betriebsbuchhaltung. Hier werden die umfassenden Berechnungen der Kosten-

[32] Sinzig (1990), S. 112 f.
[33] Eisele (1993), S. 503.

rechnung in verschiedene Tabellen ausgelagert und nur die Summen in die Konten übernommen.

Zweikreissystem

Das Zweikreissystem trennt hingegen konsequent Geschäfts- und Betriebsbuchhaltung voneinander. Eine Abstimmung der Systeme erfolgt über Spiegelbild- bzw. Übergangskonten. Grundlage der Betriebsbuchhaltung bleibt zumindest aus struktureller Sicht die Doppik.

Statistische Kostenrechnung

Die rein statistische Kostenrechnung verlässt nun den Weg der Doppik vollständig. An der rein statistischen Kostenrechnung wird die unzureichende Abstimmung bemängelt. Es lassen sich zwar beliebige Informationen herausfiltern, die Beziehung der Resultate zu den Ergebnissen der Finanzbuchhaltung bleibt jedoch unklar. Die Trennung beider Systeme führt häufig zu Abstimmdifferenzen, deren Ursache intransparent bleibt.[34]

OLAP und statistische Kostenrechnung

Eine OLAP-Konzeption für das Rechnungswesen eignet sich für die statistisch aufgebaute Kostenrechnung. Wie erläutert, wird in OLAP selber nicht gebucht, sondern lediglich mit Salden gerechnet. Trotzdem können die Ergebnisse der Teilsysteme in die Finanzbuchhaltung und in die logistischen Systeme zurückgespielt werden. Verrechnungssätze bzw. -vektoren für die Plankalkulation und die Bestandsbewertung (sofern sie nicht im OLAP abgebildet werden) sind Daten, die an logistische Systeme bzw. die Finanzbuchhaltung zurückgegeben werden. Eine Möglichkeit einer integrierten Architektur ist (vereinfacht) in Abb. 14 dargestellt.

Hybrider Ansatz

In einem ersten Einführungsszenario müssen also nicht unmittelbar alle Bestandteile einer Kostenrechnung auf der Basis analytischer Datenbanken umgesetzt werden. Interessant für ein erstes Projekt sind sicherlich die Kostenstellenrechnung und branchenbezogen auch eine Projekt- oder Auftragskalkulation. Eine Stücklistenkalkulation ist grundsätzlich möglich, resultiert aber unter Umständen in einem recht komplexen Modell.

Flexibilisierung

Die notwendige Integration mit dem Vorsystem beeinflusst natürlich die Flexibilität einer OLAP-basierten Kostenrechnung. Da eine Kostenrechnung im Wesentlichen auf den Strukturen der Vorsysteme basiert und daher auch ein Großteil der Daten erhält, ist eine enge Anbindung naheliegend. Alle Strukturveränderungen in den logistischen Systemen sollten entsprechend automatisch aktualisiert werden.

Änderungen der Anforderungen

Auf der anderen Seite sind Veränderungen im Wertefluss durchzuführen. Neue oder veränderte Rechnungszwecke erfordern eine entsprechende Anpassung. Zu diskutieren ist, ob eine zweckbezogene Erweiterung möglich ist, ohne die logistischen Systeme tiefgreifend hiervon zu

---

[34] Männel (1996), S. 132.

beeinflussen. Dies hängt davon ab, inwieweit direkt eine zusätzliche primäre Erfassung der Kategorien in den logistischen Systemen vorgenommen wird. Wird beispielsweise eine nach Vertragslaufzeiten differenzierende Rechnung aufgebaut,[35] sind hierzu zusätzliche Informationen in den Vorsystemen zu erfassen.

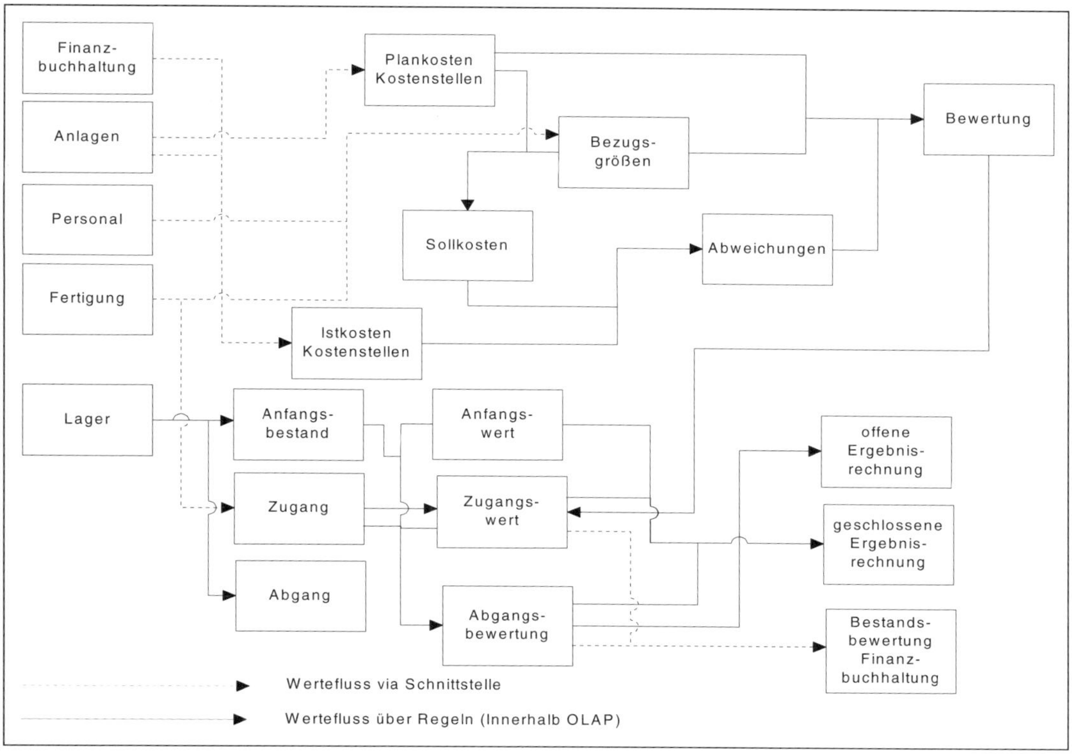

Abb. 14: Struktur einer OLAP-basierten Kostenrechnung

In anderen Bereichen ist hingegen eine automatische Klassifizierung möglich. So kann aus der Material- und der Entnahmeart automatisch die Kostenart bestimmt werden. Insbesondere General-Ledger-Systeme verfügen über umfassende Automatismen zur Ableitung von Dimensionselementen.[36]

Anpassungsrichtungen

Da jeder Rechnungsschritt der Kostenrechnung durch das Auswertungsziel bestimmt ist, ist der Anknüpfpunkt für die Zweckanpassung bei den Zielrechnungen (z. B. der Ergebnisrechnung) zu sehen. Im Gegensatz zum Wertefluss ist eine Veränderung der Struktur dann in entgegen-

[35] Zum Beispiel bei Oecking (1994).
[36] Vgl. Oehler (2000).

gesetzter Richtung vorzunehmen. Systemtechnisch ergibt sich die Anforderung, Dimensionen zu bestehenden Würfel dynamisch zu ändern und entsprechend die Ableitungsregeln anzupassen. Hier bestehen bei vielen Systemen zurzeit noch größere Schwierigkeiten. Zum Teil lassen sich bestehende Würfel nicht mehr anpassen, sodass der bestehende Würfel gelöscht und ein neuer erstellt werden muss. Des Weiteren sind die Regeln häufig nicht so generisch, dass diese automatisch auch über neue Dimensionen angewendet werden können. Als Konsequenz sind zurzeit einige manuelle Eingriffe notwendig. Es bleibt zu hoffen, dass diese Einschränkungen überwunden werden.

6 Literaturhinweise

Codd, E. F./Codd, S. B./Salley, C. T., Beyond Decision Support, in: Computerworld, 30/1993.

Coenenberg, Einheitlichkeit oder Differenzierung von internem und externem Rechnungswesen: Die Anforderungen der internen Steuerung, in: Der Betrieb, 42/1995, S. 2077–2083.

Date, An Introduction to Database Systems, 6. Aufl. 1995.

Dauner/Dauner-Lieb, Die Input-Output-Simulation von Unternehmensprozessen, in: Betriebswirtschaftliche Forschung und Praxis, 2/1996, S. 233–251.

Ebbeken, Primärkostenrechung – stückbezogene primäre Kostenartenrechnung als Instrument zur Unternehmensführung, 1970.

Eisele, Technik des betrieblichen Rechnungswesens, 5. Aufl. 1993.

Fröhling, Dynamisches Kostenmanagement, 1993.

Kaplan, One Cost System Isn't Enough, in: Harvard Business Rewiew, 1/1988, S. 61–66.

Kilger, Flexible Plankostenrechnung und Deckungsbeitragsrechnung, 9. Aufl. 1988.

Küpper, Pagatorische und kalkulatorische Rechensysteme, in: Kostenrechnungspraxis 1/1997, S. 20–26.

Küting/Weber, Der Konzernabschluß, 4. Aufl. 1997.

Lackes, EDV-orientiertes Kosteninformationssystem. Flexible Plankostenrechnung und neue Technologien, 1989.

Männel, Reorganisation des führungsorientierten Rechnungswesens durch Integration der Rechenkreise, in: Männel (Hrsg.): Kongreß Kostenrechnung 96, S. 131–146.

Mattessich, Die wissenschaftlichen Grundlagen des Rechnungswesens, 1970.

Müller, Abstimmung zwischen EDV-Systemen der Kostenrechnung und der Finanzbuchführung, in: Scheer (Hrsg.): Rechnungswesen und EDV, 1983, S. 376–394.

Müller, Prozeßkonforme Grenzplankostenrechnung, 2. Aufl. 1996.

Müller, Konzernkostenrechnung – Stand der Diskussion und praktische Lösungsansätze, in: Männel, (Hrsg.): Kongreß Kostenrechnung 96, S. 187–207.

Oecking, Fixkostenmanagement, 1994.

Oehler, OLAP-Konzeption einer geschlossenen Kostenrechnung, in: Kostenrechnungspraxis Sonderheft, 2/1998, S. 85–96.

Oehler, Integration von Zweckrechnungen in einem Standardsoftwaresystem für das Rechnungswesen, 2000.

Oehler, Corporate Performance Management mit Business Intelligence Technologien, 2006.

Pfaff, Kostenrechnung, Unsicherheit und Organisation, 1993.

Plaut/Bonin/Vikas, Grenzplankostenrechnung und Einzelkostenrechnung, in: Kostenrechnungspraxis, 1/1988, S. 9–15.

Riebel, Zum Konzept einer zweckneutralen Grundrechnung, in: Zeitschrift für betriebswirtschaftliche Forschung, 1979, S. 785–798.

Riebel, Gestaltungsprobleme einer zweckneutralen Grundrechnung, in: Zeitschrift für betriebswirtschaftliche Forschung, 12/1979, S. 863–893.

Scheer, EDV-orientierte Betriebswirtschaftslehre – Grundlagen für ein effizientes Informationsmanagement, 4. Aufl. 1990.

Schneider, Rechnungszweckwidrige wiederbeschaffungswertorientierte Abschreibung, in: Kostenrechnungspraxis, 1/1998, S. 34–36.

Schweitzer/Küpper, Systeme der Kosten- und Erlösrechnung, 6. Aufl. 1995.

Sinzig, Datenbank-orientiertes Rechnungswesen: Grundzüge einer EDV-gestützten Realisierung der Einzelkosten- und Deckungsbeitragsrechnung, 3. Aufl. 1990.

Weber, Kostenrechnung zwischen Verhaltens- und Entscheidungsorientierung, in: Kostenrechnungspraxis, 2/1994, S. 99–104.

Wedekind, Die Objekttypenmethode beim Datenbankentwurf – dargestellt am Beispiel von Buchungs- und Abrechnungssystemen, in: Zeitschrift für Betriebswirtschaft, 5/1979, S. 367–387.

Wübbenhorst, Konzept der Lebenszykluskosten – Grundlagen, Problemstellungen und technologische Zusammenhänge, 1984.

Mit Excel und Access Kennzahlen aus Vorsystemen generieren

- Unternehmenssteuerung basiert im Wesentlichen auf Kennzahlen, die den Zielerreichungsgrad von Unternehmenszielen messen.
- Die Erzeugung von Kennzahlen aus den Vorsystemen der Finanzbuchhaltung geschieht in kleinen und mittleren Unternehmen häufig mit Excel.
- Die Ermittlung valider Kennzahlen benötigt ein Konzept für die Datenübernahme.
- Durch die geschickte und dynamische Verknüpfung von Excel mit Acces erhält man ein sicheres und komfortables Auswertungstool.

Inhalt | Seite

Der Autor

Dipl.-Betriebsw. (FH) Hartmut Erb ist Unternehmensberater mit Schwerpunkten bei der Einführung von Controlling-Lösungen bis hin zu OLAP-Datenbanken.

1 Überblick

Heutzutage ist ein effektives und gut verankertes Unternehmenssteuerungssystem ein Muss für jedes Management, um dauerhaft und systematisch Erfolg und Wachstum erzielen zu können und um gegen die mit der Finanzkrise einhergehenden Probleme gut gewappnet zu sein. Die Unternehmenssteuerung basiert hierbei im Wesentlichen auf Kennzahlen, mit deren Hilfe das Erreichen von Unternehmenszielen gemessen wird und Unternehmensprozesse verbessert werden können. Business-Intelligence-Systeme sind hierfür ideale Werkzeuge, die aber nach wie vor viel zu selten eingesetzt werden.

Kennzahlen – ein Muss für die Steuerung des Unternehmens

Excel dominiert, gerade bei kleinen und mittelständischen Unternehmen als Kennzahlensystem. Excel ist laut CBS Interactive GmbH „vor allem bei den größeren Unternehmen mit 100 bis 199 Mitarbeitern beliebt (48 %) und liegt damit weit über dem Durchschnitt. Mittlere Unternehmensgrößen mit bis zu 100 Mitarbeiten benutzen Excel nur in einem Fünftel aller Fälle, bei den kleinen mit bis zu zehn Mitarbeitern nur ein Zehntel. Selbst die Industrie schwört etwa zu einem Drittel auf eine Lösung mit Excel.“ (Quelle: www.zdnet.de, Basel II: Mittelstand spart am Controlling).

Das Problem jedoch ist, dass die mit der Tabellenkalkulation ermittelten Unternehmenskennzahlen mit viel händischer Arbeit zeitaufwendig aufbereitet werden müssen und dadurch in hohem Maße fehleranfällig sind. Oftmals fehlt es den Unternehmen auch am Know-how, um die Datenströme aus den unterschiedlichen Vorsystemen schnell, konsistent und fehlerfrei (via Access) in die Excel-Auswertungen zu „lenken“. Dieser Artikel widmet sich deshalb der Frage, wie sich Daten automatisiert aus unterschiedlichen Vorsystemen mithilfe von Access aufbereiten lassen, um dann anschließend in Excel ausgewertet werden zu können. Hierbei wird ein Tool vorgestellt, das für die eigenen Belange angepasst werden kann.

Excel-Auswertungen zeitaufwendig und fehleranfällig

2 Die Konzeption der Auswertungen und der Strukturen

Zu Beginn eines Projekts, an dessen Ende ein Unternehmenssteuerungssystem stehen soll, stehen die Zielsetzung des Berichtswesens, die Konzeption der Berichte, Berichtsinhalte, Kennzahlen und der Aufbau der dafür benötigten Tabellen. Dieser Top-down-Ansatz stellt sicher, dass zum Schluss auch wirklich das gewünschte Ergebnis, d. h. die gewünschten Auswertungen, zum Tragen kommt. Der Top-down-Ansatz ist deshalb so wichtig, weil in dieser Art von Projekten sehr oft der Fehler begangen wird, dass sich die Projektbeteiligten zunächst mit den Daten aus dem Vorsystem beschäftigen und sich erst im Verlauf der Erstellung der Berichte Gedanken machen, was denn überhaupt ausgewertet werden soll.

Ziele des Berichtswesens definieren

Ein sogenannter Bottom-up-Ansatz ist zwar grundsätzlich auch möglich, führt jedoch meistens zu einem erhöhten Aufwand, weil der Datenprozess in aller Regel nachgebessert werden muss. Grundsätzlich müssen im Vorfeld der Gestaltung der Datenprozesse einige konzeptionelle Überlegungen angestellt und verschiedenste Fragestellungen abgearbeitet werden:

- Mit welchen Kenngrößen soll das Unternehmen im Hinblick auf welche Ziele gesteuert werden? Das heißt, welche Auswertungen und dazugehörigen Stamm- und Strukturdaten werden benötigt, um diese Anforderungen zu erfüllen?
- Welche Excel-Tabellen werden benötigt, um die benötigten Auswertungen umzusetzen?
- Wie sieht die übergeordnete Steuerung der Auswertungstabellen aus?
- Welcher konzeptionelle Ansatz liegt dem Berichtslayout zugrunde?

2.1 Konzeptionelle Überlegungen zu den Unternehmenszielen und Kenngrößen

Jedes Unternehmen verfolgt, teils mehr, teils weniger konsequent, eine Unternehmensstrategie, um seine Unternehmensziele umzusetzen. Die Ziele hierbei sind vielschichtig und die Zielerreichung ist meist das Ergebnis der Umsetzung mitunter sehr komplexer interner und externer Prozesse. Im Rahmen dieses Artikels kann deshalb nur exemplarisch anhand eines Beispiels aufgezeigt werden, wie das Berichtswesen prinzipiell aufgebaut werden muss und was es zu beachten gilt.

Beispielunternehmen

Im vorliegenden Beispiel wird ein Handelsunternehmen vorgestellt, das im Agrar- und Brennstoff-Bereich tätig ist. Das Unternehmen muss einerseits Kennzahlen und Berichte an externe Adressaten (z. B. Banken) liefern, benötigt aber auch ein System zur internen Unternehmenssteuerung. Es soll ein System etabliert werden, das basierend auf Excel und Access u. a. Informationen zu folgenden Fragestellungen liefert:

- Wie entwickelt sich das **Ergebnis** des Unternehmens unterjährig und im Vergleich zu den Vorjahren? Zielsetzung hierbei ist es, frühzeitig Trends zu erkennen, um Maßnahmen einleiten zu können. Hierfür wird eine GuV auf Monats- und Jahresbasis benötigt, die auch externen Adressaten zugänglich gemacht wird. Die Daten kommen aus der Finanzbuchhaltung.
- Wie entwickeln sich die jährlichen **Durchschnittspreise** der einzelnen Produktgruppen? Hier wird das Ziel verfolgt, die Vertriebsaktivitäten und das Pricing der Produkte besser zu steuern. Dazu bedarf es der Mengen- und Erlöswerte aus dem Vertrieb.

- Wie entwickelt sich die **Produktivität** der Mitarbeiter? Ein Ziel hinter dieser Fragestellung lautet, welche Bereiche aufgrund der Entwicklung von Produktiv- und Krankheitstagen ein besonderes Augenmerk verdienen und wo Maßnahmen eingeleitet werden müssen, um die Mitarbeiterzufriedenheit zu erhöhen, bzw. wo evtl. Arbeitsbedingungen verbessert werden müssen, um den Krankenstand zu senken. Diese Daten stammen aus dem Personalwesen.
- Wie entwickeln sich weitere **Unternehmensindikatoren** (Erlös pro Produktivtag, Personalaufwand pro Produktivtag etc.)? Hinter dieser Fragestellung verbirgt sich die Zielsetzung anhand unterschiedlicher Kenngrößen die Entwicklung in einzelnen Unternehmensbereichen besser verfolgen zu können, um ggf. frühzeitig Maßnahmen gegen negative Trends einleiten zu können. Diese Informationen werden auf Basis der vorhandenen Vorsystemdaten gebildet.

Die Kenngrößen sind, wie erwähnt, exemplarisch zu sehen. Das vorgestellte Beispiel erhebt nicht den Anspruch, ein Kennzahlensystem im Sinne einer umfänglichen Unternehmenssteuerung abzubilden, zumal diese Art Kennzahlen von Unternehmen zu Unternehmen unterschiedlich sind und an den individuellen Unternehmenszielen ausgerichtet werden müssen. Es gilt vielmehr, anhand dieser Kenngrößen beispielhaft aufzuzeigen, wie man die zur Kennzahlenbildung relevanten Werte aus den Vorsystemen aufbereitet und in geeigneter Berichtsform darstellt.

2.2 Konzeptionelle Überlegungen zu den benötigten Excel-Tabellen

Aufbau der Auswertung

Die o. g. Fragestellungen machen unterschiedliche Tabellen erforderlich. So müssen neben den Auswertungstabellen auch Bewegungsdaten- und Strukturdatentabellen vorgehalten werden. Die Arbeitsmappe, die alle diese Tabellen beinhaltet, hält im Einzelnen folgende Tabellen vor:

1. *BerGuV-1* (Auswertung): Der erste GuV-Bericht mit der monatsbezogenen Darstellung der Werte.
2. *BerGuV-2* (Auswertung): Der zweite GuV-Bericht mit der jahresbezogenen Darstellung der Werte.
3. *BerMenge* (Auswertung): Der Bericht mit den Durchschnittspreisen pro Erlösgruppe.
4. *BerMitarbeiter* (Auswertung): Die Personalübersicht mit den Produktiv-, Urlaubs- und Krankheitstagen pro Abteilung.
5. *BerKennzahlen* (Auswertung): Der Bericht mit verschiedenen Unternehmensindikatoren bzw. -kenngrößen.

6. *SDGuV* (Struktur): Die Stamm- und Strukturdaten der Konten und Berichtszeilen, die den kontenbasierten Berichten zugrunde liegen.
7. *SDSonstiges* (Struktur): Die restlichen Stamm- und Strukturdaten der Berichte. Diese Tabelle muss nur bei Bedarf gepflegt werden, wenn also beispielsweise eine neue Werteart ausgewertet werden soll, die noch nicht in dieser Tabelle hinterlegt ist.
8. *Parameter* (Struktur): Hinterlegte Parameter, die zur allgemeinen Makro-Steuerung dienen. Diese Tabelle muss nur dann ergänzt werden, wenn ein neues Makro eingebunden werden soll, das über das Feld *E7* in einer der Auswertungstabellen aufgerufen werden soll.
9. *BDVorsystem* (Daten): Die Bewegungsdaten, die per ODBC aus Access übernommen werden.

2.3 Konzeptionelle Überlegungen zur übergeordneten Steuerung der Berichte

Die übergeordnete Steuerung der Tabellen soll ein schnelles Navigieren zwischen den verschiedenen Auswertungen ermöglichen und durch ein einheitliches Layout dem Anwender die Einstellungen der Parameter oder den Aufruf von Makros erleichtern. Die Steuerung und die Funktionen im Bereich der Zeilen 1 bis 20 sind deshalb in allen Tabellen (nahezu) identisch.

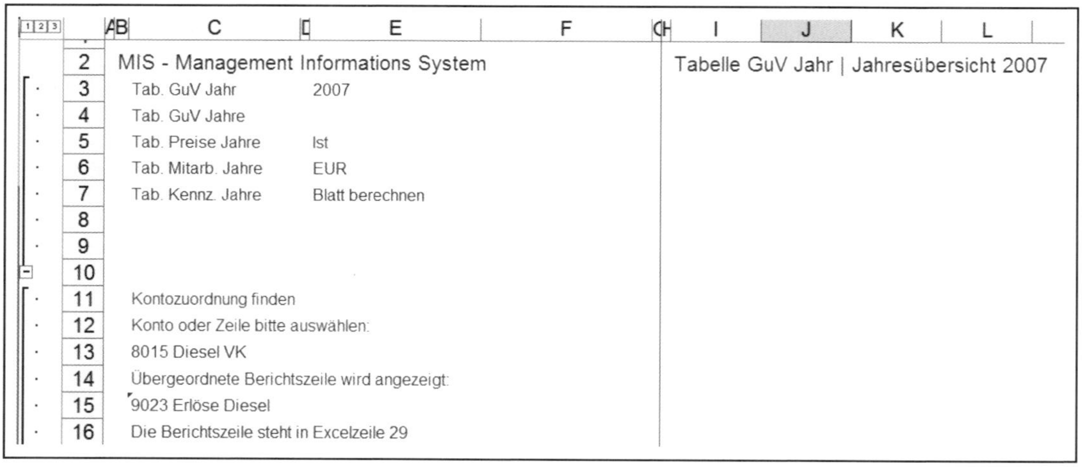

Abb. 1: Die übergeordnete Steuerung der Tabellen

Die übergeordneten Elemente setzen sich aus folgenden Bereichen zusammen:

- **Überschrift**: Die Überschrift rechts von der Abkürzung *MIS* ist dynamisch gehalten. Sie bezieht sich zunächst auf das Kürzel in der Zelle, über die zu den einzelnen Tabellen navigiert werden kann (Zellenbereich *C3:C7*). Weiterhin wird das ausgewählte Jahr bzw. die Periode mit angezeigt. Die Überschrift wird durch die Verkettung variabler Inhalte, so z. B. in der Tabelle *BerGuV-1*, durch folgende Formel gebildet: *=VERKETTEN(LINKS($C$3;3)&„elle"&RECHTS($C$3;9);„ | Jahresübersicht ";$E$3)*. Die Überschrift in den übrigen Tabellen wird ähnlich gebildet, bezieht sich dort jedoch auf andere Zellinhalte. Das angezeigte Datum wird über die Formel *=JETZT()* erzeugt und ist deshalb ganz hilfreich, damit beim Ausdruck der Datei immer auch der Stand der Daten nachvollzogen werden kann.
- **Navigation**: Die Navigation zu den einzelnen Arbeitsblättern findet in den Auswertungstabellen im Bereich der Zellen *C3:C7* statt. Der Sprung in die nächste Tabelle wird durch einen Klick auf die entsprechende Zelle ausgelöst und wird via Hyperlink gesteuert. Das entsprechende Dialogfenster wird über das Menü *Einfügen* und dort über den Befehl *Hyperlink* aufgerufen.

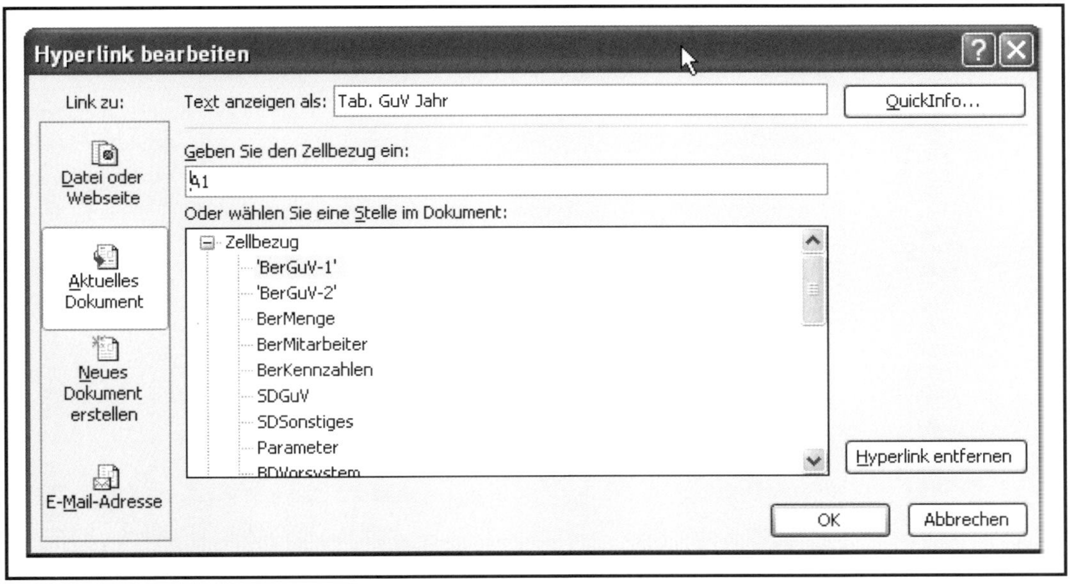

Abb. 2: Die Navigation zur Tabelle *BerGuV-1* erfolgt via Hyperlink

- **Auswahlfeld:** In den Auswertungstabellen kann im Zellenbereich *E3:E6* die Auswahl getroffen werden, welche Daten (z. B. Jahr bzw. Periode) angezeigt werden sollen. In Tabelle *BerGuV-1* kann z. B. das Jahr gewechselt und in Tabelle *BerGuV-2* die Periode umgeschaltet werden. Die Werte verändern sich entsprechend der getroffenen Einstellung. Die hierfür eingerichteten Drop-down-Felder werden über eine Gültigkeits-Liste gefüllt, die wiederum über einen Namens-Bezug auf die Tabelle *SDSonstiges* verweist. Erwähnt werden sollte noch, dass die Tabelle immer dann neu durchgerechnet wird, wenn die Einstellungen im besagten Zellenbereich *E3:E6* wechseln. Diese Aktion ist Makro-gesteuert und soll sicherstellen, dass immer der richtige Datenbezug dargestellt wird. In der Tabelle *BerGuV-1* können Auswertungselemente, so z. B. das Element Jahr in Zelle *E3* ausgewählt werden, die momentan noch nicht „belegt" sind. Das heißt konkret, dass beispielsweise noch keine Daten aus dem Jahr *2008* vorhanden sind und somit auch keine Werte bei der Auswahl *2008* angezeigt werden. Diese Werte können jedoch jederzeit in das Tool mit aufgenommen werden.
- **Steuerungsfeld:** In Zelle *E7* befindet sich ein Steuerungsfeld, über welches Makros aufgerufen werden können. Dieses Drop-down-Feld wird auch über eine Gültigkeits-Liste gefüllt, die über einen Namens-Bezug auf die Tabelle *Parameter* verweist. Das entsprechende Makro wird immer im Zusammenhang mit einer Auswahl in Zelle *E7* ausgeführt.
- **Weitere Steuerungsmechanismen:** In den beiden Tabellen *BerGuV-1* und *BerGuV-2* ist im Bereich der Zellen *C11:E16* ein Zusatz-Feature eingebaut, das helfen soll, die Stammdaten (Konten) in den Berichtstabellen leichter zu pflegen. Wenn die Zelle *C13* angeklickt wird, so wird in Zelle *C15* gleichzeitig die dazugehörige übergeordnete Berichtszeile angezeigt und gleichzeitig erscheint in Zelle *C16* die Angabe, in welcher Excel-Zeile sich diese Berichtszeile befindet. Die Excel-Zeile wird aus den Informationen, beginnend in Zelle *G26*, und den darunter liegenden Zellen generiert. Hier wird mithilfe der Funktion *SVERWEIS()* vorgegangen. Die Anzeige der Berichtszeile ist dann sehr hilfreich, wenn, wie im vorliegenden Fall, die Tabellen sehr groß sind und sehr viele Berichtszeilen beinhalten und ein neues Konto in diesen Bericht einfügt werden muss. In diesem Fall muss einfach das neue Konto ausgewählt und zur Anzeige gebracht werden. Jetzt wird ersichtlich, zu welcher Berichtszeile es zugeordnet werden muss. Das neue Konto kann somit sehr viel schneller einpflegt werden. Dies setzt jedoch voraus, dass die Beziehungen zwischen z. B. Konto und Berichtszeile in der Tabelle *SDGuV* gepflegt werden.

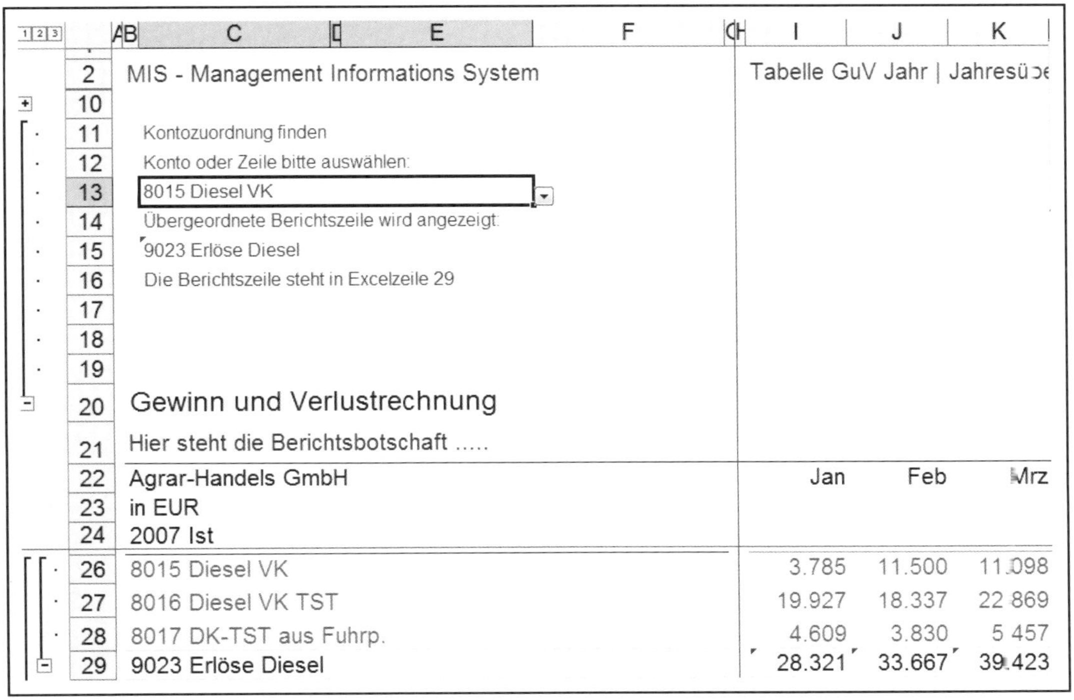

Abb. 3: Über das Zusatz-Feature kann der Bericht einfacher gepflegt werden

2.4 Konzeptionelle Überlegungen zum Berichtslayout

Ein gutes Berichtswesen muss neben fachlichen Gesichtspunkten unter anderem auch Aspekte für das Softwaredesign, die Datenvisualisierung und die Datenbankorganisation berücksichtigen. Es sind hierbei immer auch folgende Überlegungen von Bedeutung:

- Berichte sind grundsätzlich ein Medium, um den Berichtsadressaten **entscheidungsrelevante Informationen** zur Verfügung zu stellen.
- Berichte sollten eine **Botschaft** enthalten. Es sollen Sachverhalte interpretiert werden und möglichst auch Empfehlungen ausgesprochen werden.
- Berichte sollen letztendlich dazu beitragen, dass der Berichtsadressat **neue Erkenntnisse** gewinnt und seinen Wissenshorizont erweitert.
- Berichte sollten einheitlich strukturiert und nach **eindeutigen Regeln** aufgebaut werden. Das bedeutet vor allem, dass Berichte nicht permanent ihr Layout ändern dürfen und Begriffe unternehmensweit vereinheitlicht und beibehalten werden müssen.

- Berichte sollten auf die **Berichtsinhalte** und nicht auf das Beiwerk wie Logos, CI-Farben usw. reduziert werden.
- Berichte sollten mit einer **hohen Informationsdichte** ausgestattet werden. Informationen, die sich über mehrere Seiten ziehen, sind nur schwer zugänglich. Der Betrachter kann das am besten verstehen und überblicken, was innerhalb der Augenspanne zu sehen ist.

Tipp

Die gedanklichen Ansätze gehen auf *Prof. Dr. Rolf Hichert* zurück. Auf http://www.hichert.com/ wird anhand einer Vielzahl von Beispielen gezeigt, wie professionelle Geschäftsdiagramme gestaltet, Managementberichte optimiert und mit Präsentationen Wirkung erzielt werden können. Die Beispiele aus diesem Artikel lehnen sich an die Notationen (Farbkonzept und generelle Berichtsgestaltung) und die Empfehlungen von *Prof. Hichert* an.

2.5 Der Aufbau der Berichte mit den dazugehörigen Stamm- und Strukturdaten

Nach Abschluss der konzeptionellen Vorarbeiten und Überlegungen kann nun mit der Gestaltung der Berichte begonnen werden. Anhand des nachfolgend abgebildeten Berichtes aus Tabelle *BerGuV-1* sollen die wesentlichen Layout-Themen, die es zu berücksichtigen gilt, näher betrachtet werden.

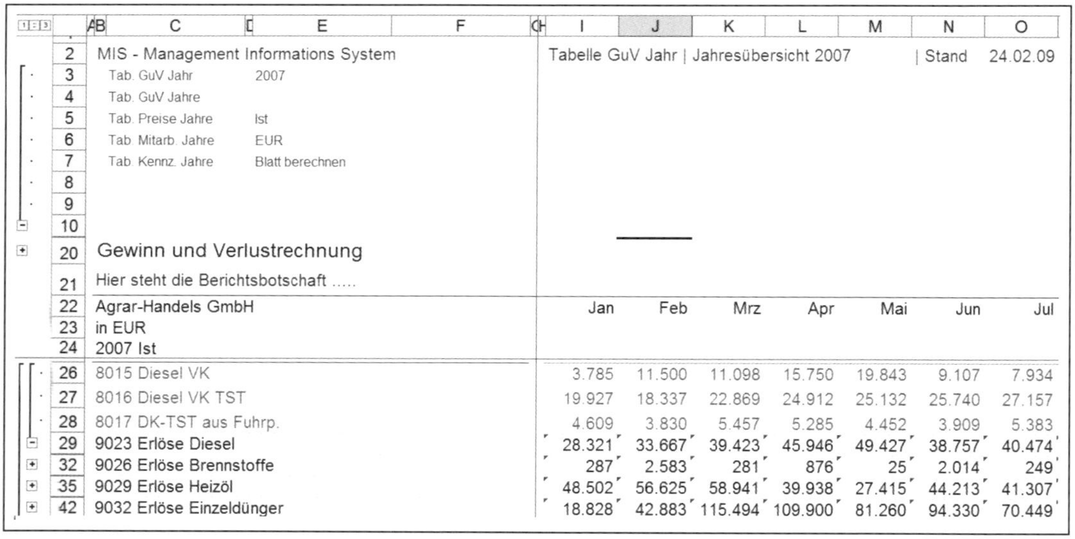

	C	E	I–O
2	MIS - Management Informations System		Tabelle GuV Jahr | Jahresübersicht 2007 | Stand 24.02.09
3	Tab. GuV Jahr	2007	
4	Tab. GuV Jahre		
5	Tab. Preise Jahre	Ist	
6	Tab. Mitarb. Jahre	EUR	
7	Tab. Kennz. Jahre	Blatt berechnen	
8			
9			
10			
20	Gewinn und Verlustrechnung		
21	Hier steht die Berichtsbotschaft		

		Jan	Feb	Mrz	Apr	Mai	Jun	Jul
22	Agrar-Handels GmbH							
23	in EUR							
24	2007 Ist							
26	8015 Diesel VK	3.785	11.500	11.098	15.750	19.843	9.107	7.934
27	8016 Diesel VK TST	19.927	18.337	22.869	24.912	25.132	25.740	27.157
28	8017 DK-TST aus Fuhrp.	4.609	3.830	5.457	5.285	4.452	3.909	5.383
29	9023 Erlöse Diesel	28.321	33.667	39.423	45.946	49.427	38.757	40.474
32	9026 Erlöse Brennstoffe	287	2.583	281	876	25	2.014	249
35	9029 Erlöse Heizöl	48.502	56.625	58.941	39.938	27.415	44.213	41.307
42	9032 Erlöse Einzeldünger	18.828	42.883	115.494	109.900	81.260	94.330	70.449

Abb. 4: Das Layout in Anlehnung an Prof. *Hichert* zum Bericht BerGuV-1

- **Der Berichtskopf**: Er beginnt mit Zeile *20* und enthält als Überschrift die Berichtsbezeichnung *Gewinn und Verlustrechnung*. Er enthält des Weiteren die zum Verständnis notwendigen übrigen Angaben, wie die Unternehmensbezeichnung *Agrar-Handels GmbH*, die Währungseinheit in *EUR*, das ausgewählte Jahr *2007*, das aus der Zelle *E3* übernommen wird, und die Datenart *Ist* (aus Zelle *E5*) als Hinweis, ob es sich z. B. um Ist-, Plan oder Hochrechnungszahlen handelt. Die Monate sind im Bereich der Zellen *H22:S22* hinterlegt und farblich durch einen blauen Doppelstrich (Ist-Werte Monate) in Zeile *25* gekennzeichnet. Das Jahr *2007* wird hier ebenso per Bezug an die Zelle *V22* übergeben und auch das Jahr ist farblich in Zeile *25*, jedoch mit einem blauen Balken (Ist-Werte Jahr) gekennzeichnet. In Zelle *C21* kann eine sogenannte Berichtsbotschaft eingetragen werden, sodass der Berichtsadressat sofort mit der Quintessenz des Berichts vertraut gemacht werden kann. Die Vorgaben für diese aufgeführten Notationen gehen, wie gesagt, auf das weiter oben erwähnte Konzept von *Prof. Hichert* zurück.
- **Die Berichtszeilen**: Sie setzen sich aus Konten, Zwischensummen und Hauptsummen zusammen. Diese Berichtselemente unterscheiden sich durch eine farblich leicht abgestufte Nuancierung und durch eine ebenfalls sehr spärliche Unterstreichung bzw. auch durch zum Teil unterschiedliche Zeilenhöhen. Auch hier wurde versucht, dem Grundsatz Rechnung zu tragen, dass Farben nicht wahllos eingesetzt und auf jegliches „optisches“ Beiwerk verzichtet werden soll.
- **Die Struktur**: Sie ist hinsichtlich der Konten, Zwischensummen und Hauptsummen, wie bereits an anderer Stelle angedeutet, in einer separaten Tabelle *SDGuV* hinterlegt. In dieser Tabelle werden die „Beziehungen“ der Berichtselemente, d. h. die Beziehungen der Konten zu den Zwischensummen, und die Beziehung der Zwischensummen zu den Hauptsummen gepflegt; sie bilden die Vorgabe für den zeilenbezogenen Berichtsaufbau.

3 Die Datenbereitstellung aus den Vorsystemen

Verbindung der externen Daten mit der Auswertung

Nachdem nun die Vorarbeiten zu den Berichten, d. h. die eigentliche Konzeptionsarbeit, abgeschlossen sind und die Berichte selbst, mit Ausnahme der noch benötigten Bewegungsdaten, fertiggestellt sind, kann die gezielte Datenbereitstellung aus den Vorsystemen (Finanzbuchhaltung, Personalwesen, Vertrieb), die Erstellung des Datenstroms, angegangen werden. Die Aufgabe besteht jetzt darin, die aus den Vorsystemen zur Verfügung gestellten txt-Dateien so anzubinden, dass die Daten per Mausklick in die Auswertungen gelangen.

Als Ausgangsbasis dienen Text-Dateien, die aus den Vorsystemen extrahiert werden. Inzwischen bieten nahezu alle Vorsysteme diese Form der Datenextraktion in sogenannte „Flat-Files“ (csv-, txt-Format) an. Nachfolgend ist exemplarisch die extrahierte Text-Datei mit den Finanzbuchhaltungsdaten abgebildet, die zur Auswertung kommen sollen.

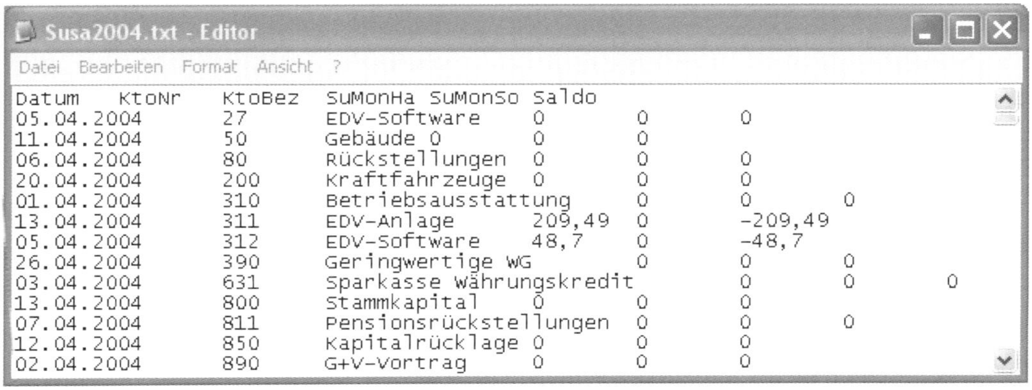

Abb. 5: Die Rohdaten aus der FiBu

Inhalt des Datensatzes aus der FiBu

Der Datensatz dieser Datei enthält das Buchungsdatum, die Kontonummer, die Kontenbezeichnung, den Haben- und den Sollwert des Monats sowie den Monats-Saldo. Diese Daten müssen nun aufbereitet und via Access an Excel übergeben werden. Wie dies im Einzelnen geschehen muss, ist nachfolgend beschrieben.

Zuerst muss eine neue Access-Datenbank mit der Bezeichnung *Daten.mdb* erstellt werden. Anschließend werden in dieser Datenbank im Bereich der *Tabellen* die Text-Dateien durch den Befehl *Tabellen verknüpfen* über das Kontextmenü der rechten Maustaste mit Access dynamisch verknüpft.

Tipp

Dynamisch verknüpft bedeutet, dass, wenn eine dieser Text-Dateien überschrieben wird, weil z. B. ein neuer Extrakt der Finanzbuchhaltungsdaten stattgefunden hat, nicht mehr eingegriffen zu werden braucht, denn Access merkt sich diese Verbindung dauerhaft. Wichtig ist nur, dass die neue Datei den exakt identischen Aufbau und denselben Namen hat sowie im selben Verzeichnis wie die Vorgänger-Datei abgelegt wird.

4 Aufbereitung und Bereitstellung der Bewegungsdaten aus Access

Access und Excel verbinden

Die Daten sind nun zwar als Tabellen in Access verfügbar, müssen aber noch mithilfe von Abfragen für den Zugriff aus Excel modifiziert werden. Hierfür muss innerhalb von Access in den Bereich *Abfragen* gewechselt werden, um die Daten über eine Kette von Abfragen zu modifizieren bzw. aufzubereiten. Es ist nicht möglich, alle Modifikationen innerhalb einer einzigen Abfrage auszuführen, weshalb eine neue Abfrage immer auf einer vorhandenen Abfrage aufbaut. Die Abfragekette für die Daten aus der Finanzbuchhaltung ist nachfolgend einmal exemplarisch aufgelistet:

1. Abfrage *qrySusajjjj_01*: Hängt zunächst über eine sogenannte Union-Abfrage alle vier Ausgangstabellen (verkettete Text-Dateien im Bereich *Tabellen*) hintereinander.

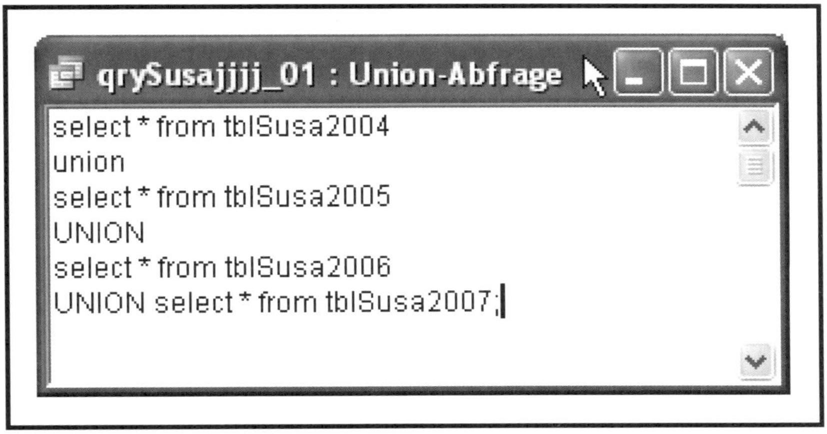

Abb. 6: Die Text-Dateien mit den Rohdaten aus der FiBu werden über eine Union-Abfrage „hintereinander"gehängt

2. Abfrage *qrySusajjjj_02*: Filtert das Jahr und den Monat aus dem Datum und hängt die Kontonummer und die Kontenbezeichnung (in einem gemeinsamen Feld) zusammen. Ebenfalls werden die Datenart Ist und die Wertart EUR dem Datensatz beigesteuert („Datenanreicherung").
3. Abfrage *qrySusajjjj_04*: Dient der Verdichtung der Jahressummen pro Konto.
4. Abfrage *qrySusajjj_05*: Fügt die beiden vorherigen Abfragen aneinander.
5. Abfrage *qrySusajjjj_50*: Bildet den Key, der in Excel zur Datenfindung benötigt wird.

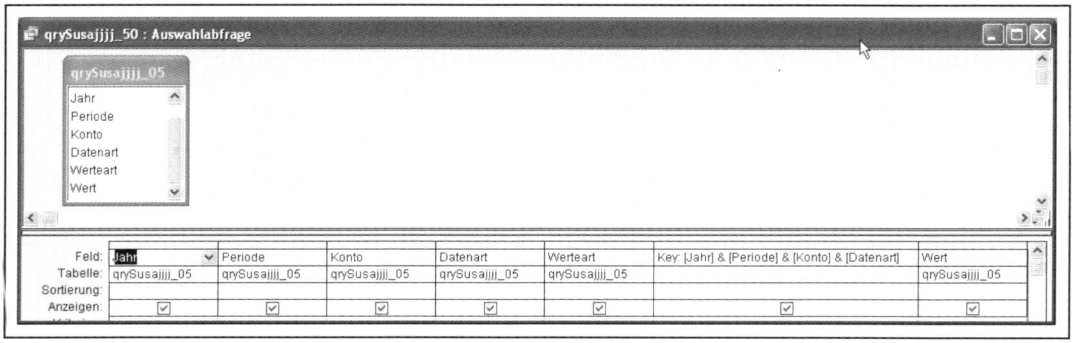

Abb. 7: In dieser Abfrage wird der Key gebildet

Die Abfrageketten für die Werte aus dem Bereich Personalwesen (Mitarbeiterstunden) und Vertrieb (Mengen) werden analog aufgebaut. Die Ergebnisse aus allen drei Abfrageketten werden dann in der Abfrage *qryKennz_90* zusammengeführt und an die letzte Abfrage *qryKennz_99*, die nachfolgend abgebildet ist, übergeben.

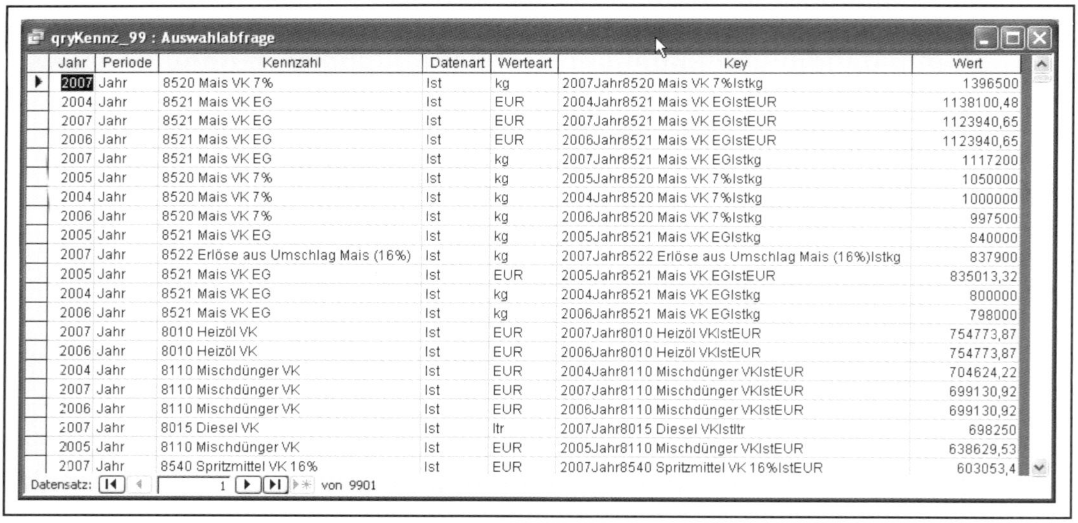
qryKennz_99 : Auswahlabfrage

Jahr	Periode	Kennzahl	Datenart	Werteart	Key	Wert
2007	Jahr	8520 Mais VK 7%	Ist	kg	2007Jahr8520 Mais VK 7%Istkg	1396500
2004	Jahr	8521 Mais VK EG	Ist	EUR	2004Jahr8521 Mais VK EGIstEUR	1138100,48
2007	Jahr	8521 Mais VK EG	Ist	EUR	2007Jahr8521 Mais VK EGIstEUR	1123940,65
2006	Jahr	8521 Mais VK EG	Ist	EUR	2006Jahr8521 Mais VK EGIstEUR	1123940,65
2007	Jahr	8521 Mais VK EG	Ist	kg	2007Jahr8521 Mais VK EGIstkg	1117200
2005	Jahr	8520 Mais VK 7%	Ist	kg	2005Jahr8520 Mais VK 7%Istkg	1050000
2004	Jahr	8520 Mais VK 7%	Ist	kg	2004Jahr8520 Mais VK 7%Istkg	1000000
2006	Jahr	8520 Mais VK 7%	Ist	kg	2006Jahr8520 Mais VK 7%Istkg	997500
2005	Jahr	8521 Mais VK EG	Ist	kg	2005Jahr8521 Mais VK EGIstkg	840000
2007	Jahr	8522 Erlöse aus Umschlag Mais (16%)	Ist	kg	2007Jahr8522 Erlöse aus Umschlag Mais (16%)Istkg	837900
2005	Jahr	8521 Mais VK EG	Ist	EUR	2005Jahr8521 Mais VK EGIstEUR	835013,32
2004	Jahr	8521 Mais VK EG	Ist	kg	2004Jahr8521 Mais VK EGIstkg	800000
2006	Jahr	8521 Mais VK EG	Ist	kg	2006Jahr8521 Mais VK EGIstkg	798000
2007	Jahr	8010 Heizöl VK	Ist	EUR	2007Jahr8010 Heizöl VKIstEUR	754773,87
2006	Jahr	8010 Heizöl VK	Ist	EUR	2006Jahr8010 Heizöl VKIstEUR	754773,87
2004	Jahr	8110 Mischdünger VK	Ist	EUR	2004Jahr8110 Mischdünger VKIstEUR	704624,22
2007	Jahr	8110 Mischdünger VK	Ist	EUR	2007Jahr8110 Mischdünger VKIstEUR	699130,92
2006	Jahr	8110 Mischdünger VK	Ist	EUR	2006Jahr8110 Mischdünger VKIstEUR	699130,92
2007	Jahr	8015 Diesel VK	Ist	ltr	2007Jahr8015 Diesel VKIstltr	698250
2005	Jahr	8110 Mischdünger VK	Ist	EUR	2005Jahr8110 Mischdünger VKIstEUR	638629,53
2007	Jahr	8540 Spritzmittel VK 16%	Ist	EUR	2007Jahr8540 Spritzmittel VK 16%IstEUR	603053,4

Datensatz: 1 von 9901

Abb. 8: Die Abfrage mit den finalen Daten für die Excel-Auswertungen

Aufbau einer dynamischen Verbindung

Damit nun die Daten zwischen Excel und Access über eine dynamische Verbindung „durchgereicht“ werden können, muss die Access-Datenbank *Daten.mdb* ODBC-fähig gemacht werden. Dies erfolgt über das Menü *Systemsteuerung/Verwaltung/Datenquellen(ODBC)*. Dort wird über den Button *Hinzufügen* das Dialogfenster *Neue Datenquelle erstellen* geöffnet und der Eintrag *Microsoft Access-Treiber(*.mdb)* markiert. Jetzt muss über den Button *Auswählen* die Datenbank *Daten.mdb* aus dem Verzeichnis ausgewählt werden, in dem diese gespeichert ist. Anschließend werden noch ein *Datenquellenname* und eine *Beschreibung* für diese Verbindung vergeben und die Menüs wieder geschlossen.

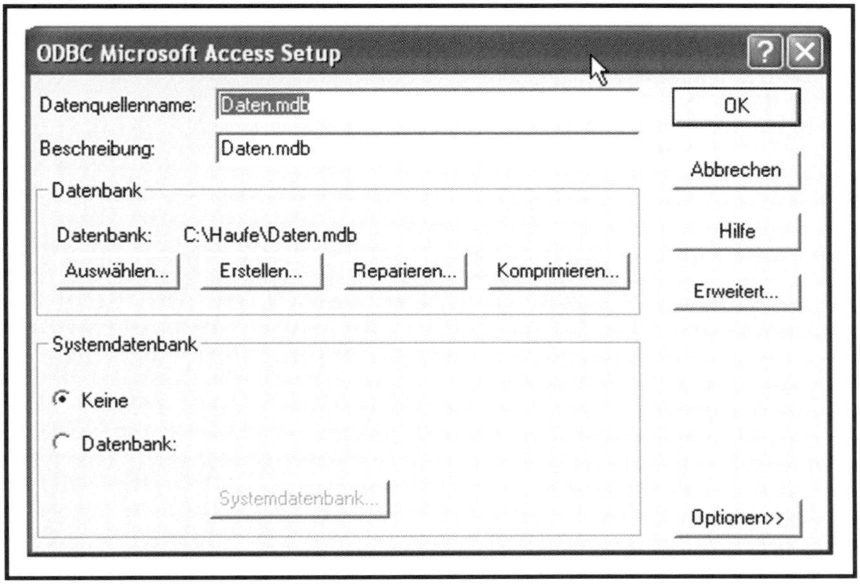

Abb. 9: Die Datenbank Daten.mdb ist jetzt ODBC-fähig

Nun sind die Daten in Access vorbereitet und können in Excel ausgewertet werden.

Tipp

Damit das hier vorgestellte Tool richtig funktioniert, muss die Datenbank *Daten.mdb* unbedingt auf die beschriebene Art und Weise ODBC-fähig gemacht werden, denn nur so können die Excel-Tabellen mit den Access-Tabellen und diese wiederum mit den Text-Dateien richtig kommunizieren und der Datenstrom zwischen diesen drei Ebenen sichergestellt werden.

5 Die Anbindung an Excel

Datentransfer

Im letzten Schritt erfolgt nun die Anbindung der aufbereiteten Bewegungsdaten aus der Access-Datenbank *Daten.mdb* in die Excel-Arbeitsmappe, genauer gesagt, in die dortige Tabelle *BDVorsystem*. Dies erreicht man, indem man in der Tabelle *BDVorsystem* zunächst den Mauszeiger in Zelle *A1* setzt und anschließend über das Menü *Daten/Externe Daten importieren* den Befehl *Neue Abfrage erstellen* aufruft. Dort wird die zuvor eingerichtete Datenquelle *Daten.mdb** ausgewählt.

Query-Assistent

Über den Query-Assistenten können dann aus der „verfügbaren Tabelle“ *qryKennz_99* über den Pfeil > alle Felder in das rechte mit *Spalten in Ihrer Abfrage* bezeichnete Fenster geholt und dann kann mit *Weiter>* zum nächsten Schritt gegangen werden. Es brauchen keine Daten gefiltert zu werden, deshalb kann man über *Weiter>* zur Sortierung voranschreiten. Hier bietet es sich an, die Sortierung so einzustellen, dass zunächst nach dem *Jahr*, dann nach der *Periode* und anschließend nach der *Kennzahl* sortiert wird. Mit *Weiter>* gelangt man nun zum letzten Schritt, dessen Voreinstellung man über den Button *Fertig stellen* beenden kann. Der letzte Dialog zeigt an, dass die Datenübernahme in Zelle *$A$1* beginnen soll, was mit *OK* bestätigt werden kann.

Aktualisierung

Nun sind die Daten aus Access dynamisch mit Excel verknüpft und brauchen lediglich noch über das Makro *Daten aktualisieren* in Zelle *E7* in einer der Auswertungstabellen aktualisiert zu werden, wenn sich die zugrunde liegenden Text-Dateien geändert haben. Der ODBC-Kanal ist also geöffnet und „zieht“ die Änderungen der Text-Dateien via Access in die Excel-Tabelle *BDVorsystem*.

6 Die Fertigstellung der Auswertungen

Übernahme der Bewegungsdaten

Jetzt fehlt nur noch, als letzter Schritt, die Einbindung der Bewegungsdaten in die Auswertungen. Diese Einbindung wird über die Funktion *SVERWEIS()* vorgenommen, wobei der *Key* das entscheidende Bindeglied zwischen der Auswertungstabelle und der Tabelle mit den Bewegungsdaten darstellt.

Wie diese Verbindung hergestellt wird, soll anhand der Formel in der Zelle *I26* in der Tabelle *BerGuV-1* genauer betrachtet werden: *=WENN(ISTFEHLER(SVERWEIS(T(VERKETTEN($E$3;I$23;$B26;$E$5; $E$6));BDVorsystem!$F$2:$G$10677;2;FALSCH));0;SVERWEIS(T(VERKETTEN ($E$3;I$23;$B26;$E$5;$E$6));BDVorsystem!$F$2:$G$10677;2; FALSCH))*.

Mit dieser Formel wird zunächst einmal über eine *WENN()*-Funktion eine mögliche Fehlermeldung abgefangen, die dann auftritt, wenn für diese Stammdaten-Konstellation keine Datensatz bzw. Key in den Bewegungsdaten existiert. In der *SVERWEIS()*-Funktion wird das Suchkriterium gebildet: *T(VERKETTEN($E$3;I$23;$B26;$E$5;$E$6))*. Dieses Suchkriterium wird über das *T* zu einem Text-String umgewandelt.

Über die *VERKETTEN()*-Funktion findet die eigentliche Zusammensetzung des Suchkriteriums statt. In der vorliegenden Zelle *I26* lautet das Suchkriterium *200718015 Diesel VKIstEUR*. Dies ist genau der Schlüssel (Key), der benötigt wird, um über die *SVERWEIS()*-Funktion den dazugehörigen Wert in der Tabelle *BDVorsystem* zu finden, die ja bekanntlich über die gleichen (in Access gebildeten) Schlüssel verfügt. Die Funktion „schaut" also in der Tabelle *BDVorsystem* in Spalte *F* nach, wo sich der Key *200718015 Diesel VKIstEUR* befindet, und holt dann den Wert (in der gleichen Zeile) aus Spalte *G* in die Zelle *I26* der Tabelle *BerGuV-1*. So können nun alle Zellen der Tabelle *BerGuV-1*, die sich auf ein Konto beziehen, mit dieser Formelbeziehung versehen werden.

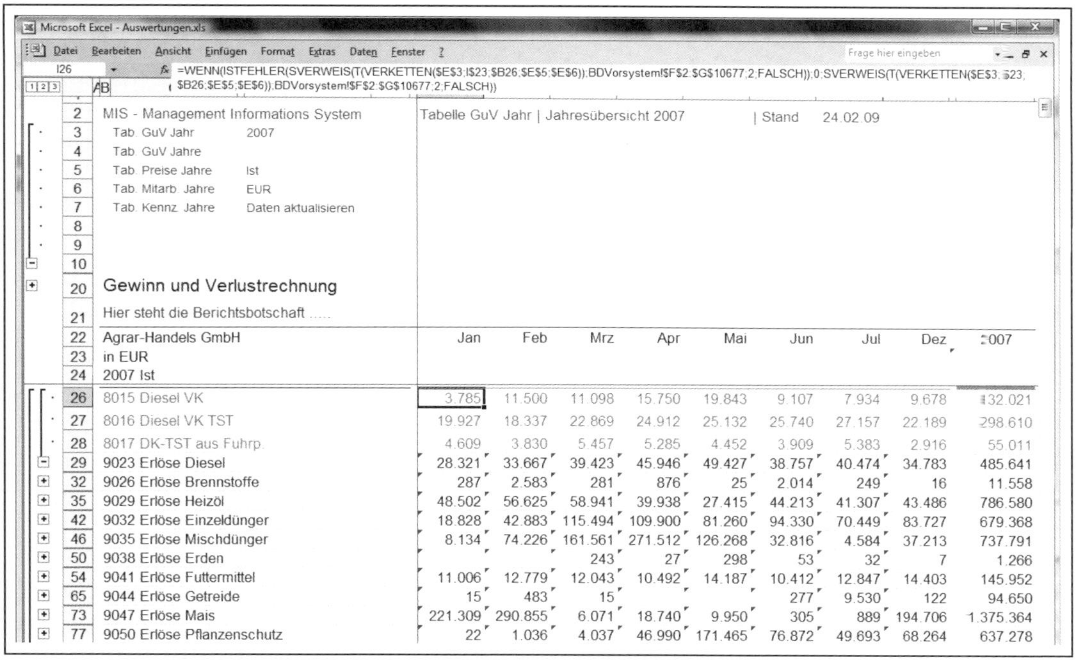

		Jan	Feb	Mrz	Apr	Mai	Jun	Jul	Dez	2007
26	8015 Diesel VK	3.785	11.500	11.098	15.750	19.843	9.107	7.934	9.678	[illegible]32.021
27	8016 Diesel VK TST	19.927	18.337	22.869	24.912	25.132	25.740	27.157	22.189	298.610
28	8017 DK-TST aus Fuhrp.	4.609	3.830	5.457	5.285	4.452	3.909	5.383	2.916	55.011
29	9023 Erlöse Diesel	28.321	33.667	39.423	45.946	49.427	38.757	40.474	34.783	485.641
32	9026 Erlöse Brennstoffe	287	2.583	281	876	25	2.014	249	16	11.558
35	9029 Erlöse Heizöl	48.502	56.625	58.941	39.938	27.415	44.213	41.307	43.486	786.580
42	9032 Erlöse Einzeldünger	18.828	42.883	115.494	109.900	81.260	94.330	70.449	83.727	679.368
46	9035 Erlöse Mischdünger	8.134	74.226	161.561	271.512	126.268	32.816	4.584	37.213	737.791
50	9038 Erlöse Erden			243	27	298	53	32	7	1.266
54	9041 Erlöse Futtermittel	11.006	12.779	12.043	10.492	14.187	10.412	12.847	14.403	145.952
65	9044 Erlöse Getreide	15	483	15			277	9.530	122	94.650
73	9047 Erlöse Mais	221.309	290.855	6.071	18.740	9.950	305	889	194.706	1.375.364
77	9050 Erlöse Pflanzenschutz	22	1.036	4.037	46.990	171.465	76.872	49.693	68.264	637.278

Abb. 10: Die Auswertung ist fertiggestellt und kann per Knopfdruck aktualisiert werden

7 Die Erweiterung der Lösung

Die bestehende Lösung kann mit wenigen Schritten erweitert werden. Wenn der vorhandene Datenbestand aus den Jahren 2004 bis 2007 um das Jahr 2008 erweitert werden soll, muss die Datei mit den Rohdaten aus dem Jahr 2008 aus der FiBu extrahiert und die FiBu-Daten aus dem Jahr 2008 eingebunden werden:

1. Die neue Datei mit den FiBu-Rohdaten (*Susa2008.txt*) muss im gleichen Verzeichnis abgelegt werden wie die anderen Textdateien.
2. Dann muss die Datenbank *Daten.mdb* geöffnet und im Bereich der *Tabellen* diese neue Text-Datei via Kontext-Menü der rechten Maustaste über den Befehl *Tabellen verknüpfen* eingebunden werden.
3. Die verknüpfte Tabelle soll den Namen *tblSusa2008* erhalten.
4. Anschließend muss innerhalb der Liste *Objekte* aus dem Bereich *Tabellen* in den Bereich *Abfragen* gewechselt und die erste Abfrage *qrySusajjjj_01* über das Befehlssymbol *Entwurf* geöffnet werden.
5. Zum Schluss muss die *Union-Abfrage* gemäß nachfolgendem Schaubild angepasst werden.

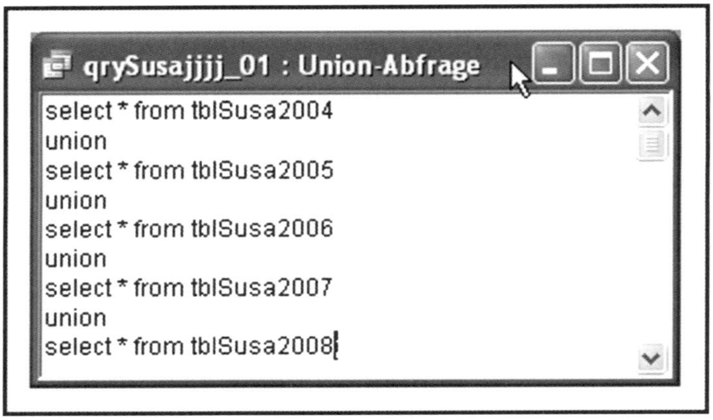

Abb. 11: So wird die Abfrage mit neuen Daten erweitert

Tipp

Die in dem Beitrag erwähnten Dateien im Access-, Excel- und Textformat stehen Ihnen im Internet unter www.haufe.de/datenanalyse auch zum Download zur Verfügung. Damit können Sie die einzelnen Schritte, Dateistrukturen und Formatierungen direkt nachvollziehen.

Kapitel 5: Literaturanalyse

Literaturanalyse zum Themengebiet Kostenmanagement in Krisenzeiten

Von Andreas Klein und Matthias Schmitt

Je nach Sichtweise sind brauchbare Bücher zum Kostenmanagement in Krisenzeiten entweder rar gesät oder in nicht überschaubarer Fülle vorhanden. Zur ersten Einschätzung gelangt, wer nach Titeln mit direktem Themenbezug recherchiert. Hier wird man relativ schnell im Themenkreis Sanierung fündig, wo es ja bekanntermaßen darum geht, kränkelnden Unternehmen wieder auf die Beine zu helfen. Für diesen wichtigen Bereich haben wir Ihnen einen Vertreter ausgewählt, der nach Meinung verschiedener Rezensenten das Zeug hat, künftig zu den Standardwerken in diesem Bereich gezählt zu werden.

Wie sich jedoch gesunde und grundsätzlich erfolgreiche Unternehmen in Krisenzeiten behaupten können, dazu ist kaum etwas zu finden. Dies mag daran liegen, dass die Instrumente letztlich die gleichen sind wie die, die sich auch in guten Zeiten empfehlen. In diesem Zusammenhang können wir Ihnen vor allem eine Empfehlung geben, nämlich das zu nutzen, was Sie sowieso schon im Hause haben: den CB und das Ihnen stets verfügbare Controlling-Office. Hier finden Sie eine Vielzahl an Tipps zu gutem Kostenmanagement.

Darüber hinaus wollen wir Ihnen noch zwei weitere interessante Themengebiete nahebringen: Dies ist zum einen das auch für Controller insbesondere in diesen Zeiten immer wichtiger werdende Thema der Unternehmenskultur. Zum anderen stellen wir für die, die sich schon immer gefragt haben, wie es eigentlich zu dem kommen konnte, was wir aktuell an den Märkten erleben, einen der interessantesten Titel zur Finanzmarktkrise vor. Nicht umsonst wurde er bei Erscheinen von der Financial Times Deutschland zum Wirtschaftsbuch des Jahres gekürt. Für (Finanzmarkt-)Laien verständlich werden hier die wesentlichen Zusammenhänge und Konsequenzen aus berufenem Munde dargelegt – somit Mitsprachewissen aus erster Hand.

Die Verfasser der Literaturanalyse

Prof. Dr. Andreas Klein ist Mitherausgeber des Controlling-Beraters und Professor für Betriebswirtschaftslehre mit Schwerpunkt Controlling & International Accounting an der SRH Hochschule Heidelberg.

Dr. Matthias Schmitt beschäftigt sich als freier Unternehmensberater und Interim Manager mit der Einführung von Controlling-Systemen in mittelständischen und Start-up-Unternehmen. Dabei liegt einer seiner Schwerpunkte auf dem F+E-Controlling. Zuvor war er unter anderem knapp vier Jahre bei der GPC Biotech AG tätig, wo das F+E-Controlling ebenfalls den Schwerpunkt seiner Tätigkeiten darstellte. Dr. Matthias Schmitt ist erreichbar unter MxSchmitt@aol.com.

<table>
<tr><th colspan="3">Überblick</th></tr>
<tr><td>Titel</td><td>Grund-
lagen</td><td>Aufbau-
literatur</td></tr>
<tr><td rowspan="3">Autor(en): Andreas Crone, Henning Werner (Hrsg.)
Titel: Handbuch modernes Sanierungs-management
Jahr: 2007
Verlag: Vahlen Verlag, München
Preis: 60 EUR
Seiten: 545
ISBN:978-38006-3360-9</td><td>++</td><td>++</td></tr>
<tr><td>Praxis-
orientiert</td><td>Wissen-
schaftlich</td></tr>
<tr><td>++</td><td></td></tr>
</table>

Inhalt

Das Thema Sanierungsmanagement ist aktueller denn je. Das Handbuch will Lösungswege aufzeigen, wie angeschlagene Unternehmen aus der Krise geführt werden können.

Die Herausgeber verfügen über umfangreiche Erfahrungen im Sanierungsmanagement. Andreas Crone ist Partner im Bereich Corporate Restructuring bei Ernst & Young und Henning Werner ist Professor für Produktion, Logistik sowie Sanierungsmanagement an der Fachhochschule Heidelberg. Neben den Herausgebern sind weitere zehn Autoren in das Werk eingebunden. Bei allen Autoren handelt es sich um ausgewiesene Praktiker, die als Insolvenzverwalter, Interimsmanager, Bankmitarbeiter, Finanzinvestoren oder Rechtsanwälte über langjährige Erfahrungen im Umgang mit Krisenunternehmen verfügen.

In dem Buch werden alle wesentlichen Themen ausführlich behandelt.

- Kapitel 1 beschreibt typische Krisenursachen, -anzeichen und -verläufe.
- In Kapitel 2 werden die Insolvenztatbestände erläutert und deren Überprüfung in der Praxis dargelegt.
- Kapitel 3 beschäftigt sich mit der Erstellung von Sanierungsgutachten (Gliederung, Inhalte) sowie der Organisation von Sanierungsprojekten.
- Das Herzstück eines jeden Sanierungsgutachtens stellt eine integrierte Finanzplanung dar, die in Kapitel 4 erläutert wird.
- Kapitel 5 beschäftigt sich mit finanzwirtschaftlichen Sanierungsmaßnahmen. Sehr anschaulich wird dargelegt, welche Finanzierungsinstrumente zur Abwendung der Zahlungsunfähigkeit oder Überschuldung geeignet sind.
- In Kapitel 6 werden die steuerlichen Aspekte behandelt.
- Gesellschaftsrechtliche Fragestellungen, die im Rahmen des Sanierungsmanagements regelmäßig von Bedeutung sind (z. B. Eigenkapitalersatzrecht, Formänderung, Abspaltung usw.), werden in Kapitel 7 behandelt.

- Sanierung bedeutet häufig auch, dass Leistungen an Mitarbeiter reduziert und Arbeitsplätze abgebaut werden. Alle relevanten arbeitsrechtlichen Aspekte werden in Kapitel 8 dargestellt.
- Kapitel 9 behandelt Haftungs- und Strafrechtsrisiken. Gerade in der Krise ist es für alle Beteiligten von außerordentlicher Bedeutung, Tatbestände, die ggf. zu einer persönlichen Haftung führen können, zu kennen.
- In Kapitel 10 stellt die Leiterin der Abwicklungsabteilung einer führenden deutschen Privatbank die Interessenslagen und Handlungsoptionen aus Bankensicht dar.
- In Kapitel 11 ist der Ablauf eines Insolvenzverfahrens beschrieben, wobei auch Aspekte des europäischen Insolvenzrechts behandelt werden.
- Kapitel 12 beschreibt die Arbeitsweise und Rolle von Finanzinvestoren, die sich auf den Kauf von Krisenunternehmen spezialisiert haben.
- In Kapitel 13 ist ein Fallbeispiel zur Erstellung einer integrierten Finanzplanung dargestellt.

Bewertung/Empfehlung

Das Werk erhebt den Anspruch, ein Handbuch für die Praxis zu schaffen, was auch ganz überwiegend eingehalten wird. Die vielfältigen und z. T. komplexen Sachverhalte sind anschaulich und für den Praktiker gut nachvollziehbar dargestellt und mit vielen Beispielen versehen. Lediglich in den juristischen Kapiteln gibt es einige Passagen, die für Nicht-Juristen nicht leicht zu verstehen sind. Neben dem „Handwerkszeug" des Sanierungsmanagements werden aktuelle Trends und neue Instrumente zur Sanierung von Unternehmen dargestellt. Aufgrund der zunehmenden Anzahl grenzüberschreitender Insolvenzverfahren wird das Thema „Internationales Insolvenzrecht" aufgegriffen. Darüber hinaus wird der Blick für die Interessenslagen und Handlungsoptionen der unterschiedlichen Beteiligten (z. B. Banken) geöffnet und es werden neue Trends und Instrumente (NPL-Transaktionen, internationales Insolvenzrecht) dargestellt.

Gesamtfazit

Ein ausgewogenes Buch, das die vielfältigen und zum Teil komplexen Fragestellungen, die in Unternehmenskrisen regelmäßig von Bedeutung sind, anschaulich und für den Praktiker verständlich darstellt. Seiner breiten Ausrichtung entsprechend eignet sich das Buch für jeden, der mit Unternehmen in der Krise befasst ist, insbesondere Geschäftsführer, Gesellschafter, Unternehmensberater, Wirtschaftsprüfer, Steuerberater, Mitarbeiter bei Banken sowie betroffene Mitarbeiter in Krisenunternehmen.

Prof. Dr. Andreas Klein

Überblick		
Titel	**Grundlagen**	**Aufbauliteratur**
Autor(en): Jürgen Jaworski, Frank Zurlino **Titel:** Innovationskultur: Vom Leidensdruck zur Leidenschaft. Wie Top-Unternehmen ihre Organisation mobilisieren **Jahr:** 2008 **Verlag:** Campus Verlag, Frankfurt/New York **Preis:** 39,90 EUR Print / 33,90 pdf **Seiten:** 192 **ISBN:** 978-3- 593-38319-4	++	++
	Praxisorientiert	**Wissenschaftlich**
	++	

Inhalt

Gerade in Krisenzeiten kommt es darauf an, möglichst kostenbewusst zu sein. Doch wie die Autoren völlig zu Recht ausführen, hat, „wer die Kosten im Griff hat, [...] nur die Basis geschaffen, im Rennen um die zukünftigen Kunden wieder teilnehmen zu dürfen. Die Leistungsfähigkeit, die Kunden für Produkte und Dienstleistungen zu begeistern, speist sich aus einer anderen Quelle: der Innovationsfähigkeit“ (S. 13).

Klassisch ausgerichtete Controller sehen ihre diesbezüglichen Aufgaben vorrangig im Projekt- bzw. F+E-Controlling und in der Bereitstellung der entsprechenden quantitativ ausgerichteten Verfahren, Instrumente und Methodiken. Dies sind fraglos wesentliche und auch notwendige Aspekte. Um dauerhafte Innovationskraft sicherstellen zu können, sind sie jedoch bei weitem nicht hinreichend. Dazu bedarf es weiterer, zum Teil eher nur diffus erfahrbarer Konzepte, die sich unter dem Begriff der Unternehmenskultur zusammenfassen lassen. Unternehmenskultur – darunter wird im Allgemeinen die Gesamtheit der im Laufe der Zeit in einem Unternehmen entstandenen und aktuell wirksamen Wertvorstellungen, Einstellungen und Normen des Verhaltens verstanden. Und mit Innovationskultur sind eben die Wertvorstellungen derer gemeint, die am Innovationsgeschehen im Unternehmen teilhaben und das ist im Idealfall ein sehr großer Teil der Mitarbeiter (s. a. S. 25).

Die Empirie belegt, dass am Markt erfolgreiche Unternehmen hier besondere Stärken besitzen, ja, dass gerade hierin die Wurzel ihres Erfolgs zu sehen ist. Ein wichtiger und überdies nicht leicht zu imitierender Wettbewerbsvorteil, den zu durchdringen die Autoren sich zur Aufgabe gemacht haben. Praktische Erfahrungen und Unterstützung haben sie sich dazu bei insgesamt 22 Unternehmen – verschiedenartige, jedoch allesamt äußerst erfolgreich in ihrem jeweiligen Markt – geholt.

Das Buch selbst ist in sieben aufeinander aufbauende Abschnitte gegliedert. Nach Vorwort und Einführung in den Themenkreis behandeln die Autoren die grundlegenden Voraussetzungen für eine Innovationskultur. Diese sehen sie vor allem in einer einenden Vision bzw. in einem Leitbild, zu dessen Formulierung sie konkrete Ratschläge und Beispiele aus den beteiligten Unternehmen geben.

Als weitere wichtige Voraussetzungen werden in den Folgekapiteln interne und externe Vernetzung der Mitarbeiter, geeignete Führungsprinzipien, offene, jedoch nicht unbegrenzte Freiräume sowie Empfehlungen im Umgang mit neuen Ideen (Entstehung, Entwicklung und Filterung) erläutert.

Bewertung/Empfehlung

Trotz wissenschaftlicher Fundierung ein Praktikerbuch: Die Autoren, selbst ausgewiesene Praktiker, zeigen anhand vieler Beispiele, wie die – zumindest aus eher konservativer Perspektive – vermeintlich schwer greifbaren Konzepte erfolgreich in die Praxis umgesetzt werden konnten. Dabei hilft fraglos der stetige Rückbezug auf die Erfahrungen der die Studie unterstützenden Unternehmen. Dadurch ist das Werk nicht nur lehrreich, sondern auch unterhaltend. Aus akademischer Sicht ist zu bemängeln, dass die Autoren dem Leser an vielen Stellen schuldig bleiben, die an sich nachvollziehbaren Aussagen anhand von weiter recherchierbaren Nachweisen zu belegen. Für den praktisch orientierten Leser ist das sicher zu verschmerzen.

Gesamtfazit

Gerade aus Controller-Sicht ein lesenswertes Buch. Die Autoren betonen stets die Wichtigkeit eines effektiven Kostenmanagements, zeigen jedoch auch, dass das nicht alles, ja eigentlich nur der Anfang ist. Vielmehr muss die Zielsetzung sein, eine entsprechende Innovationskultur im Unternehmen zu schaffen. Und dazu können Controller mehr beitragen, als dies mitunter vordergründig gesehen wird.

Prof. Dr. Andreas Klein

Überblick		
Titel	**Grundlagen**	**Aufbauliteratur**
Autor(en): Benoit B. Mandelbrot, Richard L. Hudson **Titel:** Fraktale und Finanzen. Märkte zwischen Risiko, Rendite und Ruin **Jahr:** 2007 **Verlag:** Piper **Preis:** 12,95 EUR **Seiten:** 448 **ISBN:** 3-492-24861-6	++	++
	Praxisorientiert	**Wissenschaftlich**
	++	

Inhalt

Der Begründer der fraktalen Geometrie und Harvard-Ökonom Benoit B. Mandelbrot beschreibt in diesem Buch das (Nicht-)Funktionieren der Finanzmärkte. Für den Laien verständlich werden zunächst die Grundlagen der Finanzmarkttheorie, von Markowitz' moderner Portfoliotheorie über das Capital Asset Pricing Model bis hin zur Optionsbewertung nach Black/Scholes dargelegt. Im weiteren Verlauf des Buches legt der Autor dar, wie das mathematische Konzept der fraktalen Geometrie das reale, chaotische Geschehen an den Finanzmärkten aus seiner Sicht besser darstellt als herkömmliche, auch im Risikomanagement der Banken weit verbreitete Methoden und präsentiert seine vor dem Hintergrund der Finanzkrise brandaktuelle Sicht der Finanzmärkte.

Die englische Originalausgabe des Buchs wurde 2004 mit dem Wirtschaftsbuchpreis in der Kategorie „Finanzmärkte“ von der Financial Times Deutschland und getabstract ausgezeichnet.

Bewertung

Mandelbrot wendet sich mit seinem Buch an den interessierten Laien. Der Leser wird in die wichtigsten Konzepte der Finanzmarkttheorie eingeführt, ohne dass dazu eine einzige Formel verwendet wird. Als roter Faden zieht sich Mandelbrots Grundaussage durch das Buch: Das Geschehen an den Finanzmärkten ist chaotisch und kaum vorhersagbar, die Bildung und das Platzen von Blasen ist Teil des Systems. Die herkömmlichen Methoden der Finanzmarkttheorie, wie sie unter anderem in den Risikomanagementabteilungen der Banken oder in den strategischen Planungsteams der Unternehmen eingesetzt werden, sind aufgrund ihrer mathematischen Basis nicht in der Lage, diese Realität der Extreme abzubilden. Denn basierend auf der zugrundeliegenden Normalverteilung sollten Sprünge, wie sie z. B. der DAX im Oktober 2008 vollzogen hat, gar nicht vorkommen. Tatsächlich kommen solche Sprünge aber immer wieder vor! Hier hilft die fraktale Geometrie, die sprunghafte Realität mathematisch besser zu fassen.

Neben dem aktuellen Bezug zur Finanzmarktkrise ist für den Controller vor allem die fundierte Kritik am Capital Asset Pricing Model bemerkenswert – so manch einer wird sich in den letzten Monaten schon gefragt haben, ob die gängigen Annahmen zum Unternehmensrisiko nicht gründlich hinterfragt werden sollten. Denn nicht nur Aktienkurse können plötzlich einbrechen, sondern auch Absatz, Umsatz und Liquidität.

Empfehlung

DAS Buch zur Finanzmarktkrise – trotz der Tour de Force durch Finanzmarkttheorie und -mathematik sehr gut lesbar, vermittelt der Insider Mandelbrot einen exzellenten Überblick über ein brandaktuelles Thema. Und dies nicht in der üblichen Form der Erklärung des im Nachhinein Offensichtlichen: Denn Mandelbrot sagt die aktuelle Finanzmarktkrise als systeminhärent voraus, indem er das Buch wörtlich als „Warnung an die Finanzwelt" bezeichnet. Leider vergeblich!

Dr. Matthias Schmitt

Stichwortverzeichnis

westermann

Joachim Weiß, Ariane Gerhart, Tobias Kiefer, Mathias Schmidt,
Philipp Schneider

Herausgeber: Joachim Weiß

Mitarbeit: Joachim Molz, CCAkademie Saarland

Ausbildung im Dialogmarketing

Prüfungstraining

5. Auflage

Bestellnummer 23021

Die in diesem Produkt gemachten Angaben zu Unternehmen (Namen, Internet- und E-Mail-Adressen, Handelsregistereintragungen, Bankverbindungen, Steuer-, Telefon- und Faxnummern und alle weiteren Angaben) sind i. d. R. fiktiv, d. h., sie stehen in keinem Zusammenhang mit einem real existierenden Unternehmen in der dargestellten oder einer ähnlichen Form. Dies gilt auch für alle Kunden, Lieferanten und sonstigen Geschäftspartner der Unternehmen wie z. B. Kreditinstitute, Versicherungsunternehmen und andere Dienstleistungs-unternehmen. Ausschließlich zum Zwecke der Authentizität werden die Namen real existierender Unternehmen und z. B. im Fall von Kreditinstituten auch deren IBANs und BICs verwendet.

Haben Sie Anregungen oder Kritikpunkte zu diesem Produkt?
Dann senden Sie eine E-Mail an dialogmarketing@t-online.de
Autoren und Verlag freuen sich auf Ihre Rückmeldung

Bildquellenverzeichnis

fotolia.com, New York: Bilderzwerg 266.1; Daniel Fuhr 262.1

Microsoft Deutschland GmbH, München: 162.1, 162.2

Picture-Alliance GmbH, Frankfurt/M.: dpa-infografik 341.1

stock.adobe.com, Dublin: ty Titel

Wir arbeiten sehr sorgfältig daran, für alle verwendeten Abbildungen die Rechteinhaberinnen und Rechteinhaber zu ermitteln. Sollte uns dies im Einzelfall nicht vollständig gelungen sein, werden berechtigte Ansprüche selbstverständlich im Rahmen der üblichen Vereinbarungen abgegolten.

westermann GRUPPE

Druck und Bindung: Westermann Druck GmbH, Braunschweig

ISBN 978-3-427-**23021**-2

Vorwort/Bedienungsanleitung

Dialogmarketing boomt – mehr als 500 000 Menschen arbeiten in Deutschland in dieser Branche, Tendenz steigend. Mit den beiden Ausbildungsberufen „Servicefachkraft für Dialogmarketing" und „Kaufmann/Kauffrau für Dialogmarketing" steht eine eigene, branchenspezifische Ausbildung zur Verfügung, die sich einer hohen Akzeptanz bei Unternehmen und Auszubildenden erfreut.

Als sinnvolle und abgestimmte Ergänzung zur dreibändigen Lehrbuchreihe „Ausbildung im Dialogmarketing" dient der Band „Prüfungstraining". Um die Prüfungsanforderungen noch besser zu treffen, wurden auch für die **5. Auflage** wieder zahlreiche Aufgaben ausgetauscht bzw. überarbeitet. Insgesamt **mehr als 1 000** programmierte (gebundene) und offene (ungebundene) **Fragen** unterstützen nun die optimale Vorbereitung auf die **Zwischen- und Abschlussprüfung** in den beiden Ausbildungsberufen.

Prüfungsgrundlage ist die Ausbildungsordnung und der darauf basierende AKA-Stoffkatalog, dementsprechend wurde auch die Gliederung im „Prüfungstraining" vorgenommen. Im Anhang des Buches findet sich dazu ein hilfreiches **Prüfungsraster**, aus dem hervorgeht, welche Themengebiete in welcher Frageform in den einzelnen Prüfungen vorkommen. Selbstverständlich schadet es aber auch nicht, mit offenen Fragen zu üben, wenn in der Prüfung programmiert gefragt wird, und umgekehrt. Bereits für die **Zwischenprüfung** relevante Fragen sind zusätzlich mit einem Z in der Randspalte gekennzeichnet. Stilistisch orientieren sich die Fragen an den typischen Prüfungsfragen. Aus Gründen der besseren Lesbarkeit wird nur die männliche Form verwendet; selbstverständlich sind gleichzeitig immer auch alle weiblichen Auszubildenden angesprochen.

Direkt im Anschluss an jedes Kapitel finden Sie die **Lösungen** zu den Fragen. Bei den Lösungen und Beispielen zu den offenen Fragen kann es im Einzelfall auch andere oder alternative Ansätze geben. Zusätzliche Informationen werden im Internet als BuchPlusWeb-Angebot unter https://bit.ly/2MfnoMd zur Verfügung gestellt (bitte auf „Unterrichts-/Zusatzmaterial" klicken).

Grundlage der Prüfungsvorbereitung ist die sorgfältige Bearbeitung der Lehrbuchinhalte von „Ausbildung im Dialogmarketing". Erst im Anschluss daran sollten die Prüfungsfragen bearbeitet werden. Im Anhang der drei Lehrbücher findet sich jeweils die Zuordnung der Lernfelder zu den Themengebieten der Prüfung, dies ermöglicht eine einfache Zuordnung der einzelnen Inhalte.

Viel Erfolg bei den Prüfungen!

Saarbrücken, Frühjahr 2021 Joachim Weiß (Herausgeber)

Inhaltsverzeichnis

1 Dienstleistungsangebot

Z **1. AUFGABE** ☐

Als kundenorientiertes Unternehmen achtet die Dialogfix GmbH stets auf den richtigen Marketingmix. Stellen Sie fest, was das Unternehmen damit anstrebt.

1. Marketingmix bedeutet, für jede Zielgruppe des Unternehmens eine individuelle Werbestrategie zu fahren.
2. Marketingmix bedeutet, die Preise je nach Kundensegment zu differenzieren.
3. Marketingmix bedeutet, eine Vielzahl unterschiedlicher Produkte anzubieten.
4. Marketingmix bedeutet, das Marketingbudget der jeweiligen Marktsituation anzupassen.
5. Marketingmix bedeutet, verschiedene Marketinginstrumente zu kombinieren.

Z **2. AUFGABE** ☐☐

Welche zwei Instrumente gehören nicht in den „klassischen" Marketingmix?

1. Vertriebspolitik
2. Personalpolitik
3. Produktpolitik
4. Preispolitik
5. Prozesspolitik
6. Kommunikationspolitik

Z **3. AUFGABE**

Ordnen Sie zu, um welches Marketinginstrument es sich jeweils handelt. Tragen Sie jeweils die richtige Ziffer in die Kästchen ein.

☐ Dialogfix nimmt Kundenbeschwerden zum Anlass, um die betriebsinternen Abläufe ständig zu verbessern.

☐ Dialogfix führt Scanner und Drucker im eigenen Sortiment.

☐ Dialogfix ist auf der Fachmesse „nextSTEP" mit einem Infostand vertreten.

☐ Dialogfix bietet den eigenen Mitarbeitern regelmäßig Kommunikations- und Fachschulungen an.

☐ Dialogfix verkauft Waren an der Hotline und im eigenen Onlineshop.

☐ Dialogfix bietet günstige Einsteiger- und hochwertige Profimodelle an.

1. Produktpolitik
2. Preispolitik
3. Kommunikationspolitik
4. Vertriebspolitik
5. Personalpolitik
6. Prozesspolitik

4. AUFGABE

☐☐ Z

Welche zwei der nachfolgenden Aussagen beziehen sich auf die Kommunikationspolitik?

1. Dialogfix plant, in einer Niederlassung in Mannheim einen Lagerverkauf zu eröffnen.
2. Für Journalistenanfragen ist bei Dialogfix die Pressesprecherin zuständig.
3. Um die Kunden besser zu informieren, wird ihnen ein monatlicher E-Mail-Newsletter zugeschickt.
4. Die Mitarbeiter werden regelmäßig in Verkaufstechniken geschult.
5. Einmal pro Jahr überprüft eine unabhängige Beratungsfirma die Unternehmensprozesse der Dialogfix auf deren Wirtschaftlichkeit.
6. Dialogfix gewährt auf alle Produkte eine verlängerte Garantiezeit von 36 Monaten.

5. AUFGABE

☐ Z

Die Serviceabteilung der Dialogfix GmbH ist als Callcenter organisiert. Stellen Sie fest, welches Merkmal somit dort nicht zutrifft.

1. Hohe Serviceorientierung der Mitarbeiter
2. Wirtschaftliche Bearbeitung von Kundenkontakten
3. Überwiegend schriftliche Bearbeitung von Kundenkontakten
4. Spezielle technische Infrastruktur
5. Fokus auf individuelle Kundenkommunikation

6. AUFGABE

☐ Z

Als Inhouse-Callcenter nutzt die Dialogfix GmbH gelegentlich auch externe Dienstleister. Welches Argument spricht aus der Sicht der Dialogfix GmbH gegen die Nutzung eines externen Callcenters?

1. Die technische Infrastruktur muss beim externen Callcenter erst aufwendig an eigene Unternehmensbedürfnisse angepasst werden.
2. Die Mitarbeiter im externen Callcenter haben keinen persönlichen Bezug zum Unternehmen des Auftraggebers.
3. Gerade für die Bearbeitung einfacher Sachverhalte ist das externe Callcenter gut geeignet.
4. Startkosten fallen nicht an.
5. Auf schwankendes Anrufvolumen können externe Callcenter flexibel reagieren.

7. AUFGABE

☐ Z

Welchen Vorteil kann der externe Dienstleister der Dialogfix GmbH bieten?

1. Rasche Anpassung des Personaleinsatzes möglich
2. Vertiefte Produktkenntnisse
3. Hohe Identifikation der Mitarbeiter mit den Produkten
4. Bessere Bearbeitung von komplexen Sachverhalten
5. Geringer Schulungsbedarf für die Produkte

Z **8. AUFGABE** ☐

Neben ihren Aktivitäten im Dialogmarketing nutzt die Dialogfix GmbH auch Elemente des Direktmarketings. Stellen Sie fest, welche Tätigkeit dem Direktmarketing zuzuordnen ist.

1. Inbound-Telefonie
2. Individuelle Beantwortung einer Fax-Anfrage
3. Chat mit Produktinteressenten
4. Mailing an alle Bestandskunden
5. Outbound-Aktion zur Kundenrückgewinnung

Z **9. AUFGABE** ☐

Welche der folgenden Aussagen zu Direkt- und Dialogmarketing trifft ausschließlich auf Dialogmarketing zu?

1. Der Kunde soll zu einer messbaren Response veranlasst werden.
2. Die individuelle Kommunikation steht im Vordergrund.
3. Es soll eine wechselseitige Beziehung mit Kunden und Interessenten hergestellt werden.
4. Die Kommunikation zielt auf die Masse und erfolgt in gleicher, überwiegend schriftlicher Form.
5. Postwurfsendungen sind ein wichtiges Instrument.

Z **10. AUFGABE**

Ordnen Sie die folgenden Begriffe den einzelnen Marketingmaßnahmen zu.

☐ Outbound-Telefonie
☐ Internet-Werbebanner
☐ Direct Response
☐ TV-Spot
☐ Postwurfsendung
☐ Plakatwerbung
☐ Zeitungsanzeige

1. Dialogmarketing
2. Direktmarketing
3. Klassische Werbung

Z **11. AUFGABE** ☐

Thomas arbeitet an der Infohotline der Dialogfix GmbH. Er beantwortet die Fragen der Kunden und leitet bei Bedarf an Kollegen weiter. Welche Begriffskombination beschreibt die Tätigkeiten von Thomas zutreffend?

1. First Level – Inbound – Externes Callcenter
2. First Level – Outbound – Internes Callcenter
3. Second Level – Outbound – Externes Callcenter
4. Backoffice – Inbound – Internes Callcenter
5. First Level – Inbound – Internes Callcenter

12. AUFGABE Z

Bei der Dialogfix GmbH fallen unterschiedliche Tätigkeiten an. Ordnen Sie zu, zu welchem Bereich diese Tätigkeiten jeweils gehören. Tragen Sie die richtige Ziffer in die Kästchen ein.

☐ Beantwortung sehr komplexer Fragen
☐ Versand der bestellten Produkte
☐ Anrufannahme
☐ Beantwortung von Standardfragen
☐ Rechnungserstellung
☐ Betreuung besonderer Kundengruppen

1. First Level
2. Second Level
3. Backoffice

13. AUFGABE ☐☐ Z

Um die komplexen Aufgaben bei der Dialogfix GmbH bewältigen zu können, verlangt das Unternehmen von neuen Mitarbeitern eine Vielzahl von Qualifikationen, die sich in Hard Skills und Soft Skills unterscheiden lassen. Stellen Sie fest, welche zwei Formulierungen aus einer Stellenanzeige der Dialogfix GmbH sich auf Soft Skills beziehen.

1. EDV-Kenntnisse
2. Abgeschlossene Berufsausbildung
3. Produktkenntnisse Software
4. Teamfähigkeit
5. Englische Sprachkenntnisse
6. Frustrationstoleranz

14. AUFGABE Z

Kundenorientierung ist der Dialogfix GmbH sehr wichtig. Deshalb bietet sie umfangreiche Serviceleistungen an. Ordnen Sie zu, ob es sich im Folgenden um Pre-Sales-Service, Sales-Service oder After-Sales-Service handelt.

☐ Die Bestellhotline der Dialogfix GmbH ist für die Kunden rund um die Uhr erreichbar.

☐ Durch die regelmäßige Teilnahme an Kommunikationstrainings und Produktschulungen sind die Mitarbeiter der Dialogfix GmbH in der Lage, die Kunden im Verkaufsgespräch sehr gut zu beraten.

☐ Nach einer erfolgten Bestellung bekommt der Kunde automatisch eine E-Mail, in der die Dialogfix GmbH zum Kauf gratuliert und ihn auffordert, bei auftretenden Problemen mit dem Produkt sofort anzurufen.

☐ Alle Kontaktdaten und notwendigen Produktinformationen sind auf der Homepage der Dialogfix GmbH direkt ersichtlich.

☐ Der Mitarbeiter informiert während des Verkaufsgesprächs über laufende Rabattaktionen.

1. Pre-Sales-Service
2. Sales-Service
3. After-Sales-Service

Z **15. AUFGABE**

Die Dialogfix GmbH ist auch als externer Dienstleister tätig. Dabei bietet sie ihren Auftraggebern sämtliche Arbeiten rund um die Auftragsabwicklung an, wie z. B. die Lagerhaltung der Waren, den Versand und die Rechnungserstellung. Stellen Sie fest, welche Zusatzleistung der Dialogmarketingbranche hiermit angesprochen wird.

1. Fulfillment
2. Offshoring
3. Lettershop
4. Benchmarking
5. Direct Response

Z **16. AUFGABE**

Ein typisches Merkmal der Dialogmarketingbranche ist die Unterscheidung in Inbound und Outbound. Stellen Sie fest, welche Tätigkeit dem Outbound zuzuordnen ist.

1. Marktforschung
2. Help Desk
3. Reklamationsbearbeitung
4. Infohotline
5. Bestellannahme

Situation zu den Aufgaben 17 bis 20:

Carola Klein hat vor zwei Wochen ihre Ausbildung zur Servicefachkraft für Dialogmarketing bei der Dialogfix GmbH begonnen. Um sich einen ersten Branchenüberblick zu verschaffen, befragt sie ihren Ausbilder.

Z **17. AUFGABE**

Welche zwei Informationen des Ausbilders über die Entwicklung der Dialogmarketingbranche sind falsch?

1. Schon in den Anfängen der Dialogmarketingbranche waren Outbound-Tätigkeiten das am weitesten verbreitete Geschäftsmodell für Callcenter.
2. Äußerst wichtig für die Verbreitung von Callcentern war die Erfindung eines Anrufverteilsystems (ACD).
3. Firmen in den USA waren Pioniere für den Einsatz von Callcentern.
4. Der Einsatz von Informationstechnologie führte zu deutlichen Kostensenkungen in der Callcenter-Branche.
5. Einen wichtigen Schub für die Akzeptanz von Callcentern löste die Einführung von Telefonbanking aus.
6. Durch den Trend zum Offshoring werden immer mehr Callcenter-Dienstleistungen in die Heimatländer der jeweiligen Kunden (Anrufer) verlagert.

18. AUFGABE

Z

Um die wachsende Bedeutung des Dialogmarketings zu erklären, erläutert Carolas Ausbilder die Entwicklung der Beschäftigtenzahlen. Ermitteln Sie anhand der folgenden Tabelle, um wie viel Prozent die Anzahl der Callcenter-Mitarbeiter im Zeitraum von 2017 bis 2020 gestiegen ist. Runden Sie auf zwei Nachkommastellen.

Anzahl der Callcenter-Mitarbeiter (in Tsd.)					
2009	435	**2013**	446	**2017**	454
2010	442	**2014**	449	**2018**	454
2011	444	**2015**	450	**2019**	462
2012	447	**2016**	451	**2020**	468

19. AUFGABE

Z

Welche der folgenden Aussagen zur Standortwahl von Callcentern ist richtig?

1. Ohne Offshoring ist es auf dem aktuellen Markt für Callcenter nicht möglich, wettbewerbsfähig zu bleiben.
2. Nearshoring beschreibt die gezielte Suche nach geeigneter Infrastruktur für die Callcenter-Ansiedelung.
3. Eine wichtige Überlegung zur Errichtung eines neuen Callcenter-Standortes ist die dort verfügbare Anzahl qualifizierter Mitarbeiter.
4. Outsourcing ist grundsätzlich eine verlässliche Möglichkeit, um die Kundenzufriedenheit signifikant zu steigern.
5. Jede Region in Deutschland eignet sich gleichermaßen gut, um ein neues Callcenter zu errichten.

20. AUFGABE

Z

Carola interessiert sich besonders für die Unterschiede zwischen „klassischem Marketing" und Dialogmarketing. Zum Vergleich zieht sie die TV-Werbung der Dialogfix GmbH und die Tätigkeit im Callcenter heran. Wie lautet die richtige Zuordnung?

- ☐ Einseitige Kommunikation
- ☐ Individuelle und zielgenaue Ansprache möglich
- ☐ Hohe Streuverluste
- ☐ Antwortmöglichkeit direkt gegeben
- ☐ Flexibler und kurzfristiger Einsatz möglich
- ☐ Schwierige Erfolgskontrolle
- ☐ Ziel: Imageaufbau

1. TV-Werbung
2. Callcenter

Situation zu den Aufgaben 21 bis 26:
Die Veränderungen in der Arbeitswelt lassen sich auch mittels der Verschiebungen innerhalb der volkswirtschaftlichen Sektoren belegen.

Wandel in der Arbeitswelt
prozentualer Anteil an Beschäftigten in den einzelnen Sektoren

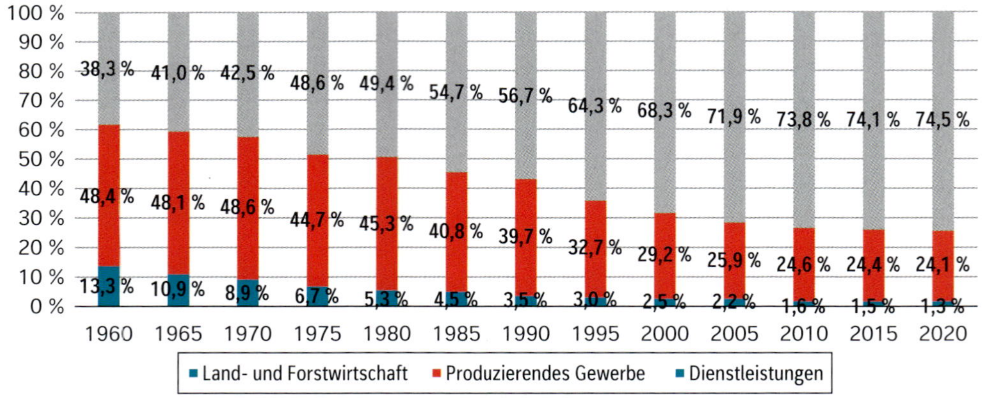

Z **21. AUFGABE**

Bestimmen Sie anhand der Abbildung, um wie viel Prozent*punkte* sich die Beschäftigung im tertiären Sektor von 2010 bis 2020 verändert hat.

Z **22. AUFGABE**

Bestimmen Sie anhand der Abbildung, um wie viel Prozent die Beschäftigung im primären Sektor von 2010 bis 2020 abgenommen hat. Runden Sie das Ergebnis auf zwei Nachkommastellen.

Z **23. AUFGABE**

Welche der folgenden Aussagen lässt sich anhand der Abbildung belegen?

1. Die Beschäftigung im tertiären Sektor hat sich im Zeitraum von 1980 bis 2010 verfünffacht.
2. Der primäre Sektor ist in Deutschland nahezu nicht mehr vorhanden und kann deswegen abgeschafft werden.
3. Von 1 000 Beschäftigten arbeiteten 2010 246 im sekundären Sektor.
4. Seit 1975 sind die im tertiären Sektor erzielten Gewinne höher als im sekundären Sektor.
5. Die Gesamtzahl der Beschäftigten sinkt seit 1960 alle fünf Jahre um mindestens zwei Prozentpunkte.

24. AUFGABE Z

Das Callcenter der Dialogfix GmbH ist Teil der Dienstleistungsgesellschaft. Dieser Begriff geht auf das Sektorenmodell der Volkswirtschaft zurück. Ordnen Sie die aufgeführten Branchen den einzelnen Sektoren zu.

- [ ] Obstplantage
- [ ] Hersteller von Mobilfunkgeräten
- [ ] Anbieter von Mobilfunktarifen
- [ ] Versicherungsagentur
- [ ] Automobilhersteller
- [ ] Gewerbeaufsichtamt
- [ ] Druckerei

1. Primärsektor
2. Sekundärsektor
3. Tertiärsektor

25. AUFGABE Z

Die Dialogfix GmbH vertreibt sowohl Sachleistungen als auch Dienstleistungen. Ordnen Sie zu, ob die folgenden Beschreibungen auf Sach- oder Dienstleistungen zutreffen.

- [ ] Nicht lagerfähig
- [ ] Übertragbar
- [ ] Erstellung und Nutzung zeitlich getrennt
- [ ] Keine Vorführmöglichkeit
- [ ] Immateriell
- [ ] Erstellung unabhängig vom Kunden

1. Sachleistung
2. Dienstleistung

26. AUFGABE ☐ Z

Der Ausbilder möchte Carola in diesem Zusammenhang auch den Unterschied zwischen den originären und den produktbegleitenden Dienstleistungen der Dialogfix GmbH verdeutlichen. Stellen Sie fest, in welchem Beispiel der Ausbilder eine originäre Dienstleistung anspricht.

1. Bestellannahme für Hard- und Software
2. Marktforschung zum Thema „Umfang der Modellpalette“
3. Infohotline für eine Rückrufaktion
4. Bearbeitung von Reklamationen
5. Annahme von Anrufen (Overflow) für die Mercury AG

Situation zu den Aufgaben 27 bis 37:
Martin Schneider, Assistent der Geschäftsleitung, bittet Sie, ihn bei der Erstellung einer Präsentation zur Firmengeschichte zu unterstützen.

Z **27.** AUFGABE ☐

Der aktuelle Entwurf der Präsentation soll verbessert werden, da er nur Textfolien beinhaltet. Welcher Gestaltungstipp ist bei der vorliegenden Themenstellung falsch?

1. Berücksichtigen Sie die „vier Verständlichmacher" Einfachheit, Gliederung, Prägnanz und Stimulanz, um die Textfolien sinnvoll aufzubereiten.
2. Verwenden Sie bildhaft aufbereitete Informationen, da das Gehirn diese schneller verarbeiten kann als Textinformationen.
3. Nutzen Sie eine Tabelle, um Preisvergleiche übersichtlich darzustellen.
4. Verwenden Sie ein Kreisdiagramm, um die Mitarbeiterentwicklung der Dialogfix GmbH darzustellen.
5. Größenvergleiche lassen sich gut in einem Säulendiagramm darstellen.

Z **28.** AUFGABE ☐

In Vorbereitung auf die Präsentation sind einige organisatorische Maßnahmen zu berücksichtigen. Welche der folgenden aufgeführten Punkte gehört nicht dazu?

1. Die Folien sollten bis zur dritten Zuschauerreihe lesbar sein. Für alle anderen Zuschauer muss lediglich das Mikrofon lauter gestellt werden.
2. Vorab sollte die Präsentation über den Beamer abgespielt werden, um die Darstellung der verwendeten Farben, Texte und Diagramme zu prüfen.
3. Die ungefähre Anzahl der Zuschauer ist bei der Verwendung eines Beamers wichtig.
4. Nach Beendigung der Präsentation ist es sinnvoll, einige Minuten für Rückfragen und den Austausch der Zuschauer einzuplanen.
5. Die Präsentation sollte eine Dauer von 20 Minuten nicht überschreiten, da sonst die Gefahr besteht, dass die Zuschauer beginnen sich zu langweilen.

Z **29.** AUFGABE ☐

Die Teilnehmer an der Präsentation können über verschiedene Sinneskanäle erreicht werden. Stellen Sie fest, welcher Lerntyp besonders gut mit einer PowerPoint-Präsentation angesprochen wird.

1. Auditiver Lerntyp
2. Visueller Lerntyp
3. Motorischer Lerntyp
4. Monologischer Lerntyp
5. Kommunikativer Lerntyp

30. AUFGABE ☐ Z

Die vorbereitenden Aufgaben sind nun abgeschlossen. Welchen der folgenden Tipps sollten Sie bei der Durchführung der Präsentation berücksichtigen?

1. Während des Vortrags drehen Sie Ihr Gesicht zur Beamerfläche, um sicherzustellen, dass Sie alle Informationen korrekt wiedergeben.
2. Verzichten Sie bei dem Vortrag weitestgehend auf Mimik, um die Zuschauer nicht von der Präsentation abzulenken.
3. Stehen Sie locker und wechseln Sie ab und zu ihre Position im Raum (Proxemik).
4. Lesen Sie Ihren Vortrag stets exakt von vorbereiteten Karteikarten ab, um nichts Wesentliches zu vergessen.
5. Keiner der oben genannten Punkte ist empfehlenswert.

31. AUFGABE

Martin Schneider bittet Sie, ihn bei der Erstellung einer zusätzlichen PowerPoint-Folie zu unterstützen. Die PowerPoint-Folie soll den Strukturwandel von der Industriegesellschaft hin zur Dienstleistungsgesellschaft darstellen. Finden Sie fünf Ursachen für diesen Strukturwandel.

32. AUFGABE

In der Präsentation möchte Martin Schneider den Trend zur Dienstleistungsgesellschaft mit Zahlen belegen. Ermitteln Sie dazu anhand der Tabelle folgende Daten:

- Um wie viel Prozentpunkte ist der Anteil der Erwerbstätigen im sekundären Sektor zwischen 2010 und 2019 gestiegen bzw. gesunken?
- Welchen prozentualen Rückgang hatte der primäre Sektor zu verzeichnen?
- Um wie viele Prozentpunkte hat sich der tertiäre Sektor in diesem Zeitraum verändert?

Bereich	Prozentualer Anteil der Beschäftigten im jeweiligen Bereich	
	2010	2019
Dienstleistungen	74,0	74,5
Industrie und Baugewerbe	24,4	24,1
Landwirtschaft (einschließlich Forstwirtschaft und Fischerei)	1,6	1,3

Eigene Darstellung. Zahlen gemäß den Informationen des Statistischen Bundesamts.

33. AUFGABE

In welche Bereiche lässt sich der tertiäre Sektor noch weiter unterteilen?

34. AUFGABE

Um den externen Besuchern die Geschäftsfelder des Unternehmens zu verdeutlichen, sollen jeweils drei Tätigkeiten aus dem Inbound und dem Outbound vorgestellt werden. Finden Sie geeignete Beispiele, die in der Präsentation aufgeführt werden können.

35. AUFGABE

Im Vorfeld der Präsentation wurde alternativ auch die Nutzung einer Pinnwand erwogen. Stellen Sie je vier Vor- und Nachteile der beiden Präsentationsmedien Pinnwand und Beamer dar.

36. AUFGABE

Um Sicherheit zu gewinnen, bittet Sie Martin Schneider, ihm bei einem abschließenden Probedurchlauf zuzuschauen und Feedback zur Präsentation zu geben. Nennen Sie fünf Regeln, die Sie bei diesem Feedback berücksichtigen müssen.

37. AUFGABE

Eine Präsentation endet nicht mit dem Schlusssatz! Ein bedeutender Bestandteil ist die sich anschließende Phase der Nachbereitung. Nennen und beschreiben Sie zwei sinnvolle Handlungsschritte, die hierbei zum Einsatz kommen sollten.

Situation zu den Aufgaben 38 bis 40:
Die Dialogfix GmbH will sich zukünftig stärker als modernes Unternehmen der Querschnittsbranche darstellen.

38. AUFGABE

Erläutern Sie den Begriff Querschnittsbranche.

39. AUFGABE

Nennen Sie drei Wirtschaftszweige sowie zugehörige Leistungen, welche die Dialogfix GmbH als Unternehmen der Querschnittsbranche anbieten kann.

40. AUFGABE

Um künftig auch für Kunden im Alter von 18 bis 30 Jahren attraktiver zu werden, plant die Dialogfix GmbH verstärkt Aktivitäten im Bereich Social Media. Erläutern Sie zwei konkrete Maßnahmen, die hier zu einer Steigerung der Verkaufsaktivitäten führen könnten.

Lösungen zu Kapitel 1

1. 5
2. 2, 5
3. 6, 1, 3, 5, 4, 2
4. 2, 3
5. 3
6. 2
7. 1
8. 4
9. 2
10. 1, 3, 1, 3, 2, 3, 3
11. 5
12. 2, 3, 1, 1, 3, 2
13. 4, 6
14. 1, 2, 3, 1, 2
15. 1
16. 1
17. 1, 6
18. 3,08 %
19. 3
20. 1, 2, 1, 2, 2, 1, 1
21. 0,7 Prozentpunkte
22. 18,75 %
23. 3
24. 1, 2, 3, 3, 2, 3, 2
25. 2, 1, 1, 2, 2, 1
26. 5
27. 4
28. 1
29. 2
30. 3

31.

→ Wegfall von industriellen Arbeitsplätzen durch Automatisierung in der Produktion und damit verbundene Produktivitätsfortschritte

→ Durch die Globalisierung wird die weltweite Arbeitsteilung gefördert, arbeitsintensive und somit teure Branchen werden in Länder mit niedrigem Lohnniveau verlagert.

→ Die Arbeits- und Lebenswelt wird immer komplexer, was den Bedarf an Beratungsleistungen erhöht.

→ Dienstleistungen können durch den technischen Fortschritt, z. B. in der Informationstechnologie, kostengünstig erbracht werden.

→ Die Bevölkerung ist einem gesellschaftlichen Wandel unterworfen. So begünstigen z. B. Freizeitorientierung und eine höhere Lebenserwartung das Entstehen neuer Dienstleistungen.

32.

→ Der Anteil der Erwerbstätigen im sekundären Sektor ist zwischen 2010 (24,4 %) und 2019 (24,1 %) um 0,3 Prozentpunkte gesunken.

→ Der primäre Sektor hatte einen prozentualen Rückgang um 18,75 % zu verzeichnen

$$\frac{1{,}3 \cdot 100}{1{,}6} = 81{,}25;\ 100 - 81{,}25 = 18{,}75\,\%$$

→ Der tertiäre Sektor ist in diesem Zeitraum (2010: 74 %; 2019: 74,5 %) um 0,5 Prozentpunkte gestiegen.

33.

Der tertiäre Sektor lässt sich unterteilen in den Bereich der klassischen Dienstleistungen (z. B. Handel, Verkehr, Tourismus) und in den Bereich der kommunikationsorientierten Dienstleistungen (z. B. Finanzdienstleistungen, Informationsverarbeitung, Beratung). Dieser Bereich wird auch als Informationssektor oder Wissenssektor bezeichnet.

34.

Inbound:

→ Bestellannahme, Technischer Support, Kundenservice

Outbound:

→ Kundenrückgewinnung, Mahn- und Inkassowesen, Telefonverkauf

35.

Pinnwand

Vorteile:

→ Flexibler und einfacher Einsatz ohne technischen Aufwand möglich
→ Elemente auf der Pinnwand können einfach umgruppiert werden
→ Einbindung der Teilnehmer möglich
→ Vielfältige Gestaltungsmöglichkeiten in Design und Text sorgen für Auflockerung.
→ Ergebnis kann langfristig sichtbar bleiben.

Nachteile:

→ Materialverbrauch an Papier und Schreibgeräten
→ Begrenzte Menge an darstellbaren Informationen
→ Gruppengröße bzw. Teilnehmerzahl sollte ca. 20 Personen nicht überschreiten.
→ Bei ungeübten Teilnehmern besteht die Gefahr der schlechten Lesbarkeit und Unübersichtlichkeit.
→ Erstellung von Unterlagen (Handout) für die Teilnehmer ist schwierig.

Beamer

Vorteile:

→ Großer Teilnehmerkreis kann angesprochen werden.
→ Gestaltungselemente können Interesse und Aufmerksamkeit wecken.
→ Leichtes Erstellen von Unterlagen (Handout) mittels Programm möglich.
→ Präsentation kann über das entsprechende Programm leicht verändert werden.
→ Große Informationsmengen können verarbeitet werden.

Nachteile:

→ Technische Abhängigkeit (Stromanschluss, Projektionsfläche, Gerät)
→ Sicht- und Lichtverhältnisse können die Präsentation beeinträchtigen.
→ Meist keine Einbindung der Teilnehmer möglich, Gefahr der Passivität
→ Vorkenntnisse bei Erstellung und Handhabung erforderlich
→ Geringe Aufmerksamkeitsdauer, Gefahr der Reizüberflutung

36.

→ Beschreiben, was sichtbar und hörbar ist
→ Konkrete, nachvollziehbare Einzelheiten benennen
→ Konstruktiv, nicht destruktiv sein
→ Zeitnah, nicht verspätet erfolgen
→ Unmittelbar, nicht über andere erfolgen
→ Nicht verallgemeinern und pauschalisieren
→ Interpretationen und Analysen vermeiden

37.
Feedback geben: Hierbei handelt es sich um eine wertungsfreie Rückmeldung der Zuhörer an den Vortragenden. Neben der fachlich-inhaltlichen Seite bezieht Feedback auch immer die emotionale Ebene mit ein. Ziel ist die subjektive Beschreibung ohne Wertung.
Präsentation und Feedback reflektieren: Zum Abschluss der Nachbereitungsphase sollte die Reflexion stehen, um eigene Stärken und Schwächen zu analysieren und Anregungen für zukünftige Präsentationen zu gewinnen.

38.
Man spricht beim Dialogmarketing von einer „Querschnittsbranche", da Leistungen in verschiedenen anderen Branchen und Unternehmensteilen erbracht werden können, sowohl als Teil eines Unternehmens als auch als eigenständiges Unternehmen.

39.
Wirtschaftszweige und mögliche Einsatzgebiete für die Dialogfix GmbH:
→ Handel: Bestellannahme eines Versandhauses
→ Freie Berufe: zentrale Terminvergabe
→ Öffentlicher Dienst: Beschwerdemanagement in der öffentlichen Verwaltung

40.
z. B.:
→ Sogenannte „Influencer" bzw. Markenbotschafter für ein neues Produkt gewinnen
Die Influencer bloggen über das Produkt in ihrem Social-Media-Kanal (z. B. YouTube oder Instagram) und machen es dadurch bekannt und begehrenswert.
→ Auf der Facebook-Seite des Unternehmens über aktuelle Rabattaktionen eines Produktes informieren

2 Arbeitsorganisation, Kooperation, Teamarbeit

Z **1. AUFGABE** ☐☐

Im betrieblichen Entscheidungsprozess differenziert die Dialogfix GmbH u. a. nach strategischen und operativen Entscheidungen. Stellen Sie fest, in welchen zwei Fällen es sich um eine strategische Entscheidung handelt.

1. Für das kommende Geschäftsjahr wird das Gewinnziel um 10 % erhöht.
2. Die nächste Besprechung der Geschäftsleitung wird aus Termingründen um 2 Tage verschoben.
3. Um die Verkaufsziele im laufenden Monat noch zu erreichen, wird eine Erfolgsprämie ausgesetzt.
4. Für den Serverausfall am Freitag von 10 bis 12 Uhr gelten besondere Regelungen.
5. Mira Rolshagen übernimmt eine Schicht für den erkrankten Agent Moritz Hummel.
6. Die Produktpalette des Unternehmens soll zusätzlich um Smartphones und Tablet-PCs erweitert werden.

Z **2. AUFGABE** ☐

Teamleiter Joel Weiß setzt bei der Dialogfix GmbH den kooperativen Führungsstil ein. Prüfen Sie, welche Verhaltensweise er dabei auf jeden Fall umsetzen muss.

1. Auf jegliche Führung vollständig verzichten
2. Die eigenen Entscheidungen kompromisslos durchsetzen
3. Diskussionen grundsätzlich unterbinden
4. Die Eigeninitiative der Mitarbeiter fördern
5. Den Mitarbeitern keinen Entscheidungsspielraum zugestehen

Z **3. AUFGABE** ☐

Stellen Sie fest, in welchem Fall die Dialogfix GmbH auf die Führungstechnik „Management by Exception“ zurückgreift.

1. Die Unternehmensführung legt für die einzelnen Teams klare Zielvorgaben fest, die in regelmäßigen Abständen überprüft werden.
2. Sämtliche Entscheidungen im operativen Geschäft müssen vom Teamleiter genehmigt werden, der Agent führt lediglich aus.
3. Dem einzelnen Agent werden individuelle Verkaufsziele vorgegeben, wobei er in die Zielfestlegung mit eingebunden wird.
4. Führungsentscheidungen und Zielfestlegungen werden grundsätzlich durch Mehrheitsentscheidungen der Teammitglieder getroffen.
5. Bis zu einer Höhe von 50,00 € können Agents kulanzhalber eine Kundengutschrift veranlassen, nur höhere Summen bedürfen der Zustimmung des Teamleiters.

4. AUFGABE

Z

Die Dialogfix GmbH setzt häufig die Technik der Moderation ein. Stellen Sie den Ablauf einer Moderation (Moderationszyklus) dar, indem Sie die richtige Reihenfolge der Schritte von links nach rechts in die Kästchen eintragen.

1. Thema bearbeiten
2. Abschluss
3. Maßnahmen planen
4. Themen sammeln
5. Einstieg
6. Themen wählen

5. AUFGABE

Z

Zur Unternehmenskultur gehört auch die regelmäßige Überprüfung und Anpassung des Corporate Designs. Worum muss sich ein Unternehmen demnach u. a. kümmern?

1. Wahrnehmung des gesamten Unternehmens von Außenstehenden
2. Gestaltung der Produktpolitik
3. Handlungsanweisungen für die Mitarbeiter
4. Erscheinungsbild des Internetauftritts
5. Interne Unternehmenskommunikation

Situation zu den Aufgaben 6 bis 15:
Es ist geplant, eine gemeinsame Besprechung Ihres Teams mit drei weiteren Teams Ihres Unternehmens durchzuführen. Sie haben von Ihrem Teamleiter den Auftrag erhalten, sich um alle notwendigen Schritte zu kümmern, die für ein erfolgreiches Treffen notwendig sind.

6. AUFGABE

Als erste Aufgabe wurden Sie damit beauftragt, die Besprechung Ihres Teams zu organisieren. Bringen Sie die dazu notwendigen Schritte in die richtige Reihenfolge, indem Sie die Ziffern 1 bis 7 von links nach rechts in die Kästchen eintragen.

1. Ergebnisprotokoll anfertigen
2. Mit dem Teamleiter Inhalt und Ziele der Besprechung abklären
3. Einladungen inklusive Tagesordnung an die einzelnen Teammitglieder versenden
4. Tagesordnung in Absprache mit dem Teamleiter erstellen
5. Besprechungsraum einrichten und vorbereiten
6. Ergebnisprotokoll an die Teilnehmer übermitteln
7. Nach Auswertung der Teilnahmezusagen den Besprechungsraum reservieren

Z **7. AUFGABE**

Für die Planung der Besprechung empfiehlt Ihnen Ihr Teamleiter, auf das Eisenhower-Prinzip zurückzugreifen. Welchen Grundsatz müssen Sie demnach beachten?

1. Die zu erledigenden Aufgaben nach Wichtigkeit und Dringlichkeit gewichten
2. Alle Tätigkeiten inklusive dem geplanten Zeitbedarf notieren
3. Eine Einteilung in kurz-, mittel- und langfristige Aufgaben vornehmen
4. Sich zunächst auf die 20 % der wichtigsten Aufgaben konzentrieren
5. 40 % Pufferzeiten einplanen

Z **8. AUFGABE**

Von Ihrem Teamleiter bekommen Sie den Tipp, die weiteren Planungen mittels der ALPEN-Methode zu strukturieren. Bringen Sie die dazu notwendigen Schritte in die richtige Reihenfolge, indem Sie die Ziffern von links nach rechts in die Lösungskästchen eintragen.

1. Einplanen von Pufferzeiten
2. Zu erledigende Aufgaben notieren
3. Entscheidungen über durchzuführende Aufgaben treffen
4. Schätzen der Aufgabenlänge
5. Durchführen einer Nachkontrolle

Z **9. AUFGABE**

Sie sollen auch ein Brainstorming durchführen. Worauf müssen Sie dabei achten?

1. Keine Kritik an den geäußerten Ideen üben
2. Durchführungszeit mindestens zwei Stunden
3. Ideen nicht aufschreiben
4. Maximal sechs Teilnehmer
5. Die Ideen sofort strukturieren und weiterbearbeiten

Z **10. AUFGABE**

Alternativ planen Sie als Kreativitätstechnik die 635-Methode durchzuführen. Ermitteln Sie, mit wie vielen Ideen Sie bei konsequenter Durchführung rechnen können.

Z **11. AUFGABE**

Bei der Besprechung sollen auch die Ziele für das kommende Geschäftsjahr in Gruppenarbeit für alle sichtbar erarbeitet werden. Ihr Teamleiter beauftragt Sie, ein geeignetes Medium auszuwählen. Wofür werden Sie sich zweckmäßigerweise entscheiden?

1. Tafel
2. Overhead-Projektor
3. Notizblock
4. Beamer
5. Pinnwand

12. AUFGABE

☐ Z

In der Gruppenarbeit soll auch die Mindmap-Methode eingesetzt werden. Stellen Sie fest, welchen Vorteil Sie damit erreichen können.

1. Gehirngerechtes Arbeiten, da sowohl das analytisch-logische Denken als auch das bildliche Vorstellungsvermögen gefördert werden
2. Rasche Bearbeitungszeit in der Gruppenarbeit, da Mindmaps ein extrem schnelles Lesen und Erfassen von Texten ermöglichen
3. Konfliktfreies Miteinander in der Gruppe, da diese Methode Stress minimiert
4. Umgehende Entscheidungsfindung, da Mindmaps stets Prioritäten beinhalten
5. Entspanntes Arbeiten, da die Gehirntätigkeit der Gruppenmitglieder auf ein Minimum reduziert wird

13. AUFGABE

☐ Z

Welchen Übermittlungsweg wählen Sie für das Ergebnisprotokoll der Sitzung, um es den Empfängern möglichst rasch und kostengünstig zukommen zu lassen?

1. Rundschreiben
2. Versand per Post
3. E-Mail
4. Telefax
5. Übergabe des Ausdrucks in einem persönlichen Gespräch

14. AUFGABE

☐ Z

Nach dem Ende der Besprechung bitten Sie Ihren Teamleiter um ein Feedback. Welchen Grundsatz muss er dabei beachten?

1. Das Feedback möglichst allgemein halten
2. Ich-Botschaften senden
3. Einen ausreichenden zeitlichen Abstand für das Feedback wählen
4. Auf konkrete Einzelheiten verzichten
5. Interpretationen und Vermutungen in den Mittelpunkt stellen

15. AUFGABE

☐☐ Z

Als ein Ergebnis der Besprechung sollen Änderungen in der Aufbauorganisation erfolgen. Prüfen Sie, welche zwei Maßnahmen dazu geeignet sind.

1. Die unbeliebte Abteilungsleiterin Isolde Spring-Mayer wird intern versetzt.
2. Die Dokumentenerfassung wird künftig extern erledigt.
3. Die Zuständigkeiten der Teamleiter werden neu festgelegt.
4. Die Abteilungen „Personal“ und „Schulung/Ausbildung“ verschmelzen.
5. Die Bearbeitung von Reklamationen wird neu geregelt.
6. Die Stabsstelle „Öffentlichkeitsarbeit“ wird neu eingerichtet.

Situation zu den Aufgaben 16 bis 20:
Die Telefon-Arbeitsplätze der Dialogfix GmbH sind in Großraumbüros angeordnet. Aktuell soll ein zusätzliches Großraumbüro eingerichtet werden.

Z **16.** AUFGABE ☐

Von Ihrem Ausbilder erhalten Sie den Auftrag, die Auswirkungen von Umweltfaktoren am Arbeitsplatz zu untersuchen. Welche Aussage wird Ihr Ausbilder korrigieren müssen?

1. Lärmbelastungen im Callcenter lassen sich durch Parkettfußböden reduzieren.
2. Viele Grünpflanzen verbessern die Luftqualität.
3. Helle Farben vergrößern optisch kleine Räume.
4. Künstliches Licht ist für die Augen unangenehmer als natürliches.
5. Eine zu niedrige Luftfeuchtigkeit führt zu elektrostatischen Aufladungen.

Z **17.** AUFGABE ☐

Prüfen Sie, welchen Vorteil das Unternehmen durch die Raumform „Großraumbüro" erzielt.

1. Geringer Geräuschpegel
2. Ungestörte Arbeitsumgebung
3. Geringer Flächenverbrauch
4. Gute klimatische Bedingungen
5. Unbeobachtete Arbeitsatmosphäre

Z **18.** AUFGABE ☐

Um eine ergonomische Gestaltung der neuen Arbeitsplätze zu erreichen, müssen einige Bestimmungen beachtet werden. Worum müssen Sie sich dabei jedoch nicht kümmern?

1. Unfallverhütungsvorschriften der Berufsgenossenschaften
2. DIN-Normen für die Arbeitsplatzausstattung
3. Regelungen des Handelsgesetzbuchs (HGB)
4. Technische Regeln für Arbeitsstätten (ASR)
5. Anforderungen der Arbeitsstättenverordnung (ArbStättV)

Z **19.** AUFGABE ☐

Prüfen Sie, in welchem Fall die Dialogfix GmbH im neuen Großraumbüro die vorgeschriebenen „Maßnahmen zur Gestaltung von Bildschirmarbeitsplätzen" zutreffend umsetzt.

1. Der Abstand zum Bildschirm beträgt mindestens 30 cm.
2. Der Bildschirm ist dreh- und neigbar.
3. Tastatur und Bildschirm sind fest miteinander verbunden.
4. Das Sonnenlicht kann ungehindert auf den Bildschirm fallen.
5. Die Tastaturoberfläche verfügt über einen modernen „Spiegel-Look".

20. AUFGABE Z

In dem Großraumbüro sollen 64 Mitarbeiter Platz finden. Da aufgrund von Teilzeit, Urlaub oder Krankheit nie alle Mitarbeiter gleichzeitig anwesend sind, werden nur für 50 % der Mitarbeiter physische Arbeitsplätze („Seats“) eingerichtet. Welche Fläche muss das neue Großraumbüro mindestens aufweisen, wenn pro Seat mit 15 m^2 kalkuliert wird?

Situation zu den Aufgaben 21 bis 22

Die Unternehmensleitung der Dialogfix GmbH plant, in einigen Abteilungen verstärkt Vordrucke und Formulare einzusetzen.

21. AUFGABE Z

Welche Erwartung kann damit nicht realisiert werden?

1. Beschleunigung des innerbetrieblichen Informationsflusses
2. Standardisierung von Arbeitsschritten
3. Vermeidung von inhaltlichen Fehlern
4. Leichtes Erkennen fehlender Informationen
5. Kostenersparnis

22. AUFGABE Z

Prüfen Sie, in welcher Situation der Einsatz von Vordrucken ungeeignet ist.

1. Bestellung von Büromaterial
2. Urlaubsantrag
3. Beschwerdemanagement
4. Beurteilung von Auszubildenden
5. Betriebliches Vorschlagswesen

Situation zu den Aufgaben 23 bis 28:

Auf Ihrem Schreibtisch haben sich Unmengen von Unterlagen angehäuft.

23. AUFGABE Z

Um wieder Ordnung zu schaffen, sortieren Sie die Unterlagen zunächst nach ihrer Wertigkeit. Wo müssen Sie die aktuellen Produktbeschreibungen Ihres Unternehmens einordnen?

1. Unterlagen mit Tageswert
2. Unterlagen mit Gesetzeswert
3. Unterlagen mit Sammelwert
4. Unterlagen mit Prüfwert
5. Unterlagen mit Dauerwert

Z **24. AUFGABE**

Für die langfristige Sicherung der Unterlagen mit Dauerwert benötigen Sie zuverlässige Speichermedien, welche eine dauerhafte Archivierung ermöglichen. Prüfen Sie, welche zwei Medien dazu am besten geeignet sind.

1. USB-Stick
2. Cloud-Speicher
3. CD-ROM
4. Digitale Speicherkarte
5. Mikrofilm
6. Externe Festplatte

Z **25. AUFGABE**

Welches versehentlich auf Ihrem Schreibtisch gelandete Schriftstück sollten Sie schleunigst zur Abteilungsablage zurückbringen?

1. Rechnung der Fa. Schmidtke Bürosysteme (bezahlt)
2. Organisationshandbuch (Einzelstück)
3. Stellenteil der FAZ (vom letzten Oktober)
4. Rückrufwunsch des Kunden Michael Hintz (unerledigt)
5. Geschäftsbericht der Dialogfix GmbH (ausgedruckte PDF-Datei)

Z **26. AUFGABE**

Um Ihre persönliche Arbeitsorganisation zu verbessern, möchten Sie die Erkenntnisse des Pareto-Prinzips nutzen. Worauf müssen Sie demnach achten?

1. Alle anfallenden Aufgaben sind gleich wichtig und dringend.
2. Achten Sie stets darauf, einen Zeitpuffer von 20 % einzuplanen.
3. Nach 80 Minuten intensiver Arbeit sollten 20 Minuten Pause eingelegt werden.
4. In nur 20 % der verfügbaren Zeit können bereits 80 % der Ergebnisse erzielt werden.
5. In der Summe muss man stets 100 % Leistung liefern.

Z **27. AUFGABE**

Damit Sie zukünftig einen besseren Überblick über Ihre Unterlagen haben, empfiehlt Ihnen eine Kollegin, das chronologische System anzuwenden. Stellen Sie fest, was die Kollegin damit gemeint hat.

1. Ordnung nach Zahlen
2. Ordnung nach Zeitangaben
3. Ordnung nach Farben
4. Ordnung nach Stichworten
5. Ordnung nach Buchstaben

28. AUFGABE

Z

Für die Gestaltung der Ablage haben sich verschiedene Registraturformen etabliert. Bei der Dialogfix GmbH erfolgt die Ablage überwiegend mittels einer Ordnerregistratur. Geben Sie an, welche Eigenschaften diese Registraturform zutreffend charakterisieren.

1. übersichtlich, zeitsparende Handhabung, umständliche Suche
2. kostensparend, unübersichtlich, unflexible Handhabung
3. schneller Zugriff, übersichtlich, zeitaufwendige Handhabung
4. hohe Materialkosten, hoher Platzbedarf, kostensparend
5. sehr kurze Zugriffszeit, unübersichtlich, schlechte Raumausnutzung

Situation zu den Aufgaben 29 bis 38:

Die Dialogfix GmbH wird vom Pay-TV-Sender „Thema-TV" mit dem Projekt „Umstellung des Verschlüsselungssystems" beauftragt. Den 200000 Abonnenten von Thema-TV soll eine neue Berechtigungskarte (Smartcard) mit der Bitte zugesandt werden, mit dieser Smartcard die alte Karte im Receiver zu ersetzen und die alte Karte in einem Freiumschlag zurückzusenden. Alle Kunden, deren alte Karte nach vier Wochen noch nicht vorliegt, sollen telefonisch kontaktiert werden. Gleichzeitig wird eine Hotline geschaltet, die Kundenanfragen im Zusammenhang mit dem Kartentausch beantworten kann. Nach einer Projektlaufzeit von drei Monaten sollen 95 % aller Smartcards ausgetauscht sein. Die Dialogfix GmbH stellt ein Team unter der Führung eines erfahrenen Projektleiters zusammen, der über ein Budget von 100000,00 € verfügen kann.

29. AUFGABE

Zur Durchführung des vorliegenden Projektes stellt die Dialogfix GmbH ein neues Team zusammen. Welche fünf der nachfolgenden Merkmale treffen gewöhnlich nur auf ein Team, aber nicht auf eine beliebige Personengruppe zu?

1. Gemeinsames, klar beschriebenes Ziel
2. Zwingend mehr als fünf Personen
3. Eigene Identität (Teamidentität)
4. Jedes Teammitglied leistet seinen Beitrag zur Zielerreichung
5. Zusammenstellung erfolgt nach Sympathie
6. Konflikte sind ausgeschlossen
7. Festgelegte Kommunikationsregeln
8. Zusammenarbeit auf maximal 3 Monate begrenzt
9. Mitglieder werden regelmäßig ausgewechselt
10. Charakteristisch ist ein Teamentwicklungsprozess

30. AUFGABE

Nach der Zusammenstellung des neuen Projektteams findet ein Teamentwicklungsprozess statt, der in vier Phasen aufgeteilt werden kann. Geben Sie an, welche Phase nicht dazugehört.

1. Norming
2. Performing
3. Storming
4. Forming
5. Controlling

31. AUFGABE

Entscheiden Sie, welche der nachstehenden Beschreibungen auf die Forming-Phase der Teamentwicklung zutrifft.

1. Konflikte, Macht- und Positionskämpfe
2. Erstes Kennenlernen der Teammitglieder
3. Gemeinsame Arbeit an der Zielerreichung
4. Entwicklung des Gruppenzusammenhalts
5. Teammitglieder haben ihre Rollen gefunden

32. AUFGABE

Im neu gegründeten Team der Dialogfix GmbH sind Konflikte unvermeidlich. Welche Aussage zu Konflikten ist zutreffend?

1. Offene Konflikte sind besonders problematisch, weil man sie schwer erkennt.
2. Verdeckte Konflikte sind besonders problematisch, weil man sie schwer erkennt.
3. Offene Konflikte sind besonders problematisch, weil man sie leicht erkennt.
4. Verdeckte Konflikte sind besonders problematisch, weil man sie leicht erkennt.
5. Konflikte sind nur dann problematisch, wenn man sie erkennt.

33. AUFGABE

Sobald es im Projektteam der Dialogfix GmbH zu Konflikten kommt, versucht der Teamleiter einzugreifen. Bringen Sie die nachfolgenden Schritte zur Konfliktlösung durch Eintrag der Ziffern 1 bis 5 in eine sinnvolle Reihenfolge.

☐ Konfliktlösungsgespräch führen
☐ Bereitschaft zur Konfliktlösung prüfen
☐ Konflikt eingrenzen
☐ Nachbearbeitung des Konflikts
☐ Konflikt wahrnehmen

34. AUFGABE

Die Dialogfix GmbH muss zur Durchführung des vorliegenden Projektes auch Mitarbeiter einarbeiten. Welche der nachfolgenden Aussagen ist dazu zutreffend?

1. Die Wahl der Einarbeitungsmethode spielt keine große Rolle, weil alle Methoden sehr ähnlich sind.
2. Die Wahl der Einarbeitungsmethode hat keinen Einfluss auf die Motivation des neuen Mitarbeiters und sollte daher von fachlichen Aspekten bestimmt werden.
3. Die Wahl der Einarbeitungsmethode sollte von kurzfristigen Erfordernissen bestimmt werden, um möglichst schnell einen produktiven Mitarbeiter zu bekommen.
4. Die Wahl einer Einarbeitungsmethode sollte für das gesamte Unternehmen einheitlich erfolgen.
5. Die Wahl der Einarbeitungsmethode ist einerseits abhängig von den Kenntnissen und Fähigkeiten des einzuarbeitenden Mitarbeiters, andererseits von der Komplexität der neuen Aufgabe.

35. AUFGABE

Die Einarbeitung neuer Mitarbeiter bei der Dialogfix GmbH erfolgt auch über das Patenmodell. Welche Aussage über dieses Modell ist nicht zutreffend?

1. Beim Patenmodell bekommt der neue Mitarbeiter einen Ansprechpartner im Unternehmen zugewiesen.
2. Der Pate kann auch Vorgesetzter des neuen Mitarbeiters sein, da auf diese Weise der bestehende Kontakt besonders gut genutzt werden kann.
3. Der Pate muss sich in die Situation des neuen Mitarbeiters hineinversetzen können.
4. Idealerweise handelt es sich bei dem Paten um einen erfahrenen Mitarbeiter mit einer Stelle, die derjenigen des neuen Mitarbeiters entspricht.
5. Der Pate muss über ausreichend Erfahrung im Unternehmen verfügen.

36. AUFGABE Z

Die Versandstelle der neuen Smartcards kommt 12 Tage mit dem aktuellen Vorrat an Smartcards aus, wenn täglich 2 240 Stück bestellt werden. Durch das Outbound-Projekt steigt der Versand auf 2 688 Stück pro Tag. Nach wie vielen Tagen ist der Vorrat aufgebraucht?

37. AUFGABE Z

7 Agents des Teams der Dialogfix GmbH erledigen in 14 Arbeitstagen 4 704 Outbound-Telefonate, wenn 8 Stunden täglich gearbeitet wird. Wegen eines anderen Projektes muss das Personal reduziert werden, sodass nur noch 4 Agents täglich 5 Stunden telefonieren. Wie viele Gespräche werden jetzt bei sonst gleichbleibenden Bedingungen in 22 Werktagen absolviert?

38. AUFGABE

Da der Auftraggeber mit der Projektabwicklung durch die Dialogfix GmbH sehr zufrieden war, erteilt er auch einen Auftrag für eine Mailing-Aktion. Um diese Aktion durchführen zu können, muss die Dialogfix GmbH noch 500000 Briefkuverts bestellen. Über den derzeitigen Lieferanten bezieht das Unternehmen je 1 000 Kuverts zum Einstandspreis von 50,00 €. Darüber hinaus liegt das Angebot eines Konkurrenzunternehmens vor: 500000 Kuverts zum Listeneinkaufspreis von 10000,00 €, 12 % Mengenrabatt und 2 % Skonto bei Zahlung innerhalb von 10 Tagen, es fallen zudem noch 120,00 € Bezugskosten an.
Für welchen Anbieter wird sich die Dialogfix GmbH entscheiden, wenn sie das Skonto in Anspruch nimmt? Geben Sie bei der Berechnung das Kalkulationsschema und einen Antwortsatz an.

Situation zu den Aufgaben 39 bis 44:
Die Dialogfix GmbH soll im Auftrag der Werkstattkette Autoteile Regun AG die Kundenzufriedenheit ermitteln und steigern. Hierzu erfolgt eine Telefonumfrage unter allen 150000 Kunden, die im letzten Monat eine Werkstatt der Kette besucht haben. Zusätzlich werden in jeder Filiale Plakate mit einer Hotline aufgehängt, unter der sich Kunden mit Kritik oder Lob zu ihrer Filiale melden können. Kunden, die aufgrund einer Unzulänglichkeit der Werkstatt eine besonders schlechte Bewertung abgegeben haben, sollen ein Anschreiben sowie einen Gutschein als Entschuldigung bekommen. Ziel des Projektes ist es, ein Ranking der Filialen bezüglich der Kundenzufriedenheit zu erstellen, um darauf basierend entsprechende Maßnahmen einleiten zu können. Einmalig unzufriedene Kunden sollen über den Gutschein den Kontakt zu ihrer Filiale nicht verlieren und als Kunden erhalten bleiben. Die Dialogfix GmbH und die Autoteile Regun AG planen für das Projekt eine Laufzeit von 4 Wochen und ein Budget von 200000,00 € ein.

39. AUFGABE

Zur Durchführung des vorliegenden Projektes wird in der Dialogfix GmbH ein neues Team zusammengestellt. Nennen Sie vier Eigenschaften, durch die sich ein Team von einer willkürlich gebildeten Personengruppe unterscheidet.

40. AUFGABE

Das neu zusammengestellte Team der Dialogfix GmbH unterliegt einer Teamentwicklung, die allgemein in vier Phasen aufgeteilt werden kann. Nennen Sie diese Phasen und erläutern Sie zu jeder Phase, was sich darin abspielt. Geben Sie auch für jede Phase in einem Satz an, wie der Teamleiter die Teamentwicklung positiv beeinflussen kann.

41. AUFGABE

Als Möglichkeit zur frühzeitigen Vermeidung von Konflikten durch den Teamleiter der Dialogfix GmbH kann auch die Transparenz von Entscheidungen genannt werden. Erläutern Sie diese Aussage.

42. AUFGABE

Die Dialogfix GmbH muss zur Bewältigung des vorliegenden Projektes neue Mitarbeiter einarbeiten. In einem konkreten Fall ist zu entscheiden, ob der neue Mitarbeiter vor dem Praxiseinsatz auf eine umfangreiche Schulung geschickt wird oder nach kurzer Einweisung direkt mit der Tätigkeit beginnen soll („Learning by Doing"). Nennen Sie zwei wichtige Aspekte, die Sie in der beschriebenen Situation bei der Wahl der Einarbeitungsmethode berücksichtigen müssen, und geben Sie an, wie diese Aspekte Ihre Wahl beeinflussen.

43. AUFGABE

Eine bei der Dialogfix GmbH angewandte Einarbeitungsmethode ist das Patenmodell. Erläutern Sie dieses Modell und nennen Sie Vor- bzw. Nachteile. Welche Eigenschaften muss aus Ihrer Sicht ein Pate besitzen, um seiner Aufgabe gerecht zu werden?

44. AUFGABE

Die Auszubildende Nina Schäfer soll für die Projektleiterin Christa Zell das nächste Teammeeting organisieren. Erstellen Sie eine Checkliste mit den zehn wichtigsten Punkten, die Nina dabei beachten muss, und ordnen Sie diese den Phasen Planung, Vorbereitung, Durchführung und Nachbereitung des Teammeetings zu.

Situation zu den Aufgaben 45 bis 50:
Die Dialogfix GmbH mietet in einem benachbarten Gebäude ein zusätzliches Großraumbüro an.

45. AUFGABE

Nennen Sie je drei Vor- und Nachteile, die mit dieser Raumform verbunden sind.

46. AUFGABE

Das Büro soll Platz für 25 Agents bieten, zudem soll noch eine Reserve von 20 % für weitere Mitarbeiter eingeplant werden. Die Fläche pro Arbeitsplatz beträgt 12,00 m^2. Ermitteln Sie den tatsächlichen Raumbedarf für das Großraumbüro der Dialogfix GmbH.

47. AUFGABE

Nennen Sie drei rechtliche Vorschriften, die von der Dialogfix GmbH bei der Einrichtung des Großraumbüros beachtet werden müssen, und geben Sie jeweils einen konkreten Inhalt dieser Vorschriften an.

48. AUFGABE

Nach Bezug des neuen Großraumbüros mehren sich die Klagen von Mitarbeitern über den hohen Lärmpegel. Schlagen Sie drei geeignete Maßnahmen zur Abhilfe vor.

49. AUFGABE

Um den Erfolg der Maßnahmen zu überprüfen, soll der Lärmpegel gemessen werden. Welche zwei Einheiten stehen zur Verfügung, um die Lautstärke zu messen?

50. AUFGABE

Nennen Sie neben dem Faktor „Lärm" drei weitere die Arbeitsleistung beeinflussende Umweltfaktoren, um die sich das Unternehmen bei der Büroeinrichtung kümmern muss.

Lösungen zu Kapitel 2

1. 1, 6
2. 4
3. 5
4. 5, 4, 6, 1, 3, 2
5. 4
6. 2, 4, 3, 7, 5, 1, 6
7. 1
8. 2, 4, 1, 3, 5
9. 1
10. 108 Ideen
11. 5
12. 1
13. 3
14. 2
15. 4, 6
16. 1
17. 3
18. 3
19. 2
20. 480 m^2
21. 3
22. 3
23. 4
24. 2, 5
25. 2
26. 4
27. 2
28. 3
29. 1, 3, 4, 7, 10
30. 5
31. 2
32. 2
33. 4, 3, 2, 5, 1
34. 5
35. 2
36. 10 Tage
37. 2 640 Gespräche

38.

Derzeitiger Lieferant: 50,00 € : 1 000 St. = 0,05 €/St.

Konkurrenzangebot:

LEP	10 000,00 €
– Rabatt (12 %)	1 200,00 €
= ZEP	8 800,00 €
– Skonto (2 %)	176,00 €
= BEP	8 624,00 €
+ Bezugskosten	120,00 €
= ESP	8 744,00 € : 500 000 St. = 0,02 €/St.

Die Dialogfix GmbH wird sich für den günstigeren Konkurrenzanbieter entscheiden.

39.

Gemeinsames, klar beschriebenes Ziel; Teamidentität; jedes Teammitglied leistet seinen Beitrag zur Zielerreichung; festgelegte Kommunikationsregeln.

40.

Forming (erstes Kennenlernen der Teammitglieder): Teamleiter organisiert das Kennenlernen.

Storming (Konflikte, Macht- und Positionskämpfe): Teamleiter zeigt Ziele auf, klärt Konflikte und führt im Team allgemein akzeptierte Entscheidungen herbei.

Norming (Entwicklung des Gruppenzusammenhalts, Teammitglieder haben ihre Rollen gefunden): Teamleiter strukturiert und verteilt Aufgaben.

Performing (gemeinsame Arbeit an der Zielerreichung, Solidarität): Ohne besonderen Anlass kein Eingriff des Teamleiters erforderlich.

41.

Einige Arten von Konflikten können vermieden werden, wenn Entscheidungen der Führungskräfte von allen Teammitgliedern akzeptiert werden. Hierzu ist es notwendig, dass die Teammitglieder über die Hintergründe und Wege einer Entscheidung informiert werden (Transparenz).

42.

Die Wahl der Einarbeitungsmethode ist einerseits abhängig von den Kenntnissen und Fähigkeiten des einzuarbeitenden Mitarbeiters, andererseits von der Komplexität der neuen Aufgabe. Ist der Mitarbeiter selbstständig, flexibel und aufgeschlossen für neue Themen, kann „Learning by Doing" die richtige Methode sein, sofern die Tätigkeit, die er neu übernehmen soll, für diese Methode nicht zu komplex ist. Handelt es sich um ein langwierig zu erlernendes Themengebiet mit viel theoretischem Hintergrund, ist eine Schulung vorzuziehen. Das Gleiche gilt für den Fall, dass der Mitarbeiter unsicher ist oder zunächst ein fachliches Fundament benötigt.

43.

Beim Patenmodell bekommt der neue Mitarbeiter einen Ansprechpartner im Unternehmen zugewiesen, der ihn bei allen Fragen der Einarbeitung unterstützen soll. Der Pate muss sich in die Situation des neuen Mitarbeiters hineinversetzen können und über ausreichend Erfahrung im Unternehmen verfügen. Idealerweise handelt es sich bei dem Paten um einen erfahrenen Mitarbeiter mit einer Stelle, die der des neuen Mitarbeiters entspricht. Es sollte sich nicht um den direkten Vorgesetzten des neuen Mitarbeiters handeln, damit das notwendige Vertrauensverhältnis entstehen kann.

44.

Planung: Inhalte festlegen, Programm aufstellen, Teilnehmerkreis bestimmen, Termin und Ort bestimmen, Einladungen versenden
Vorbereitung: Raum, Ausstattung und Medien reservieren, Bewirtung organisieren
Durchführung: Teilnehmerbegrüßung, Platzvergabe, ggf. Teilnehmervorstellung, ggf. Programmausgabe, Protokollaufnahme
Nachbereitung: Protokollerstellung und -versendung (ggf. mit weiteren Unterlagen), Abrechnung erstellen

45.

Beispiele für Vorteile	Beispiele für Nachteile
Geringe Kosten pro Arbeitsplatz Vereinfachte Kommunikation Gemeinsame Nutzung von Arbeitsmitteln	Hoher Geräuschpegel Schlechte klimatische Bedingungen Ständige Öffentlichkeit

46.

$(25 + 20\ \%) \cdot 12\ m^2 = 360\ m^2$

47.

→ Arbeitsstättenverordnung (ArbStättV), z. B. Anforderungen an Sanitär- und Pausenräume
→ Arbeitsschutzgesetz, z. B. Gefährdungsbeurteilung des Arbeitsplatzes
→ „Maßnahmen zur Gestaltung von Bildschirmarbeitsplätzen", z. B. reflexions- und blendungsfreier Bildschirm

48.

→ Trennwände zwischen den Arbeitsplätzen
→ Schallschluckende Bodenbeläge (z. B. Teppiche) und Wandverkleidungen
→ Räumliche Abtrennung von lauten Bürogeräten (z. B. Drucker)

49.

Sone und Dezibel

50.

z. B. Licht, Raumklima, Farbgestaltung

3 Betriebliche Prozessorganisation, qualitätssichernde Maßnahmen

Situation zu den Aufgaben 1 bis 6:
Die Ellisec Versicherungs AG erstellt aufgrund von Kundenanfragen schriftliche Angebote, die nach 2 Wochen telefonisch nachgefasst werden. Der täglich gleich ablaufende Vorgang von der telefonischen Kontaktierung der Angebotsempfänger über deren Beratung bis zur Erfassung der Kundenentscheidung wurde von der Versicherung an die Dialogfix GmbH ausgelagert.

1. AUFGABE

Aus welchem Grund handelt es sich bei dem vorliegenden Beispiel nicht um ein Projekt, sondern um einen Geschäftsprozess?

1. Die Angebotsverfolgung wurde ausgelagert, ein Projekt wird aber grundsätzlich nicht ausgelagert.
2. Die Angebotsverfolgung wird regelmäßig durchlaufen, ein Projekt wird aber u. a. durch seine Einmaligkeit charakterisiert.
3. Die Angebotsverfolgung hat einen ungewissen Ausgang, der von der Kundenentscheidung abhängt. Ein Projekt hat immer einen sicheren Ausgang.
4. Aus Sicht des Kunden ist der Anruf ein einmaliger Vorgang. Geschäftsprozesse werden u. a. durch ihre Einmaligkeit charakterisiert.
5. An der Angebotsverfolgung sind mehrere Mitarbeiter gleichzeitig beteiligt. In einem Projekt sind die Arbeitsschritte immer nacheinander abzuarbeiten.

2. AUFGABE

Zahlreiche Prozesse der Ellisec Versicherung sind miteinander verbunden, der Output eines Prozesses ist gleichzeitig der Input eines anderen Prozesses (sogenannte Prozesskette). Ein besonderes Augenmerk liegt daher auf dem Übergabepunkt zwischen zwei Prozessen (in der Abb. mit einem schwarzen Pfeil markiert). Worum handelt es sich bei diesem Übergabepunkt?

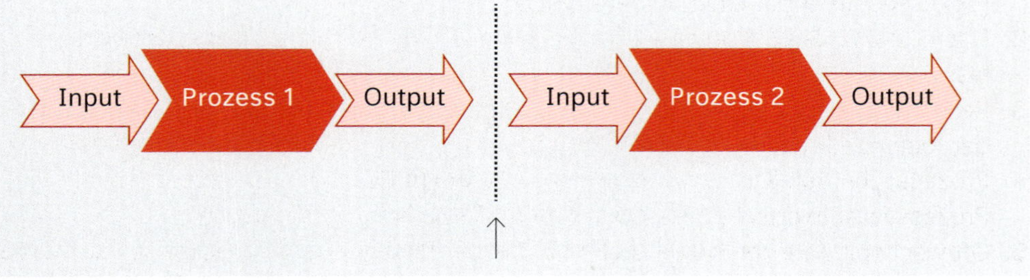

1. Schnittstelle
2. Kritischer Pfad
3. Break-even-Point
4. Benchmark
5. Meilenstein

3. AUFGABE

Die Ellisec Versicherungs AG hat sämtliche Prozesse gemäß folgendem Schema unterteilt:

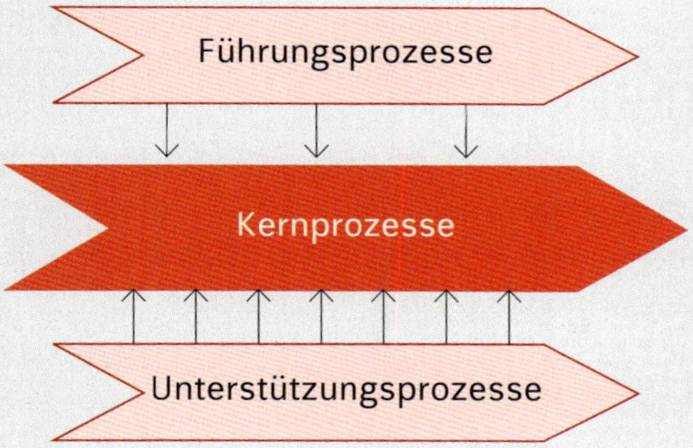

Prüfen Sie, welche zwei der nachstehenden Prozesse der Ellisec Versicherungs AG den Kernprozessen zugeordnet werden können.

1. Schadensabwicklung
2. Prozess der Personalauswahl
3. Prozess der jährlichen Budgetplanung
4. Entwicklung neuer Versicherungstarife
5. Einführung einer neuen Software zur Gehaltsabrechnung
6. Buchhaltung

4. AUFGABE

Bei der Auslagerung von Prozessen befasst sich die Ellisec Versicherungs AG auch intensiv mit Prozessschnittstellen und den damit verbundenen Herausforderungen. Welche Aussage zu Prozessschnittstellen ist nicht korrekt?

1. Prozessschnittstellen kennzeichnen Übergabepunkte, an denen das Ergebnis eines Prozesses als Input eines anderen Prozesses dient.
2. Das Ergebnis des Vorprozesses muss sich nahtlos in den Folgeprozess einfügen lassen.
3. Bei Problemen mit Prozessschnittstellen ist zu ermitteln, ob der vorgelagerte oder der folgende Prozess Mängel aufweist.
4. Prozessschnittstellen müssen immer so gestaltet werden, dass es nur einen Prozessverantwortlichen für Vor- und Folgeprozess gibt.
5. Oft wechselt an einer Prozessschnittstelle der Prozessverantwortliche, sodass eine reibungslose Informationsübergabe erfolgen muss.

5. AUFGABE

Durch die Auslagerung des Prozesses „Angebotsversand" an die Dialogfix GmbH hat sich dessen Bearbeitungszeit um 48 Sekunden reduziert. Ermitteln Sie, wie viele Arbeitsstunden durch die Prozessoptimierung jährlich eingespart werden, wenn im Monatsdurchschnitt 2 400 Angebote versandt werden.

6. AUFGABE

Zur Optimierung ihrer Prozesse setzt die Ellisec Versicherungs AG auf Prozess-Benchmarking. Welche der nachfolgenden Aussagen hierzu ist korrekt?

1. Beim Prozess-Benchmarking wird die Leistung eines Prozesses mit der Leistung eines Prozesses mit gleicher Aufgabe in einem anderen Unternehmensteil oder Unternehmen verglichen.
2. Beim Prozess-Benchmarking wird bestimmt, dass es im Unternehmen einen Prozessverantwortlichen gibt, der sich um die Prozessoptimierung kümmert.
3. Beim Prozess-Benchmarking wird hauptsächlich versucht, Schnittstellen zu vermeiden, da diese unnötige Kosten verursachen.
4. Prozess-Benchmarking umfasst ausschließlich Kernprozesse, da diese für das Unternehmen am wichtigsten sind.
5. Prozess-Benchmarking ist eine regelmäßige Befragung der Kunden über deren Zufriedenheit mit einem Prozessablauf.

Situation zu den Aufgaben 7 bis 12:
Als Assistent des Teamleiters sind Sie bei der Dialogfix GmbH auch für das Prozessmanagement zuständig.

7. AUFGABE

Im Rahmen der Prozessoptimierung werden bei der Dialogfix GmbH betriebliche Prozesse in Kernprozesse (Hauptprozesse), Unterstützungsprozesse (Nebenprozesse) und Führungsprozesse (Managementprozesse) unterschieden. Ordnen Sie korrekt zu, indem Sie die Kennziffern der betrieblichen Prozesse neben den Aktivitäten eintragen.

Aktivitäten:

- ☐ Verkaufsgespräche am Telefon
- ☐ Lohn- und Gehaltsabrechnung
- ☐ Beurteilung der Mitarbeiter
- ☐ Controlling der Kennzahlen
- ☐ Objektbetreuung durch das Facility Management

Betriebliche Prozesse:

1. Kernprozesse (Hauptprozesse)
2. Unterstützungsprozesse (Nebenprozesse)
3. Führungsprozesse (Managementprozesse)

8. AUFGABE

Für die Identifikation und Beschreibung von Prozessen möchte die Dialogfix GmbH auch das Bottom-up-Verfahren verwenden. Prüfen Sie, womit dies erreicht werden kann.

1. Sich an den Prozessen von erfolgreichen Mitbewerbern orientieren
2. Im Wesentlichen die Ideen der Geschäftsführung umsetzen
3. Alle Prozesse durch eine externe Unternehmensberatung bewerten lassen
4. Die an der Umsetzung der Prozesse beteiligten Mitarbeiter einbinden
5. Prozesse stets nach „Bauchgefühl" gestalten

9. AUFGABE

Bei der Dialogfix GmbH achten Sie darauf, alle Prozesse effektiv zu gestalten. Prüfen Sie, in welchem Fall die Effektivität eines Prozesses steigt.

1. Ein veränderter Gesprächsleitfaden verkürzt die AHT in der telefonischen Bestellannahme um 15 Sekunden.
2. Der Prozess des Beschwerdemanagements kann rasch auf andere Produkte angepasst werden.
3. Beim telefonischen Nachfassen der Angebote erhöht sich die Erfolgsquote um 20 %.
4. Die Kosten pro Call können um 20 Cent gesenkt werden.
5. Die Durchlaufzeit eines Prozesses sinkt um 30 Sekunden.

10. AUFGABE

Verschiedene Anlässe führen dazu, dass im Unternehmen Prozesse angepasst werden müssen. In welchem Fall ist jedoch keine Prozessanpassung erforderlich?

1. Die Bestimmungen der Datenschutz-Grundverordnung (DSGVO) ändern sich.
2. Ein nur noch selten nachgefragtes Produkt wird aus dem Angebot gestrichen.
3. Tarifänderungen können zukünftig auch online erfolgen.
4. Für ein Software-Abonnement wird ein neuer Tarif eingeführt.
5. Die Angestellte Petra Britten kündigt zum Quartalsende.

11. AUFGABE

Der Dialogfix GmbH stehen verschieden Möglichkeiten zur Verfügung, ihre Prozesse zu überprüfen und anzupassen. Überprüfen Sie, welches Verfahren dazu nicht geeignet ist.

1. Transaktionsanalyse
2. Betriebliches Vorschlagswesen
3. Kontinuierlicher Verbesserungsprozess (KVP)
4. TQM (Total Quality Management)
5. Benchmarking

12. AUFGABE

Für den Getränkehersteller Maries-Premium-Fruchtsäfte AG hat die Dialogfix GmbH die wöchentliche Bestellaufnahme bei Gastronomiekunden übernommen. Hierzu ruft ein Agent den Gastronomiekunden an und prüft zunächst anhand einer Liste, ob der Gesprächspartner zur Abgabe der Bestellung berechtigt ist. Erst wenn ein bestellberechtigter Gesprächspartner gefunden ist, wird die Bestellung aufgenommen. Sollten nicht alle gewünschten Waren lieferbar sein, erfolgen ein Hinweis und ein Alternativvorschlag. Die Bestellung wird erst abgeschlossen, wenn alle bestellten Waren lieferbar sind. Ordnen Sie die fünf Ziffern der im Programmablaufplan gekennzeichneten Felder den aufgeführten Schritten zu.

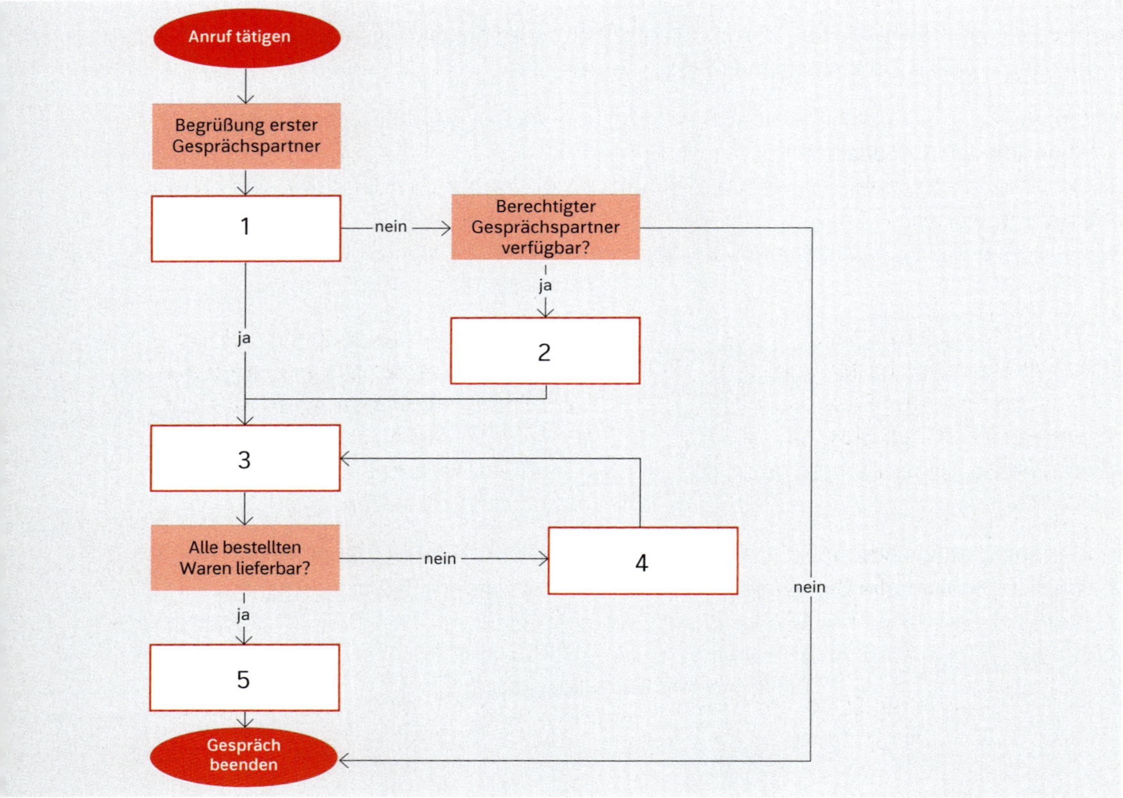

- ☐ Abfrage der zu bestellenden Waren
- ☐ Bestellung abschließen
- ☐ Gesprächspartner zur Bestellung berechtigt?
- ☐ Hinweis, dass Ware nicht lieferbar, und Vorschlag Alternative
- ☐ Begrüßung neuer Gesprächspartner

Situation zu den Aufgaben 13 bis 23:
Die Ellisec Versicherungs AG erstellt aufgrund von Kundenanfragen schriftliche Angebote, die nach 2 Wochen telefonisch nachgefasst werden. Der täglich gleich ablaufende Vorgang von der telefonischen Kontaktierung der Angebotsempfänger über deren Beratung bis zur Erfassung der Kundenentscheidung wurde von der Versicherung an die Dialogfix GmbH ausgelagert.

13. AUFGABE
Erläutern Sie, warum es sich hier um einen Geschäftsprozess und nicht um ein Projekt handelt.

14. AUFGABE
Die Dialogfix GmbH behauptet, wegen ihrer an den Geschäftsprozessen ausgerichteten Organisation viele Vorteile durch stärkere Kunden-, Mitarbeiter- und Wertschöpfungsorientierung zu haben. Erläutern Sie diese Aussage.

15. AUFGABE
Die Ellisec Versicherungs AG prüft derzeit, ob weitere Prozesse (z. B. die telefonische Entgegennahme von Schadensfällen) an die Dialogfix GmbH ausgelagert werden können. Zur Untersuchung der Prozesse werden diese allgemein in drei Hauptgruppen unterteilt. Nennen und erläutern Sie diese mit jeweils einem zur Situation passenden Beispiel.

16. AUFGABE
Geben Sie zwei Gründe an, die die Ellisec Versicherungs AG dazu bewegen könnten, weitere Prozesse an die Dialogfix GmbH auszulagern (Outsourcing).

17. AUFGABE
Gelegentlich muss die Dialogfix GmbH Prozesse anpassen. Nennen Sie drei mögliche Einflussfaktoren, die eine Prozessanpassung notwendig machen.

18. AUFGABE
Die Ellisec Versicherungs AG befasst sich auch intensiv mit den Prozessschnittstellen. Erläutern Sie diesen Begriff, nennen Sie ein Beispiel und erläutern Sie die mit Schnittstellen zusammenhängenden Herausforderungen.

19. AUFGABE
Zur Beurteilung ihrer Prozesse setzt die Ellisec Versicherungs AG auf Prozess-Benchmarking. Erläutern Sie diesen Begriff anhand eines Beispiels.

20. AUFGABE

Erläutern Sie neben dem Prozess-Benchmarking zwei weitere Verfahren, mit denen die Ellisec Versicherungs AG ihre Prozesse überprüfen und anpassen kann.

21. AUFGABE

Die Dialogfix GmbH übernimmt für die MyMusical Entertainment AG die Abwicklung der telefonischen Kartenbestellungen. Nach der Entgegennahme des Anrufs werden vom Besteller zunächst das gewünschte Musical und dann der gewünschte Termin erfragt. Sind noch freie Plätze vorhanden, wird die Reservierung vorgenommen und das Gespräch beendet. Sollten zum gewünschten Termin keine Plätze mehr verfügbar sein, wird der Besteller um die Angabe eines Alternativtermins gebeten. Ist dies nicht möglich, wird das Gespräch beendet. Anderenfalls erfolgt eine Prüfung des Alternativtermins. Erstellen Sie aus der Situationsbeschreibung einen Programmablaufplan (PAP).

22. AUFGABE

Von der FairBank AG hat die Dialogfix GmbH den Auftrag bekommen, die eingehenden Anträge für Konsumentenkredite zu bearbeiten. Nach dem Öffnen des Briefes werden die darin enthaltenen Unterlagen auf Vollständigkeit geprüft. Briefe mit unvollständigen Unterlagen werden zur Nachbearbeitung an ein Serviceteam weitergeleitet. Sind die Unterlagen vollständig, ist zu kontrollieren, ob alle Felder korrekt ausgefüllt sind und ob die Anträge unterschrieben sind. Trifft dies nicht zu, erfolgt ebenfalls die Weiterleitung zur Nachbearbeitung an ein Serviceteam. Vollständige und korrekte Anträge werden im System erfasst. Von dort erfolgt die automatische Weiterbearbeitung (Bonitätsprüfung, Auszahlung). Die Unterlagen werden von der Dialogfix GmbH zur Archivierung vorbereitet. Erstellen Sie aus der Situationsbeschreibung einen Programmablaufplan (PAP).

23. AUFGABE

Die Dialogfix GmbH übernimmt als Outsourcing-Partner die Auftragsbearbeitung für einen Hersteller von Mobiltelefonen. Dabei ist die Dialogfix GmbH sowohl für die Bestellannahme als auch für den Versand der Mobiltelefone an den Endkunden sowie für die Rechnungserstellung verantwortlich. Stellen Sie diesen Prozess der Auftragsbearbeitung im Callcenter in einer einfachen Input-Output-Beziehung grafisch dar.

Situation zu den Aufgaben 24 bis 30:

Die Dialogfix GmbH ist seit einem halben Jahr als Outsourcing-Partner für einen Pay-TV-Anbieter tätig. Trotz anfänglich guter Fortschritte hinsichtlich Qualität und Produktivität ist die Entwicklung der letzten Wochen nicht zufriedenstellend, vertraglich vereinbarte Kennzahlen können nicht erreicht werden. Der verantwortliche Key-Account-Manager des Auftraggebers, Peter Schümann, verliert zusehends das Vertrauen und fordert Sie als Projektleiter auf, sämtliche Maßnahmen darzulegen, die eine unverzügliche Verbesserung der Kennzahlen erwarten lassen.

24. AUFGABE

In einem ersten Schritt sollen Sie sich mit den rasch zu ermittelnden Kennzahlen der technischen Qualitätskontrolle beschäftigen. Nennen und erläutern Sie zwei dieser Kennzahlen, die üblicherweise mittels ACD-Anlage ausgewertet werden.

25. AUFGABE

Welche weiteren qualitätsrelevanten Faktoren der Gesprächsführung können im Rahmen von Qualitätsmessungen geprüft werden? Nennen Sie Herrn Schümann zehn geeignete Faktoren.

26. AUFGABE

Nachdem die klaren Ziele und Leistungsstandards definiert wurden, stellen Sie die Methoden vor, mit denen Sie die Qualität der Auftragsdurchführung messen und verbessern werden. Ihre erste Wahl sind dabei Mystery Calls. Erläutern Sie diese Methode der Qualitätssicherung und nennen Sie mindestens je zwei Vor- und Nachteile dieser Methode.

27. AUFGABE

Herrn Schümann reichen Mystery Calls nicht aus. Er bittet Sie, auch Side-by-Side-Coachings und Silent Monitorings durchzuführen. Erläutern Sie diese Methoden und nennen Sie anschließend mindestens je zwei Vor- und Nachteile der jeweiligen Methode.

28. AUFGABE

Erläutern Sie kurz die rechtlichen Rahmenbedingungen, die beim Einsatz von Silent Monitoring zu beachten sind.

29. AUFGABE

Neben Mängeln in der Gesprächsführung vermutet Herr Schümann auch Fehler bei der Erfassung der Kundendaten. Schlagen Sie ein geeignetes Verfahren vor, um hier ein präzises Ergebnis festzustellen.

30. AUFGABE

Die durchgeführten Qualitätsmessungen decken zum Teil deutliche Abweichungen der Fachkompetenz der Mitarbeiter von den definierten Standards auf. Herr Schümann beauftragt Sie folglich, ein Lernkonzept zur Qualitätsverbesserung zu erstellen. Nennen Sie fünf notwendige Bestandteile dieses Lernkonzepts.

Web

Lösungen zu Kapitel 3

1. 2
2. 1
3. 1, 4
4. 4
5. 384 Stunden
6. 1
7. 1, 2, 3, 3, 2
8. 4
9. 3
10. 5
11. 1
12. 3, 5, 1, 4, 2

13.

Der vorliegende Geschäftsprozess wird mehrfach durchlaufen, ein Projekt wird hingegen u. a. durch seine Einmaligkeit charakterisiert.

14.

→ Markt- und Kundenorientierung: Prozessorientierung ermöglicht flexible Auftragsabwicklung mit hoher Reaktionsgeschwindigkeit bzgl. Kundenwünschen und Marktveränderungen.
→ Mitarbeiterorientierung: Prozessorientierung umfasst ganzheitliche Aufgabenbereiche und erhöht somit die Arbeitszufriedenheit und Motivation der Mitarbeiter.
→ Wertschöpfungsorientierung: Durch die Prozessorientierung kann eine Konzentration auf die wertschöpfenden Kernprozesse erfolgen.

15.

→ Kernprozesse (Hauptprozesse): eigentliche betriebliche Leistungserstellung, z. B. Prozess der Schadensabwicklung
→ Unterstützungsprozesse (Nebenprozesse): indirekte Beiträge zur Leistungserstellung, z. B. Prozess der Personalauswahl
→ Führungsprozesse (Managementprozesse): Planung, Lenkung und Kontrolle des Unternehmens, z. B. Prozess der jährlichen Budgetplanung

16.

→ Der Dienstleister kann die Prozesse günstiger erbringen.
→ Die Prozesse werden vom Dienstleister qualitativ hochwertiger ausgeführt.

17.

→ Veränderte Kundenwünsche
→ Technische Neuerungen
→ Veränderte rechtliche Rahmenbedingungen
→ Neue Mitbewerber auf dem Markt

18.

Prozessschnittstellen kennzeichnen Übergabepunkte, an denen das Ergebnis (Output) eines Prozesses als Input eines anderen Prozesses dient (z. B. wird das Ergebnis des

Prozesses Schadensaufnahme von dem Prozess Schadensabwicklung übernommen). In der Regel wechselt bei einer Prozessschnittstelle der Prozessverantwortliche, sodass eine reibungslose Informationsübergabe erfolgen muss. Das Ergebnis des Vorprozesses muss sich nahtlos in den Folgeprozess einfügen lassen. Bei Problemen mit Prozessschnittstellen ist zu ermitteln, ob der vorgelagerte oder der folgende Prozess Mängel aufweist.

19.

Die Leistung eines Prozesses kann mit der Leistung eines Prozesses mit gleicher Aufgabe in einem anderen Unternehmensteil oder Unternehmen verglichen werden. Wer die Prozesse optimal (i. d. R. schnell = kostengünstig, in guter Qualität = effektiv) durchführt, setzt die Benchmark, d. h. den Standard, an dem sich alle anderen orientieren sollten.

20.

→ Kontinuierlicher Verbesserungsprozess (KVP): stetige Prozessverbesserung durch kleine Schritte, die z. B. über den PDCA-Zyklus umgesetzt werden (Plan – Do – Check – Act)
→ Betriebliches Vorschlagswesen: Nutzung von Verbesserungsvorschlägen der Mitarbeiter

21.

Web

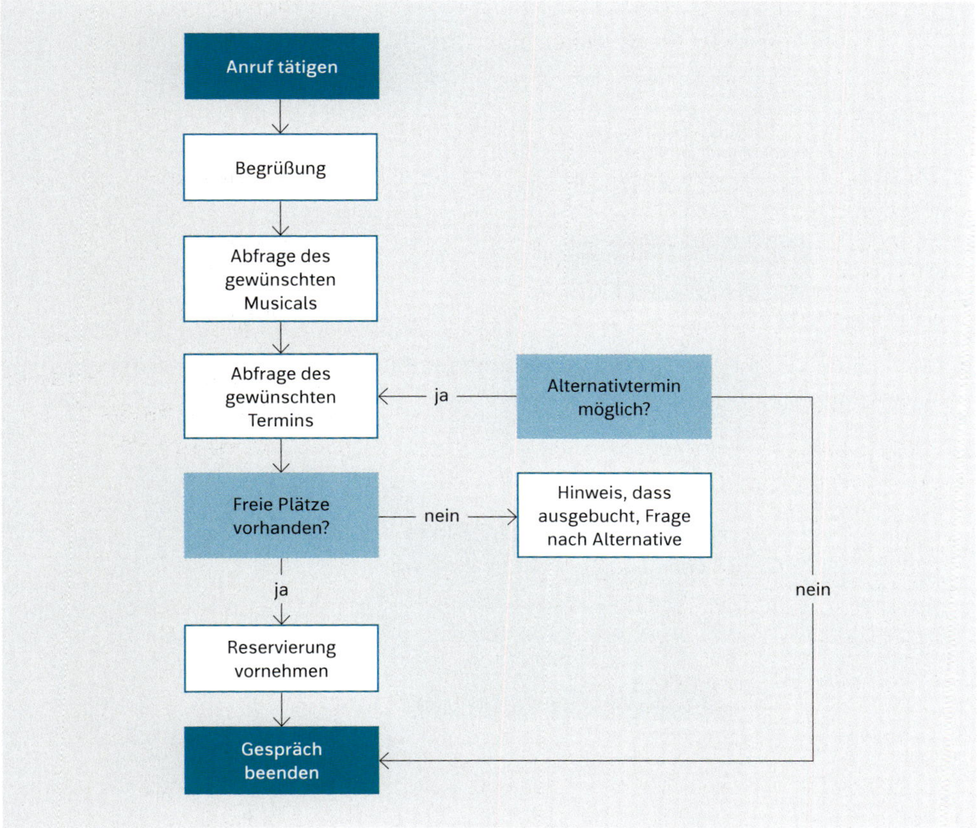

Web

22.

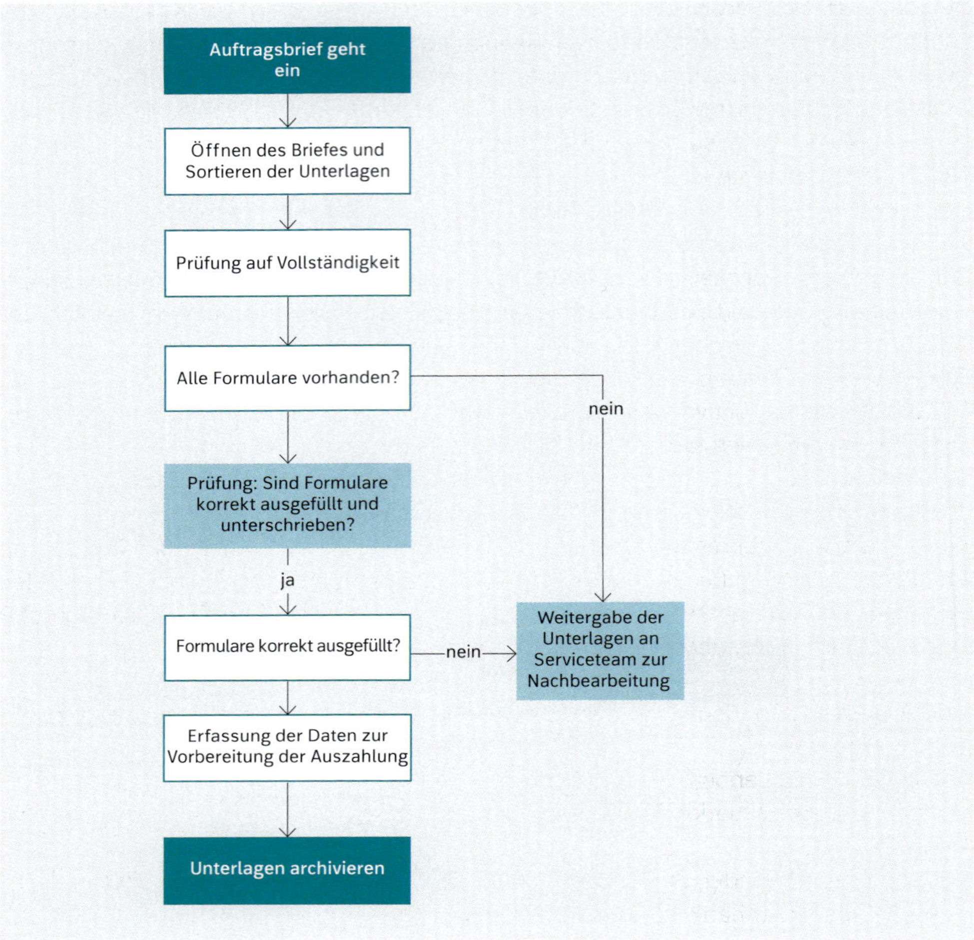

Hinweis zu den Lösungen zu Aufgabe 21 und 22: Ein- und Ausgaben werden auch als Rechteck dargestellt.

23.

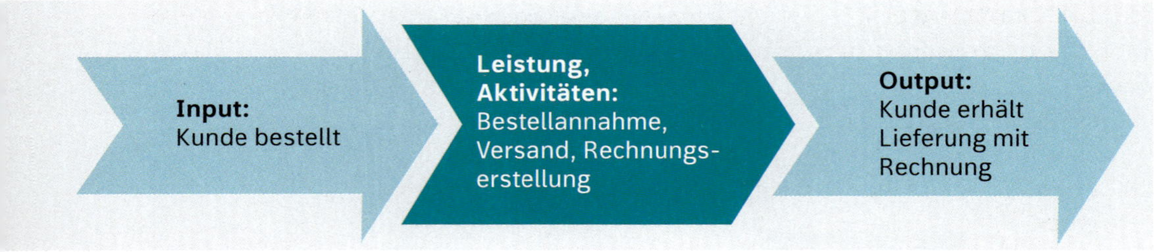

24.

Servicelevel: Der Servicelevel ist die Größe zur Messung der Erreichbarkeit eines Callcenters. Er drückt aus, wie viel Prozent der Anrufe innerhalb einer bestimmten Zeit entgegengenommen werden.

Average Handling Time (AHT): Die AHT bezeichnet die gesamte Zeitspanne, die ein Kundengespräch in Anspruch nimmt. Sie setzt sich aus Gesprächszeit und Nachbearbeitungszeit zusammen.

25.

Beispiele: Verbindlichkeit des Mitarbeiters gegenüber dem Kunden, Freundlichkeit, Fach-, Beratungs- und Lösungskompetenz des Mitarbeiters, Wertschätzung des Kunden, Gesprächsatmosphäre, Einfachheit der Aussagen gegenüber dem Kunden, Angebotsplatzierung/Kunden-Nutzen-Formulierung, Corporate Identity/Wording/Nutzung Sprachregelungen, aktive Gesprächsführung, Einwandbehandlung, Sprechgeschwindigkeit, Lautstärke, Verständnis für den Kunden aufbringen

26.

Bei **Mystery Calls** führen meist externe Unternehmen eine vorher vereinbarte Anzahl an Testanrufen in einem bestimmten Zeitraum durch. Da sich die Anrufer hier als Kunden ausgeben, wird die gestellte Situation vom Mitarbeiter nicht erkannt. Der Testanrufer wertet im Anschluss anhand vorgegebener Kriterien das Servicegespräch aus.

Vorteile:

→ Das gesamte Kundenerlebnis kann gemessen werden (von der Warteschleife bis zum Mitarbeiter).
→ Die Beurteilung erfolgt aus der Sicht des Kunden.
→ Keine Prüfungssituation für den Agenten

Nachteile:

→ Technisch aufwendig, da bei Bestandskunden auch entsprechend ein Datensatz in der Kundendatenbank vorhanden sein muss.
→ Die Urteile unterliegen dem subjektiven Eindruck des Anrufers.
→ Es besteht die Gefahr, dass der Mitarbeiter die künstliche Situation erkennt.

27.

Beim **Side-by-Side-Coaching** beobachtet der Teamleiter oder ein Coach den Mitarbeiter direkt am Arbeitsplatz. Über ein weiteres Headset hört er die Gespräche mit und wertet diese gemeinsam mit dem Mitarbeiter aus.

Vorteile:

→ Neben dem Gespräch kann auch die Bedienung der Computerprogramme beobachtet werden.
→ Das gesamte Verhalten des Mitarbeiters während des Gesprächs kann erfasst werden.

Nachteile:

→ Falsches Verhalten des Mitarbeiters kann auch durch die als Prüfung empfundene Situation ausgelöst worden sein.

→ Es besteht die Gefahr, dass der Mitarbeiter sein Verhalten nur für diese Beobachtungssituation ändert.

Beim **Silent Monitoring** sitzt der Qualitätsbeauftragte (Teamleiter, Coach oder Trainer) nicht am Arbeitsplatz des Agents, sondern hört räumlich entfernt unbemerkt Gespräche mit.

Vorteile:

→ Der Coach sitzt nicht unmittelbar beim Mitarbeiter, dieser fühlt sich weniger beobachtet, das Gespräch verläuft authentisch.

→ Möglichkeit der Gesprächsaufzeichnung

Nachteile:

→ Rechtliche Rahmenbedingungen sind komplex.

→ Gefahr des „gläsernen Mitarbeiters", permanente Überwachung

28.

Das Aufzeichnen von Gesprächen bedarf einer Einwilligung beider Gesprächspartner. Die Einwilligung der Mitarbeiter muss ausdrücklich schriftlich erfolgen. Von der eigentlich auch erforderlichen schriftlichen Einwilligung des Kunden kann abgesehen werden, wenn diese stattdessen durch schlüssiges Handeln (z. B. Tastendruck in der IVR) oder mündlich erfolgt.

29.

Screen Recording ist hier eine sinnvolle Ergänzung bzw. Erweiterung des Silent Monitoring. Dabei wird nicht nur das Gespräch mitgehört, sondern auch der Umgang des Mitarbeiters mit der EDV beobachtet. Zur späteren Überprüfung werden die Bildschirminhalte aufgezeichnet.

30.

Beispiele: Workshop zur Zieldefinition, Bedarfsanalyse, Erstellung von Schulungsunterlagen/Konzeptionierung, Schulung der Mitarbeiter, Zielerreichung überprüfen

4 Sprachliche und schriftliche Kommunikation

Situation zu den Aufgaben 1 bis 6:
Als Mitarbeiter im Dialogmarketing gehört Kommunikation zu Ihrem Tagesgeschäft. Eine regelmäßige Auffrischung Ihres Wissens ist daher unverzichtbar.

1. AUFGABE ☐☐ Z

Von Ihrem Teamleiter erhalten Sie eine Einladung zu einem Seminar. Das Thema lautet „Nonverbale Kommunikation". Welche zwei Inhalte können Sie in diesem Seminar erwarten?

1. Argumentieren
2. Atemtechnik
3. Mimik
4. Sprechgeschwindigkeit
5. Lautstärke
6. Körperhaltung

2. AUFGABE ☐☐ Z

In einem Teammeeting empfiehlt Ihr Teamleiter, in der Kundenkorrespondenz verstärkt Textbausteine einzusetzen. Stellen Sie fest, welche zwei Vorteile sich der Teamleiter davon verspricht.

1. Einheitliches Auftreten gegenüber dem Kunden
2. Individualität in der Korrespondenz
3. Umfassende Erhöhung der Kundenzufriedenheit
4. Schnelle Beantwortung standardisierter Anfragen
5. Vielfalt in den Formulierungen
6. Ausschluss inhaltlicher Fehler

3. AUFGABE ☐ Z

In den Textbausteinen wurde auf eine kundenorientierte Formulierung geachtet. Welcher Grundsatz ist demnach umgesetzt worden?

1. Auf Aktivformulierungen verzichten
2. Viele Substantivierungen verwenden
3. Einfache Wortwahl vermeiden
4. Viele Nebensätze einbauen
5. Möglichst viele Verben einsetzen

Z

4. AUFGABE

Die Dialogfix GmbH hat für die Mitarbeiter ein Merkblatt zur Gestaltung von geschäftlichen E-Mails erstellt. Welche Regel wird darin nicht zu finden sein?

1. Rechtschreibregeln einhalten
2. Empfänger grundsätzlich duzen
3. Keine Smileys verwenden
4. E-Mails kurz und übersichtlich halten
5. Netiquette beachten

Z

5. AUFGABE

In der schriftlichen Korrespondenz beachtet die Dialogfix GmbH die Regelungen der DIN 5008. Welches Thema wird in dieser Norm jedoch nicht angesprochen?

1. Aufbau eines Briefes
2. Frankierung eines Briefes
3. Seitenabstände eines Briefes
4. Gestaltungshinweise für einen Brief
5. Struktur des Anschriftfeldes eines Briefes

Z

6. AUFGABE

Welche Schreibweise des Datumsformates ist laut DIN 5008 richtig?

1. 2. Mai 2021
2. Mai 02 2021
3. 02. Mai 2021
4. 02:05:21
5. 21-02-05

Situation zu Aufgabe 7:

Auszugsweise liegt ein Gesprächsleitfaden der Dialogfix GmbH vor:

> „Der Laserdrucker xp 5000 wird vom Fachportal ‚OfficeWorld 2.0' als für Selbstständige und Kleinbetriebe sehr geeigneter Laserdrucker beschrieben, da der Drucker im Vergleich die geringsten Druckkosten pro Seite hat."
>
> „Das Onlinemagazin ‚Druckertest' schreibt, dass dieser Drucker aufgrund seiner Größe gerade für kleine Büros sehr unpraktisch ist."
>
> „Beim Kauf eines Laserdruckers für Selbstständige und Kleinbetriebe ist auf weitere Aspekte zu achten, wie Druckgeschwindigkeit und Druckqualität. Lassen Sie uns diese Punkte noch klären, damit Sie sich für den Drucker entscheiden, der wirklich zu Ihren Bedürfnissen passt."

7. AUFGABE

☐ Z

Während eines Coachings hat sich gezeigt, dass die Rhetorikkenntnisse der Auszubildenden verbessert werden müssen. Der Teamleiter veranlasst eine Schulung zur Fünfsatz-Technik. Prüfen Sie, welcher Bauplan dieser Technik im Gesprächsleitfaden angewandt wurde.

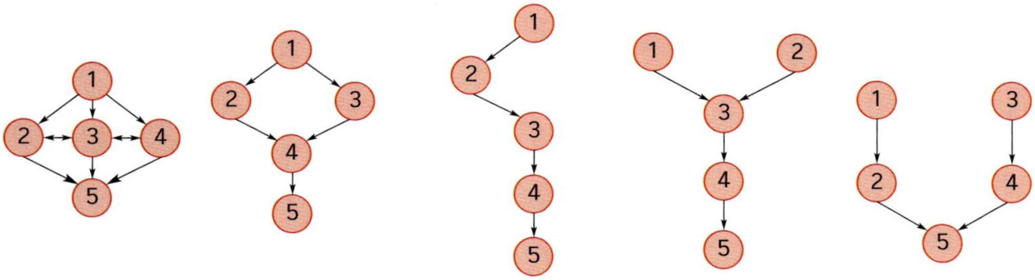

1. Aufsatzplan
2. Dialektischer Aufbau
3. Ausklammerung
4. Kompromiss
5. Vergleich

Situation zu den Aufgaben 8 bis 13:
Lilo Wuttkow absolviert ein Praktikum bei der Dialogfix GmbH. Nachdem sie einige Zeit an der Hotline zugehört hat, fällt ihr auf, dass im Kundengespräch unterschiedliche Fragearten verwendet werden.

8. AUFGABE

☐☐ Z

Mit welchen zwei Beispielen können Sie der Praktikantin die Frageart „offene Fragen" erläutern?

1. „Haben Sie unser Angebot schon erhalten?"
2. „Finden Sie nicht auch, dass das die optimale Lösung ist?"
3. „Welche Eigenschaften wünschen Sie sich?"
4. „Sie denken dann noch mal darüber nach?"
5. „Was ist Ihnen wichtig?"
6. „Sollen wir das neue Angebot nehmen oder lieber die alte Variante?"

9. AUFGABE

☐ Z

Lilo fragt Sie, welche Vorteile offene Fragen haben. Wie muss Ihre Antwort lauten?

1. Es ist eine kurze und knappe Antwort zu erwarten.
2. Mit der Frage wird bereits eine Entscheidungshilfe vorgegeben.
3. Der Kunde wird zu einer Entscheidung aufgefordert.
4. Der Kunde fühlt sich in seiner Antwortmöglichkeit nicht eingeengt.
5. Der Kunde kann aus zwei Alternativen auswählen.

Z **10. AUFGABE** ☐

Im Laufe des Praktikums soll Lilo testweise auch eigene Gespräche führen. In welcher Gesprächsphase raten Sie ihr zum Einsatz von offenen Fragen?

1. Auf offene Fragen sollte nach Möglichkeit ganz verzichtet werden.
2. Gleichmäßig über den Gesprächsverlauf verteilt
3. Zu Beginn der Bedarfsermittlung
4. Gegen Ende der Bedarfsermittlung
5. Zum Gesprächsabschluss

Z **11. AUFGABE** ☐☐

Lilo fürchtet sich bei den anstehenden Gesprächen insbesondere davor, an einen aufgebrachten Kunden zu geraten. Welche zwei angemessenen Verhaltensweisen schlagen Sie der Praktikantin für solche Situationen vor?

1. Aktives Zuhören anwenden
2. Streng am Gesprächsleitfaden festhalten
3. Kundenanliegen herunterspielen
4. Gesprächsförderer einsetzen
5. Gesprächspausen vermeiden
6. Auf das Kundenanliegen nicht weiter eingehen

Z **12. AUFGABE** ☐

Im Laufe des Praktikums weisen Sie Lilo darauf hin, dass es unterschiedliche Kundentypen gibt, bei denen differenzierte Gesprächsstrategien ratsam sind. Welche Strategie müssen Sie der Praktikantin im Umgang mit dem „Besserwisser“ empfehlen?

1. Den Kunden umgehend zurechtweisen und die Oberhand behalten
2. Den Kunden möglichst oft bestätigen
3. Dem Kunden viele Suggestivfragen stellen
4. Dem Kunden den eigenen Standpunkt verdeutlichen
5. Den Kunden mit umfangreichem Faktenwissen überzeugen

Z **13. AUFGABE** ☐

Sie möchten der Praktikantin die deutsche Buchstabiertafel erläutern. Wie muss demnach der Nachname des Kunden Florian Mahler buchstabiert werden?

1. Michael – Anne – Hans – Ludwig – Erna – Rainer
2. Michael – Anton – Heinrich – Ludwig – Eugen – Richard
3. Martha – Anne – Holger – Ludwig – Emil – Robert
4. Martha – Anton – Heinrich – Ludwig – Emil – Richard
5. Moritz – Anton – Hans – Ludwig – Emil – Robert

Situation zu den Aufgaben 14 bis 19:
Auszubildende werden bei der KommunikativAktiv KG schon bald nach Beginn ihrer Ausbildung an der Hotline eingesetzt. Im Vorfeld stehen noch Schulungen in Kommunikationspsychologie an. Der Kommunikationstrainer legt Wert auf eine aktive Teilnahme.

14. AUFGABE Z

Während der Schulung äußert Teilnehmer Florian folgenden Satz: „Es ist doch schon so spät!“ Trainer Marco hört mit den Ohren des Empfängers daraus vier Botschaften. Ordnen Sie richtig zu!

☐ Sach-Ohr
☐ Selbstoffenbarungs-Ohr
☐ Beziehungs-Ohr
☐ Appell-Ohr

1. „Lasst uns für heute aufhören!“
2. „Ich kann mich nicht mehr konzentrieren.“
3. „Du kannst bestimmt dafür sorgen, dass ich früher gehen kann.“
4. „Es ist schon sehr spät.“

15. AUFGABE ☐☐ Z

In der Schulung werden auch Kundentelefonate simuliert. Dabei vergisst Florian den Datenabgleich zu Beginn des Telefonates. Ordnen Sie zu, welche beiden Pfeile den folgenden Dialog korrekt abbilden.

Trainer: „Der Datenabgleich ist wichtig und wird aus Sicherheitsgründen immer durchgeführt.“

Florian: „Ey, es nervt mich total, dass du mir immer sagst, was ich tun soll.“

Grafische Darstellung einer Transaktionsanalyse

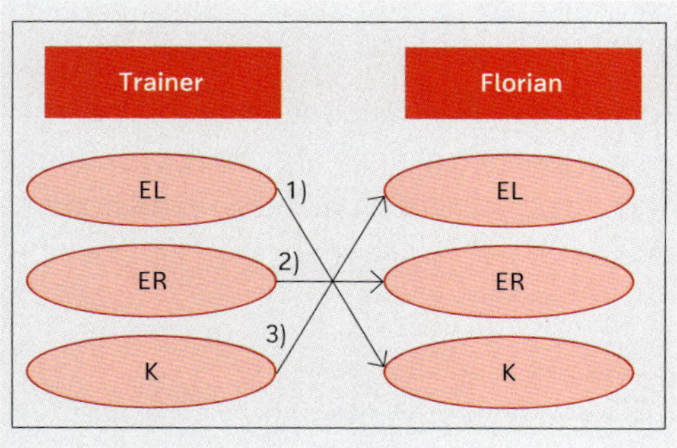

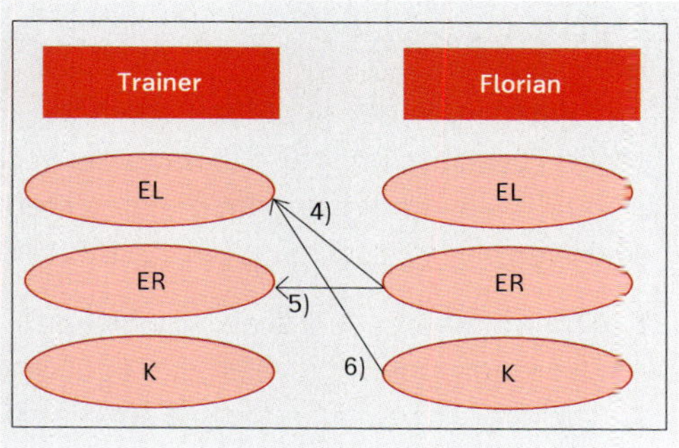

Z **16. AUFGABE** ☐

Im weiteren Verlauf der Schulung sollen die gerade am Telefon besonders wichtigen Effekte der menschlichen Motivation vermittelt werden. Welches Modell der Kommunikationspsychologie müssen Sie dabei in den Mittelpunkt dieser Schulungseinheit stellen?

1. Die Bedürfnispyramide nach Maslow
2. Die Transaktionsanalyse nach Berne
3. Die fünf Axiome der Kommunikation nach Watzlawick
4. Die vier Seiten einer Nachricht nach Schulz von Thun
5. Das Johari-Fenster nach Luft und Ingham

Z **17. AUFGABE** ☐

Fester Bestandteil der Schulung ist die Aussage „Man kann nicht nicht kommunizieren“. Auf welchen Verfasser ist diese Behauptung zurückzuführen?

1. Paul Watzlawick
2. Harry Ingham
3. Joseph Luft
4. Abraham Maslow
5. Frederick Herzberg

Z **18. AUFGABE** ☐

Schließlich sollen die Erkenntnisse des Johari-Fensters thematisiert werden. In welcher Zeile findet sich eine korrekte Zuordnung?

1. Quadrant A: Mir unbekannt, anderen bekannt.
2. Quadrant B: Mir unbekannt, anderen unbekannt.
3. Quadrant C: Mir bekannt, anderen bekannt.
4. Quadrant D: Mir unbekannt, anderen unbekannt.
5. Quadrant E: Mir bekannt, anderen unbekannt.

Z **19. AUFGABE** ☐☐☐☐☐

Zum Abschluss der Schulung soll noch auf die richtige Argumentationstechnik eingegangen werden. Bringen Sie dazu die Vorbereitungsschritte einer Argumentation in die korrekte Reihenfolge, indem Sie die Ziffern 1 bis 5 von links nach rechts in die Kästchen eintragen.

1. Argumentation gedanklich aufbauen
2. Geordnete Informationen für Argumente abwägen
3. Stichwortkonzept für Durchführung der Argumentation erstellen
4. Informationen zusammenstellen und ordnen
5. Thema der Argumentation festlegen und eingrenzen

Situation zu den Aufgaben 20 bis 22:
Die Auszubildende Carola Klein ist krank. Neben einer Erkältung hat sie zum ersten Mal auch Probleme mit ihrer Stimme. Sie ist heiser und bekommt keinen Ton heraus. Ihr Ausbilder schickt sie nach Hause.

20. AUFGABE ☐ Z

Carola Klein überlegt, wodurch ihre Stimme am Arbeitsplatz belastet wird. Welche Aussage ist richtig?

1. Carola achtet darauf, während der Arbeit genügend Wasser zu trinken.
2. In der Pause plaudert Carola kurz mit ihrer Kollegin.
3. Vor drei Monaten hat Carola das Rauchen aufgegeben.
4. Im Büro trägt Carola meist einen Schal.
5. Bei schwierigen Kundengesprächen steht Carola unter Stress und bekommt das Gefühl, einen Kloß im Hals zu haben, was das Sprechen erschwert.

21. AUFGABE ☐ Z

Seit mehreren Tagen fällt Carola auf, dass ihre Stimme stark belastet und nicht mehr so kräftig ist. Von ihren Kolleginnen und Kollegen erhält Carola Tipps zur Stimmpflege. Welcher Ratschlag ist geeignet?

1. Leichte Kleidung verhindert das Überhitzen des Halses, deshalb sollte Carola auf der Arbeit nur noch T-Shirts tragen.
2. Um das Atemvolumen maximal zu nutzen, sollte Carola immer über den Mund ein- und ausatmen.
3. Carola soll möglichst viel Kaffee trinken. Er sorgt für eine optimale Durchblutung der Stimmbänder und hilft, die Stimme zu verbessern.
4. Zigarettenrauch tötet schädliche Keime auf den Stimmbändern und verbessert so die Leistungsfähigkeit der Stimme.
5. Durch eine entspannte und regelmäßige Atmung verhindert Carola ein zu schnelles Ermüden der Stimme.

22. AUFGABE ☐ Z

Während ihrer Arbeit an der Bestellhotline muss Carola zurzeit viele Beschwerdegespräche mit Kunden führen. Sie beginnt, sich über das Thema Stress genauer zu informieren. Welche Aussage ist hierzu richtig?

1. Negativ empfundener Stress wird als Eustress bezeichnet.
2. Positiv empfundener Stress wird als Disstress bezeichnet.
3. Ausgelöst wird jede Art von Stress von den sogenannten Stressoren.
4. Der Körper senkt unter Stress den Puls und den Blutdruck.
5. Der Körper wird stressresistent, wenn man sich nur oft genug Stress aussetzt.

Situation zu den Aufgaben 23 bis 26:
Seit einiger Zeit sind Sie im Rahmen Ihrer Ausbildung ganztägig in der Hotline eingesetzt.

23. AUFGABE

Mit der Zeit strengt es Sie ganz schön an, den ganzen Tag zu sprechen. Eine Kollegin rät Ihnen, Ihre Stimme besser zu schulen. Nennen Sie fünf Themen, die typischerweise bei Stimmtrainings behandelt werden.

24. AUFGABE

Sie fühlen sich in letzter Zeit aufgrund Ihrer Arbeit sehr angespannt. Nennen Sie fünf typische Stressoren, die im Callcenter belastend wirken.

25. AUFGABE

Nennen Sie fünf Maßnahmen, die dabei helfen können, den Stress am Arbeitsplatz zu minimieren.

26. AUFGABE

Während einer Kommunikationsschulung werden die vier Seiten einer Nachricht nach Schulz von Thun thematisiert. Vervollständigen Sie die folgende Abbildung, indem Sie die leeren Felder mit den fünf fehlenden Begriffen beschriften.

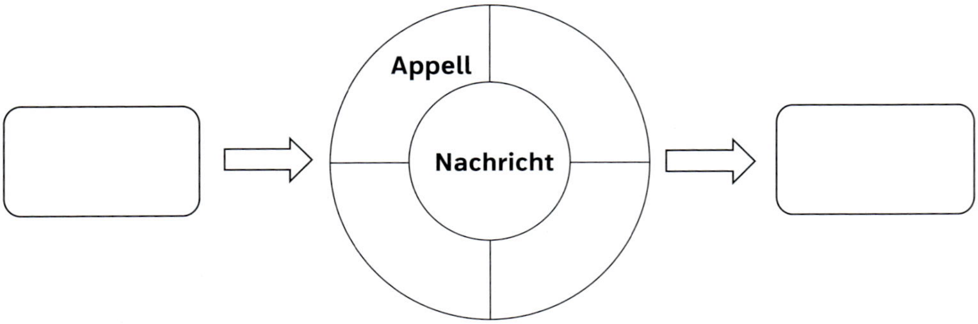

Lösungen zu Kapitel 4

1. 3, 6
2. 1, 4
3. 5
4. 2
5. 2
6. 1
7. 5
8. 3, 5
9. 4
10. 3
11. 1, 4
12. 2
13. 4
14. 4, 2, 3, 1
15. 2, 6
16. 1
17. 1
18. 4
19. 5, 4, 2, 1, 3
20. 5
21. 5
22. 3

23.

→ Ökonomische und entspannte Atmung erlernen
→ Optimale Sprechstimmlage finden
→ Resonanz ausbauen
→ Artikulation verbessern
→ Entspannung üben

24.

→ Langes Sprechen führt zu Hals-, Rachen- und Stimmbeschwerden.
→ Belastung durch Schichtarbeit
→ Psychischer Druck durch anstrengende Telefonate, z. B. Beschwerdegespräche
→ Erfolgsdruck durch Prämiensysteme
→ Lautstärke im Großraumbüro

25.

→ Viel trinken, Hals warm halten, nicht rauchen
→ Für ausreichend Ruhephasen außerhalb der Arbeitszeit sorgen
→ Schulungen zum erfolgreichen Führen von Beschwerdegesprächen
→ Aufstellen von Schalldämmern
→ Methoden des Zeitmanagements anwenden

26.

v. l. n. r.: Sender, Sachinhalt, Selbstoffenbarung, Beziehung, Empfänger

5 Kundenbetreuung

Z

1. AUFGABE

Zur Kompensation krankheitsbedingter Ausfälle erwägt die Dialogfix GmbH den kurzfristigen Einsatz von Zeitarbeitskräften, die ohne umfangreiche Schulungen mithilfe von Gesprächsleitfäden Kundengespräche führen sollen. Prüfen Sie, für welche zwei der folgenden Aufgaben der Einsatz eines Gesprächsleitfadens nicht ausreicht!

1. Bestellhotline für wenige Produkte
2. Rufnummernauskunft
3. Durchführung von Wahlumfragen
4. Termindisposition für eine Versicherung
5. Technische Hotline für eine komplexe Software
6. Beschwerdemanagement bei gewerblichen Großkunden

Z

2. AUFGABE

Für eine Kundenrückgewinnungskampagne der Family & Friends GmbH erhält die Dialogfix GmbH 47 000 Adressen von ehemaligen Kunden, die eine Opt-in-Erklärung abgegeben haben. Das Ziel der Kampagne ist, diesen Altkunden ein einmaliges Vorteilsangebot zu unterbreiten und sie so als Kunden zurückzugewinnen. In den ersten 4 Wochen können 22 500 Zielpersonen erreicht werden. Mit dem Auftraggeber wurde eine Erfolgsquote von 24 % vereinbart.

Ermitteln Sie, bei wie vielen der erreichten Zielpersonen die Mitarbeiter der Dialogfix GmbH mindestens das Vorteilsangebot erfolgreich platzieren und erneut einen Vertrag abschließen müssen, um die Vorgabe einzuhalten.

Z

3. AUFGABE

Ein Auftraggeber der KommunikativAktiv KG hat vorgegeben, dass in einer Kampagne 6 000 Nettokontakte erreicht werden müssen. Aktuell liegt folgende Telefonstatistik vor:

Datenbestand (Adressen)	10 000
Summe aller Anrufe (Bruttokontakte)	11 288
Zielperson beim ersten Anruf erreicht	1 752
Zielperson beim zweiten Anruf erreicht	3 874
Zielperson nicht erreicht (jeweils 2 Anrufe)	1 201
Fehlversuche (jeweils 1 Anruf)	587

Ermitteln Sie, wie viele Nettokontakte noch erforderlich sind, um die Vorgabe des Auftraggebers einzuhalten.

Situation zu den Aufgaben 4 bis 6:
Die Dialogfix GmbH übernimmt in Kürze die Servicehotline des Energieversorgers Südwest-Strom.

4. AUFGABE ☐☐ Z

In den Fachtrainings wurde wiederholt die Bedeutung einer ordnungsgemäßen Legitimation des Anrufers betont. Dazu müssen Sie mit geeigneten Fragen sicherstellen, dass der Anrufer berechtigt ist, Auskünfte zu persönlichen Daten zu erhalten. Welche zwei der folgenden Daten sind als Prüfdatum ungeeignet, um den Datenschutz zu gewährleisten?

1. Die Bankverbindung des Kunden (IBAN)
2. Die Adresse des Kunden
3. Vor- und Nachname des Kunden
4. Ein zwischen Kunde und Unternehmen vereinbartes Passwort
5. Kundennummer und letzter Rechnungsbetrag
6. Eine beliebige vom Kunden erdachte Frage inklusive Antwort

5. AUFGABE ☐ Z

Mit dem Energieversorger Südwest-Strom hat die Dialogfix GmbH einen Servicelevel von 90/10 vereinbart. Stellen Sie fest, was die Dialogfix GmbH somit erreichen muss.

1. Nur 10 % der Anrufer müssen erneut anrufen, um eine Problemlösung zu erhalten.
2. Bei einer Gesprächszeit von 90 Sekunden sind 10 Sekunden Nachbearbeitungszeit vorgesehen.
3. Ein Team von 10 Mitarbeitern betreut maximal 90 Kunden des Energieversorgers Südwest-Strom.
4. Insgesamt werden 90 % der Gespräche angenommen.
5. Maximal 10 % der Anrufer müssen länger als 10 Sekunden auf einen Gesprächspartner warten.

6. AUFGABE ☐ Z

Die Kundendaten wurden vom Energieversorger Südwest-Strom teilweise unvollständig zur Dialogfix GmbH überspielt. Können die Mitarbeiter nun einen Kunden nicht im System finden, erfassen sie den Datensatz neu. Prüfen Sie, welcher Grundsatz der Datenerfassung dadurch verletzt wird.

1. Grundsatz der Richtigkeit
2. Grundsatz der Zeitstabilität
3. Grundsatz der Vollständigkeit
4. Grundsatz der Redundanzvermeidung
5. Grundsatz der Transparenz

Situation zu den Aufgaben 7 bis 13:
Die Dialogfix GmbH übernimmt eine Kundenrückgewinnungskampagne für den regionalen Kabelnetzbetreiber ANG. Für diese Aktion stellt ANG 14 500 Datensätze ehemaliger Kunden zur Verfügung.

Z **7.** AUFGABE

Für die Beratung der ehemaligen Kunden gibt der Projektleiter eine Average Handling Time (AHT) von 240 Sekunden als Zielgröße vor. Ermitteln Sie, wie viele Gespräche pro Stunde durchschnittlich bearbeitet werden können, wenn in jeder Arbeitsstunde eine 4-minütige Bildschirmpause gewährt wird.

Z **8.** AUFGABE

Zur Verbesserung der Average Handling Time möchte Ihr Coach mit Ihnen gemeinsam an Ihren Multitaskingfähigkeiten arbeiten. Welche der folgenden Aussagen beschreibt Multitasking in diesem Zusammenhang richtig?

1. Multitasking beschreibt die gleichzeitige Ausführung von mehreren Tätigkeiten durch den Kundenberater.
2. Von Multitasking spricht man, wenn sich der Kundenberater im Gespräch ausschließlich auf den Kunden konzentriert und anschließend die Kundendatenbank bedient.
3. Multitasking bedeutet, die im Tagesverlauf anfallenden Aufgaben konzentriert nacheinander zu bearbeiten.
4. Multitasking ist die Fähigkeit, durch ein konsequentes Zeit- und Selbstmanagement den Workload gleichmäßig auf den Tag zu verteilen.
5. Multitasking blendet die Emotionsebene eines Gespräches aus und sorgt damit für kurze Gesprächszeiten.

Z **9.** AUFGABE

Im Laufe der Aktion erreicht die Dialogfix GmbH genau 12 150 ehemalige Kunden. Berechnen Sie die Ausschöpfungsquote (in Prozent).

Z **10.** AUFGABE

Von den erreichten Kunden können 3 645 zurückgewonnen werden, sie schließen einen neuen Vertrag mit der ANG ab. Ermitteln Sie die Erfolgsquote (in Prozent).

Z **11.** AUFGABE

Innerhalb der gesetzlichen Frist widerrufen 747 Kunden den Vertragsabschluss. Wie hoch ist demnach die Stornoquote (in Prozent)?

12. AUFGABE ☐ Z

Der Projektleiter ist verärgert über die hohe Stornoquote. Stellen Sie fest, welcher Nachteil der Dialogfix GmbH durch die hohe Stornoquote entsteht.

1. Absinken des Servicelevels
2. Zusätzliche Kosten durch Rückabwicklung des Vertrags
3. Konflikte mit dem Betriebsrat
4. Eingreifen des betrieblichen Datenschutzbeauftragten erforderlich
5. Verstoß gegen BGB-Bestimmungen

13. AUFGABE ☐ Z

Das Unternehmen möchte die ermittelte Stornoquote senken. Prüfen Sie, welche Maßnahme dazu geeignet ist.

1. Gewährung einer Prämie für den Mitarbeiter bei raschem Vertragsabschluss
2. Verkürzung der Gesprächszeit
3. Vorgabe einer hohen Erfolgsquote
4. Einsatz eines Dialers
5. Nachschulung in Gesprächsführung und Produktkenntnissen

Situation zu den Aufgaben 14 bis 18:
Carola Klein ist derzeit an der Hotline der Dialogfix GmbH eingesetzt.

14. AUFGABE ☐ Z

Ein wichtiger Bestandteil im Beratungsgespräch ist die Nutzenargumentation. Mit welcher Satzeinleitung kann Carola den Kundennutzen herausstellen?

1. „Da haben Sie recht ..."
2. „Das glaube ich Ihnen ..."
3. „Dadurch haben Sie ..."
4. „Das kann ich nachvollziehen ..."
5. „Das tut mir sehr leid ..."

15. AUFGABE ☐ Z

Ein Kunde meldet sich bei Carola, weil er eine Frage zu seiner letzten Rechnung hat. Welche Frage von Carola dient der Legitimation des Kunden?

1. Wann haben Sie das letzte Mal eine Bestellung aufgegeben?
2. Welches Produkt haben Sie zuletzt gekauft?
3. Wie lauten Ihre Kundennummer und Ihr Passwort?
4. Wie hoch ist der Rechnungsbetrag?
5. Wie lautet Ihre Bankleitzahl?

Z **16. AUFGABE** ☐

Um den Kunden ein einheitliches Beratungserlebnis zu bieten, wird Carola in der Meldeformel geschult. Welche der folgenden Informationen wird nicht bei einer professionellen Meldeformel verwendet?

1. Anrufer begrüßen
2. Nennung des eigenen Namens
3. Information zu Cross-Selling-Möglichkeiten
4. Nennung des Firmennamens
5. Offene Frage

Z **17. AUFGABE** ☐☐

Wichtig ist auch, im Kundengespräch nicht unsicher zu wirken. Welche zwei Formulierungen muss Carola daher vermeiden?

1. „Ich schlage folgende Vorgehensweise vor."
2. „Wären Sie so freundlich, mir Ihren Namen zu nennen?"
3. „Dürfte ich Sie vielleicht noch nach Ihrem Geburtsdatum fragen?"
4. „Die Lieferung erfolgt in drei Tagen."
5. „Leider ist in Ihrem Fall eine Ratenzahlung aufgrund der negativen Bonitätsprüfung nicht möglich."
6. „Ich entschuldige mich für meinen verspäteten Anruf."

Z **18. AUFGABE** ☐

Um die Mitarbeiter bei einer professionellen Gesprächsführung zu unterstützen, setzt die Dialogfix GmbH Gesprächsleitfäden ein. Für welche Thematik ist ein Gesprächsleitfaden am wenigsten geeignet?

1. Anruf beim Kunden zur Kundenzufriedenheitsbefragung
2. Beratungs- und Verkaufsgespräch, welches im Anschluss an die Schaltung einer Werbeanzeige zu einem bestimmten Produkt stattfindet
3. Datenabgleich zur Pflege der Stammdaten
4. Anruf beim Kunden zur Terminvereinbarung für den Besuch eines Außendienstmitarbeiters
5. Mehrstufiger Kundenkontakt bei der Gewinnung von B2B-Kunden

Situation zu den Aufgaben 19 bis 23:
In einem Meeting werden die aktuellen Erfolgskennzahlen besprochen. Carola Klein macht sich eifrig Notizen. Nach Abschluss der Veranstaltung geht Carola ihre Aufzeichnungen aufmerksam durch.

19. AUFGABE Z

Ordnen sie in der folgenden Übersicht die fehlenden Begriffe von a) bis e) richtig zu. Tragen Sie die Lösung von links nach rechts in die Kästchen ein.

1. Nachbearbeitungszeit
2. Netto-Arbeitszeit
3. Schulungen
4. Anruf-Wartezeit
5. Produktivzeit

<table>
<tr><th colspan="8">Brutto-Arbeitszeit</th></tr>
<tr><td colspan="4">a)</td><td>Urlaub</td><td>Krankheit</td><td>Pausen</td><td>b)</td></tr>
<tr><td colspan="2">c)</td><td>d)</td><td>Rüstzeit</td><td colspan="4"></td></tr>
<tr><td>Gesprächszeit</td><td>e)</td><td colspan="6"></td></tr>
</table>

20. AUFGABE Z

Im Meeting lernt Carola, dass verschiedene Kennzahlen Auswirkungen auf andere Kennzahlen haben können. Prüfen Sie, welcher Zusammenhang zwischen den Kennzahlen richtig dargestellt ist.

1. Je höher der aktuelle Servicelevel ist, desto mehr Lost Calls treten auf.
2. Eine sinkende Average Handling Time (AHT) führt stets zu einer erhöhten First Call Resolution (FCR).
3. Ein hoher Krankenstand hat keine Auswirkungen auf den Servicelevel.
4. Eine kurzfristig stark steigende AHT hat keine Auswirkungen auf den Servicelevel.
5. Keiner der beschriebenen Zusammenhänge ist richtig.

21. AUFGABE Z

Welche drei Aussagen zu Inbound-Kennzahlen hat Carola richtig notiert?

1. Der optimale Servicelevel ist in allen Callcentern gleich.
2. Die Höhe des Servicelevels beeinflusst auch die Kosten des Unternehmens.
3. Die Anzahl der während einer Schicht an der Hotline telefonierenden Agents hat keinen Einfluss auf den tatsächlichen Servicelevel.
4. Je höher ein geplanter Servicelevel ist (z. B. 90/10 statt 80/20), desto weniger Mitarbeiter müssen an der Hotline beschäftigt werden.
5. Je niedriger ein geplanter Servicelevel ist, um so schlechter ist die Erreichbarkeit des Unternehmens für den Anrufer.
6. Die Auslastung gibt den Anteil der Produktivzeit an der Nettoarbeitszeit an.
7. Ist die Zahl der Anrufe geringer als im Forecast berechnet wurde, so sinkt der Servicelevel.

Z **22.** AUFGABE

Welche der folgenden von Carola notierten Erfolgskennzahlen wird ausschließlich im Inbound eingesetzt?

1. Erfolgsquote
2. Servicelevel
3. Stornoquote
4. Ausschöpfungsquote
5. Messung des Anteils der Erfolge an den insgesamt geführten Gesprächen

Z **23.** AUFGABE

Stellen Sie fest, welche der folgenden von Carola notierten Erfolgskennzahlen nur im Outbound sinnvoll ist.

1. Nettokontakte
2. Verkaufsquote
3. Lost-Call-Quote
4. Produktivität
5. Servicelevel

Situation zu den Aufgaben 24 bis 25:

Carola Klein ist mehrere Wochen in der Outbound-Abteilung der Dialogfix GmbH eingesetzt. Von ihrer Teamleiterin bekommt sie heute folgende E-Mail:

> Hallo Carola,
>
> wie Du weißt, haben wir im letzten Monat das Outbound-Projekt „WLAN-Drucker" bearbeitet. Wir haben 22000 Kunden angerufen, davon aber nur 16000 Kunden erreicht. 2000 Kunden haben einen Drucker bestellt. Leider gingen danach aber noch 150 Vertragswiderrufe ein.
>
> Bitte stelle bis morgen folgende Erfolgskennziffern zusammen:
>
> Ausschöpfungsquote, Erfolgsquote, Stornoquote und Festbestellquote.
>
> Vielen Dank!
>
> Tamara Grün (Teamleitung Outbound)

Z **24.** AUFGABE

Berechnen Sie die angeforderten Kennziffern. Runden Sie kaufmännisch auf zwei Nachkommastellen.

Z **25.** AUFGABE

Wie können Sie am Telefon für eine hohe Festbestellquote sorgen?

Situation zu den Aufgaben 26 bis 27:
Die Dialogfix GmbH möchte ihren Kundenstamm erweitern. Hierzu sollen von verschiedenen Adressbrokern Datensätze möglicher Interessenten gekauft werden.

26. AUFGABE

Welche Informationen über mögliche Interessenten sind relativ leicht zu erheben und welche Daten sind für die Dialogfix GmbH besonders interessant? Wovon hängt es ab, wie teuer ein Datensatz ist?

27. AUFGABE

Die Outbound-Aktion mit den neuen Datensätzen lief äußerst erfolgreich. Nennen und erläutern Sie die Grundsätze der Datenerfassung, auf die ein Callcenter-Agent bei der Erfassung von Neukundendaten in der Datenbank achten muss.

Situation zu den Aufgaben 28 bis 31:
Die Dialogfix GmbH arbeitet intern an neuen Hilfestellungen für die Mitarbeiter in der Kundenbetreuung.

28. AUFGABE

Nennen Sie je vier Vor- und Nachteile, die beim Einsatz eines Gesprächsleitfadens entstehen.

29. AUFGABE

In einer Schulung sollen die vier Schritte (Gesprächsphasen) in einem professionellen Beratungsgespräch eingeübt werden. Nennen und erläutern Sie diese vier Schritte.

30. AUFGABE

Den Agents soll in der Schulung auch der Einsatz verschiedener Fragearten zur Gesprächssteuerung und Informationsbeschaffung praxisnah vermittelt werden. Stellen Sie dazu drei unterschiedliche Fragearten vor, indem Sie neben einer kurzen Beschreibung auch jeweils einen Vor- und einen Nachteil nennen. Formulieren Sie zudem jeweils ein Beispiel.

31. AUFGABE

Um die Gesprächsführung zu optimieren, rät Ihnen eine Kollegin, bei der Bedarfsermittlung den Fragetrichter zu berücksichtigen. Erklären Sie, was damit gemeint ist.

Situation zu den Aufgaben 32 bis 37:
Sie sind in Ihrem Unternehmen als Teamleiter eingesetzt. Nun sollen Sie bei einem neuen Projekt mitarbeiten: Ihr Auftraggeber – der Mobilfunkprovider CellPhone AG – möchte seine 199 500 Vertragskunden über ein Mailing anschreiben, dem ein Prospekt verschiedener neuer Modelle beiliegt. Die Dialogfix GmbH wird auch die Bestellannahme übernehmen, muss dabei jedoch einige Vorgaben des Auftraggebers beachten.

32. AUFGABE

Entwerfen Sie für die Bestellannahme der CellPhone AG einen Gesprächsleitfaden. Erarbeiten Sie für die einzelnen Gesprächsphasen beispielhaft sinnvolle Aussagen bzw. Formulierungen.

33. AUFGABE

Die CellPhone AG plant mit einer durchschnittlichen Response-Quote von 35 %. Was sagt die Response-Quote aus? Wie viele eingehende Gespräche muss die Personaleinsatzplanung der Dialogfix GmbH bei der Erstellung des Forecast insgesamt berücksichtigen?

34. AUFGABE

Die Responsequote von 35 % soll auf jeden Fall eingehalten werden. Geben Sie drei mögliche Faktoren an, die darauf Einfluss haben.

35. AUFGABE

Die CellPhone AG rechnet damit, dass in der ersten Woche nach Versand des Mailings 35 % der insgesamt zu erwartenden Anrufe eingehen, in der zweiten Woche 25 % und in der dritten Woche 20 %. Ermitteln Sie, wie viele Anrufe noch nach den ersten drei Woche zu erwarten sind.

36. AUFGABE

Durchgeführte Testanrufe ergaben eine durchschnittliche Gesprächszeit von 240 Sekunden. Die Nachbearbeitungszeit betrug durchschnittlich 60 Sekunden. Berechnen Sie die Average Handling Time (AHT).

37. AUFGABE

Ermitteln Sie die Produktivität des Agents (Gespräche/Stunde), wenn stündlich eine 5-minütige Bildschirmpause zu berücksichtigen ist.

Situation zu den Aufgaben 38 bis 42:
Im vergangenen Monat hat die Dialogfix GmbH die groß angelegte Outbound-Aktion „Welcome back!“ durchgeführt. Kunden, die schon länger nichts mehr bei Dialogfix bestellt hatten, sollten mit äußerst attraktiven Angeboten zum erneuten Kauf bewegt werden. In der heutigen Abteilungsbesprechung wird das Reporting der aktuellen Erfolgskennzahlen präsentiert.

38. AUFGABE

Eric Hoffmann, der mit der Auswertung der Reportings beauftragt wurde, berichtet: „Wir haben eine Ausschöpfungsquote von lediglich 60 %, das entspricht 4 500 erreichten Altkunden.“ Berechnen Sie die Anzahl der Kontaktdaten.

39. AUFGABE

Im Meeting wird außerdem bekannt gegeben, dass 4 000 Aufträge generiert wurden und die Stornoquote bei 2 % liegt. Wie viele Stornos sind demnach bei Dialogfix eingegangen?

40. AUFGABE

Geben Sie einen möglichen Grund für die geringe Ausschöpfungsquote bei der Outbound-Aktion an.

41. AUFGABE

Weil viele Mitarbeiter durch die Welcome-back-Aktion gebunden waren, hat Dialogfix die Durchführung einer parallel laufenden Outbound-Aktion an ein externes Callcenter vergeben. Hier betrug die Stornoquote 35 %. Beurteilen Sie dieses Ergebnis und schildern Sie mögliche Gründe dafür.

42. AUFGABE

Welche Konsequenzen empfehlen Sie dem Projektverantwortlichen bei Dialogfix aufgrund der Ergebnisse des externen Callcenters? Geben Sie zwei mögliche Konsequenzen an.

Web

Lösungen zu Kapitel 5

1. 5, 6
2. 5 400 Zielpersonen
3. 374 Nettokontakte
4. 2, 3
5. 5
6. 4
7. 14 Gespräche
8. 1
9. 83,8 %
10. 30,0 %
11. 20,5 %
12. 2
13. 5
14. 3
15. 3
16. 3
17. 2, 3
18. 5
19. 2, 3, 5, 4, 1
20. 5
21. 2, 5, 6
22. 2
23. 1

24.

Ausschöpfungsquote	=	16 000 · 100 : 22 000	=	72,73 %
Erfolgsquote	=	2 000 · 100 : 16 000	=	12,50 %
Stornoquote	=	150 · 100 : 2 000	=	7,50 %
Festbestellquote	=	(2 000 – 150) · 100 : 16 000	=	11,56 %

25.

→ Eine hohe Festbestellquote resultiert aus einer geringen Stornoquote.
→ Die Kunden sollten zum Kauf überzeugt, nicht überredet werden.
→ Der Agent darf am Telefon beim Kunden keine falschen Erwartungen bezüglich des Produktes wecken.
→ Bei der Adressauswahl ist darauf zu achten, vor allem Kunden mit guter Bonität bzw. einem guten internen Scoring-Wert (A-Kunden) anzurufen.

26.

Leicht zu erheben sind Name, Adresse und ggf. Geburtsdatum. Besonders interessant sind z. B. Daten über Bonität, Einkommen, Arbeitgeber und Kinder im Haushalt. Je interessanter eine Information über Personen ist, desto schwerer ist sie in der Regel zu erheben. Grundsätzlich gilt: Je aufwendiger ein Datensatz zu erheben ist, desto teurer wird er gehandelt.

27.

→ Richtigkeit: Wenn z. B. die Adresse falsch geschrieben ist, kann nicht zugestellt werden.
→ Vollständigkeit: Alle relevanten Daten müssen erfasst werden.
→ Redundanzvermeidung: Dubletten führen u. a. zu nicht gepflegten Datenbeständen und verärgerten Kunden, wenn z. B. Werbeaktionen doppelt eintreffen.
→ Zeitstabilität: Die Kundendaten sollten so erfasst werden, dass sie für einen längeren Zeitraum Gültigkeit haben.

28.

Vorteile	Nachteile
Die Gesprächsstruktur ist vorgegeben.	Durch eine vorgegebene Gesprächsstruktur ist es nur schwer möglich, auf individuelle Kundenanfragen einzugehen.
Der Mitarbeiter kann ohne großen Schulungsaufwand mithilfe des Leitfadens arbeiten.	Treten Gesprächssituationen ein, die im Leitfaden nicht berücksichtigt sind, werden Mitarbeiter unsicher.
Ein einheitliches Auftreten des Unternehmens wird sichergestellt.	Die individuellen Kommunikationsstärken des Mitarbeiters werden nicht abgefordert.
Der Mitarbeiter erhält Formulierungshilfen.	Ein starres Zitieren des Leitfadens kann dazu führen, dass die Gesprächsführung nicht authentisch wirkt.

29.

1. Begrüßung und Kontaktaufbau

Die Begrüßungsphase legt den Grundbaustein für ein erfolgreiches Gespräch. In der Meldeformel sind die Begrüßung, der Name der Firma/Abteilung, der Name des Mitarbeiters sowie eine offene Einstiegsfrage („Was kann ich für Sie tun?") zwingende Bestandteile. Auch die angemessene namentliche Nennung des Kunden sowie die Berücksichtigung des Datenschutzes vervollständigen den Kontaktaufbau.

2. Bedarfsermittlung

Die Bedarfsermittlung ist der Schlüssel zur richtigen Beratung. Zu Beginn werden vor allem offene Fragen eingesetzt, um genügend Informationen zu erhalten und eine positive Beziehung zum Kunden aufzubauen. Zum Ende sichern geschlossene Fragen ab, ob der Kunde richtig verstanden wurde. Diese Technik wird auch als „Fragetrichter" bezeichnet. Am Ende der Bedarfsermittlung wird das Ergebnis für den Kunden zusammengefasst.

3. Beratung und Lösung

Der Inhalt dieser Phase hängt entscheidend davon ab, welche Dienstleistung (z. B. technischer Support, kaufmännische Anfragen) erbracht wird. Gemeinsam mit dem Kunden wird eine Lösung erarbeitet. Es ist wichtig, nutzenorientiert zu kommunizieren und die Methoden der Einwandbehandlung zu beherrschen.

4. Abschlussphase

Zum Gesprächsabschluss werden die sechs Schritte der Abschlussphase eingesetzt: Zielvereinbarung, Zusammenfassung, Terminvereinbarung, Abschlussfrage, Verabschiedung, Beendigung des Gespräches.

30.

1. Offene Fragen

Offene Fragen beginnen immer mit einem Fragewort (z. B. Was, Wie, Wann) und ermöglichen dem Gesprächspartner ausführliche Antworten.
Beispiel: „Wie kann ich Ihnen helfen?“

Vorteil	Nachteil
Der Gesprächspartner kann viele Informationen platzieren.	Antworten können sehr ausschweifend sein und beanspruchen dadurch viel Zeit.

2. Geschlossene Fragen

Geschlossene Fragen beginnen mit einem Verb oder Hilfsverb und lassen nur kurze Antworten zu.
Beispiel: „Darf ich Ihnen das Angebot zusenden?“

Vorteil	Nachteil
Der Gesprächspartner wird zu einer Entscheidung aufgefordert.	Wichtige Informationen können unerwähnt bleiben.

3. Alternativfragen

Alternativfragen geben mehrere Antwortmöglichkeiten vor. Weitere Alternativen in der Beantwortung der Frage bestehen aber nicht.
Beispiel: „Möchten Sie eine 6 000er-oder-16 000er Bandbreite bestellen?“

Vorteil	Nachteil
Der unentschlossene Gesprächspartner erhält eine Entscheidungsvorlage.	Weitere Informationen können nicht abgefragt werden, da die Wahlmöglichkeiten vorgegeben werden.

31.

Zu Beginn der Bedarfsanalyse werden vor allem offene Fragen eingesetzt, zum Ende geschlossene Fragen. Offene Fragen stellen sicher, dass genügend Informationen fließen. Zum Ende des Gesprächs lässt sich mit geschlossenen Fragen absichern, ob man den Kunden richtig verstanden hat.

32.

Gesprächsphase	Aussagen/Formulierungen
Begrüßung und Vorstellung	„Herzlich willkommen bei der Kundenbetreuung der CellPhone AG, mein Name ist <Vorname und Name des Mitarbeiters>. Was kann ich für Sie tun?“
Legitimation/Datenabgleich	„Herr/Frau <Name des Kunden>, zum Abgleich Ihrer Daten benötige ich weitere Informationen. Nennen Sie mir bitte Ihre Kundennummer/Telefonnummer und Ihr Geburtsdatum.“
Bedarfsanalyse	„Welches Handy haben Sie bisher genutzt?“ „Auf welche Funktionen Ihres jetzigen Gerätes möchten Sie auch künftig nicht verzichten?“ „Welche Funktionen vermissen Sie?“
Beratung und Lösung	„Ich empfehle Ihnen <Name des Produktes>.“ • Begründung und ausführliche Produktbeschreibung • Angebotsunterbreitung „Sind Sie mit unserem Angebot einverstanden?“ • Ist der Kunde nicht einverstanden: „Ich kann Ihnen folgende Alternative(n) anbieten.“ „Bitte nennen Sie mir zur weiteren Bearbeitung Ihre vollständige Anschrift.“ • Versandmodalitäten erklären
Zusammenfassung	„Herr/Frau <Name des Kunden>, ich fasse Ihren Auftrag nun gern noch mal zusammen.“
Abschluss und Verabschiedung	„Herr/Frau <Name des Kunden>, haben Sie noch weitere Fragen?“ „Ich wünsche Ihnen viel Freude mit Ihrem neuen Handy.“ „Vielen Dank für Ihren Anruf. Ich wünsche Ihnen noch einen schönen Tag.“

33.

Die Response-Quote gibt das Verhältnis zwischen Reaktion und ausgegebenen Exemplaren einer Werbemaßnahme wie z. B. Mailings wieder. Dies bedeutet im konkreten Fall:
35 % von 199 500 = 69 825 Gespräche

34.

→ Attraktivität des Angebots
→ Preis des Angebots
→ Versandzeitpunkt des Mailings
→ Adressauswahl (Kundenselektion)

35.

In den ersten drei Wochen sind insgesamt 80 % der zu erwartenden Anrufe eingegangen. Es verbleiben somit noch 69 825 · 20 % = 13 965 Anrufe.

36.

AHT: 240 Sek. + 60 Sek. = 300 Sek.

37.

(Nettoarbeitszeit: 3 600 Sek. – 300 Sek. = 3 300 Sek.)
Produktivität: 3 300 Sek. : 300 Sek. = 11 Gespräche/Stunde

38.

4 500 · 100 : 60 = 7 500 Kontaktdaten

39.

4 500 · 2 : 100 = 80 Stornos

40.

Eine geringe Ausschöpfungsquote kann auf einen Adressbestand von schlechter Qualität hinweisen (alte, schlecht gepflegte Adressdaten). Es besteht auch die Möglichkeit, dass z. B. berufstätige Personen zur falschen Uhrzeit angerufen wurden und somit nicht erreicht werden konnten.

41.

→ Eine hohe Stornoquote spricht dafür, dass die Kunden zum Kauf gedrängt bzw. überredet wurden und daraufhin wieder storniert haben.
→ Möglicherweise wurden die Mitarbeiter nur unzureichend über das Produkt geschult und haben bei den Kunden falsche Vorstellungen geweckt, die dann enttäuscht wurden.

42.

→ Dialogfix beendet zum nächstmöglichen Zeitpunkt die Geschäftsbeziehung.
→ Dialogfix unterstützt das externe Callcenter bei der Schulung seiner Mitarbeiter. Dies muss aber in einem vernünftigen Kosten-Nutzen-Verhältnis stehen.

6 Kundenbindung

Situation zu den Aufgaben 1 bis 11:
Die Auszubildenden der Dialogfix GmbH bekommen den Auftrag, richtige Verhaltensweisen im Beschwerdemanagement in die Willkommensmappe für neue Mitarbeiter aufzunehmen.

1. AUFGABE ☐ Z

Zunächst sammeln Sie im Kreise Ihrer Kollegen einige Vorschläge dazu. Prüfen Sie, welcher Vorschlag zu einem optimalen Ergebnis im Sinne des Beschwerdemanagements führt.

1. Reklamation anzweifeln und eigenes Verhalten rechtfertigen
2. Routinemäßige Bearbeitung der Beschwerde
3. Beschwerdegrund herunterspielen
4. Beschwerden als Optimierung der Arbeitsprozesse ansehen
5. Den Kunden bei unterschiedlicher Auffassung erziehen

2. AUFGABE Z

Anschließend möchten Sie die gesammelten Handlungsschritte für ein professionelles Beschwerdemanagement strukturieren. Bringen Sie dazu die folgenden Handlungsschritte in die richtige Reihenfolge, indem Sie die Ziffern 1 bis 5 neben den Handlungsschritten eintragen.

☐ Erarbeitung einer Lösung für das Anliegen
☐ Gesprächszusammenfassung und Festlegung weiterer Schritte
☐ Durch positive Formulierungen in das Gespräch einsteigen
☐ Den Beschwerdegrund durch offene Fragen ermitteln und die emotionale Ebene klären
☐ Für die Beschwerde danken und freundliche Verabschiedung

3. AUFGABE ☐ Z

Im Beschwerdemanagement der Dialogfix GmbH spielt oft die Kulanz eine wichtige Rolle. Prüfen Sie, in welchem Fall es sich um eine Kulanzregelung handelt.

1. Bei Bestellungen ab 100,00 € entfallen die Versandkosten.
2. Treue Kunden erhalten im Dezember ein kleines Weihnachtsgeschenk.
3. Defekte Geräte werden innerhalb der Gewährleistungsfrist kostenlos umgetauscht.
4. Nach Ablauf der Garantie bietet das Unternehmen für zwei Jahre eine kostenlose Reparatur an.
5. Falsch gelieferte Sendungen können zum Umtausch zurückgeschickt werden.

Z **4. AUFGABE**

Da sich die Zahlungsausfälle bei Privatkunden in der letzten Zeit häufen, entscheidet die Dialogfix GmbH, die Bonitätsprüfung zukünftig bei allen Bestellungen – unabhängig vom Bestellwert – durchzuführen. Prüfen Sie, welche zwei der folgenden Daten in diesem Fall nicht Gegenstand einer Bonitätsprüfung sein können.

1. Tätigkeit bzw. Beruf
2. Besitz von Immobilien
3. Rechtsform
4. Einträge im Handelsregister
5. Bisherige Kredite
6. Familienstand

Z **5. AUFGABE**

Chantal Meyer ist bislang noch nicht Kundin bei der Dialogfix GmbH. Die durchgeführte Bonitätsprüfung fiel negativ aus. Welche Zahlungsmöglichkeit müssen Sie Frau Meyer anbieten, um ein Risiko für die Dialogfix GmbH auszuschließen?

1. Zahlung per Rechnung
2. Zahlung per Lastschriftverfahren
3. Zahlung per Scheck
4. Zahlung per Vorkasse
5. Finanzierung des Kaufpreises

Z **6. AUFGABE**

Die Kundin Saskia Mathis hat kein Girokonto. Welche Zahlungsmöglichkeit kann ihr die Dialogfix GmbH bei einer Bestellung dennoch anbieten?

1. Onlinebanking
2. Einzugsermächtigung
3. Lastschriftverfahren
4. Nachnahmezahlung
5. Dauerauftrag

Z **7. AUFGABE**

Die Dialogfix GmbH bietet ihren Kunden unterschiedliche Zahlungsmöglichkeiten. Welchen Vorteil bietet eine Kreditkartenzahlung für das Unternehmen?

1. Die Zahlung ist garantiert.
2. Es fallen keine weiteren Kosten an.
3. Der Geldbetrag wird dem Konto des Unternehmens sofort nach Kaufabschluss gutgeschrieben.
4. Warenrücksendungen durch den Kunden nehmen ab.
5. Der Bestellvorgang kann auf jeden Fall beschleunigt werden.

8. AUFGABE ☐ Z

Da in letzter Zeit einige Kündigungen zu beobachten waren, sollen verschiedene Maßnahmen zur Kundenbindung eingeführt werden. Prüfen Sie, welches Instrument dazu nicht geeignet ist.

1. Cross-Selling
2. Einführung einer Kundenkarte
3. Rabattsysteme
4. Kundenclub einrichten
5. Scoring-Verfahren durchführen

9. AUFGABE Z

Bringen Sie die Phasen eines typischen Kundenlebenszyklus in die richtige Reihenfolge, indem Sie die Ziffern 1 bis 6 neben den jeweiligen Phasen eintragen.

☐ Angebotsphase
☐ After-Sales-Phase
☐ Kaufphase
☐ Optimierungsphase
☐ Akquisitionsphase
☐ Betreuungsphase

10. AUFGABE ☐ Z

Der neu ernannte Abteilungsleiter Customer Care, Bernd Schlicke, möchte die Geschäftsleitung der Dialogfix GmbH von der Einführung eines Customer-Relationship-Management-Systems (CRM-System) überzeugen. Die dort erhobenen Daten sollen in einem Data-Warehouse ausgewertet werden. Stellen Sie fest, welche Beschreibung auf das Data-Warehouse zutrifft.

1. Bei einem Data-Warehouse handelt es sich um eine mathematisch-statistische Methode, um typische Muster im Datensatz des Kunden zu erkennen.
2. Ein Data-Warehouse beschreibt das Angebot von Adressdaten, welche von einem professionellen Adresshändler-Unternehmen angeboten werden.
3. Das Data-Warehouse ist ein Synonym für maßgeschneiderte Angebote, die man dem Kunden online unterbreiten kann.
4. Mittels eines Data-Warehouse können Kunden Produktdaten zur Information online abrufen.
5. Bei einem Data-Warehouse handelt es sich um eine zentrale Datensammlung, deren Inhalt sich aus verschiedenen Datenquellen im Unternehmen zusammensetzt.

Z **11. AUFGABE** ☐

Mittels einer Kundenbefragung wurden für das CRM neue Daten gewonnen. Mithilfe der Daten soll ein genauer Kundenwert für jeden einzelnen Kunden ermittelt werden. Welche Daten spielen in diesem Zusammenhang keine Rolle?

1. Dauer der Geschäftsbeziehung
2. Bankleitzahl des Kunden
3. Postleitzahl des Kunden
4. Durch Serviceleistungen für den Kunden entstandener Aufwand
5. Zuverlässigkeit der Zahlung durch den Kunden

Situation zu den Aufgaben 12 bis 17:
Als Großunternehmen hat die Dialogfix GmbH täglich zahlreiche Sendungen an Kunden zu bearbeiten. Während Ihrer Ausbildung sind Sie auch in der Versandabteilung eingesetzt.

Z **12. AUFGABE** ☐

Am ersten Arbeitstag in der neuen Abteilung informieren Sie sich über die verschiedenen Möglichkeiten, die Sicherheit beim Versand von Briefen und Paketen zu erhöhen. Welche Aussage trifft auf die Versandart Einwurf-Einschreiben zu?

1. Der Empfänger muss sich ausweisen, bevor er die Sendung in Empfang nehmen darf.
2. Beim Einwurf-Einschreiben wird die Zustellung durch die Unterschrift des Zustellers bestätigt.
3. Der Absender erhält ein vorbereitetes Dokument mit der Bestätigung durch Unterschrift eines Empfangsberechtigten, dass die Sendung abgeliefert wurde.
4. Die Serviceleistung Einwurf-Einschreiben ist kostenlos.
5. Keine der oben genannten Aussagen ist zutreffend.

Z **13. AUFGABE** ☐

Für den gelegentlich anfallenden Versand von Mahnschreiben möchte die Dialogfix GmbH dokumentieren, wann das Schreiben dem Empfänger zugestellt wurde. Welche Zusatzleistung beim Versand kann dies gewährleisten?

1. Versand als Einschreiben
2. Versand als DHL EXPRESSEASY
3. Versand als Büchersendung
4. Versand als Brief
5. Versand per Luftpost

14. AUFGABE

Z

Ermitteln Sie anhand der unten stehenden Tabellen den Gesamtpreis für nachfolgende Sendungen:

- 2 Briefe zu je 16 g; beide Briefe als „Einschreiben Einwurf“
- 1 Brief zu 75 g als „Einschreiben mit Rückschein“
- 2 Briefe zu je 185 g; beide Briefe als „Einschreiben, Eigenhändig“

Art der Sendung	Gewicht	Porto
Standardbrief	bis 20 g	0,80 €*
Kompaktbrief	bis 50 g	0,95 €
Großbrief	bis 500 g	1,55 €*
Maxibrief	bis 1 000 g	2,70 €*

Einschreiben	+ 2,50 €**
Rückschein*	+ 2,20 €**
Eigenhändig*	+ 2,20 €**
Einschreiben Einwurf	+ 2,20 €**

* Rückschein und Eigenhändig sind nur mit Einschreiben kombinierbar.

** Alle Preise sind Endpreise und nach UStG umsatzsteuerfrei.

Die Preise für diese Zusatzleistungen verstehen sich immer zuzüglich zum Beförderungsentgelt für die Sendung.

15. AUFGABE

Z

Ein anderer von Dialogfix genutzter Paketdienst bietet folgende Versandoptionen:

Kalkulieren Sie die anfallenden Versandkosten, wenn 12 S-, 53 M- und 7 L-Pakete zu versenden sind und die Dialogfix GmbH als Großkunde 5 % Nachlass erhält. Runden Sie kaufmännisch auf zwei Nachkommastellen.

Paketgröße	Preis
Small (S)	6,20 €
Medium (M)	7,40 €
Large (L)	8,60 €

16. AUFGABE

Z

Für den Versand an Privatkunden greift die Dialogfix GmbH auf die Deutsche Post DHL zurück, die u. a. die Versandmöglichkeiten „Paket“ und „Päckchen“ anbietet. Welchen Vorteil hat die Dialogfix GmbH beim Paketversand gegenüber dem Päckchenversand?

1. Niedrigere Versandkosten
2. Keine Gewichtsbegrenzung
3. Versand ohne Umweltbelastungen
4. Zustellung innerhalb von 12 Stunden
5. Haftung bis 500,00 €

Z **17. AUFGABE** ☐

Manche Sendungen der Dialogfix GmbH erfordern eine zeitnahe Zustellung. Stellen Sie fest, bei welcher Versandoption es sich um eine beschleunigte Sendung gegen ein zusätzliches Entgelt handelt.

1. Warensendungen
2. DHL EXPRESSEASY
3. Nachnahme
4. Büchersendungen
5. Rückschein

Situation zu den Aufgaben 18 bis 25:
Derzeit ist die Auszubildende Carola Klein an der Bestellhotline der Dialogfix GmbH eingesetzt.

Z **18. AUFGABE** ☐

Anfang März erhalten Sie eine Beschwerde über den Social-Media-Kanal von Frau Fischer, in der sie zu hohe und falsche Abbuchungen in den letzten 3 Monaten schildert. Stellen sie anhand der Übersicht zu den Abbuchungen des vergangenen halben Jahres fest, welche Textpassage als kundenorientierte Antwort infrage kommt.

	Sep.	Okt.	Nov.	Dez.	Jan.	Feb.
Mtl. Grundgebühr	12,00 €	12,00 €	12,00 €	12,00 €	12,00 €	12,00 €
Mtl. Freiminuten in Min.	15	15	15	15	15	15
Verbindungsdauer in Min.	13	15	14	40	25	55
Zusätzliche Min.	0	0	0	25	10	40
Zusätzliche Gebühren (0,13 €/Min.)	0,00 €	0,00 €	0,00 €	3,25 €	1,30 €	5,20 €
Rechnungsgesamtbetrag	12,00 €	12,00 €	12,00 €	15,25 €	13,30 €	17,20 €

1. ... informieren wir Sie darüber, dass die erfolgten Abbuchungen absolut korrekt waren und Ihre Beschwerde somit überflüssig ist.
2. ... informieren wir Sie nach erneuter sorgfältiger Prüfung darüber, dass folgende Gründe für eine korrekte Abbuchung sprechen:
3. ... informieren wir Sie nach erneuter sorgfältiger Prüfung darüber, dass wir uns geirrt haben und Ihnen die entstandene Differenz auf Ihr Konto gutschreiben.
4. ... für Sie zur Info: Bei den Buchungen war alles total korrekt.
5. .... informieren wir Sie nach erneuter sorgfältiger Prüfung darüber, dass die Abbuchungen korrekt waren, und erwarten von Ihnen, beim nächsten Mal ebenfalls sorgfältiger zu prüfen.

19. AUFGABE

☐ Z

Carola soll darauf achten, sichere Formulierungen einzusetzen. Welche der folgenden Aussagen ist hierfür geeignet?

1. Dürfte ich Sie bitten, mir Ihre Kundennummer zu nennen?
2. Nennen Sie mir bitte Ihr Geburtsdatum.
3. Wäre es möglich, dass ich Rücksprache halte und mich gleich noch einmal bei Ihnen melde?
4. Könnten Sie vielleicht Ihren Nachnamen noch mal wiederholen?
5. Gerne würde ich Ihnen dazu einen Vorschlag machen.

20. AUFGABE

☐☐ Z

Ein Kunde reklamiert im Servicecenter eine unvollständige Lieferung. Welche zwei Maßnahmen gehören zu einer Erfolg versprechenden Bearbeitung der Reklamation?

1. Sich nicht zuständig zeigen und auf Kollegen verweisen
2. Auf Kundenargument eingehen
3. Mangelnde Kooperation beklagen
4. Kunden in die Warteschleife legen
5. Lösung anbieten
6. Bestellung komplett stornieren; Kunde soll neu bestellen

21. AUFGABE

Z

Carola hat schon die unterschiedlichsten Beschwerdesachen erlebt. Sie versucht, diese in einer Liste zu ordnen. Welche Beschwerdebeispiele gehören nun zu welchem Oberbegriff?

☐ Mangelnde Fachkompetenz
☐ Komplizierte Bedienungsanleitung
☐ Unklare Zuständigkeiten im Betrieb
☐ Lieferzeiten
☐ Sachmangel

1. Produkt- bzw. dienstleistungsbezogen
2. Mitarbeiterbezogen
3. Abwicklungsbezogen

22. AUFGABE

☐ Z

Um den Kunden in einem Beschwerdegespräch nicht noch zusätzlich zu reizen, hat Carola mit positivem Formulieren sehr gute Erfahrungen gemacht. Bei welchem Satz hat sie die positive Formulierung vergessen?

1. „Wir werden sehen, was sich da machen lässt."
2. „Herr Müller ist ein kompetenter Ansprechpartner, ich verbinde Sie gerne."
3. „Dafür kann ich nichts."
4. „Da habe ich mich wohl missverständlich ausgedrückt."
5. „Lassen Sie uns gemeinsam eine Lösung finden."

Z **23.** AUFGABE

Immer wieder muss Carola erleben, dass Kunden zu unfairen Gesprächsmethoden greifen. Einige Situationen hat sie sich notiert. Ordnen Sie zu:

☐ „So kompetent wie Sie klingen, ist es für Sie bestimmt kein Problem, meine Bestellung noch heute zu verschicken."

☐ „Wenn bis heute Abend mein Internetzugang nicht funktioniert, geht meine Firma den Bach runter!"

☐ „Bei jedem anderen Unternehmen bekomme ich in einem solchen Fall mindestens eine Gutschrift über 20,00 €!"

☐ „Wenn Sie bis morgen das Problem nicht gelöst haben, schalte ich meinen Anwalt ein!"

☐ „Ihre Firma ist der größte Saftladen! Das Allerletzte!"

1. Drohen
2. Übertreiben
3. Schmeicheln
4. Verallgemeinern
5. Aggressiv werden

Z **24.** AUFGABE ☐

Welche Informationen sollten in einem Beschwerdegespräch in der sogenannten „Es-Ansprache" vermittelt werden?

1. Wenn der Mitarbeiter dem Kunden zeigen möchte, dass dieser im Mittelpunkt seiner Bemühungen steht.
2. Wenn der Mitarbeiter sein eigenes Engagement für das Anliegen des Kunden hervorheben möchte.
3. Wenn ein unangenehmes Thema wie z. B. ein Zahlungsverzug des Kunden angesprochen werden soll.
4. Wenn der Kunde durch eine Kulanzregelung einen Rabatt für die nächste Bestellung erhalten soll.
5. Keine der angegebenen Informationen sollte mit der Es-Ansprache vermittelt werden.

Z **25.** AUFGABE

In manchen Gesprächssituationen will der Kunde die angebotene Lösung für seine Beschwerde nicht akzeptieren. Welche der folgenden Vorgehensweisen bietet sich an?

1. In Tränen ausbrechen, anschließend auflegen.
2. Den Kunden nicht mehr zu Wort kommen lassen.
3. Seine Enttäuschung über die Uneinsichtigkeit des Kunden äußern.
4. Seinen Standpunkt wiederholen, die Aussagen verkürzen und am Schluss schweigen.
5. Keine der oben genannten Vorgehensweisen ist sinnvoll.

Situation zu den Aufgaben 26 bis 28:
Die Geschäftsleitung der Dialogfix GmbH überlegt, langfristig die Versandabwicklung komplett auszulagern.

26. AUFGABE

☐☐ Z

Welche zwei Beweggründe könnten die Dialogfix GmbH zu einem solchen Schritt veranlassen?

1. Konzentration auf die Kernprozesse des Unternehmens durch Auslagerung (Outsourcing) von Unternehmensteilen, die nicht primär der Leistungserstellung dienen (sogenannte Unterstützungsprozesse)
2. Gesetzliche Verpflichtung aufgrund einer Neufassung des UWG (Gesetz gegen den unlauteren Wettbewerb)
3. Mögliche Kostenersparnis, da die Versandabwicklung von Fremdfirmen oftmals preisgünstiger durchgeführt werden kann als vom eigenen Unternehmen
4. Garantierte Steigerung der Kundenzufriedenheit durch Einbindung weiterer Unternehmen in die Prozesskette
5. Unabhängig vom neuen Versanddienstleister wird die Versanddauer auf jeden Fall verkürzt

27. AUFGABE

☐ Z

Stellen Sie fest, welche Aussage den Begriff „Frachtführer" treffend beschreibt.

1. Ein Frachtführer ist ein Kaufmann, der gewerbsmäßig Güterversendung auf Rechnung des Versenders, aber in eigenem Namen übernimmt.
2. Ein Frachtführer übernimmt gewerbsmäßig die Lagerung und Aufbewahrung von Gütern für andere.
3. Ein Frachtführer ist, wer gewerbsmäßig die Beförderung von Gütern zu Lande, auf Binnengewässern und in der Luft übernimmt.
4. Ein Frachtführer ist ein selbstständiger Kaufmann, der gewerbsmäßig Ware auf fremde Rechnung verkauft.
5. Ein Frachtführer ist ein selbstständiger Kaufmann, der damit beauftragt ist, für andere Unternehmen Geschäfte zu vermitteln oder in deren Namen abzuschließen.

28. AUFGABE

☐ Z

Welche der folgenden Angaben ist nicht in einem Frachtbrief enthalten?

1. Anzahl der überquerten Ländergrenzen
2. Name und Adresse des Frachtführers
3. Namen des Absenders und Empfängers
4. Bezeichnung des Gutes nach Menge und Art
5. Höhe des Frachtentgeltes

Situation zu den Aufgaben 29 bis 31:
Für ein Meeting mit der Geschäftsleitung soll Carola Klein eine PowerPoint-Folie mit den Vor- und Nachteilen einer telefonischen Kundenzufriedenheitsbefragung erstellen.

29. AUFGABE
Nennen Sie jeweils vier Vor- und Nachteile dieser Art der Kundenzufriedenheitsbefragung.

30. AUFGABE
Nicht alle Nachteile müssen hingenommen werden. Erläutern Sie zwei Möglichkeiten, Nachteile ins Positive zu wenden.

31. AUFGABE
Nennen Sie vier mögliche Aspekte, die Inhalt der Kundenzufriedenheitsbefragung sein können.

32. AUFGABE
Beschwerden eröffnen einem Unternehmen vielfältige Möglichkeiten zur Optimierung der Kundenbeziehung. Nennen Sie fünf Handlungsschritte eines typischen Beschwerdegespräches.

33. AUFGABE
Die Dialogfix GmbH entscheidet sich für den Einsatz eines Customer-Relationship-Management-Systems (CRM-System). Erläutern Sie, welche Aufgaben CRM im Dialogmarketing verfolgt.

34. AUFGABE
Bei der Durchführung der Bonitätsprüfung bei der Dialogfix GmbH fällt häufig der Begriff SCHUFA. Erklären Sie, was darunter zu verstehen ist.

35. AUFGABE
Geben Sie an, welche Daten üblicherweise bei der SCHUFA gespeichert werden.

Lösungen zu Kapitel 6

1. 4
2. 3, 4, 1, 2, 5
3. 4
4. 3, 4
5. 4
6. 4
7. 1
8. 5
9. 2, 4, 3, 6, 1, 5
10. 5
11. 2
12. 2
13. 1
14. 24,75 €
15. 500,46 €
16. 5
17. 2
18. 2
19. 2
20. 2, 5
21. 2, 1, 3, 3, 1
22. 3
23. 3, 2, 4, 1, 5
24. 3
25. 4
26. 1, 3
27. 3
28. 1

29.

Vorteile:

Schnelle Durchführung, vergleichsweise kostengünstig, individuelle Ansprache der Zielpersonen, zeitlich flexibel, zusätzliche Erklärungen oder Rückfragen möglich

Nachteile:

Begrenzter Fragen- und Themenumfang, Teilnahmebereitschaft nicht immer gegeben, Befragung wird nicht ernst genommen, Tendenz zu einfachen und schnellen Antworten

30.

Beispiel „begrenzter Fragen- und Themenumfang“: Der Fragebogen sollte auf die wirklich relevanten Themen beschränkt werden.

Beispiel „Teilnahmebereitschaft nicht immer gegeben“: Kunden können zur Teilnahme an der Befragung motiviert werden, z. B. durch eine Gutschrift.

31.

Beispiele:

→ Zufriedenheit mit der Qualität der angebotenen Produkte
→ Zufriedenheit mit der Fachkompetenz der Callcenter-Mitarbeiter
→ Zufriedenheit mit der Freundlichkeit der Callcenter-Mitarbeiter
→ Angabe, worüber sich die Kunden beim letzten telefonischen Kontakt ärgerten

32.

a) Positiv in das Gespräch einsteigen
b) Durch offene Fragen den Grund für die Beschwerde ermitteln
c) Die emotionale Ebene klären
d) Für das Anliegen eine Lösung finden
e) Gesprächszusammenfassung und Festlegung weiterer Schritte

33.

CRM beschreibt die Auswertung und Integration von Kundendaten mit dem Ziel, Kunden durch maßgeschneiderte Aktionen/Kampagnen an das Unternehmen zu binden. Im Einzelnen verfolgt CRM folgende Aufgaben:

→ Bestandskundenpflege: Die Beziehung zu Bestandskunden soll durch CRM verbessert werden, indem das Handeln des Unternehmens auf den Kunden ausgerichtet wird. Den Kunden werden z. B. maßgeschneiderte Angebote unterbreitet.

→ Neukundengewinnung: Interessentenanfragen werden dokumentiert und gespeichert, nach Auswertung der Daten können den Interessenten gezielt Angebote unterbreitet werden.

→ Kundenrückgewinnung: Ehemalige Kunden werden mit maßgeschneiderten Angeboten angesprochen und davon überzeugt, die Geschäftsbeziehung erneut einzugehen.

→ Der individuelle Kundenwert kann durch Datensammlung und Auswertung ermittelt werden.

→ Softwaregestützt kann das Ergebnis der Datenauswertung dem Kundenberater angezeigt werden, z. B. in Form eines konkreten Angebots.

34.

Die SCHUFA (Schutzgemeinschaft für allgemeine Kreditsicherung) ist eine privatwirtschaftliche Auskunftei, die von den kreditgebenden Unternehmen getragen wird. Sie erteilt Auskünfte, um die Kreditwürdigkeit von Privatpersonen zu beurteilen. Vorrangiger Zweck ist somit der Schutz der Vertragspartner vor Zahlungsausfällen. Zudem kann die SCHUFA zur Identitätsüberprüfung oder Altersverifizierung genutzt werden.

35.

Neben persönlichen Daten (z. B. Geburtsdatum, Wohnort) speichert die SCHUFA Daten über das Geschäfts- und Zahlungsverhalten (z. B. bestehende Konten und Kredite, Vollstreckungsmaßnahmen)

7 Kundengewinnung

Situation zu den Aufgaben 1 bis 9:
Die Dialogfix GmbH bekommt einen neuen Auftrag von der Baumarktkette Baumeister. Die Kette möchte zur Eröffnung ihrer 100. Filiale eine qualitativ hochwertige Produktlinie von Werkzeugen besonders günstig anbieten. Die Werkzeuge sollen sowohl in den Märkten als auch im Internet und per Telefon verkauft werden. Die Dialogfix GmbH erarbeitet nun gemeinsam mit Baumeister verschiedene Maßnahmen zur Kundengewinnung.

1. AUFGABE

Der Vertriebsleiter von Baumeister diskutiert mit der Teamleiterin der Dialogfix GmbH über die Marketingstrategie für die neue Produktlinie. Hierbei fallen die Begriffe „Push-Strategie“ und „Pull-Strategie“. Ordnen Sie die nachstehenden Maßnahmen der jeweiligen Strategie zu, indem Sie die jeweils korrekte Ziffer in das Kästchen eintragen.

☐ Schaltung von TV-Werbespots für die Produktlinie
☐ Buchung von Plakatwänden für die Produktlinie
☐ Sonderprovisionen auf die Produktlinie für die Mitarbeiter Telefonverkauf
☐ Verpflichtung eines Stars als Werbeträger für die Aktion
☐ Interner Verkaufswettbewerb zwischen den Märkten mit Incentives für die Mitarbeiter
☐ Ausgewählte Werkzeuge können auf Verbrauchermessen ausprobiert werden

1. Push-Strategie
2. Pull-Strategie

2. AUFGABE ☐

Der Verkaufsleiter von Baumeister hat bei einem Adresshändler 100 000 ungefilterte Haushaltsadressen gekauft und möchte alle bezüglich der neuen Produktlinie anschreiben. Die Teamleiterin der Dialogfix GmbH warnt in diesem Zusammenhang vor Streuverlusten. Welche Aussage über Streuverluste ist korrekt?

1. Streuverluste spielen so lange keine Rolle, wie sich kein Kunde darüber beschwert.
2. Streuverluste entstehen, wenn Werbemaßnahmen an Empfänger gelangen, die nicht zur Zielgruppe gehören.
3. Streuverluste entstehen, wenn Werbemaßnahmen von Personen durchgeführt werden, die nicht zur Zielgruppe gehören.
4. Streuverluste sind erwünscht, da sie das Image des Unternehmens steigern.
5. Streuverluste reduzieren sich, wenn man möglichst viele Empfänger erreicht.

3. AUFGABE

Beim Telefonverkauf legt Baumeister großen Wert auf die Nutzung von Gelegenheiten zum Up-Selling und Cross-Selling. Ordnen Sie die nachstehenden Maßnahmen der jeweiligen Verkaufsmethode zu, indem Sie die jeweils korrekte Ziffer in das Kästchen eintragen.

☐ Kunde möchte einen Schraubenzieher für 1,00 € kaufen. Es wird das Top-Modell zu 4,00 € empfohlen.

☐ Kunde kauft eine Säge für 9,00 €. Es werden ihm passende Sägeblätter (12,00 €) angeboten.

☐ Kunde bestellt einen Staubsauger. Es werden zusätzlich Filtertüten angeboten.

☐ Kunde kauft Wandfarbe. Es werden auch Pinsel und Rolle angeboten.

☐ Kunde möchte einen Pinsel für 2,99 € kaufen. Es wird ein hochwertiger Pinsel für 9,99 € empfohlen.

1. Up-Selling
2. Cross-Selling

4. AUFGABE ☐

Da die Baumarktkette Baumeister auch ein Kundenkartensystem hat, liegen umfangreiche Informationen über das Kaufverhalten der Kunden vor. Die Teamleiterin der Dialogfix GmbH empfiehlt, im Marketing auch Erkenntnisse zu nutzen, die durch Data-Mining erlangt werden können. Welche Aussage über Data-Mining ist korrekt?

1. Durch Data-Mining werden Trends im Kaufverhalten erkennbar.
2. Durch Data-Mining kann man Adressen einfach filtern.
3. Data-Mining funktioniert mit wenigen Daten besser als mit vielen Daten.
4. Data-Mining erlaubt die gezielte Ansprache bestimmter Kunden.
5. Durch Data-Mining kann man das Kaufverhalten unmittelbar beeinflussen.

5. AUFGABE ☐

Der Verkaufsleiter von Baumeister hat einige Fragen zum Thema Verkaufspsychologie an die Teamleiterin der Dialogfix GmbH. Unter anderem soll sie den Unterschied zwischen Bedürfnis und Bedarf erläutern. Stellen Sie fest, welche der nachfolgenden Aussagen zutreffend ist.

1. Ein Bedürfnis ist ein Bedarf, der mit Kaufkraft ausgestattet ist.
2. Die Bedürfnisse sind die Mehrzahl von Bedarf.
3. Bedarf ist ein grundlegendes Mangelgefühl des Menschen.
4. Bedarf ist ein Bedürfnis, das mit Kaufkraft ausgestattet ist.
5. Ein Bedürfnis entsteht durch Nutzen.

6. AUFGABE

☐

Bei den Maßnahmen zur Kundengewinnung müssen zahlreiche rechtliche Rahmenbedingungen beachtet werden. Welche Bestimmung gehört jedoch nicht dazu?

1. Fernabsatzrecht
2. DIN 5008
3. Preisangabenverordnung
4. Gesetz gegen den unlauteren Wettbewerb (UWG)
5. Bürgerliches Gesetzbuch (BGB)

7. AUFGABE

Bei der Planung des Telefonverkaufs für Baumeister wird auch die Anwendung von Techniken zur Einwandbehandlung diskutiert. Ordnen Sie die nachstehenden Beispielantworten des Verkäufers der jeweiligen Technik zur Einwandbehandlung zu, indem Sie die passenden Ziffern in die Kästchen eintragen.

☐ Referenztechnik
☐ Hypothesentechnik
☐ Isolierungstechnik
☐ Vorwegnahmetechnik
☐ Bumerangtechnik

1. „Angenommen, der Bohrhammer fällt einmal zu Boden, dann sollte das Gehäuse stabil sein."
2. „Natürlich ist unser Premium-Schrauber nicht der billigste. Dafür bietet er aber sehr gute Qualität."
3. „Gerade, wenn Sie in Innenräumen streichen, benötigen Sie hochwertige Farbe."
4. „Mal abgesehen von der Akku-Laufzeit ist diese Heckenschere sehr leise und scharf."
5. „Dieser Akku-Schrauber ist unser Bestseller. Wir haben viele zufriedene Kunden damit."

8. AUFGABE

Bei der Planung des Telefonverkaufs für Baumeister wird auch die Anwendung von Techniken zur Preisargumentation diskutiert. Ordnen Sie die nachstehenden Beispielantworten des Verkäufers der jeweiligen Technik zur Preisargumentation zu, indem Sie die passenden Ziffern in die Kästchen eintragen.

☐ Sandwichtechnik
☐ Verzögerungstechnik
☐ Zerkleinerungstechnik
☐ Differenztechnik
☐ Vergleichstechnik

1. „Unser Premium-Schrauber kostet nur 30,00 € mehr als das Standardmodell, bietet Ihnen aber viel mehr."
2. „Wenn Sie den Premium-Schrauber über fünf Jahre nutzen, kostet er Sie nur 3,00 € pro Monat."
3. „Alle diese Vorteile zu einem Preis von knapp 180,00 €."
4. „Der Premium-Schrauber mit 6 Stunden Akku-Laufzeit kostet nur 180,00 €. Ein Tragekoffer ist sogar schon inbegriffen."
5. „In anderen Baumärkten zahlen Sie für den Premium-Schrauber 15,00 € mehr."

9. AUFGABE

Die Kunden von Baumeister erhalten mit der Lieferung eine Rechnung, die bestimmte Pflichtangaben enthalten muss. Prüfen Sie, welche Angabe nicht dazugehört.

1. Name und Anschrift der Vertragspartner
2. Telefon- und Faxnummer
3. Ausstellungsdatum der Rechnung
4. Menge und Art der Lieferung
5. Lieferzeitpunkt

Situation zu den Aufgaben 10 bis 24:
Carola Klein ist Auszubildende bei der Dialogfix GmbH. Derzeit ist Carola an der Hotline eingesetzt.

10. AUFGABE

In der letzten Teambesprechung hat Carola erfahren, dass die Kundenbeziehungen zu Bestandskunden ausgebaut und außerdem vermehrt Neukunden akquiriert werden sollen. Carola hat sich in der Besprechung einige Notizen gemacht. Welche Information hat sie falsch notiert?

1. Bei ausgewählten Bestandskunden bietet es sich an, eine Outbound-Verkaufsaktion durchzuführen, um die Kundenbindung zu stärken.
2. Das Up-Selling, also der Verkauf von höherwertigen Produkten, ist eine beliebte Maßnahme, um den Umsatz im Inbound zu erhöhen.
3. Beim Down-Selling werden ausschließlich Neukunden, die noch nie bestellt haben, günstigere Produkte verkauft.
4. Ein wichtiger Vorteil des Cross-Sellings ist die höhere Kundenbindung.
5. Bestandskunden weitere Produkte anzubieten ist weitaus günstiger als neue Kunden zu gewinnen.

11. AUFGABE

Welche Notiz von Carola zur Neukundenakquise trifft zu?

1. Mögliche Marketingmaßnahmen bei der Pull-Strategie sind z. B. das Anbieten von Mengenrabatten oder die Zusendung von Mailings.
2. Mögliche Marketingmaßnahmen bei der Pull-Strategie sind z. B. der Aufbau einer eigenen Internetpräsenz, Plakatwerbung oder Werbung in sozialen Netzwerken.
3. Eine Möglichkeit der Push-Strategie in Callcentern ist das Einrichten von Infohotlines zur Interessentenakquise.
4. Bei der Push-Strategie sollen mögliche Kunden durch eine ständige Präsenz in der Erlebniswelt vom Kauf überzeugt werden.
5. Im Outbound-Callcenter wird die Pull-Strategie umgesetzt.

12. AUFGABE

Entscheiden Sie, welche der folgenden Kombinationen zutreffend ist.

1. Pull-Strategie – Verkaufsdruck – Outbound-Anrufe
2. Push-Strategie – ständige Präsenz in der Erlebniswelt – Zusendung von Mailings
3. Pull-Strategie – Interessentenakquise – Präsenz in sozialen Netzwerken
4. Push-Strategie – direkte/aktive Kundenansprache – eigene Internetseite
5. Push-Strategie – Nachfragesog – Einträge in Internet-Suchmaschinen

13. AUFGABE

Die Dialogfix GmbH beachtet stets die rechtlichen Bestimmungen. Prüfen Sie, in welchem Fall das Unternehmen Verbraucher zu Werbezwecken anrufen darf.

1. Wenn die Verbraucher im Onlineshop des Verkäufers in die AGB eingewilligt haben in denen das Einverständnis vermerkt ist.
2. Sie dürfen immer angerufen werden.
3. Sie dürfen angerufen werden, wenn sie bei Dialogfix vorher bereits ein ähnliches Produkt gekauft haben.
4. Sie müssen bewusst und unmissverständlich in die konkrete Maßnahme eingewilligt haben.
5. Sie dürfen von Dialogfix unter keinen Umständen angerufen werden.

14. AUFGABE

Eine besondere Form der Kundensegmentierung und gleichzeitig der Organisation des (Vor-)Verkaufsprozesses findet sich im Lead-Management. Wie lautet die richtige Reihenfolge bei der Durchführung des Lead-Managements?

1. Lead-Erstellung, Lead-Qualifizierung, Lead-Dokumentation, Lead-Weitergabe
2. Lead-Qualifizierung, Lead-Erstellung, Lead-Dokumentation, Lead-Weitergabe
3. Lead-Qualifizierung, Lead-Weitergabe, Lead-Erstellung, Lead-Dokumentation
4. Lead-Erstellung, Lead-Dokumentation, Lead-Qualifizierung, Lead-Weitergabe
5. Keine der genannten Reihenfolgen ist korrekt.

15. AUFGABE

Kundendaten lassen sich z. B. in Grunddaten, Aktionsdaten und Ergebnisdaten einteilen. Prüfen Sie, in welchen zwei Fällen es sich um Grunddaten handelt.

1. Umtausch/Retouren
2. Durchschnittsumsatz je Bestellung
3. Familienstand
4. Zahlungsart
5. Mahnungen
6. Geburtsdatum

16. AUFGABE

Am Ende des Seminars findet ein Test zur Lernerfolgskontrolle statt. Ordnen Sie die Daten zu, indem Sie die passenden Ziffern in die Kästchen eintragen:

☐ Einkommen
☐ Gutschriften
☐ Geburtsdatum
☐ Telefonnummer
☐ Artikelpräferenz

1. Adressdaten
2. Soziodemografische Daten
3. Bonitätsdaten
4. Aktionsdaten
5. Ergebnisdaten

17. AUFGABE ☐

Während ihrer Arbeit an der Hotline hat Carola schon bei einigen Kolleginnen und Kollegen den gezielten Einsatz von Fragetechniken beobachten können. In welchem Fall handelt es sich um eine Alternativfrage?

1. Möchten Sie sich diese einmalige Chance wirklich entgehen lassen?
2. Haben Sie an unserem Gewinnspiel teilgenommen?
3. Welche Vorteile bietet Ihnen dieses Produkt?
4. Wie lautet Ihre Kundennummer?
5. Bevorzugen Sie das Produkt in Schwarz oder in Blau?

18. AUFGABE

„Die einzelnen Frageformen haben auch ihre Schwächen“, erklärt Carolas Teamleiterin. Von welcher Frageform spricht sie jeweils?

☐ Der Mitarbeiter erhält bei dieser Frageform keinerlei Information vom Kunden.
☐ Die Antwortmöglichkeiten sind erheblich eingeschränkt, was zum Verlust wichtiger Informationen führen kann.
☐ Der Kunde fühlt sich manipuliert.
☐ Wenn ein Kunde eine Frage stellt, erwartet er eine Antwort.
☐ Der Mitarbeiter erhält auch irrelevante Informationen.

1. Offene Frage
2. Geschlossene Frage
3. Gegenfrage
4. Rhetorische Frage
5. Suggestivfrage

19. AUFGABE ☐

Welche der folgenden Aussagen von Carolas Kollegen zu offenen und geschlossenen Fragen ist zutreffend?

1. Offene Fragen dienen z. B. dazu, erhaltene Informationen abzusichern.
2. Stellt der Mitarbeiter zu Beginn des Gespräches offene Fragen, kann er die Beziehungsebene zum Kunden besser aufbauen als mit geschlossenen Fragen.
3. Mit offenen Fragen lässt sich viel Zeit sparen.
4. Auf geschlossene Fragen gibt es viele Antwortmöglichkeiten.
5. Geschlossene Fragen beinhalten immer ein Fragewort.

20. AUFGABE ☐

Im Beratungsgespräch möchte der Kunde detaillierte Informationen zu einem Produkt. Mit welcher Frageform kann Carola kurz Zeit gewinnen, um die richtige Information für den Kunden zu besorgen?

1. Alternativfrage
2. Geschlossene Frage
3. Gegenfrage
4. Intonationsfrage
5. Suggestivfrage

21. AUFGABE ☐

Im Beratungsgespräch verwendet Carolas Team seit letzter Woche einen Gesprächsleitfaden für Mitarbeiter. Unter anderem ist darin beschrieben, welche Fragearten bei der Bedarfsanalyse zum Einsatz kommen. Welche Fragearten sind richtig eingesetzt?

1. Durchgängig Gegenfragen stellen
2. Zu Beginn geschlossene, zum Ende hin offene Fragen stellen
3. Mit offenen Fragen einsteigen, dann Alternativfragen und geschlossene Fragen stellen
4. Möglichst viele Suggestivfragen stellen
5. Durchgängig geschlossene Fragen stellen

22. AUFGABE

Carola fragt sich, wie die einzelnen Schritte der Einwandbehandlung am besten aufeinander aufbauen. Finden Sie die richtige Reihenfolge, indem Sie die Ziffern 1 bis 5 neben den Handlungsschritten eintragen.

☐ Inhaltliche Bestätigung des Einwands

☐ Absicherung

☐ Aktiv zuhören

☐ Argumentation

☐ Einwand analysieren

23. AUFGABE

☐

Carola hat an der Hotline mit den unterschiedlichsten Kunden zu tun. Bestimmte Kundenaussagen helfen ihr dabei, die unterschiedlichen Wahrnehmungstypen zu identifizieren. Stellen Sie fest, in welchem Fall es Carola mit dem „visuellen Typ" zu tun hat.

1. „Von dieser Information bekomme ich direkt Bauchschmerzen."
2. „Ich sehe nicht ein, dass Sie mir hier keine weitere Rabattzahlung gewähren können."
3. „Die von Ihnen aufgezeigten Alternativen klingen doch alle ganz vernünftig."
4. „Vom Gefühl her entscheide ich mich für den Comfort-Tarif."
5. „Bei diesen versteckten Preissteigerungen klingen bei mir alle Alarmglocken."

24. AUFGABE

Für die einzelnen Kundentypen hat Carola von ihrer Teamleiterin jeweils verschiedene Tipps zum Umgang bekommen. Ordnen Sie zu:

☐ Da bei diesem Kundentyp nur wenig Gesprächspausen zu erwarten sind, unterbrechen Sie ihn gezielt.

☐ Immer Ruhe bewahren, da zu viel Hektik nicht unbedingt zu einem schnellen, zufriedenstellenden Ergebnis führt.

☐ Bleiben Sie ruhig und gelassen. Nehmen Sie das Gesagte nicht persönlich und führen Sie, wenn möglich, ein Beschwerdemanagement durch.

☐ Drängen Sie den Kunden nicht zu einer Entscheidung, sondern führen Sie eine gezielte Fragetechnik durch, um sein Anliegen genau herauszuarbeiten.

☐ Eine sehr gute Strategie besteht darin, den Kunden um Hilfe zu bitten, um ihn zu bestätigen.

☐ Da dieser Kunde schnell das Interesse verliert, ist es wichtig, einen verbindlichen Abschluss im Gespräch zu finden.

1. Der Besserwisser
2. Der Vielredner
3. Der Aggressive
4. Der Ungeduldige
5. Der Impulsive
6. Der Entscheidungsschwache

Situation zu den Aufgaben 25 bis 26:

Im Rahmen einer Outbound-Aktion bei Bestandskunden bereitet sich Carola auf ein Gespräch mit Herrn Maurer vor. Aus der Datenbank weiß sie, dass Herr Maurer Wert auf einfach zu bedienende Produkte legt, bei denen er die Bedienungsanleitung am besten nicht benötigt. Er wählt fast immer die teuersten Produkte aus dem jeweiligen Sortiment der Dialogfix GmbH aus, weil er sich gerne etwas gönnt. Herr Maurer schätzt eine persönliche und kompetente Beratung sehr, weswegen er bevorzugt mit ihm vertrauten Callcenter-Agents telefoniert.

25. AUFGABE

Wie lauten die Kaufmotive von Herrn Maurer?

26. AUFGABE

Welche Punkte sollte Carola im Verkaufsgespräch ansprechen, um Herrn Maurer in seinen Kaufmotiven zu bestärken?

27. AUFGABE

Direkt das nächste Gespräch in der Outbound-Aktion wird Carola mit Herrn Franzen führen. Herr Franzen ist als selbstständiger Unternehmer sehr auf Kosten bedacht. Ständig fragt er sich, wie das Produkt ihn in seinem beruflichen Erfolg unterstützen kann. Herr Franzen weiß dabei genau, was er will und was nicht.
Wie lauten die Kaufmotive von Herrn Franzen? Welche Punkte sollte Carola im Verkaufsgespräch ansprechen, um ihn in seinen Kaufmotiven zu bestärken?

28. AUFGABE

Carola und ihre Teamleiterin wurden als Vertreterinnen der Hotline zu einem Marketing-Meeting eingeladen. Es wird ein anstehendes Mailing besprochen, das an potenzielle Neukunden verschickt werden soll. Nun werden Vorschläge dazu gemacht, auf welchem Weg die möglichen Kunden ihr Einverständnis mit einem Anruf der Dialogfix GmbH erklären sollen.

- Vorschlag A: „Wir schreiben, dass der Kunde einwilligt, von uns angerufen zu werden. Falls er dies nicht möchte, soll er den entsprechenden Satz durchstreichen."
- Vorschlag B: „Ich finde, der Kunde soll ankreuzen, wenn er von uns angerufen werden möchte. Wenn nicht, lässt er das Feld leer."
- Vorschlag C: „Wir schreiben in die AGB, dass wir Interessenten für Marketingzwecke anrufen dürfen."

Bewerten Sie die einzelnen Vorschläge. Sind diese Vorgehensweisen rechtlich in Ordnung? Begründen Sie Ihre Aussagen.

29. AUFGABE

Carola hat erneut eine Reklamation wegen eines verkratzt gelieferten Druckers. Kunde: „Dann geben Sie mir doch einfach einen Preisnachlass von 20 % auf das Gerät." Carola: „Moment bitte, ich kläre ab, ob das möglich ist, und melde mich gleich noch einmal bei Ihnen."
Prüfen Sie, von welchem Recht der Käufer des verkratzten Druckers Gebrauch machen möchte. Kann er dieses Recht ohne Weiteres durchsetzen? Bitte begründen Sie Ihre Antwort.

Situation zu den Aufgaben 30 bis 35:
Der Elektrofachmarkt Merkur AG (70 Filialen im Bundesgebiet, überwiegend Verbraucher als Kunden) verzeichnet derzeit einen signifikanten Umsatzrückgang. Um gegen die wachsende Konkurrenz bestehen zu können, hat die Merkur AG einen eigenen Versandhandel mit Onlineshop eingerichtet. Die Dialogfix GmbH wird nun von der Merkur AG beauftragt, den Verkauf im Versandhandel sowohl im Inbound als auch Outbound zu betreuen.

30. AUFGABE

Im Zusammenhang mit dem Verkauf des neuen Notebooks sollen Gelegenheiten zum Up-Selling und zum Cross-Selling genutzt werden. Erläutern Sie die Bedeutung dieser beiden Begriffe an jeweils einem konkreten Beispiel aus der vorliegenden Situation.

31. AUFGABE

Die Merkur AG verfügt durch ein Kundenkartensystem über 200 000 Adressen mit Aufzeichnungen des jeweiligen Kaufverhaltens in Merkur-Märkten. Der Verkaufsleiter von Merkur schlägt vor, alle Kunden anzurufen und auf den neuen Versandhandel aufmerksam zu machen. Da das Budget nur für 50 000 Anrufe ausreicht, empfiehlt der Teamleiter der Dialogfix GmbH, eine ABC-Analyse durchzuführen. Erläutern Sie in diesem Zusammenhang das Pareto-Prinzip und suchen Sie Gründe dafür, warum dieses Prinzip gilt.

32. AUFGABE

Bei der Nutzung der Kundendaten für die telefonische Verkaufsaktion der Merkur AG müssen die Bestimmungen zur Telefonwerbung des UWG (Gesetz gegen den unlauteren Wettbewerb) eingehalten werden. Welche Konsequenz ergibt sich daraus in diesem Fall?

33. AUFGABE

Zur Aufnahme des Telefonverkaufs für die Merkur AG werden die Mitarbeiter speziell geschult. Hierbei spielt auch die Einwandbehandlung eine große Rolle. Beispielsweise wird zwischen der Isolierungstechnik und der Hypothesentechnik unterschieden. Erläutern Sie diese beiden Arten der Einwandbehandlung und nennen Sie jeweils ein Beispiel.

34. AUFGABE

Nennen und beschreiben Sie für ein Verkaufsgespräch der Merkur AG zwei geeignete Techniken der Preisargumentation.

35. AUFGABE

Nennen Sie drei mögliche Techniken, wie Sie als Agent der Merkur AG das Verkaufsgespräch zum Abschluss bringen können.

Lösungen zu Kapitel 7

1. 2, 2, 1, 2, 1, 2
2. 2
3. 1, 2, 2, 2, 1
4. 1
5. 4
6. 2
7. 5, 1, 4, 2, 3
8. 4, 3, 2, 1, 5
9. 2
10. 3
11. 2
12. 3
13. 4
14. 1
15. 3, 6
16. 3, 4, 2, 1, 5
17. 5
18. 4, 2, 5, 3, 1
19. 2
20. 3
21. 3
22. 3, 5, 1, 4, 2
23. 2
24. 2, 4, 3, 6, 1, 5

25.
Die Kaufmotive lauten Bequemlichkeit, Luxus, Wertschätzung.

26.
Carola sollte ihn davon überzeugen, dass mit dem Kauf keine weitere Arbeit verbunden ist und dass er sich etwas Besonderes leistet, womit er sich gut fühlen wird. Außerdem sollte sich Carola viel Zeit für das Gespräch nehmen.

27.
Die Kaufmotive lauten Sparsamkeit, Gewinnstreben, Selbstbestimmung.
Carola sollte den Kunden vom unschlagbar günstigen Angebot überzeugen und herausstreichen, welchen Einfluss dieses Produkt auf seinen finanziellen Erfolg haben wird. Dabei sollte sie nicht zu viel Druck ausüben.

28.
Anrufe bei Verbrauchern zu Werbe- oder Verkaufszwecken sind nur zulässig, sofern diese ausdrücklich eingewilligt haben (Opt-in). Die Einwilligung kann nur durch einen bewussten, aktiven Willensakt erteilt werden. Für die einzelnen Vorschläge bedeutet dies:
Vorschlag A: Wenn der Kunde den Satz nicht durchstreicht, liegt trotzdem keine Einwilligung vor.
Vorschlag B: Eine Einwilligung liegt vor.
Vorschlag C: Ohne weitere Willenserklärung liegt keine Einwilligung vor, da die Erklärung separat gegeben werden muss. Eine pauschale Einwilligung über die AGB genügt nicht.

29.
Vom Recht der Preisminderung. Zuerst muss allerdings entweder nachgebessert (Beseitigung des Mangels, Reparatur) oder nachgeliefert (Lieferung einer mangelfreien Sache) werden. Erst wenn die Nacherfüllung fehlschlägt, steht dem Käufer ein Recht auf Preisminderung zu.

30.
Beim **Up-Selling** wird dem an einem bestimmten Produkt interessierten Kunden empfohlen, ein höherwertiges Produkt zu kaufen. Anrufer, die ein bestimmtes Smartphone kaufen möchten, werden z. B. auf Geräte mit mehr Speicherplatz und zusätzlichen Funktionen hingewiesen, die einen höheren Preis haben.
Beim **Cross-Selling** werden dem Kunden zu dem von ihm gekauften Produkt kompatible Produkte angeboten. Zu dem bereits bestellten Smartphone können z. B. kabellose Kopfhörer und eine Hülle angeboten werden.

31.
Das Pareto-Prinzip beschreibt ein statistisches Phänomen, das im konkreten Fall bedeutet, dass sehr wahrscheinlich mit einem kleinen Teil der Kundschaft (z. B. 20 %) ein großer Teil des Umsatzes (z. B. 80 %) zu erzielen sein wird. Im vorliegenden Fall kann das darin begründet sein, dass nur ein geringer Anteil an Stammkunden ihre gesamten Elektroartikel beim gleichen Markt kauft (Bequemlichkeit, persönliche Präferenzen) und somit hohe Umsätze einbringt, während die überwiegende Zahl der Kunden ihre Artikel in verschiedenen Märkten kauft und daher nur geringe Umsätze bei Merkur hat.

32.
Gemäß UWG dürfen Verbraucher nur dann telefonisch kontaktiert werden, wenn sie ausdrücklich und bewusst in die konkrete Werbemaßnahme oder den Telefonverkauf eingewilligt haben. Die Adressdaten müssen also auch dahin gehend gefiltert werden, ob eine solche Opt-in-Erklärung vorliegt.

33.
Bei der **Isolierungstechnik** wird ein Einwand ausgeklammert, damit man sich auf andere Argumentationen konzentrieren kann. Möchte ein Kunde z. B. ein bestimmtes Smartphone aus optischen Gründen nicht kaufen, so kann man die Optik zunächst ausklammern und die technische Überlegenheit des Gerätes darstellen.
Bei der **Hypothesentechnik** wird eine Annahme getroffen, die den Kunden veranlasst, sich gedanklich in eine bestimmte Situation zu versetzen. So kann man z. B. zum Verkauf einer Versicherung für das Smartphone die Möglichkeit eines Diebstahls betonen.

34. z. B.
→ **Sandwichtechnik:** Der Preis wird zwischen zwei Nutzenargumenten genannt.
→ **Vergleichstechnik:** Der Preis wird mit anderen Ausgaben des Kunden oder zu Konkurrenzprodukten verglichen und dadurch relativiert.

35. z. B.
→ Zusammenfassung der Gesprächsergebnisse
→ Formalitäten des Abschlusses klären
→ Abschlussfrage stellen

8 Vertrieb und Marketing

Hinweis: Dieses Kapitel enthält die Themen
- Angebotserstellung und Verkauf (Aufgabe 1 bis 20),
- Vermarktung von Dienstleistungen (Aufgabe 21 bis 42).

Situation zu den Aufgaben 1 bis 9:
Um die Chancen sich rasch ändernder Märkte nutzen zu können, achtet die Dialogfix GmbH stets darauf, alle Marktgrößen im Blick zu haben.

1. AUFGABE

Ein Marktforschungsinstitut hat für die Dialogfix GmbH eine Marktanalyse erstellt. Welche Information kann daraus gewonnen werden?

1. Es wird ein Marktüberblick zu einem bestimmten Zeitpunkt gegeben.
2. Vorrangig sind Informationen verfügbar, die einen längeren Zeitraum betrachten.
3. Gut erkennbar sind Marktveränderungen.
4. Die zukünftige Marktentwicklung kann abgeleitet werden.
5. Da es sich hier um ein unsystematisches Verfahren handelt, ist ein Informationsgewinn kaum vorhanden.

2. AUFGABE

Für die Marktanalyse wurden sowohl Primärdaten als auch Sekundärdaten verarbeitet Stellen Sie fest, in welchem Fall es sich um Primärdaten handelt.

1. Ergebnisse einer Internetrecherche
2. Auswertung von öffentlichen Statistiken
3. Befragung mittels Telefoninterview
4. Daten des internen Rechnungswesens
5. Untersuchung in einer Fachzeitschrift

3. AUFGABE

Aufgrund der vorliegenden Daten überlegt die Dialogfix GmbH, neben ihrer bisherigen Angebotspalette auch in den Vertrieb von Mobilfunkgeräten einzusteigen. Welche Anpassungsmöglichkeit der Angebotspalette würde die Dialogfix GmbH damit umsetzen?

1. Elimination
2. Diversifikation
3. Modulation
4. Innovation
5. Transformation

4. AUFGABE

Vorab soll jedoch das Marktpotenzial für Navigationsgeräte ermittelt werden. Welche Information erhält die Dialogfix GmbH über diese Marktgröße?

1. Die geografische Verteilung der Nachfrager nach Navigationsgeräten
2. Den Umsatz mit Navigationsgeräten in einem bestimmten Zeitraum
3. Die mögliche Marktposition am Ende des nächsten Geschäftsjahres
4. Der maximal mögliche Absatz auf dem Markt der Navigationsgeräte
5. Der mögliche Marktanteil der Dialogfix GmbH auf dem Markt der Navigationsgeräte

5. AUFGABE

Die Dialogfix GmbH strebt für das kommende Geschäftsjahr einen Marktanteil von 8 % an. Ermitteln Sie, welchen Umsatz das Unternehmen dafür erwirtschaften muss, wenn auf dem relevanten Markt 12 Mio. Euro umgesetzt werden.

6. AUFGABE

Ein Marktforschungsinstitut ermittelt auf dem für die Dialogfix GmbH relevanten Markt (siehe Aufgabe 5) eine Marktsättigung von 60 %. Bestimmen Sie das Marktpotenzial in Mio. Euro.

7. AUFGABE

Aus einer Palette von 18 Modellen möchte die Dialogfix GmbH lediglich drei Geräte langfristig in den Verkauf aufnehmen. Um eine optimale Auswahl an Navigationsgeräten treffen zu können, soll der Produktlebenszyklus der jeweiligen Geräte untersucht werden. Bringen Sie die Phasen des Produktlebenszyklus in die richtige Reihenfolge und tragen Sie die Ziffern von links nach rechts in die Kästchen ein.

1. Einführungsphase
2. Rückgangsphase
3. Reifephase
4. Sättigungsphase
5. Wachstumsphase

8. AUFGABE

Bei der Entscheidung, welche drei Geräte endgültig ausgewählt werden sollen, wird wieder über den Produktlebenszyklus diskutiert. Welche Aussage ist in diesem Zusammenhang zutreffend?

1. Die Gewinnschwelle wird am Ende der Wachstumsphase erreicht.
2. Das Umsatzmaximum wird in der Sättigungsphase erreicht.
3. Die Einführungsphase ist durch Verluste gekennzeichnet.
4. In der Rückgangsphase ist der Umsatz negativ.
5. In der Sättigungsphase ist der Gewinn negativ.

9. AUFGABE

Um zusätzliche Marktchancen zu nutzen, sollen zu den Navigationsgeräten auch sogenannte Mehrwertdienste (Value Added Services) angeboten werden. Stellen Sie fest, welches Angebot sich dafür eignet.

1. Vierteljährlich kann das Kartenmaterial über ein kostenpflichtiges Internet-Update aktualisiert werden.
2. Ein zweites Navigationsgerät pro Haushalt („Zweitwagen-Navi“) wird mit 20 % Rabatt angeboten.
3. Eine praktische Tragetasche für unterwegs ist für nur 9,95 € erhältlich.
4. Unzufriedene Kunden können das Gerät bei Nichtgefallen innerhalb von 14 Tagen zurückgeben.
5. Neukunden erhalten ein kleines Begrüßungsgeschenk.

Situation zu den Aufgaben 10 bis 11:
Neben dem Eigengeschäft im Bereich Hard- und Software ist die Dialogfix GmbH auch auf dem Markt der externen Dienstleister tätig. Da es auf diesem Markt eine Vielzahl von Mitbewerbern gibt, die vergleichbare Angebote haben, spielt die Preisgestaltung eine besonders wichtige Rolle.

10. AUFGABE

Die Dialogfix GmbH nutzt bei der Angebotserstellung die Preisdifferenzierungsstrategie und bietet bestimmte Leistungen zu unterschiedlichen Preisen an. Prüfen Sie, in welchem Fall es sich um eine mengenorientierte Preisdifferenzierung handelt.

1. Neukunden erhalten einen pauschalen Preisnachlass von 10 %.
2. Im August werden Angebote zu einem günstigen Sommer-Tarif erstellt.
3. Outbound-Calls werden günstiger angeboten als Inbound-Calls.
4. Ab einem Auftragsvolumen von 10 000 Calls sinkt der Preis pro Call.
5. Langjährige Stammkunden erhalten Sonderkonditionen.

11. AUFGABE

Die Dialogfix GmbH plant, ihre Dienstleistungen auch im französischen, belgischen und niederländischen Markt anzubieten. Für die einzelnen Märkte sollen unterschiedliche Preise gelten. Welche Form der Preisstrategie liegt vor?

1. Abschöpfungsstrategie
2. Marktdurchdringungsstrategie
3. Kundenorientierte Preisdifferenzierung
4. Räumliche Preisdifferenzierung
5. Angebotsbündelung

Situation zu den Aufgaben 12 bis 13:
Die Dialogfix GmbH plant, eine neue strategische Geschäftseinheit für den Vertrieb von Smartphone-Apps zu schaffen.

12. AUFGABE

☐

Ein Marktforschungsinstitut erkundet die Marktposition der Dialogfix GmbH im Bereich Vertrieb von Smartphone-Apps. Welche der folgenden Aussagen über Marktpositionen trifft dabei zu?

1. Marktführer bedeutet, einen höheren Marktanteil zu haben als Herausforderer, Mitläufer und Nischenanbieter zusammen.
2. Als Nischenanbieter ist es wichtig, immer einen höheren Marktanteil zu erwirtschaften als die Mitläufer.
3. Mitläufer haben den geringsten Marktanteil von allen Marktpositionen.
4. Die Normstrategie des Herausforderers ist es, aufgrund übermäßig hoher Marketingkosten nie einen höheren Marktanteil zu erlangen als der Marktführer.
5. Auch Nischenanbieter können profitabel sein.

13. AUFGABE

Um die Apps kundengerecht zu gestalten, führt Dialogfix im Vorfeld eine telefonische Kundenbefragung mit einem strukturierten Fragebogen durch. Ordnen Sie den folgenden Fragen die jeweils passende Methode zu:

☐ Haben Sie schon einmal mittels einer Smartphone-App eine Bestellung durchgeführt?

(o Ja, o Nein)

☐ Mir ist es sehr wichtig, über mein Smartphone mittels Apps die gleichen Einkaufsmöglichkeiten zu haben wie beim Onlineshopping.

(o stimme voll zu, o stimme teilweise zu, o stimme gar nicht zu)

☐ Jederzeit über die aktuellsten Angebote von Dialogfix informiert zu sein ist mir:

(o sehr wichtig, o weniger wichtig, o unwichtig)

☐ Smartphone-Apps nutze ich vor allem für:

(o Nachrichten, o Unterhaltung, o Einkaufen, o Soziale Netzwerke)

☐ Welche Möglichkeiten sollte eine Smartphone-App von Dialogfix bieten?

1. Gewichtungs-Skala
2. Dichotome Frage
3. Offene Frage
4. Likert-Skala
5. Multiple-Choice-Frage

Situation zu den Aufgaben 14 bis 20:
Ein halbes Jahr ist seit der Markteinführung der Smartphone-Apps vergangen. Um mögliche Strategieänderungen vornehmen zu können, sollen auf einer Marketingsitzung die aktuellen Ergebnisse vorgestellt werden. Zu Ihren Aufgaben gehört es auch, im Vorfeld wichtige Informationen zu Marktpositionen aus folgender Tabelle auszuwerten.

	Umsatz letztes Quartal (in €)			
	Dialogfix	**Mitbewerber A**	**Mitbewerber B**	**Mitbewerber C**
Routenplaner-App	340 000,00	160 000,00	330 000,00	100 000,00
Reise-App	360 000,00	230 000,00	800 000,00	220 000,00
Fitness-App	300 000,00	800 000,00	1 000 000,00	50 000,00
Nachrichten-App	750 000,00	900 000,00	420 000,00	550 000,00

14. AUFGABE

Welche Schlussfolgerung zu den unterschiedlichen Marktpositionen können Sie der Tabelle entnehmen?

1. Bei der Nachrichten-App nimmt Mitbewerber B die Rolle des Herausforderers ein.
2. Bei der Reise-App ist Mitbewerber A ein Nischenanbieter.
3. Bei der Routenplaner-App ist Dialogfix Marktführer.
4. Bei der Fitness-App nimmt Dialogfix die Rolle des Herausforderers ein.
5. Bei der Reise-App ist Mitbewerber B in der Mitläufer-Position.

15. AUFGABE

Stellen Sie fest, welche der folgenden Aussagen zu Marktanteilen anhand der Tabelle getroffen werden kann.

1. Mitbewerber A hat im Bereich Reise einen höheren Marktanteil als bei Routenplanern.
2. Mitbewerber B hat im Bereich Nachrichten einen höheren Marktanteil als bei Fitness.
3. Mitbewerber B hat im Bereich Reise einen höheren Marktanteil als Dialogfix.
4. Mitbewerber C hat im Bereich Reise einen höheren Marktanteil als bei Nachrichten.
5. Dialogfix hat bei allen Apps den geringsten Marktanteil.

16. AUFGABE

Ermitteln Sie anhand der Ihnen vorliegenden Daten den Marktanteil der Dialogfix GmbH bei der Fitness-App.

17. AUFGABE

Ordnen Sie die Begriffe der Produktportfolio-Matrix richtig zu, indem Sie die passende Zahl zum Begriff notieren.

- ☐ Cash Cows (Milchkühe)
- ☐ Stars (Sterne)
- ☐ relativer Marktanteil
- ☐ Marktwachstum
- ☐ Question Marks (Nachwuchsfeld)
- ☐ Poor Dogs (Problemfeld)

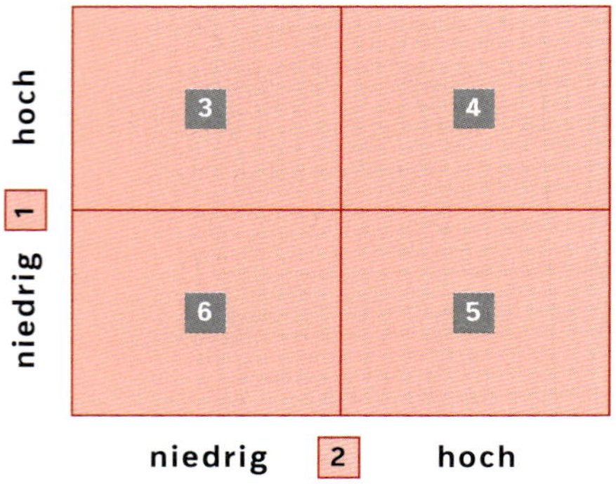

18. AUFGABE

Folgende Informationen liegen Ihnen zu den Absatzzahlen vor. Errechnen Sie das noch fehlende Marktwachstum der Reise-App vom 3. zum 4. Quartal des aktuellen Jahres in %. Runden Sie kaufmännisch ohne Nachkommastelle.

	Anzahl der genutzten Apps je 100 Smartphone-Nutzer				
	Quartale				Marktwachstum
App	**Q1**	**Q2**	**Q3**	**Q4**	
Routenplaner	45	50	67	75	12
Reise	10	25	32	35	
Fitness	20	20	26	25	–4
Nachrichten	80	80	88	88	0

19. AUFGABE

Welche Aussage zu den Begriffen der aktuellen Produktportfolio-Matrix ist richtig?

1. Der relative Marktanteil wird auf der y-Achse gemessen.
2. Bei dem Produkt Routenplaner-App handelt es sich um eine Cash Cow.
3. Bei dem Produkt Fitness-App handelt es sich um einen Stern.
4. Bei dem Produkt Nachrichten-App handelt es sich um einen Armen Hund.
5. Bei dem Produkt Reise-App handelt es sich um ein Fragezeichen.

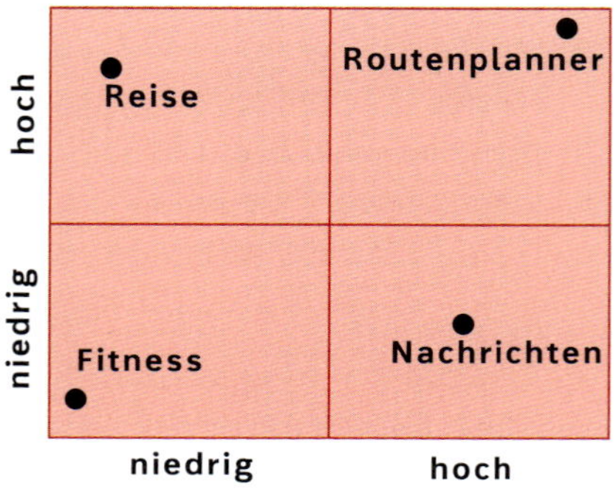

20. AUFGABE

Welche Strategie kann man aus der aktuellen Produktportfolio-Matrix ableiten?

1. Die mit dem Produkt „Fitness-App“ erzielten Überschüsse können darauf verwendet werden, das Produkt „Reise-App“ zu einer Cash Cow weiterzuentwickeln.
2. Es gibt in der SGE „Applikationen“ kein gewinnbringendes Produkt, das zur Finanzierung eines Produktes im Nachwuchsfeld geeignet ist.
3. Das Produkt „Routenplaner-App“ befindet sich im Nachwuchsfeld.
4. Das Produkt „Nachrichten-App“ sollte wegen seiner schlechten Marktchancen sofort aus dem Sortiment genommen werden.
5. Die „Fitness-App“ sollte aufgrund eines sehr geringen relativen Marktanteils und des negativen Marktwachstums aus dem Sortiment genommen werden.

Situation zu den Aufgaben 21 bis 25:
Die Dialogfix GmbH erhält eine Anfrage, als externer Dienstleister das Callcenter der Telko GmbH temporär zu unterstützen. Konkret geht es in dem Projekt um den Vertrieb des Laptops „Office Power“. Ihr Vorgesetzter ist mit der Erstellung des Vertrages beauftragt worden, Sie sollen ihn dabei unterstützen.

21. AUFGABE

Während des Meetings fasst Ihr Vorgesetzter die dem Vertrag vorangegangenen Verhandlungen noch einmal zusammen. Bringen Sie die einzelnen Verhandlungsschritte in die richtige Reihenfolge und tragen Sie Ihre Antworten von links nach rechts in die Kästchen ein.

1. Aufmerksamkeit schaffen
2. Kontakte knüpfen
3. Auf Vorschläge reagieren
4. Verhandlungen abschließen
5. Vorschläge machen

22. AUFGABE

Die Dialogfix GmbH hat sich mit der Telko GmbH auf einen Preis geeinigt. Vertraglich wird festgehalten, dass die Telko GmbH für jeden von der Dialogfix GmbH angenommenen und abschließend bearbeiteten Call pauschal 4,20 € zahlt, eine weitere Vergütung ist nicht vorgesehen. Welche Art von Vertrag wurde hier abgeschlossen?

1. Arbeitsvertrag
2. Arbeitnehmerüberlassungsvertrag
3. Dienstvertrag
4. Werkvertrag
5. Vollkostenvertrag

23. AUFGABE

Bei den Vertragsverhandlungen streben die Dialogfix GmbH und die Telko GmbH unterschiedliche Ziele an. Ordnen Sie zu, ob es sich bei den folgenden Zielen um Minimalziele, Kernziele oder Idealziele handelt.

☐ Über die ganze Vertragslaufzeit soll ein Servicelevel von 80/20 eingehalten werden

☐ Eine First Call Resolution von 90 % ist wünschenswert

☐ Unabdingbar ist eine freundliche Begrüßung der Kunden am Telefon

☐ Mindestens eine monatliche Telefonkonferenz zwischen Dialogfix GmbH und Telko GmbH über den Fortschritt des Projektes

☐ Einarbeitung in die Thematik durch den besten Trainer der Telko GmbH

1. Minimalziel
2. Kernziel
3. Idealziel

24. AUFGABE ☐

Welche geschäftliche Handlung beim Verkauf des Laptops „Office Power" ist nach dem Gesetz gegen den unlauteren Wettbewerb (UWG) zulässig?

1. In einer Werbeanzeige wird ein Mitbewerber als „unseriös" bezeichnet.
2. Von dem mehrfach in einem Homeshopping-Kanal beworbenen Laptop „Office Power" stehen 3 Exemplare für den Verkauf zur Verfügung.
3. Die Leistungsmerkmale des Laptops „Office Power" werden mit denen eines Konkurrenzanbieters verglichen.
4. Der in China produzierte Laptop „Office Power" wird mit dem Slogan „Die mobile Kraft aus Deutschland" beworben.
5. In einer Werbeanzeige für den Laptop wird mit einem hervorragenden Testurteil eines schon seit 5 Jahren nicht mehr hergestellten Produktes geworben.

25. AUFGABE ☐

Im Rahmen des Projekts für die Telko GmbH führt die Dialogfix GmbH auch Outbound-Anrufe durch. In welchem Fall werden dabei die Regelungen des UWG eingehalten?

1. Es werden alle Kunden angerufen, deren Kontaktdaten in einem öffentlich zugänglichen Verzeichnis (z. B. Telefonbuch) ersichtlich sind.
2. Es werden alle Kunden angerufen, die durch Unterzeichnung der AGB ihr Einverständnis zu Werbeanrufen erteilt haben.
3. Es werden alle Kunden angerufen, die telefonischen Marketingaktionen nicht widersprochen haben.
4. Es werden alle Kunden angerufen, die Werbeanrufen ausdrücklich zugestimmt haben.
5. Es werden alle Kunden angerufen, die bereits einmal ein Produkt gekauft haben.

Situation zu den Aufgaben 26 bis 30:
Die Dialogfix GmbH nimmt an der jährlich stattfindenden „Dialogkomm-Messe“ teil. Ihre Aufgabe ist es, bei den Vorbereitungen mitzuhelfen.

26. AUFGABE

Welche Information, die Sie zur Messe und zum Auftritt der Dialogfix GmbH auf der Messe notiert haben, ist fehlerhaft?

1. Die Dialogkomm-Messe wendet sich an private Endverbraucher.
2. Die zu berücksichtigenden Kostenfaktoren betreffen die Standgebühren, die Personalkosten für die Standbesetzung sowie die Reise- und Transportkosten.
3. Die Dialogfix GmbH möchte auf der Messe über das eigene Angebot informieren.
4. Die Dialogkomm-Messe bietet Gelegenheit, Markttrends zu analysieren.
5. Idealerweise kommt es auch zur Anbahnung von Verkaufsabschlüssen.

27. AUFGABE

Für den Messebesuch sind Gesamtkosten von 4 200,00 € eingeplant. Die Geschäftsleitung hat die Vorgabe erteilt, dass die Kontaktadresse eines potenziellen Kunden maximal 35,00 € kosten darf. Ermitteln Sie, wie viele Kontaktdaten auf der Messe mindestens gesammelt werden müssen, um diese Vorgabe einzuhalten.

28. AUFGABE

Der Messeauftritt der Dialogfix GmbH verlief sehr erfolgreich. Ihre Aufgabe ist es nun, bei der Nachbereitung zu helfen. Welche Tätigkeit fällt nicht darunter?

1. Die Daten der erhaltenen Visitenkarten in die Datenbank einpflegen
2. Überprüfen, ob alle für die Messe benötigten Gegenstände und Materialien (Beamer, Plakate, Laptops etc.) vollständig zurückgebracht wurden
3. Budgethöhe für die Messe festlegen
4. Die gesetzten Ziele für die Messe überprüfen
5. Von Interessenten angefordertes Infomaterial versenden

29. AUFGABE

Stellen Sie fest, anhand welcher Fragestellung die Dialogfix GmbH den wirtschaftlichen Erfolg des Messeauftritts überprüfen kann.

1. Welcher Anteil des Messebudgets wurde ausgeschöpft?
2. Wie viele Unternehmensbroschüren wurden verteilt?
3. Wie hoch war die Besucherfrequenz am Messestand?
4. Wie viel zusätzlicher Umsatz konnte erzielt werden?
5. Mit welchen Entscheidungsträgern wurde gesprochen?

30. AUFGABE

Neben dem jährlichen Messeauftritt überlegt die Geschäftsführung, auch an einem Callcenter-Kongress teilzunehmen. Geschäftsführer Kruse ist davon noch nicht überzeugt. Mit welchem Argument können Sie ihm die Besonderheit eines Kongresses im Vergleich zu einer Messe verdeutlichen?

1. Die Teilnehmerzahl ist begrenzt.
2. Es können Verkaufsabschlüsse angebahnt werden.
3. Geschäftskontakte können gepflegt werden.
4. Aktuelle Trends lassen sich erkennen.
5. Auch die breite Öffentlichkeit hat Zugang.

Situation zu den Aufgaben 31 bis 35:
Die Dialogfix GmbH steht in Verhandlungen mit einem neuen externen Auftraggeber aus dem Bereich der Energieversorgung. Es geht um die Übernahme des Inbound-Telefonservice.

31. AUFGABE

Der Auftraggeber macht der Dialogfix GmbH die Vorgabe, dass eine hohe Gesprächsqualität gewährleistet werden muss. Mit welchem Argument kann diese Vorgabe am besten erfüllt werden?

1. „Wir sind der Preisführer im Dialogmarketing."
2. „Wir setzen kontinuierlich Monitorings ein."
3. „Wir arbeiten mit einem internationalen Team."
4. „Wir zahlen weit überdurchschnittliche Gehälter."
5. „Wir pflegen einen demokratischen Führungsstil."

32. AUFGABE

Der potenzielle neue Auftraggeber strebt zudem an, den After-Sales-Service auszubauen. Welche zwei geeigneten Vorschläge unterbreiten Sie ihm?

1. Die Kunden können über eine kostenfreie Rufnummer anrufen.
2. Die Kunden erhalten vorab umfangreiche Produkt- und Tarifinformationen.
3. Es werden regelmäßige Kundenzufriedenheitsbefragungen durchgeführt.
4. Im Verkaufsgespräch wird Cross-Selling konsequent angewendet.
5. Bestandskunden haben die Möglichkeit, eine exklusive Kundenkarte zu erhalten, die zahlreiche Vorteile bietet.
6. Sämtliche Stornos innerhalb der gesetzlichen Widerrufsfrist werden vertraglich ausgeschlossen.

33. AUFGABE

Die Dialogfix GmbH ist auch im Bereich Öffentlichkeitsarbeit (PR) aktiv. Welche Aussage hierüber ist falsch?

1. Die Öffentlichkeitsarbeit dient letztlich auch der Verkaufsförderung.
2. Die externe PR dient der Dialogfix GmbH dazu, bei Mitarbeitern das Unternehmen positiv darzustellen.
3. Eine PR-Maßnahme der Dialogfix GmbH ist der regelmäßig verschickte Online-Newsletter.
4. Die Dialogfix GmbH sponsert außerdem als PR-Maßnahme das jährlich stattfindende Musikfestival für Schüler und Studenten.
5. Die Dialogfix GmbH verfolgt mit ihren PR-Maßnahmen eine Informations-, Image- und Kommunikationsstrategie.

34. AUFGABE

Um auch in Zukunft neue externe Auftraggeber zu gewinnen, sollen geeignete Marketing-Maßnahmen entwickelt werden. Welche der folgenden Maßnahmen ist hierzu am ehesten geeignet?

1. Interview im regionalen Radiosender
2. Großformatige Werbeanzeigen in Fachzeitschriften schalten
3. Public Relations im Bereich Mitarbeitergesundheit
4. Infozettel am Point of Purchase bereitstellen
5. Eintrag der Kontaktdaten im Branchen-Telefonbuch

35. AUFGABE

In der Geschäftsleitung eines langjährigen externen Auftraggebers der Dialogfix GmbH wird festgelegt, dass zukünftig Salespromotion (Verkaufsförderung) eine größere Rolle spielen soll. Entscheiden Sie, mit welchen zwei Maßnahmen dieses Ziel umgesetzt werden kann.

1. Es werden Anzeigen in einer überregionalen Tageszeitung geschaltet.
2. Den Kunden wird eine Verlängerung der gesetzlichen Gewährleistungspflichten angeboten.
3. Neben Verkaufsschulungen werden die Mitarbeiter auch mittels Prämien und Incentives motiviert.
4. Jährliche Einladung von Journalisten zum „Tag der offenen Tür"
5. Produkte mit einem abnehmenden Umsatz werden konsequent aus dem Programm genommen.
6. Die Präsenz in sozialen Netzwerken wie z. B. Facebook oder Instagram wird weiter ausgebaut.
7. Es werden regelmäßig Gewinnspiele angeboten, bei denen die Kunden Einkaufsgutscheine gewinnen können.

Situation zu den Aufgaben 36 bis 38:
Zusammen mit anderen Callcentern aus der Region startet die Dialogfix GmbH eine Werbekampagne, mit der auf die Aktion „Job-Chance Callcenter" hingewiesen wird.

36. AUFGABE

Eine Differenzierung der Werbung kann u. a. nach der Zahl der Werbenden vorgenommen werden. Stellen Sie fest, um welche Art von Werbung es sich hier handelt.

1. Massenwerbung
2. Einzelwerbung
3. Einzelumwerbung
4. Persönliche Werbung
5. Gemeinschaftswerbung

37. AUFGABE

Für die Werbekampagne der Aktion „Job-Chance Callcenter" müssen noch geeignete Werbeträger und Werbemittel ausgesucht werden. In welcher Zeile findet sich eine richtige Zuordnung?

	Werbeträger	Werbemittel
1.	Fernsehen	Radio
2.	Prospekt	Flyer
3.	Homepage	Internet
4.	Fachzeitschrift	Anzeige
5.	Radiospot	Radio

38. AUFGABE

Bei der Gestaltung der Werbekampagne soll der Grundsatz der Werbeklarheit berücksichtigt werden. Prüfen Sie, womit diese Zielsetzung erreicht werden kann.

1. Die Werbung ist für die Zielgruppe verständlich.
2. Die Kosten der Werbung sind transparent.
3. Die Vorgaben des UWG (Gesetz gegen den unlauteren Wettbewerb) werden eingehalten.
4. Die Werbeaussage ist inhaltlich richtig.
5. Die Werbung erzielt eine messbare Wirksamkeit.

Situation zu den Aufgaben 39 bis 42:
Die Dialogfix GmbH plant ihre Werbestrategie für das kommende Halbjahr.

39. AUFGABE

In der aktuellen Budgetrunde wird der Werbe-Etat festgelegt. Die Geschäftsführung sagt, dass aus Einsparungsgründen der Etat 3 % vom Gewinn betragen wird. Bestimmen Sie mittels der vorliegenden Kennzahlen der Dialogfix GmbH den Werbe-Etat:

- Mitarbeiter: 168
- Umsatz: 8 500 000,00 € pro Jahr
- Umsatzrendite: 12 %

40. AUFGABE

Geben Sie an, welche Methode zur Verteilung des Werbebudgets hier angewandt wird.

1. Ziel- und Aufgaben-Methode („Objective and task")
2. Versuch- und Irrtum-Methode („Try and error")
3. Finanzorientierte Methode („All you can afford")
4. Prozentsatz-von-Methode („Percentage of")
5. Konkurrenzorientierte Methode („Competitive parity")

41. AUFGABE

Die Marketingabteilung der Dialogfix GmbH beschließt, den neu einzuführenden Drucker in einer zeitlich befristeten Aktion günstig zu bewerben. Dazu sollen Zeitschriftenbeilagen in zwei Computerfachzeitschriften mit hohem Marktanteil erscheinen. Welche der folgenden Kombinationen trifft auf diese Werbestrategie zu?

1. Erhaltungswerbung – Einzelwerbung – Massenwerbung
2. Expansionswerbung – Einzelwerbung – Massenwerbung
3. Einführungswerbung – Einzelwerbung – Massenwerbung
4. Einführungswerbung – Einzelwerbung – Einzelumwerbung
5. Expansionswerbung – Gruppenwerbung – Massenwerbung

42. AUFGABE

An welches der folgenden Prinzipien hält sich Marketing-Leiterin Erika Wurz, um die Werbebotschaft der kommenden Kampagne klar und einfach zu formulieren?

1. Pareto-Prinzip
2. KISS-Prinzip
3. Die 5 M's der Werbung
4. AIDA-Prinzip
5. USP (Unique Selling Proposition)

Web Lösungen zu Kapitel 8

1. 1
2. 3
3. 2
4. 4
5. 960000,00 €
6. 20 Mio. €
7. 1, 5, 3, 4, 2
8. 3
9. 1
10. 4
11. 4
12. 5
13. 2, 4, 1, 5, 3
14. 3
15. 3
16. 13,95 %
17. 5, 4, 2, 1, 3, 6
18. 9 %
19. 5
20. 5
21. 2, 1, 5, 3, 4
22. 4
23. 2, 3, 1, 1, 3
24. 3
25. 4
26. 1
27. 120 Kontaktdaten
28. 3
29. 4
30. 1
31. 2
32. 3, 5
33. 2
34. 2
35. 3, 7
36. 5
37. 4
38. 1
39. 30 600,00 €
40. 4
41. 3
42. 2

9 Informations- und Kommunikationssysteme

Hinweis: Dieses Kapitel enthält die Themen
- Software, Netze und Dienste (Aufgabe 1 bis 31),
- Datenbanken, Datenschutz und Datensicherheit (Aufgabe 32 bis 70).

1. AUFGABE ☐ Z

Auf den Arbeitsplatzrechnern der KommunikativAktiv KG ist ein aktuelles Betriebssystem installiert. Stellen Sie fest, welche der nachfolgenden Aufgaben von einem Betriebssystem übernommen wird.

1. Verwalten der angeschlossenen Hardware
2. Echtzeitmanagement der ein- und ausgehenden Anrufe
3. Bereitstellen von aktuellen Informationen im Intranet
4. Hilfe bei der Erstellung der Personaleinsatzplanung
5. Hilfe bei der Informationsrecherche im Internet

2. AUFGABE ☐ Z

Die Dialogfix GmbH verwaltet alle ein- und ausgehenden Nachrichten über ein einheitliches, zentrales System. Welches Konzept wird dabei genutzt?

1. Automatic Call Distribution (ACD)
2. Computer Telephony Integration (CTI)
3. Optical Character Recognition (OCR)
4. Virtual Private Network (VPN)
5. Unified Messaging System (UMS)

3. AUFGABE ☐ Z

Die Arbeitsplatzrechner der Dialogfix GmbH sind über ein leistungsfähiges Netzwerk miteinander verbunden. Welche Aussage über Netzwerke ist korrekt?

1. Ein Regelwerk zur Kommunikation zwischen Computern nennt man Protokoll.
2. Peer-to-Peer-Netzwerke bestehen aus einem Server und mehreren Clients.
3. Peer-to-Peer-Netzwerke bestehen aus einem Client und mehreren Servern.
4. Das Intranet ist ein öffentliches Netzwerk, das für jeden zugänglich ist.
5. Local Area Networks (LAN) decken gewöhnlich eine größere Region oder mehrere Städte ab.

Z **4. AUFGABE** ☐

Bei einer Outbound-Kampagne der Dialogfix GmbH sollen sich die Agents auf die Situation ihres jeweiligen Gesprächspartners einstimmen. Dazu werden zuerst die Informationen zum Kunden auf dem Bildschirm angezeigt. Sind die Agents vorbereitet, stellen sie über einen Anwahl-Button die Verbindung zum Kunden her. Welche Outbound-Technologie kommt in diesem Beispiel zum Einsatz?

1. IVR (Interactive Voice Response)
2. Predictive Dialer
3. Preview Dialer
4. CTI (Computer Telephony Integration)
5. Progressive Dialer

Z **5. AUFGABE** ☐

Welche der folgenden Nutzungen von Web-Technologie findet nicht im Intranet der KommunikativAktiv KG statt?

1. Die Mitarbeiter der KommunikativAktiv KG können ihre Urlaubswünsche online eintragen, abrufen und ändern.
2. Potenzielle Kunden schauen sich die angebotenen Leistungen auf der Webseite von KommunikativAktiv an.
3. Die Mitarbeiter legen Dokumente auf einem Server der KommunikativAktiv ab, damit sie anderen Mitarbeitern zur Verfügung stehen.
4. Der externe Projektauftraggeber erhält mithilfe eines Passwortes die Möglichkeit, sich online über den Projektfortschritt und die erzielten Ergebnisse zu informieren.
5. Die Checkliste zur Einarbeitung neuer Mitarbeiter wird den Teamleitern über ein Web-Interface bereitgestellt.

Z **6. AUFGABE** ☐

Um Kosten zu sparen, führt die Dialogfix GmbH regelmäßig Telefonkonferenzen durch. Prüfen Sie, welche der nachfolgenden Beschreibungen dabei auf eine Dial-in-Konferenz zutrifft.

1. Ein Anbieter kontaktiert alle Teilnehmer zu einem vereinbarten Termin an und schaltet sie zusammen.
2. Alle Teilnehmer wählen sich gemeinsam zu einem bestimmten Termin auf einer Konferenzplattform eines Anbieters ein.
3. Die Teilnehmer rufen sich in festgelegter Reihenfolge nacheinander an und erläutern den Inhalt des Gesprächs mit dem Vorgänger.
4. Es handelt sich um eine normale Konferenz, bei der die Teilnehmer anwesend sind. Allerdings wird ein Teilnehmer angerufen und per Telefon zugeschaltet.
5. Es handelt sich um eine normale Konferenz, bei der alle Teilnehmer zuvor ihr Mobiltelefon abgeben müssen, um Unterbrechungen zu vermeiden.

7. AUFGABE ☐

Die Dialogfix GmbH nutzt die im Kundengespräch gewonnenen Daten in einem Customer Relationship Management System (CRM-System). Die Auswertung der Daten erfolgt mithilfe des Data-Minings. Mit welcher Definition wird dieses Verfahren zutreffend beschrieben?

1. Als Data-Mining bezeichnet man eine mathematisch-statistische Methode, um typische Muster im Datensatz der Kunden zu erkennen.
2. Unter Data-Mining fasst man individuell auf den Kunden abgestimmte Angebote zusammen.
3. Data-Mining erlaubt es dem Agent, Daten über den Kunden während des Gesprächs abzurufen.
4. Unter Data-Mining versteht man eine zentrale Datensammlung, deren Inhalt sich aus verschiedenen Datenquellen zusammensetzt. Die Daten können dabei sowohl intern als auch extern gewonnen werden.
5. Data-Mining filtert aus den Daten die Daten heraus, die von der Dialogfix GmbH weiterverkauft werden können.

Situation zu den Aufgaben 8 bis 14:

Die Dialogfix GmbH nutzt zur Verteilung der Anrufe eine moderne ACD-Anlage. Die Tabelle zeigt einen Ausschnitt aus dem Echtzeitmanagement der Anlage am 03.01. um 15:16 Uhr.

03.01.		**15:16 h**
Agent	**Status**	**Dauer**
13785	OTHER	02:45
13787	AVAILABLE	01:31
22115	ACD OUT	10:25
22120	ACW (After Call Work)	00:20
22134	AVAILABLE	00:50
22144	ACD OUT	03:50
22388	ACD IN	01:20
22566	RING	00:00
45987	ACW (After Call Work)	02:30

Z **8.** AUFGABE ☐

Stellen Sie fest, welche Aussage gemäß dem Echtzeitmanagement zutreffend ist.

1. Drei Agents sind mit der Nachbearbeitung eines Anrufs beschäftigt.
2. Der Outbound-Call des Agents 22388 dauert bereits 1:20.
3. Die Agents 22115 und 22144 führen ein Outbound-Gespräch.
4. Zwei Agents befinden sich zurzeit in der Pause.
5. Agent 22566 signalisiert ein Problem mit einem Kunden.

Z **9.** AUFGABE ☐

Welche Bedeutung hat der Status des Agents 13785?

1. Der Agent geht seit 02:45 nicht an sein Telefon.
2. Agent 13785 bereitet sein letztes Inbound-Gespräch nach.
3. Der Agent führt ein Gespräch, dessen Anrufgrund außerhalb der Reihe liegt, z. B. firmeninterner Anruf.
4. Das Telefon des Agents läutet.
5. Der Agent ist seit 02:45 in der Pause.

Z **10.** AUFGABE ☐

Das Routing der ACD-Anlage erfolgt nach dem „Longest-Idle-Prinzip". Wie werden die Anrufe demnach verteilt?

1. Der Agent mit der größten Fachkompetenz erhält den Call.
2. Der Anruf mit der längsten Wartezeit wird als nächster an einen Agent durchgestellt.
3. Der Agent, dessen Gespräch am längsten zurückliegt, erhält den Call.
4. Die Anrufe werden nach Wichtigkeit eingeteilt und dann geroutet.
5. Die Reihenfolge des Routings ergibt sich aus der Ursprungsrufnummer des Anrufers.

Z **11.** AUFGABE ☐

Die Daten des Anrufers erscheinen bei Zuteilung des Calls auf einen Agent auf dessen Bildschirm. Dazu ist das ACD-Telefonanlagensystem über einen separaten Server mit dem lokalen Computer-Netzwerk verbunden. Stellen Sie fest, welche Technologie diese Verbindung ermöglicht.

1. IVR (Interactive Voice Response)
2. VPN (Virtual Private Network)
3. CTI (Computer Telephony Integration)
4. OCR (Optical Character Recognition)
5. VoIP (Voice over Internet Protocol)

12. AUFGABE ☐ Z

Die Personaleinsatzplanung (PEP) stellt eine besondere Herausforderung für jedes Service-Center dar. Zur Optimierung des Personaleinsatzes werden bei der Dialogfix GmbH nicht ausgelastete Agents der Beschwerdehotline durch die ACD-Anlage automatisch auf eine parallel laufende Outbound-Kampagne umgeschaltet. Welches Verfahren nutzt die Dialogfix GmbH hier?

1. Skill Based Routing
2. Phishing
3. Multitasking
4. Call Blending
5. Cross-Selling

13. AUFGABE ☐ Z

Neben der ACD-Anlage nutzt die Dialogfix GmbH auch Unified Messaging. Stellen Sie fest, welcher Vorteil damit verbunden ist.

1. Unified Messaging vernetzt die Daten zu einem gemeinsamen Kundenstamm, der es erlaubt, alle Kunden auf einmal über Produktneuheiten und Sonderangebote zu informieren.
2. Unified Messaging ermöglicht, dass Kunden über eine Voice-over-IP-Verbindung mit den Agents in Echtzeit kommunizieren.
3. Unified Messaging führt zu einer Vereinheitlichung der Kommunikationsmedien in einem Unternehmen und vermeidet somit Medienbrüche.
4. Unified Messaging steigert die First Call Resolution Rate, da Kunden sofort von einem Agent zufriedenstellend beraten werden können.
5. Unified Messaging vereinfacht den Kontakt mit Callcentern, da eine Kommunikation ausschließlich über den vom Callcenter jeweils festgelegten Weg (Telefon, VoIP oder E-Mail) erfolgt.

14. AUFGABE ☐ Z

Prüfen Sie, welchen möglichen Vorteil die Dialogfix GmbH von der Umstellung auf Skill Based Routing hat.

1. Die telefonische Anwahl der Kundennummer erfolgt immer automatisch, wodurch Zeit gespart wird.
2. Durch bessere Auswahl steigt die Ausschöpfungsquote.
3. Der Anrufer wird automatisch mit einem Mitarbeiter verbunden, der für sein Anliegen zuständig ist.
4. Die Gesprächskosten werden reduziert.
5. Junk-Calls werden vollständig vermieden.

Situation zu den Aufgaben 15 bis 16:
Beim wöchentlichen Meeting trifft Ihr Teamleiter folgende Aussagen: „Die Umstellung auf Skill Based Routing in der Beschwerdehotline verlief ohne Schwierigkeiten. Im Vergleich zur letzten Woche ist jedoch festzuhalten, dass die Zahl der Abandoned Calls (Aufleger) stark zugenommen hat, und zwar um 40 % auf 150 pro Stunde. Und das, obwohl die Average Abandon Time (durchschnittliche Auflegezeit) ebenfalls um 15 % auf eine Minute und 50 Sekunden gestiegen ist. Um den Servicelevel von 80/20 zu gewährleisten, darf die Nachbearbeitungszeit künftig nur noch anderthalb Minuten dauern."

Z **15.** AUFGABE ☐

Prüfen Sie, welche Schlussfolgerung die Aussagen des Teamleiters zutreffend wiedergibt.

1. Für die letzte Woche gibt es nichts zu beklagen.
2. Die Anzahl der Anrufe, die innerhalb von 20 Sekunden angenommen wurden, ist um 60 % gestiegen.
3. Es rufen 150 Kunden pro Stunde an. Dies sind über 60 % mehr als letzte Woche.
4. Als Vorgabe für die Nachbearbeitungszeit hat der Teamleiter 90 Sekunden veranschlagt.
5. Ziel ist es, dass 20 % der Anrufer in 80 Sekunden angenommen werden und nicht länger als 2 Minuten warten müssen.

Z **16.** AUFGABE ☐

Ermitteln Sie anhand der Angaben des Teamleiters in Sekunden, wie lange die Anrufer durchschnittlich letzte Woche in der Warteschleife verweilten, bevor sie aufgelegt haben. Runden Sie kaufmännisch ohne Nachkommastellen und tragen Sie den Wert in das Lösungskästchen ein.

Z **17.** AUFGABE ☐☐

Bei der KommunikativAktiv KG wird in einem Projekt ein Dialer eingesetzt. Dieser bietet Vorteile gegenüber der herkömmlichen Telefonie. Stellen Sie fest, welche zwei Vorteile zutreffend sind.

1. Spart Telefongebühren
2. Führt zu einer längeren Pausenzeit
3. Unterstützt die Agents bei der Nachbearbeitung
4. Erhöht die Produktivität
5. Beschleunigt den Wählvorgang
6. Steigert die Kundenzufriedenheit durch gelegentliches Droppen

18. AUFGABE ☐ Z

Die Kunden eines Finanzdienstleisters sollen bei einem Anruf auswählen können, ob sie eine Beschwerde, Nachfragen zu einem Produkt oder Fragen zu einem bestehenden Vertrag haben. Die Weiterleitung erfolgt an den entsprechend geschulten Agent. Welche Technologie kommt bei der Auswahl des Anliegens zum Einsatz?

1. IVR (Interactive Voice Response)
2. VPN (Virtual Private Network)
3. CTI (Computer Telephony Integration)
4. OCR (Optical Character Recognition)
5. VoIP (Voice over Internet Protocol)

19. AUFGABE ☐ Z

Welches der angeführten Kosten- und Nutzenargumente trifft auf ein gut funktionierendes IVR-System <u>nicht</u> zu?

1. Kürzere Callzeiten, da Anrufgrund vorher eingegrenzt werden kann und gezieltes Routing erfolgt
2. Höhere Kundenzufriedenheit, da direkt richtiger Ansprechpartner
3. Ermöglicht es, bei Routineauskünften (z. B. Kontostandsabfrage/Versandstatus) ganz auf Agents zu verzichten
4. Es ist kein Aufwand für das Sprachdialogdesign erforderlich, das spart Geld.
5. Agents können sich auf Problemfälle konzentrieren und sind nicht von Routineanfragen genervt, dadurch höhere Qualität.

Situation zu den Aufgaben 20 bis 21:
Die Dialogfix GmbH setzt zur Effizienzsteigerung der Prozessabläufe OCR-Technologie ein.

20. AUFGABE ☐ Z

Welche der nachstehenden Formulierungen beschreibt den Nutzen von OCR-Technologie zutreffend?

1. OCR dient der Datensicherheit, da eingescannte Dokumente stets automatisch verschlüsselt werden.
2. OCR dient der Datensicherung, da die Dokumente optisch in einer zentralen Datenbank gehalten werden.
3. OCR dient der automatisierten Antwort auf Preisausschreiben.
4. OCR erleichtert die Verarbeitung von Daten, da OCR die Daten digital zur Verfügung stellt.
5. OCR dient der wirtschaftlich effizienteren Verwaltung von Dokumenten, lohnt sich jedoch nur bei einem kleinen Dokumentenaufkommen.

Z **21. AUFGABE** ☐☐☐☐☐☐

Die Dialogfix GmbH setzt das OCR-Programm u.a. zur digitalen Erfassung von Geschäftsdokumenten ein. Bringen Sie die für diesen Arbeitsprozess notwendigen Schritte in die richtige Reihenfolge und tragen Sie die Lösung von links nach rechts in die Kästchen ein.

1. Software versucht Buchstaben zu erkennen.
2. Dokumente werden eingescannt.
3. Speichern und Archivierung
4. Abgleich der Ergebnisse mit Wörterbuch
5. Manuelle Nachbearbeitung
6. Zusammenführen der Buchstaben zu Wörtern

Z **22. AUFGABE**

Folgende Aufgaben sollen mit der richtigen Software ausgeführt werden. Ordnen Sie allen Aufgaben die jeweilige Software zu.

☐ Verfassen der Ausschreibung und des Lastenheftes

☐ Aufstellung und Berechnung von Projektkosten mit grafischer Darstellung der Anteile an den Gesamtkosten

☐ Visualisierung der Projektziele im Kick-off-Meeting mit dem Auftraggeber

☐ Zeitversetzte Kommunikation und Austausch von Dokumenten

☐ Durchführen einer Web-Recherche als Informationsgrundlage zur Beschaffung einer neuen ACD-Anlage

1. Tabellenkalkulationssoftware
2. Präsentationssoftware
3. Browser
4. Textverarbeitungssoftware
5. E-Mail-Programm

Z **23. AUFGABE** ☐

Sie suchen im Internet nach einer Firma, die in Hamburg auf die technische Ausstattung von Callcentern spezialisiert ist. Welche Kombination von Suchbegriffen verspricht den größten Erfolg?

1. Spezialist, Callcenter
2. +Callcenter +Hamburg +Technik +Ausstattung
3. „in Hamburg auf die technische Ausstattung von Callcentern spezialisiert“
4. +Anbieter –Hamburg +„Callcenter Technik“
5. Headset Hamburg

24. AUFGABE ☐ Z

Stellen Sie fest, bei welcher Software es sich um Anwendungssoftware handelt.

1. Windows 10
2. Linux
3. Microsoft Office 2016
4. Mac OS
5. Android

25. AUFGABE ☐ Z

Was gehört nicht zu den Aufgaben eines Betriebssystems?

1. Bereitstellung einer grafischen Benutzeroberfläche
2. Verwaltung von Arbeitsspeicher und Prozessor
3. Verwaltung umfangreicher betrieblicher Daten in zusammenhängenden Tabellen
4. Verwaltung externer Laufwerke
5. Bereitstellung eines Dateisystems

26. AUFGABE Z

Ordnen Sie den nachstehenden Arten der Datenübertragung das dabei jeweils verwendete Protokoll zu, indem Sie die richtige Ziffer in das Kästchen eintragen.

☐ Versenden von E-Mails

☐ Down- bzw. Upload von Dateien

☐ Abruf einer Internetseite im Browser

☐ Abrufen der E-Mails vom Server

☐ Abgleich eines Mailkontos mit dem Mailserver

1. IMAP
2. POP3
3. http
4. SMTP
5. FTP

27. AUFGABE ☐ Z

Die Dialogfix GmbH verwendet Voicemail, um Anrufe außerhalb der Servicezeiten später bearbeiten zu können. Welcher Aspekt ist kein Bestandteil von Voicemail?

1. Nachrichten werden dauerhaft gespeichert.
2. Nachrichten liegen in einem einfach lesbaren Dateiformat vor (z. B. MP3).
3. Datum, Zeit und Telefonnummer des Anrufers werden aufgezeichnet.
4. Fremdsprachige Nachrichten werden automatisch übersetzt.
5. Erhaltene Nachrichten können einfach per E-Mail weitergeleitet werden.

Z

28. AUFGABE

Die Dialogfix GmbH erhält den Auftrag, die Hotline für Kunden von www.rezept-flott.xy zu betreuen. Die Kunden können sich dort täglich ein neues individuelles Rezept empfehlen lassen. Prüfen Sie, welche der Vanity-Nummern für die Hotline am besten geeignet ist.

1	2 abc	3 def
4 ghi	5 jkl	6 mno
7 pqrs	8 tuv	9 wxyz
*	0	#

1. 0700 782872
2. 0700 778335
3. 0700 739378
4. 0700 735284
5. 0700 826489

Z

29. AUFGABE

Die Dialogfix GmbH möchte auch eine für Anrufer kostenfreie Hotline einrichten. Welche der nachstehenden Nummern ist für dieses Vorhaben geeignet?

1. 0700 1234567
2. 0800 1234567
3. 0900 1234567
4. 0180 1234567
5. 0137 1234567

Z

30. AUFGABE

Die Dialogfix GmbH soll im Auftrag eines Kunden die Reaktion auf Beiträge in den sozialen Netzwerken übernehmen. Ein Mitarbeiter hat dazu eine Liste erstellt, wo er den Kunden im Web überall gefunden hat. Überprüfen Sie, welchen Eintrag Sie von der Liste streichen müssen, da es sich nicht um ein soziales Netzwerk handelt.

1. twitter.com
2. tiktok.com
3. bing.com
4. linkedin.com
5. instagram.com

Z

31. AUFGABE

Die Dialogfix GmbH führt ein telefonisches Gewinnspiel über die Televoting-Rufnummer 0137 durch. Dabei müssen die Verbraucherschutzbestimmungen beachtet werden. Stellen Sie fest, wo Sie die diese Regelungen finden können.

1. Telekommunikationsgesetz
2. Gewinnspielverordnung
3. Preisansagerichtlinie
4. Handelsgesetzbuch
5. Rufnummernrecht

Situation zu den Aufgaben 32 bis 35:
Die IT der Dialogfix GmbH ist zahlreichen Bedrohungen ausgesetzt. Das Thema Sicherheit spielt daher im Arbeitsalltag eine entscheidende Rolle.

32. AUFGABE

Z

Ordnen Sie den nachstehenden Bedrohungsarten die passende Maßnahme zu, indem Sie jeweils die richtige Ziffer in das Kästchen eintragen.

- [ ] Computerviren
- [ ] Stromausfall
- [ ] Sabotage durch Einbruch
- [ ] Unbefugter Zugriff über das Internet
- [ ] Unsachgemäße Handhabung durch Benutzer

1. Schulungen mit dem Schwerpunkt Datensicherheit
2. Firewall
3. Unterbrechungsfreie Stromversorgung (USV)
4. Software zur Vermeidung des Befalls mit Schadprogrammen
5. Verwahrung wichtiger Hardware in sicher verschlossenen Räumen

33. AUFGABE

☐ Z

Ein Datenverlust wäre für die Dialogfix GmbH eine große Gefahr. Mit welcher Maßnahme sind die Datenbanksysteme der Dialogfix GmbH künftig besser geschützt?

1. Einrichtung einer weiteren Firewall
2. Auswertung der Zugriffsprotokolle
3. Vorgabe zum regelmäßigen Ändern der Passwörter
4. Regelmäßige Calls zur Adressqualifizierung bei den Kunden
5. Anschaffung einer USV (unterbrechungsfreie Stromversorgung) für den Server

34. AUFGABE

☐ Z

Sie erhalten eine E-Mail, in der Ihnen eine Stelle als Finanzmanager in einer unbekannten Firma angeboten wird. Sie sollen 3000,00 € monatlich mit 10 Wochenstunden verdienen können. Im Anhang der E-Mail befindet sich ein Dokument mit dem Dateinamen „Stellenbeschreibung". Wie verhalten Sie sich angemessen?

1. Weiterleitung der E-Mail an die Personalabteilung Ihres Arbeitgebers, um auf das Konkurrenzangebot aufmerksam zu machen.
2. Öffnen der Datei „Stellenbeschreibung" auf Ihrem PC.
3. Speichern und Öffnen der Datei auf einem USB-Stick.
4. Sofortiges Löschen der E-Mail mit Anhang.
5. Antwort per E-Mail, dass Sie an einer solchen Stelle nicht interessiert sind.

Z **35. AUFGABE** ☐

In einer E-Mail wird behauptet, dass sich in einer Stunde weltweit alle Internetserver selbst abschalten werden. Sie sollen diese Mail sofort weiterleiten! Es passiert natürlich nichts. Wie nennt man diese Art von E-Mails mit dem Ziel, Panik zu verbreiten?

1. Virus-Mail
2. Wurm-Mail
3. Adware-Mail
4. Spyware-Mail
5. Hoax-Mail

Situation zu den Aufgaben 36 bis 50:
Die Sicherheit der Kundendaten hat für die Dialogfix GmbH einen hohen Stellenwert. Daher ergreift das Unternehmen verschiedene Maßnahmen.

Z **36. AUFGABE** ☐

Alle Daten der Kundendatenbank der Dialogfix GmbH werden zum Zweck der Datensicherung einmal täglich auf einem sicheren Server im Internet gespeichert. Welche Funktion erfüllt diese tägliche Maßnahme?

1. Bei Ausfall der lokalen Datenbank kann der Server im Internet sofort den Betrieb übernehmen.
2. Die Geschwindigkeit steigt, da ein Server eingesetzt wird.
3. Durch die geringere Größe der Datenbank werden Kosten gespart.
4. Bei Datenzerstörung ist der Datenbestand des Vortages verfügbar und kann zurückgespielt werden.
5. Alle Datenbestände sind ständig aktuell.

Z **37. AUFGABE** ☐

Zur Anmeldung am IT-System der Dialogfix GmbH müssen Sie monatlich ein neues Passwort verwenden. Wie gehen Sie dabei sachgerecht vor?

1. Zunächst vergeben Sie ein neues Passwort, dann melden Sie sich wieder an und stellen wieder das alte Passwort ein.
2. Sie überlegen sich jeden Monat einen neuen Satz mit mindestens 8 Wörtern und bilden aus den Anfangsbuchstaben unter Verwendung von Groß- und Kleinschreibung sowie evtl. Ziffern und Sonderzeichen ein neues Passwort.
3. Sie verwenden jeden Monat einen neuen Vornamen eines Ihrer Arbeitskollegen.
4. Sie verwenden jeden Monat einen neuen Nachnamen eines Ihrer Lieblingsstars. Hierbei achten Sie darauf, nicht mehr als 8 Buchstaben zu verwenden, da lange Passwörter unkomfortabel sind.
5. Sie verwenden jeden Monat ein neues Geburtsdatum aus Ihrem Bekanntenkreis.

38. AUFGABE

☐ Z

Welche der nachstehenden Internetadressen kann durch SSL-Technologie die sichere Übertragung z. B. von Kontodaten gewährleisten?

1. www.sichereeingabe.dialogfix.de
2. ftp://security.dialogfix.de
3. https://daten.dialogfix.de
4. http://secure.daten.dialogfix.de
5. sttp://sicher.dialogfix.se

39. AUFGABE

☐ Z

Die Dialogfix GmbH verarbeitet viele personenbezogene Daten und hat daher einen Datenschutzbeauftragten ernannt. Prüfen Sie, für welche Aufgabe er jedoch nicht zuständig ist.

1. Dokumentation der Zugriffsberechtigungen für personenbezogene Daten
2. Schulung in der Anwendung von Programmen, die dazu dienen, personenbezogene Daten zu verarbeiten
3. Kontrolle der Einhaltung des Bundesdatenschutzgesetzes
4. Schulung der Mitarbeiter über die geltenden Vorschriften für den Datenschutz
5. Durchführung der täglichen Datensicherungsmaßnahmen

40. AUFGABE

☐ Z

Die Dialogfix GmbH verpflichtet alle Mitarbeiter, die mit sensiblen Kundendaten arbeiten, eine Erklärung zum Datenschutz zu unterschreiben. Welches Ziel wird mit der Abgabe einer solchen Erklärung verfolgt?

1. Erleichterung des Zugriffs auf personenbezogene Daten
2. Regelung des Datenaustausches zwischen Kunden
3. Schutz des Unternehmens gegen unberechtigte Zugriffe aus dem Internet
4. Gewährleistung der Korrektheit aller gespeicherten Daten
5. Schutz der Persönlichkeitsrechte von Kunden vor Gefahren, die durch die Datenverarbeitung entstehen

41. AUFGABE

☐ Z

Die Dialogfix GmbH muss einen neuen Datenschutzbeauftragten ernennen. Prüfen Sie, welche der nachstehenden Personen die Aufgabe des Datenschutzbeauftragten übernehmen darf.

1. Mitarbeiter der Versandabteilung ohne IT-Kenntnisse
2. Kaufmännischer Geschäftsführer
3. Leiter der IT-Abteilung
4. Mitglied des Betriebsrats, tätig im IT-Support
5. Personalleiter, Dipl.-Informatiker

Z **42. AUFGABE** ☐

Welche der nachstehenden Daten der Dialogfix GmbH fallen unter den besonderen Schutz des Bundesdatenschutzgesetzes (BDSG)?

1. Die Aufzeichnungen der Personalentwicklungsgespräche
2. Die Umsätze einzelner Vertriebsregionen der Dialogfix GmbH
3. Der Jahresgewinn der Dialogfix GmbH
4. Die Summe der Personalaufwendungen der Dialogfix GmbH
5. Die Stellenbeschreibungen einzelner Mitarbeiter

Z **43. AUFGABE** ☐

Bei welcher Maßnahme handelt es sich um eine Eingabekontrolle nach dem Bundesdatenschutzgesetz (BDSG)?

1. Die Daten sind so gespeichert, dass sie gegen zufällige Zerstörung und Verlust gesichert sind.
2. Die Tür zur EDV-Anlage ist mit einem Sicherheitsschloss gesichert.
3. Die IT-Verantwortlichen verfügen über Kennkarten, mit denen sich die Tür öffnen lässt.
4. Die Agents können nicht in der Kundendatenbank recherchieren, sondern sehen nur den Datensatz des Anrufers.
5. Es wird erfasst, welcher Agent die Kundendaten des Anrufers verändert hat.

Z **44. AUFGABE**

Die Dialogfix GmbH schützt die von ihr verarbeiteten personenbezogenen Daten mit zahlreichen technischen und organisatorischen Maßnahmen. Ordnen Sie den einzelnen Maßnahmen die zutreffende Bezeichnung zu.

☐ Die Agents können nur auf die personenbezogenen Daten jenes Auftraggebers zugreifen, für den sie gerade telefonieren.

☐ Bei einer Änderung der Auftragsdaten wird festgehalten, wann welcher Agent diese Änderung vorgenommen hat.

☐ Während der Arbeitszeit brauchen die Agents eine Schlüsselkarte, um ins Gebäude zu gelangen.

☐ Um am Computer zu arbeiten, müssen sich die Agents mit Benutzernamen und Passwort ins System einloggen.

☐ Alle personenbezogenen Daten werden regelmäßig gesichert. Darüber hinaus wird die Antivirensoftware permanent aktualisiert.

1. Zutrittskontrolle
2. Zugangskontrolle
3. Zugriffskontrolle
4. Eingabekontrolle
5. Verfügbarkeitskontrolle

45. AUFGABE ☐ Z

Die Dialogfix GmbH beabsichtigt, als Datenschutzbeauftragte die Leiterin der IT-Abteilung einzusetzen. Welche Aussage ist in diesem Fall richtig?

1. Diese Personalentscheidung wirft keine weiteren rechtlichen Fragen auf.
2. Für die Datenschutzbeauftragte würde der gleiche Kündigungsschutz wie für die anderen Mitarbeiter der IT-Abteilung gelten.
3. Beim nächsten Meeting stellt der Chef die IT-Abteilungsleiterin als Datenschutzbeauftragte vor. Damit ist der Datenschutzbeauftragte korrekt bestellt.
4. Um die erforderliche Zuverlässigkeit zu gewährleisten, darf kein Interessenkonflikt bei der Wahrnehmung der Funktionen bestehen. Deshalb ist die IT-Abteilungsleiterin als Datenschutzbeauftragte ungeeignet.
5. Die Dialogfix GmbH muss als Unternehmen immer eine externe Person als Datenschutzbeauftragten benennen. Der Vorschlag ist daher ungeeignet.

46. AUFGABE ☐ Z

Vor welcher der folgenden Bedrohungen für den Datenbestand kann sich die Dialogfix GmbH durch eine Antivirensoftware schützen?

1. Unsachgemäße Handhabung durch Benutzer
2. Wasserschaden
3. Würmer
4. Hitzeschaden
5. Direkter Zugriff durch Hacker auf den Computer

47. AUFGABE ☐☐ Z

Ein Mitauszubildender fragt Sie, bei welchen <u>zwei</u> Begriffen aus der Computersprache es sich <u>nicht</u> um Malware handelt. Wie müssen Sie zutreffend antworten?

1. Virus
2. Freeware
3. Spyware
4. Update
5. Trojanisches Pferd
6. Adware

48. AUFGABE ☐ Z

Die Mitarbeiter der Dialogfix GmbH sollen nur geeignete Passwörter verwenden. Stellen Sie fest, welches der folgenden Passwörter den besten Schutz bietet.

1. Lumpie123
2. 23@808143
3. Tobi@log
4. 2Meier!It
5. Be1!GaFL*5z

Z **49.** AUFGABE

Im innerbetrieblichen Unterricht der Dialogfix GmbH steht das Thema „Datensicherung" im Mittelpunkt. In dieser Schulung wird auch über die Bedeutung eines Backups berichtet. Die Auszubildende Melanie Meinel aus dem 1. Ausbildungsjahr kann damit nichts anfangen und bittet Sie um eine Erklärung. Welche Aussage trifft zu?

1. „Die Datenträger müssen in einem feuersicheren Raum untergebracht sein."
2. „Von allen Daten werden regelmäßig Sicherheitskopien angefertigt."
3. „Alle Datenträger werden mit einem Schreibschutz gegen versehentliches Löschen geschützt."
4. „Aus Sicherheitsgründen müssen die Passwörter aller Mitarbeiter im Kundenservice regelmäßig geändert werden."
5. „Ein Zugriff auf die Daten ist nur gemeinsam mit dem Systemadministrator und einem Vertreter des Betriebsrats möglich."

Z **50.** AUFGABE

Nach Angaben von Experten umfasst der Anteil an Spam-Mails am gesamten E-Mail-Verkehr rund 50 %. Welche Problematik lässt es daher erforderlich erscheinen, dass die Dialogfix GmbH ihre Mitarbeiter vor Spam schützt?

1. Durch Spam werden die Benutzerdaten der Mitarbeiter ausgespäht, illegale Systemanmeldungen werden dadurch möglich.
2. Spam legt die ACD lahm. Da nun keine Calls mehr eingehen, können die Mitarbeiter nicht weiterarbeiten.
3. Die Mitarbeiter werden durch Spam-Meldungen erschreckt.
4. Die Mitarbeiter verlieren kostbare Arbeitszeit mit dem Prüfen der E-Mails auf ihre tatsächliche Relevanz.
5. Durch Spam werden die ausgehenden E-Mails der Mitarbeiter an falsche Adressaten versendet.

Z **51.** AUFGABE

Die Dialogfix GmbH erfasst in der Kundendatenbank u. A. soziodemographische Daten. Prüfen Sie, welche zwei der nachfolgenden Informationen über die Kundin Manuela Bohnstädter zu dieser Datenkategorie gehört!

1. Anschrift: Rostocker Str. 42, 10555 Berlin
2. Arbeitgeber: Halberg AG
3. Familienstand: ledig
4. Geburtsdatum: 23.05.1995
5. Bestellung Smartphone „Esprit" am 28.01.
6. Mahnung wegen Zahlungsverzug verschickt am 05.03.

52. AUFGABE ☐ Z

Die Auszubildende Julia Lauer hat ihr Girokonto bei der AuszubildendenBank. Sie erhält folgende E-Mail. Welches Verhalten ist angebracht?

> Sehr geehrte Frau Lauer,
>
> wir haben neue AGB. Es ist unbedingt notwendik, dass Sie zum Weiterführung der Geschäftsbeziehung Einverständnis mit neues AGB erklären. Bitte loggen Sie sich mit ihre Zugangsdaten auf unserer Webseite www.auszubildendenbank.ru ein. Um die Einverständnis zu erklären halte Sie bitte eine TAN-Nummer bereit. Bedankt.

1. Julia sollte unverzüglich das Einverständnis auf der Webseite erklären, damit sie über ihre Auszubildendenvergütung weiter verfügen kann.
2. Julia sollte die angegebene Webseite besuchen. Wenn sie das gewohnte Erscheinungsbild aufweist, kann nichts passieren.
3. Julia sollte von der angegebenen Webseite die Finger lassen, da es sich um eine sogenannte Spam-Mail handelt.
4. Julia sollte von der angegebenen Webseite die Finger lassen, da es sich mit hoher Wahrscheinlichkeit um einen Phishing-Versuch handelt.
5. Wegen der schlecht verfassten E-Mail sollte sich Julia umgehend mit ihrer Bank in Verbindung setzen, damit solche E-Mails die Bank nicht mehr verlassen.

53. AUFGABE ☐ Z

Die Dialogfix GmbH führt im Auftrag eine Kundenzufriedenheitsumfrage durch. Fehler bei der Dateneingabe sollen schon im Vorfeld softwaretechnisch vermieden werden. Welche der folgenden Maßnahmen trägt dazu bei?

1. Deklarierung von Pflichtfeldern in der Eingabemaske
2. Erstellung eines Gesprächsleitfadens
3. Regelmäßige Sicherung der Datenbank
4. Installation der Datenbank auf einem besonders geschützten Server
5. Einsatz einer USV (unterbrechungsfreie Stromversorgung) an den Arbeitsplätzen

54. AUFGABE ☐ Z

Prüfen Sie, welcher Bestandteil eines Antivirenprogramms dafür sorgt, dass gefundene potenzielle Viren keinen Schaden mehr anrichten können.

1. Wächter
2. Updater
3. Zeitplaner
4. Task-Manager
5. Quarantäne

Z

55. AUFGABE

Mit welcher der aufgeführten Aufgaben ist eine Firewall nicht betraut?

1. Paketfilterung
2. Programmzugriffskontrolle
3. Meldung von Angriffen
4. Identifikation von Viren
5. Abschirmen des Netzwerks nach außen

Z

56. AUFGABE

Ein IT-Verantwortlicher stellt den neuen Auszubildenden die Maßnahmen zum physikalischen Datenschutz vor. Prüfen Sie, welchen Punkt er dabei nicht nennen wird.

1. Mithilfe einer Alarmanlage sind die Räumlichkeiten geschützt.
2. Eine brandsichere Tür mit Sicherheitsschloss verwehrt Flammen und Fremden den Zugang.
3. Die unterbrechungsfreie Stromversorgung (USV) schützt die EDV-Anlage vor einem Ausfall des Stroms.
4. Moderne Klimatechnik verhindert ein Überhitzen der einzelnen Komponenten.
5. Die Antivirensoftware wird regelmäßig auf den neuesten Stand aktualisiert.

Z

57. AUFGABE

Bei welcher Art der Datensicherung ist die Rücksicherung des Datenbestandes mithilfe einer einzigen Sicherung möglich?

1. Komplett-Back-up
2. Inkrementelles Back-up
3. Differenzielles Back-up
4. Partielles Back-up
5. Changement Back-up

Z

58. AUFGABE

Die Dialogfix GmbH setzt zur Verwaltung der Kundendaten ein relationales Datenbanksystem ein. Stellen Sie fest, welcher der nachstehenden Punkte einen Vorteil eines relationalen Datenbanksystems beschreibt.

1. Die Einhaltung des Datenschutzes ist automatisch gewährleistet.
2. Der Zugriff kann gleichzeitig von mehreren Arbeitsplätzen erfolgen.
3. Durch die dezentrale Datenspeicherung in einzelnen Tabellen ist das System vor Hackerangriffen geschützt.
4. Der verschlüsselte Datenaustausch mit dem Kunden ist möglich.
5. Die Gefahr des Anlegens von Dubletten ist ausgeschlossen.

59. AUFGABE ☐ Z

Stellen Sie fest, wobei es sich um Bewegungsdaten handelt.

1. Rechnungsbetrag
2. Kundennummer
3. Geburtsdatum
4. Name
5. Steuernummer

60. AUFGABE ☐ Z

Welche Tätigkeit ist der Datenpflege zuzuordnen?

1. Suchen nach bestimmten Daten
2. Exportieren von Daten
3. Ausdruck von Daten
4. Aktualisierung von Daten
5. Restore (Wiederherstellen) von Daten

61. AUFGABE ☐ Z

Bei der Eingabe von Daten gilt der Grundsatz der Redundanzvermeidung. Prüfen Sie, welche Begriffserklärung diesen Grundsatz treffend umschreibt.

1. Das empfohlene Produkt muss zum Kunden passen.
2. Die eingegebenen Daten müssen vollständig sein.
3. Es dürfen keine Daten erfasst werden, die sich in Kürze ändern werden.
4. Die Daten müssen richtig eingegeben werden.
5. Ein Datensatz darf nicht durch Versehen doppelt angelegt werden.

Situation zu den Aufgaben 62 bis 65:
Die Dialogfix GmbH setzt zur Speicherung ihrer Kundendaten ein relationales Datenbanksystem ein.

62. AUFGABE ☐

Ein wichtiges Ziel ist dabei die Speicherung konsistenter Daten. Welche der nachstehenden Beschreibungen für den Begriff Datenkonsistenz ist zutreffend?

1. Grundsätzlich richtige Daten (z. B. die korrekte Telefonnummer eines Kunden)
2. Daten, die sich gegenseitig nicht widersprechen
3. Daten, die für Marketingzwecke verwendet werden können
4. Daten über die Zahlungsfähigkeit des Kunden
5. Langfristig gespeicherte Daten

63. AUFGABE

Prüfen Sie, welche der nachfolgenden Auflistungen die korrekte Reihenfolge der Bestandteile einer relationalen Datenbank vom kleinsten Element bis zum größten Element wiedergibt.

1. Datenfeld, Tabelle, Datensatz, Datenbank
2. Datenbank, Datensatz, Tabelle, Datenfeld
3. Datensatz, Datenfeld, Tabelle, Datenbank
4. Datenfeld, Datenbank, Datensatz, Tabelle
5. Tabelle, Datenfeld, Datenbank, Datensatz
6. Datenfeld, Datensatz, Tabelle, Datenbank

64. AUFGABE

Bei der Speicherung von Daten in relationalen Datenbanken spielen Primärschlüssel und Sekundärschlüssel eine wichtige Rolle. Stellen Sie fest, welche Beschreibung für den Sekundärschlüssel zutreffend ist.

1. Der Sekundärschlüssel ist ein zwingend benötigtes Feld, um Daten in einer Tabelle zu finden.
2. Der Sekundärschlüssel stellt eine Verbindung zwischen Tabellen her.
3. Der Sekundärschlüssel ist eine vom Verwalter der Datenbank gewählte Tabelle, die eine Datenbank eindeutig identifiziert.
4. Der Sekundärschlüssel ist ein beliebiges Feld in einer Tabelle, das der schnellen Suche von Daten dient.
5. Der Sekundärschlüssel dient der Verschlüsselung von geheimen Inhalten (z. B. Kontodaten) in einer Datenbank.

65. AUFGABE

Primärschlüssel dienen der eindeutigen Identifizierung eines Datensatzes und sollten möglichst kurz sein. Welches Feld in einer Tabelle mit Kundenstammdaten eignet sich am besten als Primärschlüssel?

1. Kundenname
2. Geburtsdatum
3. Fünfstellige Kundennummer
4. IBAN des Kunden
5. 14-stellige Sozialversicherungsnummer
6. Postleitzahl des Wohnortes
7. Mobilfunknummer des Kunden

Situation zu den Aufgaben 66 bis 70:

Die Dialogfix GmbH speichert ihre Kunden- und Bestelldaten in einer relationalen Datenbank, aus der nachstehend ein Ausschnitt dargestellt wird.

Kundengruppen

KundenGruppe	Bezeichnung	...
G1 **1**	Privatkunde	
G2	Geschäftskunde	
...	...	

Kunden **2**

KundenNr	Nachname	Vorname **3**	GebDatum	KundenGruppe	...
K1	Marx	Elisabeth	25.07.1973	G2 **4**	
K2	Calsing	Marie	26.09.1987	G1	
K3	Linsler	Elaine	28.02.1991	G1	
...	...	...	...	...	

Bestellungen

BestellNr	KundenNr	BestDatum	...
B1	K3	25.02	
B2	K1	27.02 **5**	
B3	K2	27.02	
...	...	...	

66. AUFGABE

Ordnen Sie die nachstehenden Begriffe den Ziffern aus der obigen Darstellung der relationalen Datenbank zu.

- ☐ Datensatz
- ☐ Tabellenbezeichnung
- ☐ Primärschlüssel
- ☐ Datenfeldbezeichnung
- ☐ Fremdschlüssel

67. AUFGABE

Prüfen Sie, welche Aussage zur Kundin Elisabeth Marx zutreffend ist.

1. Geschäftskundin, unter 40 Jahre alt
2. Privatkundin, hat am 27.02. eine Bestellung getätigt
3. Privatkundin mit der Bestellnummer B3
4. Geschäftskundin mit der Bestellnummer B2
5. Keine der Aussagen ist richtig.

68. AUFGABE

Stellen Sie fest, welche der nachfolgenden Aussagen auf die dargestellte Datenbank zutrifft.

1. Die Bezeichnung der Kundengruppe ist numerisch.
2. Die Kundennummer wurde nach einem alphanumerischen Schema zusammengesetzt.
3. Die Bestellnummer wurde nach einem alphabetischen Schema zusammengesetzt.
4. Die verwendeten Datenfeldbezeichnungen wurden nach einem alphanumerischen Schema zusammengesetzt.
5. Bei den Nachnamen handelt es sich um Rechendaten.

69. AUFGABE

In welcher Tabelle aus obigem Beispiel befinden sich Bewegungsdaten?

1. In allen Tabellen befinden sich Bewegungsdaten.
2. In der Tabelle Kundengruppen.
3. In der Tabelle Bestellungen.
4. In der Tabelle Kunden.
5. Es gibt in dieser Datenbank keine Bewegungsdaten.

70. AUFGABE

Prüfen Sie, welche Aussage zur Kundin Marie Calsing zutreffend ist.

1. Geschäftskundin, Bestelldatum 25.02.
2. Geschäftskundin, Geburtsdatum 26.09.1987
3. Privatkundin, Bestellnummer B3
4. Geschäftskundin, Kundennummer K2
5. Privatkundin, Kundengruppe 4

Lösungen zu Kapitel 9

1. 1
2. 5
3. 1
4. 3
5. 2
6. 2
7. 1
8. 3
9. 3
10. 3
11. 3
12. 4
13. 3
14. 3
15. 4
16. 96 Sekunden
17. 4, 5
18. 1
19. 4
20. 4
21. 2, 1, 6, 4, 5, 3
22. 4, 1, 2, 5, 3
23. 2
24. 3
25. 3
26. 4, 5, 3, 2, 1
27. 4
28. 3
29. 2
30. 3
31. 1
32. 4, 3, 5, 2, 1
33. 5
34. 4
35. 5
36. 4
37. 2
38. 3
39. 5
40. 5
41. 4
42. 1
43. 5
44. 3, 4, 1, 2, 5
45. 4
46. 3
47. 2, 4
48. 5
49. 2
50. 4
51. 3, 4
52. 4
53. 1
54. 5
55. 4
56. 5
57. 1
58. 2
59. 1
60. 4
61. 5
62. 2
63. 6
64. 2
65. 3
66. 5, 2, 1, 3, 4
67. 4
68. 2
69. 3
70. 3

10 Projektvorbereitung

Hinweis:
Häufig ist es sinnvoll, Projekte in ihrer Gesamtheit zu betrachten. Daher finden sich in diesem Kapitel auch einige Aufgaben zu den Themen Projektdurchführung und Projektcontrolling.

Situation zu den Aufgaben 1 bis 14:
Die MobilTelco GmbH stellt seit einigen Wochen zunehmende Forderungsausfälle fest. Der Versand von Mahnungen erwies sich bislang als weitgehend ergebnislos. Die Dialogfix GmbH erhält daher die Anfrage, 50000 säumige Kunden telefonisch nachzufassen und auf fällige Zahlungen und die daraus resultierenden Folgen hinzuweisen.

1. AUFGABE ☐☐

Ein Projekt unterscheidet sich von anderen Aufgaben der Dialogfix GmbH. Stellen Sie fest, mit welchen zwei Aussagen die Besonderheiten eines Projekts richtig charakterisiert werden können.

1. Ein Projekt ist zeitlich, finanziell und personell begrenzt.
2. Projekte können ohne Abgrenzung im Tagesgeschäft bearbeitet werden.
3. An einem Projekt ist maximal eine Organisationseinheit beteiligt.
4. Projekte sind durch häufig wiederkehrende Rahmenbedingungen gekennzeichnet.
5. Ein Projekt ist einmalig in der Gesamtheit seiner Bedingungen.
6. Die für Projekte erforderlichen Ressourcen sind gut vorhersehbar, deshalb ist die Gefahr einer Überschreitung von vorgesehenen Begrenzungen gering.

2. AUFGABE

Für das Projekt der MobilTelco GmbH sollen die folgenden Arbeitsschritte in die richtige Reihenfolge gebracht werden. Tragen Sie dazu die Ziffern 1 bis 5 in die Kästchen neben den Schritten ein.

☐ Durchführung der Nachfassaktion

☐ Klärung der Anforderungen und Definition der Ziele mit dem Auftraggeber

☐ Mitarbeiterschulung

☐ Interne Projektplanung

☐ Reporting (Abschlussbericht) und Projektreview erstellen

3. AUFGABE ☐

Welche Projektherkunft liegt in diesem Projekt vor?

1. Es handelt sich um ein Inhouse-Projekt.
2. Es handelt sich um ein internes Projekt.
3. Es handelt sich um ein Fremdprojekt (Outsourcing).
4. Es handelt sich um ein Eigenprojekt.
5. Es handelt sich um ein Mischprojekt (Mixed).

4. AUFGABE

Im Rahmen einer Machbarkeitsstudie prüft die Dialogfix GmbH zunächst, ob es möglich ist, dieses Projekt umzusetzen. Dazu wurde eine Checkliste mit Fragen erarbeitet, die es im Vorfeld zu beantworten gilt. Für die Präsentation vor der Geschäftsführung bittet Sie der Projektleiter, diese Fragen in vorgegebene Bereiche zu kategorisieren. Ordnen Sie die folgenden fünf Bereiche entsprechend zu, indem Sie die Kennziffern neben den möglichen Fragen eintragen.

☐ Genügen die Fachkenntnisse für alle Projektanforderungen?
☐ Wird das notwendige Projektbudget vorhanden sein?
☐ Ist das geplante Projektziel termingerecht erreichbar?
☐ Rechtfertigt der erwartete Nutzen die entstehenden Kosten?
☐ Welche Software wird benötigt?

1. Mitarbeiter
2. Ausstattung
3. Finanzen
4. Zeit
5. Wirtschaftlichkeit

5. AUFGABE

Um die Wirtschaftlichkeit des Projekts sicherzustellen, dürfen die Gespräche die kalkulierte Average Handling Time (AHT) keinesfalls überschreiten. Aus diesem Grund werden Sie beauftragt, einen Gesprächsleitfaden zu erstellen. In einem Brainstorming wurden bereits die wichtigsten Gesprächsinhalte zusammengefasst und gegliedert. Bringen Sie die folgenden Gesprächsphasen in die richtige Reihenfolge, indem Sie die Kennziffern 1 bis 6 neben den jeweiligen Gesprächsphasen eintragen.

☐ Begrüßung und Einstieg
☐ Legitimation des Gesprächspartners
☐ Verabschiedung
☐ Zusammenfassung
☐ Gesprächsbereitschaft herstellen und offenen Betrag als Gesprächsgrund nennen
☐ Erneute Abbuchung vom Konto des Kunden anbieten

6. AUFGABE

Um den Projektablauf übersichtlich in Entwicklungsphasen zu gliedern, sollen Meilensteine festgelegt werden. Aus dem Projektteam werden dazu unterschiedliche Vorschläge präsentiert. Bestimmen Sie aus diesen Vorschlägen den Anlass, der als Meilenstein geeignet ist.

1. Projektdurchführung
2. Kick-off-Meeting
3. Projektvorbereitung
4. Projektplanung
5. Zielvereinbarungsgespräch

7. AUFGABE

Die zu erreichenden Ziele stellen die zentrale Arbeitsgrundlage in jedem Projekt dar. Dabei lassen sich Projektziele nach ihren Funktionen unterteilen. Stellen Sie fest, welche Funktion Projektziele nicht haben.

1. Präzisierungsfunktion
2. Orientierungsfunktion
3. Motivationsfunktion
4. Kontrollfunktion
5. Automatisierungsfunktion

8. AUFGABE

Einzelne Projektziele stehen häufig in Konkurrenz zueinander. Für mögliche Zielkonflikte hat sich auch der Begriff „magisches Dreieck der Projektziele" eingebürgert. Stellen Sie fest, welche Zielgrößen dabei angesprochen werden.

1. Kosten – Führung – Kennzahlen
2. Leistung – Zeit – Output
3. Input – Mitarbeiter – Controlling
4. Leistung – Kosten – Zeit
5. Personal – Produkte – Preis

9. AUFGABE

Für das Projekt sind 350 000,00 € als Budget veranschlagt worden. Der Projektleiter möchte jeweils dann eine Meldung bekommen, wenn 30 %, 70 % und 90 % des Budgets aufgebraucht sind. Welche Antwortkombination ist richtig?

1. 115 000,00 €, 245 000,00 € und 315 000,00 €
2. 105 000,00 €, 245 000,00 € und 315 000,00 €
3. 105 000,00 €, 235 000,00 € und 315 000,00 €
4. 120 000,00 €, 245 000,00 € und 335 000,00 €
5. 115 000,00 €, 245 000,00 € und 335 000,00 €

10. AUFGABE

Zur Spezifizierung der einzelnen Aufgaben sollen Arbeitspakete erstellt werden. Stellen Sie fest, mit welcher Definition Arbeitspakete zutreffend beschrieben werden.

1. Ein Arbeitspaket bezeichnet eine geschlossene Aufgabenstellung in einem Projekt, die fristgerecht zu bearbeiten ist.
2. Arbeitspakete sind bedeutsame Ereignisse und legen kritische Schritte fest.
3. Ein Arbeitspaket ist das Endergebnis einer Projektphase, die den Start einer anderen Phase auslöst.
4. Arbeitspakete bezeichnen Projektkosten, welche das Eigenkapital mindern.
5. Bei Arbeitspaketen handelt es sich um eine möglichst chronologische Aufzählung einzelner Projektstrukturpläne.

11. AUFGABE

Der verantwortliche Projektleiter Lutz Michel erkrankt kurzfristig. Sie übernehmen vertretungsweise die Projektleitung. Ihre erste Aufgabe ist die Erstellung von Projektteilplänen. Worum müssen Sie sich dabei jedoch zunächst <u>nicht</u> kümmern?

1. Kostenplanung
2. Projektstrukturplanung
3. Terminplanung
4. Einsatzmittelplanung
5. Pausenplanung

12. AUFGABE

Sie werden ebenfalls beauftragt, am Projektstrukturplan (PSP) mitzuwirken. Welche Aufgabe müssen Sie dazu erfüllen?

1. Meilensteine chronologisch ordnen
2. Alle Arbeitspakete vollständig und hierarchisch anordnen
3. Organigramm der Projektorganisation erstellen
4. Projektziele auf Machbarkeit prüfen
5. Sämtliche Schnittstellen katalogisieren und testen

13. AUFGABE

Nachdem der verantwortliche Projektleiter Lutz Michel längerfristig ausfällt, überträgt Ihnen die Geschäftsführung weitere Kompetenzen im Hinblick auf die Leitung des Projekts. Welche Tätigkeit zählt dabei <u>nicht</u> zu Ihrem Verantwortungsbereich?

1. Vorschlagsrecht für die Zusammensetzung des Projektteams
2. Projektgebundenes Weisungsrecht
3. Ermittlung der Risiken und Einsteuerung vorbeugender Maßnahmen
4. Strategische Neuausrichtung des Projektmanagements im Unternehmen
5. Teilnahme an projektrelevanten Verhandlungen

14. AUFGABE

Nachdem am Ende des Projektes „MobilTelco" das Projektreporting fertiggestellt wurde, erstellen Sie ein Projektreview. Stellen Sie fest, welche der folgenden Aussagen ein Projektreview zutreffend beschreibt.

1. Projektreviews zeigen die vollständige, hierarchische Anordnung aller Teilaufgaben eines Projekts.
2. Ein Projektreview beschränkt sich auf die Schwächen und Fehler im Projektverlauf, um diese für zukünftige Projekte von vornherein auszuschließen.
3. Ein Projektreview sollte aus Gründen der Datensparsamkeit nur der Geschäftsleitung in schriftlicher Form zur Verfügung gestellt werden.
4. Ein Projektreview dient der Nachbetrachtung eines abgeschlossenen Projekts, um aus den gewonnenen Erfahrungen für zukünftige Projekte zu lernen.
5. Projektreviews gliedern das Projekt vorab in einzelne Arbeitspakete und ermöglichen dadurch eine präzise Projektplanung.

Situation zu den Aufgaben 15 bis 22:
Die Dialogfix GmbH erhält eine Anfrage des Versicherungsunternehmens Versicom AG. Ziel des Auftraggebers ist es, bei 15 000 Kunden, die nicht auf ein Mailing zur Umstellung der Hausratversicherungstarife reagiert haben, telefonisch nachzufassen und eine Vertragsumstellung zu erreichen. Sie nehmen an den internen Vorgesprächen der Dialogfix GmbH teil.

15. AUFGABE

Thema ist zunächst die Wirtschaftlichkeitsprüfung des Projektes. Dazu Erika Wurz, Leiterin der Meetings: „Durchschnittlich werden für das Projekt 110 000,00 € gebunden sein. Wir erwarten dabei einen Projektgewinn von 22 000,00 €." Stellen Sie fest, wie hoch die Rentabilität (in Prozent) für dieses Projekt ist.

16. AUFGABE

Für die Projektlaufzeit von 6 Wochen sollen 20 Mitarbeiter der Dialogfix GmbH von ihrer eigentlichen Arbeit freigestellt werden. Das Projektbudget darf dabei 100 000,00 € nicht überschreiten. Um welche Art von Projekt handelt es sich?

1. Teilzeit-Projekt – B-Projekt – Projektgröße: mittel – Dienstleistungsprojekt
2. Vollzeit-Projekt – A-Projekt – Projektgröße: mittel – Inhouseprojekt
3. Vollzeit-Projekt – C-Projekt – Projektgröße: groß – Dienstleistungsprojekt
4. Vollzeit-Projekt – B-Projekt – Projektgröße: mittel – Dienstleistungsprojekt
5. Teilzeit-Projekt – A-Projekt – Projektgröße: klein – Dienstleistungsprojekt

17. AUFGABE

Im Rahmen der Machbarkeitsprüfung muss die Dialogfix GmbH verschiedene Fragen klären. Geben Sie an, welcher Punkt nicht dazugehört.

1. Ist die notwendige Anzahl von Mitarbeitern vorhanden?
2. Wie viel voll ausgestattete Arbeitsplätze sind erforderlich?
3. Wird das notwendige Projektbudget vorhanden sein?
4. Ist das geplante Projektziel realistisch erreichbar?
5. Steht für das Kick-off-Meeting der Besprechungssaal zur Verfügung?

18. AUFGABE

Für den Projektauftrag muss das Projektziel mit den einzelnen Teilzielen definiert werden. Welche Zielzuordnung ist falsch?

1. Leistungs- und Qualitätsziel: Die Mitarbeiter können alle Fragen zu den Tarifen der Hausratversicherung kompetent beantworten.
2. Terminziel: Bis zum Ende des Projektes sind alle Kunden kontaktiert worden.
3. Kostenziel: Das Projektbudget darf nicht überschritten werden.
4. Wirtschaftliches Ziel: Die Mitarbeiter der Dialogfix GmbH geben sich am Telefon als Mitarbeiter der Versicom AG aus.
5. Leistungs- und Qualitätsziel: Die Stornoquote muss unter 5 % liegen.

19. AUFGABE

Für das Projekt wurde der nachstehende Projektauftrag erstellt. Prüfen Sie, welcher Punkt nicht dazugehört.

1.	Name des Projekts:	Versicom AG 01
2.	Projektanlass:	Telefonische Nachfassaktion Umstellung Hausratversicherung
3.	Projektleiter:	Wolfgang Schmidt
4.	Zielgruppe:	15 000 Kunden der Versicom AG
5.	Projektreview:	20. Oktober
6.	Projektierte Dauer:	6 Wochen
7.	Projektteam:	20 Mitarbeiter
8.	Projektbudget:	100 000,00 €

20. AUFGABE

In der ersten Projektbesprechung erfahren Sie vom Projektleiter, welche wichtigen Funktionen Ziele übernehmen. Welcher Aussage dürfen Sie jedoch nicht zustimmen?

1. Präzisierungsfunktion
2. Kostenvermeidungsfunktion
3. Orientierungsfunktion
4. Motivationsfunktion
5. Kontrollfunktion

21. AUFGABE

Welche zwei der folgenden Aufgaben haben für die Dialogfix GmbH in der Projektvorbereitungsphase keine Relevanz?

1. Die Ziele und Zielinhalte ermitteln
2. Die Ziele auf Machbarkeit überprüfen
3. Die erforderlichen Ressourcen bereitstellen
4. Die Erreichung aller Meilensteine überprüfen
5. Die Projektorganisation festlegen
6. Das Projektreporting erstellen

22. AUFGABE

Im Auftrag des Projektleiters sollen Sie für die nächste Sitzung eine PowerPoint-Folie mit der Unterscheidung der Teilziele in quantitative und qualitative Ziele erstellen. Ordnen Sie zu:

- [ ] Einhaltung der Höhe des Projektbudgets
- [ ] Qualifizierung der Mitarbeiter zum Thema Hausratversicherung
- [ ] Auftreten der Mitarbeiter der Dialogfix GmbH als Mitarbeiter der Versicom AG
- [ ] Stornoquote kleiner als 5 %
- [ ] Beachtung des von der Versicom AG vorgegebenen Gesprächsleitfadens
- [ ] Kontaktieren aller Kunden bis zum geplanten Ende des Projekts

1. Quantitatives Ziel
2. Qualitatives Ziel

Situation zu den Aufgaben 23 bis 32:

Die Dialogfix GmbH wird vom Pay-TV-Sender „Thema-TV" mit dem Projekt „Umstellung des Verschlüsselungssystems" beauftragt. Den 200000 Abonnenten soll eine neue Berechtigungskarte (Smartcard) mit der Bitte zugesandt werden, mit dieser Smartcard die alte Karte im Receiver zu ersetzen und die alte Karte in einem Freiumschlag zurückzusenden. Alle Kunden, deren alte Karte nach 4 Wochen noch nicht vorliegt, sollen telefonisch kontaktiert werden. Gleichzeitig wird eine Hotline geschaltet, die Kundenanfragen im Zusammenhang mit dem Kartentausch beantworten kann. Nach einer Projektlaufzeit von 3 Monaten sollen 95 % aller Smartcards ausgetauscht sein. Die Dialogfix GmbH stellt ein Team unter der Führung eines erfahrenen Projektleiters zusammen, der über ein Budget von 100000,00 € verfügen kann.

23. AUFGABE

Welches der nachstehenden Merkmale aus der beschriebenen Situation ist kein zwingendes Projektmerkmal?

1. Es gibt eine Zielvorgabe.
2. Es liegt Einmaligkeit vor.
3. Es gibt eine zeitliche und finanzielle Begrenzung.
4. Es gibt einen externen Auftraggeber.
5. Es gibt eine projektspezifische Organisation.

24. AUFGABE

Welche der nachstehenden Feststellungen zum vorgegebenen Projektziel ist ein Bestandteil der SMART-Regel?

1. Das Ziel muss hochgesteckt sein, damit man sich ausreichend anstrengt.
2. Zu einfache Ziele führen zur Demotivation des Projektteams.
3. Terminvorgaben für Ziele sollten unterlassen werden, um unnötigen Druck zu vermeiden.
4. Es genügt, wenn die genaue Umschreibung des Ziels am Projektende erfolgt.
5. Zielvorgaben müssen messbar sein, um eine Erfolgskontrolle durchführen zu können.

25. AUFGABE

Die Dialogfix GmbH bildet nun für das Projekt Arbeitspakete. Welche der nachstehenden Aussagen zu Arbeitspaketen ist falsch?

1. Arbeitspakete dienen der Übersichtlichkeit eines Projektes.
2. Arbeitspakete sind unabhängig von Verantwortlichkeiten zu bilden.
3. Arbeitspakete sind oft voneinander abhängig.
4. Arbeitspakete können völlig unabhängig voneinander sein.
5. Arbeitspakete können meist in Phasen zusammengefasst werden.

26. AUFGABE

Die Dialogfix GmbH stellt die Arbeitspakete zum vorliegenden Projekt in einem Projektstrukturplan dar. Welche Aussage zum Projektstrukturplan trifft zu?

1. Ein Projektstrukturplan ist die vollständige, hierarchische Anordnung aller Arbeitspakete eines Projektes.
2. Durch den Projektstrukturplan werden Vorgänger und Nachfolger eines Arbeitspaketes ersichtlich.
3. Gleichzeitig ablaufende Arbeitspakete werden im Projektstrukturplan durch parallele Linien gekennzeichnet.
4. Mit einem Projektstrukturplan können die Auswirkungen zeitlicher Verschiebungen getestet werden.
5. Der Projektstrukturplan dient vorrangig der Risikoanalyse.

27. AUFGABE

Für das vorliegende Projekt setzt die Dialogfix GmbH Meilensteine. Welche zwei Aussage zu Meilensteinen sind zutreffend?

1. Meilensteine haben keinen Einfluss auf die Projektplanung.
2. Es sollten möglichst viele Meilensteine gesetzt werden, um den Projektfortschritt genau überwachen zu können.
3. Meilensteine sind nur bei externen Projekten von Bedeutung.
4. Meilensteine dürfen nur am Beginn einer Projektphase stehen.
5. Meilensteine markieren stets einen Zeitpunkt innerhalb des Projektes und haben keine Dauer.
6. Zu viele Meilensteine innerhalb eines Projektes sind nicht sinnvoll, weil dann die Übersichtlichkeit nicht mehr gewährleistet ist.

28. AUFGABE

Bei der Dialogfix GmbH sind sowohl ein Projektmanager als auch ein Projektleiter mit dem beschriebenen Vorhaben betraut. Welche Aussage über diese beiden Projektbeteiligten ist korrekt?

1. Der Projektleiter steht in der Hierarchie über dem Projektmanager und hat die Aufgabe, mehrere Projekte zu koordinieren.
2. Der Projektmanager steht in der Hierarchie über dem Projektleiter und hat die Aufgabe, mehrere Projekte zu koordinieren.
3. Projektleiter und Projektmanager sind grundsätzlich auf gleicher Hierarchieebene angesiedelt.
4. Jedes Projekt benötigt gemäß der DIN-Definition zwingend einen Projektmanager und einen Projektleiter.
5. Der Projektmanager bestimmt das Team, mit dem der Projektleiter arbeiten muss.

29. AUFGABE

Der Projektleiter der Dialogfix GmbH übernimmt im vorliegenden Projekt Aufgaben aus den Bereichen Planung, Steuerung und Kontrolle. Stellen Sie fest, welche zwei Tätigkeiten in den Bereich Planung gehören.

1. Überprüfung von Projektablauf und Zielerreichung
2. Einleitung von Korrekturmaßnahmen
3. Zielabstimmung mit dem Auftraggeber
4. Führung des Teams
5. Zusammenstellung des Teams
6. Überprüfung der Teilzielerreichung
7. Durchführung von Soll-Ist-Vergleichen

30. AUFGABE

Die Dialogfix GmbH greift im Zusammenhang mit dem vorliegenden Projekt auch auf die Unterstützung externer Spezialisten zurück. Welche der nachstehenden Aussagen ist in diesem Zusammenhang nicht richtig?

1. Externe Spezialisten bieten intern nicht vorhandene Kompetenzen.
2. Externe Spezialisten sind generell kostengünstiger als interne Mitarbeiter.
3. Die Urteilsfähigkeit externer Spezialisten ist nicht durch Betriebsblindheit behindert.
4. Externe Spezialisten sind neutral gegenüber betriebsinternen Zusammenhängen.
5. Kosten für die Einstellung und langfristige Beschäftigung interner Spezialisten werden vermieden.

31. AUFGABE

Im Zusammenhang mit dem vorliegenden Projekt veranstaltet die Dialogfix GmbH ein Kick-off-Meeting. Welchem Zweck dienen Kick-off-Meetings?

1. Kick-off-Meetings dienen der Aushandlung von Vertragsdetails zwischen Auftraggeber und Auftragnehmer.
2. Kick-off-Meetings werden zur Auswahl der Teammitglieder veranstaltet.
3. In Kick-off-Meetings wird das Projektbudget ermittelt.
4. Kick-off-Meetings dienen der Information und Motivation und sollen ein gemeinsames Verständnis für das Projekt unter allen Beteiligten schaffen.
5. In Kick-off-Meetings werden erste Probleme im Projektverlauf besprochen und mögliche Gegenmaßnahmen beraten.

32. AUFGABE

Zu welchem Zeitpunkt müssen Sie das Kick-off-Meeting durchführen?

1. Der Termin für das Kick-off-Meeting kann frei gewählt werden
2. Vor den Verhandlungen mit dem Auftraggeber
3. Vor Beginn der Projektdurchführung
4. Am Ende der Projektdurchführung
5. Zeitgleich mit dem Projektcontrolling

Situation zu den Aufgaben 33 bis 41:

Die Dialogfix GmbH soll im Auftrag der Werkstattkette Autoteile Regun AG eine Befragung zur Kundenzufriedenheit durchführen. Befragt werden alle 150 000 Kunden, die im letzten Monat eine Werkstatt der Kette besucht haben. Kunden, die aufgrund einer Unzulänglichkeit der Werkstatt eine besonders schlechte Bewertung abgegeben haben, sollen ein Anschreiben sowie einen Gutschein als Entschuldigung bekommen. Ziel des Projektes ist es, ein Ranking der Filialen bezüglich der Kundenzufriedenheit zu erstellen, um darauf basierend entsprechende Maßnahmen einleiten zu können. Einmalig unzufriedene Kunden sollen über den Gutschein den Kontakt zu ihrer Filiale nicht verlieren und als Kunden erhalten bleiben. Die Dialogfix GmbH und die Autoteile Regun AG planen für das Projekt eine Laufzeit von 4 Wochen und ein Budget von 200 000,00 € ein.

33. AUFGABE ☐

Aus welchem Grund wird das beschriebene Vorhaben – neben anderen Kriterien – von der Dialogfix GmbH zwingend als Projekt betrachtet?

1. Es handelt sich um ein Projekt, weil mehrere Mitarbeiter aus unterschiedlichen Abteilungen beteiligt sind.
2. Es handelt sich um ein Projekt, weil es sich um ein einmaliges Vorhaben handelt.
3. Es handelt sich um ein Projekt, weil es einen externen Auftraggeber gibt.
4. Es handelt sich um ein Projekt, weil noch zusätzliche Mitarbeiter eingestellt werden müssen.
5. Es handelt sich um ein Projekt, weil es sich um ein Vorhaben aus dem Bereich Outbound handelt.

34. AUFGABE ☐

Welche der nachstehenden Auflistungen nennt lediglich die zwingend notwendigen Beteiligten an einem Projekt?

1. Auftraggeber, Lenkungsausschuss, Projektleiter
2. Auftraggeber, Fachausschuss, Projektleiter
3. Auftraggeber, Projektleiter, Projektteam
4. Projektleiter, Projektteam, Projektcontroller
5. Projektleiter, Projektteam, Projektmanager

35. AUFGABE ☐

Die Autoteile Regun AG und die Dialogfix GmbH erstellen einen Projektauftrag, der gemeinsam unterzeichnet wird. Welches der folgenden Stichworte ist in der Regel nicht Bestandteil eines Projektauftrages?

1. Zielformulierung
2. Rahmenbedingungen
3. Projektbeschreibung/Anlass
4. Namen von Auftraggeber und Auftragnehmer
5. Namensliste der Teammitglieder

36. AUFGABE

Den im Projektauftrag festgelegten Projektzielen können bestimmte Funktionen zugeordnet werden, die die Arbeit des Projektleiters der Dialogfix GmbH im Projektverlauf unterstützen. Ordnen Sie die Beschreibungen den jeweiligen Funktionsbegriffen zu und tragen Sie Ihre Antworten in die Kästchen ein.

- ☐ Präzisierungsfunktion
- ☐ Orientierungsfunktion
- ☐ Motivationsfunktion
- ☐ Kontrollfunktion

1. Die Identifikation mit den Projektzielen steigert die Arbeitszufriedenheit der Mitarbeiter.
2. Ziele können als Grundlage eines Plan-Ist-Vergleiches herangezogen werden.
3. Das angestrebte Projektergebnis wird durch Ziele konkret dargestellt.
4. Die Projektbeteiligten können sich bei allen Maßnahmen von den Zielen leiten lassen.

37. AUFGABE

☐☐

Welche zwei der nachstehenden Aufgaben fallen in die Vorbereitungsphase des Projektes?

1. Erstellung der Projektabrechnung für die Autoteile Regun AG
2. Prüfung der Zahl der Nettokontakte
3. Planung der erforderlichen Ressourcen
4. Durchführung von Korrekturen bei Zielabweichungen
5. Klärung der Rahmenbedingungen des Projektes
6. Verfassen eines Projektstatusberichts

38. AUFGABE

☐

Zur Strukturierung des Projektes werden von der Dialogfix GmbH Meilensteine festgelegt. In welchem Fall ist ein Meilenstein korrekt beschrieben?

1. Der Meilenstein belegt den Projektfortschritt.
2. Der Meilenstein gibt immer die bereits entstandenen Kosten an.
3. Der Meilenstein zeigt die AHT auf.
4. Der Meilenstein dokumentiert die Fehlerquote eines Teams.
5. Der Meilenstein bewertet die Gesprächsqualität.

39. AUFGABE

☐

In der Planung des vorliegenden Projektes durch die Dialogfix GmbH spielen Schnittstellen eine wichtige Rolle. Welche Aussage zu Schnittstellen im Projekt ist richtig?

1. Schnittstellen sind besonders wichtige Zwischenergebnisse im Projektplan.
2. Schnittstellen sind Gemeinsamkeiten unterschiedlicher Projekte.
3. Schnittstellen sind unerwartete Ereignisse im Projektverlauf.
4. Schnittstellen sind Übergabepunkte zwischen Arbeitspaketen.
5. Schnittstellen geben an, ob das Projektbudget überschritten wurde.

40. AUFGABE

Die Planung des Aufwands zum vorliegenden Projekt nimmt die Dialogfix GmbH nach dem Bottom-up-Verfahren vor. Welche Aussage beschreibt dieses Verfahren korrekt?

1. Der geschätzte Aufwand der einzelnen Arbeitspakete wird zum erwarteten Gesamtaufwand zusammengefasst.
2. Die Buchhaltung gibt ein fixes Budget für die einzelnen Arbeitspakete vor.
3. Es werden die Gesamtaufwendungen vergleichbarer abgeschlossener Projekte herangezogen und auf die Arbeitspakete verteilt.
4. Es erfolgt keine Verteilung der Aufwendungen auf die Arbeitspakete.
5. Die Verteilung der Gesamtaufwendungen erfolgt über ein Umlageverfahren.

41. AUFGABE

Für das Projekt mit der Autoteile Regun AG hat die Dialogfix GmbH ein Projekthandbuch angelegt. Stellen Sie fest, welche Unterlagen darin nicht aufzunehmen sind.

1. Projektauftrag
2. Projektplan
3. Projektdokumentation
4. Projektberichte
5. Projektanfragen

Situation zu den Aufgaben 42 bis 49:

Die Dialogfix GmbH wird vom Pay-TV-Sender „Thema-TV" mit dem Projekt „Umstellung des Verschlüsselungssystems" beauftragt. Den 200000 Abonnenten soll eine neue Berechtigungskarte mit der Bitte zugesandt werden, mit dieser Smartcard die alte Karte im Receiver zu ersetzen und die alte Karte in einem Freiumschlag zurückzusenden. Alle Kunden, deren alte Karte nach 3 Wochen noch nicht vorliegt, sollen telefonisch kontaktiert werden. Gleichzeitig wird eine Hotline geschaltet, die Kundenanfragen im Zusammenhang mit dem Kartentausch beantworten kann. Nach einer Projektlaufzeit von 3 Monaten sollen 95 % aller Smartcards ausgetauscht sein. Die Dialogfix GmbH stellt ein Team unter der Führung eines erfahrenen Projektleiters zusammen, der über ein Budget von 100000,00 € verfügen kann.

42. AUFGABE

Welche vier typischen Projektmerkmale finden sich im dargestellten Beispiel?

43. AUFGABE

Nennen und erläutern Sie drei allgemeine Entscheidungskriterien, die von der Dialogfix GmbH vor der Durchführung des dargestellten Projektes zu prüfen sind.

44. AUFGABE

Nennen Sie fünf notwendige Inhalte, die die Dialogfix GmbH in den Projektauftrag aufnehmen sollte.

45. AUFGABE

Die Benennung der Projektziele hat für die Dialogfix GmbH eine herausragende Bedeutung. Nennen und erläutern Sie vier Funktionen von Projektzielen.

46. AUFGABE

Durch die Definition der Projektziele im vorliegenden Beispiel entsteht ein mehrdimensionales Zielsystem. Erläutern Sie, was man darunter versteht, und geben Sie an, wo die Problematik eines solchen Systems liegt. Welche Rolle spielt hierbei das „magische Dreieck"?

47. AUFGABE

Die Dialogfix GmbH und ihr Auftraggeber vereinbaren Meilensteine für das Projekt. Welche Bedeutung haben Meilensteine bei der Projektplanung?

48. AUFGABE

Neben dem Projektstrukturplan erstellt die Dialogfix GmbH einen Balkenplan (Gantt-Chart) für das vorliegende Projekt. Erläutern Sie, durch welche Informationen sich der Aussagegehalt eines Balkenplans von dem eines Projektstrukturplans unterscheidet.

49. AUFGABE

Zur Projektplanung liegen folgende Detailinformationen vor:

> Das Kick-off-Meeting ist für Montag, den 12.01. geplant. Die Vorbereitung des Kick-off-Meetings wird 3 Arbeitstage beanspruchen und soll am 05.01. starten (= Projektstart). Nach dem 1-tägigen Kick-off-Meeting muss das Kundenanschreiben formuliert und mit Thema-TV abgestimmt werden (Dauer: 1 Tag). Gleichzeitig sollen die Kundendaten in die IT von Dialogfix eingespielt werden (Dauer: 2 Tage) und parallel dazu die notwendigen Materialien (z. B. die neue Smartcard) zur automatisierten Brieferstellung beschafft werden (Dauer: 3 Tage). Für die anschließende Produktion und den Versand der Briefe werden 5 Tage veranschlagt. Nach Absprache mit Thema-TV sollen 20 Arbeitstage nach dem Versand der letzten Briefe (Wartezeit) die Kunden angerufen werden, die sich noch nicht gemeldet haben. Hierzu ist sind ein Gesprächsleitfaden zu erstellen (Dauer: 1 Tag) und eine Mitarbeiterschulung durchzuführen, die 2 Tage beanspruchen wird.

Der Trainer für die Schulung ist erst ab dem 09.02. verfügbar. Nachdem das Personal geschult ist, rechnet man damit, dass zunächst etwa 80000 Calls durchzuführen sind, um die fehlenden Smartcards anzufordern. Hierfür werden 20 Tage angesetzt. Anschließend soll ein zweiter Durchgang stattfinden, in dem die immer noch nicht zurückgesandten Smartcards angefordert werden (Dauer: 5 Tage). Am Ende des Projekts soll in einem 1-tägigen Meeting mit Thema-TV das Projekt abgeschlossen werden.

Erstellen Sie eine Liste von Vorgängen (Arbeitspaketen) und übertragen Sie diese in ein Balkendiagramm. Berücksichtigen Sie dabei die Dauer der Vorgänge, Abhängigkeiten und feste Termine. Bilden Sie zudem sinnvolle Meilensteine und Phasen zur Strukturierung des Projektes.
Hinweis: An Wochenenden wird nicht gearbeitet.

Situation zu den Aufgaben 50 bis 59:
Die Dialogfix GmbH soll im Auftrag der Werkstattkette Autoteile Regun AG eine Befragung zur Kundenzufriedenheit durchführen. Befragt werden alle 150000 Kunden, die im letzten Monat eine Werkstatt der Kette besucht haben. Kunden, die aufgrund einer Unzulänglichkeit der Werkstatt eine besonders schlechte Bewertung abgegeben haben, sollen ein Anschreiben sowie einen Gutschein als Entschuldigung bekommen. Ziel des Projektes ist es, ein Ranking der Filialen bezüglich der Kundenzufriedenheit zu erstellen, um darauf basierend entsprechende Maßnahmen einleiten zu können. Einmalig unzufriedene Kunden sollen über den Gutschein den Kontakt zu ihrer Filiale nicht verlieren und als Kunden erhalten bleiben. Die Dialogfix GmbH und die Autoteile Regun AG planen für das Projekt eine Laufzeit von 8 Wochen und ein Budget von 200000,00 € für die Projektdurchführung ein.

50. AUFGABE

Bei der Dialogfix GmbH befassen sich ein Projektmanager und ein Projektleiter mit dem geplanten Vorhaben. Worin liegt der Unterschied zwischen diesen beiden Rollen im Projekt?

51. AUFGABE

Für bestimmte Aspekte des vorliegenden Projektes beansprucht die Dialogfix GmbH die Unterstützung externer Spezialisten. Geben Sie drei Gründe an, warum man in Projekten auf externe Spezialisten zurückgreift.

52. AUFGABE

Für das Projekt mit der Regun AG beschäftigen Sie sich mit der Erstellung des Projektplans. Beschreiben Sie kurz, was man üblicherweise als „Projektplan" bezeichnet und nennen Sie beispielhaft drei mögliche (Teil-)Pläne eines Projekts.

53. AUFGABE

Zur Planung des Projektaufwandes für das Projekt mit der Regun AG stehen der Dialogfix GmbH unterschiedliche Planungsmethoden zur Verfügung. Unterscheiden Sie die bei der Planung des Projektaufwandes angewandten Methoden „Bottom-up-Verfahren" und „Top-down-Verfahren".

54. AUFGABE

Das von der Regun AG für die Projektdurchführung zur Verfügung gestellte Projektbudget verteilt sich gleichmäßig auf die Projektlaufzeit. Ermitteln Sie rechnerisch das anteilige Projektbudget je Tag der Projektlaufzeit (Arbeitszeiten Montag bis Freitag) und je erreichtem Kunden der Regun AG, wenn die Ausschöpfungsquote mit 80 % kalkuliert wird.

55. AUFGABE

Die Dialogfix GmbH verzichtet bei dem vorliegenden Projekt auf die Einrichtung eines Lenkungsausschusses. Aus welchem Grund wird in anderen Situationen ein Lenkungsausschuss eingerichtet?

56. AUFGABE

Das vorliegende Projekt kann in der Dialogfix GmbH organisatorisch wie eine eigene Abteilung behandelt werden. Nennen Sie zwei wichtige Vorteile und zwei bedeutende Nachteile dieser Methode.

57. AUFGABE

Eine alternative Organisationsform für das Projekt der Dialogfix GmbH ist die Matrixorganisation. Erläutern Sie zwei wichtige Vorteile und zwei bedeutende Nachteile, die sich aus der Matrixorganisation Linie/Projekt ergeben.

58. AUFGABE

Die Dialogfix GmbH plant für das vorliegende Projekt die Durchführung eines Kick-off-Meetings. Begründen Sie, warum es in dem Projekt mit der Regun AG sinnvoll ist, ein Kick-off-Meetings durchzuführen.

59. AUFGABE

Welcher Zeitpunkt sollte für die Durchführung des Kick-off-Meetings im vorliegenden Projekt gewählt werden?

Situation zu den Aufgaben 60 bis 66:
Als Projektmanager der Dialogfix GmbH gehört es auch zu Ihren Aufgaben, die Formulierung von Projektzielen zu überprüfen. Hierzu haben Sie bereits eine Liste aller geplanten Projekte mit deren Zielen erstellen lassen.
Überprüfen Sie anhand der SMART-Regel die folgenden Ziele und notieren Sie gegebenenfalls, welcher Bestandteil der Regel nicht beachtet wurde. Gehen Sie hierbei davon aus, dass alle unternehmensinternen Vorgänge vom Auftragnehmer beeinflusst werden können und es keine versteckten Fälle hinsichtlich der Realisierbarkeit gibt.

60. AUFGABE

Die Telekommunikationskosten unseres Unternehmens sind bis zum 31.12. des Folgejahres um 20 % gegenüber dem Vorjahr zu reduzieren. Hierzu steht ein Budget von 5 000,00 € zur Verfügung.

61. AUFGABE

Fertigstellung einer schöneren Unternehmenswebsite bis nach den Ferien.

62. AUFGABE

Die Fehlzeiten unserer Mitarbeiter sollen bis zum Jahresende minimiert werden. Projektbudget: 50 000,00 €.

63. AUFGABE

Der durchschnittliche monatliche Energieverbrauch unseres Unternehmens ist bis zum 31.03. des Folgejahres um 15 % gegenüber dem Vorjahr zu reduzieren.

64. AUFGABE

Unser Unternehmen wird bis Ende nächsten Jahres Weltmarktführer im Bereich Outbound-Telefonie. Projektbudget: 100 000,00 €.

65. AUFGABE

Der Umzug der EDV-Abteilung in das Nebengebäude ist bis zum 31.12. vollständig abzuschließen. Hierfür stehen 1 000,00 € zur Verfügung.

66. AUFGABE

Im Herbst wollen wir eine bessere ACD-Anlage installiert haben.

Situation zu den Aufgaben 67 bis 68:
Zum 01.09. wurde der Customer-Service der Müller AG, ein Großhändler für Tablet-PCs, aus dem Unternehmen ausgegliedert und verlagert. Für eine langfristige Zusammenarbeit sucht die Müller AG jetzt einen weiteren Partner für die Betreuung der Kundenhotline. Daher bittet die Müller AG die Dialogfix GmbH um ein konkretes Angebot. Folgende Daten liegen vor:

- Für die Qualifizierung der Kundenberater werden 15 Trainingstage veranschlagt. Ein Trainingstag besteht aus 6 Stunden. Der Verrechnungssatz für eine Trainingsstunde ist intern durch das Controlling festgelegt und beträgt 19,50 €.
- Die Erreichbarkeit muss 24 Stunden an 365 Tagen p. a. sichergestellt sein, wobei ein Servicelevel von 80/20 angestrebt wird. Da die Müller AG mit der Anbindung eines weiteren Partners das Callvolumen aufteilen wird, kann die Dialogfix GmbH von durchschnittlich 5000 Calls/Tag ausgehen.
- Die derzeitige Average Handling Time (AHT) beträgt 4 Minuten. Aufgrund ihrer Erfahrungen im Bereich Telekommunikation berücksichtigt die Dialogfix GmbH einen Effizienzvorteil von 10 % und nimmt diese verkürzte AHT als Kalkulationsgrundlage.
- Der Preis pro Produktivminute (beinhaltet Gesprächs- und Nachbearbeitungszeit) ist von Unternehmensseite auf 0,54 € festgelegt. Die Auslastung (Produktivzeit) wird mit 75 % angesetzt.

67. AUFGABE
Berechnen Sie den Mitarbeiterbedarf auf Basis einer Vollzeitkraft (MAK) unter Berücksichtigung einer Abwesenheitsquote (Urlaub, Krankheit etc.) von 15 %. Runden Sie das Ergebnis sinnvoll auf ganze Mitarbeiter.

68. AUFGABE
Kalkulieren Sie den Angebotspreis für den Kundenservice auf Jahresbasis. Weisen Sie den einmaligen Qualifikationsaufwand separat aus.

Situation zu den Aufgaben 69 bis 70:
In einem Outbound-Projekt der Dialogfix GmbH, das am 17.08. gestartet wird sollen 19800 Kunden angerufen werden. Es liegen folgende Erfahrungswerte vor ähnlichen Projekten vor: 20 % der Kunden werden beim ersten Anruf erreicht Von den verbleibenden Kunden werden 25 % beim zweiten Anruf erreicht und 40 % vom Rest wiederum beim dritten Anruf.

69. AUFGABE

Ermitteln Sie, wie viele Kunden bei dieser Telefonaktion voraussichtlich insgesamt erreicht werden.

70. AUFGABE

Markieren Sie im Kalender, an welchem Tag die Aktion durch die Dialogfix GmbH beendet werden kann, wenn bei einer AHT von 10 Minuten täglich 6 Agents eingesetzt werden. Die tägliche Produktivzeit der Agents beträgt durchschnittlich 4,5 Stunden (Telefonieren, Nachbearbeiten). An Wochenenden wird nicht gearbeitet. Feiertage werden aus Vereinfachungsgründen nicht berücksichtigt. Geben Sie auch Ihren Rechenweg an.

Juli		August		September		Oktober		November		Dezember	
1	Mi	1	Sa	1	Di	1	Do	1	So	1	Di
2	Do	2	So	2	Mi	2	Fr	2	Mo	2	Mi
3	Fr	3	Mo	3	Do	3	Sa	3	Di	3	Do
4	Sa	4	Di	4	Fr	4	So	4	Mi	4	Fr
5	So	5	Mi	5	Sa	5	Mo	5	Do	5	Sa
6	Mo	6	Do	6	So	6	Di	6	Fr	6	So
7	Di	7	Fr	7	Mo	7	Mi	7	Sa	7	Mo
8	Mi	8	Sa	8	Di	8	Do	8	So	8	Di
9	Do	9	So	9	Mi	9	Fr	9	Mo	9	Mi
10	Fr	10	Mo	10	Do	10	Sa	10	Di	10	Do
11	Sa	11	Di	11	Fr	11	So	11	Mi	11	Fr
12	So	12	Mi	12	Sa	12	Mo	12	Do	12	Sa
13	Mo	13	Do	13	So	13	Di	13	Fr	13	So
14	Di	14	Fr	14	Mo	14	Mi	14	Sa	14	Mo
15	Mi	15	Sa	15	Di	15	Do	15	So	15	Di
16	Do	16	So	16	Mi	16	Fr	16	Mo	16	Mi
17	Fr	17	Mo	17	Do	17	Sa	17	Di	17	Do
18	Sa	18	Di	18	Fr	18	So	18	Mi	18	Fr
19	So	19	Mi	19	Sa	19	Mo	19	Do	19	Sa
20	Mo	20	Do	20	So	20	Di	20	Fr	20	So
21	Di	21	Fr	21	Mo	21	Mi	21	Sa	21	Mo
22	Mi	22	Sa	22	Di	22	Do	22	So	22	Di
23	Do	23	So	23	Mi	23	Fr	23	Mo	23	Mi
24	Fr	24	Mo	24	Do	24	Sa	24	Di	24	Do
25	Sa	25	Di	25	Fr	25	So	25	Mi	25	Fr
26	So	26	Mi	26	Sa	26	Mo	26	Do	26	Sa
27	Mo	27	Do	27	So	27	Di	27	Fr	27	So
28	Di	28	Fr	28	Mo	28	Mi	28	Sa	28	Mo
29	Mi	29	Sa	29	Di	29	Do	29	So	29	Di
30	Do	30	So	30	Mi	30	Fr	30	Mo	30	Mi
31	Fr	31	Mo			31	Sa			31	Do

Situation zu den Aufgaben 71 bis 77:

Die „Auto Service Union“ ist ein Versandhandelsunternehmen, spezialisiert auf Tuningteile und den Bedarf von freien Kfz-Werkstätten. Das Unternehmen beabsichtigt, einen Teil der A- und B-Kunden zu kontaktieren, um ihnen den neuen Katalog anzukündigen. Eine Woche vor Zustellung des Kataloges sollen die Kunden angerufen werden mit dem Ziel, die Bestellquote des Kataloges zu erhöhen und eine langfristige Kundenbindung zu sichern. Zur fristgerechten Abwicklung dieser Aktion fehlen der Auto Service Union die Kapazitäten im eigenen Haus, sodass sie sich auf einen bestehenden Dienstleistungsvertrag mit der Dialogfix GmbH beruft und Sie beauftragt, das Projekt durchzuführen.

Folgende Projektdaten werden Ihnen zur Verfügung gestellt:

Datensätze:	32 409
Nettokontakte:	mindestens 22 000
Zeitraum:	21. bis 25.09.20..
Uhrzeit:	9 bis 20 Uhr täglich
Aufgabe:	Katalogankündigung
Abrechnung:	je Nettokontakt 2,85 €
Auswertung:	einmalig am Ende der Aktion, einschließlich Rückübermittlung der Daten an die „Auto Service Union“

71. AUFGABE

Belegen Sie anhand von drei konkreten Merkmalen, dass es sich bei dem Vorhaben der „Auto Service Union“ um ein Projekt handelt.

72. AUFGABE

Projekte können u. a. nach ihrer Herkunft unterschieden werden. Um welche Projektart handelt es sich im vorliegenden Fall?

73. AUFGABE

Welche Arbeitsschritte sind von der Dialogfix GmbH im Rahmen der Projektvorbereitung durchzuführen? Nennen Sie fünf Aktivitäten. Bestimmen Sie dazu jeweils einen Verantwortlichen aus dem Unternehmen.

74. AUFGABE

Welche betrieblichen Handlungen erwarten Sie während der Vorbereitung und Durchführung des Projektes? Nennen Sie mindestens fünf Aktivitäten.

75. AUFGABE

Während der Projektsteuerung nehmen Sie regelmäßige Soll-Ist-Vergleiche vor. Beschreiben Sie dieses Verfahren und nennen Sie zwei mögliche Abweichungen von der Projektplanung, die sich während der Durchführung der Telefonate für die „Auto Service Union“ ergeben können.

76. AUFGABE

Für den Abschlussbericht sollen Sie für die „Auto Service Union“ verschiedene Statistiken und Kennzahlen erstellen. Nennen und erläutern Sie vier allgemeine Funktionen, die Kennzahlen in Projekten bieten.

77. AUFGABE

Nach Abschluss des Projektes liegt Ihnen folgender Projektreport vor:

Gesamtstatistik			
Kunde	Auto Service Union		
Adressen übergeben	32409		
Aktion	Katalogankündigungen		
Datum	21.–25.09.20..		**Erfolg:** erfolgte Kundenansprache
		in %	**Bemerkung**
Adressen übergeben	**32409**		**gelieferte Adressen**
Keine Telefonnummern	0		
Nicht kontaktierte AD	0		
Ausfalladressen	**0**	**0,00 %**	Ausfalladressquote
Bruttoadressmenge	**32409**	**100,00 %**	**mögliche zu bearbeitende Adressen ohne Ausfall**
Dreimal nicht erreicht (n. e.)	2638		Quote nicht erreichter Adressaten
Ausfall (falsche Tel.-Nr.)	1135		Ausfallquote für falsche Telefonnummern
Gesprächsabbruch	1107		Gespräche, die von Kunden beendet wurden
Mögliche abrechenbare Ergebnisse (Erfolge)	**27529**		Abrechnungsbasis

Vor Übermittlung an den Auftraggeber müssen die Quote nicht erreichter Adressaten, die Ausfallquote für falsche Telefonnummern und der Anteil der vom Kunden beendeten Gespräche ermittelt werden. Außerdem ist die Erfolgsquote als Basis für die abrechenbaren Ergebnisse zu ermitteln (Hinweis: Als Erfolg wurde in diesem Projekt bereits der Nettokontakt definiert!). Vervollständigen Sie die fehlenden Kennzahlen.

Situation zu den Aufgaben 78 bis 84:

Die Dialogfix GmbH vermarktet ein neues Endgeräte-Sicherheitspaket. Dazu sollen in einer Kampagne 20000 Bestandskunden angesprochen werden, die bisher noch kein vergleichbares Produkt erworben haben. Ihre Aufgabe ist es, gemeinsam mit dem zuständigen Projektleiter an der Vorbereitung dieser Kampagne mitzuwirken.

78. AUFGABE

Aufgrund einer Vorgabe der Geschäftsführung sollen bei der Dialogfix GmbH nur noch Projekte durchgeführt werden, die eine Rentabilität von mindestens 10 % erwarten lassen. Vorab liegen folgende Schätzdaten vor:

- Adressen: 20000
- Ausschöpfungsquote (Nettokontakte): 90 %
- Kosten pro Nettokontakt: 5,20 €
- Erfolgsquote (Verkäufe): 5 %
- Gewinn pro Verkauf: 15,00 €

Überprüfen Sie nachvollziehbar, ob das geplante Projekt den Rentabilitätsvorgaben entspricht. Gehen Sie davon aus, dass der gesamte Kapitaleinsatz für dieses Projekt in den Kosten pro Nettokontakt einkalkuliert ist.

79. AUFGABE

Das Projekt soll in 15 Arbeitstagen abgeschlossen werden. Nach der Auswertung von Testanrufen kann davon ausgegangen werden, dass ein Mitarbeiter pro Stunde 10 Nettokontakte erreicht. Ermitteln Sie, welche MAK (Vollzeitmitarbeiter, 8 Stunden/Tag) die Dialogfix GmbH pro Tag einplanen muss.

80. AUFGABE

Im Zuge der Projektvorbereitung soll auch eine Risikoprüfung stattfinden. Ermitteln Sie drei mögliche Risiken, die in diesem Projekt eintreten könnten. Geben Sie zudem jeweils eine mögliche Folge an, falls das Risiko tatsächlich eintritt.

81. AUFGABE

Da die Dialogfix GmbH im vorgesehenen Zeitraum der Projektdurchführung nicht über das benötigte Personal verfügt, entscheidet sich die Geschäftsführung, das Projekt an einen externen Dienstleister abzugeben. Geben Sie fünf Inhalte an, die im Projektauftrag geregelt werden müssen.

82. AUFGABE

Welchen Preis pro Nettokontakt darf die Dialogfix GmbH mit dem externen Dienstleister maximal vereinbaren, damit das vorgegebene Rentabilitätsziel noch erreicht wird?

83. AUFGABE

Welche drei sogenannten „Muss-Beteiligten" gibt es in diesem Projekt?

84. AUFGABE

Das Projekt soll nach der Matrixorganisation laufen. Stellen Sie zeichnerisch die Grundstruktur dieser Organisationsform dar und geben Sie jeweils zwei Vor- und Nachteile an.

Situation zu den Aufgaben 85 bis 89:
Ein Reiseveranstalter mit eigenem Callcenter vertreibt Pauschalreisen über einen Webshop. Die Buchung der Reisen erfolgt online oder über die Bestellhotline im internen Callcenter. Um das Angebot bekannter zu machen, wurde eine Projektgruppe eingerichtet, die die Produkte des Reiseveranstalters bundesweit auf Reise- und Tourismus-Messen dem Fachpublikum und interessierten Konsumenten vorstellen soll. Die Projektgruppe setzt sich aus Mitarbeitern des Callcenters und fünf Reiseexperten aus dem Vertrieb zusammen.

85. AUFGABE

Interessierte sollen die Möglichkeit erhalten, beim Besuch des Messestandes eine individuelle Beratung anzufordern. Es wird eine zeitnahe Kontaktaufnahme mit den Messekunden angestrebt. Das Arbeitspaket „Planung After-Sales-Call Messekunden" soll dafür die Grundlagen schaffen. Beschreiben Sie, was man unter einem Arbeitspaket versteht. Führen Sie beispielhaft drei Elemente auf, die hier für jedes Arbeitspaket festgelegt werden müssen.

86. AUFGABE

Führen Sie drei im Arbeitspaket „Planung After-Sales-Call Messekunden" enthaltene Tätigkeiten konkret auf.

87. AUFGABE

Da es sich um ein strategisch bedeutsames und ressourcenaufwendiges Projekt handelt, wird nichts dem Zufall überlassen und auf eine besonders sorgfältige Planung Wert gelegt. Es wird ein umfassender Projektplan erstellt. Beschreiben Sie die Vorgehensweise zur Erstellung des Projektplans und benennen Sie die Einzelpläne.

88. AUFGABE

Für den Messestand wurde von einer Werbeagentur ein Flyer im Format DIN A4 entworfen, vierfarbig und dreifach gefalzt. Sie rechnen mit einem Bedarf von 15 000 Stück. Es kommen zwei Firmen infrage, beide haben ein Angebot abgegeben.

- Firma 1: pro Flyer (schwarz-weiß) 0,02 €; Zuschlag für 4-farbige Gestaltung 120,00 €; Dreifachfalz und Verpackung zu je 100 Stück pauschal 25,00 €; Versand 15,50 €.
- Firma 2: je Farbe 60,00 €; Auftragspauschale für Falzen, Verpacken und Versand 45,00 €; 11,50 € pro angefangene Tausend gedruckte Stück.

Treffen Sie begründet und unter Anwendung einer betriebswirtschaftlichen Methode nachvollziehbar eine Entscheidung, von welcher Firma Sie den Flyer drucken lassen.

89. AUFGABE

Während der Durchführung des Projekts sind Sie für das Controlling verantwortlich. Sie bekommen die Zahl der ausgegebenen Flyer mitgeteilt: Welt der Familie Saarbrücken 2000 Stück, Messe Mannheim 3500 Stück, Tourismusmesse Leipzig 3000 Stück. Für das laufende Jahr sind noch zehn weitere Messeauftritte geplant. Erläutern Sie an diesem Beispiel die Aufgabe des Projektcontrollings und beschreiben Sie, wie Sie mit der Situation umgehen.

Situation zu den Aufgaben 90 bis 93:

Bei der alljährlichen Weihnachtsfeier der Dialogfix GmbH soll eine Tombola durchgeführt werden. Deren Kosten sollen über den Losverkauf gedeckt werden, der Erlös aus der Tombola geht zugunsten der hiesigen Kindertagesstätte. Ein Los soll 5,00 € kosten, man rechnet mit 150 verkauften Losen. Die allgemeinen Kosten für die Durchführung betragen 200,00 €, Kosten für die Gewinne kommen noch hinzu. Für die Gewinne wurden in einem Brainstorming zwei Alternativen entwickelt:

- Alternative A: jeweils Headsets im Wert von 70,00 € (1. Preis), 45,00 € (2. Preis) und 30,00 € (3. Preis).
- Alternative B: ein Tablet-PC im Wert von 280,00 € (1. Preis) sowie je ein Headset im Wert von 45,00 € (2. und 3. Preis). Hier kann aufgrund von Erfahrungswerten damit gerechnet werden, dass 30 % mehr Lose verkauft werden.

90. AUFGABE

Erläutern Sie an diesem Beispiel, warum die Kostenvergleichsrechnung nicht sinnvoll ist, um sich für eine der Alternativen zu entscheiden.

91. AUFGABE

Führen Sie für das oben beschriebene Vorhaben „Tombola" eine Gewinnvergleichsrechnung durch und beurteilen Sie das Ergebnis.

92. AUFGABE

Erläutern Sie den Begriff Rentabilität (Return on Investment) und entscheiden Sie sich mithilfe der Rentabilitätsrechnung der Tombola für eine der beiden Alternativen.

93. AUFGABE

Natürlich steht die Wirtschaftlichkeit der Tombola nicht im Vordergrund des Unternehmensinteresses. Vielmehr verspricht sich die Unternehmensleitung der Dialogfix GmbH einen mit der Tombola verbundenen Nutzen. Zeigen Sie drei Nutzenaspekte mit Bezug zu diesem Beispiel auf.

Situation zu den Aufgaben 94 bis 98:
Die Unternehmensleitung beauftragt Sie, als Projektleiter am 02.05. das Projekt „Außenstelle München" zu realisieren: Um einen Fuß auf den dortigen regionalen Markt zu bekommen, soll ein Callcenter mit 20 Seats eingerichtet werden. Erste Aufträge sind bereits ab dem 22.06. fest eingeplant. Alle Arbeiten müssen folglich bis zum Vortag abgeschlossen sein. Die folgende Vorgangsliste und ein Kalenderauszug liegen Ihnen vor. Hinweis: An Wochenenden wird nicht gearbeitet.

Arbeitsplatz	Bezeichnung	Vorgänger	Nachfolger	Dauer in Arbeitstagen
1	Immobilie suchen	–	2	10
2	Immobilie anmieten	1	5, 6	2
3	Stellen ausschreiben	–	4	5
4	Mitarbeiter auswählen	3	8	6
5	Büros renovieren und einrichten	2	7	10
6	Telekommunikations-Infrastruktur herstellen	2	7	2
7	EDV und Einzelarbeitsplätze installieren	5, 6	8	3
8	Mitarbeiter schulen	4, 7	–	5

Mai		Juni	
1	So	1	Mi
2	Mo	2	Do
3	Di	3	Fr
4	Mi	4	Sa
5	Do	5	So
6	Fr	6	Mo
7	Sa	7	Di
8	So	8	Mi
9	Mo	9	Do
10	Di	10	Fr
11	Mi	11	Sa
12	Do	12	So
13	Fr	13	Mo
14	Sa	14	Di
15	So	15	Mi
16	Mo	16	Do
17	Di	17	Fr
18	Mi	18	Sa
19	Do	19	So
20	Fr	20	Mo
21	Sa	21	Di
22	So	22	Mi
23	Mo	23	Do
24	Di	24	Fr
25	Mi	25	Sa
26	Do	26	So
27	Fr	27	Mo
28	Sa	28	Di
29	So	29	Mi
30	Mo	30	Do
31	Di		

94. AUFGABE

Erläutern Sie, welche Aussagen sich mithilfe der Vorgangsliste mit Zeitdauerangaben für das Projekt „Außenstelle München" und mithilfe der Vorwärts-Rechnung bezüglich des Projektverlaufs treffen lassen.

95. AUFGABE

Erstellen Sie ein Balkendiagramm auf Basis der Vorgangsliste. Das Balkendiagramm soll nur die Arbeitstage enthalten, keine Kalenderdaten. Visualisieren Sie die Abhängigkeiten mit Pfeilen.

96. AUFGABE

Bestimmen Sie mittels Rückwärts-Rechnung nachvollziehbar, wann spätestens begonnen werden muss, die offenen Stellen auszuschreiben, um das Terminziel nicht zu verfehlen.

97. AUFGABE

Für die Arbeitspakete 3 und 4 ist Frau Daub zuständig. Für die korrekte Umsetzung von Arbeitspaket 8 ist Herr Müller verantwortlich. Erläutern Sie an diesem Beispiel die Schnittstellenproblematik und die Aufgabe des Projektleiters dabei.

98. AUFGABE

Während der Arbeiten an der Inneneinrichtung der Büros informiert Sie Herr Wasgau, der Zuständige für dieses Arbeitspaket, dass der Lieferant angedeutet hat, die Bürostühle könnten nicht zum vereinbarten Lieferzeitpunkt bereitstehen. Wie gehen Sie richtig mit diesem Risiko um?

Situation zu den Aufgaben 99 bis 104:

Die Dialogfix GmbH erhält von ihrer zuständigen Industrie- und Handelskammer den Auftrag, eine Weiterbildungsumfrage durchzuführen. Alle Absolventen, die in den vergangenen 5 Jahren erfolgreich eine Aufstiegsfortbildungsprüfung abgelegt und einer späteren Befragung zugestimmt haben, sollen nach einem standardisierten Fragenkatalog befragt werden. Hierbei soll herausgefunden werden, wie sich eine erfolgreich abgelegte IHK-Weiterbildungsprüfung auf die berufliche Entwicklung auswirkt. Es liegen folgende Informationen zum Projektauftrag vor:

- Es sollen 10000 Absolventen kontaktiert werden.
- Es darf nur persönlich mit den Absolventen gesprochen werden.
- Dafür ist ein Zeitfenster zwischen 9 und 17 Uhr vorgesehen. Die Anrufe dürfen ausschließlich von Montag bis Freitag erfolgen.
- Als Nettokontakte werden Gespräche bezeichnet, in denen der Absolvent den Fragenkatalog beantwortet oder angibt, kein Interesse an der Umfrage zu haben.
- Als Erfolge werden nur Gespräche definiert, in denen der Absolvent tatsächlich den Fragenkatalog beantwortet hat.
- Die Weiterbildungsumfrage soll innerhalb von 4 Wochen abgeschlossen sein.

99. AUFGABE

Die Dialogfix GmbH kalkuliert mit einer AHT (Average Handling Time) von 520 Sekunden und erwartet, dass 45 % der Absolventen tatsächlich kontaktiert werden können (Ausschöpfungsquote). Ermitteln Sie auf dieser Grundlage den Mitarbeiterstundenbedarf der Dialogfix GmbH.

100. AUFGABE

Wie viele Mitarbeiter benötigt die Dialogfix GmbH zur Durchführung des Projekts, wenn die tatsächliche tägliche Arbeitszeit eines Mitarbeiters 6,5 Stunden beträgt?

101. AUFGABE

Das Projektcontrolling ermittelt nach 1 Woche, dass bisher lediglich 290 Absolventenbefragungen durchgeführt wurden. Wie viele Befragungen hätten nach den Vorgaben der IHK abgearbeitet werden sollen?

102. AUFGABE

Ermitteln Sie die relative Abweichung (in Prozent) zu den vom Auftraggeber vorgegebenen Absolventenbefragungen.

103. AUFGABE

Durch eine Ausweitung der Anrufzeiten konnte die Anzahl der durchgeführten Befragungen in den letzten 3 Wochen deutlich gesteigert werden. Geben Sie an, welche Kennzahl aus dem Projektcontrolling dadurch positiv beeinflusst wird.

104. AUFGABE

Ihnen liegt die abgebildete Gesamtstatistik zum Projekt mit der IHK vor.

Dialogfix GmbH

Kunde	Industrie- und Handelskammer
Projekt	Weiterbildungsumfrage
Aktionszeitraum	01.02.–28.02.20..

Adressen übergeben	**10000**		
Keine Telefonnummer	189		
Dubletten	112		
Bruttoadressmenge	**9699**	**100 %**	
Falsche Telefonnummer	677		
Absolvent dreimal nicht erreicht	1870		
Gesprächsabbruch durch Absolvent	1079		
Erreichte Nettokontakte	**6073**	**62,61 %**	Abrechnungsbasis
Davon erfolgreiche Umfragen	3308		
Kein Interesse	2765		

Ermitteln Sie die Erfolgsquote des Projekts auf Grundlage der Ihnen vorliegenden Projektstatistik.

Lösungen zu Kapitel 10

Web

1. 1, 5
2. 4, 1, 3, 2, 5
3. 3
4. 1, 3, 4, 5, 2
5. 1, 2, 6, 5, 3, 4
6. 2
7. 5
8. 4
9. 2
10. 1
11. 5
12. 2
13. 4
14. 4
15. 20,0 %
16. 4
17. 5
18. 4
19. 5
20. 2
21. 4, 6
22. 1, 2, 2, 1, 2, 1
23. 4
24. 5
25. 2
26. 1
27. 5, 6
28. 2
29. 3, 5
30. 2
31. 4
32. 3
33. 2
34. 3
35. 5
36. 3, 4, 1, 2
37. 3, 5
38. 1
39. 4
40. 1
41. 5

42.

Einmaligkeit, Zielvorgabe, zeitliche und finanzielle Begrenzung, projektspezifische Organisation.

43.

Zu prüfen sind Machbarkeit (Realisierbarkeit des Projektes wird überprüft), Wirtschaftlichkeit (Kosten und Nutzen des Projektes werden gegenübergestellt) und Projektrisiken (negative Folgen möglicher Ereignisse müssen betrachtet werden).

44.

Auftraggeber, Auftragnehmer/Projektleiter, Beschreibung/Anlass, Ziele, Vorgaben für Zeit und Kosten (Budget), Rahmenbedingungen, Risiken.

45.

→ Präzisierungsfunktion (das angestrebte Projektergebnis wird durch Ziele konkret dargestellt)

→ Orientierungsfunktion (die Projektbeteiligten können sich bei allen Maßnahmen an den Zielen orientieren und erhalten somit einen Leitweg)

→ Motivationsfunktion (die Identifikation mit Projektzielen sowie die Erreichung von [Teil-]Zielen steigern die Mitarbeitermotivation)

→ Kontrollfunktion (die Ziele dienen als Grundlage eines Plan-Ist-Vergleiches)

46.

Es werden Ziele mehrerer Dimensionen festgelegt (z. B. Zeitziele, Kostenziele, Qualitätsziele). Die Problematik liegt darin, dass Maßnahmen zur Erreichung des Zieles in der einen Dimension (z. B. Qualität) die Ziele in einer anderen Dimension (z. B. Kosten) negativ beeinflussen können. Es muss also ein Ziel priorisiert werden. Das „magische Dreieck“ stellt drei Zieldimensionen (z. B. Zeit, Kosten, Qualität) dar und verdeutlich deren Abhängigkeiten grafisch.

47.

Meilensteine sind Punkte im Projekt, an denen ein bedeutendes Zwischenergebnis erwartet wird. Sie werden i. d. R. an das Ende einer Projektphase gestellt und dienen der Strukturierung des Projektes.

48.

Der Balkenplan berücksichtigt die zeitliche Komponente (d. h. Dauer von Arbeitspaketen und Phasen) und zeigt Abhängigkeiten zwischen den Arbeitspaketen auf.

49.

	Name	Meilenstein	Dauer	Start	Ende	Vorgänger
1	⊟**Projektstart**	☐	6 Tage	**05.01. 08:00**	**12.01. 17:00**	
2	Vorbereitung Kick-off	☐	3 Tage	05.01. 08:00	07.01. 17:00	
3	Kick-off-Meeting	☐	1 Tag	12.01. 08:00	12.01 17:00	2
4	⊟**Vorbereitung Versand**	☐	3 Tage	**13.01. 08:00**	**15.01. 17:00**	
5	Kundenanschreiben formulieren	☐	1 Tag	13.01. 08:00	13.01. 17:00	3
6	Kundendaten einspielen	☐	2 Tage	13.01. 08:00	14.01. 17:00	3
7	Materialien beschaffen	☐	3 Tage	13.01. 08:00	15.01. 17:00	3
8	Versand vorbereitet	☑	0 Tage	15.01. 17:00	15.01. 17:00	5; 6; 7
9	⊟**Produktion, Versand und Wartezeit**	☐	25 Tage	**16.01. 08:00**	**19.02. 17:00**	
10	Produktion und Versand	☐	5 Tage	16.01. 08:00	22.01. 17:00	8
11	Versand erfolgt	☑	0 Tage	22.01. 17:00	22.01. 17:00	10
12	Wartezeit für Rückmeldungen	☐	20 Tage	23.01. 08:00	19.02. 17:00	10
13	⊟**Gesprächsleitfaden, Schulung**	☐	21 Tage	**13.01. 08:00**	**10.02. 17:00**	
14	Gesprächsleitfaden erstellen	☐	1 Tag	13.01. 08:00	13.01. 17:00	3
15	Mitarbeiterschulung durchführen	☐	2 Tage	09.02. 08:00	10.02. 17:00	3
16	Gesprächsleitfaden und Schulung erfolgt	☑	0 Tage	10.02. 17:00	10.02. 17:00	14; 15
17	⊟**Calldurchgänge**	☐	25 Tage	**20.02. 08:00**	**26.03. 17:00**	
18	Call-Durchgang 1	☐	20 Tage	20.02. 08:00	19.03. 17:00	12; 16
19	Call-Durchgang 2	☐	5 Tage	20.03. 08:00	26.03. 17:00	18
20	Alle Calls durchgeführt	☑	0 Tage	26.03. 17:00	26.03. 17:00	19
21	⊟**Abschluss**	☐	1 Tag	**27.03. 08:00**	**27.03. 17:00**	
22	Abschlussmeeting	☐	1 Tag	27.03. 08:00	27.03. 17:00	20

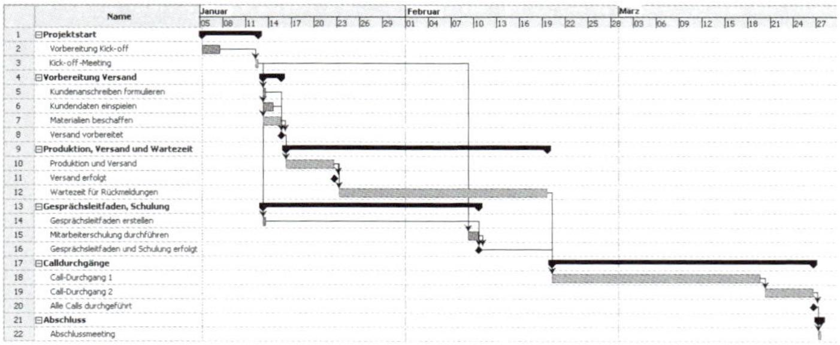

50.

Der Projektmanager steht in der Hierarchie über dem Projektleiter und hat die Aufgabe, mehrere Projekte zu koordinieren. Der Projektleiter betreut nur ein bestimmtes Projekt.

51.
Nutzung intern nicht vorhandener Kompetenzen, Vermeidung von „Betriebsblindheit", Neutralität gegenüber betriebsinternen Zusammenhängen, keine Kosten für die Einstellung und langfristige Beschäftigung interner Spezialisten.

52.
Der Projektplan umfasst die Gesamtheit aller im Projekt vorhandenen (Teil-)Pläne. Mögliche Teilpläne sind z. B. Projektablaufplan, Projektstrukturplan, Kostenplan und Risikoplan.

53.
Bottom-up-Verfahren: Es wird zunächst der Aufwand auf Ebene der Arbeitspakete ermittelt. Die Zusammenfassung aller Arbeitspakete führt dann zum erwarteten Aufwand des gesamten Projektes.
Top-down-Verfahren: Ein für das gesamte Projekt bestimmter Aufwand wird auf die einzelnen Arbeitspakete verteilt.

54.
200 000,00 € : 40 Arbeitstage = 5 000 €/Arbeitstag
200 000,00 € : 120 000 Kunden = 1,67 €/Kunde

55.
Der Lenkungsausschuss hat als Gremium von Entscheidungsträgern übergeordneter Ebene besonders bedeutende und strategische Entscheidungen hinsichtlich des Projektes oder der Koordination mehrerer Projekte zu fällen.

56.
Vorteile: schnelle Entscheidungen, Identifikation mit dem Projekt sehr hoch.
Nachteile: Gefahr der Verselbstständigung, hoher Organisationsaufwand.

57.
Vorteile: Förderung einer ganzheitlichen Betrachtung von Problemen, gute Qualität der Lösungen aufgrund der Mitarbeit kompetenter Teammitglieder aus der Linie.
Nachteile: aufwendige Kompetenzabgrenzung, umfangreiche Abstimmungen notwendig.

58.
Kick-off-Meetings dienen dazu, ein gemeinsames Verständnis für das Projekt unter allen Beteiligten zu schaffen. Hierzu werden Informationen über das Projekt in einer gemeinsamen Besprechung ausgetauscht. Mit dem Kick-off-Meeting wird der Grundstein für die weitere Zusammenarbeit im Projekt gelegt.

59.
Um die gewünschten Ziele zu erreichen, sollte das Kick-off-Meeting vor Beginn der Projektdurchführung stattfinden.

60.
Das Ziel ist spezifisch (konkret), messbar, aktiv beeinflussbar, realistisch und terminiert: in Ordnung.

61.
Das Ziel ist nicht konkret definiert („besser“) und schwer messbar. Die Angabe „nach den Ferien“ ist ungenau.

62.
Das Ziel ist nicht konkret definiert („minimiert“). Somit ist auch nicht klar, ob das Ziel realistisch ist.

63.
Das Ziel ist konkret, messbar, aktiv beeinflussbar, erscheint realistisch und terminiert: in Ordnung.

64.
Das Ziel ist konkret, messbar, aktiv beeinflussbar und terminiert, aber erscheint angesichts des Budgets völlig unrealistisch.

65.
Das Ziel ist konkret, messbar, aktiv beeinflussbar, realistisch und terminiert: in Ordnung.

66.
Das Ziel ist nicht konkret („besser“) und schwer messbar. Die Angabe „Herbst“ ist ungenau.

67.
AHT 240 Sek. – 10 % Effizienzvorteil = 216 Sek.
Auslastung = 60 Min. · 75 % = 45 Min. = 2 700 Sek.
2 700 Sek. : 216 Sek. = 12,5 Calls/Mitarbeiterstunde
5 000 Calls : 12,5 Calls/Mitarbeiterstunde = 400 Mitarbeiterstunden
400 Mitarbeiterstunden : 8 Stunden = 50 MAK
50 MAK : 85 % = 58,82 MAK ≈ 59 MAK
Ergebnis: 59 Vollzeitkräfte sind durchschnittlich bereitzustellen, um die Vorgaben einzuhalten.

68.
Angebot auf Jahresbasis:
216 Sek. = 3,6 Min.
3,6 Min./Call · 0,54 €/Min. = 1,944 €/Call (Hinweis: Hier nicht runden, nur bei Endergebnissen!)
1,944 €/Call · 5 000 Calls · 365 Tage = 3 547 800,00 €/Jahr
Der Angebotspreis für die anteilige Übernahme des Kundenservice der Müller AG beträgt 3 547 800,00 €/Jahr.

Qualifikationsaufwand:
59 MAK · 6 Std./Tag · 15 Trainingstage · 19,50 €/Std. = 103 545,00 €
Der einmalige Qualifikationsaufwand beträgt 103 545,00 €.

69.
Ermittlung des Anteils an Kunden, die endgültig nicht erreicht werden:
80 % im ersten Durchlauf · 75 % im zweiten Durchlauf · 60 % im dritten Durchlauf = 36 %.
Also werden 100 % – 36 % = 64 % der Kunden erreicht.
19 800 Gesamtkunden · 64 % = 12 672 Kunden werden insgesamt erreicht.

70.
12 672 Gespräche · 10 Minuten = 126 720 Minuten
6 Agents · 4,5 Stunden · 60 Minuten = 1 620 Minuten tägliche Gesprächszeit
126 720 : 1 620 = 78,2 Tage
78,2 Tage = 15 Wochen, 3 Tage und wenige Stunden
Beginnt das Projekt am 17.08., kann es am 03.12. abgeschlossen werden.

71.
→ Einmaligkeit der Bedingungen, erstmalige telefonische Katalogankündigung
→ festgelegtes Ziel, mindestens 10 000 Nettokontakte
→ begrenzter Zeitraum, vom 21. bis 25.09.
→ begrenztes Budget, 2,85 € je Nettokontakt

72.
Es handelt sich um ein externes Projekt (Dienstleistungsprojekt), da der Auftraggeber nicht dem ausführenden Unternehmen angehört.

73.

Aktivität	Verantwortlich
Projektauftrag unterzeichnen und Auftragsbestätigung abwarten	Vertrieb
Programmierung einer Datenbank	IT
Implementierung der Datensätze in die Datenbank	IT
Auswahl des passenden Dialers	IT
Programmierung der Telefonanlage	IT
Projektleitung bestimmen	Geschäftsleitung
Bedarf an Kundenberatern ermitteln	Personalplanung und Projektleitung
Agents fachlich und kommunikativ auf das System und die Anwendung schulen	Trainer und Projektleitung
Kommunikationsmatrix erstellen	Projektleitung

74.

Projektstrukturplan erstellen, Meilensteine festlegen, Hilfestellung bei fachlichen oder technischen Problemen, Überwachung des Fortschritts des Projektes (Soll-Ist-Abgleich), ggf. Anpassungen bei Abweichungen vornehmen, Routinebesprechungen durchführen, Überwachung der Gesprächsqualität.

75.

Der Soll-Ist-Vergleich vergleicht geplante Ergebnisse (Soll-Werte) mit den tatsächlichen Werten (Ist-Werte). Mögliche Abweichungen sind z. B.

→ Erreichbarkeit anders als geplant,
→ Gesprächsdauer (AHT) anders als geplant.

76.

→ Kommunikationsfunktion: Die Kennzahlen regen zur Diskussion und zur Auseinandersetzung an.
→ Vergleichsfunktion: Das Erreichen gesetzter Ziele und vorgegebener Werte kann überprüft werden.
→ Marketingfunktion: Erfolge und Ergebnisse können belegt werden und schaffen Empfehlungen für zukünftige Aufträge und Projekte.
→ Entscheidungsfunktion: Anhand von Kennzahlen können Alternativen abgewogen und unternehmerische Entscheidungen getroffen werden.

77.

Quote nicht erreichter Adressaten	8,14 %
Ausfallquote für falsche Telefonnummern	3,50 %
Vom Kunden beendete Gespräche	3,42 %
Erfolgsquote	84,94 %

78.

20000 · 90 %	= 18000 Nettokontakte
18000 · 5,20 €	= 93600,00 € Gesamtkosten (Kapitaleinsatz)
18000 · 5 %	= 900 Verkäufe
900 · 15,00 €	= 13500,00 € Projektgewinn
13500,00 € · 100 : 93600,00 €	= 14,42 % Rentabilität

Die Rentabilitätsvorgabe wird somit eingehalten.

79.

18000 Nettokontakte : 10 Nettokontakte pro Stunde = 1 800 Stunden
1 800 Stunden : 8 Stunden/Tag = 225 Tage
225 Tage : 15 Tage = 15 Agents (MAK)

80.

→ Die geschätzten Nettokontakte werden nicht erreicht (z. B. schlechte Adressqualität), Folge: z. B. geringeres Potenzial für Verkäufe.
→ Die geplanten Verkäufe werden nicht erzielt (z. B. uninteressantes Produkt), Folge: z. B. Projektgewinn fällt geringer aus als erwartet.
→ Weniger Nettokontakte pro Stunde (z. B. längere Gesprächszeit), Folge: z. B. steigende Kosten, da mehr (länger) Mitarbeiter eingesetzt werden müssen.

81.

→ Projektziele
→ benötigte Qualifikation der Mitarbeiter
→ Projektauswertung
→ Projektzeitraum
→ Abrechnungsmodalitäten

82.

13 500,00 € · 100 : (X · 18 000 Nettokontakte) = 10,00 % Rentabilität
X = 7,50 € ➔ Es dürfen maximal 7,50 € pro Nettokontakt vereinbart werden.

83.

Projektauftraggeber, Projektleiter, Projektteam

84.

Neben der (funktionsorientierten) Linienorganisation gibt es ein projekt-orientiertes Leitungssystem, sodass eine zweidimensionale Matrix entsteht.

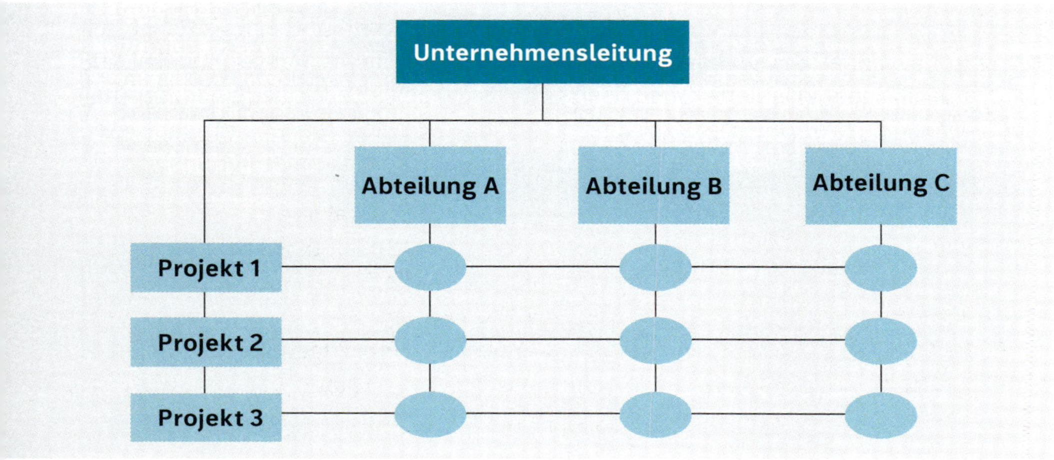

Vorteile: z. B. flexibler Mitarbeitereinsatz, geringer organisatorischer Aufwand
Nachteile: z. B. hoher Abstimmungsbedarf, Identifikationsprobleme bei wechselnden Projekten

85.

Ein Arbeitspaket ist eine in sich geschlossene Aufgabenstellung innerhalb eines Projekts, die bis zu einem bestimmten Termin mit festgelegtem Ergebnis zu bearbeiten ist. Ein Arbeitspaket enthält daher die Beschreibung der Aufgabe, Start- und Endtermin sowie den Namen des jeweils Verantwortlichen.

86.

Erstellen eines Gesprächsleitfadens, Kalkulation der AHT, Bereitstellung der notwendigen Inbound-Kapazitäten im Anschluss an eine Messe.

87.

Gliederung des Projekts in Arbeitspakete (Projektstrukturplan). Arbeitspakete in eine sachliche Reihenfolge bringen und Abhängigkeiten beachten (Projektablaufplan). Dauer der Arbeitspakete bestimmen sowie Anfangs- und Endtermine festlegen (Zeit- und Terminplan). Für die Bearbeitung erforderliche Ressourcen ermitteln, deren Verfügbarkeit überprüfen und reservieren (Ressourcen- und Kapazitätsplan). Kostenplan erstellen.

88.

Kosten bei Firma 1: $15\,000 \cdot 0{,}02 + 120{,}00 + 25{,}00 + 15{,}50 = 460{,}50$ €
Kosten bei Firma 2: $4 \cdot 60{,}00 + 45{,}00 + 15 \cdot 11{,}50 = 457{,}50$ €
Aus dem Kostenvergleich folgt die Auswahl von Firma 2.

89.

Ziel des Projektcontrollings ist die Sicherung des Erreichens der Projektziele durch: Soll-Ist-Vergleich, Feststellung der Abweichungen, Bewerten der Konsequenzen und Vorschlag von Korrekturmaßnahmen. Durch Addition der verbrauchten Flyer lässt sich feststellen, dass die noch vorhandenen Flyer nicht für die übrigen Messen reichen werden. Entweder muss ein Nachdruck in Auftrag gegeben werden oder eine Lösung ausgearbeitet werden, wie die Flyer sparsam, aber effektiv an Interessenten verteilt werden können.

90.

Die Alternativen A und B unterscheiden sich nicht nur in den Kosten, sondern auch in den Erlösen. Alternative B führt zu einem höheren Erlös, da 30 % mehr Lose verkauft werden. Eine Entscheidung nur auf Basis der Kosten ist daher nicht aussagekräftig.

91.

Alternative A

Kosten: 200,00 + 70,00 + 45,00 + 30,00 = 345,00 €,

Erlös: 150 · 5,00 € = 750,00 € → Gewinn: 750,00 – 345,00 = 405,00 €

Alternative B

Kosten: 200,00 + 2 · 45,00 + 280,00 = 570,00 €, Erlös: 150 (1 + 0,3) · 5,00 = 975,00 €

→ Gewinn: 975,00 – 570,00 = 405,00 €

Die Gewinnvergleichsrechnung liefert kein eindeutiges Ergebnis.

92.

Die Rentabilität ist ein Maß für die Wirtschaftlichkeit eines Projekts. Sie setzt den erwarteten Gewinn in Beziehung zum eingesetzten Kapital.

Alternative A: 405,00 · 100 : 345,00 = 117 %

Alternative B: 405,00 · 100 : 570,00 = 71 % → Demnach ist Alternative A auszuwählen.

93.

→ Die Spende an die Kita lässt sich medienwirksam umsetzen, sodass der Bekanntheitsgrad des Callcenters höher wird.

→ Ein soziales Engagement wird von den Kunden und der Öffentlichkeit honoriert und sorgt für ein besseres Image.

→ Die Mitarbeiter können spielen und haben Spaß. Sie haben das Gefühl, zu einem guten Zweck beizutragen. Dies steigert die Zufriedenheit.

94. Es lassen sich auf der Grundlage des Starttermins (02.05.) die frühestmöglichen Anfangs- und Endtermine aller Arbeitspakete erkennen.

95.

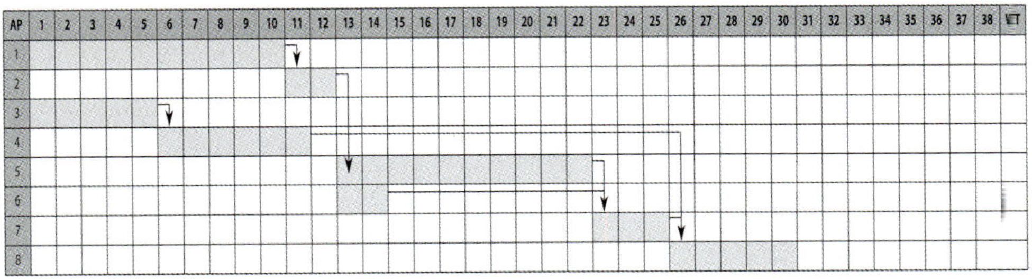

96.

Spätester letzter Arbeitstag des Projekts: 21.06.

Davon sind abzuziehen 5 Arbeitstage Schulung, 6 Arbeitstage Auswahl und 5 Arbeitstage Ausschreibung, also insgesamt 16 Arbeitstage → 31. Mai

97.

Frau Daub braucht vorab die Information, wie viele Mitarbeiter eingestellt werden sollen und welches allgemeine Anforderungsprofil diese haben sollen. Herr Müller benötigt diese Informationen ebenfalls, um sich auf die Schulung vorzubereiten. Darüber hinaus benötigt er konkrete Informationen zu Qualifikationen/Kenntnisstand der neuen Mitarbeiter. Diese kann ihm nur Frau Daub liefern, da sie diese Informationen erhoben hat. Ich als Projektleiter muss dafür sorgen, dass das Projektteam mit den notwendigen Informationen versorgt wird und der Informationsfluss untereinander gewährleistet ist.

98.

Zunächst ist das Risiko einzuschätzen hinsichtlich der Wahrscheinlichkeit, dazu muss beim Lieferanten nochmals nachgefragt werden. Dann müssen die Auswirkungen beurteilt werden. Ohne Stühle kann nicht gearbeitet werden. Gegebenenfalls sind präventive Maßnahmen zu ergreifen. Der Projektleiter muss sich mit einer vorläufigen Notlösung (z. B. Klappstühle) befassen.

99.

10 000 · 45 % = 4 500 Nettokontakte

4 500 · 520 Sekunden : 3 600 Sekunden = 650 Stunden

100.

650 Stunden : 6,5 Stunden : 20 Tage = 5

101.

4 500 Nettokontakte : 4 Wochen = 1 125 pro Woche

102.

1 125 – 290 = 835

835 · 100 : 1 125 = 74,22 %

103.

Ausschöpfungsquote (erreichte Nettokontakte)

104.

3 308 · 100 : 6 073 = 54,47 %

11 Projektdurchführung

Situation zu den Aufgaben 1 bis 17:
Die Dialogfix GmbH wird vom Pay-TV-Sender „Thema-TV“ mit dem Projekt „Umstellung des Verschlüsselungssystems“ beauftragt. Den 200000 Abonnenten soll eine neue Berechtigungskarte (Smartcard) mit der Bitte zugesandt werden, mit dieser Smartcard die alte Karte im Receiver zu ersetzen und die alte Karte in einem Freiumschlag zurückzusenden. Alle Kunden, deren alte Karte nach 4 Wochen noch nicht vorliegt, sollen telefonisch kontaktiert werden. Gleichzeitig wird eine Hotline geschaltet, die Kundenanfragen im Zusammenhang mit dem Kartentausch beantworten kann. Nach einer Projektlaufzeit von 3 Monaten sollen 95 % aller Smartcards ausgetauscht sein. Die Dialogfix GmbH stellt ein Team unter der Führung eines erfahrenen Projektleiters zusammen, der über ein Budget von 100000,00 € verfügen kann.

1. AUFGABE

Der Dialogfix GmbH stehen zur Projektbearbeitung unterschiedliche Ressourcen zur Verfügung. Ordnen Sie die Ressourcenarten den jeweiligen Beschreibungen zu und tragen Sie Ihre Antworten in die Kästchen ein.

- ☐ Backoffice-Personal
- ☐ ACD-Anlage
- ☐ Ausreichende Barmittel (Liquidität)
- ☐ Büroräume
- ☐ Agents
- ☐ Projektbudget

1. Technische Ausstattung
2. Humanressourcen
3. Kapital

2. AUFGABE ☐

Bei der Planung von Ressourcen im vorliegenden Projekt spielen qualitative Faktoren eine wichtige Rolle. In welchem der nachstehenden Fälle wurden qualitative Faktoren in Bezug auf Personalressourcen berücksichtigt?

1. Die Anzahl der eingesetzten Agents wird an das Anrufvolumen angepasst.
2. Die Ausbildung des zur Verfügung stehenden Personals entspricht den Anforderungen der zugewiesenen Profile.
3. Durch flexible Arbeitszeit wird die Erreichbarkeit optimiert.
4. Bei einem unerwartet hohen Anrufaufkommen werden durch längere Arbeitszeiten schlechte Servicelevel vermieden.
5. Mit Leiharbeitnehmern und Aushilfen können kurzfristige Spitzen abgefangen werden.

3. AUFGABE

Bei der Planung von Ressourcen im vorliegenden Projekt spielen auch quantitative Faktoren eine wichtige Rolle. In welchem der nachstehenden Fälle wurden quantitative Faktoren hinsichtlich der Personalressourcen berücksichtigt?

1. Die Anzahl der eingesetzten Agents wird an das Anrufvolumen angepasst.
2. Die Ausbildung des zur Verfügung stehenden Personals entspricht den Anforderungen der zugewiesenen Profile.
3. Agents dürfen über Kulanzleistungen bis 50,00 € selbst entscheiden.
4. Durch regelmäßiges Coaching erhöht sich das Niveau der Problemlösungen.
5. Qualitätssicherungsmaßnahmen können die Kundenzufriedenheit steigern.

4. AUFGABE

Von dem verfügbaren Projektbudget stehen 75 % zur Durchführung der Kundenanfragen zur Verfügung. Ermitteln Sie, wie viele Kundenanfragen die Dialogfix GmbH im Rahmen des Projektbudgets durchführen kann, wenn die Kosten pro Kontakt mit 2,50 € kalkuliert wurden.

5. AUFGABE

Im Verlauf des vorliegenden Projektes benötigt die Dialogfix GmbH ein umfangreiches Echtzeitmanagement. Welche der nachstehenden Definitionen des Begriffs Echtzeitmanagement ist zutreffend?

1. Echtzeitmanagement umfasst strategische Maßnahmen zur Risikovermeidung.
2. Echtzeitmanagement umfasst die Auswertung aller im Projekt erhobenen Daten.
3. Echtzeitmanagement umfasst sowohl kurzfristige als auch langfristige Maßnahmen zur Sicherstellung der Rentabilität eines Projekts.
4. Echtzeitmanagement umfasst die unmittelbar zu ergreifenden Maßnahmen bei kurzfristigen Abweichungen im Tagesgeschäft.
5. Echtzeitmanagement umfasst die Erstellung und Überprüfung aller Projektpläne unter Berücksichtigung der vorhandenen Ressourcen.

6. AUFGABE

Aufgrund der Ergebnisse des Echtzeitmanagements möchte der Projektleiter ein Meeting der Projektbeteiligten organisieren. Bringen Sie die notwendigen Schritte in die richtige Reihenfolge, indem Sie die Ziffern von links nach rechts in die Lösungskästchen eintragen.

1. Meeting-Raum reservieren
2. Protokoll anfertigen
3. Meeting-Raum einrichten
4. Meeting durchführen
5. Teilnehmer festlegen
6. Einladungs-E-Mail versenden

7. AUFGABE

Bei der Durchführung des Projektes spielt die Auslastung der Mitarbeiter eine wichtige Rolle. Welche der nachstehenden Definitionen des Begriffs Auslastung ist richtig?

1. Auslastung bezeichnet das Verhältnis der Nutzung zur Kapazität einer Ressource.
2. Auslastung bezeichnet das Verhältnis der Kapazität zu den Kosten einer Ressource.
3. Auslastung bezeichnet das Verhältnis der Kosten zum Nutzen einer Ressource.
4. Auslastung bezeichnet das Verhältnis der Kosten zur Kapazität einer Ressource.
5. Auslastung bezeichnet das Verhältnis des Nutzens zu den Kosten einer Ressource.

8. AUFGABE

Beim Einsatz der Personalressourcen möchte die Dialogfix GmbH Kapazitätsengpässe bzw. Überbesetzungen vermeiden und dazu Möglichkeiten der Arbeitszeitflexibilisierung nutzen. Geben Sie an, wobei es sich nicht um ein solches Instrument handelt.

1. Variable Arbeitszeit
2. Überstunden
3. Verkürzung der Arbeitszeit
4. Jahresarbeitszeitsystem
5. Kernarbeitszeiten

9. AUFGABE

Für die Durchführung des Projekts „Thema TV" wurde ein Projektstrukturplan aufgestellt. Prüfen Sie, welche Aufgabe der Projektstrukturplan in diesem Projekt erfüllt.

1. Die einzelnen Projektziele werden definiert.
2. Die Meilensteine des Projekts werden grafisch dargestellt.
3. Es werden die Kostenstellen für das abschließende Projektcontrolling ermittelt.
4. Die Gesamtheit aller Projektteilpläne wird aufgelistet.
5. Alle Arbeitspakete und Teilaufgaben werden hierarchisch angeordnet.

10. AUFGABE

Welche zwei nachstehenden Situationen rechtfertigen eine Änderung der Projektplanung?

1. Einige Mitarbeiter der Dialogfix GmbH sind erkrankt.
2. Thema-TV wünscht die Abholung der Smartcards beim Kunden durch einen externen Kurierdienst.
3. Bereits in den ersten Tagen des Projektes weicht die AHT von den Planwerten ab
4. Qualitätsprüfungen ergeben, dass sich einige Agents nicht an den Gesprächsleitfaden halten.
5. Die von Thema-TV bereitgestellten Kontaktdaten sind veraltet, sodass eine aufwendige Aktualisierung notwendig ist.
6. Wegen eines Software-Updates stehen die Arbeitsplatz-PCs für eine Stunde nicht zur Verfügung.

11. AUFGABE

Abweichungen im Projekt der Dialogfix GmbH erfordern Steuerungsmaßnahmen. Diese können grundsätzlich unterschieden werden in terminbezogene, kostenbezogene und ergebnisbezogene Steuerungsmaßnahmen. Ordnen Sie die nachfolgenden Situationen den entsprechenden Begriffen zu.

☐ Durch eine Optimierung des Anschreibens wird die Kundenresonanz verbessert.

☐ Die Zeit zwischen Briefversand und Anruf wird auf 3 Wochen reduziert, um das Projekt schneller abschließen zu können.

☐ Die Senkung der Average Handling Time (AHT) ermöglicht die Reduzierung des Personaleinsatzes.

☐ Eine Überarbeitung des Gesprächsleitfadens soll die Kundenbedürfnisse besser berücksichtigen.

☐ Der Samstag wird als zusätzlicher Anruftag eingeplant, um die Anrufe rascher abarbeiten zu können.

1. Terminbezogen
2. Kostenbezogen
3. Ergebnisbezogen

12. AUFGABE ☐

Im Zusammenhang mit dem Projekt „Thema-TV" sind Sie verantwortlich für Projektstatusberichte. Zu welchem Zeitpunkt werden diese Berichte erstellt?

1. Projektstatusberichte werden immer vor Beginn des Projektes erstellt.
2. Projektstatusberichte können nur nach dem Projektende erstellt werden.
3. Projektstatusberichte werden in regelmäßigen Abständen (von z. B. 1 Woche) während der Projektlaufzeit erstellt.
4. Projektstatusberichte werden generell täglich erstellt.
5. Projektstatusberichte werden nur genau in der Mitte eines Projektes erstellt.

13. AUFGABE ☐☐☐☐

Welche vier Inhalte müssen Sie in den Projektstatusbericht für das Projekt „Thema-TV" aufnehmen?

1. Darstellung der aufgetretenen Abweichungen
2. Nachkalkulation für das Projekt
3. Fertiggestellte und noch zu bearbeitende Arbeitspakete
4. Belege und Quittungen für die Projektabrechnung
5. Adresslisten der Projektmitarbeiter
6. „Lessons learned" für zukünftige Projekte
7. Probleme und unvorhergesehene Entwicklungen
8. Bisher geleistete Projektstunden

14. AUFGABE

Ein für den Projektstatusbericht durchgeführter Soll-Ist-Vergleich liefert folgendes Ergebnis:

Arbeitspakete	Soll-Dauer (Tage)	Ist-Dauer (Tage)
Arbeitspaket 1	6	6
Arbeitspaket 2	7	10
Arbeitspaket 3	1,5	1,5
Arbeitspaket 4	4	2
Arbeitspaket 5	6	8

Ermitteln Sie die Abweichung im Projektfortschritt in Tagen unter der Annahme, dass alle Arbeitspakete unmittelbar aufeinanderfolgen (seriell).

15. AUFGABE

Für den Projektstatusbericht sollen Sie den Soll-Ist-Vergleich des Projektfortschritts der einzelnen Arbeitspakete visualisieren. Welche Form müssen Sie wählen, um die Visualisierung möglichst anschaulich zu gestalten?

1. Punktdiagramm
2. Blasendiagramm
3. Kreisdiagramm
4. Balkendiagramm
5. Strichdiagramm

16. AUFGABE

Zum Stichtag des Projektstatusberichts zur Hälfte der Projektlaufzeit haben Sie einen leistungsmäßigen Fertigstellungsgrad des Projekts von 40 % ermittelt. Wie viele Smartcards wurden demnach bereits ausgetauscht?

17. AUFGABE

Um den Projekterfolg sicherzustellen, soll die Zahl der Nettokontakte erhöht werden. Entscheiden Sie, welche Maßnahme dazu geeignet ist.

1. Gesprächsleitfaden optimieren
2. Personaleinsatz senken
3. Fachwissen der Agents durch Schulungen verbessern
4. Gesprächsführung der Agents durch Coaching verbessern
5. Anrufzeiten bis 20:00 Uhr erweitern
6. Teamtraining in Einwandbehandlung durchführen

Situation zu den Aufgaben 18 bis 22:
Für ein Outbound-Projekt zur Kundenrückgewinnung hat die Dialogfix GmbH eine Average Handling Time (AHT) von 4 Minuten eingeplant, für die Projektlaufzeit wurden 40 Arbeitstage veranschlagt.

18. AUFGABE

Ein Soll-Ist-Vergleich nach der 1. Woche der Projektdurchführung ergibt, dass die AHT tatsächlich bei 5 Minuten liegt. Ermitteln Sie, um wie viele Tage sich die Projektlaufzeit bei gleichbleibenden Rahmenbedingungen verlängern wird.

19. AUFGABE

Prüfen Sie, um welche Art von Abweichung es sich bei der verlängerten AHT handelt.

1. Systembedingte Abweichung
2. Unvermeidbare Abweichung
3. Relative Abweichung
4. Quantitative Abweichung
5. Qualitative Abweichung

20. AUFGABE

In einem Teammeeting werden mögliche Ursachen für die verlängerte AHT diskutiert. Stellen Sie fest, auf welche zwei Punkte dabei nicht eingegangen werden muss.

1. Der Gesprächsleitfaden ist ungünstig formuliert.
2. Die Kunden haben mehr Fragen als erwartet.
3. Die Erreichbarkeit der Kunden ist niedriger als kalkuliert.
4. Der Servicelevel liegt unter den Erwartungen.
5. Die Projektmitarbeiter sind fachlich nicht ausreichend geschult.
6. Die notwendigen Eintragungen in der Datenbank sind umfangreicher als vermutet.

21. AUFGABE

Der zuständige Projektleiter möchte die ursprünglich vorgesehene Projektlaufzeit dennoch einhalten. Da kein zusätzliches Projektbudget verfügbar ist, soll dies kostenneutral erfolgen. Prüfen Sie, welche Maßnahme vor diesem Hintergrund geeignet ist.

1. Zusätzliche Projektmitarbeiter einstellen
2. Umfang des Gesprächsleitfadens kürzen
3. Erfolgsprämien für eingehaltene AHT einführen
4. Weitere Produktschulungen beim Auftraggeber anfordern
5. Nachbearbeitungszeit verlängern
6. Agents zusätzlich durch einen externen Trainer schulen

22. AUFGABE

☐☐☐☐☐☐

Die Dialogfix GmbH betreibt eine systematische Projektsteuerung. Bringen Sie die dazu notwendigen Schritte in die richtige Reihenfolge, indem Sie die Ziffern der Schritte von links nach rechts in die Kästchen eintragen.

1. Korrekturmaßnahmen entwickeln und umsetzen
2. Ist-Werte ermitteln
3. Abweichungsanalyse durchführen
4. Erfolg der Korrekturmaßnahmen überprüfen
5. Soll-Ist-Vergleich durchführen
6. Arbeitspakete starten

Situation zu den Aufgaben 23 bis 34:

Die Dialogfix GmbH soll im Auftrag der Werkstattkette Autoteile Regun AG die Kundenzufriedenheit ermitteln und steigern. Hierzu erfolgt eine Telefonumfrage unter allen 150000 Kunden, die im letzten Monat eine Werkstatt der Kette besucht haben. Zusätzlich werden in jeder Filiale Plakate mit einer Hotline aufgehängt, unter der sich Kunden mit Kritik oder Lob zu ihrer Filiale melden können. Kunden, die aufgrund einer Unzulänglichkeit der Werkstatt eine besonders schlechte Bewertung abgegeben haben, sollen ein Anschreiben sowie einen Gutschein als Entschuldigung bekommen. Ziel des Projektes ist es, ein Ranking der Filialen bezüglich der Kundenzufriedenheit zu erstellen, um darauf basierend entsprechende Maßnahmen einleiten zu können. Die Dialogfix GmbH und die Autoteile Regun AG planen für das Projekt eine Laufzeit von 4 Wochen und ein Budget von 200000,00 € ein.

23. AUFGABE

Während der Projektdurchführung kann die Dialogfix GmbH mit unvorhergesehenen Ereignissen konfrontiert werden. Nennen Sie drei Beispiele dafür.

24. AUFGABE

Nennen Sie fünf Möglichkeiten der Dialogfix GmbH, um bei Planabweichungen hinsichtlich der Ressourcen im vorliegenden Projekt gegenzusteuern.

25. AUFGABE

Die Dialogfix GmbH erbringt im vorliegenden Projekt Dienstleistungen, für die generell besondere Herausforderungen bei der Ressourcenplanung gelten. Erläutern Sie anhand von drei Beispielen, warum gerade Dienstleistungen hohe Planungsherausforderungen beinhalten.

26. AUFGABE

Bei der Ressourcenplanung im vorliegenden Projekt trifft die Dialogfix GmbH darüber hinaus auf Herausforderungen, die für die Callcenterbranche typisch sind. Nennen Sie fünf konkrete branchentypische Herausforderungen.

27. AUFGABE

Die Dialogfix GmbH steuert die Projektdurchführung auch mittels Echtzeitmanagement. Erläutern Sie diesen Begriff und schildern Sie hierzu ein Beispiel.

28. AUFGABE

Bei der Gestaltung der Projektdurchführung durch die Dialogfix GmbH spielt die Auslastung eine wichtige Rolle. Erläutern Sie den Begriff Auslastung anhand eines Beispiels.

29. AUFGABE

Erläutern Sie die Begriffe Überbesetzung und Unterbesetzung sowie deren jeweilige Konsequenzen für das Projekt der Dialogfix GmbH.

30. AUFGABE

Beschreiben Sie zwei mögliche Situationen im vorliegenden Projekt, in denen eine Änderung der Projektplanung durch die Dialogfix GmbH vorgenommen werden müsste.

31. AUFGABE

Abweichungen im Projekt erfordern Steuerungsmaßnahmen. Diese können grundsätzlich unterschieden werden in terminbezogene, kostenbezogene und ergebnisbezogene Steuerungsmaßnahmen. Beschreiben Sie hierzu jeweils ein Beispiel.

32. AUFGABE

Die Projektsteuerung (Projektcontrolling) wird bei der Dialogfix GmbH nach einer festen Abfolge von Schritten durchgeführt. Laut einer Schulungsunterlage werden dazu nach der Durchführung eines Soll-Ist-Vergleichs unmittelbar Korrekturmaßnahmen entwickelt und umgesetzt. Geben Sie an, welcher wichtige Zwischenschritt in dieser Schulungsunterlage vergessen wurde.

33. AUFGABE

Im Projekt „Autoteile Regun" werden Sie mit der Erstellung der Projektstatusberichte beauftragt. Nennen Sie drei wichtige Bestandteile eines solchen Berichtes.

34. AUFGABE

Aus welchen Gründen spielt auch im vorliegenden Projekt der Dialogfix GmbH der Kontakt zum Auftraggeber eine große Rolle? Nennen Sie drei Aspekte.

Situation zu den Aufgaben 35 bis 37:
Die Dialogfix GmbH unterstützt in einem Outbound-Projekt über einen Zeitraum von 2 Wochen den Energieversorger Flatenergie AG beim Vertrieb von Stromlieferverträgen. Die Abrechnung des Projektes zwischen Dialogfix und Flatenergie erfolgt auf Provisionsbasis (siehe Tabelle). Die Mitarbeiter von Dialogfix beziehen ausschließlich ein Festgehalt.

Provisionen Kunde Flatenergie	
Abschluss Stromliefervertrag 1 Jahr	10,00 €
Abschluss Ökostromliefervertrag 1 Jahr	15,00 €
Abschluss Stromliefervertrag 2 Jahre	18,00 €
Abschluss Ökostromliefervertrag 2 Jahre	26,00 €

Aufgrund des nicht zufriedenstellenden Projektverlaufes beschließt die Dialogfix GmbH, am Samstag der ersten Projektwoche ein Team-Event mit integrierter Verkaufsschulung durchzuführen. Hierfür entstehen der Dialogfix GmbH Kosten in Höhe von 3500,00 €.

35. AUFGABE

Berechnen Sie die Abschlussquote in der ersten Projektwoche.

		Verträge					
Woche	Netto-kontakte	Strom 1J	Ökostrom 1J	Strom 2J	Ökostrom 2J	GESAMT	Abschluss-quote
1.	3088	181	257	168	134		

36. AUFGABE

Berechnen Sie zur Erfolgsprüfung der Verkaufsschulung für die zweite Woche:

a) die Abschlussquote,
b) die prozentuale Steigerung der Calls und der Abschlüsse in den einzelnen Vertragsarten.

		Verträge					
Woche	Netto-kontakte	Strom 1J	Ökostrom 1J	Strom 2J	Ökostrom 2J	GESAMT	Abschluss-quote
2.	3489	211	343	237	198		

37. AUFGABE

Zeigen Sie rechnerisch, dass die Investition in die Verkaufsschulung lohnend war.

Situation zu den Aufgaben 38 bis 42:

Für ein Outbound-Projekt der Dialogfix GmbH, bei dem es um die Rückgewinnung von ehemaligen Abonnenten eines Virenschutzprogrammes geht, wurden u. a. folgende Projektziele festgelegt:

- Datenbestand: 4000 Adressen
- Projektlaufzeit: 20 Arbeitstage
- Ausschöpfungsquote (Nettokontakte): 80 %

Nach 5 Arbeitstagen im Projekt ergibt ein erster Soll-Ist-Vergleich, dass bislang 520 Nettokontakte erzielt wurden.

38. AUFGABE

Ermitteln Sie den zeitlichen Fertigstellungsgrad des Projekts.

39. AUFGABE

Mit welcher tatsächlichen Ausschöpfungsquote ist auf Basis der bisherigen Zahlen zu rechnen?

40. AUFGABE

Bewerten Sie das bisherige Ergebnis des Projekts und geben Sie zwei Ursachen für mögliche Abweichungen an.

41. AUFGABE

Schlagen Sie zwei geeignete Steuerungsmaßnahmen vor, die nun ergriffen werden sollten.

42. AUFGABE

Der Projektleiter möchte für das anstehende Team-Meeting die tatsächliche Ausschöpfungsquote mit einem Diagramm visualisieren. Geben Sie begründet an, welche Diagrammart dafür am besten geeignet ist.

Lösungen zu Kapitel 11

Web

1. 2, 1, 3, 1, 2, 3
2. 2
3. 1
4. 30 000 Kundenanfragen
5. 4
6. 5, 1, 6, 3, 4, 2
7. 1
8. 5
9. 5
10. 2, 5
11. 3, 1, 2, 3, 1
12. 3
13. 1, 3, 7, 8
14. 3 Tage
15. 4
16. 76 000 Smartcards
17. 5
18. 10 Tage
19. 4
20. 3, 4
21. 2
22. 6, 2, 5, 3, 1, 4

23.

Beispiele: Hohes Anrufaufkommen aufgrund eines nicht vorhersehbaren Ereignisses mehrere Mitarbeiter erkranken aufgrund einer Grippewelle, technischer Ausfall.

24.

Beispiele: Ressourceneinsatz erhöhen, Ressourcen flexibel einsetzen, Effektivität der Ressourcen verbessern, Motivation des Personals erhöhen.

25.

Dienstleistungen sind nicht lagerbar, schwer übertragbar und gemeinsam mit dem Kunden zu erbringen.

26.

→ Anrufaufkommen kann Schwankungen unterliegen (Servicelevel ist zu halten).
→ AHT kann Schwankungen unterliegen.
→ Die Planung der Hauptressource Personal enthält quantitative Unsicherheitsfaktoren (z. B. Ausfälle durch Krankheit).
→ Die qualitative Einsetzbarkeit des Personals muss aufwendig verwaltet werden (nicht jeder Agent kann alle Aufgaben im Callcenter übernehmen).
→ Komplexe IT-Systeme sind fehleranfällig.

27.

Echtzeitmanagement bedeutet Eingreifen im Tagesgeschäft: Durch geeignete Maßnahmen ist auf nicht langfristig planbare Ereignisse zu reagieren.
Beispiel: Erhöht sich aufgrund einer überraschenden Zeitungsmeldung das Anrufvolumen in einem bestimmten Bereich des Callcenters drastisch, sind Agents aus anderen Bereichen abzuziehen, um einen akzeptablen Servicelevel zu halten.

28.

Auslastung ist allgemein das Verhältnis der Nutzung zur Kapazität einer Ressource.
Beispiel: Hat ein Agent eine Kapazität (= Nettoarbeitszeit) von 6 Stunden, allerdings nur eine Produktivzeit von 4,5 Stunden, so beträgt die Auslastung 75 %.

29.

Überbesetzung:

→ Es wurden zu viele Mitarbeiter eingeplant.
→ Es entstehen unnötige Kosten.
→ Mitarbeiter sind nur gering ausgelastet.
→ Die Mitarbeiter sind demotiviert.

Unterbesetzung:

→ Es wurden zu wenige Mitarbeiter eingeplant.
→ Der Servicelevel bzw. die Ausschöpfungsquote kann nicht gehalten werden.
→ Es besteht die Gefahr der Überlastung von Mitarbeitern.

30.

Änderungswunsch des Auftraggebers: Beispielsweise könnte Autoteile Regun wünschen, dass das Projekt auf die Kunden des letzten halben Jahres erweitert wird.
Fehler bei der ursprünglichen Projektplanung: Es wäre möglich, dass die von Autoteile Regun bereitgestellten Kontaktdaten der Kunden nicht aktuell sind und zunächst eine aufwendige Datenaktualisierung durchgeführt werden muss. Diesen Aspekt hatte man bei der ursprünglichen Planung nicht berücksichtigt, man muss nun mit einer erheblich längeren Projektlaufzeit rechnen.

31.

Terminbezogen: Nach 2 Wochen wurden noch nicht genügend Nettokontakte erzielt. Die Projektlaufzeit wird um 1 Woche verlängert.
Kostenbezogen: Das Angebot des vorgesehenen Postdienstleisters ist zu hoch, sodass eine Alternative geprüft werden muss.
Ergebnisbezogen: Durch zusätzliche Schulungen werden die Mitarbeiter auf spezielle Probleme der Kunden von Autoteile Regun vorbereitet.

32.

Ursachen der Abweichungen analysieren

33.

→ Aktueller Stand der Leistungen/Arbeiten im Projekt
→ Soll-Ist-Vergleiche (Termine, Kosten etc.)
→ Eingeleitete bzw. zur Entscheidung anstehende Maßnahmen

34.

→ Autoteile Regun fühlt sich durch regelmäßigen Kontakt gut informiert, was für die Dialogfix GmbH positive Auswirkungen auf Folgeaufträge haben kann.
→ Probleme können frühzeitig mit Autoteile Regun besprochen werden.
→ Änderungswünsche von Autoteile Regun können zeitnah berücksichtigt werden.

35.

Abschlussquote = 740 : 3088 = 23,96 %

36.

a) Abschlussquote = 989 : 3 489 = 28,35 %

b)

Woche	Verträge						
	Netto-kontakte	Strom 1J	Öko-strom 1J	Strom 2J	Öko-strom 2J	GESAMT	Abschluss-quote
1.	**3088**	181	257	168	134	740	23,96 %
2.	**3489**	211	343	237	198	989	28,35 %
Veränderung	+ 13,0 %	+ 16,6 %	+ 33,5 %	+ 41,1 %	+ 47,8 %	+ 33,6 %	

37.

Provisionseinnahmen Woche 1: 12 173,00 €
Provisionseinnahmen Woche 2: 16 669,00 €
Steigerung der Provisionseinnahmen: 4 496,00 €
Der Steigerung der Provisionseinnahmen in Höhe von 4 496,00 € standen Kosten in Höhe von 3 500,00 € entgegen, sodass es sich bei der Verkaufsschulung um eine lohnende Investition handelte.

38.

Der zeitliche Fertigstellungsgrad liegt bei 25 % (5 Tage von 20 Tagen vergangen).

39.

Hochgerechnet auf die Projektlaufzeit (bislang 25 % verstrichen) ist mit 2 080 Nettokontakten zu rechnen. Dies entspricht einer tatsächlichen Ausschöpfungsquote von 52 % (2 080 · 100 : 4 000).

40.

Die tatsächliche Ausschöpfungsquote liegt mit 52 % deutlich unter Plan (80 %), es wurden 280 Nettokontakte zu wenig erzielt (800 Soll – 520 Ist). Mögliche Ursachen sind z. B. schlechtes Adressmaterial (viele Dubletten, fehlerhafte Datensätze etc.), eine zu geringe Erreichbarkeit der Zielgruppe (evtl. falsche Uhrzeit beim Anruf) oder auch zu lange Gesprächszeiten.

41.

Eine Optimierung des Gesprächsleitfadens kann zu einer Verkürzung der Gesprächszeit führen. Nach einer Analyse der tatsächlichen Erreichbarkeit können die Anrufzeiten optimiert werden.

42.

Um Anteile an einer Gesamtheit (hier: erzielte Nettokontakte) darzustellen, ist das Kreisdiagramm am besten geeignet.

12 Projektcontrolling

Situation zu den Aufgaben 1 bis 5:
Die Dialogfix GmbH wird vom Pay-TV-Sender „Thema-TV" mit dem Projekt „Umstellung des Verschlüsselungssystems" beauftragt. Den 200000 Abonnenten soll eine neue Berechtigungskarte (Smartcard) mit der Bitte zugesandt werden, mit dieser Smartcard die alte Karte im Receiver zu ersetzen und die alte Karte in einem Freiumschlag zurückzusenden. Alle Kunden, deren alte Karte nach 4 Wochen noch nicht vorliegt, sollen telefonisch kontaktiert werden. Gleichzeitig wird eine Hotline geschaltet, die Kundenanfragen im Zusammenhang mit dem Kartentausch beantworten kann. Nach einer Projektlaufzeit von 3 Monaten sollen 95% aller Smartcards ausgetauscht sein. Die Dialogfix GmbH stellt ein Team unter der Führung eines erfahrenen Projektleiters zusammen, der über ein Budget von 100000,00 € verfügen kann.

1. AUFGABE

Im Rahmen des Projektcontrollings zu dem beschriebenen Vorhaben muss die Dialogfix GmbH bestimmen, wie die Informationsversorgung erfolgen soll. Ordnen Sie die nachstehenden Beschreibungen den korrekten Fragewörtern zu, indem Sie die passenden Ziffern in die Kästchen eintragen.

- ☐ Wer erhält?
- ☐ Wer erstellt?
- ☐ Was?
- ☐ Wie?
- ☐ Wann?

1. Inhalte der Informationsversorgung
2. Verantwortlicher für die Gewinnung, Aufbereitung und Verteilung der Informationen
3. Informationsempfänger
4. Informationszeitpunkte
5. Art der Gewinnung, Aufbereitung und Verteilung der Informationen

2. AUFGABE

☐☐

Nach einem Monat Projektlaufzeit stellt sich heraus, dass erst 20 % aller Abonnenten zum Austausch der Smartcard bewegt werden konnten. Prüfen Sie, welche zwei Maßnahmen dazu geeignet sind, diese Zahl im Sinne des Projektziels zu erhöhen.

1. Anrufzeiten reduzieren
2. Personaleinsatz senken
3. Gesprächsleitfaden optimieren
4. AHT verringern
5. Nur weibliche Agents einsetzen
6. Erfolgsprämie einführen

3. AUFGABE

Trotz der bisher aufgetretenen deutlichen Abweichung besteht der Auftraggeber „Thema-TV“ auf der Erreichung des festgelegten Projektziels. Ermitteln Sie, wie viele Abonnenten Sie in der verbliebenen Projektlaufzeit noch zum Austausch der Smartcard bewegen müssen.

4. AUFGABE

Zum Ende des vorliegenden Projekts nimmt die Dialogfix GmbH einige abschließende Schritte vor. Ordnen Sie die nachstehenden Beschreibungen den jeweiligen Schritten zu, indem Sie die passenden Ziffern in die Kästchen eintragen.

- ☐ Abschlusspräsentation
- ☐ Abnahme
- ☐ Abschlussbesprechung (Projektreview)
- ☐ Abschlussbericht (Projektreport)
- ☐ Auflösung des Projektteams

1. Der Projektleiter nimmt mit dem Projektteam eine Rückschau des Projektverlaufs, aber auch eine Vorschau auf etwaige zukünftige Aktionen vor und berücksichtigt dabei, welche Punkte im abgeschlossenen Projekt gut gelaufen sind und welche Punkte verbesserungswürdig sind.
2. Dem Kunden (bzw. der eigenen Unternehmensleitung oder anderen Projektteams) wird das Projektergebnis vorgestellt.
3. Die Projektmitarbeiter erhalten neue Aufgaben.
4. Der Auftraggeber nimmt das Projektergebnis offiziell ab, er bestätigt also, dass er mit dem Projektergebnis zufrieden ist.
5. Der Projektleiter trägt alle erheblichen Informationen über den Projektverlauf und das Projektergebnis zusammen.

5. AUFGABE

Im Nachgang des Projekts sind Sie mit der Erstellung des Projektabschlussberichts an den Auftraggeber „Thema TV“ betraut. Welche drei der folgenden Punkte gehören nicht in diesen hinein?

1. Bestandsaufnahme der Zielerreichung (Soll-Ist-Vergleich hinsichtlich Ergebnisqualität, Zeiteinhaltung und Kosten)
2. Ursprüngliche Unterlagen des Projektauftrages
3. Stundenerfassungsbelege der eingesetzen Projektmitarbeiter
4. Abweichungsanalyse (Gründe für die Soll-Ist-Abweichungen)
5. Planungsunterlagen (Strukturpläne, Balkenpläne)
6. Interne Kosten- und Abrechnungskalkulation
7. Erläuterung von Spannungen innerhalb des Projektteams

Situation zu den Aufgaben 6 bis 9:
Die Dialogfix GmbH erhält von dem Elektronikversandhaus DigiTech GmbH den Auftrag, alle Kunden telefonisch zu kontaktieren, die in den letzten 3 Monaten keine Bestellung aufgegeben haben. Ziel ist es, diese Kunden durch gezielte Ansprache von den Produkten der DigiTech GmbH zu überzeugen.

6. AUFGABE

Zur Überwachung des Projektablaufs planen Sie verschiedene Maßnahmen. Welche der nachstehenden Maßnahmen ist nicht zur Projektüberwachung geeignet?

1. Den kritischen Pfad im Projektverlauf überwachen
2. Mystery Calls einsetzen
3. Energiekosten senken
4. Average Handling Time regelmäßig prüfen
5. Personaleinsatzplanung prüfen

7. AUFGABE

Die DigiTech GmbH möchte in regelmäßigen Abständen über den Verlauf des Projekts informiert werden. Stellen Sie fest, welche Art von Bericht dafür geeignet ist.

1. Projektsonderbericht
2. Projektstatusbericht
3. Projektabschlussbericht
4. Projektreviewbericht
5. Projektstandardbericht

8. AUFGABE

Durch die Überwachung des Projektablaufs gewinnen Sie Erkenntnisse, die ein Eingreifen erforderlich machen. In welchen zwei der nachstehenden Fälle kann durch Schulungsmaßnahmen eine nachhaltige Verbesserung erzielt werden?

1. Durch winterliche Straßenverhältnisse und daraus resultierenden Staus erscheinen zahlreiche Mitarbeiter verspätet.
2. Zahlreiche Mitarbeiter sind erkrankt, wodurch der Personaleinsatzplan gefährdet ist.
3. Durch politische Entscheidungen sinkt die Konsumfreude der Kunden.
4. Aufgrund der geringen Produktkenntnisse der Mitarbeiter der Dialogfix GmbH steigt die Stornoquote bei den Bestellungen an.
5. Aufgrund eines technischen Defekts der Stadtwerke fällt der Strom aus.
6. Die Kennzahl Average Handling Time (AHT) überschreitet den mit dem Auftraggeber vereinbarten Soll-Wert deutlich.

9. AUFGABE

Durch welche Kennzahl kann der tatsächliche Erfolg des Projektes der DigiTech GmbH gemessen werden?

1. Anzahl aller Calls
2. Anzahl der Kunden, die nach dem Telefonat eine Bestellung bei DigiTech aufgeben
3. Anzahl der erreichten Kunden
4. Anzahl der Kunden, die im Telefonat angeben, wieder bei DigiTech zu kaufen
5. Anzahl der beschäftigten Agents

Situation zu den Aufgaben 10 bis 13:

Die KommunikativAktiv KG hat für die Digital-Press-Distribution AG ein Projekt durchgeführt, in dem es um den Verkauf von digitalen Zeitungsabonnements ging. Sie haben den Auftrag, die Abrechnung und die Projektstatistik zu erstellen. Folgende Daten liegen Ihnen vor:

- Durchgeführte Calls: 15610
- Erzielte Abonnementverträge: 2800
- Geleistete Agentstunden: 3200
- Tatsächliche Projektkosten: 65562,00 €

10. AUFGABE

Ermitteln Sie für dieses Projekt die Kosten pro Call.

11. AUFGABE

Ermitteln Sie für dieses Projekt die Kosten pro Agentstunde.

12. AUFGABE

Mit dem Auftraggeber war vereinbart, dass in diesem Projekt ein Gesamtumsatz von 80000,00 € erzielt werden soll. Wie hoch muss der Umsatz pro Abschluss mindestens sein, um diese Vorgabe einzuhalten?

13. AUFGABE

Die KommunikativAktiv KG hat für den Abschlussbericht einige Projektkennzahlen aufbereitet. Stellen Sie fest, welche der genannten Kennzahlen für die Digital-Press-Distribution AG <u>nicht</u> bedeutsam ist.

1. Erzielte Nettokontakte
2. Stornoquote
3. Personalkostenquote
4. Erfolgsquote
5. Erreichbarkeit

Hinweis:
Die Inhalte der Aufgaben 14 bis 23 sind bei der Abschlussprüfung KDM dem Themengebiet „Kaufmännische Steuerung und Kontrolle“ zugeordnet und werden dort als offene Fragen abgeprüft.

Situation zu den Aufgaben 14 bis 23:
Die Dialogfix GmbH plant die Übernahme eines Wettbewerbers, der LiveMarketing GmbH. Die Dialogfix GmbH stellt ein Team zusammen, das sich intensiv mit dem Rechnungswesen der LiveMarketing GmbH befasst, um so einen umfassenden Einblick in die Finanz-, Vermögens- und Ertragslage zu gewinnen.

14. AUFGABE

Das Rechnungswesen erfüllt verschiedene Aufgaben, die sich in vier Hauptkategorien gliedern lassen. Ordnen Sie die nachstehenden Beschreibungen der korrekten Kategorie zu, indem Sie die passenden Ziffern in die Kästchen eintragen.

- ☐ Dokumentationsaufgaben
- ☐ Rechenschaftslegungs- und Informationsaufgaben
- ☐ Kontrollaufgaben
- ☐ Dispositionsaufgaben

1. Bereitstellung von Zahlenmaterial als Entscheidungsgrundlage
2. Zeitlich und sachlich geordnete Aufzeichnung aller Geschäftsfälle
3. Aufbau eines aussagefähigen finanziellen Informations- und Überwachungssystems
4. Einhaltung gesetzlicher Vorschriften und Datenversorgung interessierter/berechtigter Externer

15. AUFGABE

Das Rechnungswesen kann in vier sich ergänzende Aufgabenbereiche gegliedert werden. Ordnen Sie die nachstehenden Beschreibungen den richtigen Aufgabenbereichen zu, indem Sie die passenden Ziffern in die Kästchen eintragen.

- ☐ Buchführung
- ☐ Kosten- und Leistungsrechnung
- ☐ Statistik
- ☐ Planungsrechnung

1. Auswertung innerbetrieblicher Daten zur Erstellung von Einzelplänen
2. Ermittlung des Erfolgs aus dem Verkauf der Callcenter-Dienstleistungen
3. Erfüllung gesetzlicher Vorgaben, Gewinnermittlung
4. Sammlung betrieblicher und externer Daten zur Entscheidungsvorbereitung

16. AUFGABE

Stellen Sie fest, welcher der folgenden Punkte <u>nicht</u> zu den Aufgaben der Buchführung im Callcenter gehört.

1. Bestimmung des Vermögens und der Schulden
2. Festlegung der Abrechnungsarten und -preise für Dienstleistungsaufträge
3. Bereitstellung der Grundlage zur Berechnung der Steuern
4. Ermittlung des Erfolges (Gewinn oder Verlust) durch Gegenüberstellung von Aufwendungen und Erträgen
5. Ermittlung des Erfolges (Gewinn oder Verlust) durch Vermögensvergleich

17. AUFGABE

Prüfen Sie, aus welchen gesetzlichen Grundlagen die Buchführungspflicht für Unternehmen hergeleitet werden kann.

1. Handelsgesetzbuch und Abgabenordnung
2. Gewerbesteuergesetz und Strafgesetzbuch
3. Bürgerliches Gesetzbuch und Grundgesetz
4. Ausgabenordnung und Kaufmannsgesetzbuch
5. GmbH-Gesetz und Aktiengesetz

18. AUFGABE

Welcher der nachstehenden Aussagen zu Inventur und Inventar trifft zu?

1. Die Inventur ist die Bestandsaufnahme des Inventars, d. h. aller Vermögensgegenstände für einen bestimmten Zeitraum.
2. Die Inventur ist die Bestandsaufnahme des Inventars, d. h. aller Schulden für einen bestimmten Zeitraum.
3. Die Inventur ist die Bestandsaufnahme des Inventars, d. h. aller Vermögensgegenstände und Schulden zu einem bestimmten Zeitpunkt.
4. Als Inventar bezeichnet man die Schulden eines Unternehmens.
5. Das Inventar umfasst nur Sachvermögen, die Inventur umfasst auch andere Vermögensgegenstände wie z. B. Rechte.

19. AUFGABE

Prüfen Sie, welche der nachstehenden Formeln die Berechnung des Eigenkapitals korrekt angibt.

1. Eigenkapital = Schulden – Vermögen
2. Eigenkapital = Fremdkapital – Vermögen
3. Eigenkapital = Bankbestand + Kassenbestand
4. Eigenkapital = Vermögen – Schulden
5. Eigenkapital = Bankbestand + Kassenbestand + Forderungen

20. AUFGABE

Welche Aussage über die Anordnung von Aktiva und Passiva ist vollständig richtig?

1. Auf der linken Seite der Bilanz stehen die Aktiva (= Vermögen), auf der rechten Seite die Passiva (= Schulden und Eigenkapital).
2. Auf der linken Seite der Bilanz stehen die Passiva (= Schulden und Eigenkapital), auf der rechten Seite die Aktiva (= Vermögen).
3. Auf der linken Seite der Bilanz stehen die Aktiva (= Schulden und Eigenkapital), auf der rechten Seite die Passiva (= Vermögen).
4. Auf der linken Seite der Bilanz stehen die Passiva (= Schulden und Eigenkapital), auf der rechten Seite die Aktiva (= Schulden).
5. Es gibt keinerlei Vorschriften über die Anordnung von Aktiva und Passiva.

21. AUFGABE

Im Rahmen der Buchhaltung wird zwischen externen und internen Belegen unterschieden. Stellen Sie fest, wobei es sich um einen internen Beleg handelt.

1. Eingangsrechnung der Meiligum KG
2. Steuerbescheid des letzten Jahres
3. Quittung für gezahlten Vorschuss
4. Kontoauszug der Postbank
5. Bewirtungsbeleg Betriebsausflug

22. AUFGABE

Welche Definition des Begriffs Erfolgskonten ist richtig?

1. Erfolgskonten sind nur die Ertragskonten.
2. Erfolgskonten geben nur den Gewinn eines Unternehmens an, nicht den Verlust.
3. Erfolgskonten sind Aufwands- und Ertragskonten.
4. Erfolgskonten sammeln die Umsatzerlöse eines Unternehmens.
5. Erfolgskonten nehmen nur die Mehrungen des Eigenkapitals auf.

23. AUFGABE

Welche Aussage zur Umsatzsteuer ist zutreffend?

1. Die vereinnahmte Umsatzsteuer hat für das Unternehmen keinen Aufwandscharakter, es handelt sich lediglich um eine Forderung an das Finanzamt.
2. Die gezahlte Vorsteuer hat für das Unternehmen keinen Aufwandscharakter, es handelt sich lediglich um eine Verbindlichkeit gegenüber dem Finanzamt.
3. Die gezahlte Vorsteuer hat für das Unternehmen Aufwandscharakter und ist entsprechend in der GuV-Rechnung auszuweisen.
4. Die gezahlte Vorsteuer hat für das Unternehmen keinen Aufwandscharakter, es handelt sich lediglich um eine Forderung an das Finanzamt.
5. Die vereinnahmte Umsatzsteuer hat für das Unternehmen Aufwandscharakter und ist entsprechend in der GuV-Rechnung auszuweisen.

Situation zu den Aufgaben 24 bis 28:
Die Dialogfix GmbH soll im Auftrag der Werkstattkette Autoteile Regun AG die Kundenzufriedenheit ermitteln und steigern. Hierzu erfolgt eine Telefonumfrage unter allen 150000 Kunden, die im letzten Monat eine Werkstatt der Kette besucht haben. Zusätzlich werden in jeder Filiale Plakate mit einer Hotline aufgehängt, unter der sich Kunden mit Kritik oder Lob zu ihrer Filiale melden können. Kunden, die aufgrund einer Unzulänglichkeit der Werkstatt eine besonders schlechte Bewertung abgegeben haben, sollen ein Anschreiben sowie einen Gutschein als Entschuldigung bekommen. Ziel des Projektes ist es, ein Ranking der Filialen bezüglich der Kundenzufriedenheit zu erstellen, um darauf basierend entsprechende Maßnahmen einleiten zu können. Einmalig unzufriedene Kunden sollen über den Gutschein den Kontakt zu ihrer Filiale nicht verlieren und als Kunden erhalten bleiben. Die Dialogfix GmbH und die Autoteile Regun AG planen für das Projekt eine Laufzeit von 4 Wochen und ein Budget von 200000,00 € ein.

24. AUFGABE

Im Rahmen des Projektcontrollings hat die Dialogfix GmbH festzulegen, wie die Informationsversorgung während des Projektes erfolgen soll. Nennen Sie mindestens vier Aspekte, die hierbei zu bestimmen sind.

25. AUFGABE

Die von der Dialogfix GmbH im vorliegenden Projekt verwendeten Kennzahlen erfüllen u. a. eine Marketingfunktion und eine Anreizfunktion. Erläutern Sie die Bedeutung dieser beiden Begriffe an jeweils einem konkreten Beispiel aus dem Bereich des Callcenters.

26. AUFGABE

Zum Ende des vorliegenden Projektes hat die Dialogfix GmbH einige abschließende Schritte vorzunehmen. Nennen und erläutern Sie fünf mögliche Bestandteile des Projektabschlusses.

27. AUFGABE

Die Dialogfix GmbH veranstaltet zum Abschluss des vorliegenden Projektes eine Feedbackrunde. Formulieren Sie fünf allgemeine Fragen zum Projektverlauf und -ergebnis, die in einer solchen Feedbackrunde gestellt werden können.

28. AUFGABE

Die Dialogfix GmbH erstellt zu dem vorliegenden Projekt einen Abschlussbericht. Nennen Sie sechs mögliche Bestandteile des Abschlussberichts eines Projektes.

Situation zu den Aufgaben 29 bis 31:
Die Ellisec Versicherungs AG erteilt der Dialogfix GmbH den Auftrag, in einem Zeitraum von 10 Tagen eine Kundenzufriedenheitsumfrage bei 5000 Kunden durchzuführen. Die Kundenadressen wurden vom Auftraggeber vorab qualifiziert. Die erwartete Ausschöpfungsquote liegt bei 91 %. Ein Agent erreicht durchschnittlich 5 Kunden pro Stunde und führt dann je ein durchschnittlich 8 Minuten langes Gespräch. Die Nachbearbeitungszeit beträgt 2 Minuten. Die restliche Zeit pro Stunde zählt als Bildschirmpause. Die Agents haben eine tägliche Arbeitszeit von 7 Stunden.

29. AUFGABE
Wie viele Nettokontakte sind über das gesamte Projekt zu erwarten?

30. AUFGABE
Wie viele Agents sind für das beschriebene Projekt von der Dialogfix GmbH einzuplanen?

31. AUFGABE
Wie viele Agents sind zusätzlich einzuplanen, wenn man beim Personal eine Ausfallquote von 23 % berücksichtigen muss?

Situation zu den Aufgaben 32 bis 39:
Die Dialogfix GmbH hat von dem Autohersteller Lepo AG einen neuen Auftrag erhalten. Lepo bietet ihren Kunden für alle Fahrzeuge des nicht mehr produzierten Modells Lepo Delta einen Pannenservice zum Preis von 30,00 € pro Jahr sowie einen Pannenservice Plus (mit Mobilitätsgarantie) für 48,00 € pro Jahr an. Die am 01.01. (Projektbeginn) vorliegende Zahl von 80000 laufenden Verträgen soll innerhalb des Jahres deutlich erhöht werden. Zielsetzung ist es, die Zahl der Verträge bis zum 31.12. (Projektende) auf 200000 zu steigern. Der Dialogfix GmbH liegen 300000 Kundenadressen von Fahrern eines Lepo Delta vor. Die Adressen hat die Lepo AG über die eigene Vertriebsorganisation ermittelt. Die Agents der Dialogfix GmbH erhalten pro abgeschlossenen Vertrag eine Provision von zwei Monatsbeiträgen. Das Projektbudget für Provisionen beträgt insgesamt 780000,00 €.
Der Zwischenbericht zum Projekt „Aktion Mobilitätsgarantie" vom 31. Mai enthält folgende Informationen:

Bisher wurden auf Grundlage des Adressmaterials 44 564 Anwahlversuche durchgeführt, wovon 21 356 Kunden auch tatsächlich erreicht wurden. Von diesen 21 356 Gesprächen müssen 3 063 bei der Ermittlung der Erfolgsquote bereinigt werden. Insgesamt sind bisher 9 807 neue Verträge abgeschlossen worden. Hierfür wurden 59 856,00 € an Provisionen an die Agents ausgezahlt.

32. AUFGABE

Geben Sie in Prozent an, wie viel Projektzeit schon vergangen ist (gehen Sie vereinfacht von 20 Arbeitstagen pro Monat aus, die gleichmäßig über das Jahr verteilt sind).

33. AUFGABE

Ermitteln Sie den Anteil der bisher getätigten Anwahlversuche am relevanten Adressbestand in Prozent. Dieser ergibt sich aus den gesamten vorliegenden Adressen abzüglich der Zahl der bereits bestehenden Verträge.

34. AUFGABE

Bewerten Sie die zuvor ermittelte Zahl u. a. durch Vergleich mit anderen Zwischenergebnissen und nennen Sie zwei mögliche Gründe für das vorliegende Ergebnis. Wie lässt sich im weiteren Projektverlauf die Kennzahl beeinflussen?

35. AUFGABE

Ermitteln Sie den Anteil der Nettokontakte an den Anwahlversuchen in Prozent.

36. AUFGABE

Bewerten Sie die zuvor ermittelte Zahl und nennen Sie zwei mögliche Gründe für das vorliegende Ergebnis. Machen Sie zwei Vorschläge, wie im weiteren Projektverlauf der Anteil der Nettokontakte an den Anwahlversuchen erhöht werden kann.

37. AUFGABE

Geben Sie an, wie viel Prozent der bis zum Berichtszeitpunkt geplanten Abschlüsse tatsächlich getätigt wurden.

38. AUFGABE

Errechnen Sie den Anteil der bisher erzielten Abschlüsse an den erwarteten Gesamtabschlüssen während der Projektlaufzeit.

39. AUFGABE

Ermitteln Sie die Erfolgsquote.

Situation zu den Aufgaben 40 bis 44:
Sie haben den Auftrag, für eine regionale Tageszeitung das Projekt „Kündiger-Rückgewinnung“ durchzuführen. Für das 4-wöchige Projekt kalkulieren Sie mit 7 Agents. Dabei stehen Ihnen 5 Agents je 40 Stunden/Woche und 2 Agents je 20 Stunden/Woche zur Verfügung. Gearbeitet wird an 5 Tagen pro Woche. Vorab erhalten die Agents am Arbeitsplatz eine 8-stündige Projekteinweisung von einem externen Trainer. Der vereinbarte Festpreis mit der Tageszeitung liegt bei 22 000,00 €, die Kosten je Agentenstunde betragen 15,20 €, die Arbeitsplatzkosten je Stunde 1,36 €. Die Kosten für den externen Trainer belaufen sich auf 30,00 € je Stunde. Arbeitsplatzkosten fallen für den Trainer nicht an.

40. AUFGABE
Ermitteln Sie die operativen Gesamtkosten.

41. AUFGABE
Ermitteln Sie den Handlungsgemeinkostenzuschlagssatz, wenn die Handlungsgemeinkosten 2548,32 € betragen.

42. AUFGABE
Berechnen Sie die Selbstkosten des Projekts.

43. AUFGABE
Ermitteln Sie den voraussichtlichen Gewinn/Verlust des Projekts (in € und in %).

44. AUFGABE
Das Projekt konnte leider nicht im geplanten Zeitrahmen vollständig abgewickelt werden. Aufgrund eines Serverproblems fiel die Telefonanlage eine Woche lang komplett aus. Um den Auftrag vollständig abzuarbeiten, musste die Projektlaufzeit um eine Woche verlängert werden. Die Agenten konnten kurzfristig nicht auf ein anderes Projekt gesetzt werden. Berechnen Sie, in welcher Höhe zusätzliche Kosten entstanden sind.

Situation zu den Aufgaben 45 bis 50:
Für ein Outbound-Projekt der Dialogfix GmbH sollen 1 500 Calls getätigt werden. Die veranschlagte Projektdauer beträgt 1 Woche (Servicezeit Montag bis Freitag von 9 bis 12 Uhr).

45. AUFGABE

Erfahrungsgemäß beträgt die Average Handling Time (AHT) bei vergleichbaren Outbound-Projekten 12 Minuten. Ein Mitarbeiter schafft pro Stunde durchschnittlich 4 Gespräche, die Restzeit betrifft Pausen und sonstige unproduktive Tätigkeiten. Wie viele Mitarbeiter werden zur Durchführung des Projektes benötigt?

46. AUFGABE

Ermitteln Sie die Kosten je Call und die Gesamtkosten des Projektes, wenn pro Mitarbeiterstunde ein Gesamtkostensatz von 24,00 € anzusetzen ist.

47. AUFGABE

Nach einem Tag und entsprechend 75 Mitarbeiterstunden wurden 267 Calls geführt. Die folgende Tabelle zeigt die geplanten Kosten und die Ist-Kosten zu diesem Zeitpunkt:

	Geplante Kosten	Ist-Kosten
Agentkosten	1 110,00 €	1 170,00 €
+ Teamleiterkosten	200,00 €	170,00 €
= Summe Personalkosten		
+ Arbeitsplatzkosten	320,00 €	405,00 €
+ Porto- und Materialkosten	170,00 €	190,00 €
= Gesamtkosten		

Ergänzen Sie die Tabelle und ermitteln Sie die absoluten und relativen Abweichungen (in Prozent) zwischen den Planwerten und den Ist-Werten.

48. AUFGABE

Berechnen Sie die Ist-Gesamtkosten pro Agentstunde und die Ist-Kosten je Call nach einem Tag.

49. AUFGABE

Bewerten Sie die Zahl der nach einem Tag durchgeführten Calls. Schlagen Sie bei Bedarf geeignete Maßnahmen für die restliche Projektlaufzeit vor.

50. AUFGABE

Am zweiten Tag melden sich 3 der eingeplanten Mitarbeiter für den Rest der Woche krank, ein kurzfristiger Ersatz kann nicht beschafft werden. Ermitteln Sie die Zielabweichung in Calls am Ende der Projektlaufzeit, wenn die restlichen Mitarbeiter ab dem zweiten Tag ihr Call-Soll einhalten.

Situation zu den Aufgaben 51 bis 55:
Die Dialogfix GmbH möchte 4 000 Neukunden für eine hochwertige Software gewinnen. Dazu kauft das Unternehmen 80 000 Adressdaten von einem Adressdienst ein. Es handelt sich hierbei um Abonnenten eines digitalen E-Papers mit den Schwerpunkten Computer-Hardware, Software und Cloud-Computing. Eine Adresse kostet 0,35 €. Die Laufzeit des Projekts beträgt 8 Monate und kann nicht verlängert werden. Das Projektbudget von 400 000,00 € darf nicht überschritten werden. Im Rahmen des Projektcontrollings sollen Sie nach einem Monat einen Soll-Ist-Vergleich durchführen. Folgende Projektstatistik liegt Ihnen vor:

Gesamtzahl Adressen	80 000
Getätigte Anrufe	9 864
Erzielte Nettokontakte	6 958
Erfolgreiche Gesprächsergebnisse	265
Kosten (Gesamtkosten) je Produktivstunde pro Agent	14,50 €
Eingesetzte Agents	20
Durchschnittliche Produktivstunden je Agent	140

51. AUFGABE
Ermitteln Sie, wie viel Prozent der Projektlaufzeit bereits verbraucht sind.

52. AUFGABE
Wie viel Prozent der insgesamt angestrebten Nettokontakte wurden bislang erzielt?

53. AUFGABE
Wie viel Prozent der insgesamt angestrebten Neukundenmenge wurden bislang erzielt?

54. AUFGABE
Berechnen Sie, wie viel Prozent des Budgets bislang verbraucht wurden. Gehen Sie davon aus, dass sich die Kosten der Adressbeschaffung gleichmäßig auf die Projektlaufzeit verteilen.

55. AUFGABE
Führen Sie einen Soll-Ist-Vergleich mit den in den Aufgaben 52 bis 54 ermittelten prozentualen Ergebnissen durch. In welchem Bereich müssen Sie die größte Abweichung feststellen? Schlagen Sie begründet drei Maßnahmen vor, mit denen Sie gezielt diesen Bereich verbessern können.

Lösungen zu Kapitel 12

Web

1. 3, 2, 1, 5, 4
2. 3, 6
3. 150000 Abonnenten
4. 2, 4, 1, 5, 3
5. 3, 6, 7
6. 3
7. 2
8. 4, 6
9. 2
10. 4,20 €
11. 20,49 €
12. 28,57 €
13. 3
14. 2, 4, 3, 1
15. 3, 2, 4, 1
16. 2
17. 1
18. 3
19. 4
20. 1
21. 3
22. 3
23. 4

24.
- → Welche Inhalte sind zu erstellen?
- → Wer erstellt und verteilt die Informationen?
- → Wie werden die Informationen aufbereitet/verteilt?
- → Wann werden die Informationen erstellt?
- → Wer erhält die Informationen?

25.
- → **Marketingfunktion:** Erfolge können belegt werden und erhöhen somit die Reputation der Projektbeteiligten. Beispiel: In einem Outbound-Team wurde im letzten Monat eine sehr gute Erfolgsquote erzielt. Das Team erarbeitet sich so einen guten Ruf bei der Unternehmensführung und wird bei späteren Maßnahmen bevorzugt.
- → **Anreizfunktion:** Ergebnisse spornen an. Die Motivation zur Erreichung der Ziele wird durch Kennzahlen gesteigert. Beispiel: Nachdem gegenüber dem Vormonat eine Steigerung der Erfolgsquote um 5 Prozentpunkte erreicht wurde, ist das Team motiviert, auch im nächsten Monat die Quote weiter zu steigern.

26.
- → Abschlusspräsentation: Dem Kunden (bzw. der eigenen Unternehmensleitung oder anderen Projektteams) wird das Projektergebnis vorgestellt.
- → Abnahme: Der Auftraggeber nimmt das Projektergebnis offiziell ab, er bestätigt also, dass er mit dem Projektergebnis zufrieden ist.
- → Abschlussbesprechung (Feedbackrunde, Projektreview): Der Projektleiter nimmt mit dem Projektteam eine Rückschau des Projektverlaufs, aber auch eine Vorschau auf etwaige zukünftige Aktionen vor und berücksichtigt dabei, welche Punkte im abgeschlossenen Projekt gut gelaufen sind und welche Punkte verbesserungswürdig sind.
- → Abschlussbericht: Der Projektleiter trägt alle erheblichen Informationen über den Projektverlauf und das Projektergebnis zusammen.
- → Auflösung des Projektteams: Die Projektmitarbeiter erhalten neue Aufgaben.

27.

→ In welchem Maße wurden die vereinbarten Ziele hinsichtlich Zeit, Kosten und Qualität erreicht?
→ Was waren die Gründe für das Nichterreichen bzw. die Überschreitung von Zielen?
→ Was lief in den Augen aller Beteiligten gut und was müsste verbessert werden?
→ Was ist den Projektbeteiligten im Projektverlauf aufgefallen?
→ Welche Empfehlungen kann das Projektteam für Folgeprojekte geben?

28.

Projektauftrag, Planungsunterlagen (Projektstrukturplan bis Kostenplan), Bestandsaufnahme der Zielerreichung (Soll-Ist-Vergleich hinsichtlich Ergebnisqualität, Zeiteinhaltung und Kosten), Abweichungsanalyse (Gründe für die Soll-Ist-Abweichungen), abgeleitete Empfehlungen (auch für zukünftige Projekte), Nachkalkulation (Vergleich Projektgesamtkosten mit Budget).

29.

5000 · 0,91 = 4550 Nettokontakte

30.

4550 Nettokontakte : 10 Tage : 7 Stunden : 5 Gespräche = 13 Agents
Die Angabe der AHT spielt keine entscheidende Rolle, es zählt lediglich die Anzahl der pro Stunde realisierbaren Nettokontakte pro Agent (= 5).

31.

13 : 77 % = 16,88 = 17 Agents
17 – 13 = 4 Agents mehr

32.

5 Monate : 12 Monate = 41,67 %

33.

Relevante Adressen = 300000 Gesamtadressen – 80000 bereits laufende Verträge = 220000
44564 Anwahlversuche : 220000 relevante Adressen = 20,26 %

34.

Obwohl schon über 40 % der Projektlaufzeit vergangen sind, wurden erst 20,26 % des relevanten Adressbestandes angewählt. Es wird also zu langsam gearbeitet. Gründe hierfür können zu geringe Kapazitäten (z. B. zu wenig besetzte Arbeitsplätze) oder eine zu lange AHT (was zu weniger Gesprächen pro Stunde führt) sein. Der Projektleiter sollte zunächst die AHT bzw. die Anzahl der Gespräche pro Stunde überprüfen und dann ggf. durch geeignete Maßnahmen (Trainings, Gesprächsleitfaden, Prozessoptimierungen) die AHT reduzieren. Gegebenenfalls müssen die Ressourcen erhöht werden, also die Arbeitszeit verlängert oder neues Personal eingestellt werden.

35.

21 356 Nettokontakte : 44 564 Anwahlversuche = 47,92 % Nettokontakte

36.

Mehr als die Hälfte der Anwahlversuche führt nicht zu einem Nettokontakt. Dies kann z. B. an der schlechten Qualität der Adressen liegen (z. B. veralteter Datenbestand) oder an einer ungünstigen Anrufzeit, zu der die Kunden nicht direkt erreichbar sind.
Es sollten die Gründe der nicht erzielten Nettokontakte näher analysiert und ggf. die Aktualität des Adressbestandes kontrolliert werden. Zusätzlich sollte geprüft werden, ob die Anrufzeiten optimal gewählt sind (ggf. Anrufzeiten ausdehnen).

37.

120 000 erwartete Abschlüsse · 41,67 % verstrichene Projektlaufzeit = 50 000 erwartete Abschlüsse bisher
9 807 Abschlüsse : 50 000 bisher erwartete Abschlüsse = 19,61 % Zielerreichung in den ersten 5 Monaten

38.

200 000 angestrebte Gesamtverträge – 80 000 laufende Verträge = 120 000 geplante Abschlüsse
9 807 abgeschlossene Verträge : 120 000 geplante Abschlüsse = 8,17 % Gesamtzielerreichung

39.

21 356 Nettokontakte – 3 063 zu bereinigende Kontakte = 18 293 erfolgsrelevante Kontakte
9 807 abgeschlossene Verträge : 18 293 erfolgsrelevante Kontakte = 53,61 % Erfolgsquote

40.

	Kosten je Einheit	Stunden	Gesamtkosten
Trainer	30,00 €	8	240,00 €
Projekteinweisung	15,20 €	8 · 7	851,20 €
Kosten je Agentstunde	15,20 €	5 · 40 · 4 2 · 20 · 4	14 592,00 €
Arbeitsplatzkosten je Stunde	1,36 €	5 · 40 · 4 2 · 20 · 4	1 305,60 €
Operative Gesamtkosten			16 988,80 €

41.

2 548,32 € * 100 : 16 988,80 € = 0,15 = 15 %

42.

16 988,80 € + 2 548,32 € = 19 537,12 €

43.

operative Gesamtkosten: 16 988,80 €
Handlungsgemeinkosten: 2 548,32 €
Selbstkosten: 19 537,12 €
Umsatzerlös: 22 000,00 €
Gewinn (in €): 2 462,88 € (22 000 € - 19 537,12 €)
Gewinn (in %): 12,61 % (2 462,88 € · 100 : 19 537,12 €)

44.

zusätzliche Arbeitszeit: 5 · 40 + 2 · 20 = 240 Stunden
zusätzliche Personalkosten: 240 · 15,20 € = 3 648,00 €
zusätzliche Arbeitsplatzkosten: 240 · 1,36 € = 326,40 €
zusätzliche Gesamtkosten: = 3 974,40 €

45.

Wochenarbeitszeit = 5 Tage · 3 Stunden = 15 Stunden
1 500 Calls : 15 Stunden = 100 Calls pro Stunde
100 Calls : 4 Calls pro Stunde je Mitarbeiter = 25 Mitarbeiter

46.

25 Mitarbeiter · 15 Stunden · 24,00 € = 9 000,00 € Gesamtkosten
9 000,00 € Gesamtkosten : 1 500 Calls = 6,00 € je Call

47.

	Geplante Kosten	Ist-Kosten	Abweichung absolut	Abweichung relativ
Agentkosten	1 110,00 €	1 170,00 €	+ 60,00 €	+ 5,4 %
+ Teamleiterkosten	200,00 €	170,00 €	– 30,00 €	– 15,0 %
= Summe Personalkosten	**1 310,00 €**	**1 340,00 €**	**+ 30,00 €**	**+ 2,3 %**
+ Arbeitsplatzkosten	320,00 €	405,00 €	+ 85,00 €	+ 26,6 %
+ Porto- und Materialkosten	170,00 €	190,00 €	+ 20,00 €	+ 11,8 %
= Gesamtkosten	**1 800,00 €**	**1 935,00 €**	**+ 135,00 €**	**+ 7,5 %**

48.

Ist-Gesamtkosten : Agentstunden = 1 935,00 € : 75 = 25,80 € pro Agentstunde
Ist-Gesamtkosten : Anzahl Calls = 1 935,00 € : 267 = 7,25 € je Call

49.

Statt der tatsächlichen 267 Calls sollten zu diesem Zeitpunkt bereits 300 Calls durchgeführt worden sein. Eine Ursache könnte in einer zu langen AHT liegen. Hier können z. B. kurze Nachschulungen oder eine Optimierung des Gesprächsleitfadens helfen. Eine andere Ursache könnte der sehr enge Zeitkorridor der Anrufe sein (9 bis 12 Uhr), hier sollte eine Ausweitung der Anrufzeiten geprüft werden.

50.

22 Mitarbeiter · 4 Calls · 3 Stunden · 4 Tage = 1 056 Calls
Zielabweichung: 1 500 Calls – 267 Calls – 1 056 Calls = 177 Calls

51.

1 Monat · 100 : 8 Monate = 12,5 %

52.

6 958 · 100 : 80 000 = 8,70 %

53.

265 · 100 : 4 000 = 6,63 %

54.

Kosten Agents:	140 · 20 · 14,50 €	= 40 600,00 €
Kosten Adressen:	80 000 · 0,35 € : 8	= 3 500,00 €
Gesamtkosten:	40 600,00 € + 3 500,00 €	= 44 100,00 €
Verbrauchtes Budget:	44 100,00 € · 100 : 400 000,00 €	= 11,03 %

55.

	Soll	Ist
Nettokontakte	12,50 %	8,70 %
Neukunden	12,50 %	6,63 %
Projektbudget	12,50 %	11,03 %

Die größte Abweichung liegt eindeutig bei den gewonnenen Neukunden (erfolgreiche Gesprächsergebnisse). Verbesserungsmöglichkeiten sind z. B.:

→ Nachschulung: Möglicherweise gibt es Wissenslücken oder fehlende Kompetenzen bei den Agents, die für den geringen Gesprächserfolg verantwortlich sind.
→ Erfolgsprämie einführen: Eine zu geringe Motivation der Agents, zu einem erfolgreichen Gesprächsabschluss zu kommen, kann so gesteigert werden.
→ Gesprächsleitfaden optimieren: Nachbesserungen können den Gesprächsverlauf erfolgreicher gestalten.

13 Personal

Situation zu den Aufgaben 1 bis 7:
Sie arbeiten in der Personalabteilung der Dialogfix GmbH und beraten die Teamleiter in Personalfragen. Aufgrund positiver Erwartungen für das nächste Geschäftsjahr sollen weitere Agents im Outbound-Bereich eingestellt werden. Sie arbeiten bei der Personalbeschaffung mit.

1. AUFGABE

Sie sollen eine Stellenanzeige entwerfen, die in einer überregionalen Tageszeitung geschaltet werden soll. Nennen Sie sechs Mindestinhalte einer solchen Stellenanzeige.

2. AUFGABE

Bei Ihrer Arbeit und auch bei der Formulierung der Annonce müssen Sie das Allgemeine Gleichbehandlungsgesetz (AGG) berücksichtigen. Beschreiben Sie das Ziel dieses Gesetzes und machen Sie an zwei Beispielen deutlich, worauf Sie im Text der Stellenanzeige achten müssen.

3. AUFGABE

Ihre Anzeige war erfolgreich, eine große Zahl an Bewerbungen ist eingegangen. Beschreiben Sie, wie man anhand der schriftlichen Bewerbungen die Kandidaten herausfindet, die einem weiteren Auswahlverfahren unterzogen werden sollten.

4. AUFGABE

Nach der ersten Vorauswahl möchten Sie im weiteren Auswahlverfahren zunächst die kommunikativen Kompetenzen der Bewerber überprüfen. Entscheiden Sie sich für ein sinnvolles Verfahren und begründen Sie Ihre Entscheidung.

5. AUFGABE

Mit den verbleibenden Bewerbern möchten Sie abschließend ein Assessment-Center (AC) durchführen. Erklären Sie kurz, worum es sich bei einem Assessment-Center handelt und geben Sie zwei Vorteile dieser Auswahlmethode an.

6. AUFGABE

Für das Assessment-Center haben Sie bereits zwei Übungen eingeplant, eine Gruppendiskussion und eine Postkorbübung. Beschreiben Sie diese Übungen stichwortartig und geben Sie je einen Zweck an, den Sie mit dieser Übung erreichen können.

7. AUFGABE

Einer der neu eingestellten Agents verlässt nach einigen Monaten das Unternehmen und fordert ein qualifiziertes Zeugnis an. Eine junge Teamleiterin hat bislang ausschließlich einfache Zeugnisse erstellt und bittet Sie daher um Ihre Hilfe: Welche Inhalte ergänzen das einfache Zeugnis so, dass es ein qualifiziertes wird? Führen Sie fünf Inhalte auf, die auf jeden Fall enthalten sein sollten.

Situation zu den Aufgaben 8 bis 10:

Die KommunikativAktiv KG bemüht sich um einen großen Auftrag. Für eine Versicherungsgruppe will sie eine Umfrage zur Kundenzufriedenheit und zum Markenimage im Sektor der Altersvorsorge unter deren Kunden durchführen. Um diesen Auftrag überhaupt erfüllen zu können, ist eine vorübergehende Verstärkung des Personalbestandes erforderlich.Bewerbungen sind ausschließlich über ein Online-Bewerbungsformular möglich.

8. AUFGABE

Führen Sie zwei mögliche Maßnahmen auf, die dazu dienen, eine möglichst hohe Bewerberzahl über das Online-Bewerbungsformular zu erreichen.

9. AUFGABE

Welche weiteren Daten sollten neben den Kontaktdaten des Bewerbers noch erhoben werden, um herauszufinden, ob er zur Verstärkung des Teams bei der Durchführung des geplanten Großauftrages geeignet ist? Geben Sie zwei Beispiele an.

10. AUFGABE

Die KommunikativAktiv KG hat den Auftrag bekommen. Es wurden 60 befristete Teilzeitbeschäftigungsverhältnisse geschlossen. Es herrscht Zeitdruck! Der erste Call soll so bald wie möglich starten. Zur Einarbeitung stehen ein ausgefeilter Gesprächsleitfaden, 3 Teamleiter und ein halber Arbeitstag zur Verfügung. An diesem Tag werden die neuen Mitarbeiter das erste Mal im Unternehmen sein. Sie sollen die Einarbeitung organisieren. Stellen Sie einen Einarbeitungsplan auf.

Situation zu den Aufgaben 11 bis 15:

Die Dialogfix GmbH betreibt neben drei großen Inbound-Projekten eine Outbound-Abteilung, in die mehrere Kleinprojekte eingegliedert sind. In der Vergangenheit diente der Outbound-Bereich oftmals dazu, Personalengpässe im Inbound auszugleichen, indem Kundenberater und Führungskräfte zeitweise entliehen wurden. Die Situation spitzt sich zu, da die Mitarbeiter nun schon seit mehreren Wochen im Inbound beschäftigt werden und die vertraglich zugesicherten Outbound-Kampagnen nicht mehr fristgerecht bearbeitet werden können. Zum wiederholten Male beklagt sich die Projektleiterin Outbound Elke Lemke beim Callcenter-Manager Thomas Winter über die andauernd schlechte Personalsituation in ihrem Verantwortungsbereich, weil trotz Überstunden die Arbeit nicht mehr zu bewältigen sei. Thomas Winter verweist auf die Besonderheit der Personaleinsatzplanung im Inbound, die sich grundlegend von der des Outbounds unterscheidet. Gleichzeitig fordert er Frau Lemke auf, sich an den Personalleiter der Dialogfix GmbH, Herrn Asamov, zu wenden. Dieser warnt hingegen vor einer übereilten Einstellungsmaßnahme, da ein möglicher zukünftiger Personalüberschuss nur sehr schwer wieder abgebaut werden könne. Sie sind in der Personalabteilung tätig und unterstützen Georg Asamov.

11. AUFGABE

Welche Gründe können für die Unterdeckung im Inbound-Bereich verantwortlich sein? Unterscheiden Sie zwischen projektspezifischen und anderen Gründen, die einen verringerten Personalbestand zur Folge haben.

12. AUFGABE

Welche Unterschiede zwischen der Planung im Inbound und Outbound können den Hinweis des Callcenter-Managers rechtfertigen?

13. AUFGABE

Welche Vorschläge können Sie dem Personalleiter unterbreiten, um flexibel auf den schwankenden Personalbedarf im Callcenter zu reagieren? Machen Sie dem Personalleiter fünf geeignete Vorschläge.

14. AUFGABE

Trotz Ausnutzung sämtlicher Modelle der Arbeitszeitflexibilisierung stellt Herr Asamov einen weiteren Personalbedarf fest. Schlagen Sie Herrn Asamov fünf Möglichkeiten der externen Personalbeschaffung vor.

15. AUFGABE

Nachdem Sie die Bedarfsmeldungen für die zusätzlichen Agents platziert haben, werden Sie vom Personalleiter Georg Asamov aufgefordert, eine Stellenbeschreibung zur Verfügung zu stellen. Erklären Sie, was man unter einer Stellenbeschreibung versteht und geben Sie fünf notwendige Inhalte an.

Situation zu den Aufgaben 16 bis 21:
Für das nächste Geschäftsjahr erstellen die Geschäftsführer der Dialogfix GmbH einen Stellenplan. Die abgebildete Personalbedarfsplanung nach der Stellenplanmethode zeigt die Abweichungen des aktuellen Personalbestands (Ist-Bestand) vom geplanten Stellenbestand (Soll-Bestand) im Callcenter.

Stelle	Personalbestand (Ist-Bestand)	Stellenbestand (Soll-Bestand)	Differenz
Callcenter-Manager	1	1	0
Projektleiter	2	3	–1
Teamleiter	12	10	2
Supervisor	4	5	–1
Sachbearbeiter	13	10	3
Agents	271	274	–3
Summe	**303**	**303**	**0**

Zusätzlich sind folgende personelle Veränderungen geplant bzw. abzusehen:

- Auszubildende: Simone Möller und Peter Stenzel beenden im Frühjahr nächsten Jahres ihre Ausbildung zur Servicefachkraft für Dialogmarketing.
- Zum 31.01. des nächsten Jahres läuft der befristete Arbeitsvertrag der Sachbearbeiterin Gudrun Koppel aus.
- Sebastian Peters, Teamleiter, möchte ab dem 01.01. des folgenden Jahres ein freiwilliges soziales Jahr absolvieren.
- Die Sachbearbeiterin Petra Zimmermann kommt zum 15.02. aus der Elternzeit zurück.
- Der Agent Gerhard Schmidt erreicht am 01.03. das Rentenalter und scheidet aus dem Unternehmen aus.

16. AUFGABE

Personalbestand (Ist-Bestand) und geplanter Stellenbestand (Soll-Bestand) in der Dialogfix GmbH sind ausgeglichen. Begründen Sie, warum dennoch Personalmaßnahmen erforderlich sein können.

17. AUFGABE

Nehmen Sie zu den in der Situation geschilderten Veränderungen Stellung und erarbeiten Sie Lösungsvorschläge, wie die Soll-Ist-Abweichungen aufzulösen sind. Begründen Sie Ihre Entscheidung.

18. AUFGABE

In Ermangelung geeigneter interner Bewerber soll die Stelle des Projektleiters extern nachbesetzt werden. Nennen Sie vier Vorteile einer externen Stellenausschreibung.

19. AUFGABE

Nennen Sie zwei Einflussmöglichkeiten des Betriebsrats gemäß Betriebsverfassungsgesetz (BetrVG) im Zuge eines Einstellungsverfahrens.

20. AUFGABE

Die Dialogfix GmbH möchte die Stelle des Projektleiters in einem Jobportal ausschreiben. Entwickeln Sie dazu eine passende Stellenanzeige, indem Sie vier typische Aufgaben sowie vier Voraussetzungen für die Position eines Projektleiters beschreiben.

21. AUFGABE

Nach Eingang der Bewerbungsunterlagen sollen Sie bei der Vorauswahl behilflich sein. Nennen Sie fünf Kriterien, auf die Sie bei der Auswertung der Unterlagen achten.

Situation zu den Aufgaben 22 bis 25:

Die Dialogfix GmbH nimmt demnächst den neuen Laptop „Portablix" ins Angebot. Um den erwarteten Anstieg der Anrufe zu bewältigen, soll die Kapazität der telefonischen Bestellannahme erweitert werden. Dazu werden einige Mitarbeiter, von denen viele Teilzeit arbeiten, aus dem Backoffice abgezogen und zu einem neuen Team zusammengestellt.

22. AUFGABE

Ermitteln Sie anhand der nachstehenden Liste der vorgesehenen Mitarbeiter, wie viele Vollzeitmitarbeiter (Mitarbeiterkapazität/MAK) zusätzlich für die Hotline verfügbar sind.

- Judith Reekers (40 Stunden)
- Besiana Gashi (35 Stunden)
- Sarah Mühlen (30 Stunden)
- Samira Schorr (25 Stunden)
- Svenja Metzger (20 Stunden)
- René Michels (30 Stunden)

23. AUFGABE

Die Dialogfix GmbH kalkuliert bei der Personaleinsatzplanung der Bestellhotline mit einer Auslastung von 80 %. Erläutern Sie, was man hier unter Auslastung versteht.

24. AUFGABE

Für die Bestellhotline wurde eine AHT (Average Handling Time) von 4 Minuten vorgegeben. Berechnen Sie, wie viele Gespräche ein Mitarbeiter in einer 6-Stunden-Schicht maximal bearbeiten kann, wenn die vorgegebene Auslastung eingehalten werden soll.

25. AUFGABE

Für das neu gebildete Team soll der Teamleiter über eine interne Stellenbesetzung rekrutiert werden. Nennen Sie je drei Vor- und Nachteile dieses Verfahrens.

Situation zu den Aufgaben 26 bis 28:
Die Dialogfix GmbH hat beschlossen, für Behörden kommunikative Dienstleistungen anzubieten. Es wird dazu ein Projektteam (Vollzeit) eingerichtet, das den Markt analysieren und entsprechende Angebote ausarbeiten soll. Die Teammitglieder kennen sich noch nicht. Sie sind als Projektleiter für die Zielerreichung verantwortlich.

26. AUFGABE

Sie wissen, dass das Team sich erst zusammenfinden muss, bevor es effizient und effektiv miteinander arbeiten kann. Stellen Sie die typischen Phasen der Teamentwicklung dar und beschreiben Sie diese mit jeweils einem Satz.

27. AUFGABE

Um die Mitarbeiter zu motivieren, loben Sie eine Teamprämie von 1 000,00 € aus, falls das Projektziel in der vorgegebenen Zeit erreicht wird. Geben Sie begründet an, um welche Art der Motivation es sich hier handelt.

28. AUFGABE

Nach zwei Wochen Arbeit sind die Ergebnisse zum Greifen nahe. Das Team hat sich gefunden und arbeitet zielstrebig. Bald werden die Teammitglieder wieder an ihren normalen Arbeitsplatz zurückkehren. Beschreiben Sie begründet Ihr Verhalten gegenüber dem Team.

Situation zu den Aufgaben 29 bis 32:
Die Dialogfix GmbH möchte für eine individuelle Personalentwicklung die Beurteilung ihrer Teamleiter standardisieren. Da Sie sich bereits im dritten Ausbildungsjahr befinden, sollen Sie den Personalleiter bei der Erarbeitung eines strukturierten Beurteilungsbogens unterstützen. In einer Grobgliederung sind bereits folgende Kompetenzfelder bestimmt worden:
- Fach- und Problemlösungskompetenz
- Verhaltens- und Sozialkompetenz
- Führungskompetenz

29. AUFGABE
Nennen Sie drei typische Anlässe, zu denen Mitarbeiterbeurteilungen stattfinden.

30. AUFGABE
Geben Sie jeweils fünf Merkmale/Verhaltensweisen an, mit denen sich die verschiedenen Kompetenzfelder aussagekräftig beurteilen lassen.

31. AUFGABE
Die Unternehmensleitung möchte gern das unternehmerische Denken und Handeln der Teamleiter fördern. Führen Sie fünf Merkmale/Verhaltensweisen auf, die zu einer Beurteilung herangezogen werden können.

32. AUFGABE
In einer anschließenden Arbeitssitzung mit den Teamleitern geht es auch um die Frage, wie die Motivation der Agents nachhaltig gesteigert werden kann. Einer der Teamleiter schlägt eine prozentuale Lohnerhöhung vor. Nehmen Sie kritisch dazu Stellung und machen Sie alternative Vorschlage.

Situation zu den Aufgaben 33 bis 36:
Die Zusammenarbeit zwischen den Führungskräften und den Mitarbeitern der Dialogfix GmbH war in den letzten Wochen von zahlreichen Missverständnissen und Frustration geprägt. Die Geschäftsführung hat diese Situation als Ursache für nicht befriedigende Arbeitsergebnisse bei der Umsetzung von Zielen und Plänen erkannt. Um die Zufriedenheit und die Motivation zu fördern, sollen regelmäßige Mitarbeitergespräche eingeführt werden. Sie sollen den Personalleiter bei der Erstellung eines Leitfadens unterstützen.

33. AUFGABE
Welche weiteren Ziele verfolgt die Geschäftsführung mit einem strukturierten Mitarbeitergespräch? Nennen Sie mindestens drei Aspekte.

34. AUFGABE
Ein erfolgreiches Mitarbeitergespräch setzt eine gründliche Vorbereitung voraus. Beschreiben Sie, welche organisatorischen und inhaltlichen Vorbereitungen zu treffen sind.

35. AUFGABE
Stellen Sie stichpunktartig dar, welche Themenschwerpunkte in einem Mitarbeitergespräch behandelt werden sollten.

36. AUFGABE

Die Mitarbeiter sollen sich anhand von Fragen auf das Mitarbeitergespräch vorbereiten. Entwickeln Sie für jeden Themenschwerpunkt drei mögliche Fragestellungen.

Situation zu den Aufgaben 37 bis 42:
Sie sind in der Personalabteilung der Dialogfix GmbH eingesetzt. Die Stelle des Projektleiters Outbound ist durch eine Kündigung vakant und soll kurzfristig nachbesetzt werden.
Sie werden beauftragt, eine Stellenanzeige zu entwerfen. Der Personalleiter erklärt Ihnen ein bewährtes Muster, nach dem die Dialogfix GmbH in der Vergangenheit erfolgreich Anzeigen geschaltet hat. Der inhaltliche Aufbau folgt diesem Grundschema:

Wir sind:
Wir haben:
Wir suchen:
Wir bieten:
Wir bitten um:

37. AUFGABE

Erklären Sie kurz, welche Informationen den einzelnen Punkten zugeordnet werden. Geben Sie jeweils zwei Beispiele an.

38. AUFGABE

Im Rahmen einer fachlichen Diskussion innerhalb der Personalabteilung kommt der Vorschlag auf, den Punkt „Wir suchen“ noch weiter in sog. Hard Skills und Soft Skills zu differenzieren. Unterscheiden Sie diese beiden Begriffe und geben Sie jeweils drei geeignete Beispiele für die vorliegende Stellenanzeige an.

39. AUFGABE

Nachdem Sie dem Personalleiter Ihren mittlerweile abgeänderten Entwurf präsentiert haben, empfiehlt dieser, die Stellenanzeige in der regionalen Tageszeitung zu veröffentlichen. Interessenten sollen sich direkt über den Internetauftritt der Dialogfix GmbH bewerben. Erläutern Sie, wie sich dabei Onlinebewerbungen von E-Mail-Bewerbungen unterscheiden.

40. AUFGABE

Nennen Sie zwei Vorteile, die sich durch die Nutzung von Onlinebewerbungen ergeben.

41. AUFGABE

Die „klassische" Stellenanzeige in einer regionalen oder überregionalen Tageszeitung verliert insbesondere auch in der Dialogmarketing-Branche zunehmend an Bedeutung. Nennen Sie drei mögliche Gründe.

42. AUFGABE

Da auch nach einem Monat keine geeigneten Bewerbungen vorliegen, entschließt sich der Personalleiter, einen Personalberater („Headhunter") zu beauftragen. Welche drei Vorteile verspricht sich der Personalleiter von dieser Maßnahme?

Situation zu den Aufgaben 43 bis 46:

Die vor vier Jahren eröffnete Niederlassung der Talk-Expert AG in Potsdam hat sich sehr gut entwickelt und plant nun, ein weiteres Projekt am Standort zu integrieren. Ein innovativer Hersteller von Elektrofahrzeugen möchte schon in Kürze sämtliche Serviceanfragen seiner Kunden durch die Potsdamer Mitarbeiter bearbeiten lassen. Aufgrund des weiteren Personalaufbaus soll die Personalleitung im Mutterhaus entlastet werden. Daher wird ein Personalreferent am Potsdamer Standort eingestellt, der Tätigkeiten im Bereich der Personalverwaltung und Personalentwicklung erledigen soll. Damit sollen auch die in Projekten eingesetzten Teamleiter von einem Personalreferenten vor Ort unterstützt und beraten werden.

43. AUFGABE

Nennen Sie je drei für diese Organisationsform typische Aufgaben, die ein Teamleiter in Projekten bzw. ein Personalreferent zu erledigen hat.

44. AUFGABE

Insbesondere am Standort Potsdam gibt es häufige Langzeiterkrankungen. Darüber hinaus gibt es in vielen Teams sich wiederholende Kurzzeiterkrankungen. Der Personalreferent hat deshalb von der Geschäftsleitung die Aufgabe bekommen, ein Betriebliches Eingliederungsmanagement (BEM) einzuführen. Nennen Sie fünf Aspekte, die der Arbeitgeber im Rahmen des Betrieblichen Eingliederungsmanagements zu beachten hat.

45. AUFGABE

Der Personalreferent wird auch mit der Betreuung der Auszubildenden am Standort Potsdam beauftragt. Klären Sie nachfolgende Anliegen mit Hilfe des Jugendarbeitsschutzgesetzes (JArschG).

- Der 16-jährige Auszubildende Benedikt hat eine Wochenarbeitszeit von 40 Stunden. Am Dienstag besucht er die Berufsschule von 07:45 bis 12:45 Uhr und am Donnerstag von 08:30 bis 12:45 Uhr. Er möchte wissen, wie viele Stunden/Woche er noch für Tätigkeiten im Ausbildungsbetrieb zur Verfügung steht.

- Die 17-jährige Auszubildende Joana ist für die morgige Schicht von 09:00 Uhr – 17:00 Uhr eingeplant worden, ihre Pause ist von 14:00 Uhr – 15:00 Uhr vorgesehen. Sie möchte wissen, ob diese Planung den Vorschriften entspricht.
- Der 16-jährige Auszubildende Dennis erkundigt sich bei Ihnen nach seinem Jahresurlaub. Im Ausbildungsvertrag von Dennis sind 30 Arbeitstage Urlaub je Kalenderjahr vereinbart. Er möchte wissen, wie viele Tage Urlaub ihm noch zustehen, wenn er die Ausbildung am 01.05. des laufenden Jahres begonnen hat und bislang 5 Urlaubstage genommen hat.

46. AUFGABE

Die Mitarbeiterin Saskia Becker hat den Personalreferenten am 10. März über ihre Schwangerschaft informiert. Als voraussichtlichen Entbindungstermin hat sie den 6. August angegeben. Ermitteln Sie mit Hilfe des nachstehenden Kalenders den Beginn und das voraussichtliche Ende des Mutterschutzes, wenn Frau Becker bereits am 3. August entbindet (keine Mehrlingsgeburt) und geben Sie an, auf welche Paragraphen des Mutterschutzgesetzes (MuSchg) sich die Berechnungen der Fristen beziehen.

Mai

KW	MO	DI	MI	DO	FR	SA	SO
18					1	2	**3**
19	4	5	6	7	8	9	**10**
20	11	12	13	14	15	16	**17**
21	18	19	20	21	22	23	**24**
22	25	26	27	28	29	30	**31**

Juni

KW	MO	DI	MI	DO	FR	SA	SO
23	1	2	3	4	5	6	**3**
24	8	9	10	11	12	13	**10**
25	15	16	17	18	19	20	**17**
26	22	23	24	25	26	27	**24**
27	29	30					

Juli

KW	MO	DI	MI	DO	FR	SA	SO
27			1	2	3	4	**5**
28	6	7	8	9	10	11	**12**
29	13	14	15	16	17	18	**19**
30	20	21	22	23	24	25	**26**
31	27	28	29	30	31		

August

KW	MO	DI	MI	DO	FR	SA	SO
31						1	**2**
32	3	4	5	6	7	8	**9**
33	10	11	12	13	14	15	**16**
34	17	18	19	20	21	22	**23**
35	24	25	26	27	28	29	**30**
36	31						

September

KW	MO	DI	MI	DO	FR	SA	SO
36		1	2	3	4	5	**6**
37	7	8	9	10	11	12	**13**
38	14	15	16	17	18	19	**20**
39	21	22	23	24	25	26	**27**
40	28	29	30				

Oktober

KW	MO	DI	MI	DO	FR	SA	SO
40				1	2	3	**4**
41	5	6	7	8	9	10	**11**
42	12	13	14	15	16	17	**18**
43	19	20	21	22	23	24	**25**
44	26	27	28	29	30	31	

Lösungen zu Kapitel 13

1.
Vorstellung des Unternehmens, Bezeichnung der zu besetzenden Stelle, Stellenprofil, Anforderungen und Qualifikation, Leistungen des Unternehmens, Angaben zur Bewerbung.

2.
Niemand darf wegen seiner Herkunft, seines Geschlechts, seines Alters, seiner Religion oder seiner sexuellen Identität benachteiligt werden. In Stellenanzeigen ist deswegen auf Formulierungen wie „junger Teamleiter gesucht" oder „ununterbrochene Beschäftigung ist Voraussetzung zur Einstellung" zu verzichten. Ebenfalls problematisch ist die Anforderung eines Passbildes, da dies weitere Rückschlüsse zuließe.

3.
Die Einschätzung, ob ein Bewerber geeignet ist, erfolgt durch Analyse der Bewerbungsunterlagen. Hinweise ergeben sich bereits aus Form und Inhalt des Bewerbungsanschreibens (Berufserfahrung, Qualifikation), dem Lebenslauf und beigelegten Zeugnissen. Dabei findet ein Vergleich der mitgebrachten Eigenschaften des Bewerbers mit den Anforderungen der zu besetzenden Stelle statt. Ist das Ergebnis positiv, wird der Bewerber näher betrachtet.

4.
In einem Telefoninterview kann kostengünstig und mit geringem Zeitaufwand überprüft werden, wie sich die Bewerber am Telefon verhalten.

5.
Bei einem AC handelt es sich um ein Gruppenauswahlverfahren, welches aus mehreren Einzelübungen besteht. Die Bewerber können dabei mit arbeitstypischen Aufgaben und Problemen konfrontiert werden. Außerdem kann das Verhalten der Bewerber in Gruppen analysiert werden und die Reaktion der Bewerber auf Stress- und Drucksituationen kann beobachtet werden.

6.

Übung	Kurzbeschreibung	Zweck
Gruppendiskussion	Die Bewerber führen zu einem vorgegebenen Thema eine Diskussion.	z. B. Überprüfung von • Durchsetzungsfähigkeit • Kompromissbereitschaft
Postkorbübung	Verschiedene Aufgaben und Schriftstücke sind unter hohem Zeitdruck zu bearbeiten	z. B. Überprüfung von • Organisationstalent • Zeitmanagement

7.

Ein einfaches Zeugnis wird erweitert um die Beurteilung der Leistungen und des Verhaltens. Sinnvoll hier beispielsweise: Arbeitsquantität, Arbeitsqualität, Teamfähigkeit, Ausdrucksvermögen, Belastbarkeit, Führung etc.

8.

Beispiele: Verlinken des Formulars auf Job-Seiten im Internet, Link zum Formular auf der eigenen Unternehmenshomepage, schriftliche Werbung mit Hinweis auf Formular an Erfolg versprechenden Stellen (Fachzeitschrift, Regionalzeitung, Schwarze Bretter).

9.

Beispiele: Ist bereits Erfahrung in der telefonischen Kundenberatung vorhanden; wenn ja: Erfahrung mit Fragebögen, Erfahrung im Bereich Altersvorsorge?

10.

08:00 Uhr	Für alle Mitarbeiter Begrüßung; Leitung HR, IT, Chef
08:15 Uhr	Organisation (Verpflichtungserklärungen, Einweisung Datenschutz, Betriebsordnung etc.)
09:00 Uhr	Aufteilung der Agents auf die drei Teams
09:30 Uhr	Kaffeepause
09:45 Uhr	Ab jetzt zeitlich versetztes Vorgehen der drei Teams im 30-Minuten-Rhythmus, Leitung durch Teamleiter, Einplanung von Fragen → kurze Vorstellung der Leistungen der Versicherungsgruppe, Ziel der Calls → Vorstellung des Gesprächsleitfadens → Vorstellung der Technik und der Arbeitsplätze
ab 11:30 Uhr	Learning by Doing unter Hilfestellung der Teamleiter

11.

Projektspezifische Gründe im Inbound, die einen erhöhten Mitarbeiterbedarf zur Folge haben:

→ Die Anzahl der eingehenden Anrufe ist höher als in der Personaleinsatzplanung prognostiziert.

→ Der Anrufzeitpunkt (Tag, Uhrzeit) verlagert sich in Bereiche, die in der Planung nicht berücksichtigt wurden. Eine Verschiebung der Schichten ist nicht möglich (z. B. Peak-Phasen, in denen nur für eine kurze Zeit eine überproportionale Anzahl an Kundenberatern zur Verfügung stehen muss).

→ Die durchschnittliche Gesprächsbearbeitungsdauer ist höher als in der Planung zugrunde gelegt.

Personalabgänge durch andere Gründe: (Langzeit-)Erkrankungen, unentschuldigtes Fehlen, Austritte wegen Pensionierung, fristlose und fristgerechte Kündigungen (arbeitnehmer- und unternehmensseitig initiiert), Abschluss von Aufhebungsverträgen, Ablauf von befristeten Arbeitsverträgen, Elternzeit, Versetzungen innerhalb des Unternehmens.

12.

Im **Inbound** reagiert das Unternehmen auf den Kunden, der anruft. Die Anrufe gehen dabei nicht gleichmäßig über den Tag verteilt ein, sondern unterliegen einer mehr oder weniger zufälligen Verteilung. Es kommt dabei zu Anrufspitzen (Peaks) bzw. Schwankungen im Anrufvolumen.
Im **Outbound** dagegen ergreift das Unternehmen die Initiative. Die Menge der zu tätigenden Anrufe und der zu erzielenden Kontakte ist damit in der Regel vorher bekannt, die für eine Kampagne benötigte Zeit sowie die erforderliche Mitarbeiteranzahl sind rechnerisch einfach zu bestimmen.

13.

→ Einsatz von Teilzeitkräften
→ Einführung eines Gleitzeitsystems
→ Einführung einer **kap**azitäts**o**rientierten **v**ariablen **A**rbeits**z**eit („kapovaz")
→ Überstunden/Verkürzung der Arbeitsstunden
→ Implementierung eines Jahresarbeitszeitsystems
→ Flexibler Einsatz von Zeit- und Leiharbeitskräften

14.

Beispiele: Agentur für Arbeit, private Arbeitsvermittlung, Personalberatung, Stellenanzeigen, Internet, Personalleasing, Kontakt zu Bildungsträgern, Vermittlung durch eigene Mitarbeiter, Auswertung von Initiativbewerbungen.

15.

Eine Stellenbeschreibung (Job Description) ist eine personenneutrale, schriftliche Beschreibung einer Arbeitsstelle hinsichtlich ihrer Arbeitsziele, Aufgaben, Kompetenzen und Beziehungen zu anderen Stellen. Sie sollte z. B. enthalten:
→ Einordnung der Stelle in die Unternehmensorganisation
→ Kompetenzen und Pflichten
→ Anforderungen an den Stelleninhaber
→ Beschreibung der Tätigkeiten und Zielsetzung der Stelle (Hauptaufgabe, Führungsaufgaben, Fachaufgaben, besondere Aufgaben und personenbezogene Aufgaben)
→ Zusammenarbeit mit anderen Stellen
→ Sachlich-organisatorische Angaben (z. B. Verteiler, nächste Überprüfung, Unterschriften)

16.

Auch wenn die Bestände quantitativ ausgeglichen sind, fließen in die Planung immer qualitative Elemente ein. Die qualitative Planung unterscheidet zwischen einer Vielzahl von Eigenschaften (Skills), die die Einsatzmöglichkeiten der Mitarbeiter berücksichtigen. Eine Planung ausschließlich nach quantitativen Informationen führt zwangsläufig zu Fehlbesetzungen, da sich beispielsweise die Skills eines Agents von denen eines Projektmanagers signifikant unterscheiden (z. B. hinsichtlich Mitarbeiterführung).

17.

- → Die Auszubildenden Simone Möller und Peter Stenzel können nach Abschluss ihrer Ausbildung als Agents eingesetzt werden, da sie die Voraussetzungen mit erfolgreichem Abschluss der Ausbildung erfüllen und ein Bedarf an Agents besteht.
- → Eine Verlängerung des befristeten Arbeitsvertrags von Gudrun Koppel ist nicht erforderlich, da trotz Vertragsauslauf ein Überhang von zwei Sachbearbeitern besteht.
- → Auch das temporäre Ausscheiden von Sebastian Peters muss nicht kompensiert werden, da ein Überhang an Teamleitern besteht.
- → Petra Zimmermann kommt zum 15.02. aus der Elternzeit zurück, ohne dass ein Bedarf an Sachbearbeitern besteht. Nach MuSchG steht ihr ein vergleichbarer Arbeitsplatz zu. Ist der Einsatz als Agent als vergleichbar einzustufen, wäre dies zu überprüfen, da hier eine Unterdeckung besteht.
- → Die Stelle von Gerhard Schmidt muss nachbesetzt werden. Zunächst sollte geprüft werden, inwieweit die Überhänge Sachbearbeiter durch Änderungskündigungen (neues Arbeitsangebot: Agent) abgebaut werden können. Andernfalls ist eine Neueinstellung vorzunehmen.
- → Der Überhang Teamleiter könnte durch eine Versetzung zum Supervisor abgebaut werden (Änderungskündigung).
- → Die Stelle Projektleiter muss nachbesetzt werden.

18.

Größere Bewerberauswahl, neue Ideen und Lösungsansätze, keine „Betriebsblindheit“, keine Rivalität und kein Streit um die Stelle unter den Bestandsmitarbeitern, keine „kumpelhaften“ Beziehungen zwischen neuem Vorgesetzten und seinen vormals gleichgestellten Kollegen

19.

- → Der Betriebsrat kann verlangen, dass Arbeitsplätze vor ihrer Besetzung innerhalb des Betriebes ausgeschrieben werden (§ 93 BetrVG).
- → Richtlinien über die personelle Auswahl bei Einstellungen bedürfen der Zustimmung des Betriebsrats (§ 95 BetrVG).

20.

Beispiele für Aufgaben:

- → Fachliche und disziplinarische Führung der unterstellten Stellen
- → Förderung und Entwicklung der Mitarbeiter
- → Entwicklung und Steuerung, Stabilisierung der Team-/Projektstruktur
- → Sicherstellung und Förderung des Informationsflusses
- → Implementierung von neuen Projekten
- → Auftraggeberbetreuung (u. a. Vorbereitung und Durchführung von Auftraggeberterminen, laufende Abstimmung mit den Auftraggebern zur Optimierung und Weiterentwicklung von Prozessen und Abläufen)
- → Sicherstellung der zeit- und bedarfsgerechten Projektstatistiken und des Reportings
- → Sicherstellung der Einhaltung von Qualitätsstandards

Beispiele für Voraussetzungen:
- → Abgeschlossenes kaufmännisches Studium oder vergleichbare Ausbildung
- → Mehrjährige Callcenter-Erfahrung und Führungserfahrung
- → Erfahrungen/Verantwortung in der Steuerung und Betreuung von Inbound- und Outbound-Projekten
- → Sehr gute Kenntnisse in MS-Office
- → Organisationstalent und unternehmerische Denkweise
- → Motivationsfähigkeit, Überzeugungs- und Durchsetzungskraft, Kunden- bzw. Dienstleistungsorientierung
- → Zeitliche und persönliche Flexibilität sowie Belastbarkeit
- → Verantwortungsbewusstsein und selbstständige Handlungsweise

21.
- → Wurden alle angeforderten Unterlagen eingereicht?
- → Sind die äußere Form und die Gestaltung der Bewerbungsunterlagen ansprechend?
- → Stimmt die Qualifikation mit dem Anforderungsprofil überein?
- → Werden Zusammenhänge der bisherigen Tätigkeiten mit der neuen Stelle hergestellt?
- → Ist die Bereitschaft zur Übernahme neuer Aufgaben vorhanden?

22.
(40 + 35 + 30 + 30 + 25 + 20) : 40 = 4,5 Vollzeitmitarbeiter (MAK)

23.
In der Personaleinsatzplanung misst die Auslastung den Anteil der Produktivzeit (AHT, Gesprächs- und Nachbearbeitungszeit) an der Nettoarbeitszeit.

24.
Produktivzeit: 360 Minuten · 0,80 = 288 Minuten
288 Minuten Produktivzeit : 4 Minuten AHT = 72 Gespräche

25.
Vorteile sind z. B. geringe Beschaffungskosten für das Unternehmen, schnelle Eingliederung des Mitarbeiters, Motivation der Mitarbeiter durch Aufstiegschancen. Mögliche Nachteile sind z. B. die geringe Auswahlmöglichkeit, die Enttäuschung bei nicht berücksichtigten Interessenten, mögliche „Betriebsblindheit“.

26.
- → Orientierungsphase (Forming): Die Teammitglieder lernen sich kennen.
- → Konfliktphase (Storming): Das Team sucht nach gemeinsamen Normen, einzelne Mitglieder versuchen, ihr Verhalten als Norm durchzusetzen. Deswegen kommt es zu Konflikten.
- → Regelphase (Norming): Es entstehen gemeinsame Normen und ein Wir-Gefühl.
- → Arbeitsphase (Performing): Das Team arbeitet gemeinsam und eingespielt an der Zielerreichung.

27.
Hier wird die extrinsische Motivation beschrieben, da die motivierenden Faktoren (finanzielle Anreize) für das Team von außen kommen.

28.
Das Team wird sich bald auflösen. Dabei herrschen widersprüchliche Gefühle vor. Es kann zu einem Motivationsverlust kommen, der dazu führt, dass die verbleibenden Aufgaben nicht mehr zufriedenstellend abgearbeitet werden, da die Außeninteressen immer wichtiger werden. Der Teamleiter muss daher wieder stärker die Arbeit strukturieren und die Mitglieder auf die Trennung vorbereiten.

29.
z. B. Regelbeurteilung in einem bestimmten Zeitintervall, Beförderungen/Versetzungen, anstehende Weiterbildungsmaßnahmen, Antrag auf ein Zwischenzeugnis

30.
Fach- und Problemlösungskompetenz
→ Besitzt alle für den Aufgabenbereich erforderlichen Kenntnisse
→ Schafft durch Fachwissen eine gute Informations- und Entscheidungsbasis
→ Erkennt und berücksichtigt alle wichtigen Informationen
→ Erkennt Konsequenzen von Informationen
→ Erkennt und analysiert Ursachen für Probleme
→ Führt Problemlösungen eigenständig herbei

Verhaltens- und Sozialkompetenz
→ Erkennt Konflikte
→ Sucht nach gemeinschaftlichen Konfliktlösungen
→ Informiert andere und erfragt Informationen und Meinung anderer
→ Hört Gesprächspartnern aufmerksam zu
→ Setzt Gesprächs- und Fragetechniken ein
→ Kann Gespräche/Diskussionen zeitlich und inhaltlich strukturieren und moderieren

Führungskompetenz
→ Setzt klare, eindeutige und messbare Ziele
→ Bindet Mitarbeiter in den Zielfindungs- und Entscheidungsprozess ein
→ Kontrolliert regelmäßig die Zielerreichung und passt diese bei Bedarf an
→ Kann Aufgaben, Verantwortung und Entscheidungskompetenzen abgeben
→ Kann Teambildungsprozesse gezielt beeinflussen
→ Fördert die Entwicklung der Mitarbeiter gezielt und bedarfsorientiert

31.
→ Besitzt eine hohe Identifikationsbereitschaft mit dem Unternehmen
→ Denkt übergreifend und erkennt Gesamtzusammenhänge
→ Geht verantwortungsvoll mit Ressourcen um
→ Richtet Entscheidungen und Handlungen an Kosten-Nutzen-Gesichtspunkten aus
→ Kennt alle wichtigen Unternehmenskennzahlen

32.

Ein höherer Lohn motiviert kurzfristig, danach wird er zur Selbstverständlichkeit. Dauerhaft wirksam sind z. B. die Übertragung von Verantwortung, Anerkennung, Spaß an der Arbeit selbst. Zusätzlich können Bonussysteme die Bezahlung von der Leistung abhängig machen. Dies motiviert langfristig.

33.

→ Erörterung der persönlichen Aspekte der Zusammenarbeit zwischen Mitarbeiter und Vorgesetztem
→ Klärung gegenseitiger Erwartungen
→ Darstellung der positiven Aspekte der Zusammenarbeit
→ Missverständnisse und Konflikte in der Zusammenarbeit klären
→ Vertrauen und Zusammenarbeit fördern

34.

Organisatorische Vorbereitung:
→ Gespräch mindestens einmal im Jahr führen
→ Gespräch findet unter vier Augen zwischen Mitarbeiter und Vorgesetztem statt.
→ Termin gemeinsam rechtzeitig, mindestens 2 Wochen vorher, als separates Gespräch vereinbaren
→ Termin so planen, dass das Gespräch in einer ruhigen und ungestörten Atmosphäre geführt werden kann
→ Gespräch sollte nicht unter Zeitdruck stattfinden (Zeitbegrenzung, z. B. 90 Min., ist dennoch sinnvoll)

Inhaltliche Vorbereitung:
→ Beide Gesprächspartner bereiten sich unabhängig voneinander auf das Gespräch vor.
→ Leitfäden können helfen, das Gespräch zu strukturieren. Sie geben Anregungen und Hilfestellungen.
→ Leitfaden rechtzeitig, mit der Einladung, zur Verfügung stellen
→ Wurden bereits Mitarbeitergespräche geführt, sind die dort getroffenen Zielvereinbarungen mit den erreichten Zielen durch beide Gesprächspartner abzugleichen.

35.

Zusammenarbeit

Austausch über die Rahmenbedingungen der Zusammenarbeit, v. a. Fragen des Führungsverhaltens und Probleme der Zusammenarbeit ansprechen.

Arbeitsaufgabe

Besprechung der Schwerpunktaufgaben in der Vergangenheit sowie der Leistung bei der Bewältigung dieser Aufgaben; Optimierung der Aufgabenverteilung und der Arbeitsabläufe klären.

Arbeitssituation
Besprechung der Informationsflüsse und der Arbeitsatmosphäre innerhalb der Abteilung/innerhalb des Teams; Beratung, welche Unterstützung notwendig ist, um das gemeinsame Ziel zu erreichen; Klärung der Handlungs- und Entscheidungsspielräume des Mitarbeiters.
Entwicklungsziele und -möglichkeiten
Besprechung von individuellen Entwicklungsperspektiven des Mitarbeiters, Erörterung neuer fachlicher Herausforderungen.
Zielvereinbarungen (Kernstück des Mitarbeitergesprächs)
Festlegung künftiger Arbeitsergebnisse und -prozesse zwischen Mitarbeiter und Vorgesetztem; Festlegung konkreter Vereinbarungen zu Arbeits- und Qualitätsanforderungen.
Weitere Ziele
Vereinbarung zur Unterstützung durch Vorgesetzten in einer bestimmten Angelegenheit; Festlegung der künftigen Handlungs- und Entscheidungskompetenzen; Vereinbarung individueller Entwicklungsziele; Zusage entsprechender Entwicklungsmaßnahmen (z. B. Fortbildung, Coaching).

36.
Zusammenarbeit
→ In welchen Bereichen würde ich die Zusammenarbeit mit meinem Vorgesetzten als gut bezeichnen?
→ Wünsche ich mir mehr Unterstützung durch meinen Vorgesetzten?
→ Werden meine Ideen und Verbesserungsvorschläge aufgegriffen?
Arbeitsaufgabe
→ Welche Aufgaben gelingen mir besonders gut, welche bereiten mir Schwierigkeiten?
→ Was haben wir erreicht? Was wurde nicht erreicht? Woran lag es?
→ Fühle ich mich über- oder unterfordert?
Arbeitssituation
→ Wie empfinde ich das Arbeitsklima?
→ Wo sehe ich Probleme in meinem Arbeitsumfeld?
→ Funktionieren die Vertretungsregelungen?
Entwicklungsziele und -möglichkeiten
→ Welche Vorstellungen habe ich hinsichtlich meiner weiteren Entwicklung?
→ Welche Fortbildungen benötige ich?
→ Wo möchte ich in drei Jahren beruflich stehen?

37.
Wir sind: Werbende Informationen über das inserierende Unternehmen, Imagebildung (z. B. Dialogfix GmbH, Tochterfirma der Dialogfix AG, über 400 Mitarbeiter, seit 1996 am Markt)
Wir haben: Aussagen über die freie Stelle (z. B. Projektleiter, Abteilung Outbound, Stellennachbesetzung, Entwicklungsmöglichkeiten)

Wir suchen: Aussagen über erforderliche Voraussetzungen (z. B. Anforderungen an den Stellenbesetzer, wie Ausbildung, Berufserfahrung, Kenntnisse, Eigenschaften)
Wir bieten: Aussagen über Leistungen des inserierenden Unternehmens (z. B. Lohnhöhe/Eingruppierung, soziale Leistungen, Arbeitszeitregelungen)
Wir bitten um: Angaben zu Bewerbungsart und -technik (z. B. gewünschte Bewerbungsunterlagen, Eintrittstermin)

38.
Unter **Hard Skills** versteht man überprüfbare Kenntnisse sowie formale Qualifikationen, der Begriff **Soft Skills** beinhaltet hingegen menschliche Eigenschaften, Fähigkeiten und Wesenszüge.
Nützliche Hard Skills für einen Projektleiter Outbound sind z. B. fachliche Weiterbildung, fundierte Excel-Kenntnisse, mehrjährige Berufserfahrung. Notwendige Soft Skills sind z. B. Kommunikationsfähigkeit, Teamfähigkeit, Belastbarkeit.

39.
Unter einer Onlinebewerbung versteht man Bewerbungen, die mittels eines Online-Bewerbungsformulars erfasst werden und innerhalb derer die Bewerber somit die Möglichkeit erhalten, ihre Daten strukturiert zu hinterlegen. Nicht zu verwechseln ist diese Variante mit Bewerbungen, die per E-Mail versandt werden.

40.
Eine Onlinebewerbung spart Porto und alle sonstigen Kosten für Papier, Fotos und Bewerbungsmappe. Personalabteilungen reduzieren ihren Verwaltungsaufwand, da die Bewerberdaten in einer Datenbank direkt systematisch ausgewertet werden können.

41.
Vergleichsweise hohe Kosten, geringere Reichweite durch Beschränkung auf bestimmte Regionen, sinkende Leserzahlen verringern die Reichweite zunehmend.

42.
Entlastung der Personalabteilung, Personalberater verfügen in der Regel über ein großes Netzwerk, Personalberater nehmen eine erste Auswahl vor und stellen die besten Kandidaten beim Auftraggeber vor.

43.
Aufgaben der Teamleiter in Projekten sind z. B. Mitarbeitereinsatz planen, Zielvereinbarungen schließen, Mitarbeitergespräche führen. Zu den Aufgaben des Personalreferenten gehört z. B. Zusammenarbeit mit dem Betriebsrat, administrative Betreuung der Mitarbeiter vor Ort in Personalfragen, Personalcontrolling.

44.

→ Der Arbeitgeber ist gesetzlich verpflichtet, länger erkrankten Beschäftigten ein betriebliches Eingliederungsmanagement anzubieten.
→ Das betriebliche Eingliederungsmanagement dient dem Erhalt der Beschäftigungsfähigkeit.
→ Es hilft bei der Auswertung des individuellen Krankenstandes.
→ Mögliche betriebliche Hintergründe, Ursachen der Erkrankung werden hinterfragt.
→ Ziel ist es, den Arbeitsplatz des betroffenen Beschäftigten im Einzelfall erhalten.
→ Gespräch mit dem Mitarbeiter findet gemeinsam mit z. B. Vorgesetzten, Betriebsrat statt.
→ Mitarbeiter sind nicht zur Teilnahme verpflichtet.

45.

→ 40 Stunden – 8 Stunden (Berufsschule 6 Stunden am ersten Berufsschultag der Woche)
– 4 Stunden, 45 Minuten (tatsächliche Schulstunden inkl. Pausen am zweiten Berufsschultag)
= 27 Stunden, 15 Minuten
→ Nicht zulässig, da Jugendliche nicht länger als viereinhalb Stunden hintereinander ohne Ruhepause beschäftigt werden dürfen. Die Pause muss spätestens um 13:30 Uhr beginnen.
→ Anteilige Urlaubstage laufendes Jahr 8 Monate · 2,5 Tage (30 Tage : 12 Monate) = 20 Tage
Verbleibende Urlaubstage: 20 Tage – 5 Tage = 15 Tage

46.

→ Beginn der Mutterschutzfrist am 25. Juni (MuSchG § 3)
→ Ende der Mutterschutzfrist am 01. Oktober (MuSchG § 6)

14 Kaufmännische Steuerung und Kontrolle, Qualitätssicherung der Auftragsdurchführung

Hinweis: Dieses Kapitel enthält die Themen
- Kosten- und Leistungsrechnung (Aufgabe 1 bis 53),
- Controlling (Aufgabe 54 bis 73).
- Aufgaben zu Qualitätssicherung der Auftragsdurchführung befinden sich in Kapitel 3 (Aufgabe 24 bis 30).

Situation zu den Aufgaben 1 bis 13:
Die Dialogfix GmbH plant die Übernahme eines Wettbewerbers, der LiveMarketing GmbH. Die Verträge sehen vor, dass die Dialogfix GmbH vor dem endgültigen Kauf einen umfassenden Einblick in die Finanz-, Vermögens- und Ertragslage der LiveMarketing GmbH bekommt. Die Dialogfix GmbH stellt ein Team zusammen, das sich intensiv mit dem Rechnungswesen und der Kosten- und Leistungsrechnung der LiveMarketing GmbH befasst.

1. AUFGABE

In diesem Zusammenhang fragen sich einige Teammitglieder, welche Funktionen das Rechnungswesen erfüllt. Es werden hierzu die vier Hauptkategorien Dokumentation, Information, Kontrolle und Disposition genannt. Erläutern Sie diese vier Funktionsbereiche.

2. AUFGABE

Das Rechnungswesen der LiveMarketing GmbH umfasst vier sich ergänzende Aufgabenbereiche, die der üblichen Gliederung der Bereiche des Rechnungswesens entsprechen. Nennen Sie diese Aufgabenbereiche und erläutern Sie die jeweiligen Aufgaben im Detail.

3. AUFGABE

Der Leiter des Rechnungswesens der LiveMarketing GmbH erklärt in der ersten Vorbesprechung: „Die Buchführung ist das Rückgrat unseres Rechnungswesens!" Erläutern Sie diese Feststellung und beschreiben Sie die wichtigsten Aufgaben der Buchführung.

4. AUFGABE

Eine wichtige Grundlage der Buchführung bei der LiveMarketing GmbH ist die Sammlung und Bearbeitung von Belegen. Es werden interne und externe Belege unterschieden. Erläutern Sie den Unterschied und nennen Sie je zwei Beispiele.

5. AUFGABE

Erläutern Sie, welche Gesetze die LiveMarketing GmbH zur Buchführung verpflichten.

6. AUFGABE

Die Dialogfix GmbH überprüft, ob die letzte Inventur der LiveMarketing GmbH korrekt durchgeführt wurde. Nennen und erläutern Sie zwei Arten von Inventuren.

7. AUFGABE

Das Vermögen im Inventar der LiveMarketing GmbH wird in Anlage- und Umlaufvermögen gegliedert. Erläutern Sie diese Gliederung und nennen Sie Beispiele.

8. AUFGABE

Über das Inventar kann der Erfolg der LiveMarketing GmbH durch Eigenkapitalvergleich ermittelt werden. Erläutern Sie dieses Verfahren.

9. AUFGABE

Die LiveMarketing GmbH erstellt verpflichtungsgemäß aus dem Inventar eine Bilanz. Erläutern Sie grob den Aufbau einer Bilanz.

10. AUFGABE

Die LiveMarketing GmbH hat in der Buchführung Konten für Umsatzsteuer und Vorsteuer. Erläutern Sie diese beiden Positionen.

11. AUFGABE

Die LiveMarketing GmbH hat auch eine Kosten- und Leistungsrechnung. Hierzu wird zunächst die Abgrenzungsrechnung durchgeführt, in der in betriebsbedingte und neutrale Aufwendungen unterschieden wird. Erklären Sie die Unterscheidung in diese beiden Gruppen und geben Sie je ein Beispiel an.

12. AUFGABE

Die Analyse des Rechnungswesens der LiveMarketing GmbH umfasst auch die Kostenstellen und Kostenträger des Unternehmens. Erläutern Sie den Unterschied zwischen einer Kostenstelle und einem Kostenträger und geben Sie jeweils den Zweck an. Nennen Sie auch jeweils zwei Beispiele.

13. AUFGABE

Die Fixkosten eines Geschäftsbereiches der LiveMarketing GmbH in Höhe von 188 500,00 € sind gemäß den Umsätzen der Filialen zu verteilen. Die Filiale Wismar hat einen Umsatz von 720 000,00 €, die Filiale Rostock von 1 080 000,00 € und die Filiale Schwerin von 2 880 000,00 €. Welche Fixkosten entfallen auf die einzelnen Filialen?

Situation zu Aufgabe 14:

Die LiveMarketing GmbH hat zum 1. Januar folgendes Vermögen bzw. die folgenden Schulden:

• Pkw	30 000,00 €
• Büroeinrichtung (Telefonanlage etc.)	70 000,00 €
• Forderungen an Kunden (offene eigene Rechnungen)	18 000,00 €
• Darlehen der Volksbank	25 000,00 €
• Waren (z. B. Werbemittel)	26 000,00 €
• Forderung aus Gehaltsvorschuss an einen Mitarbeiter	1 000,00 €
• Verbindlichkeiten aus noch offenen Gehaltszahlungen	4 000,00 €
• Kassenbestand	2 000,00 €
• Guthaben auf Girokonto	5 000,00 €
• Verbindlichkeiten an Lieferanten (offene fremde Rechnungen)	12 000,00 €

14. AUFGABE

Ermitteln Sie das Eigenkapital bzw. Reinvermögen der LiveMarketing GmbH zum 01.01.

Situation zu Aufgabe 15:

In der 5. Kalenderwoche hatte die LiveMarketing GmbH folgende Geschäftsvorfälle zu verzeichnen (alle Werte sind Nettowerte ohne Umsatzsteuer):

• Versand einer Rechnung für erbrachte Dienstleistungen	400,00 €
• Buchung der monatlichen Abschreibung auf einen PC	100,00 €
• Zahlung der Leasingrate für einen Laserdrucker	50,00 €
• Kauf eines neuen Bürostuhls	700,00 €
• Gutschrift eines Gewinns aus Aktienspekulationen	500,00 €
• Tilgungszahlung an die Bank (langfristiges Darlehen)	1 000,00 €
• Barzahlung einer Tankrechnung	80,00 €
• Kauf von Waren auf Rechnung	300,00 €
• Verkauf von Werbemitteln auf Rechnung	800,00 €

15. AUFGABE

Überprüfen Sie für jeden der Vorgänge, ob er eine Veränderung des Geldvermögens bzw. des Reinvermögens der LiveMarketing GmbH bewirkt.

Situation zu Aufgabe 16:

Für den letzten Monat weist die Gewinn- und Verlustrechnung der LiveMarketing GmbH die nachstehenden Positionen aus. Unternehmensgewinn und Betriebsergebnis wurden noch nicht ermittelt.

• Erlöse aus Dienstleistungen	121 000,00 €
• Gehälter der Mitarbeiter (inklusive Nebenkosten)	40 000,00 €
• Erlöse aus Warenverkauf	74 000,00 €
• Abschreibung Büroeinrichtung	5 000,00 €
• Verluste durch Aktiengeschäfte	20 000,00 €
• Unerwartete Zahlung einer Rechnung aus dem Jahr 2018	1 000,00 €
• Mietzahlung für die eigenen Geschäftsräume	12 000,00 €
• Erlöse aus dem Verkauf eines bereits abgeschriebenen PCs	1 000,00 €

16. AUFGABE

Übertragen Sie die Werte in eine Ergebnistabelle und ermitteln Sie das Unternehmensergebnis, das Abgrenzungsergebnis und das Betriebsergebnis. Kennzeichnen Sie neutrale Vorgänge als betriebsfremd, periodenfremd oder außerordentlich.

Situation zu Aufgabe 17:

Das Team der Dialogfix GmbH stellt fest, dass einige Vorgänge im Rechnungswesen der LiveMarketing GmbH noch nicht erfasst sind. Die Dialogfix GmbH lässt die Buchungen nachholen und überprüft die dadurch verursachten Veränderungen in der Liquidität und der Ergebnissituation.

- Die LiveMarketing GmbH hat eine Rechnung an die Cexxler AG geschrieben.
- Die LiveMarketing GmbH zahlt die Telefonrechnung.
- Vornahme der jährlichen Abschreibung auf die ACD-Anlage
- Kontogutschrift eines Gewinns aus Aktienspekulationen
- Buchung und Auszahlung der Gehälter für die LiveMarketing-Mitarbeiter
- Die LiveMarketing GmbH erhält eine Rechnung der ComConsult GmbH.
- Gutschrift der Mietzahlung eines privaten Mieters (für eine Garage im Geschäftsgebäude) an die LiveMarketing GmbH
- Zahlung der Miete für Geschäftsräume durch die LiveMarketing GmbH
- Eine unerwartete Steuernachzahlung aus dem Vorjahr ist fällig.

17. AUFGABE

Geben Sie für jede der Positionen an, ob sie sich auf die Liquidität, das Betriebsergebnis und das neutrale Ergebnis auswirkt. Erstellen Sie hierzu eine Tabelle mit sechs Spalten: Einnahmen, Ausgaben, betriebliche Aufwendungen, neutrale Aufwendungen, betriebliche Erträge, neutrale Erträge.

Situation zu den Aufgaben 18 bis 22:

Im Zusammenhang mit der Analyse des Rechnungswesens der LiveMarketing GmbH ist die Anschaffung und Abschreibung eines Fahrzeuges detailliert zu überprüfen. Die LiveMarketing GmbH hat kürzlich für die Vertriebs- und Außendienstmitarbeiter für 30 000,00 € einen weiteren neuen Firmen-Pkw gekauft und schreibt diesen in der Finanzbuchhaltung über 6 Jahre mit gleichbleibenden Beträgen ab. Ein vergleichbarer Pkw wird in 3 Jahren wahrscheinlich 36 000,00 € kosten, in 6 Jahren wahrscheinlich 40 000,00 €. Der neue Pkw wird täglich über 500 km fahren und soll deshalb nach 3 Jahren ausgemustert und an einen Mitarbeiter verschenkt werden.

18. AUFGABE

Geben Sie an, welche Auswirkung die Anschaffung und Nutzung des Pkw auf das Gesamtergebnis der LiveMarketing GmbH im ersten Nutzungsjahr hat. Ermitteln Sie den Betrag in Euro.

19. AUFGABE

Warum kann für den Pkw in die Kosten- und Leistungsrechnung nicht einfach der Abschreibungsbetrag aus der Finanzbuchhaltung übernommen werden? Erläutern Sie, welche Konsequenzen eine unveränderte Übernahme des Betrages hätte.

20. AUFGABE

Welcher jährliche Abschreibungsbetrag ist für den Pkw in der Kosten- und Leistungsrechnung anzusetzen? Geben Sie auch den Rechenweg an.

21. AUFGABE

Ein für 60 000,00 € ebenfalls neu angeschaffter Lieferwagen ist laut AfA-Tabelle über 5 Jahre linear abzuschreiben. Ermitteln Sie den Restwert des Fahrzeugs in der Finanzbuchhaltung nach dem 2. Nutzungsjahr.

22. AUFGABE

Ermitteln Sie den jährlichen Abschreibungsbetrag des Lieferwagens in der Kosten- und Leistungsrechnung, wenn die tatsächliche Nutzungsdauer 60 % über der AfA-Tabelle liegt und die Wiederbeschaffungskosten während der tatsächlichen Nutzungsdauer jährlich um 1 500,00 € steigen.

Situation zu Aufgabe 23:
Die Dialogfix GmbH hat in der Inventur zum 31. Dezember die nachstehenden Werte ermittelt:

1.	Guthaben auf Girokonto	2 000,00 €
2.	Grundstück	70 000,00 €
3.	Verbindlichkeiten an Lieferanten (offene fremde Rechnungen)	17 000,00 €
4.	Büroeinrichtung	81 000,00 €
5.	Forderungen aus Serviceleistungen (offene eigene Rechnungen)	11 000,00 €
6.	Gebäude	210 000,00 €
7.	Darlehen der Sparkasse	14 000,00 €
8.	Forderung aus Projekten (offene eigene Rechnungen)	5 600,00 €
9.	Kassenbestand	1 400,00 €
10.	Hypothek Volksbank	190 000,00 €
11.	Telefonanlage	10 000,00 €

23. AUFGABE
Erstellen Sie das Inventar der Dialogfix GmbH zum 31. Dezember.

Situation zu Aufgabe 24:
Die Stardialog GmbH hat in der Inventur zum 31. Dezember die nachstehenden Werte ermittelt:

1.	Pkw des Geschäftsführers	34 000,00 €
2.	Verbindlichkeiten an Lieferanten (offene fremde Rechnungen)	25 000,00 €
3.	Darlehen einer Privatbank	44 000,00 €
4.	Guthaben auf Girokonto	8 600,00 €
5.	Kassenbestand	700,00 €
6.	Grundstück	90 000,00 €
7.	Büroeinrichtung	76 000,00 €
8.	Gebäude	344 000,00 €
9.	Forderungen aus Projekten (offene eigene Rechnungen)	25 200,00 €
10.	Telefonanlage	9 000,00 €
11.	Hypothek Sparkasse	290 000,00 €
12.	Lieferwagen	12 000,00 €

24. AUFGABE
Erstellen Sie die Bilanz der Stardialog GmbH zum 31. Dezember.

Situation zu den Aufgaben 25 bis 30:
In der Abteilung Rechnungswesen der Stardialog GmbH werden Ihnen vom Leiter der Abteilung heute zahlreiche Vorgänge zur Prüfung vorgelegt. Bearbeiten Sie diese Vorgänge sachgerecht.

25. AUFGABE

Zur Berechnung des Gewinns der Stardialog GmbH liegen Ihnen folgende Daten vor: Summe aller Aktiva zu Beginn des Geschäftsjahres: 100000,00 €, Summe aller Schulden zu Beginn des Geschäftsjahres: 30000,00 €. Summe aller Aktiva am Ende des Geschäftsjahres: 130000,00 €, Summe aller Schulden am Ende des Geschäftsjahres: 10000,00 €.
Berechnen Sie den Gewinn im vergangenen Geschäftsjahr unter der Voraussetzung, dass keine Kapitalveränderungen durch die Gesellschafter vorgenommen wurden.

26. AUFGABE

Die Gewinn- und Verlustrechnung der Stardialog GmbH weist für das vergangene Geschäftsjahr die folgenden Daten aus:
Mietaufwand 100000,00 €, Erlöse aus Einzelprojekten 545000,00 €, Personalaufwand 400000,00 €, Erlöse aus Serviceleistungen 200 000,00 €, Sonstige Erträge 5000,00 €, Sonstige Aufwendungen 200000,00 €.
Ermitteln Sie den Gewinn.

27. AUFGABE

Die Stardialog GmbH hat am 1. Januar des aktuellen Jahres einen neuen Dienstwagen für den Geschäftsführer im Wert von 30000,00 € gekauft. Das Fahrzeug soll über 6 Jahre linear abgeschrieben werden. Ermitteln Sie den jährlichen Abschreibungsbetrag und erstellen Sie eine Tabelle mit den Abschreibungs- und Restwerten für jedes Nutzungsjahr.

28. AUFGABE

Erläutern Sie – in Abgrenzung zu Aufgabe 27 – was unter der „kalkulatorischen Abschreibung" zu verstehen ist.

29. AUFGABE

Die Stardialog GmbH möchte ein Angebot über 2000 Calls für einen neuen Kunden erstellen. Die Einzelkosten eines Calls in der betreffenden Abteilung betragen 2,90 €. Der Gemeinkostenzuschlagssatz beträgt 12 %, der Gewinnzuschlag 18 %. Ermitteln Sie den Angebotspreis unter Berücksichtigung eines Kundenskontos von 3 %.

30. AUFGABE

Die Abteilung Inbound-Service der Stardialog GmbH hat im vergangenen Jahr 3 Projekte abgewickelt, für die folgende Kosten entstanden sind:

	Projekt 1	Projekt 2	Projekt 3
Anzahl Calls	157 000	92 000	272 000
Einzelkosten	470 000,00 €	290 000,00 €	680 000,00 €

In der Abteilung Inbound-Service sind zudem Verwaltungskosten in Höhe von 115 200,00 € angefallen, die anteilig nach den Einzelkosten zu verteilen sind. Ermitteln Sie die Selbstkosten je Projekt, den Gemeinkostenzuschlagssatz sowie die jeweiligen Selbstkosten je Call.

Situation zu den Aufgaben 31 bis 34:

Die Flatenergie AG verschickt jährlich im Rahmen einer Kundenbindungsaktion Kalender. Sie beauftragt die Dialogfix GmbH mit der Abwicklung der Aktion. Hierzu werden von der Dialogfix GmbH für einen Monat 2 Hilfskräfte eingestellt, für die ein eigenes Büro angemietet wird. Die Hilfskräfte koordinieren die Kalendererstellung mit dem Künstler. Darüber hinaus verpacken und etikettieren die Mitarbeiter die Sendungen. Aus Erfahrung weiß man, dass 2 Hilfskräfte monatlich maximal 10 000 Kalender versenden können. Folgende Kosten sind geplant:

Kostenart	Geplante Kosten	Art der Entstehung
1. Gehalt Hilfskräfte	4 000,00 €	Monatsgehalt
2. Papierkosten (Kalender/Anschreiben)	0,60 €	pro Kalender
3. Druckkosten (Kalender/Anschreiben)	0,50 €	pro Kalender
4. Kosten des Künstlers für den Entwurf der Motive	1 200,00 €	pauschal
5. Fahrtkosten für die Abstimmung mit Marketing, Künstler und Druckerei	500,00 €	pauschal
6. Miete und Strom des Zusatzbüros	520,00 €	monatlich
7. Heizung und Wasser des Zusatzbüros	30,00 €	pauschal
8. Verpackungskosten	0,30 €	pro Kalender
9. Porto für den Versand der Kalender	0,90 €	pro Kalender
10. Leasing-PCs der Hilfskräfte	300,00 €	Monatsmiete
11. Telefonkosten für die Abstimmung mit Marketing, Künstler und Druckerei	100,00 €	pauschal

31. AUFGABE

Ermitteln Sie aus der beschriebenen Situation die fixen Gesamtkosten (Kf) und die variablen Kosten pro Kalender (kv).

32. AUFGABE

Die Flatenergie AG wünscht eine Abrechnung nach der Zahl der versandten Kalender. Hierzu bietet sie der Dialogfix GmbH einen bestimmten Betrag (= Preis) an. Ermitteln Sie für die folgenden Fälle jeweils den Deckungsbeitrag pro Stück (db):

a) Flatenergie bietet 4,00 € pro Kalender.
b) Flatenergie bietet 3,00 € pro Kalender.

33. AUFGABE

Berechnen Sie die zum Erreichen der Gewinnschwelle notwendige Menge (Break-even-Point) an Kalendern für folgende Fälle:

a) Flatenergie bietet 4,00 € pro Kalender.
b) Flatenergie bietet 3,00 € pro Kalender.

34. AUFGABE

Berechnen Sie den beim Erreichen der Gewinnschwelle vorliegenden Beschäftigungsgrad für folgende Fälle:

a) Flatenergie bietet 4,00 € pro Kalender.
b) Flatenergie bietet 3,00 € pro Kalender.

Situation zu Aufgabe 35:

Die Dialogfix GmbH hat eine Tochterfirma zum Vertrieb von Smartphones und Tablet-PCs gegründet, die MobileCom GmbH. Im ersten Monat hat die MobileCom GmbH die folgenden Mengen, Preise und Kosten erfasst:

	Smartphone	7“ Tablet-PC	9“ Tablet-PC
Abgesetzte Menge	200	120	90
Verkaufspreis	198,00 €	298,00 €	398,00 €
Einzelkaufpreis inklusive Beschaffung	100,00 €	130,00 €	180,00 €
Kosten für Prospekte	1 350,00 €	1 450,00 €	1 550,00 €
Kosten für Radiowerbung	1 100,00 €	1 150,00 €	
Raum- und Personalkosten	2 400,00 €		

Während die Prospekte für jedes Gerät spezifisch gedruckt werden, erfolgt die Radiowerbung nur getrennt nach Produktgruppe (Smartphone/Tablet-PCs). Die Raum- und Personalkosten können nicht nach Produkt aufgeteilt werden.

35. AUFGABE

Ermitteln Sie die Deckungsbeiträge I, II und III sowie den Betriebsgewinn der Vertriebsfirma MobileCom GmbH im ersten Monat. Tragen Sie Ihre Ergebnisse in die nachstehende Tabelle ein.

	Smartphone	7″ Tablet-PC	9″ Tablet-PC
Umsatzerlöse			
– variable Kosten			
= Deckungsbeitrag I			
– trägerfixe Kosten			
= Deckungsbeitrag II			
– gruppenfixe Kosten			
= Deckungsbeitrag III			
– unternehmensfixe Kosten			
= Betriebsgewinn			

Situation zu den Aufgaben 36 bis 37:

Die Dialogfix GmbH betreibt eine auf 2 Teams aufgeteilte Servicehotline für die Nutzer von Smartphones und Tablet-PCs.

- Team 1 führt zurzeit monatlich durchschnittlich 8 400 Calls durch. Die AHT liegt bei 6 Minuten pro Call. Die Auslastung von Team 1 liegt momentan bei 70 %. Die Gesamtkosten für Team 1 betragen monatlich 25 230,00 €, wovon 17 140,00 € Fixkosten sind. Für die kommenden Monate erwartet die Dialogfix GmbH eine Erhöhung des durchschnittlichen Gesprächsaufkommens um 700 Calls bei unveränderter AHT.
- Team 2 führt monatlich zwischen 12 000 und 18 000 Calls durch. Team 2 verursacht monatlich 30 200,00 € Fixkosten. Bei 12 000 Calls entstehen Gesamtkosten in Höhe von 41 960,00 €, bei 15 000 Calls von 44 900,00 €, bei 18 000 Calls von 47 840,00 €.

36. AUFGABE

Berechnen Sie die nachstehenden Werte für Team 1:

a) die rechnerische Maximalkapazität bei gleichbleibender AHT
b) den Beschäftigungsgrad nach der Erhöhung des durchschnittlichen Gesprächsaufkommens
c) die Durchschnittskosten pro Call vor Erhöhung des Gesprächsaufkommens

37. AUFGABE

Stellen Sie die Kosten von Team 2 in der folgenden Tabelle dar:

Calls/Monat	Kosten gesamt/ Monat	Kosten fix/ Monat	Kosten variabel/ Monat	Variable Kosten je Call	Fixe Kosten je Call
12 000					
15 000					
18 000					

Situation zu den Aufgaben 38 bis 39:

In einem Team der Dialogfix GmbH laufen derzeit 3 Projekte:

Projekt A: Marina Cosmetics GmbH — Produktberatung
Projekt B: Ellisec Versicherungs AG — Begrüßungscalls
Projekt C: EasyKommunikation GmbH — Produkthotline Mobilfunk

Fixe Kosten sind in Höhe von 35 000,00 € angefallen. Zudem wurden für den Monat Januar folgende Daten ermittelt:

Projekt	Anzahl Calls	Verkaufspreis je Call	variable Kosten je Call
A	1 800	7,50 €	4,50 €
B	24 000	2,10 €	2,00 €
C	18 500	5,80 €	4,20 €

38. AUFGABE

Stellen Sie die Erlöse, Kosten und Deckungsbeiträge in der folgenden Tabelle dar:

Projekt	Anzahl Calls	Verkaufs-preis je Call	variable Kosten je Call	Umsatz-erlöse	db je Call	DB ge-samt
A	1 800	7,50 €	4,50 €			
B	24 000	2,10 €	2,00 €			
C	18 500	5,80 €	4,20 €			
Gesamt						
Fixe Kosten						
Betriebsergebnis						

39. AUFGABE

Die Ellisec Versicherungs AG möchte das Projekt B „Begrüßungscalls“ etwas verändert auch im Februar durchführen. Durch zusätzliche Verkaufsmaßnahmen beim Begrüßungsgespräch steigen die variablen Kosten je Call auf 2,40 €. Der Kunde ist bereit, 2,80 € je Call zu zahlen. Die fixen Kosten für Projekt B werden im Monat Februar mit 7 500,00 € veranschlagt. Ermitteln Sie die Gewinnschwellenmenge (Break-even-Point) für das veränderte Projekt.

Situation zu Aufgabe 40:

Die Lenitech GmbH hat in einer Filiale eine Abteilung, die sich ausschließlich mit dem Verkauf von IT-Zubehör im Inbound beschäftigt. Neben flexibel einsetzbaren Leiharbeitnehmern ist auch ein festes Team beschäftigt. Um eine bedarfsgerechte Kundenberatung zu unterstützen, werden bewusst keine Verkaufsprovisionen gezahlt. Die Filiale hat im aktuellen Monat 7 500 Calls abgewickelt.
Die Kostenauswertung für den aktuellen Monat zeigt folgende Werte:

Lenitech GmbH		**Kostenauswertung aktueller Monat**
Kostenart	**Betrag**	**Abrechnungsart**
Personalkosten Teamleiter	3 800,00 €	Monatsgehalt
Personalkosten Backoffice	2 800,00 €	Monatsgehalt
Leiharbeitnehmer (nur Inbound)	7 500,00 €	1,00 € pro Call
Abschreibung Zentrale/IT	1 800,00 €	AfA auf Wiederbeschaffungswert, tatsächliche Nutzungsdauer
Leasing Kopierer	110,00 €	feste Leasingrate
Miete Büro (mit Ausstattung)	2 000,00 €	monatlicher Festbetrag
Telefonkosten	300,00 €	Flatrate
Fahrzeugkosten Mietwagen	400,00 €	feste Leasingrate

40. AUFGABE

Ermitteln Sie die folgenden Werte: Summe der Gesamtkosten, Summe der fixen Kosten, Summe der variablen Kosten, Gesamtkosten pro Call, fixe Kosten pro Call, variable Kosten pro Call. Geben Sie jeweils an, wie sich der errechnete Wert verändert (steigt/fällt/unverändert), wenn bei sonst gleichen Rahmenbedingungen die Anzahl der Calls steigen würde.

Situation zu den Aufgaben 41 bis 43:
Die Dialogfix GmbH hat im Auftrag eines neuen Kunden das Projekt „Summer-Sale“ bearbeitet. Dieses soll nun auf Basis der vorab vereinbarten Konditionen abgerechnet werden:
Preis pro Nettokontakt: 4,50 €; variable Kosten je Nettokontakt: 1,50 €; fixe Projektkosten: 15 000,00 €; erzielte Nettokontakte: 9 500

41. AUFGABE
Ermitteln Sie den Deckungsbeitrag je Nettokontakt.

42. AUFGABE
Ermitteln Sie die Gewinnschwellenmenge für das Projekt „Summer-Sale“.

43. AUFGABE
Berechnen Sie das Projektergebnis.

Situation zu den Aufgaben 44 bis 45:
Im Rahmen Ihrer Ausbildung in der Dialogfix GmbH sind Sie derzeit im Bereich Controlling eingesetzt. Für die 3 Aufträge des 1. Quartals liegen Ihnen die folgenden Daten vor:

	Auftrag 1: Logistic-Assurance Versicherungs AG	**Auftrag 2: Gesundheits-bank AG**	**Auftrag 3: Kreditkarten-Service GmbH**
Callmenge	14 000	11 000	7 000
Variable Kosten je Call	1,20 €	2,40 €	3,80 €
Erlöse je Call	2,50 €	2,90 €	7,50 €

44. AUFGABE
Der Leiter der Abteilung bittet Sie, die folgenden Größen tabellarisch zu ermitteln:
- db,
- DB je Auftrag,
- DB aller Aufträge des 1. Quartals,
- Betriebsergebnis.

Die fixen Kosten betragen 40 000,00 € je Quartal.

45. AUFGABE

Für das 4. Quartal sind derzeit noch nicht alle Kapazitäten im Callcenter belegt. 6 000 Callstunden stehen noch für andere Aufträge zur Verfügung. Entscheiden Sie auf Basis des relativen Deckungsbeitrages, welche der drei eingegangenen Anfragen von Neukunden berücksichtigt werden sollten.

a) Discount-Joe KG: Callmenge: 20 000, db 8,00 €, Minuten je Anruf: 12
b) Möbel Franze UG: Callmenge: 10 000, db 4,00 €, Minuten je Anruf: 9
c) ABU-Saarland AG: Callmenge: 10 000, db 4,50 €, Minuten je Anruf: 9

Situation zu den Aufgaben 46 bis 48:

Die KommunikativAktiv KG möchte ein Angebot für eine Outbound-Kampagne erstellen. Folgende Daten liegen vor:

- Es wird davon ausgegangen, dass 70 560 Telefonate zu führen sind.
- Die Aktion soll im Oktober und November (insgesamt 42 Arbeitstage) jeweils von Montag bis Freitag (7 Arbeitsstunden pro Arbeitstag) durchgeführt werden. Telefoniert wird von 9 bis 18 Uhr. Bei maximal drei Anwahlversuchen gilt der Kunde als erreicht.
- Eine Vorabschulung der Mitarbeiter erfolgt durch einen eigenen internen Trainer. Für diese Schulung werden 3 Tage (21 Stunden) je Mitarbeiter veranschlagt. Die Schulung findet am Arbeitsplatz statt. Zur Unterstützung wird ein Teamleiter eingesetzt. Dieser unterstützt auch während der Kampagne, wird aber nicht am Telefon eingesetzt.
- Aufgrund der Erfahrungen mit ähnlichen Telefonaktionen rechnet die KommunikativAktiv KG mit einer durchschnittlichen Gesprächsdauer von 10 Minuten je Kunde sowie mit einer Vor- bzw. Nachbereitungszeit inklusive aller Anwahlversuche von 2 Minuten.

Darüber hinaus müssen folgende Kosten berücksichtigt werden:

- Die Kosten je Agent betragen 16,40 € je Arbeitsstunde.
- Die Kosten je Teamleiter (TL) betragen 18,20 € je Arbeitsstunde.
- Die durchschnittlichen Trainerkosten betragen 25,00 € je Trainingsstunde.
- Die Arbeitsplatzkosten je Stunde (inklusive Raummiete) werden mit 1,67 € veranschlagt.
- Diese Kosten sind auch für den Teamleiter zu berücksichtigen, zusätzlich findet die Schulung am Arbeitsplatz statt. Für den Trainer fallen keine Arbeitsplatzkosten an.

46. AUFGABE

Ermitteln Sie, wie viele Stunden benötigt werden und wie viele Mitarbeiter eingesetzt werden müssen, um die Kampagne innerhalb der vorgesehenen Frist durchzuführen.

47. AUFGABE

Errechnen Sie den Barangebotspreis (Barverkaufspreis) für die gesamte Kampagne und je Call, wenn mit 35 % Handlungsgemeinkosten und 15 % Gewinn kalkuliert wird.

48. AUFGABE

Erklären Sie, was im Kontext dieser Kampagne unter Handlungsgemeinkosten zu verstehen ist.

Situation zu den Aufgaben 49 bis 51:

Die Textil GmbH feiert ihr 15-jähriges Firmenjubiläum. Aus diesem Anlass sollen 5 000 langjährige Bestandskunden (5 Jahre und länger) in einer Mailing-Aktion ein Sonderangebot erhalten. Jeder Kunde hat die Möglichkeit, eine hochwertige Outdoor-Jacke (Damen oder Herren) zu erwerben. Es wird im Schreiben ausdrücklich darauf hingewiesen, dass sich das günstige Angebot nur an die langjährigen Kunden richtet und pro Kunde nur eine Jacke bestellt werden kann. Dem Schreiben soll ein Prospekt beiliegen, in dem zur Jacke passende Accessoires aufgeführt sind. Das Bestellformular wird direkt beigefügt.

Die Textil GmbH prüft drei Alternativen für die Mailing-Aktion:

Alternative 1: Dem Anschreiben wird ein einfach gehaltener Flyer in schwarzweiß beigefügt.

Alternative 2: Dem Anschreiben wird ein hochwertig gestalteter farbiger Prospekt beigefügt.

Alternative 3: Dem Anschreiben wird ein hochwertig gestalteter farbiger Prospekt und ein Gutschein für einen zur Jacke passenden Outdoor-Rucksack beigefügt.

Folgende Daten sind für die Mailing-Aktion zu berücksichtigen:

	Alternative 1	**Alternative 2**	**Alternative 3**
Erwartete Response	5,50 %	6,00 %	7,00 %
Angebotspreis je Jacke	250,00 €	250,00 €	250,00 €
Selbstkosten je Jacke (ohne Kosten der Mailing-Aktion)	210,00 €	210,00 €	210,00 €
Variable Kosten pro versandtes Schreiben inklusive Prospekt	0,40 €	0,50 €	0,50 €
Wert des Gutscheins je Mailing	0,00 €	0,00 €	15,00 €

49. AUFGABE

Ermitteln Sie die zu erwartende Anzahl der Bestellungen für die Alternativen 1 bis 3.

50. AUFGABE

Ermitteln Sie für die Alternativen 1 bis 3 jeweils den Deckungsbeitrag je verkaufte Jacke. Tragen Sie dazu die Daten in die nachstehende Tabelle ein.

	Alternative 1	Alternative 2	Alternative 3
Umsatzerlöse gesamt			
Selbstkosten (ohne Kosten für die Mailing-Aktion)			
Kosten für Mailing inklusive Prospekten gesamt			
Kosten für Gutschein gesamt			
Deckungsbeitrag gesamt			
Deckungsbeitrag je Jacke			

51. AUFGABE

Welche Alternative sollte die Textil GmbH wählen? Begründen Sie Ihre Entscheidung.

Situation zu den Aufgaben 52 bis 53:

In der Dialogfix GmbH wird derzeit an zwei Projekten gearbeitet. Folgende Daten liegen Ihnen vor:

Projekt	db	Callmenge	Minuten	Erlöse je Call
A	4,00	10 000	6	8,50 €
B	3,50	8 000	3	6,00 €

52. AUFGABE

Ermitteln Sie jeweils die kurzfristige Preisuntergrenze.

53. AUFGABE

Ermitteln Sie die langfristige Preisuntergrenze, wenn die fixen Kosten 35 000,00 € betragen und auf Basis der Callstunden verteilt werden.

Situation zu den Aufgaben 54 bis 55:
Die Dialogfix GmbH hat in den letzten Jahren stark expandiert. Aufgrund der seit einiger Zeit zurückgehenden Umsätze überlegt die Geschäftsführung, eine eigene Abteilung Controlling einzurichten.

54. AUFGABE

Beim Aufbau einer Controllingabteilung stellt sich für die Dialogfix GmbH die Frage, wo der Unterschied zwischen operativem und strategischem Controlling liegt. Erläutern Sie die Bedeutung der beiden Begriffe und geben Sie dabei die zentrale Aufgabe und den jeweiligen Mittelpunkt der Analyse an.

55. AUFGABE

Ein Unternehmensberater schlägt der Dialogfix GmbH vor, das System der Balanced Scorecard zu installieren. Erläutern Sie die Grundzüge dieses Systems und nennen Sie hierbei vier mögliche Perspektiven einer Balanced Scorecard.

Situation zu Aufgabe 56:
Eine Aufgabe der neuen Controllingabteilung stellt die Auswertung statistischer Daten dar. Hierzu werden die Daten der Anrufe je Telefonnummer und Agent aufgezeichnet und anschließend in Kennzahlen zusammengefasst.
Die nachstehende Tabelle zeigt die Daten aller Telefonate eines Agents im Outbound innerhalb einer Stunde.

Anruf-Id	besetzt	Gesprächszeit in Sek.	Abschluss	Anruf-Id	besetzt	Gesprächszeit in Sek.	Abschluss
1	–	94	ja	11	–	230	ja
2	–	251	nein	12	–	194	ja
3	–	54	nein	13	–	265	nein
4	–	77	nein	14	ja	–	–
5	–	121	nein	15	–	216	ja
6	ja	–	–	16	–	73	ja
7	–	140	ja	17	–	196	ja
8	–	185	nein	18	ja	–	–
9	–	85	ja	19	–	300	nein
10	–	232	nein	20	–	125	nein

56. AUFGABE

Ermitteln Sie anhand der nachfolgenden Tabelle die vorgegebenen Kennzahlen aus dem Outbound-Bereich.

Auswertung			
Gesamtkosten:	**20,00 €**		
Datenbestand (Anzahl Datensätze):	**30**		
Aktionszeitraum (Stunden):	**1**		
Bruttokontakte:		Kosten pro Nettokontakt:	
Nettokontakte:		Kosten pro Abschluss:	
Ausschöpfungsquote:		Kosten pro Minute:	
Anzahl Abschlüsse:		Gesamte Gesprächszeit in Minuten:	
Erfolgsquote:		AHT (in Minuten):	

Situation zu den Aufgaben 57 bis 60:

Die Marketing-Service GmbH hat zu Beginn und zum Ende des letzten Geschäftsjahres die nachstehenden Bilanzen vorgelegt.

Bilanz zum 01.01.			
Aktiva		**Passiva**	
I. Anlagevermögen		**I. Eigenkapital**	**189 000,00 €**
Grundstück und Gebäude	200 000,00 €		
Fuhrpark	20 000,00 €		
Betriebs- und Geschäftsausstattung	87 000,00 €		
II. Umlaufvermögen			
Warenvorräte	13 000,00 €		
Forderungen	21 000,00 €	**II. Schulden**	
Kassenbestand	3 000,00 €	Darlehensschulden	119 000,00 €
Bankguthaben	9 000,00 €	Verbindlichkeiten aus Leistungen	45 000,00 €
	353 000,00 €		**353 000,00 €**

Bilanz zum 31.12.			
Aktiva		**Passiva**	
I. Anlagevermögen		**I. Eigenkapital**	229 000,00 €
Grundstück und Gebäude	200 000,00 €		
Fuhrpark	40 000,00 €		
Betriebs- und Geschäftsausstattung	93 000,00 €		
II. Umlaufvermögen			
Warenvorräte	9 000,00 €		
Forderungen	2 000,00 €	**II. Schulden**	
Kassenbestand	9 000,00 €	Darlehensschulden	95 000,00 €
Bankguthaben	35 000,00 €	Verbindlichkeiten aus Leistungen	64 000,00 €
	388 000,00 €		**388 000,00 €**

57. AUFGABE

Ermitteln Sie für den Beginn und für das Ende des Geschäftsjahres die folgenden Kennziffern der Marketing-Service GmbH: Grad der finanziellen Unabhängigkeit, Grad der Verschuldung. Stellen Sie die Veränderungen dar und bewerten Sie diese.

58. AUFGABE

Ermitteln Sie für den Beginn und für das Ende des Geschäftsjahres die folgenden Kennziffern der Marketing-Service GmbH: Anteil des langfristigen Fremdkapitals, Anteil des kurzfristigen Fremdkapitals. Stellen Sie die Veränderungen dar und bewerten Sie diese.

59. AUFGABE

Ermitteln Sie für den Beginn und für das Ende des Geschäftsjahres die folgenden Kennziffern zur Anlagenfinanzierung der Marketing-Service GmbH: Deckungsgrad I, Deckungsgrad II. Stellen Sie die Veränderungen dar und bewerten Sie diese.

60. AUFGABE

Ermitteln Sie für den Beginn und für das Ende des Geschäftsjahres die folgenden Kennziffern zur Zahlungsfähigkeit der Marketing-Service GmbH: Liquidität I, Liquidität II, Liquidität III. Stellen Sie die Veränderungen dar und bewerten Sie diese.

Situation zu den Aufgaben 61 bis 67:
Das im letzten Geschäftsjahr durchschnittlich eingesetzte Eigenkapital der Marketing-Service GmbH betrug 210000,00 €, das durchschnittliche Gesamtkapital 370000,00 €. Sie erhalten von der Geschäftsführung die Aufgabe, mittels Rentabilitätskennziffern Aussagen zur Ertragskraft des Unternehmens zu treffen. Dazu liegen Ihnen folgende Daten vor: Die Gewinn- und Verlustrechnung weist bei einem Umsatz von 980000,00 € einen Jahresüberschuss von 40000,00 € aus, wobei Fremdkapitalzinsen in Höhe von 7000,00 € und Abschreibungen von 45000,00 € angefallen sind.

61. AUFGABE
Erläutern Sie die Kennzahl der Eigenkapitalrentabilität und geben Sie an, wie diese Kennzahl ermittelt wird (Formel).

62. AUFGABE
Berechnen Sie mittels der vorliegenden Daten die Eigenkapitalrentabilität, die Gesamtkapitalrentabilität und die Umsatzrentabilität des letzten Geschäftsjahres der Marketing-Service GmbH.

63. AUFGABE
Erklären Sie, warum für die Marketing-Service GmbH die Eigenkapitalrentabilität wichtiger ist als die reine Höhe des Gewinns (Jahresüberschuss).

64. AUFGABE
Für das Folgejahr erwartet die Marketing-Service GmbH bei gleichbleibenden Umsätzen einen um 10 % niedrigeren Jahresüberschuss. Ermitteln Sie die zu erwartende Umsatzrentabilität.

65. AUFGABE
Geben Sie zwei mögliche Ursachen für die sinkende Umsatzrentabilität an.

66. AUFGABE
Ermitteln Sie für das letzte Geschäftsjahr den Cashflow der Marketing-Service GmbH.

67. AUFGABE
Welche Bedeutung hat der Cashflow für die Marketing-Service GmbH?

Situation zu den Aufgaben 68 bis 71:
Sie sind seit Beginn des neuen Jahres in der Finanzbuchhaltung der Dialogfix GmbH eingesetzt. Der Leiter der Abteilung bittet Sie, den Jahresabschluss des vergangenen Geschäftsjahrs zu analysieren. Folgende Werte sind gegeben:

- Fremdkapital: 620 000,00 €
- Bilanzsumme: 1 360 000,00 €

68. AUFGABE
Ermitteln Sie den Grad der finanziellen Unabhängigkeit.

69. AUFGABE
Ermitteln Sie den Grad der Verschuldung.

70. AUFGABE
Ermitteln Sie die Eigenkapitalrentabilität, wenn der Gewinn im Betrachtungszeitraum 51 500,00 € betrug.

71. AUFGABE
Ermitteln Sie den Cashflow, wenn die Abschreibungen des Anlagevermögens 21 000,00 € und die Zuführung zu den Rückstellungen 8 000,00 € betrugen.

Situation zu den Aufgaben 72 bis 73:
Die AP-Project GmbH ist in einem neuen Geschäftsfeld aktiv, um zusätzliche Umsätze zu generieren. Firmen, die einen eigenen Vertrieb unterhalten, werden Tablets für die Außendienstmitarbeiter angeboten. Der Abteilungsleiter bittet Sie, für den letzten Auftrag eine Nachkalkulation durchzuführen.

72. AUFGABE
Erläutern Sie den Unterschied zwischen einer Angebots-/Vorkalkulation und einer Nachkalkulation.

Web

73. AUFGABE
Der Abteilungsleiter legt Ihnen die ursprüngliche Kalkulation vor (siehe BuchPlusWeb). Erstellen Sie anhand der vorliegenden Informationen eine Nachkalkulation und erläutern Sie dem Abteilungsleiter das Ergebnis (Auswertung).

Lösungen zu Kapitel 14

1.
- → Dokumentation: zeitlich und sachlich geordnete Aufzeichnung aller Geschäftsfälle
- → Rechenschaftslegung und Information: Einhaltung gesetzlicher Vorschriften und Datenversorgung interessierter/berechtigter Externer
- → Kontrolle: Aufbau eines aussagefähigen finanziellen Informations- und Überwachungssystems
- → Disposition: Bereitstellung von Zahlenmaterial als Entscheidungsgrundlage

2.
- → Buchführung: Erfüllung gesetzlicher Vorgaben, Gewinnermittlung
- → Kosten- und Leistungsrechnung: Ermittlung des Betriebsergebnisses aus dem Verkauf der Dienstleistungen
- → Statistik: Sammlung betrieblicher und externer Daten zur Entscheidungsvorbereitung
- → Planungsrechnung: Auswertung innerbetrieblicher Daten zur Erstellung von Einzelplänen

3.
Zu den wichtigsten Aufgaben der Buchführung zählen die Ermittlung des Vermögens und der Schulden sowie die Ermittlung des Erfolges (Gewinn oder Verlust). Die Erfüllung dieser Aufgaben wird durch das lückenlose planmäßige Aufzeichnen sämtlicher Geschäftsfälle auf Grundlage von Belegen ermöglicht. Die Buchführung ist somit eine wichtige Grundlage der restlichen Zweige des betrieblichen Rechnungswesens (Kosten- und Leistungsrechnung, Planungsrechnung, Statistik).

4.
- → Externe Belege fallen im Geschäftsverkehr mit Außenstehenden an: Eingangsrechnungen, Ausgangsrechnungen, Kontoauszüge.
- → Interne Belege werden bei innerbetrieblichen Geschäftsfällen erstellt: Gehaltslisten, Belege für Umbuchungen.

5.
Gemäß § 238 Abs. 1 Handelsgesetzbuch ist jeder Kaufmann verpflichtet, Bücher zu führen. Darüber hinaus schreibt die Abgabenordnung in § 141 vor, dass Gewerbetreibende ab einem bestimmten Umsatz bzw. Gewinn Bücher führen müssen.

6.
- → Körperliche Inventur: Alle körperlichen Vermögensgegenstände (z. B. Fahrzeuge) werden durch Zählen, Messen oder Wiegen erfasst und in Euro bewertet.
- → Buchinventur: Alle nicht körperlichen Vermögensgegenstände (z. B. Forderungen) und Schulden (z. B. Bankkredite) werden wertmäßig aufgrund der buchhalterischen Aufzeichnungen festgestellt.

7.

→ Das Anlagevermögen bildet die Grundlage der Betriebsbereitschaft und soll dem Unternehmen langfristig dienen: Grundstücke, Gebäude, Fuhrpark, Büroeinrichtung.
→ Die Einzelpositionen des Umlaufvermögens verbleiben nur kurz im Unternehmen, sie befinden sich in einem ständigen Umlaufprozess: Lagerbestände, Forderungen, Kassenbestände.

8.

Das Eigenkapital stellt das Reinvermögen dar, d. h. das Vermögen des Unternehmens abzüglich der Schulden. Vergleicht man nun das Reinvermögen des Unternehmens zu zwei Zeitpunkten (z. B. zu Beginn und zum Ende des Geschäftsjahres), so kann unter der Voraussetzung, dass keine sonstigen Veränderungen des Eigenkapitals (z. B. durch Eingriffe der Gesellschafter) durchgeführt wurden, eine Erhöhung des Eigenkapitals als der Gewinn, eine mögliche Verminderung des Eigenkapitals als der Verlust des Unternehmens angesehen werden.

9.

Auf der Aktivseite einer Bilanz wird das Vermögen, gegliedert nach Anlage- und Umlaufvermögen, ausgewiesen. Auf der Passivseite werden die Schulden und das Eigenkapital ausgewiesen. Da das Eigenkapital die Differenz des Vermögens und der Schulden (Fremdkapital) darstellt, ist gewährleistet, dass beide Seiten der Bilanz die gleiche Summe aufweisen.

10.

Die LiveMarketing GmbH ist verpflichtet, auf ihre inländischen Umsätze (d. h. auf die an Kunden gestellten Rechnungsbeträge) Umsatzsteuer zu erheben und an das Finanzamt abzuführen. Auf dem Konto Umsatzsteuer steht der noch an das Finanzamt abzuführende Betrag, es handelt sich also um eine Schuld. Wird im Gegenzug der LiveMarketing GmbH bei einem Kauf Umsatzsteuer in Rechnung gestellt (= Vorsteuer), so bekommt sie diese vom Finanzamt zurückerstattet. Auf dem Konto Vorsteuer steht der noch vom Finanzamt zu erstattende Betrag, es handelt sich also um eine Forderung.

11.

→ Betriebsbedingte Aufwendungen (Kosten) stehen in unmittelbarem Zusammenhang mit dem Betriebszweck (z. B. Erstellung von Dienstleistungen für Kunden). Beispiel: Personalkosten der Mitarbeiter.
→ Neutrale Aufwendungen stehen in keinem Zusammenhang mit der Verfolgung betrieblicher Ziele in der betreffenden Periode. Beispiel: Verluste aus Aktienspekulationen.

12.

→ Eine Kostenstelle gibt an, wo im Unternehmen Kosten entstanden sind. Es handelt sich i. d. R. um eine Organisationseinheit des Unternehmens (z. B. um eine Abteilung oder Filiale). Durch Kostenstellen kann die örtliche Verursachung von Kosten nachvollzogen werden. Es können Verantwortliche ausgemacht und Kostenziele vorgegeben werden. Ebenso kann über die Kostenstellenrechnung die Verrechnung von Kosten auf Kostenträger gesteuert werden.

→ Kostenträgern können i. d. R. über Preise auch Leistungen zugeordnet werden (z. B. ein Call oder ein externes Projekt). Durch die Zuordnung von Kosten zu Leistungen können Preise ermittelt und überprüft werden.

13.

Gesamtumsatz: 720 000,00 + 1 080 000,00 + 2 880 000,00 = 4 680 000,00 €

→ Wismar: 188 500,00 : 4 680 000,00 · 720 000,00 = 29 000,00 €

→ Rostock: 188 500,00 : 4 680 000,00 · 1 080 000,00 = 43 500,00 €

→ Schwerin: 188 500,00 : 4 680 000,00 · 2 880 000,00 = 116 000,00 €

14.

	Vermögen	Schulden
Pkw	30 000,00 €	
Büroeinrichtung	70 000,00 €	
Forderungen an Kunden	18 000,00 €	
Darlehen der Volksbank		25 000,00 €
Waren	26 000,00 €	
Forderungen aus Gehaltsvorschuss	1 000,00 €	
Verbindlichkeiten Gehaltszahlungen		4 000,00 €
Kassenbestand	2 000,00 €	
Guthaben Girokonto	5 000,00 €	
Verbindlichkeiten an Lieferanten		12 000,00 €
	152 000,00 €	41 000,00 €
Eigenkapital		111 000,00 €

15.

		Geldvermögen	Reinvermögen
Versand einer Rechnung für erbrachte Dienstleistungen	400,00 €	**+400,00 €**	**+400,00 €**
Buchung der monatlichen Abschreibung auf einen PC	100,00 €	–	**–100,00 €**

		Geldvermögen	Reinvermögen
Zahlung der Leasingrate für einen Laserdrucker	50,00 €	**–50,00 €**	**–50,00 €**
Kauf eines neuen Bürostuhls	700,00 €	**–700,00 €**	–
Gutschrift eines Gewinns aus Aktienspekulationen	500,00 €	**+500,00 €**	**+500,00 €**
Tilgungszahlung an die Bank	1 000,00 €	**–1 000,00 €**	–
Barzahlung einer Tankrechnung	80,00 €	**–80,00 €**	**–80,00 €**
Kauf von Waren auf Rechnung	300,00 €	**–300,00 €**	–
Verkauf von Werbemitteln auf Rechnung	800,00 €	**+800,00 €**	**+800,00 €**

16.

		Finanzbuchhaltung (G+V)		Kosten- und Leistungsrechnung			
		Gesamtergebnisrechnung		Abgrenzungsrechnung		Betriebsergebnisrechnung	
Position	Anmerkung	Aufwand	Erträge	Neutrale Aufwendg.	Neutrale Erträge	Kosten	Leistungen
Erlöse aus Dienstleistungen			121 000,00 €				121 000,00 €
Gehälter der Mitarbeiter		40 000,00 €				40 000,00 €	
Erlöse aus Warenverkauf			74 000,00 €				74 000,00 €
Abschreibung Büroeinrichtung		5 000,00 €				5 000,00 €	
Verluste durch Aktiengeschäfte	betriebsfremd	20 000,00 €		20 000,00 €			
Unerwartete Zahlung einer Rechnung aus 2018	periodenfremd		1 000,00 €		1 000,00 €		
Miete der Geschäftsräume		12 000,00 €				12 000,00 €	
Erlöse aus dem Verkauf eines abgeschriebenen PCs	Vermögensabgang		1 000,00 €		1 000,00 €		
Summe		**89 000,00 €**	**197 000,00 €**	**22 000,00 €**	**2 000,00 €**	**67 000,00 €**	**195 000,00 €**
Ergebnis		**108 000,00 €**	Gewinn	neutr. Verlust	**20 000,00 €**	**128 000,00 €**	betr. Gewinn

17.

	Liquidität		Aufwendungen		Erträge	
	Einnahmen	Ausgaben	betrieblich	neutral	betrieblich	neutral
Ausgangsrechnung	X				X	
Telefonrechnung		X	X			
Abschreibung			X			
Aktiengewinn	X					X
Gehälter		X	X			
Eingangsrechnung		X	X			
Garagenmiete	X					X
Büromiete		X	X			
Steuer		X		X		

18.

Es zählt die bilanzielle Abschreibung:
30 000,00 € Anschaffungskosten : 6 Jahre Abschreibungsdauer = 5 000,00 € bilanzielle Abschreibung

19.

Das Fahrzeug wird bereits nach 3 Jahren ausgemustert, sodass in der Kosten- und Leistungsrechnung ein zu geringer Betrag (Basis: 6 Jahre Nutzungsdauer) angesetzt würde. Darüber hinaus sind zur Substanzerhaltung nicht die Anschaffungskosten, sondern der Wiederbeschaffungswert anzusetzen. Ein zu geringer Betrag in der Kosten- und Leistungsrechnung würde ein verfälschtes (zu hohes) Betriebsergebnis ausweisen und möglicherweise dazu führen, dass die kalkulierten Preise zu niedrig sind.

20.

Basis sind der Wiederbeschaffungswert zu dem Zeitpunkt, zu dem das angeschaffte Fahrzeug ausgemustert wird, und die tatsächliche Nutzungsdauer:
36 000,00 € : 3 Jahre = 12 000,00 € jährliche Abschreibung

21.

60 000,00 : 5 Jahre Abschreibungsdauer = 12 000,00 € bilanzielle Abschreibung
60 000,00 − 2 · 12 000,00 = 36 000,00 € Restwert

22.

Tatsächliche Nutzungsdauer: 5 Jahre + 60 % = 8 Jahre
Wiederbeschaffungskosten: 60 000,00 + 8 · 1 500,00 = 72 000,00 €
Abschreibungsbetrag KLR: 72 000,00 : 8 Jahre = 9 000,00 €

23.

A. Vermögen	
I. Anlagevermögen	
Grundstücke	70 000,00 €
Gebäude	210 000,00 €
Betriebs- und Geschäftsausstattung	91 000,00 €
II. Umlaufvermögen	
Forderungen	16 600,00 €
Kassenbestand	1 400,00 €
Bankguthaben	2 000,00 €
B. Schulden	
I. Langfristige Schulden	
Hypothek Volksbank	190 000,00 €
Darlehen der Sparkasse	14 000,00 €
II. Kurzfristige Schulden	
Verbindlichkeiten an Lieferanten	17 000,00 €
C. Reinvermögen	
Summe des Vermögens	391 000,00 €
– Summe der Schulden	221 000,00 €
= Reinvermögen (Eigenkapital)	**170 000,00 €**

24.

Bilanz zum 31.12.			
Aktiva		**Passiva**	
I. Anlagevermögen		**I. Eigenkapital**	**240 500,00 €**
Grundstücke	90 000,00 €		
Gebäude	344 000,00 €	**II. Schulden**	
Fuhrpark	46 000,00 €	Hypothekenschulden	290 000,00 €
Betriebs- und Geschäftsausstattung	85 000,00 €	Darlehensschulden	44 000,00 €

Bilanz zum 31.12.			
Aktiva		**Passiva**	
II. Umlaufvermögen		Verbindlichkeiten an Lieferanten	25 000,00 €
Forderungen	25 200,00 €		
Kassenbestand	700,00 €		
Bankguthaben	8 600,00 €		
	599 500,00 €		599 500,00 €

25.

Eigenkapital zu Beginn des Geschäftsjahres: 100 000,00 € – 30 000,00 € = 70 000,00 €
Eigenkapital am Ende des Geschäftsjahres: 130 000,00 € – 10 000,00 € = 120 000,00 €
Veränderung des Eigenkapitals: 120 000,00 € – 70 000,00 € = 50 000,00 €
Es wurde ein Gewinn von 50 000,00 € erzielt.

26.

Aufwendungen: Mietaufwand 100 000,00 € + Personalaufwand 400 000,00 € + Sonstige Aufwendungen 200 000,00 € = 700 000,00 €
Erträge: Erlöse aus Einzelprojekten 545 000,00 € + Erlöse aus Serviceleistungen 200 000,00 € + Sonstige Erträge 5 000,00 € = 750 000,00 €
Gewinn: Erträge – Aufwendungen = 750 000,00 € – 700 000,00 € = 50 000,00 €

27.

Abschreibungsbetrag = 30 000,00 € : 6 Jahre = 5 000,00 €

Jahr	Abschreibungsbetrag	Restwert am Jahresende
1	5 000,00 €	25 000,00 €
2	5 000,00 €	20 000,00 €
3	5 000,00 €	15 000,00 €
4	5 000,00 €	10 000,00 €
5	5 000,00 €	5 000,00 €
6	5 000,00 €	0,00 €

28.

Um nach der Abnutzung der Vermögensgegenstände Ersatzinvestitionen in entsprechender Höhe tätigen zu können, erfolgt die kalkulatorische Abschreibung auf Basis des Wiederbeschaffungswertes. Kalkulatorische Abschreibungen stellen somit Kosten dar, welche die tatsächliche Wertminderung erfassen. Die gesetzlichen Vorgaben spielen hier keine Rolle.

29.

Einzelkosten	2,90 €		
Gemeinkosten	0,35 €	12 %	von den Einzelkosten je Call
Selbstkosten je Call	3,25 €		
Gewinnzuschlag	0,58 €	18 %	von den Selbstkosten je Call
Zielverkaufspreis je Call	3,83 €		
Kundenskonto	0,12 €	3 %	vom Angebotspreis je Call
Angebotspreis je Call	3,95 €		
Anzahl Calls	2 000,00 €		
Angebotspreis	7 900,00 €		

Ermittlung des Angebotspreises:
Zielverkaufspreis je Call = 100 % – 3 % Skonto = 97 %
Angebotspreis je Call = 100 %
3,83 € Zielverkaufspreis : 97 % · 100 % = 3,95 € Angebotspreis je Call
Angebotspreis = 2 000 · 3,95 € = 7 900,00 €

30.

	Projekt 1	Projekt 2	Projekt 3	Summe
Anzahl Calls	157 000	92 000	272 000	**521 000**
Einzelkosten	470 000,00 €	290 000,00 €	680 000,00 €	**1 440 000,00 €**
Gemeinkosten	37 600,00 €	23 200,00 €	54 400,00 €	**115 200,00 €**
Selbstkosten	**507 600,00 €**	**313 200,00 €**	**734 400,00 €**	**1 555 200,00 €**
Selbstkosten je Call	3,23 €	3,40 €	2,70 €	

Ermittlung des Zuschlagssatzes:
115 200,00 € Gemeinkosten : 1 440 000,00 € Einzelkosten = 8 %
Ermittlung der einzelnen Gemeinkosten:
Projekt 1: 470 000,00 € · 8 % = 37 600,00 €
Projekt 2: 290 000,00 € · 8 % = 23 200,00 €
Projekt 3: 680 000,00 € · 8 % = 54 400,00 €

31.
Fixe Gesamtkosten = Gehalt Hilfskräfte + Kosten Künstler + Fahrtkosten + Miete/Strom + Heizung/Wasser + Leasing PCs + Telefon = 4 000,00 + 1 200,00 + 500,00 + 520,00 + 30,00 + 300,00 + 100,00 = 6 650,00 €
Variable Kosten pro Stück = Papierkosten + Druckkosten + Verpackungskosten + Porto = 0,60 + 0,50 + 0,30 + 0,90 = 2,30 € pro Stück

32.

db = p – kv

a) db = 4,00 – 2,30 = 1,70 €

b) db = 3,00 – 2,30 = 0,70 €

33.

Gewinnschwelle (BEP) = Kf : db

a) Gewinnschwelle = 6 650,00 : 1,70 = 3 912 Kalender

b) Gewinnschwelle = 6 650,00 : 0,70 = 9 500 Kalender

34.

Beschäftigungsgrad = produzierte Menge : Kapazität

a) Beschäftigungsgrad = 3 912 : 10 000 = 39,12 %

b) Beschäftigungsgrad = 9 500 : 10 000 = 95,00 %

35.

	Smartphone	7″ Tablet-PC	9″ Tablet-PC
Umsatzerlöse	39 600,00 €	35 760,00 €	35 820,00 €
– variable Kosten	20 000,00 €	15 600,00 €	16 200,00 €
= Deckungsbeitrag I	**19 600,00 €**	**20 160,00 €**	**19 620,00 €**
– trägerfixe Kosten	1 350,00 €	1 450,00 €	1 550,00 €
= Deckungsbeitrag II	**18 250,00 €**	**18 710,00 €**	**18 070,00 €**
– gruppenfixe Kosten	1 100,00 €	1 150,00 €	
= Deckungsbeitrag III	**17 150,00 €**	**35 630,00 €**	
– unternehmensfixe Kosten	2 400,00 €		
= Betriebsgewinn	**50 380,00 €**		

36.

a) 8 400 Calls : 70 % Auslastung · 100 % = 12 000 Calls Kapazität

b) (8 400 Calls + 700 Calls) : 12 000 Calls = 75,83 % Auslastung

c) 25 230,00 € Gesamtkosten : 8 400 Calls = 3,00 € pro Call

37.

Calls/Monat	Kosten gesamt/Monat	Kosten fix/Monat	Kosten variabel/Monat	variable Kosten je Call	fixe Kosten je Call
12 000	41 960,00 €	30 200,00 €	11 760,00 €	0,98 €	2,52 €
15 000	44 900,00 €	30 200,00 €	14 700,00 €	0,98 €	2,01 €
18 000	47 840,00 €	30 200,00 €	17 640,00 €	0,98 €	1,68 €

38.

Projekt	Anzahl Calls	Verkaufspreis je Call	variable Kosten je Call	Umsatzerlöse	db je Call	DB gesamt
A	1 800	7,50 €	4,50 €	13 500,00 €	3,00 €	5 400,00 €
B	24 000	2,10 €	2,00 €	50 400,00 €	0,10 €	2 400,00 €
C	18 500	5,80 €	4,20 €	107 300,00 €	1,60 €	29 600,00 €
Gesamt				171 200,00 €		37 400,00 €
Fixe Kosten						35 000,00 €
Betriebsergebnis						2 400,00 €

39.

db = p – kv = 2,80 € – 2,40 € = 0,40 €
Gewinnschwellenmenge = Fixkosten : db = 7 500,00 € : 0,40 € = 18 750 Calls

40.

Größe	Wert im betrachteten Monat	Veränderung bei Zunahme der Beschäftigung
Summe der Gesamtkosten	18 710,00 €	steigt
Summe der fixen Kosten	11 210,00 €	unverändert
Summe der variablen Kosten	7 500,00 €	steigt
Gesamtkosten pro Call	2,49 €	fällt
Fixe Kosten pro Call	1,49 €	fällt
Variable Kosten pro Call	1,00 €	unverändert

41.

4,50 € – 1,50 € = 3,00 €

42.

15 000,00 € : 3,00 € = 5 000 Nettokontakte

43.

Umsatzerlöse: 42 750,00 €
– Variable Kosten: 14 250,00 €
– Fixe Kosten: 15 000,00 €
= Gewinn: 13 500,00 €

44.

	Call-menge	Var. Kosten	Umsatzerlöse je Call	db je Call	DB
Auftrag Versicherung	14 000	1,2	2,5	1,3	18 200,00
Auftrag Bank	11 000	2,4	2,9	0,5	5 500,00
Auftrag Kreditkartenservice	7 000	3,8	7,5	3,7	25 900,00
Gesamt-DB					49 600,00
Fixe Kosten je Quartal					40 000,00
Betriebsergebnis Quartal					9 600,00

45.

	Call-menge	db	Minuten	relativer db	Callstun-den	Rang-folge
Discount-Joe KG	20 000	8,00	12	0,67	4 000	I
Möbel Franze UG	10 000	4,00	9	0,44	1 500	III
ABU-Saarland AG	10 000	4,50	9	0,50	1 500	II

46.

Anrufe	70 560	
Arbeitstage	42	
Stunden je Tag	7	
AHT (Min.)	12,0	
Gesamtbedarf in Min.	846 720	(70 560 · 12 Min.)
Gesamtbedarf in Std.	14 112	(846 720 : 60 Min.)
Benötigte Anrufstunden je Tag	336	(14 112 : 42 Tage)
Benötigte Mitarbeiter je Tag	48,0	(336 Std. : 7 Std. je Tag)

47.

	Stunden	Kosten je Einheit	Gesamtkosten
Trainingsstunden Agents (3 Tage je 7 Stunden)	1 008	16,40 €	16 531,20 €
Trainingsstunden TL (3 Tage je 7 Stunden)	21	18,20 €	382,20 €
Trainingsstunden Trainer	21	25,00 €	525,00 €

	Stunden	Kosten je Einheit	Gesamtkosten
Einsatzstunden Agents	14 112	16,40 €	231 436,80 €
Einsatzstunden TL	294	18,20 €	5 350,80 €
Summe Personalkosten			254 226,00 €
Arbeitsplatzkosten	15 435	1,67 €	25 776,45 €
Operative Gesamtkosten			280 002,45 €
Handlungskosten		35 %	98 000,86 €
Selbstkosten			378 003,31 €
Gewinn		15 %	56 700,50 €
Barangebotspreis gesamt			**434 703,80 €**
Barangebotspreis je Call			**6,16 €**
			70 560 Anrufe

48.

Handlungsgemeinkosten beinhalten die allgemeinen Geschäftskosten der KommunikativAktiv KG (z. B. Verwaltungs- und Vertriebskosten). Diese Kosten können nicht direkt der einzelnen Kampagne zugerechnet werden. Um die Selbstkosten zu ermitteln, werden sie über einen prozentualen Zuschlag zu den operativen Gesamtkosten hinzugerechnet.

49.

	Alternative 1	Alternative 2	Alternative 3
Erwartete Response	5,50 %	6,00 %	7,00 %
Anzahl angeschriebener Kunden	5 000	5 000	5 000
Erwartete Bestellungen	275	300	350

50.

	Alternative 1	Alternative 2	Alternative 3
Umsatzerlöse gesamt	68 750,00 €	75 000,00 €	87 500,00 €
Selbstkosten (ohne Kosten für die Mailing-Aktion)	57 750,00 €	63 000,00 €	73 500,00 €
Kosten für Mailing inklusive Prospekten gesamt	2 000,00 €	2 500,00 €	2 500,00 €
Kosten für Gutschein gesamt	0,00 €	0,00 €	5 250,00 €
Deckungsbeitrag gesamt	9 000,00 €	9 500,00 €	6 250,00 €
Deckungsbeitrag je Jacke	32,73 €	31,67 €	17,86 €

51.

Die Textil GmbH sollte sich für die Alternative 2 entscheiden. Die Alternative 1 führt zwar zu einem höheren Stückdeckungsbeitrag, Alternative 2 liefert jedoch den größten Gesamtdeckungsbeitrag.

52.

A: 8,50 € – kv = 4,00 → kv = 4,50 € = kurzfristige Preisuntergrenze

B: 6,00 € – kv = 3,50 € → kv = 2,50 € = kurzfristige Preisuntergrenze

53.

60 000	1 000	Callstunden = 25 000,00 €
24 000	400	Callstunden = 10 000,00 €

	Kv	Fixe Kosten	Fixe Kosten/Call	LangPUG
A	4,50	25 000,00 €	2,50	7,00
B	2,50	10 000,00 €	1,25	3,75

54.

→ Das operative Controlling hat einen kurzfristigen zeitlichen Horizont und soll der Sicherung der Lebensfähigkeit des Unternehmens durch Sicherung von Rentabilität und Liquidität dienen. Im Mittelpunkt der Analyse stehen Kosten, Leistungen und Zahlungen.

→ Das strategische Controlling ist langfristig angelegt und hat als zentrale Aufgabe das rechtzeitige Erkennen von Chancen und Risiken zukünftiger Entwicklungen. Dazu werden politische und wirtschaftliche Entwicklungen z. B. durch Marktstudien und Prognosen analysiert.

55.

Die Balanced Scorecard ist ein System von Kennzahlen, das die Aktivitäten des Unternehmens im Hinblick auf seine Strategie misst. Hierzu werden für bestimmte Entwicklungsperspektiven Zielvorgaben gemacht und entsprechende Kennzahlen ermittelt. Vier mögliche Entwicklungsperspektiven eines Unternehmens sind

→ die Finanzperspektive (finanzielle Ziele wie Umsatz/Gewinn),

→ die Prozessperspektive (Qualität und Effizienz von betrieblichen Prozessen),

→ die Kundenperspektive (z. B. Zufriedenheit) und

→ die Potenzialperspektive (z. B. Mitarbeiterpotenzial).

56.

Auswertung	
Gesamtkosten:	**20,00 €**
Datenbestand (Anzahl Datensätze):	**30**
Aktionszeitraum (Stunden):	**1**
Bruttokontakte:	20
Nettokontakte:	17
Ausschöpfungsquote:	56,7 %
Anzahl Abschlüsse:	8
Erfolgsquote:	47,1 %
Kosten pro Nettokontakt:	1,18 €
Kosten pro Abschluss:	2,50 €
Kosten pro Minute:	0,42 €
Gesamte Gesprächszeit in Minuten:	47,3
AHT (in Minuten):	2,8

57.

Grad der finanziellen Unabhängigkeit = Eigenkapital : Gesamtkapital
Beginn des Geschäftsjahres: 189 000,00 : 353 000,00 = 53,54 %
Ende des Geschäftsjahres: 229 000,00 : 388 000,00 = 59,02 %
Veränderung: +5,48 %
Grad der Verschuldung = Fremdkapital : Gesamtkapital
Beginn des Geschäftsjahres: 164 000,00 : 353 000,00 = 46,46 %
Ende des Geschäftsjahres: 159 000,00 : 388 000,00 = 40,98 %
Veränderung: −5,48 %
Bewertung: Insbesondere aufgrund des gestiegenen Eigenkapitals ist die Marketing-Service GmbH unabhängiger von Fremdkapitalgebern.

58.

Anteil des langfristigen Fremdkapitals = langfristiges Fremdkapital : Gesamtkapital
Beginn des Geschäftsjahres: 119 000,00 : 353 000,00 = 33,71 %
Ende des Geschäftsjahres: 95 000,00 : 388 000,00 = 24,48 %
Veränderung: −9,23 %
Anteil des kurzfristigen Fremdkapitals = kurzfristiges Fremdkapital : Gesamtkapital
Beginn des Geschäftsjahres: 45 000,00 : 353 000,00 = 12,75 %
Ende des Geschäftsjahres: 64 000,00 : 388 000,00 = 16,49 %
Veränderung: +3,74 %

Bewertung: Aufgrund des Abbaus von Darlehensschulden und der gleichzeitigen Erhöhung des Eigenkapitals ist der Anteil des langfristigen Fremdkapitals deutlich zurückgegangen. Es ist anzunehmen, dass es sich bei dem Aufbau der kurzfristigen Verbindlichkeiten um einen vorübergehenden Effekt handelt, da am Jahresende ein recht hohes Bankguthaben vorhanden ist, das zum Ausgleich eines Teils der kurzfristigen Verbindlichkeiten verwendet werden kann.

59.

Deckungsgrad I = Eigenkapital : Anlagevermögen

Beginn des Geschäftsjahres:	189 000,00 : 307 000,00 = 61,56 %
Ende des Geschäftsjahres:	229 000,00 : 333 000,00 = 68,77 %
Veränderung:	+7,21 %

Bewertung: Das Eigenkapital ist stark angestiegen, sodass sich am Ende des Geschäftsjahres ein deutlich erhöhter Deckungsgrad I ergibt. Das Anlagevermögen wird nun zu mehr als 2/3 durch Eigenkapital gedeckt, was für die Solidität des Unternehmens spricht.

Deckungsgrad II = langfristiges Kapital : Anlagevermögen

Beginn des Geschäftsjahres:	308 000,00 : 307 000,00 = 100,33 %
Ende des Geschäftsjahrs:	324 000,00 : 333 000,00 = 97,30 %
Veränderung:	–3,03 %

Bewertung: Unter anderem durch Zugänge im Fuhrpark ist das Anlagevermögen deutlich gestiegen. Da der Deckungsgrad II am Ende des Geschäftsjahres knapp unter 100 % liegt, wird ein geringer Teil des Anlagevermögens nicht durch langfristiges Kapital gedeckt. Im ungünstigsten Fall müssten Anlagegüter verkauft werden, um kurzfristige Verbindlichkeiten zu bedienen.

60.

Liquidität I = flüssige Mittel : kurzfristiges Fremdkapital

Beginn des Geschäftsjahres:	12 000,00 : 45 000,00 = 26,67 %
Ende des Geschäftsjahres:	44 000,00 : 64 000,00 = 68,75 %
Veränderung:	+42,08 %

Liquidität II = (flüssige Mittel + Forderungen) : kurzfristiges Fremdkapital

Beginn des Geschäftsjahres:	33 000,00 : 45 000,00 = 73,33 %
Ende des Geschäftsjahres:	46 000,00 : 64 000,00 = 71,88 %
Veränderung:	–1,45 %

Liquidität III = Umlaufvermögen : kurzfristiges Fremdkapital

Beginn des Geschäftsjahres:	46 000,00 : 45 000,00 = 102,22 %
Ende des Geschäftsjahres:	55 000,00 : 64 000,00 = 85,94 %
Veränderung:	–16,28 %

Bewertung: Durch den sehr starken Anstieg des Bankguthabens und des Kassenbestandes bei gleichzeitiger moderater Steigerung der Verbindlichkeiten ist die Liquidität I stark gestiegen. Durch den starken Rückgang der Forderungen gleicht sich dies bei der Liquidität II aber wieder aus. Die Liquidität III ist deutlich gesunken und liegt unter 100 %. Dies ist kritisch zu sehen, da die kurzfristigen Verbindlichkeiten nicht mehr durch das Umlaufvermögen gedeckt sind. Im ungünstigsten Fall müssten Anlagegüter verkauft werden, um kurzfristige Verbindlichkeiten zu bedienen.

61.
Die Eigenkapitalrentabilität zeigt an, wie das eingesetzte Eigenkapital über den Jahresgewinn (Jahresüberschuss) verzinst wird. Formel: Jahresgewinn : Eigenkapital

62.
Eigenkapitalrentabilität = 40 000,00 : 210 000,00 = 19,05 %
Gesamtkapitalrentabilität = (Jahresüberschuss + Fremdkapitalzinsen) : Gesamtkapital = (40 000,00 + 7 000,00) : 370 000,00 = 12,70 %
Umsatzrentabilität = Jahresüberschuss : Umsatz = 40 000,00 : 980 000,00 = 4,08 %

63.
Die Eigenkapitalrentabilität gibt an, wie sich das angelegte Eigenkapital verzinst (auch im Vergleich zu anderen Anlagemöglichkeiten). Der Erfolg wird somit ins Verhältnis zu dem dafür erforderlichen Eigenkapitaleinsatz gesetzt. Die reine Gewinnhöhe ist ohne diese Bezugsgröße daher wenig aussagekräftig.

64.
Neuer Jahresüberschuss: 40 000,00 – 10 % = 36 000,00 €
Neue Umsatzrentabilität: 36 000,00 : 980 000,00 = 3,67 %

65.
→ Kostensteigerungen im Folgejahr (z. B. Energiekosten)
→ Aufgrund Konkurrenzdruck werden Aufträge mit geringeren Gewinnmargen angenommen.

66.
Cashflow = Jahresüberschuss + Abschreibungen = 40 000,00 + 45 000,00 = 85 000,00 €

67.
Der Cashflow besagt, in welchem Umfang dem Unternehmen selbst erwirtschaftete Mittel (insb. Jahresüberschuss sowie Abschreibungen auf das Anlagevermögen) zur Verfügung stehen. Dies ermöglicht eine Aussage über die Selbstfinanzierungskraft.

68.
(740 000,00 € · 100) : 1 360 000,00 € = 54,41 %

69.
(620 000,00 € · 100) : 1 360 000,00 € = 45,59 %

70.
(51 500,00 € · 100) : 740 000,00 € = 6,96 %

71.

51 500,00 € + 21 000,00 € + 8 000,00 = 80 500,00 €

72.

Die Angebots- oder Vorkalkulation soll bei Vertragsabschluss eine verbindliche Aussage über den Verkaufspreis machen. Sie liegt zeitlich vor dem Produktions- bzw. Beschaffungsprozess und basiert auf Normalkosten. Normalkosten werden auf Basis tatsächlich entstandener Kosten in der Vergangenheit bzw. aktualisierter Kosten berechnet.

Die Nachkalkulation zeigt, ob der zu Normalkosten kalkulierte und angenommene Auftrag im Rahmen dieser Kosten verwirklicht werden konnte. Sie wird nach Beendigung des Auftrages aufgrund der tatsächlich entstandenen Kosten (Istkosten und Istzuschläge) durchgeführt. Aus der Gegenüberstellung mit der Angebotskalkulation (als Vorkalkulation) werden Abweichungen ersichtlich.

73.

Kalkulationsschema	Vorkalkulation		Nachkalkulation		Differenz
Listenverkaufspreis		240,00		240,00	
– Liefererrabatt	25 %	60,00	20 %	48,00	–12,00
Zieleinkaufspreis		180,00		192,00	12,00
– Liefererskonto	3 %	5,40	3 %	5,76	0,36
Bareinkaufspreis		174,60		186,24	11,64
+ Transportkosten		0,90		0,50	–0,40
Wareneinsatz/ Bezugspreis		175,50		186,74	11,24
+ Handlungsgemeinkosten	25 %	43,88	25 %	46,69	2,81
Selbstkosten		219,38		233,43	14,05
+ Gewinn	15 %	32,91	8,08 %	18,86	–14,05
Barverkaufspreis		252,29		252,29	
+ Kundenskonto	2 %	5,15			
Zielverkaufspreis		257,44			
+ Kundenrabatt	4 %	10,73			
Listenverkaufspreis		268,17			

→ Der Liefererrabatt war geringer als erwartet, Folge ist ein höherer Zieleinkaufspreis.
→ Skonto wurde wie geplant ausgenutzt.
→ Transportkosten waren geringer als erwartet.
→ Aufgrund von geringerem Liefererrabatt sinkt der Gewinn von 15 auf 8,1 %.

15 Sicherheit und Gesundheitsschutz bei der Arbeit

Situation zu den Aufgaben 1 bis 3:
Die Dialogfix GmbH möchte für eine Schulung der neuen Auszubildenden einige Vorschriften zum Thema Unfallverhütung zusammentragen. Sie erhalten den Auftrag, bei der Vorbereitung der Schulung mitzuwirken.

Z **1.** AUFGABE ☐

Stellen Sie fest, welche Institution die betriebsinterne Überprüfung von Unfallverhütungsmaßnahmen bei der Dialogfix GmbH durchführt.

1. Gesundheitsamt
2. Krankenkasse
3. Agentur für Arbeit
4. Industrie- und Handelskammer
5. Berufsgenossenschaft

Z **2.** AUFGABE ☐

Im Rahmen der organisatorischen Maßnahmen der Unfallverhütung sind unterschiedliche personelle Verantwortlichkeiten zu klären. Geben Sie an, wer den Sicherheitsbeauftragten der Dialogfix GmbH ernennt.

1. Die zuständige Berufsgenossenschaft (Verwaltungsberufsgenossenschaft)
2. Die gesetzliche Krankenkasse (hier: AOK)
3. Das Gewerbeaufsichtsamt
4. Der Arbeitgeber (Dialogfix GmbH)
5. Die Betriebshaftpflichtversicherung der Dialogfix GmbH

Z **3.** AUFGABE ☐

Prüfen Sie, was nicht zu den 5 Ws bei der Meldung von Unfällen gehört.

1. WAS ist passiert?
2. WER ist schuld?
3. WO ist es passiert?
4. WELCHE Art von Verletzungen gibt es?
5. WIE VIELE Verletzte gibt es?
6. WARTEN auf Rückfragen!

Situation zu den Aufgaben 4 bis 25:
Als engagiertes Mitglied der Jugend- und Auszubildendenvertretung beobachten Sie mit besonderem Interesse, ob bei der Dialogfix GmbH die gesetzlichen Bestimmungen zu Sicherheit und Gesundheitsschutz bei der Arbeit eingehalten werden.

4. AUFGABE ☐ Z

Eine Auszubildende der Dialogfix GmbH stürzt auf dem Weg zu ihrem Ausbildungsplatz mit dem Fahrrad. Wer übernimmt die Kosten?

1. Die Auszubildende selbst
2. Die gesetzliche Unfallversicherung
3. Die Krankenkasse und der Arbeitgeber je zur Hälfte
4. Die Betriebshaftpflichtversicherung
5. Die Auszubildende und der Arbeitgeber je zur Hälfte

5. AUFGABE ☐☐ Z

Die Dialogfix GmbH muss verschiedene Maßnahmen ergreifen, um die Arbeitsschutzbestimmungen einzuhalten. Dabei lassen sich technische, personenbezogene und organisatorische Maßnahmen unterscheiden. Prüfen Sie, in welchen zwei Fällen es sich um technische Maßnahmen handelt.

1. Es erfolgt eine Unterweisung zum Verhalten bei Notfällen.
2. Die Regale im Archiv sind fest an Boden und Decke verschraubt, um ein Umfallen zu verhindern.
3. Pro Jahr werden zwei unangekündigte Feuerübungen durchgeführt.
4. In jedem Zimmer hängen die Kontaktdaten der zuständigen Ersthelfer und alle wichtigen Notrufnummern.
5. In einem bestimmten Zeitabstand werden die Feuerlöscher auf ihre Funktionsfähigkeit überprüft.
6. Der alte Aktenvernichter mit gefährlichen Schnittkanten wurde durch ein neues, sicheres Gerät ersetzt.

6. AUFGABE ☐ Z

Die Dialogfix GmbH achtet besonders auf eine gesundheitsfreundliche Arbeitsplatzausstattung. Bei welchem Punkt muss jedoch noch nachgebessert werden?

1. Die Bürostühle ermöglichen ein dynamisches Sitzen.
2. Die Oberfläche des Schreibtisches ist groß, reflexionsarm und kratzfest.
3. Stehende Tätigkeiten sind grundsätzlich untersagt.
4. Die Regelungen der Arbeitsstättenverordnung wurden beim Einrichten der einzelnen Bildschirmarbeitsplätze genau beachtet.
5. Die Agents können zwischen verschiedenen Ausführungen ihrer Headsets wählen.

Z **7. AUFGABE** ☐

In einer Sammelmappe bewahrt die Dialogfix GmbH verschiedene Kennzeichnungen auf, die im Zusammenhang mit den Arbeitsschutzbestimmungen von Bedeutung sind. Stellen Sie fest, für welchen Zweck das nebenstehende Piktogramm infrage kommt.

1. Ruheraum für Schwangere
2. Religiöser Ort/Kapelle
3. Sprechzimmer des Sicherheitsbeauftragten
4. Sanitätsraum/Verbandkasten
5. Raucherzone

Z **8. AUFGABE** ☐☐

Im Vorfeld der Überprüfung der Sicherheits- und Gesundheitsschutzmaßnahmen bei der Dialogfix GmbH diskutieren die Auszubildenden über die Vorschriften zur Unfallverhütung. Welche der zwei folgenden Aussagen sind zutreffend?

1. In einem kaufmännischen Betrieb mit mehr als 20 Arbeitnehmern müssen mindestens 5 % der Angestellten zum Ersthelfer ausgebildet werden.
2. Sämtliche Unfälle und Erste-Hilfe-Maßnahmen im Betrieb sind im Verbandbuch schriftlich zu dokumentieren.
3. Die Ersthelfer bekommen eine gesetzlich festgelegte Aufwandsentschädigung für jeden erfolgreich durchgeführten Einsatz.
4. Die gesetzlich vorgesehene Auffrischung der Ersthelfer-Ausbildung erfolgt auf freiwilliger Basis.
5. Ein großer Verbandskasten ist unabhängig von der Betriebsgröße verpflichtend, da die Schwere eines Unfalls unabhängig von der Anzahl der Mitarbeiter ist.
6. An den Telefonapparaten sind Notfallnummern nur dann sichtbar anzubringen, wenn sie nicht über Kurzwahltasten gespeichert werden können.

Z **9. AUFGABE** ☐

Gegenstand der Prüfung sind auch die Notausgänge. In welchem Fall handelt die Dialogfix GmbH vorschriftsgemäß?

1. Alle Notausgänge sind signalrot.
2. Bei abgeschlossenen Notausgängen hängt der Schlüssel in Griffweite.
3. Der Fluchtweg zum Notausgang ist deutlich gekennzeichnet.
4. In Gebäudeteilen mit integrierten Löschsystemen sind Notausgänge unnötig.
5. Neben jedem Notausgang befindet sich ein Feuerlöscher.

10. AUFGABE ☐ Z

Welche der folgenden Aussagen zu personellen Verantwortlichkeiten bei der Unfallverhütung ist zutreffend?

1. Unfallbedingte Rehabilitationsmaßnahmen fallen nicht in die Zuständigkeit des Betriebsarztes.
2. Die Fachkraft für Arbeitssicherheit muss unabhängig und objektiv urteilen und darf deshalb kein Mitarbeiter des Unternehmens sein.
3. Jedes Unternehmen mit mehr als 20 Mitarbeitern ist verpflichtet, eine Fachkraft für Arbeitssicherheit zu bestellen.
4. Der Sicherheitsbeauftragte ist eine vom Unternehmen ernannte Person, die unterstützend dabei mitwirkt, Unfälle, berufsbedingte Krankheiten und Gesundheitsgefahren zu vermeiden.
5. Unternehmen mit mehr als 100 Angestellten sind verpflichtet, einen hauptamtlichen Sicherheitsbeauftragten zu bestellen.

11. AUFGABE ☐ Z

Stellen Sie fest, mit welcher Behauptung eine richtige Aussage zum Brandschutz getroffen wird.

1. Der vorbeugende Brandschutz umfasst die Teilbereiche operativer Brandschutz, baulicher Brandschutz und technischer Brandschutz.
2. Die Brandschutzordnung sieht vor, dass Notausgänge mit einem Piktogramm auf der Tür gekennzeichnet sein müssen, falls keine Notbeleuchtung existiert.
3. Ein Beispiel für bauliche Überlegungen zum Brandschutz ist die Aufteilung des Gebäudes in Brandabschnitte.
4. Im Gegensatz zu geschlossenen Personenaufzügen sind offene Lastenaufzüge zur Rettung im Brandfall sicher.
5. Um eine Verunreinigung mit Löschschaum und Löschwasser zu vermeiden, darf sich der Erste-Hilfe-Kasten nicht unmittelbar neben den Löschvorrichtungen befinden.

12. AUFGABE ☐ Z

Bei der Schaffung eines angemessenen Licht- und Raumklimas sind sich die zuständigen Mitarbeiter nicht einig. Prüfen Sie, welche Aussage inhaltlich nicht zutreffend ist.

1. Zwischen 20 und 23 Grad Raumtemperatur sind im Winter angemessen.
2. Es werden dringend noch mehr großblättrige Grünpflanzen benötigt, um die Luftfeuchtigkeit zu verbessern.
3. Am Schreibtisch sind Punktstrahler ausreichend, die genau den Teil der Fläche beleuchten, der tatsächlich zum Arbeiten genutzt wird.
4. Um den Augen Abwechslung zu bieten, sollte der Pausenraum in verschiedenen ansprechenden Farbtönen gestaltet werden.
5. Dauerhaft gekippte Fenster sollten vermieden werden.

Z **13. AUFGABE** ☐

Stellen Sie fest, welche gesetzliche Regelung nach dem Mutterschutzgesetz (MuSchG) zu beachten ist.

1. Schwangere dürfen aufgrund der hohen Stressbelastung nicht in der telefonischen Kundenbetreuung beschäftigt werden.
2. Werdende Mütter haben einen gesetzlichen Anspruch auf täglich 45 Minuten zusätzliche Arbeitspausen.
3. Schwangere erhalten 5 zusätzliche Urlaubstage pro Kalenderjahr.
4. Eine Beschäftigung während der Schwangerschaft ist generell nicht zulässig.
5. Eine Beschäftigung ist auch in den letzten 6 Wochen der Schwangerschaft möglich, wenn sich die Schwangere ausdrücklich zur Arbeitsleistung bereit erklärt.

Z **14. AUFGABE** ☐

Die Personalabteilung bereitet eine freiwillige Schulung zum Mutterschutzgesetz vor. In den Schulungsunterlagen hat sich jedoch ein Fehler eingeschlichen. Welche Information darf so nicht verbreitet werden?

1. Die tägliche Arbeitszeit ist beschränkt auf 8,5 Stunden, bei unter 18-Jährigen auf 8 Stunden. Überstunden sind verboten.
2. Nachts zwischen 23 und 8 Uhr sowie an Sonn- und Feiertagen darf keine Beschäftigung erfolgen.
3. In den letzten 6 Wochen vor dem errechneten Entbindungstermin ist eine Beschäftigung verboten, es sei denn, die werdende Mutter erklärt ausdrücklich, dass sie arbeiten möchte.
4. Während der gesamten Schwangerschaft und bis 4 Monate nach der Entbindung darf der Arbeitgeber das Arbeitsverhältnis nicht kündigen.
5. Während der beschäftigungsfreien Schutzfristen besteht Anspruch auf Mutterschaftsgeld in Höhe des durchschnittlichen Nettoverdienstes (Zahlung durch Krankenkasse und Arbeitgeber).

Z **15. AUFGABE** ☐

Im nächsten Monat soll es auch Schulungen zum Schwerbehindertenrecht und zum Arbeitsschutzgesetz geben. Prüfen Sie, welche Information vor der Schulung noch überarbeitet werden muss.

1. Schwerbehinderte genießen einen besonderen Kündigungsschutz. Eine Kündigung ohne Zustimmung des zuständigen Integrationsamts ist nur aus dringenden betrieblichen Gründen wirksam.
2. Arbeitgeber mit mindestens 20 Beschäftigten sind verpflichtet, auf wenigstens 5 % der Arbeitsplätze schwerbehinderte Menschen zu beschäftigen.
3. Für Arbeitgeber ist hinsichtlich des Arbeitsschutzes bei Bildschirmarbeitsplätzen insbesondere die Arbeitsstättenverordnung von Bedeutung.
4. Der Arbeitnehmer kann sich regelmäßig arbeitsmedizinisch untersuchen lassen.
5. Verantwortlich für Gesundheit und Sicherheit der Arbeitnehmer ist der Arbeitgeber.

16. AUFGABE ☐ Z

Die Auszubildende Petra Schneider, 17 Jahre, reicht in der Personalabteilung einen Schwerbehindertenausweis (Grad der Behinderung: 70 %) ein und beantragt aufgrund der Behinderung Zusatzurlaub. Um diesen Anspruch zu prüfen, stehen der Personalabteilung verschiedene Gesetzestexte zur Verfügung. Mithilfe welchen Gesetzes kann der Antrag fachgerecht bearbeitet werden?

1. Jugendarbeitsschutzgesetz
2. Bundesurlaubsgesetz
3. Sozialgesetzbuch IX
4. Arbeitszeitgesetz
5. Berufsbildungsgesetz

17. AUFGABE Z

Entscheiden Sie, ob bei den folgenden Bestimmungen der technische oder der soziale Arbeitsschutz angesprochen wird.

- ☐ Bundesurlaubsgesetz
- ☐ Arbeitszeitgesetz
- ☐ Arbeitsstättenverordnung
- ☐ Unfallverhütungsvorschriften
- ☐ Jugendarbeitsschutzgesetz

1. Technischer Arbeitsschutz
2. Sozialer Arbeitsschutz

18. AUFGABE ☐☐ Z

Prüfen Sie, in welchen zwei Fällen Maßnahmen aus dem technischen Arbeitsschutz umgesetzt werden.

1. Um sich vor zeitraubenden Kollegengesprächen zu schützen, hat der Agent Sebastian Kunz ein über die USB-Schnittstelle betriebenes, leuchtendes Schild mit der Aufschrift „Bitte nicht stören“ an seinen Bildschirm geklemmt.
2. Die Headsets sind zur Vermeidung von Hörschäden in ihrer maximalen Dezibelzahl gedrosselt.
3. Um alle Mitarbeiter wach und bei Laune zu halten, stehen bei Dialogfix in der Küche Kaffee, Tee und Obst kostenlos zur Verfügung.
4. Aus Datenschutzgründen hat jeder Mitarbeiter sein persönliches Passwort, welches in regelmäßigen Abständen geändert werden muss.
5. Um die Feinstaubbelastung am Arbeitsplatz zu reduzieren, sind sämtliche Drucker in einem separaten und belüfteten Raum untergebracht.
6. Um sich vor Überarbeitung zu schützen, surft die Auszubildende Julia Lauer täglich 15 Minuten im Internet.
7. Damit die Mitarbeiter stets auf dem aktuellen technischen Stand bleiben, führt Dialogfix regelmäßige Updates im Betriebssystem durch.

Z **19. AUFGABE** ☐

Prüfen Sie, welche Verpflichtung sich für die Dialogfix GmbH aus dem Arbeitsschutzgesetz (ArbSchG) ergibt.

1. Allen Arbeitnehmern Schutzhelme austeilen
2. Abschluss einer privaten Unfallversicherung für die Arbeitnehmer
3. Verhandlung der Unfallverhütungsvorschriften mit dem Betriebsrat
4. Zwingende Einstellung eines Betriebsarztes
5. Gefährdungsbeurteilung der Arbeitsplätze

Z **20. AUFGABE** ☐

Welche Bedeutung hat das nachstehend abgebildete Piktogramm?

1. Notausgang
2. Erste Hilfe
3. Mitfahrgelegenheit
4. Betriebsratsbüro
5. Sammelstelle

Z **21. AUFGABE** ☐

Das Jugendarbeitsschutzgesetz verfolgt das Ziel, Jugendliche vor körperlichen Überbelastungen am Arbeitsplatz zu schützen. Welcher der folgenden Sachverhalte gibt Inhalte aus dem Jugendarbeitsschutzgesetz richtig wieder?

1. Nach Beendigung der Arbeit dürfen Jugendliche nicht vor Ablauf einer ununterbrochenen Freizeit von mindestens 8 Stunden beschäftigt werden.
2. Die ausgefallene Arbeitszeit für die Teilnahme an Abschlussprüfungen ist nachzuholen.
3. Der Urlaubsanspruch für Jugendliche nach dem Bundesurlaubsgesetz beträgt einheitlich 20 Arbeitstage.
4. Die tägliche Arbeitszeit darf 8 Stunden nicht überschreiten.
5. In mehrschichtigen Betrieben dürfen Jugendliche mit dem Einverständnis der Eltern auch Nachtschichten übernehmen.

Z **22. AUFGABE** ☐

Die Dialogfix GmbH hat alle Callcenter-Arbeitsplätze gemäß den gesetzlichen Bestimmungen ausgestattet. Stellen Sie fest, welcher <u>Fehler</u> dabei passiert ist.

1. Die Bildschirmgeräte sind leicht drehbar und neigbar.
2. Die Tastatur hat eine reflexionsarme Oberfläche.
3. Die Beschriftung der Tasten hebt sich vom Untergrund deutlich ab.
4. Die Tastatur ist verrutschungssicher auf dem Schreibtisch befestigt.
5. Das auf dem Bildschirm dargestellte Bild ist stabil und frei von Flimmern.

23. AUFGABE

☐ Z

Stellen Sie fest, in welchem Fall die Dialogfix GmbH die Arbeits- und Sicherheitsbestimmungen für Büroarbeitsplätze eingehalten hat.

1. Der Abstand zum Bildschirm beträgt mindestens 30 cm.
2. Alle Bürodrehstühle sind mit 4 Rollen ausgestattet.
3. Bei Rechtshändern kommt die Lichteinfallrichtung der Schreibtischlampe von der linken Seite.
4. Der Kabelschacht ragt im Arbeitsbereich maximal 5 cm aus dem Boden.
5. Die Arbeitsmittel sind gemäß ihrer Größe von links nach rechts angeordnet.

24. AUFGABE

☐ Z

Der Praktikant Kevin Fetzer fragt Sie, welche Inhalte in der Arbeitsstättenverordnung (ArbStättV) geregelt sind. Welche Antwort müssen Sie ihm geben?

1. „Es geht beispielsweise um die Zahl der Ersthelfer in einem Betrieb."
2. „Thema ist unter anderem die Ausstattung der Pausenräume."
3. „Hier finden sich die Regelungen zur wöchentlichen Arbeitszeit."
4. „Es geht beispielsweise um die Beschäftigungsverbote für werdende Mütter."
5. „Da findest du alles über das Thema Pausenzeiten."

25. AUFGABE

☐ Z

In letzter Zeit häufen sich bei der Dialogfix GmbH Klagen der Mitarbeiter über die Headsets. Stellen Sie fest, welcher Punkt Anlass für eine berechtigte Beschwerde ist.

1. Maximal vier Mitarbeiter teilen sich ein Headset.
2. Die Lautstärke kann individuell geregelt werden.
3. Die Sprechröhrchen sind austauschbar.
4. Die Headsets sind kabellos.
5. Die Mikrofone sind beweglich.

Situation zu den Aufgaben 26 bis 29:

Bei der Dialogfix GmbH steht eine betriebsinterne Überprüfung der Sicherheits- und Gesundheitsschutzmaßnahmen an. Sie sollen den verantwortlichen Kollegen unterstützen. „Am liebsten würde ich die zuständigen Mitarbeiter rund um die Uhr und übers Wochenende hierbehalten, damit zum Überprüfungstermin auch alles erledigt ist!", grummelt der Geschäftsführer.

26. AUFGABE

Welches Gesetz verbietet einen solchen Einsatz der Mitarbeiter und wie lauten dessen Regelungen zu den Arbeitszeiten im Einzelnen?

27. AUFGABE

Im Pausenaufenthaltsraum der Dialogfix GmbH hören Sie folgendes Gespräch:

Matthias Weiland: „Dieses Jahr möchte ich in den Sommerferien mit meinen Kindern 2 Wochen Urlaub machen. Hoffentlich klappt das, Frau Steffens plant einen Single-Cluburlaub zur gleichen Zeit."

Tina Schommer: „Ich werde es nicht schaffen, meinen kompletten Jahresurlaub zu nehmen. Ich werde dann im April nächsten Jahres den Rest nehmen."

Thorsten Schneider: „Im Urlaub arbeite ich als Clubanimateur auf Ibiza. Das macht Spaß und bringt noch zusätzliches Geld."

Geben Sie begründet an, ob die Mitarbeiter ihre Urlaubspläne verwirklichen können.

28. AUFGABE

Um die Mitarbeiter fit für die Überprüfung zu machen, wiederholen Sie einige Grundsätze des Arbeitsschutzes. Nennen Sie drei Beispiele, die Sie in diese Schulung aufnehmen.

29. AUFGABE

Der Tag der betriebsinternen Überprüfung ist da. Der Prüfer möchte sich natürlich auch das Großraumbüro anschauen, in dem das Callcenter der Dialogfix GmbH untergebracht ist. Nennen Sie sechs Aspekte, die hierbei überprüft werden können.

Situation zu den Aufgaben 30 bis 33:

Die Auszubildende Franziska Grothe hat krankheitsbedingt die betriebliche Unterweisung zum Thema Brandschutz versäumt und wendet sich nun an Sie mit der Bitte um Auskunft.

30. AUFGABE

Wo liegen die Unterschiede zwischen dem vorbeugenden und dem abwehrenden Brandschutz?

31. AUFGABE

Was sind typische Beispiele für den vorbeugenden und den abwehrenden Brandschutz?

32. AUFGABE

Plötzlich ertönt bei der Dialogfix GmbH während der Arbeitszeit der Feueralarm. Die Auszubildende Franziska Grothe erschrickt und blickt panisch zu Ihnen herüber. Wie reagieren Sie?

33. AUFGABE

Am Tag nach dem Feueralarm nutzen Sie die Gelegenheit, Franziska Grothe über weitere Inhalte des Brandschutzes zu informieren. Sie gehen dabei auch auf die Brandschutzordnung ein. Welche Inhalte müssen dabei zur Sprache kommen?

Lösungen zu Kapitel 15

1. 5
2. 4
3. 2
4. 2
5. 2, 6
6. 3
7. 4
8. 1, 2
9. 3
10. 4
11. 3
12. 3
13. 5
14. 2
15. 1
16. 3
17. 2, 2, 1, 1, 2
18. 2, 5
19. 5
20. 5
21. 4
22. 4
23. 3
24. 2
25. 1

26.

Es handelt sich um das Arbeitsschutzgesetz mit diesen Inhalten:

→ Werktägliche Arbeitszeit: Darf 8 Stunden nicht überschreiten und darf in Ausnahmefällen auf bis zu 10 Stunden verlängert werden, wenn ein Ausgleich innerhalb von 6 Kalendermonaten erfolgt.

→ Nachtarbeit: Hier muss der Ausgleich bei verlängerten Arbeitszeiten auf durchschnittlich 8 Stunden innerhalb eines Monats hergestellt werden. Nachtarbeitnehmer genießen zudem weitere Schutzrechte.

→ Arbeitnehmer müssen eine Ruhezeit von mindestens 11 Stunden nach Beendigung der Arbeit haben.

→ Für Arbeit an Sonn- und Feiertagen gelten verschiedene Ausgleichsregelungen.

27.

Matthias Schmidt: Ja – unter sozialen Gesichtspunkten (Vater, Sommerferien der Kinder) sind seine Urlaubswünsche bevorzugt zu behandeln.

Tina Schommer: Nein – sie kann ihren Resturlaub nur bis Ende März des Folgejahres nehmen.

Thorsten Schneider: Nein – während des Urlaubs darf der Arbeitnehmer nicht erwerbstätig sein.

28.

→ Die Arbeit ist so zu gestalten, dass eine Gefährdung für Leben und Gesundheit möglichst vermieden und die verbleibende Gefährdung möglichst gering gehalten wird.

→ Gefahren sind an ihrer Quelle zu bekämpfen.

→ Bei den Arbeitsschutzmaßnahmen sind der Stand von Technik, Arbeitsmedizin und Hygiene sowie sonstige gesicherte arbeitswissenschaftliche Erkenntnisse zu berücksichtigen.
→ Individuelle Schutzmaßnahmen sind nachrangig zu anderen Maßnahmen.
→ Den Beschäftigten sind geeignete Anweisungen zu erteilen.

29.
→ Ergonomisch eingerichtete Bildschirmarbeitsplätze?
→ Kennzeichnung der Fluchtwege durch beleuchtete Schilder und Lagepläne?
→ Notrufnummern an jedem Telefon?
→ Genügend Feuerlöscher vorhanden?
→ Einsatz Lärm dämpfender Maßnahmen?
→ Name und Kontaktdaten des Ersthelfers für jeden klar einsehbar?

30.
Der vorbeugende Brandschutz umfasst Maßnahmen, die die Entstehung eines Brandes verhindern bzw. dafür sorgen sollen, dass im Brandfall ein möglichst geringer Schaden entsteht. Beim abwehrenden Brandschutz geht es um die Maßnahmen, die bei einem Brand zu ergreifen sind.

31.
Der vorbeugende Brandschutz beschäftigt sich beispielsweise mit baulichen Maßnahmen zur Brandverhinderung (z. B. Einbau von Brandschutztüren), mit der Ausstattung mit Brandmeldeanlagen und Feuerlöschgeräten sowie mit organisatorischen Brandschutzmaßnahmen (Brandschutzordnung). Abwehrender Brandschutz bedeutet z. B., Menschen im Brandfall in Sicherheit zu bringen, Räume zu verlassen und Sammelplätze aufzusuchen und natürlich die Feuerwehr zu benachrichtigen.

32.
Franziskas Reaktion lässt darauf schließen, dass sie nicht weiß, was zu tun ist, und demnach Hilfe benötigt. Menschenrettung geht vor Brandbekämpfung, deshalb bringen Sie hilfsbedürftige Menschen wie Franziska in Sicherheit. Sie verlassen den Raum, schließen dabei Fenster und Türen und gehen die ausgeschilderten Fluchtwege entlang (keine Fahrstühle!) zum Sammelplatz. Dabei bewahren Sie Ruhe und vermeiden Panik. Sie überprüfen, ob alle Personen aus dem Büro vollzählig sind, und weisen die Feuerwehr ein. Falls es die Umstände zulassen, löschen Sie kleinere Brände selbst.

33.
→ Brandschutzordnung, Teil A. Sie gilt für alle Personen, die sich in einem Gebäude aufhalten.
→ Brandschutzordnung, Teil B. Sie gilt für Personen, die sich regelmäßig in einem Gebäude aufhalten.
→ Brandschutzordnung, Teil C. Sie gilt für Personen mit besonderen Brandschutzaufgaben.

16 Umweltschutz

1. AUFGABE

☐ Z

Es gibt für die Dialogfix GmbH vielfältige Gründe, das Thema Umweltschutz konsequent zu verfolgen. Welcher Grund gehört jedoch <u>nicht</u> dazu?

1. Beitrag zur Kostensenkung durch mögliche Energieeinsparung
2. Beitrag zum positiven Firmenimage
3. Beitrag zum Klimaschutz durch Dämmung und Einsatz alternativer Energieträger
4. Beitrag zur kurzfristigen Erhöhung des Unternehmensgewinns
5. Beitrag zum nachhaltigen Wirtschaften mit Rohstoffen

2. AUFGABE

☐ Z

Die Dialogfix GmbH berücksichtigt bei ihrer täglichen Arbeit eine Vielzahl von Gesetzen und Verordnungen. Welche der nachfolgenden Regelungen betrifft vorrangig den Umweltschutz?

1. Bundesentsorgungsgesetz
2. Öko-Verfassungsgesetz
3. Abgabenordnung
4. Kreislaufwirtschaftsgesetz
5. Arbeitsstättenverordnung

3. AUFGABE

☐ Z

Mit welchem Verhalten trägt die Dialogfix GmbH dazu bei, Energie einzusparen?

1. Um eine gleichmäßige Belüftung zu erreichen, werden alle Fenster auf Kipp gestellt.
2. Das benötigte Heizöl für den Winter wird bereits im Sommer zu günstigeren Preisen eingekauft.
3. Nicht benötigte Bürogeräte werden ausgeschaltet und vom Netz getrennt.
4. Die Klimaanlage wird ganzjährig auf 18 Grad temperiert.
5. Die Büroräume werden mit Grünpflanzen ausgestattet.

4. AUFGABE

☐ Z

Von Ihrem Ausbilder werden Sie beauftragt, Altbatterien fachgerecht zu entsorgen. Wie verhalten Sie sich richtig?

1. Um wertvolle Rohstoffe zurückzugewinnen, nehmen Sie die Batterien mit nach Hause und zerlegen Sie dort in ihre Einzelteile.
2. Die Batterien heben Sie bis zum nächsten Sperrmüll auf.
3. Diese Art von Abfall werfen Sie in die blaue Tonne.
4. Sie nutzen den noch nicht ganz gefüllten gelben Sack.
5. Sie geben die Batterien beim örtlichen Fachhändler zur Entsorgung zurück.

Z **5. AUFGABE**

Stellen Sie fest, wie die Dialogfix GmbH den Recycling-Gedanken umsetzen kann.

1. Anfallendes Altglas wird in einem Container gesammelt und später zur Produktion von neuen Flaschen eingesetzt.
2. Der Hausmüll wird in einer Müllverbrennungsanlage in Fernwärme umgewandelt.
3. Die Müllabfuhr kommt nicht mehr wöchentlich, sondern in einem 2-Wochen-Rhythmus.
4. Altpapier wird im Keller gesammelt, um es im Winter zum Heizen zu verwenden.
5. Mittels einer Solaranlage wird erneuerbare Energie genutzt.

Z **6. AUFGABE**

Das Kreislaufwirtschaftsgesetz (KrWG) dient der Schonung der natürlichen Ressourcen und der umweltverträglichen Beseitigung von Abfällen. Bringen Sie die Prioritäten (Zielhierarchie) des Gesetzes in die richtige Reihenfolge, indem Sie die Ziffern der Antworten von links nach rechts in die Kästchen eintragen.

1. Wiederverwertung
2. Wiederverwendung
3. Energetische Verwertung
4. Vermeidung
5. Beseitigung

Z **7. AUFGABE**

Stellen Sie fest, in welchen zwei Situationen die Dialogfix GmbH den Grundsatz der Wiederverwertung berücksichtigt.

1. Interne Rundschreiben werden nur noch per E-Mail verschickt.
2. Nicht mehr benötigte Flyer werden in den Altpapiercontainer gegeben.
3. Es werden nachfüllbare Tintenpatronen eingesetzt.
4. Computerschrott wird in der Sondermülldeponie entsorgt.
5. Einwegflaschen werden im Altglascontainer entsorgt.
6. Bei Feierlichkeiten wird auf Einweggeschirr verzichtet.

Z **8. AUFGABE**

Die Dialogfix GmbH hat sich entschieden, ihre betrieblichen Umweltschutzmaßnahmen mittels eines anerkannten Umweltmanagementsystems zertifizieren zu lassen. Geben Sie an, welche Norm dazu geeignet ist.

1. DIN EN ISO A4
2. DIN EN ISO 5008
3. DIN EN ISO 9001
4. DIN EN ISO 14001
5. DIN EN ISO 90125

9. AUFGABE

Z

Nach einem Großputz in Ihrem Büro stehen Sie vor der Frage, wo die einzelnen Abfallsorten entsorgt werden. Ordnen Sie die richtigen Entsorgungsmöglichkeiten dem gesammelten Abfall zu.

☐ Pappe und Kartons
☐ Kaputte Computertastatur
☐ Defekte herkömmliche Glühbirne
☐ Verblühter Blumenstrauß
☐ Einweg-Glasflasche
☐ Joghurtbecher

1. Grüne oder braune Biotonne
2. Altpapiercontainer (blaue Tonne)
3. Gelber Sack/gelbe Tonne
4. Altglascontainer
5. Graue Restmülltonne
6. Besondere Annahmestellen

Situation zu den Aufgaben 10 bis 20:
Sie interessieren sich für die Arbeit des Umweltschutzbeauftragten der Dialogfix GmbH. Jetzt haben Sie im Rahmen Ihrer Ausbildung die Möglichkeit, ihn 1 Woche lang bei seinen Tätigkeiten zu begleiten.

10. AUFGABE

☐ Z

Der Umweltschutzbeauftragte erläutert Ihnen den PDCA-Zyklus. Dabei handelt es sich um

1. einen kontinuierlichen Verbesserungsprozess der Umweltmanagementsysteme.
2. einen ISO-zertifizierten Recyclingprozess.
3. eine abgewandelte Form der Zielhierarchie beim Umgang mit Abfall.
4. eine Verordnung auf Basis des Bundes-Immissionsschutzgesetzes.
5. eine Maßnahme auf Basis des Gesetzes über die Umweltverträglichkeitsprüfung.

11. AUFGABE

☐ Z

Sie bitten den Umweltschutzbeauftragten der Dialogfix GmbH um Tipps, um am Arbeitsplatz umweltschonend zu handeln. Welchen Rat zum Energieverbrauch wird er Ihnen <u>nicht</u> geben?

1. Die Klimaanlage sollte nicht zu kalt und nicht zu warm eingestellt sein.
2. Verwenden Sie die Energiesparoptionen Ihres Betriebssystems.
3. Schalten Sie Bürogeräte ganz aus, wenn Sie diese längere Zeit nicht benutzen.
4. Praktisch sind auch Mehrfachsteckdosen mit Kippschalter.
5. Der Einsatz von gelbem Sack/gelber Tonne lohnt sich nicht, da sämtliches Plastik in die nahe gelegene Müllverbrennungsanlage zur Energiegewinnung kommt.

Z **12. AUFGABE**

Natürlich muss der Umweltschutzbeauftragte der Dialogfix GmbH über die verschiedenen Gesetze und Verordnungen zum Umweltschutz informiert sein. Ordnen Sie die einzelnen Beschreibungen den jeweiligen Gesetzen korrekt zu.

- ☐ Bundes-Immissionsschutzgesetz (BImSchG)
- ☐ Verpackungsgesetz (VerpackG)
- ☐ Gewerbeabfallverordnung (GewAbfV)
- ☐ Gesetz über die Umweltverträglichkeitsprüfung (UVPG)
- ☐ Kreislaufwirtschaftsgesetz (KrWG)

1. Schreibt vor, dass Unternehmen Abfälle bereits an der Anfallstelle trennen müssen.
2. Verpflichtet Handel und Hersteller, Verpackungen zurückzunehmen und zu recyceln.
3. Legt fest, dass bei wirtschaftlichen Vorhaben im Vorfeld die Auswirkungen auf die Umwelt ermittelt, beschrieben und bewertet werden müssen.
4. Regelt den Schutz vor schädlichen Umwelteinwirkungen durch Luftverschmutzung, Geräusche und Erschütterungen.
5. Organisiert die umweltverträgliche Beseitigung von Abfällen.

Z **13. AUFGABE** ☐☐

Welche zwei der folgenden Tipps werden Sie ebenfalls bestimmt nicht erhalten?

1. Nur die Informationen ausdrucken, die wirklich wichtig sind.
2. Achten Sie auf das Prüfsiegel „Blauer Engel“.
3. Beidseitiges Kopieren spart Papier.
4. E-Mails von Kunden zu Dokumentationszwecken stets ausdrucken.
5. Kein Recyclingpapier verwenden, da es den Laserdruckern schadet.
6. Die Rückseite von Fehlkopien kann man gut als Schmierzettel verwenden.

Z **14. AUFGABE** ☐

Prüfen Sie, welche der nachfolgenden Maßnahme bei der Dialogfix GmbH zur Vermeidung von Müll führt.

1. Die Betriebskantine stellt von Plastikbechern auf Pappbecher um.
2. Künftig wird zum Drucken ausschließlich Recycling-Papier eingekauft.
3. Der Getränkeautomat im Pausenraum wird künftig statt mit Einweg- nur noch mit Mehrwegflaschen bestückt.
4. Mit Ausnahme der Notbeleuchtung wird die Flurbeleuchtung künftig über Bewegungsmelder aktiviert.
5. In jedem Großraumbüro befinden sich verschiedene Behälter zur Mülltrennung.

15. AUFGABE

Z

Die Dialogfix GmbH verfolgt neben ökonomischen auch ökologische Ziele. Mit welcher Maßnahme können beide Ziele in Einklang gebracht werden?

1. Das Reinigungspersonal verwendet statt Wasser verstärkt chemische Putzmittel.
2. Die Betriebskantine verwendet ausschließlich Plastik-Geschirr, um Reinigungskosten zu vermeiden.
3. Leere Tonerpatronen werden günstig im Hausmüll entsorgt, statt wieder aufgefüllt.
4. Von November bis März wird die Zentralheizung abgeschaltet, um Energie zu sparen.
5. Umverpackungen werden geschreddert und als Verpackungsmaterial verwendet.

16. AUFGABE

Die Dialogfix GmbH mietet ein weiteres Callcenter-Großraumbüro an. Welche Vorrichtungen zur Mülltrennung müssen bereitgestellt werden und welcher Abfall ist hierfür vorgesehen?

17. AUFGABE

Nennen Sie drei Hauptquellen von Umweltbelastungen, die von einem Unternehmen im Dialogmarketing ausgehen können. Erläutern Sie jeweils eine Möglichkeit, diese Umweltbelastung zu senken.

18. AUFGABE

Nennen Sie fünf gesetzliche Regelungen zum Umweltschutz, die Unternehmen beachten müssen.

19. AUFGABE

Die Dialogfix GmbH ist bestrebt, ihr Umweltmanagementsystem kontinuierlich zu verbessern. Dazu nutzt sie auch den sogenannten PDCA-Zyklus. Wie lauten die einzelnen Stufen des PDCA-Zyklus, wenn der monatliche Papierverbrauch der Dialogfix GmbH knapp 40 000 Seiten Papier beträgt und gesenkt werden soll? Erläutern Sie die Stufen am Beispiel eines per Post verschickten Newsletters der Dialogfix GmbH, der künftig papierlos erscheinen soll.

20. AUFGABE

Im 4. Quartal werden im Intranet die Unternehmensziele für das kommende Jahr vorgestellt. Als ökologisches Ziel ist vermerkt, den Energieverbrauch um 20 % zu senken. Über das betriebliche Vorschlagswesen sollen die Mitarbeiter Vorschläge einreichen, wie der Energieverbrauch reduziert werden kann. Formulieren Sie zwei konkrete Vorschläge, die Sie im Großraumbüro umsetzen können.

Lösungen zu Kapitel 16

1. 4
2. 4
3. 3
4. 5
5. 1
6. 4, 2, 1, 3, 5
7. 2, 5
8. 4
9. 2, 6, 5, 1, 4, 3
10. 1
11. 5
12. 4, 2, 1, 3, 5
13. 4, 5
14. 3
15. 5

16.

→ Grüne oder braune Biotonne: kompostierbare, organische Abfälle aus Küche und Garten
→ Blaue Tonne: Papier, Pappe, Kartons
→ Gelber Sack/gelbe Tonne: Leichtverpackungen aus Metall, Kunststoff oder Verbundstoffen mit dem „Grünen Punkt“
→ Altglascontainer: Altglas nach Farben getrennt
→ Graue Restmülltonne: alle nicht verwertbaren, schadstofffreien Abfälle
→ Besondere Annahmestellen: alle schadstoffhaltigen Abfälle (Problemabfälle)

17.

→ Energieverbrauch: Auf Geräte mit geringem Stromverbrauch achten
→ Papierverbrauch: Papier beidseitig bedrucken
→ Tonerverbrauch: Verstärkt elektronische Dokumente (PDF) nutzen

18.

z. B. Verpackungsgesetz, Gewerbeabfallverordnung, Bundes-Immissionsschutzgesetz, Kreislaufwirtschaftsgesetz, Gesetz über die Umweltverträglichkeitsprüfung

19.

P = Plan (Planen): Ziele und Prozesse festlegen.
Beispiel: Der monatliche Newsletter an Kunden wird nur noch online verschickt, nicht mehr per Post.
D = Do (Durchführen): Festgelegte Maßnahmen durchführen.
Beispiel: Newsletterdruck einstellen, Mailverteiler einrichten, Masterdokument zur Erstellung des PDF-Newsletters anlegen. Ersten Newsletter verschicken.
C = Check (Überprüfen): Ziele und Prozesse überprüfen.
Beispiel: Ersparnis von 10 000 Blatt pro Monat (25 %). Kundenumfrage zeigt, dass viele Kunden statt PDF-Dokument einen Link zum Newsletter möchten.
A = Act (Handeln): Maßnahmen anpassen und optimieren.
Beispiel: Umstellen auf Newsletter, eingebunden in den Internetauftritt.

20.

→ Energiesparoptionen des Betriebssystems nutzen, Monitore und PCs so einstellen, dass sie nach einer gewissen Zeit ohne Nutzung in den Energiesparmodus wechseln.
→ Klimaanlage angemessen temperieren.

17 Notwendigkeit des Wirtschaftens

Situation zu den Aufgaben 1 bis 10:
Die Haus und Garten GmbH ist ein mittelständischer Industriebetrieb, der sich auf die Produktion von Haushaltsgeräten spezialisiert hat.

1. AUFGABE ☐

Die Haus und Garten GmbH möchte eine neue Brotbackmaschine entwickeln, produzieren und vertreiben. Hierbei soll nach dem ökonomischen Prinzip gearbeitet werden. Prüfen Sie, welche Maßnahme dem Minimalprinzip entspricht.

1. Die fertige Verpackung soll leichter sein als die eines vergleichbaren Konkurrenzprodukts.
2. Hergestellt werden soll beste Qualität, unabhängig vom Verkaufspreis.
3. Bei gleicher Backleistung wie derjenigen eines Konkurrenzprodukts soll der Stromverbrauch so gering wie möglich sein.
4. Die Brotbackmaschine soll zu 80 % aus recycelten Materialien bestehen.
5. Das Design der Brotbackmaschine soll minimalistisch sein.

2. AUFGABE ☐

In welchem Fall handelt die Haus und Garten GmbH nach dem Maximalprinzip?

1. Die vorhandenen Produktionsanlagen sollen mit der größtmöglichen Auslastung produzieren.
2. Pro Tag sollen 500 Brotbackmaschinen produziert werden.
3. Die fertige Verpackung soll möglichst umweltfreundlich sein.
4. Für die Abteilung Entwicklung wird ein neuer Mitarbeiter gesucht.
5. Die Brotbackmaschine ist leichter als vergleichbare Konkurrenzprodukte.

3. AUFGABE ☐

Welche der folgenden Situationen beschreibt einen Zielkonflikt zwischen ökonomischen und ökologischen Zielen bei der Haus und Garten GmbH?

1. Die Werkskantine bezieht Fleisch und Gemüse vom Biobauern, wodurch die Essenspreise erhöht werden.
2. Es gibt keinen Kostenunterschied zwischen ökologischer und herkömmlicher Trittschalldämmung.
3. Die Investition in Solaranlagen auf dem Dach spart langfristig Energiekosten.
4. Der Verzicht auf den Einsatz von chemischen Lösungsmitteln führt zu geringeren Entsorgungskosten.
5. Eine Umrüstung der Firmenwagen auf Erdgas spart mittelfristig Energiekosten.

4. AUFGABE

Die Haus und Garten GmbH ist sich ihrer Umweltverantwortung bewusst. Mit welcher Entscheidung verfolgt sie jedoch kein ökologisches Ziel?

1. Bei der Herstellung wird auf chemische Lösungsmittel verzichtet.
2. Die Verpackung soll komplett aus Recyclingmaterialien hergestellt werden.
3. Aus Gründen des Stromverbrauches wird auf eine Stand-by-Funktion verzichtet.
4. Die Produktdesigner einigen sich auf den Namen „Backfein Eco-logic 2000".
5. Durch die gute Isolierung der Brotbackmaschine verbraucht das Gerät 30 % weniger Strom als vergleichbare Produkte.

5. AUFGABE

Die Haus und Garten GmbH handelt nach dem erwerbswirtschaftlichen Prinzip. Stellen Sie fest, welches Ziel das Unternehmen daher vorrangig verfolgen muss.

1. Die Haus und Garten GmbH muss einen maximalen Umsatz erzielen.
2. Über ein breites Fortbildungsangebot soll die Zufriedenheit der Mitarbeiter gewährleistet werden.
3. Das Unternehmen strebt die Erwirtschaftung eines maximalen Gewinns an.
4. Vorrangiges Ziel ist die Sicherung und Erhaltung der Arbeitsplätze.
5. Über moderate Preise gewährleistet die Haus und Garten GmbH einen fairen Wettbewerb unter den Mitbewerbern.

6. AUFGABE

Die Haus und Garten GmbH ist bestrebt, ihren Marktanteil auf dem Markt für Brotbackmaschinen zu steigern. Ermitteln Sie, welche Maßnahme dazu geeignet ist.

1. Einführung eines neuen Produktionsprozesses
2. Senkung des Verkaufspreises
3. Neubau einer Lagerhalle
4. Einstellung eines neuen Personalleiters
5. Umbenennung der Brotbackmaschine

7. AUFGABE

Die Haus und Garten GmbH geht aufgrund einer Marktforschung von folgenden Daten beim Verkauf einer neuen Brotbackmaschine aus:

Verkaufspreis	80,00 €	90,00 €	100,00 €	120,00 €
Voraussichtliche Absatzmenge (Stück)	6 000	5 500	4 500	3 000

Ermitteln Sie den zu erwartenden Marktanteil der Haus und Garten GmbH, wenn sich das Unternehmen für einen Verkaufspreis von 90,00 € entscheidet und auf dem Gesamtmarkt 110 000 Stück verkauft werden.

8. AUFGABE

Die unternehmerischen Ziele der Haus und Garten GmbH stehen in unterschiedlichen Verhältnissen zueinander. Ordnen Sie zu, indem Sie die jeweils zutreffende Kennziffer der Zielverhältnisse in die Kästchen neben den Zielen eintragen.

☐ Die Haus und Garten GmbH setzt stets die branchenüblichen Tariferhöhungen für ihre Mitarbeiter um und möchte gleichzeitig 2 % Personalkosten einsparen.

☐ Die Haus und Garten GmbH möchte ihren Marktanteil durch innovative Produkte um mindestens 5 % steigern und zudem ein Umsatzwachstum erzielen.

☐ Die Haus und Garten GmbH möchte als sozialer Arbeitgeber wahrgenommen werden, daher soll die Quote schwerbehinderter Mitarbeiter steigen.

☐ Die Haus und Garten GmbH strebt an, jährlich mindestens drei neue Produkte auf den Markt zu bringen, die Ausgaben für Forschung und Entwicklung sollen dabei um die Hälfte sinken.

1. Zielkonflikt
2. Zielharmonie

9. AUFGABE ☐

Ein Mitarbeiter der Haus und Garten GmbH findet auf einer Dienstreise im Badezimmer des Hotels einen Aushang, dass nur die Handtücher, die eindeutig auf dem Boden liegen, gewechselt werden. Stellen Sie fest, welche Ziele die Hotelleitung damit realisiert.

1. Rationale und soziale Ziele
2. Soziale und ökonomische Ziele
3. Ökonomische und ökologische Ziele
4. Soziale und ökologische Ziele
5. Rein wirtschaftliche Ziele

10. AUFGABE ☐

Die Haus und Garten GmbH möchte durch ihr unternehmerisches Handeln zur Reduzierung des eigenen Emissionsausstoßes an Treibhausgasen beitragen. Prüfen Sie, welche Maßnahme dazu geeignet ist.

1. Die Mitarbeiter nutzen bei Dienstreisen grundsätzlich das schnellste Verkehrsmittel, um so Reisezeit einzusparen.
2. Die Dialogfix GmbH erstellt eine jährliche Öko-Bilanz, in der alle klimarelevanten Gase, die durch das Unternehmen verursacht wurden, aufgelistet sind.
3. Im Rahmen des grenzüberschreitenden EU-Emissionshandels erwirbt die Dialogfix GmbH Emissionszertifikate, um so die eigene Energiebilanz auszugleichen.
4. Um die Energiekosten dauerhaft zu senken, wird auf einem Vergleichsportal jährlich der günstigste Anbieter ausgewählt.
5. Die Dialogfix GmbH verwendet zukünftig überwiegend Strom, der durch eine eigene Solaranlage auf dem Dach des Firmengebäudes erzeugt wurde.

Lösungen zu Kapitel 17

1. 3
2. 1
3. 1
4. 4
5. 3
6. 2
7. 5 %
8. 1, 2, 2, 1
9. 3
10. 5

18 Rechtliche Rahmenbedingungen des Wirtschaftens

Hinweis: Dieses Kapitel enthält die Themen

- Rechtssubjekte, Rechtsobjekte, Rechtsgeschäfte (Aufgabe 1 bis 35),
- Rechtsformen der Unternehmung (Aufgabe 36 bis 56),
- Struktur des Ausbildungsbetriebs (Aufgabe 57 bis 63).

1. AUFGABE ☐

Die 16-jährige Tanja Müller hat sich erfolgreich bei der Haus und Garten GmbH um einen Ausbildungsplatz beworben. Welche der folgenden Aussagen ist richtig?

1. Da dieses Rechtsgeschäft für Tanja nur Vorteile bietet, kann auf das Einverständnis der Eltern beim Abschluss des Ausbildungsvertrags verzichtet werden.
2. Tanja ist in diesem Fall berufsschulpflichtig.
3. Da ein Girokonto zwingend nötig ist, um am Geschäftsleben teilzunehmen, muss Tanja ein solches Konto einrichten, damit der Ausbildungsvertrag rechtswirksam wird
4. Da Tanja nun ihr eigenes Geld verdient, ist sie automatisch voll geschäftsfähig.
5. Tanja ist im Rahmen des Ausbildungsverhältnisses voll geschäftsfähig.

2. AUFGABE ☐

Prüfen Sie, wer nur beschränkt geschäftsfähig ist.

1. Dialogfix GmbH, wenn ein Gesellschafter verhindert ist
2. KommunikativAktiv KG, wegen der Rechtsform Kommanditgesellschaft
3. Auszubildender Thomas, 18 Jahre alt
4. Auszubildende Julia, 17 Jahre alt
5. Benny, Julias Neffe, 5 Jahre alt

3. AUFGABE ☐

Die Haus und Garten GmbH hat anlässlich ihres Firmenjubiläums einen in der Region bekannten Künstler gebeten, ein großes Bild zu malen, das in die Empfangshalle gehängt werden soll. Worum handelt es sich bei diesem Bild?

1. Eine unbewegliche und vertretbare Sache
2. Eine unbewegliche und nicht vertretbare Sache
3. Eine bewegliche und vertretbare Sache
4. Eine bewegliche und nicht vertretbare Sache
5. Keine der oben genannten Aussagen trifft zu.

4. AUFGABE

Ordnen Sie im Folgenden die Eigentums- bzw. Besitzverhältnisse zu. Tragen Sie dazu die jeweils zutreffende Ziffer ein.

☐ Die Haus und Garten GmbH least einen Lkw.

☐ Die Haus und Garten GmbH vermietet eine Verpackungsanlage an eine andere Firma.

☐ Die Auszubildende Carola Groß bezahlt ihren neuen Kleinwagen mit dem von ihrer Tante geerbten Geld.

☐ Carola Groß nutzt eine Mitfahrgelegenheit von der Berufsschule zum Ausbildungsbetrieb.

☐ Carola Groß kauft eine ohne ihr Wissen gestohlene Sonnenbrille.

1. Besitz, aber kein Eigentum
2. Eigentum, aber kein Besitz
3. Besitz und Eigentum
4. Weder Eigentum noch Besitz

5. AUFGABE ☐

Welche der folgenden Aussagen zu Rechtsgeschäften ist richtig?

1. Bei der fristlosen Kündigung eines beim Diebstahl erwischten Mitarbeiters der Haus und Garten GmbH handelt es sich um einen einseitig verpflichtenden Vertrag.
2. Bei der fristlosen Kündigung handelt es sich um eine nicht empfangsbedürftige Willenserklärung.
3. Schließt die Haus und Garten GmbH einen Arbeitsvertrag mit einem neuen Mitarbeiter, so handelt es sich um ein mehrseitig verpflichtendes Rechtsgeschäft.
4. Carola Groß, Auszubildende bei der Haus und Garten GmbH, wurde im Testament ihrer Tante berücksichtigt. Es handelt sich hierbei um eine empfangsbedürftige Willenserklärung.
5. Verbraucher können eine Brotbackmaschine nur durch mündliche Äußerung oder durch konkludentes Handeln erwerben.

6. AUFGABE ☐

Prüfen Sie, in welchem der folgenden Fälle eine notarielle Beurkundung nötig ist.

1. Nach ihrer Ausbildung schließt Carola Groß einen Arbeitsvertrag mit der Haus und Garten GmbH.
2. Die Haus und Garten GmbH lässt sich ins Handelsregister eintragen.
3. Die Haus und Garten GmbH erwirbt ein Grundstück.
4. Die AGB der Haus und Garten GmbH werden neu formuliert.
5. Die Haus und Garten GmbH mietet zusätzliche Lagerhallen.

7. AUFGABE

Prüfen Sie, welches der folgenden Rechtsgeschäfte der Haus und Garten GmbH rechtlich anfechtbar ist.

1. Ein Kunde füllt das Bestellfax falsch aus: Er bestellt 800 statt 80 Pakete Dünger.
2. Die Verkäuferin im Sportgeschäft verkauft einem 5-jährigen eine Umhängetasche für 15,00 €.
3. Eine 17-jährige kauft ohne Zustimmung der Eltern einen Kleiderschrank für 750,00 €.
4. Ein Verkäufer der Elektroabteilung schließt per Handschlag einen Leasingvertrag über einen Flachbildfernseher ab.
5. Frau Schumann bestellt online einen Blumenübertopf im Wert von 49,00 € und zahlt per Lastschrift.

8. AUFGABE

Juristische Personen können dem Privatrecht oder dem öffentlichen Recht unterliegen. Stellen Sie fest, wer eine juristische Person des privaten Rechts ist.

1. Die Dialogfix GmbH
2. Der Richter des Amtsgerichts Randstadt
3. Das Handelsregister
4. Der Fachanwalt für Bürgerliches Recht
5. Der Bürgermeister der Stadt Randstadt

9. AUFGABE

Die Haus und Garten GmbH ist eine juristische Person. Welche Aussage ist richtig?

1. Nach dem Gesetz hat die juristische Person bei Bundestagswahlen ein Wahlrecht.
2. Das Unternehmen als solches kann vor Gericht klagen oder verklagt werden.
3. Nur die Geschäftsführer können vor Gericht klagen oder verklagt werden.
4. Die Haus und Garten GmbH ist als juristische Person begrenzt geschäftsfähig.
5. Der Unterschied zur natürlichen Person besteht darin, dass das Finanzamt bei der Haus und Garten GmbH keine Kapitalsteuer veranlagt.

10. AUFGABE

Die Haus und Garten GmbH steht in einer Geschäftsbeziehung zur Supplier24 AG. Prüfen Sie, welche Schlussfolgerung zur Rechtsfähigkeit der AG richtig ist.

1. Die Supplier24 AG ist nicht rechtsfähig, weil sie ein Rechtsobjekt ist.
2. Die Supplier24 AG ist nicht rechtsfähig, weil sie eine juristische Person des öffentlichen Rechts ist.
3. Die Supplier24 AG ist rechtsfähig, weil sie eine juristische Person des privaten Rechts ist.
4. Die Supplier24 AG ist rechtsfähig, weil sie eine Personengesellschaft ist.
5. Die Supplier24 AG ist rechtsfähig, weil sie eine natürliche Person ist.

11. AUFGABE

Die Haus und Garten GmbH möchte ein Grundstück in einem neu erschlossenen Gewerbegebiet kaufen, um dort eine weitere Lagerhalle zu errichten. Die dazu notwendigen Vorgänge sind in der nachstehenden Liste dargestellt.

Datum	Vorgang
10.01.	Beschlussfassung der Geschäftsführung über den Grundstückskauf
26.02.	Abschluss des notariellen Kaufvertrages
27.02.	Anzahlung von 20 % des im Kaufvertrag vereinbarten Kaufpreises
12.04.	Restzahlung des im Kaufvertrag vereinbarten Kaufpreises
10.06.	Auflassung und Eintragung in das Grundbuch
15.07.	Erstmalige Zahlung der fälligen Grundsteuer an die Stadt

Tragen Sie in das Lösungskästchen das Datum ein, an dem die Haus und Garten GmbH Eigentümerin des Grundstücks wird.

12. AUFGABE

Welche der folgenden Aussagen trifft auf die Haus und Garten GmbH zu?

1. Das Unternehmen war ab Unterzeichnung des Gesellschaftsvertrages Träger von Rechten und Pflichten.
2. Die Haus und Garten GmbH ist eine juristische Person des öffentlichen Rechts.
3. Bei den von dem Unternehmen in Serie hergestellten Wasserkochern handelt es sich um nicht vertretbare Güter.
4. Da es sich um eine GmbH handelt, kann das Unternehmen selbst nicht klagen oder verklagt werden.
5. Im Falle einer Auflösung des Unternehmens erlischt mit der Entfernung aus dem Handelsregister die Möglichkeit, zu klagen oder verklagt zu werden.

13. AUFGABE

Die Haus und Garten GmbH hat in der vergangenen Woche mehrere Verträge geschlossen. Bei welchem der folgenden Verträge handelt es sich rechtlich um einen Dienstvertrag?

1. Das Unternehmen least zwei Lkw zur Erweiterung des Fuhrparks.
2. Eine Druckerei wird mit der Herstellung des aktuellen Werbeprospekts beauftragt.
3. Ein neuer Angestellter verpflichtet sich zur Arbeitsleistung im Unternehmen.
4. Für eine Livemusik-Veranstaltung überlässt das Unternehmen gegen Entgelt seine alte Werkshalle.
5. Geschäftsführer Karl Thanner bringt einem Bildhauer einen Steinblock und bittet ihn, daraus eine Skulptur für das Foyer zu erstellen.

14. AUFGABE

Jana Kunz möchte wegen ihres Umzugs nach Hamburg ihre Arbeitsstelle bei der Haus und Garten GmbH kündigen. Um welche Art von Rechtsgeschäft handelt es sich bei einer Kündigung?

1. Um ein einseitiges Rechtsgeschäft in Form einer empfangsbedürftigen Willenserklärung.
2. Um ein mehrseitiges Rechtsgeschäft in Form von empfangsbedürftigen übereinstimmenden Willenserklärungen beider Seiten
3. Um ein für die Haus und Garten GmbH einseitig verpflichtendes Rechtsgeschäft, nämlich Frau Kunz das ausstehende Gehalt zu zahlen sowie ihr ein Arbeitszeugnis auszustellen
4. Um ein mehrseitiges Rechtsgeschäft, bei dem Frau Kunz ihre Kündigung einreichen und das Unternehmen ihr ein Arbeitszeugnis ausstellen muss
5. Um ein Rechtsgeschäft, das erst durch konkludentes Handeln entsteht

15. AUFGABE

Die Haus und Garten GmbH unterhält zu zahlreichen Unternehmen geschäftliche Kontakte. In welchem Fall ist zwischen der Haus und Garten GmbH und dem Großhändler ExportMax GmbH ein Kaufvertrag zustande gekommen?

1. Die Haus und Garten GmbH sendet aufgrund einer telefonischen Anfrage des Großhändlers diesem eine Auftragsbestätigung per Einschreiben.
2. Der Großhändler fragt eine Ware an, worauf die Haus und Garten GmbH ihm ein Angebot unterbreitet.
3. Der Großhändler bestellt aufgrund einer Zeitungsanzeige.
4. Die Bestellung durch die ExportMax GmbH wird von der Haus und Garten GmbH unter Erhöhung der Preise um 1 % bestätigt.
5. Nachdem der Großhändler ohne ein vorheriges Angebot bestellt hat, sendet die Haus und Garten GmbH ihm eine Auftragsbestätigung.

16. AUFGABE

In einem Kaufvertrag über die Lieferung von 250 vollautomatischen Bodenstaubsaugern zwischen der Haus und Garten GmbH, gewerbliche Niederlassung in Marburg, und dem Großhändler ExportMax GmbH, gewerbliche Niederlassung in Bremen, wurde keine Vereinbarung über den Erfüllungsort getroffen. Welche Aussage hinsichtlich des Erfüllungsortes ist richtig, wenn die Haus und Garten GmbH die Bodenstaubsauger an die ExportMax GmbH verkauft?

1. Erfüllungsort für die Warenleistung ist Bremen.
2. Erfüllungsort für die Geldleistung ist Marburg.
3. Erfüllungsort für die Geldleistung ist Bremen.
4. Erfüllungsort für die Waren- und Geldleistung ist Marburg.
5. Erfüllungsort für die Waren- und Geldleistung ist Bremen.

17. AUFGABE

Die 250 bestellten Bodenstaubsauger wurden vereinbarungsgemäß von der Spedition Schulze&Schneider an die ExportMax GmbH ausgeliefert. Prüfen Sie, wer nach den gesetzlichen Bestimmungen die Transportkosten zu tragen hat.

1. Die Transportkosten werden zu je 50 % zwischen der Haus und Garten GmbH und der ExportMax GmbH aufgeteilt.
2. Die Haus und Garten GmbH ist als gewerblicher Lieferant gesetzlich verpflichtet, die Transportkosten vollständig zu übernehmen.
3. Die ExportMax GmbH als Käufer trägt die Transportkosten alleine.
4. Gemäß ihrem gesetzlichen Versorgungsauftrag für die Wirtschaft übernimmt die Spedition Schulze&Schneider zunächst sämtliche Transportkosten, bekommt sie jedoch vom Staat erstattet.
5. Es gibt keine gesetzlichen Bestimmungen hinsichtlich der Transportkosten.

18. AUFGABE

Stellen Sie fest, in welchem der folgenden Fälle es sich rechtlich nicht um ein Angebot handelt.

1. Agent Christian Telorac bietet seinem Gesprächspartner am Telefon einen All-in-One-Computer für 480,00 € an.
2. Projektbetreuer Arne Klein bietet einem potenziellen Kunden an, die von ihm verlangten Calls zu einem Preis von 3,80 € je Call zu realisieren.
3. Die KommunikativAktiv KG verschickt an einen bestimmten Kundenkreis einen Werbeflyer, in dem ein Bürostuhl zu 99,98 € angeboten wird.
4. Arne Klein bietet Christian Telorac seine Briefmarkensammlung zum Preis von 400,00 € an.
5. Ein Vertreter für Kommunikationsanlagen bietet Arne Klein das neueste Modell zu einem unglaublich günstigen Preis an.

19. AUFGABE

Welcher der folgenden Aussagen dürfen Sie nicht zustimmen?

1. Bei einer Bestellung handelt es sich um eine rechtlich verbindliche Annahme des Angebots.
2. Ein Angebot erlischt, wenn dem Kunden ein Widerruf vor oder spätestens mit dem Angebot zugeht.
3. Eine Anpreisung ist an die Allgemeinheit gerichtet und gilt nicht als Angebot im rechtlichen Sinn.
4. Durch die Nutzung von Freizeichnungsklauseln lässt sich die Bindung an ein Angebot einschränken.
5. Wird einem Abwesenden ein Angebot gemacht, ist der Anbieter an das Angebot unwiderruflich gebunden.

20. AUFGABE

☐

Stellen Sie fest, welche der folgenden Aussagen zu den Allgemeinen Geschäftsbedingungen (AGB) nicht zutrifft.

1. Die Nutzung von AGB ist eine Arbeitserleichterung beim Abschluss von Verträgen, da einzelne Bedingungen nicht immer neu ausgehandelt werden müssen.
2. Die AGB werden nur dann Vertragsbestandteil, wenn der Kunde ausdrücklich auf sie hingewiesen wurde.
3. Auch durch persönliche Absprachen zwischen Verkäufer und Käufer ist es nicht möglich, von den vereinbarten AGB abzuweichen.
4. Sind einzelne Teile der AGB unwirksam, bleibt der Kaufvertrag dennoch bestehen und richtet sich nach den gesetzlichen Regelungen.
5. Einzelne Bestimmungen der AGB sind unwirksam, wenn sie den Verbraucher unangemessen benachteiligen.

21. AUFGABE

☐

Prüfen Sie, in welchem der folgenden Fälle es sich um eine Schlechtleistung (mangelhafte Lieferung) handelt.

1. Die KommunikativAktiv KG liefert einen bestellten Computer nicht fristgemäß aus.
2. Ein Kunde der Dialogfix GmbH überweist den fälligen Rechnungsbetrag nicht.
3. Christian Telorac weigert sich, die von Arne Klein gekaufte Briefmarkensammlung anzunehmen.
4. Die Dialogfix GmbH liefert einem Kunden ein falsches Laptopmodell.
5. Durch einen Streik werden der Dialogfix GmbH die zum Versand dringend benötigten Handys nicht geliefert.

22. AUFGABE

☐

Mathias Fisch (17 Jahre) macht eine Ausbildung bei der Dialogfix GmbH. Er fragt Sie, welches Rechtsgeschäft er ohne Zustimmung seiner gesetzlichen Vertreter (Eltern) rechtswirksam abschließen kann. Welche den gesetzlichen Vorgaben entsprechende Antwort geben Sie ihm?

1. Du kannst eine private Rentenversicherung abschließen, da sie deiner späteren Altersvorsorge dient.
2. Du kannst jederzeit eine Schenkung annehmen, wenn sie dir nur rechtliche Vorteile bringt.
3. Du kannst jeden Vertrag abschließen, da du eine Ausbildungsvergütung erhältst, die dir zu freien Verfügung steht.
4. Du kannst, Führerschein vorausgesetzt, ein Auto leasen, um zur Arbeit zu gelangen.
5. Du kannst keine Verträge abschließen, da du noch geschäftsunfähig bist.

Situation zu den Aufgaben 23 bis 26:
Frank Meyer bestellt bei der KommunikativAktiv KG telefonisch am 04.03. den Laptop GameMan.

23. AUFGABE

☐

Am 05.03. bestätigt die KommunikativAktiv KG Herrn Meyer, dass der Laptop GameMan nach Anzahlung von 10 % des Kaufpreises auf das Firmenkonto geliefert wird. Der Laptop wird am 20.03. geliefert und der ausstehende Rechnungsbetrag von Herrn Meyer am 22.03. auf das Firmenkonto überwiesen, wo er am 23.03. gutgeschrieben wird. Wann geht das Eigentum am Laptop an Herrn Meyer über?

1. Herr Meyer wird Eigentümer mit Annahme der Bestellung am 05.03.
2. Herr Meyer wird Eigentümer mit Leistung der Anzahlung.
3. Herr Meyer wird Eigentümer am Tag der Lieferung und Übergabe des Laptops.
4. Herr Meyer wird Eigentümer mit Überweisung des ausstehenden Kaufpreises am 22.03.
5. Herr Meyer wird Eigentümer am Tag der Gutschrift des restlichen Rechnungsbetrages am 23.03.

24. AUFGABE

☐

Welches Recht steht Herrn Meyer bei mangelhafter Lieferung des neuen Laptops vorrangig zu?

1. Nacherfüllung
2. Rücktritt vom Vertrag
3. Minderung des Kaufpreises
4. Schadensersatz
5. Ersatz vergeblicher Aufwendungen

25. AUFGABE

☐

Die KommunikativAktiv KG hat eine Palette DIN-A3-Papier bei einem Lieferanten in München bestellt. Bei der Wareneingangsprüfung wird festgestellt, dass DIN-A4-Papier geliefert wurde. Prüfen Sie, welche Pflichten die KommunikativAktiv KG jetzt hat.

1. Sie muss die Falschlieferung spätestens 3 Tage nach der Lieferung zurücksenden.
2. Sie muss die Palette mit dem Papier unverzüglich zurücksenden. Die Kosten zahlt der Lieferant.
3. Sie muss die Palette mit dem Papier unverzüglich auf eigene Kosten an den Lieferanten zurücksenden.
4. Sie muss die Palette mit dem Papier sachgemäß aufbewahren und den Mangel unverzüglich beim Lieferanten reklamieren.
5. Sie muss die Falschlieferung spätestens in 10 Tagen beim Lieferanten reklamieren.

26. AUFGABE

In welcher Zeile wird ein zweiseitiger Handelskauf beschrieben?

1. Verkäufer ist die Dialogfix GmbH, Käufer ist ein Unternehmen.
2. Verkäufer ist ein Verbraucher, Käufer ist ein Unternehmen.
3. Verkäufer ist ein Verbraucher, Käufer ist ein Verbraucher.
4. Verkäufer ist ein Unternehmen, Käufer ist ein Verbraucher.
5. Verkäufer ist die KommunikativAktiv KG, Käufer ist Julia Lauer.

Situation zu den Aufgaben 27 bis 29:
Die Firma Münzcollector GmbH vertreibt eine neue Münzserie „WM-Siege". Sie hat die Nachfrage nach diesen Münzen falsch eingeschätzt: Es wurden weniger Münzen verkauft als erwartet. Damit kein Verlust entsteht, müssen die übrig gebliebenen Münzen zu einem akzeptablen Preis verkauft werden.

27. AUFGABE

In welchem Fall handelt es sich um ein die Firma Münzcollector rechtlich bindendes Angebot?

1. Die Firma bewirbt die Münzserie in einer Zeitschrift für Münzsammler.
2. Die Münzserie wird im Verkaufskatalog dieses Quartals nochmals beworben.
3. Münzcollector legt den Rechnungen Flyer mit der Münzserie bei. Diese enthalten den Vermerk „Solange der Vorrat reicht".
4. Münzcollector bietet die Münzen im Rahmen des Cross-Sellings während eingehender Bestellanrufe an.
5. In einer Vitrine im Verkaufsraum wird die Münzserie für die Laufkundschaft ausgestellt mit der Überschrift „zum Hammerpreis".

28. AUFGABE

Der Geschäftsführer von Münzcollector sendet einem Einzelhändler am 12.10. ein persönliches Schreiben, er bietet in dem Brief versehentlich 50 Sätze der Münzen zu 2,95 € statt zu 12,95 € an. Das Angebot ist gültig bis zum 12.11. Wie kann der Geschäftsführer seinen Fehler korrigieren?

1. Gar nicht.
2. Er hat bis zum 12.11. Zeit, seinen Fehler zu korrigieren.
3. Er muss unverzüglich ein Fax aufsetzen, in dem er sein Angebot widerruft, damit dieses den Einzelhändler noch vor dem Brief erreicht.
4. Er muss innerhalb 1 Woche nach Absendung des Angebots reagieren.
5. Er braucht nicht zu handeln, da es sich um eine Anpreisung handelt.

29. AUFGABE

Die Prägerei liefert der Münzcollector GmbH weitere Sätze der Münzen. Diese waren nicht bestellt. Wie muss Münzcollector in dieser Situation reagieren?

1. Die Münzcollector GmbH stellt die Münzen vor die Tür und fordert die Prägerei zur Abholung auf.
2. Die Münzen werden zunächst im Tresor verwahrt. Nach einer Woche werden sie einem Mitarbeiter mitgegeben, der in der Nähe der Prägerei wohnt, damit er sie dort abliefert.
3. Die Münzcollector GmbH nimmt sofort Kontakt mit der Prägerei auf und schickt die Münzen umgehend zurück.
4. Die Münzcollector GmbH versucht, einen Teil der Sätze zu verkaufen, den anderen Teil kann man später zurückgeben.
5. Die Münzcollector GmbH braucht nichts zu unternehmen, da die Ware nicht bestellt war.

30. AUFGABE

Im Geschäftsleben lassen sich einseitige und zweiseitige Rechtsgeschäfte unterscheiden. Prüfen Sie, in welchem Fall es sich um ein einseitiges Rechtsgeschäft handelt.

1. Die Dialogfix GmbH verkauft gebrauchte Büroausstattung.
2. Die Dialogfix GmbH kündigt einem ihrer Mitarbeiter.
3. Die Dialogfix GmbH erteilt den Auftrag zur Programmierung einer Datenbank für ein Outbound-Projekt.
4. Die Dialogfix GmbH mietet neue Geschäftsräume an.
5. Die Dialogfix GmbH nimmt einen Kredit auf.

31. AUFGABE

Die Dialogfix GmbH schließt mit ihren Geschäftspartnern unterschiedliche Arten von Verträgen. Prüfen Sie, welche zwei Verträge nichtig sind.

1. Die Dialogfix GmbH schließt mit einem privaten Finanzvermittler einen Kreditvertrag mündlich ab.
2. Die Dialogfix GmbH bestellt versehentlich 1000 neue Headsets. Geplant waren aber nur 10 neue Headsets.
3. Die Dialogfix GmbH schließt einen notariellen Kaufvertrag über einen Grundstückskauf ab, es wird jedoch nur der halbe Kaufpreis beurkundet.
4. Der Geschäftsführer der Dialogfix GmbH stellt einen neuen Mitarbeiter für die Kantine per Handschlag ein.
5. Der Dialogfix GmbH werden 10 Arbeitsplatzrechner geliefert, obwohl nur 5 bestellt wurden.
6. Der Geschäftsführer der Dialogfix GmbH schließt mit der 17-jährigen Samira einen Ausbildungsvertrag ohne Unterschrift der Erziehungsberechtigten.

Situation zu den Aufgaben 32 bis 35:
Die Karl Knaub GmbH versendet Grillzubehör an Verbraucher. Sie sichert den Kunden immer individuell zu, dass die Ware binnen 1 Woche ab Bestelldatum beim Kunden ankommt.

32. AUFGABE

Herr Heim bestellt bei der Karl Knaub GmbH am 11.02. einen Aztekenofen. Dieser wird am 14.02. geliefert. Die Rechnung geht Herrn Heim am 16.02. zu. Sie trägt das Datum 15.02. und enthält keine näheren Zahlungsbedingungen. Herr Heim bezahlt am 19.02. den Rechnungsbetrag, der am 21.02. dem Konto der Firma Knaub gutgeschrieben wird. Stellen Sie fest, zu welchem Zeitpunkt das Eigentum an dem Aztekenofen an Herrn Heim übergeht.

33. AUFGABE

Zu welchem Zeitpunkt (Datum) ist in diesem Fall die Zahlung des Kaufpreises für den Aztekenofen fällig?

34. AUFGABE

Prüfen Sie, unter welcher Voraussetzung die Karl Knaub GmbH in diesem Fall in Lieferungsverzug geraten kann.

1. Da die erforderliche Ware wegen eines Streiks beim Hersteller nicht beschafft werden kann, wird sie nicht rechtzeitig an Herrn Heim geliefert.
2. Wegen eines Personalengpasses in der Versandabteilung kann die Ware nicht rechtzeitig auf den Weg gebracht werden.
3. Ein Hochwasser verhindert, dass Fahrzeuge das Werksgelände befahren können.
4. Ein beauftragter Frachtführer trifft erst um 18 Uhr des zweiten Tages nach Bestellung beim Kunden ein.
5. Höhere Gewalt hat die rechtzeitige Lieferung verhindert.

35. AUFGABE

Die Karl Knaub GmbH schickt Frau Meyer am 12. Juni eine Rechnung. In der Rechnung steht „zahlbar bis 17. Juni“. Wann kommt Frau Meyer in Zahlungsverzug?

1. Frau Meyer kommt erst nach Überschreiten der 30-Tage-Frist in Zahlungsverzug.
2. Sobald eine Mahnung durch die Karl Knaub GmbH erfolgt, kommt sie in Zahlungsverzug.
3. Sie kommt mit Erhalt der Rechnung in Zahlungsverzug.
4. Frau Meyer kommt nach Ablauf des Fälligkeitstermins nur dann in Zahlungsverzug, wenn sie auch eine Mahnung erhält.
5. Frau Meyer kommt am 18. Juni in Zahlungsverzug.

Situation zu den Aufgaben 36 bis 49:
Von Ihrem Ausbilder erhalten Sie den Auftrag, für den nächsten innerbetrieblichen Unterricht das Thema „Rechtsformen der Unternehmen" vorzubereiten.

Z **36.** AUFGABE ☐

Welche der folgenden Aussagen über die Rechtsform eines Unternehmens ist falsch?

1. Die Rechtsform regelt die Beziehungen zwischen Eigentümer und Betrieb.
2. Die gesetzlichen Regelungen für sämtliche deutschen Rechtsformen sind im Handelsgesetzbuch (HGB) zu finden.
3. Die Wahl der Rechtsform hat Auswirkung auf die Finanzierungsmöglichkeiten.
4. Die Rechtsform regelt die Beziehungen der Eigentümer untereinander.
5. Je nach Wahl der Rechtsform sind Haftungsfragen unterschiedlich geregelt.

Z **37.** AUFGABE ☐

Die Dialogfix GmbH ist ins Handelsregister eingetragen. Prüfen Sie, welche Feststellung in diesem Zusammenhang zutreffend ist.

1. Der Eintrag zur Dialogfix GmbH findet sich in Abteilung B.
2. Das Handelsregister wird bei der Berufsgenossenschaft geführt.
3. Die Eintragung ins Handelsregister war für die Dialogfix GmbH freiwillig.
4. Eintragungen ins Handelsregister werden erst durch notarielle Beglaubigungen wirksam.
5. Handelsregistereintragungen können nur von Kaufleuten eingesehen werden.

Z **38.** AUFGABE ☐

Über welche gesetzmäßigen Organe verfügt die Dialogfix GmbH?

1. Geschäftsführer, Gesellschafterversammlung, Aufsichtsrat
2. Vorstand, Hauptversammlung, Aufsichtsrat
3. Komplementäre, Kommanditisten, Rat der Gesellschafter
4. Präsident, Generalversammlung, Genossenschaftsrat
5. Geschäftsführer, Vorstandsvorsitzende, Lenkungsausschuss

Z **39.** AUFGABE ☐

Welche Information über die Dialogfix GmbH findet sich nicht im Handelsregister?

1. Namen der Gesellschafter
2. Stammkapital
3. Allgemeine Geschäftsbedingungen (AGB)
4. Vertretungsberechtigte Personen
5. Firmensitz

40. AUFGABE ☐ Z

Welcher der nachfolgenden Vorgänge bei der Dialogfix GmbH muss zwingend ins Handelsregister eingetragen werden?

1. Einrichtung einer neuen Stabsstelle „Öffentlichkeitsarbeit“
2. Innerbetriebliche Versetzung des Abteilungsleiters Hans Krause
3. Aufnahme eines neuen Gesellschafters
4. Wahl eines neuen Betriebsratsvorsitzenden
5. Änderungen in der Ablauforganisation

41. AUFGABE ☐ Z

In der Dialogfix GmbH gibt es Bestrebungen, den Firmennamen zu ändern. Prüfen Sie, welche Firmenbezeichnung für das Unternehmen auf jeden Fall unzulässig ist.

1. Braun, Kruse & Russ GmbH
2. Gesellschaft für Kundendialoge mbH
3. DAS Callcenter GmbH
4. Fixdialog, Callcenterunternehmung
5. Dialogfix Contactcenter GmbH

42. AUFGABE ☐ Z

Welche Aussage trifft auf die Rechtsform der Dialogfix GmbH zu?

1. Es handelt sich um eine Personengesellschaft mit beschränkter Haftung.
2. Der Betrag, mit dem sich ein Gesellschafter an der Gesellschaft beteiligt, heißt Stammeinlage.
3. Das Gesellschaftskapital einer GmbH beträgt mindestens 50 000,00 €.
4. Alle Gesellschafter haften ausschließlich mit ihrem Privatvermögen für die Verbindlichkeiten der Gesellschaft.
5. Die Stammeinlagen der einzelnen Gesellschafter müssen gleich groß sein.

43. AUFGABE ☐ Z

Stellen Sie fest, welche Aussage über die Haftung der Gesellschafter der Dialogfix GmbH korrekt ist.

1. Einzelne Gesellschafter können von der Haftung ausgenommen werden.
2. Jeder Gesellschafter haftet mit seinem Privatvermögen.
3. Lediglich die geschäftsführenden Gesellschafter haften für Verbindlichkeiten der GmbH.
4. Die Gesellschafterversammlung legt die Haftung der einzelnen Gesellschafter jährlich neu fest.
5. Die Gesellschafter haften nur mit ihrem Gesellschaftsvermögen.

Z **44.** AUFGABE

Prüfen Sie, wer gemäß den gesetzlichen Bestimmungen die Dialogfix GmbH nach außen vertritt und im Innenverhältnis leitet.

1. Der Aufsichtsrat
2. Der Komplementär/Die Komplementäre
3. Die Gesellschafterversammlung
4. Der/Die Geschäftsführer
5. Der Kommanditist/Die Kommanditisten

Z **45.** AUFGABE

Als Handelsunternehmen ist die Dialogfix GmbH verpflichtet, Mitgliedsbeiträge an die Industrie- und Handelskammer (IHK) zu entrichten. Bestimmen Sie die zentrale Aufgabe der Industrie- und Handelskammer.

1. Träger der gesetzlichen Unfallversicherung
2. Überwachung der Einhaltung von Arbeitsschutzbestimmungen
3. Interessenvertretung aller Wirtschaftszweige in Industrie und Handel
4. Abschluss von Tarifverträgen
5. Organisation der Zwischen- und Abschlussprüfungen im Handwerk

Z **46.** AUFGABE

Die Dialogfix GmbH hat die NightRanger KG als Neukunden gewonnen. Welche Angabe über den Neukunden finden Sie im Handelsregister?

1. Die Anzahl der beschäftigten Mitarbeiter
2. Die Namen und Vornamen der Gesellschafter
3. Die Namen der Abteilungsleiter
4. Den Gewinn im abgelaufenen Geschäftsjahr
5. Die Bonität der Gesellschaft

Z **47.** AUFGABE

Zu den Vertragspartnern der Dialogfix GmbH zählen Unternehmen mit unterschiedlichen Rechtsformen. Prüfen Sie, welche der folgenden Aussagen die Rechte und Pflichten der Kommanditisten einer Kommanditgesellschaft nicht richtig beschreibt.

1. Kommanditisten haften unbeschränkt für alle bestehenden Verbindlichkeiten.
2. Kommanditisten sind von der Unternehmensführung ausgeschlossen.
3. Kommanditisten haben das Recht, den Jahresabschluss zu prüfen.
4. Kommanditisten werden am Verlust der Gesellschaft nur bis zur Höhe ihrer Kommanditanteile und etwaiger Rückstände beteiligt.
5. Kommanditisten haben bei gewöhnlichen Handlungen des persönlich haftenden Gesellschafters kein Widerspruchsrecht.

48. AUFGABE

Z

Geben Sie an, wer nach dem HGB bei der KommunikativAktiv KG die Geschäftsführung und Vertretung hat, wenn im Gesellschaftsvertrag keine anderslautende Vereinbarung getroffen wurde.

1. Die Komplementäre der KommunikativAktiv KG
2. Die Kommanditisten der KommunikativAktiv KG
3. Die Kommanditisten und Komplementäre der KommunikativAktiv KG gemeinsam
4. Die Gesellschafterversammlung
5. Der Vorstand

49. AUFGABE

Z

Der Gesellschaftsvertrag der Stardialog GmbH sieht vor, die erwirtschafteten Gewinne der Gesellschaft im Verhältnis der Stammeinlagen zu verteilen. Die drei Gesellschafter Huber, Sacher und Maier sind mit 190 000,00 €, 400 000,00 € und 210 000,00 € am Unternehmen beteiligt. Im vergangenen Jahr erzielte die Stardialog GmbH einen Gewinn von 90 000,00 €. Berechnen Sie den Anteil des Gesellschafters Maier.

Situation zu den Aufgaben 50 bis 52:
Ein regelmäßiger Geschäftspartner der Dialogfix GmbH ist die MobilTelco GmbH. Gesellschafter sind: Waldemar Hart, Anna Klein und Katya Komuni. Anna Klein und Katya Komuni sind als Geschäftsführer bestellt und einzelvertretungsbefugt.

50. AUFGABE

Z

Prüfen Sie, wer die MobilTelco GmbH in einer Rechtsstreitigkeit vor Gericht vertreten darf.

1. Herr Hart, Frau Klein und Frau Komuni müssen gemeinsam unter ihrem eigenen Namen klagen.
2. Frau Klein und Frau Komuni als Geschäftsführerinnen müssen gemeinsam als Vertreter der GmbH klagen.
3. Da die GmbH nicht rechtsfähig ist, müssen beide Geschäftsführerinnen gemeinsam unter ihrem eigenen Namen klagen.
4. Frau Klein oder Frau Komuni können als Geschäftsführerin allein als Vertreterin der GmbH klagen.
5. Da die MobilTelco GmbH nicht rechtsfähig ist, kann einer der drei Gesellschafter unter eigenem Namen klagen.

51. AUFGABE

Z

Wie hoch muss das Stammkapital der MobilTelco GmbH mindestens sein, sofern es sich nicht um eine sogenannte „Mini-GmbH“ handelt?

Z **52. AUFGABE**

Katya Komuni ist mit 30 %, Anna Klein mit 45 % und Waldemar Hart mit dem Rest an der GmbH beteiligt. Der Gewinn in diesem Jahr beträgt 350 000,00 €. Frau Klein und Frau Komuni erhalten laut Gesellschaftervertrag für die Geschäftsführung jeweils vorab 50 000,00 € aus dem erzielten Gewinn. Der Restgewinn wird entsprechend den Anteilen am Stammkapital auf die Gesellschafter verteilt. Wie viel Euro Gewinnanteil erhält Gesellschafter Waldemar Hart?

Z **53. AUFGABE**

Welche gesetzliche Vorschrift trifft auf die KommunikativAktiv KG zu?

1. Das Mindestkapital beträgt 25 000,00 €.
2. Bei der Gewinnverteilung nach HGB hat jeder Gesellschafter Anspruch auf eine 4%ige Verzinsung seines Kapitalanteils. Der Restgewinn wird nach Köpfen verteilt.
3. Jeder Gesellschafter hat die Pflicht, die Geschäfte der Gesellschaft persönlich zu führen.
4. Die Kommanditisten haften lediglich in Höhe ihrer Kapitaleinlage.
5. Die Geschäftsführungsbefugnis wird von der Hauptversammlung festgelegt.

Z **54. AUFGABE**

Prüfen Sie, wie die Haftung bei der KommunikativAktiv KG geregelt ist.

1. Das gesetzlich vorgeschriebene Haftungskapital beträgt 50 000,00 €.
2. Das gesetzlich vorgeschriebene Haftungskapital beträgt 100 000,00 €.
3. Die Haftung aller Gesellschafter beschränkt sich auf die geleistete Einlage.
4. Der Kommanditist haftet mit seinem Geschäfts- und Privatvermögen.
5. Der Komplementär haftet mit seinem Geschäfts- und Privatvermögen.

Z **55. AUFGABE**

Stellen Sie fest, welches Recht der Kommanditistin Frau Seewald zusteht.

1. Mitbestimmung bei der Geschäftsführung
2. Vertretung des Unternehmens vor Gericht
3. Kauf von Grundstücken für die KG
4. Aufnahme weiterer Kommanditisten in das Unternehmen
5. Widerspruchsrecht bei außergewöhnlichen Handlungen der Komplementäre

Z **56. AUFGABE**

Gesellschafter der KommunikativAktiv KG sind die Komplementäre Herrmann (15 000,00 € Einlage) und Groß (15 000,00 € Einlage) sowie die Kommanditistin Seewald (10 000,00 € Einlage). Die Verteilung des Gewinns in Höhe von 81 600,00 € erfolgt nach Gesellschaftsvertrag wie folgt: 4%ige Verzinsung des Kapitalanteils, Verteilung des Restgewinns im Verhältnis der Kapitalanteile. Ermitteln Sie den Gewinnanteil von Herrn Groß (in Euro).

Situation zu den Aufgaben 57 bis 63:
Im Rahmen Ihrer Ausbildung sind Sie derzeit Herrn Paulus, Leiter der Betriebsorganisation der Dialogfix GmbH, zugeordnet. Zunächst bittet Sie Herr Paulus, sich mit dem Organigramm der Dialogfix GmbH vertraut zu machen.

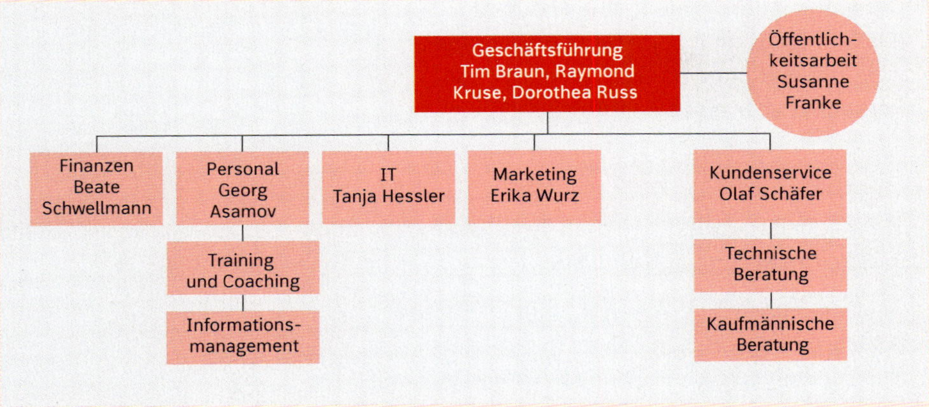

57. AUFGABE ☐ Z

Welche Aussage können Sie anhand des Organigramms treffen?

1. Es handelt sich um eine Matrixorganisation.
2. Susanne Franke hat Weisungsbefugnis gegenüber dem Kundenservice.
3. Bei der Abteilung Marketing handelt es sich um eine Stabsstelle.
4. Olaf Schäfer ist gegenüber der Technischen Beratung weisungsbefugt.
5. Die Dialogfix GmbH nutzt hier eine Mehrlinienorganisation.

58. AUFGABE ☐ Z

Prüfen Sie anhand des Organigramms, welche Aussage zu Susanne Franke zutreffend ist.

1. Frau Franke ist eine externe Mitarbeiterin.
2. Frau Franke ist Mitglied der Geschäftsführung.
3. Frau Franke leitet die Stabsstelle Öffentlichkeitsarbeit.
4. Frau Franke unterliegt als Stabsstelle nicht dem Betriebsverfassungsgesetz.
5. Frau Franke übt eine Matrixfunktion aus.

59. AUFGABE ☐ Z

Stellen Sie fest, welche Hauptaufgabe bzw. Zuständigkeit Frau Franke innehat.

1. Eine generelle Weisungsbefugnis gegenüber der Geschäftsführung
2. Weisungsbefugnis gegenüber den Abteilungsleitern
3. Unterstützung und Beratung der Geschäftsführung
4. Übernahme sämtlicher Sekretariatsaufgaben für die Geschäftsführung
5. Kontrolle der Geschäftsführung

Z **60. AUFGABE** ☐

Welche Informationen können Sie aus dem vorliegenden Organigramm der Dialogfix GmbH entnehmen?

1. Verteilung der betrieblichen Aufgaben auf die ausführenden Stellen
2. Darstellung der angebotenen Produkte
3. Reihenfolge von einzelnen Arbeitsvorgängen
4. Anforderungsprofil an die Stelleninhaber
5. Rentabilität der einzelnen Abteilungen

Z **61. AUFGABE** ☐

Bei Ihrer Arbeit mit verschiedenen Organigrammen stoßen Sie auf den Begriff „Stelle". Sie bitten Ihre Kollegin um eine Erläuterung. Welche Antwort ist richtig?

1. Die Gesamtheit aller Arbeitnehmer im Betrieb
2. Die Hard und Soft Skills eines Mitarbeiters
3. Die Arbeitsplatzbeschreibungen einer Abteilung
4. Die Abläufe an einem bestimmten Arbeitsplatz
5. Die kleinste Einheit der Aufbauorganisation

Z **62. AUFGABE** ☐

Welchen Vorteil hat die Dialogfix GmbH, wenn sie als Leitungssystem eine Einlinienorganisation umsetzt?

1. Wenige Hierarchiestufen
2. Rascher Informationsfluss
3. Klare Kompetenzabgrenzungen
4. Entlastung der Instanzen
5. Kurzer Dienstweg

Z **63. AUFGABE** ☐☐

Prüfen Sie, welche zwei Informationen nicht in ein Organigramm gehören

1. Die personelle Besetzung der Geschäftsführung
2. Die Verteilung betrieblicher Aufgaben auf Stellen und Abteilungen
3. Die Zuordnung von Stabsstellen
4. Die ideale Gestaltung von Arbeitsprozessen
5. Die Sozialversicherungsnummern der Stelleninhaber
6. Die internen Weisungsbefugnisse und die Unternehmenshierarchie

Lösungen zu Kapitel 18

Web

1. 2
2. 4
3. 4
4. 1, 2, 3, 4, 1
5. 3
6. 3
7. 1
8. 1
9. 2
10. 3
11. 10.06.
12. 5
13. 3
14. 1
15. 5
16. 3
17. 3
18. 3
19. 5
20. 3
21. 4
22. 2
23. 3
24. 1
25. 4
26. 1
27. 4
28. 3
29. 3
30. 2
31. 1, 3
32. 14.02.
33. 16.02.
34. 2
35. 5
36. 2
37. 1
38. 1
39. 3
40. 3
41. 4
42. 2
43. 5
44. 4
45. 3
46. 2
47. 1
48. 1
49. 23 625,00 €
50. 4
51. 25 000,00 €
52. 62 500,00 €
53. 4
54. 5
55. 5
56. 30 600,00 €
57. 4
58. 3
59. 3
60. 1
61. 5
62. 3
63. 4, 5

19 Menschliche Arbeit im Betrieb

Hinweis: Dieses Kapitel enthält die Themen
- Arbeitsrecht (mit Ausbildung) (Aufgabe 1 bis 42),
- Arbeitsschutzbestimmungen (Aufgabe 43 bis 67),
- soziale Sicherung (Aufgabe 68 bis 94),
- Mitwirkung und Mitbestimmung (Aufgabe 95 bis 120).

Z **1.** AUFGABE ☐☐

Die Berufsausbildung in Deutschland erfolgt überwiegend im dualen Ausbildungssystem. Wer sind die beiden Beteiligten an dieser Form der Ausbildung?

1. Ausbildungsbetrieb
2. Wirtschaftsministerium
3. Industrie- und Handelskammer
4. Agentur für Arbeit
5. Berufsschule
6. Berufsakademie

Z **2.** AUFGABE ☐

Bei der Ausbildung von Servicefachkräften und Kaufleuten für Dialogmarketing muss die Dialogfix GmbH die Vorschriften des Berufsbildungsgesetzes beachten. Welche Regelung ergibt sich nicht aus diesem Gesetz?

1. Für den Berufsschulunterricht freistellen
2. Geeignete Ausbilder bestellen
3. Monatliche Feedbackgespräche führen
4. Die für die Ausbildung erforderlichen Kenntnisse vermitteln
5. Nur ausbildungsbezogene Tätigkeiten übertragen

Z **3.** AUFGABE ☐

Die Dialogfix GmbH hat mit Samira Groll einen Berufsausbildungsvertrag zur Kauffrau für Dialogmarketing geschlossen. Mit welcher Formulierung zum Berufsausbildungsvertrag informieren Sie Samira zutreffend?

1. Dein Ausbildungsvertrag muss keine Mindestangaben enthalten.
2. Deine Probezeit muss mindestens 3 Monate, höchstens 6 Monate dauern.
3. Du bist verpflichtet, mindestens ein Jahr bei der Dialogfix GmbH zu bleiben.
4. Die Vereinbarungen zwischen dir und der Dialogfix GmbH werden wir schriftlich an deinem ersten Arbeitstag festhalten.
5. In deinem Ausbildungsvertrag vereinbaren wir die Dauer der regelmäßigen täglichen Ausbildungszeit.

4. AUFGABE ☐ Z

Samira möchte sich bereits zu Beginn der Ausbildung über die Prüfungsanforderungen zur Kauffrau für Dialogmarketing informieren. Wo kann sie diese Informationen finden?

1. Ausbildungsrahmenplan
2. Rahmenlehrplan
3. Ausbildungsplan
4. Ausbildungsordnung
5. Berufsbildungsgesetz

5. AUFGABE ☐ Z

In Samiras Ausbildungsvertrag finden sich auch Regelungen zur Probezeit. Stellen Sie fest, welche Aussage dazu richtig ist.

1. Während der Probezeit kann das Ausbildungsverhältnis jederzeit mit einer 4-wöchigen Frist gekündigt werden.
2. Samira kann das Ausbildungsverhältnis jederzeit fristlos kündigen, die Dialogfix GmbH hingegen nur aus einem wichtigen Grund.
3. Regelungen zur Probezeit können zwischen Samira Groll und der Dialogfix GmbH individuell verhandelt werden.
4. Die Probezeit beträgt mindestens 1 Monat.
5. Bei entsprechender Vorbildung von Samira kann die Dialogfix GmbH auf eine Probezeit verzichten.

6. AUFGABE ☐ Z

Die angehende Auszubildende Janine Weber ist 16 Jahre alt und fragt, wer ihren Berufsausbildungsvertrag unterschreiben muss. Welche zutreffende Antwort geben Sie ihr?

1. Der Ausbildende und Janine
2. Der Ausbildungsbeauftragte und Janine
3. Der Ausbildende, der Personalrat und die gesetzlichen Vertreter von Janine
4. Der Ausbildende, Janine und ihre gesetzlichen Vertreter
5. Der Ausbildende und die Erziehungsberechtigten von Janine

7. AUFGABE ☐ Z

Janine Weber legt ihren Bewerbungsunterlagen ein einfaches Zeugnis bei. Welche Angabe wird sich dort nicht finden?

1. Dauer der Ausbildung
2. Art der Ausbildung (Ausbildungsberuf)
3. Erworbene Kenntnisse und Fertigkeiten
4. Ziel der Berufsausbildung
5. Verhalten während der Ausbildung

Z **8. AUFGABE** ☐

Was kann eine Ausbildungsordnung in einem bestimmten Beruf nicht beinhalten?

1. Ausbildungsdauer
2. Kündigungsfristen
3. Prüfungsanforderungen
4. Bezeichnung des Ausbildungsberufs
5. Ausbildungsrahmenplan

Z **9. AUFGABE** ☐

Welcher der folgenden Punkte ist nicht im Berufsbildungsgesetz geregelt?

1. Regelung über Beginn und Ende des Berufsausbildungsverhältnisses
2. Pflichten des Auszubildenden
3. Berechtigung zum Einstellen und Ausbilden von Auszubildenden
4. Betrieblicher Ausbildungsplan
5. Rechte des Auszubildenden

Z **10. AUFGABE** ☐

Prüfen Sie, welche Aussage über den Berufsausbildungsvertrag richtig ist.

1. Die Probezeit, die von beiden Seiten einzuhalten ist, beträgt mindestens 14 Tage.
2. Der Berufsausbildungsvertrag ist für alle Berufe bei der Industrie- und Handelskammer einzutragen.
3. Der Vertrag kann innerhalb der ersten 6 Monate von beiden Seiten ohne Begründung gekündigt werden.
4. Der Auszubildende kann den Vertrag nach der Probezeit mit einer 4-wöchigen Kündigungsfrist lösen, wenn er einen anderen Beruf erlernen möchte.
5. Bei jugendlichen Auszubildenden sind ausschließlich die gesetzlichen Vertreter für die Einhaltung der Vertragspflichten verantwortlich.

Z **11. AUFGABE** ☐ ☐

Welche zwei Pflichten ergeben sich für die 16-jährige Auszubildende Janine aufgrund ihres Ausbildungsvertrages?

1. Sie muss unverzüglich alle Ausbildungsmittel wie zum Beispiel Headset und Softwarelizenzen einkaufen.
2. Sie muss sich bei der Industrie- und Handelskammer darum bemühen, in das Verzeichnis der Berufsausbildungsverhältnisse eingetragen zu werden.
3. Über Betriebs- und Geschäftsgeheimnisse darf Janine nicht sprechen.
4. Die Teilnahme am Berufsschulunterricht ist für die Auszubildende verpflichtend.
5. Janine muss für sich eine Unfallversicherung abschließen.
6. Sie muss die ihr zustehenden Urlaubstage für Fortbildung und Prüfungsvorbereitung nutzen.

Situation zu den Aufgaben 12 bis 19:
Die KommunikativAktiv KG möchte auf einen gut ausgebildeten Personalstamm zurückgreifen können. Daher legt das Unternehmen Wert auf eine kontinuierliche Ausbildung. Der Gesellschafter Reinhold Groß hat Sie mit der Einstellung neuer Auszubildender und deren Betreuung betraut.

12. AUFGABE ☐ Z

Sie haben sich während des Gesprächs mit Herrn Groß Notizen gemacht. Welcher Aufzählungspunkt lässt sich aus rechtlichen Gründen nicht umsetzen?

1. Einstellung von zwei Kaufleuten und einer Servicefachkraft (m/w/d) zum 01.07. dieses Jahres
2. Bei Erfüllung der Voraussetzungen ist eine Verkürzung der Ausbildung um 6 Monate möglich.
3. Bindung der Ausbildungsvergütung an den für die KommunikativAktiv KG geltenden Tarifvertrag durch Gleichstellungsabrede im Ausbildungsvertrag
4. Vereinbarung einer Probezeit von 5 Monaten
5. Vorauswahl der Bewerber durch ein Telefoninterview

13. AUFGABE ☐☐☐☐☐☐ Z

Auf eine Anzeige gehen mehrere Bewerbungen ein. Bringen Sie die folgenden Schritte bei der Bearbeitung dieser Bewerbungen in die richtige Reihenfolge und tragen Sie die Ziffern von links nach rechts in die Lösungskästchen ein.

1. Ausbildungsvertrag zusenden
2. Bewerbungsunterlagen sammeln
3. Auswahl der Bewerber im persönlichen Gespräch
4. Geeignete Bewerber zur persönlichen Vorstellung einladen
5. Gesammelte Bewerbungsunterlagen sichten und auswerten
6. Mit Erfolg versprechenden Bewerbern Telefoninterviews führen

14. AUFGABE ☐ Z

Die 18-jährige Auszubildende Kathrin Conrad möchte ihr Berufsausbildungsverhältnis kündigen. Sie will wissen, in welchem Gesetz sie nachschlagen muss. Welche Antwort müssen Sie ihr geben?

1. Im Arbeitszeitgesetz
2. Im Bürgerlichen Gesetzbuch
3. Im Betriebsverfassungsgesetz
4. Im Berufsbildungsgesetz
5. Im Jugendschutzgesetz

Z **15. AUFGABE** ☐

Einer der neuen Auszubildenden der KommunikativAktiv KG will die Abschlussprüfung vorzeitig ein halbes Jahr vor Beendigung der vertraglich vereinbarten Ausbildungszeit ablegen. Wer entscheidet über die Zulassung zur Abschlussprüfung laut Berufsbildungsgesetz (BBiG)?

1. Die zuständige Industrie- und Handelskammer (IHK)
2. Der Klassenlehrer der Berufsschule
3. Der Ausbildungsleiter
4. Die beiden Gesellschafter der KommunikativAktiv KG
5. Die Schulleitung der Berufsschule
6. Der Auszubildende selbst

Z **16. AUFGABE** ☐

Der Auszubildende Ricky Klopp überlegt nach einem Jahr, die Ausbildung abzubrechen, um ein Studium zu beginnen. Prüfen Sie die Rechtslage.

1. Ricky darf die Ausbildung jederzeit fristlos abbrechen, auch wenn er nur in einen anderen Ausbildungsbetrieb wechseln möchte.
2. Ricky darf erst nach Beendigung der Ausbildung das Studium aufnehmen, da er durch seinen Vertrag gebunden ist.
3. Es kommt darauf an. Wenn die KommunikativAktiv KG der Kündigung zustimmt, steht dem Studium nichts entgegen.
4. Das ist nur dann möglich, wenn die zuständige Industrie- und Handelskammer der Aufhebung des Ausbildungsvertrages zustimmt.
5. Ricky kann kündigen, denn bei Berufswechsel oder Aufgabe der Berufsausbildung ist er dazu berechtigt.

Z **17. AUFGABE** ☐

Ricky Klopp hat seine Ausbildung wider Erwarten doch weitergeführt und unterzieht sich nun der Abschlussprüfung. Am 09.05. fand die schriftliche Abschlussprüfung statt, am 07.06. teilte ihm die IHK das entsprechende Ergebnis schriftlich mit. Die mündliche Prüfung als letzten Prüfungsteil besteht er am 16.06. und erhält darüber eine Bescheinigung. In seinem Ausbildungsvertrag steht, dass das Vertragsverhältnis zum 01.07. endet. Das Zeugnis der Berufsschule erhält er am 02.07. Am 15.07. werden im Rahmen einer großen Feier die Zeugnisse durch die IHK vergeben. Prüfen Sie, wann Rickys Ausbildungsverhältnis endet.

1. 09.05.
2. 07.06.
3. 16.06.
4. 01.07.
5. 02.07.
6. 15.07.

18. AUFGABE ☐ Z

Ricky Klopp verlangt nach Beendigung seiner Ausbildung ein einfaches Zeugnis. Stellen Sie fest, welche Formulierung <u>nicht</u> in dieses Zeugnis gehört.

1. „Herr Ricky Klopp, geboren am ... in Berlin, ..."
2. „... war vom ... bis zum ... Auszubildender in unserem Unternehmen."
3. „Herr Klopp war in folgenden Abteilungen eingesetzt: ..."
4. „Er erledigte die ihm übertragenen Aufgaben zu unserer vollen Zufriedenheit."
5. „Wir wünschen Herrn Klopp für seine berufliche und private Zukunft alles Gute."

19. AUFGABE ☐ Z

Eine Auszubildende möchte wissen, wann das Berufsausbildungsverhältnis endet, wenn sie die Abschlussprüfung nicht besteht. Welche Antwort müssen Sie ihr geben?

1. Das Berufsausbildungsverhältnis verlängert sich auf ihr Verlangen bis zur nächsten Wiederholungsprüfung, höchstens jedoch um 1 Jahr.
2. Das Berufsausbildungsverhältnis endet mit Ablauf des Monats, in dem die Abschlussprüfung nicht bestanden wird.
3. Das Berufsausbildungsverhältnis endet mit Beginn des Monats, in dem die Abschlussprüfung nicht bestanden wird.
4. Das Berufsausbildungsverhältnis endet mit Feststellung des Nicht-Bestehens.
5. Das Berufsausbildungsverhältnis endet immer mit dem Ablauf der Ausbildungszeit.

Situation zu den Aufgaben 20 bis 21:
Jörg Raders begann am 01.05. dieses Jahres seine Ausbildung zum Kaufmann für Dialogmarketing bei der Dialogfix GmbH. Am 10.10. ertappt ihn der Geschäftsführer dabei, wie er die Kaffeemaschine des Pausenraums in sein Auto auf dem Firmenparkplatz einlädt. Eine vernünftige Erklärung bleibt Jörg schuldig. Am 10.11. wird er daraufhin vom Geschäftsführer fristlos gekündigt.

20. AUFGABE ☐ Z

Welche Aussage ist bezogen auf diese Kündigung richtig?

1. Die fristlose Kündigung ist rechtens, da es sich bei Diebstahl um einen wichtigen Grund handelt.
2. Die fristlose Kündigung ist nicht wirksam, da Jörg Raders ihr nicht zustimmen wird.
3. Die fristlose Kündigung ist unwirksam, weil die der Kündigung zugrunde liegenden Tatsachen dem Ausbildenden länger als 2 Wochen bekannt waren.
4. Die fristlose Kündigung ist unwirksam, da eine Kündigungsfrist von 4 Wochen eingehalten werden muss.
5. Bei Auszubildenden ist eine fristlose Kündigung generell ausgeschlossen.

Z

21. AUFGABE

Welchen Anspruch auf ein einfaches bzw. qualifiziertes Zeugnis hat Jörg Raders?

1. Er kann lediglich ein einfaches Zeugnis erhalten, da er weniger als ein Jahr beschäftigt war.
2. Ein qualifiziertes Zeugnis wird nur bei einvernehmlicher Aufhebung des Arbeitsvertrages ausgestellt.
3. Er hat weder Anspruch auf ein einfaches noch auf ein qualifiziertes Zeugnis, da er durch den Arbeitgeber gekündigt wurde.
4. Die Dialogfix GmbH muss ein qualifiziertes Zeugnis ausstellen, wenn Jörg es verlangt.
5. Als Auszubildender hat Jörg nur Anspruch auf ein einfaches Zeugnis.

Situation zu den Aufgaben 22 bis 36:
Während Ihrer Ausbildung werden Sie auch in der Personalabteilung der Dialogfix GmbH eingesetzt und sollen die Sachbearbeiter bei allen anfallenden Tätigkeiten unterstützen.

22. AUFGABE

Im Berufsschulunterricht hatten Sie immer Schwierigkeiten, Individual- und Kollektivarbeitsrecht zu unterscheiden. Sie bitten daher den Personalchef um ein zutreffendes Beispiel für das Individualarbeitsrecht. Welche Antwort werden Sie erhalten?

1. Regelungen zwischen der Dialogfix GmbH und dem Betriebsrat
2. Regelungen zwischen der Dialogfix GmbH und dem Arbeitnehmer Björn Henschel
3. Regelungen zwischen der Dialogfix GmbH und der Gewerkschaft verdi
4. Regelungen zwischen dem Betriebsrat der Dialogfix GmbH und der Gewerkschaft verdi
5. Regelungen innerhalb der Mitglieder des Betriebsrats der Dialogfix GmbH

23. AUFGABE

Die Dialogfix GmbH plant, neben dem monatlichen Festgehalt einen erfolgsabhängigen Prämienlohn einzuführen, der sich an den erzielten Verkaufsabschlüssen der Agents orientiert. Prüfen Sie, welcher Effekt bei der Einführung dieses Gehaltsmodells <u>nicht</u> eintreten wird.

1. Die Agents können aktiv die Höhe ihres Gehalts beeinflussen.
2. Die Motivation, zusätzliche Verkäufe zu erzielen, steigt an.
3. Das Konkurrenzdenken verstärkt sich.
4. Die Abschlussorientierung der Agents wächst.
5. Die Kollegialität im Team nimmt zu.

Situation zu den Aufgaben 24 bis 27:
Derzeit sind in der Personalabteilung auch einige Kündigungen zu bearbeiten. Sie sollen der Personalsachbearbeiterin Lena Oelkern dabei zuarbeiten. Ihnen liegt dazu folgender Gesetzesauszug aus dem BGB vor:

§ 622: Kündigungsfristen bei Arbeitsverhältnissen
(1) Das Arbeitsverhältnis eines Arbeiters oder eines Angestellten (Arbeitnehmers) kann mit einer Frist von vier Wochen zum Fünfzehnten oder zum Ende eines Kalendermonats gekündigt werden.
(2) Für eine Kündigung durch den Arbeitgeber beträgt die Kündigungsfrist, wenn das Arbeitsverhältnis in dem Betrieb oder Unternehmen
1. zwei Jahre bestanden hat, einen Monat zum Ende eines Kalendermonats,
2. fünf Jahre bestanden hat, zwei Monate zum Ende eines Kalendermonats,
3. acht Jahre bestanden hat, drei Monate zum Ende eines Kalendermonats,
4. zehn Jahre bestanden hat, vier Monate zum Ende eines Kalendermonats,
5. zwölf Jahre bestanden hat, fünf Monate zum Ende eines Kalendermonats,
6. 15 Jahre bestanden hat, sechs Monate zum Ende eines Kalendermonats [...].

24. AUFGABE

Welche Aussage zu den Kündigungsfristen im BGB ist zutreffend?

1. Alle Arbeitnehmer können grundsätzlich nur zum Ende eines Kalendermonats kündigen.
2. Die gesetzlich einzuhaltenden Kündigungsfristen für Arbeitnehmer und Arbeitgeber sind stets gleich.
3. Arbeitnehmer müssen immer eine Kündigungsfrist von 1 Monat beachten.
4. Eine Kündigung zum 15. eines Monats kann zulässig sein.
5. Besteht das Arbeitsverhältnis länger als 15 Jahre, hat der Arbeitnehmer eine Kündigungsfrist von 6 Monaten zu beachten.

25. AUFGABE

Dem 34-jährigen Agent Timo Jungmann (Betriebszugehörigkeit 8 Jahre) wird am 05.09. eine verhaltensbedingte Kündigung ausgesprochen, alle rechtlich notwendigen Schritte wurden beachtet. Stellen Sie anhand des Gesetzestextes fest, wann die Kündigung frühestens wirksam werden kann.

1. 31.09.
2. 15.10.
3. 31.10.
4. 31.12.
5. 31.01. des Folgejahres

26. AUFGABE

Aus dringenden betrieblichen Gründen müssen weitere Kündigungen ausgesprochen werden. Prüfen Sie, welches Arbeitsverhältnis am schnellsten durch Kündigung beendet werden kann.

1. Sebastian Lux, 26 Jahre alt, Agent, 4 Jahre Betriebszugehörigkeit, Ausbilder
2. Isabel Marx, 33 Jahre alt, Sekretärin, 1 Jahr Betriebszugehörigkeit, im 4. Monat schwanger
3. Lisa Buchenfeld, 19 Jahre alt, Auszubildende Kauffrau für Dialogmarketing, 2. Ausbildungsjahr
4. Hajo Hilbert, 24 Jahre alt, Lagerarbeiter, 3 Jahre Betriebszugehörigkeit, Mitglied im Betriebsrat
5. Sandra Messinger, 42 Jahre alt, Büroassistentin, 5 Jahre Betriebszugehörigkeit

27. AUFGABE

Die 28-jährige Sandra Theis arbeitet seit 7 Jahren bei der Dialogfix GmbH. Sie möchte nun ein BWL-Studium beginnen und ihr Arbeitsverhältnis zum 30.09. beenden. Prüfen Sie, bis zu welchem Termin Sandra Theis die Kündigung spätestens einreichen muss.

1. 31.08.
2. 01.09.
3. 02.09.
4. 03.09.
5. 15.09.

Situation zu den Aufgaben 28 bis 36:
Während Ihrer Tätigkeit in der Personalabteilung kommen Sie auch mit verschiedenen Tarifverträgen in Kontakt. Da Sie bislang wenig Ahnung von diesem Thema haben, befragen Sie erst einmal Ihre Kollegin Lydia Ziegler, die bereits seit Langem in der Personalabteilung arbeitet.

28. AUFGABE

Welche zutreffende Auskunft über Tarifverträge wird Ihnen Frau Ziegler geben?

1. Beim Abschluss von Tarifverträgen gilt die gesetzliche Formfreiheit.
2. Um rechtswirksam zu werden, bedürfen Tarifverträge der Genehmigung des Bundesministers für Arbeit und Soziales.
3. Tarifvertragspartei können auch einzelne Arbeitgeber sein.
4. Die maximale Laufzeit von Tarifverträgen beträgt 4 Jahre.
5. Tarifverträge müssen durch eine Betriebsvereinbarung für den jeweiligen Betrieb bestätigt werden.

29. AUFGABE

☐

In diesem Zusammenhang fällt auch der Begriff „Tarifautonomie“. Was ist darunter zu verstehen?

1. Die Abgeordneten des Deutschen Bundestages beschließen in freier Abstimmung ohne Fraktionszwang Tarifverträge.
2. Die Tarifvertragsparteien handeln ohne staatliche Einflussnahme Tarifverträge aus.
3. Jeder Arbeitgeber kann unabhängig entscheiden, ob der Tarifvertrag in Kraft treten soll.
4. Mittels Betriebsvereinbarungen kann jederzeit von gültigen Tarifverträgen abgewichen werden.
5. Der Arbeitgeber trifft mit jedem Arbeitnehmer eine individuelle Vereinbarung über die monatliche Vergütung.

30. AUFGABE

☐

In der Personalabteilung werden verschiedene Arten von Tarifverträgen aufbewahrt. Welche Information können Sie im Manteltarifvertrag finden?

1. Urlaubsdauer
2. Höhe des monatlichen Grundgehalts
3. Zuordnung einzelner Tätigkeiten in Tarifgruppen
4. Betriebliche Regelungen zur Gleitzeit
5. Höhe der Ausbildungsvergütung

31. AUFGABE

☐ ☐

Für die Dialogfix GmbH gilt ein Tarifvertrag. Welche zwei der folgenden Institutionen haben als Tarifvertragsparteien diesen Tarifvertrag ausgehandelt?

1. Betriebsrat
2. Gewerkschaft
3. Innenminister
4. Wirtschaftsminister
5. Arbeitgeberverband
6. Industrie- und Handelskammer

32. AUFGABE

☐☐☐☐☐

Bringen Sie die folgenden Schritte des Verlaufs einer Tarifverhandlung in die richtige Reihenfolge, indem Sie die Ziffern 1 bis 5 von links nach rechts in die Kästchen eintragen.

1. Gewerkschaft und Arbeitgeberverband verhandeln in der Tarifkommission ohne Erfolg.
2. Schlichtung wird einberufen
3. Streik
4. Der Schlichtungsversuch gilt als gescheitert.
5. Urabstimmung stimmt mit über 75 % für Streik.

33. AUFGABE

Frau Ziegler erwähnt, dass die Dialogfix GmbH demnächst den Abschluss eines Haustarifvertrags anstrebt. Stellen Sie fest, wer den Haustarifvertrag aushandeln wird.

1. Der Arbeitgeberverband und der Betriebsrat der Dialogfix GmbH
2. Die Geschäftsleitung der Dialogfix GmbH und der Bundeswirtschaftsminister
3. Die Geschäftsleitung der Dialogfix GmbH als Arbeitgeber und die zuständige Gewerkschaft
4. Die Geschäftsleitung (als Arbeitgeber) und der Betriebsrat der Dialogfix GmbH
5. Die zuständige Berufsgenossenschaft und die zuständige Gewerkschaft

34. AUFGABE

Welche Aussage zur Schlichtung in Tarifverhandlungen ist richtig?

1. Das Schlichtungsverfahren führt nur dann zum Erfolg, wenn beide Seiten mit dem erarbeiteten Vorschlag einverstanden sind.
2. Ein Richter des Arbeitsgerichts macht einen Vorschlag, der von beiden Seiten akzeptiert werden muss.
3. Ein Schlichtungsverfahren ist in jedem Arbeitskampf zwingend vorgeschrieben.
4. Das Ergebnis des Schlichtungsverfahrens wird nur dann Vertragsgegenstand, wenn die Gewerkschaft ihre Mitglieder in einer Urabstimmung darüber abstimmen lässt.
5. Bevor die Beteiligten am Schlichtungsverfahren teilnehmen dürfen, müssen sie eine Gewaltverzichtserklärung abgeben oder an einem Anti-Aggressions-Workshop teilnehmen.

35. AUFGABE

Während der „heißen Phase“ des Arbeitskampfes kann es zu Streik und Aussperrung kommen. In welchen zwei Aussagen werden die Folgen richtig beschrieben?

1. Von der Aussperrung werden nur Gewerkschaftsmitglieder betroffen.
2. Die Aussperrung verursacht einen volkswirtschaftlichen Schaden, da die Arbeitgeber von der Bundesagentur für Arbeit Ausgleichszahlungen erhalten.
3. Wenn durch Streik oder Aussperrung ein großer volkswirtschaftlicher Schaden droht, kann der Wirtschaftsminister die Kampfmaßnahmen durch eine einstweilige Verordnung unterbinden.
4. Der Streik führt dazu, dass davon betroffene Arbeitgeber wirtschaftlich geschädigt werden.
5. Der Arbeitgeberverband muss Ausgleichszahlungen an die von Aussperrung betroffenen Arbeitnehmer aus der Streikkasse leisten.
6. Für den Arbeitskampf gilt das Gebot der Verhältnismäßigkeit, die eingesetzten Kampfmittel müssen in einem angemessenen Verhältnis zu den angestrebten Zielen stehen.

36. AUFGABE

Prüfen Sie anhand des abgebildeten Auszugs aus dem Tarifvertragsgesetz (TVG), welche Bedeutung die Tarifbindung für den Arbeitgeber hat.

1. Die Inhalte des Tarifvertrags sind Höchstbedingungen, um ein Abwerben von Arbeitnehmern durch Gewährung günstigerer Bedingungen zu verhindern.
2. Zwischen Arbeitgeber und Arbeitnehmer dürfen für die Arbeitnehmer weder günstigere noch schlechtere als die im Tarifvertrag festgelegten Bedingungen vereinbart werden.
3. Zwischen Arbeitgeber und Arbeitnehmer dürfen für die Arbeitnehmer günstigere als die im Tarifvertrag vereinbarten Bedingungen vereinbart werden.
4. Zwischen Arbeitgeber und den gewerkschaftlich organisierten Arbeitnehmern dürfen schlechtere als die im Tarifvertrag vereinbarten Bedingungen vereinbart werden.
5. Der Arbeitgeber darf entweder nur allen oder keinem Arbeitnehmer günstigere als die im Tarifvertrag vereinbarte Bedingungen gewähren.

§ 4 Wirkung der Rechtsnormen

(1) Die Rechtsnormen des Tarifvertrags, die den Inhalt, den Abschluss oder die Beendigung von Arbeitsverhältnissen ordnen, gelten unmittelbar und zwingend zwischen den beiderseits Tarifgebundenen, die unter den Geltungsbereich des Tarifvertrags fallen. [...]
(3) Abweichende Abmachungen sind nur zulässig, soweit sie durch den Tarifvertrag gestattet sind oder eine Änderung der Regelungen zugunsten des Arbeitnehmers enthalten.

Situation zu den Aufgaben 37 bis 44:

Die Gültigkeit des Lohn- und Gehaltstarifvertrags ist ausgelaufen. Die Dialogfix GmbH ist Mitglied im Arbeitgeberverband und an den Tarifverhandlungen mit der zuständigen Gewerkschaft beteiligt. In der laufenden Tarifauseinandersetzung wurde vereinbart, alle Löhne um einen Festbetrag von monatlich 75,00 € zu erhöhen. Die KommunikativAktiv KG ist kein Mitglied des Arbeitgeberverbandes, verfolgt die Verhandlungen aber mit Interesse.

37. AUFGABE

Für wen gilt in diesem Fall der getroffene Tarifabschluss?

1. Für alle Beschäftigten der Branche
2. Für die Beschäftigten der KommunikativAktiv KG, die der Gewerkschaft angehören, die verhandelt hat
3. Für alle Beschäftigten der Mitgliedsunternehmen des Arbeitgeberverbandes, sofern sie der Gewerkschaft angehören, die verhandelt hat
4. Für alle Beschäftigten der Mitgliedsunternehmen des Arbeitgeberverbandes, sofern deren Betriebsräte dem Verhandlungsergebnis zustimmen
5. Für alle Gewerkschaftsmitglieder, deren Gewerkschaft verhandelt hat

38. AUFGABE

Dem Ergebnis der Tarifverhandlungen ging ein Streik der zuständigen Gewerkschaft voraus. Unter welcher Bedingung war dieser Streik rechtmäßig?

1. Es lag eine Erlaubnis des zuständigen Landesarbeitsministers vor.
2. Der bislang gültige Tarifvertrag erlaubte den Streik.
3. In einer vorab durchgeführten Urabstimmung stimmten 25 % der Gewerkschaftsmitglieder für den Streik.
4. In einer vorab durchgeführten Urabstimmung stimmten 75 % der Gewerkschaftsmitglieder für den Streik.
5. Der Streik war die Reaktion auf eine Aussperrung durch die Arbeitgeberseite.

39. AUFGABE

In allen Einzelarbeitsverträgen der Dialogfix GmbH findet sich eine Gleichstellungsabrede. Prüfen Sie, welche Wirkung dadurch eintritt.

1. Die Beschäftigten der Dialogfix GmbH haben sich bei Vertragsschluss bereit erklärt mitzustreiken, wenn die Gewerkschaftsmitglieder auch streiken.
2. Die gewerkschaftlich gebundenen Arbeitnehmer erklären dadurch, dass sie sich während eines Arbeitskampfes neutral verhalten.
3. Das Ergebnis der Tarifverhandlungen kommt stets auch den nicht gewerkschaftlich gebundenen Arbeitnehmern des Unternehmens zugute.
4. Die Arbeitnehmer erklären dadurch, dass sie auf die ihnen zustehenden Rechte aus dem AGG verzichten.
5. Der Arbeitgeber signalisiert dadurch, dass eine unterschiedliche Entlohnung in Abhängigkeit von der Gewerkschaftsmitgliedschaft erfolgen kann.

40. AUFGABE

Aus Gewerkschaftskreisen ist zu hören, dass es Bestrebungen gibt, eine Allgemeinverbindlichkeitserklärung zu erwirken. Welche Aussage dazu ist richtig?

1. Die betroffenen Tarifpartner können den Tarifvertrag auf Antrag des Bundesministers für Arbeit und Soziales für allgemeinverbindlich erklären lassen.
2. Die Allgemeinverbindlichkeitserklärung führt dazu, dass die KommunikativAktiv KG dem Teil der Beschäftigten, die der Gewerkschaft angehören, die verhandelt hat, die Lohnerhöhung gewähren muss.
3. Der Bundespräsident kann anordnen, dass der Tarifvertrag für allgemeinverbindlich erklärt wird.
4. Der vereinbarte Tarifvertrag gilt in diesem Fall für alle Arbeitnehmer und Arbeitgeber der betroffenen Branche, auch wenn sie nicht tarifgebunden sind.
5. Die Arbeitgeber, auch die KommunikativAktiv KG, müssen der Allgemeinverbindlichkeitserklärung zustimmen.

41. AUFGABE

Callcenter-Agent Björn Schlachter hat sich auf eine innerbetriebliche Stellenausschreibung als Teamleiter beworben. Er verlangt in diesem Zusammenhang Einsicht in seine Personalakte. Prüfen Sie anhand des nachstehenden Auszugs aus dem Betriebsverfassungsgesetz die Rechtslage.

AUSZUG AUS DEM BETRIEBSVERFASSUNGSGESETZ

§ 83 Einsicht in die Personalakten

(1) Der Arbeitnehmer hat das Recht, in die über ihn geführten Personalakten Einsicht zu nehmen. Er kann hierzu ein Mitglied des Betriebsrats hinzuziehen. Das Mitglied des Betriebsrats hat über den Inhalt der Personalakte Stillschweigen zu bewahren, soweit es vom Arbeitnehmer im Einzelfall nicht von dieser Verpflichtung entbunden wird.

(2) Erklärungen des Arbeitnehmers zum Inhalt der Personalakte sind dieser auf sein Verlangen beizufügen.

1. Herr Schlachter darf nur in Anwesenheit des Betriebsrates Einsicht in seine Personalakte nehmen.
2. Herr Schlachter hat als Arbeitnehmer generell kein Recht, Einsicht in seine Personalakte zu nehmen.
3. Die KommunikativAktiv KG muss dem Betriebsrat den Inhalt der Personalakte mitteilen, den dieser wiederum an Herrn Schlachter weitergeben kann.
4. Nur der Betriebsrat hat das Recht, Einsicht in die Personalakten der Mitarbeiter zu nehmen.
5. Herr Schlachter hat das Recht, Einsicht in seine Personalakte zu nehmen, er kann ein Mitglied des Betriebsrates hinzuziehen, wenn er dies möchte.

42. AUFGABE

Ein Callcenter-Agent in einem Outbound-Callcenter erhält an seinem Arbeitsplatz Einblick in die Vermögensverhältnisse seines Vereinskameraden. Dabei stellt er fest, dass dieser hoch verschuldet ist. Am Abend erzählt er dies in seinem Bekanntenkreis. Der so Bloßgestellte erfährt dies und beschwert sich beim Callcenter. Eine Woche nach der Beschwerde wird der Agent nach Anhörung des Betriebsrates schriftlich und fristlos gekündigt. Stellen Sie fest, ob diese Kündigung rechtens ist.

1. Ja, weil gegen die Schweigepflicht verstoßen wurde und alle rechtlichen Voraussetzungen beachtet wurden.
2. Ja, weil ein Angestelltenverhältnis jederzeit fristlos gekündigt werden kann.
3. Nein, weil die Verletzung der Schweigepflicht lediglich eine zivilrechtliche Angelegenheit ist und sich nicht auf das Arbeitsverhältnis auswirken kann.
4. Nein, weil die Zustimmung des Betriebsrates nicht vorliegt.
5. Nein, weil die Kündigung nicht fristgerecht erfolgte.

Z **43.** AUFGABE

Bei ihrer Personaleinsatzplanung muss die Dialogfix GmbH u. a. das Arbeitszeitgesetz (ArbZG) beachten. Welche der nachfolgenden Regelungen findet sich nicht in diesem Gesetz?

1. Besondere Bedingungen für Arbeit an Sonn- und Feiertagen
2. Mindesturlaub von 24 Werktagen
3. Ruhepausen zählen nicht zur Arbeitszeit.
4. Mindestens 11 Stunden Pause nach Beendigung der Arbeit
5. Besondere Schutzrechte für Arbeitnehmer, die nachts arbeiten

Z **44.** AUFGABE

Welcher Aussage zum Arbeitszeitgesetz (ArbZG) müssen Sie zustimmen?

1. Ziel des ArbZG ist es, Arbeitnehmer unter 18 Jahren zu schützen, indem es besondere Vorgaben für diese Altersgruppe enthält.
2. Das ArbZG schützt durch seine Regelungen Feiertage sowie Samstage und Sonntage als Tage der Arbeitsruhe.
3. Das ArbZG schützt die Arbeitgeber vor zu hohen Kosten, da von den Regelungen nicht zugunsten der Arbeitnehmer abgewichen werden darf.
4. Das ArbZG sichert für die Arbeitgeber einen durchlaufenden Betrieb, da die ununterbrochene Ruhezeit auf regulär 11 Stunden und mindestens 10 Stunden (in Sonderfällen, mit Ausgleich) beschränkt ist.
5. Das ArbZG macht die Arbeitseinteilung für den Arbeitgeber insofern einfach, da die Pausen der Arbeitnehmer mindestens 15 Minuten dauern müssen und ihr Zeitpunkt im Voraus festgelegt wird.

Situation zu den Aufgaben 45 bis 53:

Andrea (19 Jahre) und Tim (16 Jahre) haben ihre Ausbildung bei der Dialogfix GmbH begonnen. Max (17 Jahre) hat seine Ausbildung zur Servicefachkraft bereits abgeschlossen. Die drei diskutieren im Pausenraum über das Jugendarbeitsschutzgesetz (JArbSchG). Folgender Auszug liegt Ihnen vor:

AUSZUG AUS DEM JUGENDARBEITSSCHUTZGESETZ

§ 1 Geltungsbereich

(1) Dieses Gesetz gilt [...] für die Beschäftigung von Personen, die noch nicht 18 Jahre alt sind,

1. in der Berufsausbildung,

2. als Arbeitnehmer oder Heimarbeiter,

[...]

§ 4 Arbeitszeit

(1) Tägliche Arbeitszeit ist die Zeit vom Beginn bis zum Ende der täglichen Beschäftigung ohne die Ruhepausen (§ 11).

(2) Schichtzeit ist die tägliche Arbeitszeit unter Hinzurechnung der Ruhepausen (§ 11).
[...]
(4) Für die Berechnung der wöchentlichen Arbeitszeit ist als Woche die Zeit von Montag bis einschließlich Sonntag zugrunde zu legen. Die Arbeitszeit, die an einem Werktag infolge eines gesetzlichen Feiertags ausfällt, wird auf die wöchentliche Arbeitszeit angerechnet.
[...]

§ 8 Dauer der Arbeitszeit
(1) Jugendliche dürfen nicht mehr als acht Stunden täglich und nicht mehr als 40 Stunden wöchentlich beschäftigt werden. [...]
(2a) Wenn an einzelnen Werktagen die Arbeitszeit auf weniger als acht Stunden verkürzt ist, können Jugendliche an den übrigen Werktagen derselben Woche achteinhalb Stunden beschäftigt werden.
[...]

§ 11 Ruhepausen, Aufenthaltsräume
(1) Jugendlichen müssen im Voraus feststehende Ruhepausen von angemessener Dauer gewährt werden. Die Ruhepausen müssen mindestens betragen 1. 30 Minuten bei einer Arbeitszeit von mehr als viereinhalb bis zu sechs Stunden,
2. 60 Minuten bei einer Arbeitszeit von mehr als sechs Stunden.
Als Ruhepause gilt nur eine Arbeitsunterbrechung von mindestens 15 Minuten.
(2) Die Ruhepausen müssen in angemessener zeitlicher Lage gewährt werden, frühestens eine Stunde nach Beginn und spätestens eine Stunde vor Ende der Arbeitszeit. Länger als viereinhalb Stunden hintereinander dürfen Jugendliche nicht ohne Ruhepause beschäftigt werden.
[...]

§ 12 Schichtzeit
Bei der Beschäftigung Jugendlicher darf die Schichtzeit (§ 4 Abs. 2) 10 Stunden, im Bergbau unter Tage 8 Stunden, im Gaststättengewerbe, in der Landwirtschaft, in der Tierhaltung, auf Bau- und Montagestellen 11 Stunden nicht überschreiten.

§ 13 Tägliche Freizeit
Nach Beendigung der täglichen Arbeitszeit dürfen Jugendliche nicht vor Ablauf einer ununterbrochenen Freizeit von mindestens 12 Stunden beschäftigt werden.

§ 19 Urlaub
(1) Der Arbeitgeber hat Jugendlichen für jedes Kalenderjahr einen bezahlten Erholungsurlaub zu gewähren.
(2) Der Urlaub beträgt jährlich
1. mindestens 30 Werktage, wenn der Jugendliche zu Beginn des Kalenderjahrs noch nicht 16 Jahre alt ist,
2. mindestens 27 Werktage, wenn der Jugendliche zu Beginn des Kalenderjahrs noch nicht 17 Jahre alt ist,
3. mindestens 25 Werktage, wenn der Jugendliche zu Beginn des Kalenderjahrs noch nicht 18 Jahre alt ist.
[...]

Z **45. AUFGABE**

Prüfen Sie, für wen die Regelungen des JArbSchG gelten.

1. Nur für Max
2. Nur für Tim
3. Für Andrea und Tim
4. Für Tim und Max
5. Für Andrea, Tim und Max

Z **46. AUFGABE**

Tim interessiert sich für die Anrechnung der Berufsschulzeiten auf die Arbeitszeit. Welche Auskunft müssen Sie ihm geben?

1. Berufsschultage werden immer exakt mit der stattgefundenen Unterrichtszeit (ohne Pausen) angerechnet.
2. Berufsschultage werden grundsätzlich mit 6 Stunden angerechnet.
3. Jede Unterrichtsstunde in der Schule wird mit einer Zeitstunde angerechnet.
4. Der erste Berufsschultag wird mit 8 Stunden, der zweite mit der Unterrichtszeit inklusive Pausen angerechnet.
5. Der erste Berufsschultag wird mit 8 Stunden, der zweite mit 6 Stunden angerechnet, sofern der Unterricht vor 9 Uhr beginnt.

Z **47. AUFGABE**

Tim arbeitet ausnahmsweise montags von 8 Uhr bis 17 Uhr. Von 13 bis 14 Uhr hat er Pause. Kontrollieren Sie, ob die Regelungen des JArbSchG eingehalten wurden.

1. Die Regelungen des JArbSchG wurden eingehalten.
2. Die Schichtzeit für Tim ist zu lang bemessen.
3. Die Pause von Tim ist nach JArbSchG zu kurz.
4. Die Pause von Tim ist zu spät.
5. Die wöchentliche Arbeitszeit liegt über 40 Stunden.

Z **48. AUFGABE**

Am Montag, Dienstag, Mittwoch und Freitag arbeiten Tim und Max von 9 Uhr bis 18 Uhr, am Donnerstag von 11 Uhr bis 20 Uhr. Sie haben Pausen von insgesamt 1 Stunde an jedem Arbeitstag. Zu welchem Schluss müssen Sie kommen?

1. Nicht erlaubt, da jugendliche Mitarbeiter nach 18 Uhr grundsätzlich nicht mehr beschäftigt werden dürfen.
2. Erlaubt, wenn die Eltern zustimmen.
3. Erlaubt, weil dadurch die tägliche Arbeitszeit von 8 Stunden und die wöchentliche Arbeitszeit von 40 Stunden nicht überschritten wird.
4. Erlaubt, weil das Gesetz nicht auf Tim und Max anwendbar ist, da sie sich in der Ausbildung befinden.
5. Nicht erlaubt, da die zulässige Schichtzeit überschritten wird.

49. AUFGABE ☐ Z

Max hat dienstags 2 Stunden früher frei bekommen. Er arbeitet deswegen freitags von 8 bis 18:30 Uhr. Er hat Pause von 11 bis 12 und von 15 bis 16 Uhr. Kontrollieren Sie, ob die Regelungen des JArbSchG eingehalten wurden.

1. Max überschreitet die maximal erlaubte tägliche Arbeitszeit.
2. Die Pausen von Max übersteigen insgesamt die maximal erlaubte Pausendauer.
3. Die Regelungen des JArbSchG wurden eingehalten.
4. Die maximal erlaubte Schichtzeit wurde überschritten.
5. Die letzte Pause ist von ihrer zeitlichen Lage her unzulässig.

50. AUFGABE ☐ Z

Der Mittwoch war infolge des bundesweiten Feiertags „Tag der Deutschen Einheit" arbeitsfrei. Welche Möglichkeit hat der Ausbilder gemäß JArbSchG, um die ausgefallene Arbeitszeit wieder auszugleichen?

1. Er kann die ausgefallene Arbeitszeit über 5 Wochen hinweg verteilen.
2. Er kann die vorgeschriebenen Pausen verkürzen.
3. Er kann nichts unternehmen, die Arbeitszeit ist für das Unternehmen unwiederbringlich verloren.
4. Er kann Max und Tim in dieser Woche 8,5 Stunden täglich arbeiten lassen.
5. Er kann die bei Max und Tim angefallene Schichtzeit schrittweise abbauen.

51. AUFGABE ☐ Z

Für manche Auszubildende der Dialogfix GmbH gilt das Jugendarbeitsschutzgesetz. Prüfen Sie, welche der vorgeschlagenen Arbeitszeiten den Bestimmungen des JArbSchG entspricht.

1. Beginn 8 Uhr, Ende 19 Uhr, 1 Stunde Mittagspause
2. Beginn 6 Uhr, Ende 15 Uhr, 1 Stunde Mittagspause
3. Beginn 7 Uhr, Ende 16 Uhr, 30 Minuten Mittagspause
4. Beginn 8 Uhr, Ende 13 Uhr, keine Pause
5. Beginn 9 Uhr, Ende 14 Uhr, 15 Minuten Pause

52. AUFGABE ☐ Z

Aufgrund eines besonderen Marketing-Events haben die jugendlichen Auszubildenden ausnahmsweise bis 20 Uhr gearbeitet. Wann dürfen sie gemäß dem JArbSchG am nächsten Tag frühestens ihre Arbeit beginnen?

1. 07:00 Uhr
2. 07:30 Uhr
3. 08:00 Uhr
4. 09:00 Uhr
5. 09:30 Uhr

Z **53.** AUFGABE ☐

Auf wie viele Urlaubstage hat Tim gemäß JArbSchG im aktuellen Jahr rechtlich einen Anspruch?

1. 25 Werktage
2. 26 Werktage
3. 27 Werktage
4. 29 Werktage
5. 30 Werktage

Situation zu den Aufgaben 54 bis 55:

Sie arbeiten nun schon seit einiger Zeit in der Personalabteilung der Dialogfix GmbH. Heute, am 05.08.2021, liegen Ihnen auszugsweise folgende Unterlagen vor:

Kevin Tietz, 16	Neu, 6-wöchiger Ferienjob Organisation der Ablage Beginn 05.08.2021	Keine Unterlagen
Manuela Lustig, 17	Ausbildungsbeginn 01.08.2020	Bescheinigung Erstuntersuchung vom 15.07.2020, vorgelegt 01.08.2020 Bescheinigung Nachuntersuchung vom 16.03.2021, vorgelegt 05.08.2021
Maximiliane Werber, 16	Ausbildungsbeginn 01.10.2020	Bescheinigung Erstuntersuchung vom 05.12.2019

VIERTER TITEL GESUNDHEITLICHE BETREUUNG

§ 32 Erstuntersuchung

(1) Ein Jugendlicher, der in das Berufsleben eintritt, darf nur beschäftigt werden, wenn
1. er innerhalb der letzten vierzehn Monate von einem Arzt untersucht worden ist (Erstuntersuchung) und
2. dem Arbeitgeber eine von diesem Arzt ausgestellte Bescheinigung vorliegt.

(2) Absatz l gilt nicht für eine nur geringfügige oder eine nicht länger als zwei Monate dauernde Beschäftigung mit leichten Arbeiten, von denen keine gesundheitlichen Nachteile für den Jugendlichen zu befürchten sind.

§ 33 Erste Nachuntersuchung

(1) Ein Jahr nach Aufnahme der ersten Beschäftigung hat sich der Arbeitgeber die Bescheinigung eines Arztes darüber vorlegen zu lassen, dass der Jugendliche nachuntersucht worden ist (erste Nachuntersuchung). Die Nachuntersuchung darf nicht länger als drei Monate zurückliegen. Der Arbeitgeber soll den Jugendlichen neun Monate nach Aufnahme der ersten Beschäftigung nachdrücklich auf den Zeitpunkt, bis zu dem der Jugendliche ihm die ärztliche Bescheinigung nach Satz l vorzulegen hat, hinweisen und ihn auffordern, die Nachuntersuchung bis dahin durchführen zu lassen.

(2) Legt der Jugendliche die Bescheinigung nicht nach Ablauf eines Jahres vor, hat ihn der Arbeitgeber innerhalb eines Monats unter Hinweis auf das Beschäftigungsverbot nach Absatz 3 schriftlich aufzufordern, ihm die Bescheinigung vorzulegen. Je eine Durchschrift des Aufforderungsschreibens hat der Arbeitgeber dem Personensorgeberechtigten und dem Betriebs- oder Personalrat zuzusenden.
(3) Der Jugendliche darf nach Ablauf von 14 Monaten nach Aufnahme der ersten Beschäftigung nicht weiterbeschäftigt werden, solange er die Bescheinigung nicht vorgelegt hat.

§ 34 Weitere Nachuntersuchungen
Nach Ablauf jedes weiteren Jahres nach der ersten Nachuntersuchung kann sich der Jugendliche erneut nachuntersuchen lassen (weitere Nachuntersuchungen). Der Arbeitgeber soll ihn auf diese Möglichkeit rechtzeitig hinweisen und darauf hinwirken, dass der Jugendliche ihm die Bescheinigung über die weitere Nachuntersuchung vorlegt.

54. AUFGABE ☐☐ Z

Welche zwei Maßnahmen müssen Sie heute treffen?

1. Kevin zur Einreichung der Bescheinigung über die Erstuntersuchung auffordern
2. Von Manuela eine Bescheinigung über die Nachuntersuchung neueren Datums anfordern
3. Maximiliane zur Vorlage einer Bescheinigung über die Erstuntersuchung neueren Datums auffordern
4. Maximiliane muss, sofern nicht bereits geschehen, zur Vorlage der Bescheinigung über die Nachuntersuchung bis zum 01.10.2021 aufgefordert werden.
5. Maximiliane mit Hinweis auf das bevorstehende Beschäftigungsverbot zur Vorlage der Bescheinigung auffordern
6. Manuela die Beschäftigung mit Hinweis auf § 33 Abs. 3 untersagen

55. AUFGABE ☐ Z

Da Maximiliane regelmäßig Volleyball spielt und sich gesund fühlt, fragt sie bei Ihnen nach, ob eine Nachuntersuchung wirklich erforderlich sei. Welche Auskunft entspricht der gesetzlichen Regelung?

1. 1 Jahr nach Ausbildungsbeginn muss Maximiliane dem Arbeitgeber eine Bescheinigung über die Nachuntersuchung vorlegen.
2. Maximiliane muss vom Arbeitgeber spätestens 15 Monate nach Beginn der Ausbildung auf die Nachuntersuchung hingewiesen werden.
3. Wenn Maximiliane die Untersuchungsbescheinigung nicht 16 Monate nach Beginn der Ausbildung vorlegt, darf sie nicht weiterbeschäftigt werden.
4. Da der Arzt bei der Einstellung keine Bedenken hinsichtlich ihrer gesundheitlichen Eignung hatte, ist die Nachuntersuchung freiwillig.
5. Eine Nachuntersuchung zu Beginn des 2. Ausbildungsjahres ist nur für Auszubildende, die älter als 25 Jahre sind, vorgeschrieben.

Z **56. AUFGABE**

In den letzten Wochen kam es häufig zu kleineren Unfällen in der Dialogfix GmbH. Der Betriebsrat führte daraufhin ein klärendes Gespräch mit der Geschäftsführung. Stellen Sie fest, welche zwei der folgenden Institutionen den Betriebsrat bei der Überwachung der Arbeitsschutzbestimmungen beraten können.

1. Industrie- und Handelskammer
2. Agentur für Arbeit
3. Gewerbeaufsichtsamt
4. Berufsgenossenschaft
5. Ärztekammer
6. Private Krankenkasse

Z **57. AUFGABE**

Neben den Vorschriften zur Vorbeugung von Unfällen am Arbeitsplatz legt der Gesetzgeber grundsätzliche Anforderungen an Arbeits-, Sanitär- und Pausenräume fest. Welche der folgenden Bestimmungen kommt hierfür in Betracht?

1. Arbeitsschutzgesetz (ArbSchG)
2. Unfallverhütungsvorschriften der Berufsgenossenschaften
3. Handelsgesetzbuch (HGB)
4. Arbeitsstättenrichtlinien (ASR)
5. Sozialgesetzbuch (SGB)

Situation zu den Aufgaben 58 bis 60:

Sie tragen als Teamleiter in der KommunikativAktiv KG die Verantwortung für den ordnungsgemäßen Einsatz Ihrer Teammitglieder. Ihnen liegen einige Auszüge aus dem Arbeitszeitgesetz (ArbZG) vor.

§ 2 Begriffsbestimmungen

(1) Arbeitszeit im Sinne dieses Gesetzes ist die Zeit vom Beginn bis zum Ende der Arbeit ohne die Ruhepausen [...]

§ 3 Arbeitszeit der Arbeitnehmer

Die werktägliche Arbeitszeit der Arbeitnehmer darf acht Stunden nicht überschreiten. Sie kann auf bis zu zehn Stunden nur verlängert werden, wenn innerhalb von sechs Kalendermonaten oder innerhalb von 24 Wochen im Durchschnitt acht Stunden werktäglich nicht überschritten werden.

§ 4 Ruhepausen

Die Arbeit ist durch im Voraus feststehende Ruhepausen von mindestens 30 Minuten bei einer Arbeitszeit von mehr als sechs bis zu neun Stunden und 45 Minuten bei einer Arbeitszeit von mehr als neun Stunden insgesamt zu unterbrechen. Die Ruhepausen nach Satz 1 können in Zeitabschnitte von jeweils mindestens 15 Minuten aufgeteilt werden.

§ 5 Ruhezeit

(1) Die Arbeitnehmer müssen nach Beendigung der täglichen Arbeitszeit eine ununterbrochene Ruhezeit von mindestens elf Stunden haben. [...]

58. AUFGABE ☐ Z

Pia Schäfer arbeitet ab 7:30 Uhr. Ihre Arbeitszeit beträgt heute 8,5 Stunden. Sie macht zweimal 15 Minuten Pause am Stück. Wann hat sie planmäßig Feierabend?

1. 15:00 Uhr
2. 15:30 Uhr
3. 16:00 Uhr
4. 16:30 Uhr
5. 16:45 Uhr

59. AUFGABE ☐ Z

Auf Ihrem Tisch liegen mehrere Krankmeldungen. Michael Lanzer, der inklusive der vorgeschriebenen Pausen von 11:00 bis 20:15 Uhr arbeitet, bietet an, länger zu bleiben. Sie wollen gesetzeskonform handeln. Welche Lösung ist zulässig?

1. Das geht nicht, da die maximale Arbeitszeit sonst überschritten wird.
2. Bei einer Pausenzeit von 30 Minuten darf er bis 20:30 Uhr weiterarbeiten. Sie müssen den Ausgleich zum Erreichen der durchschnittlichen werktäglichen Arbeitszeit dann entsprechend anpassen.
3. Bei Anpassung des Ausgleiches an anderen Tagen darf Herr Mahr höchstens bis 22:15 Uhr arbeiten, wenn die Pausenzeiten auf insgesamt 60 Minuten verlängert werden.
4. Sie dürfen dem Angebot von Herrn Lanzer nicht zustimmen, da die Arbeitszeit im Voraus feststehen muss.
5. Wenn der Ausgleich zum Erreichen der durchschnittlichen werktäglichen Arbeitszeit gewährleistet ist und Herrn Lanzer insgesamt 45 Minuten Pause eingeräumt werden, kann er bis 22:00 Uhr arbeiten.

60. AUFGABE ☐ Z

Gustav Mahr soll gemäß der vorläufigen Arbeitseinteilung wie folgt arbeiten:

- Montag bis Donnerstag von 12:30 bis 21:00 Uhr, Pause 17:00 bis 17:30 Uhr
- Freitag 7:00 bis 15:30 Uhr, Pause 9:45 bis 10:15 Uhr
- Samstag 7:00 bis 12:30 Uhr, keine Pause

Kontrollieren Sie, ob diese vorläufige Planung den Regelungen des ArbZG entspricht.

1. Alle gesetzlichen Vorschriften werden eingehalten.
2. Samstag ist generell ein Tag der Arbeitsruhe, Herr Mahr müsste dafür an einem Werktag der Woche einen Ausgleichstag erhalten.
3. Es liegt ein grober Verstoß gegen das ArbZG vor, da Herr Mahr am Samstag ohne Pause beschäftigt wird.
4. Die Planung ist nicht zulässig, da Herr Mahr gemäß Gesetzestext am Freitag nicht bereits um 7 Uhr beginnen kann.
5. Die Planung ist nicht zulässig, da Herr Mahr am Freitag wegen der frühen Pause zu lange am Stück arbeiten muss, bevor er Feierabend machen kann.

Situation zu den Aufgaben 61 bis 63:
Die Mitarbeiterin im Kundenservice Lucy Kessler ist im 3. Monat schwanger und hat in dieser Situation einige Fragen.

Z **61.** AUFGABE ☐

Lucy Kessler erkundigt sich in der Personalabteilung, inwiefern sich die Schwangerschaft auf ihre Tätigkeit auswirkt. Welche Antwort muss sie erhalten?

1. Die tägliche Arbeitszeit darf maximal 6 Stunden betragen.
2. Bildschirmarbeit ist aus gesundheitlichen Gründen untersagt.
3. Nachtschichten ab 20 Uhr sind nicht mehr erlaubt.
4. Frühestmöglicher Schichtbeginn ist um 9 Uhr.
5. Es gibt einen Zusatzurlaub von 5 Tagen.

Z **62.** AUFGABE ☐

Eine weitere Frage von Lucy Kessler betrifft den Kündigungsschutz im Rahmen des Mutterschutzgesetzes. Welche Aussage ist hier zutreffend?

1. Der Kündigungsschutz beginnt 3 Monate vor der errechneten Entbindung.
2. Der Kündigungsschutz gilt während der gesamten Schwangerschaft bis zur tatsächlichen Entbindung.
3. Der Kündigungsschutz gilt während der gesamten Schwangerschaft und bis 4 Monate nach der Entbindung.
4. Der Kündigungsschutz beträgt 1 Jahr ab Bekanntgabe der Schwangerschaft.
5. Der Kündigungsschutz besteht nur, wenn Frau Kessler gleichzeitig Elternzeit und Elterngeld beantragt.

Z **63.** AUFGABE ☐

Da Lucy Kessler viel Freude an ihrer Arbeit hat, möchte sie wegen der Entbindung nur möglichst kurz pausieren. Wie ist die Rechtslage in diesem Fall?

1. Die Entscheidung, wie lange Frau Kessler vor der Entbindung arbeiten will, liegt bei ihr, allerdings muss der Betriebsrat der Entscheidung zustimmen.
2. 4 Wochen vor der Entbindung tritt ein generelles Beschäftigungsverbot in Kraft, welches der Arbeitgeber jedoch bei dringenden betrieblichen Gründen aufheben kann.
3. Auch in den letzten 6 Wochen vor der Entbindung darf Frau Kessler auf ihren ausdrücklichen Wunsch hin arbeiten.
4. Wenn Frau Kessler dazu in der Lage ist, darf sie ab 2 Wochen nach der Entbindung wieder arbeiten.
5. Nach der Entbindung besteht ein 3-monatiges Beschäftigungsverbot.

Situation zu den Aufgaben 64 bis 65:
Natalie Dürer hat kürzlich bei der Dialogfix GmbH als kaufmännische Sachbearbeiterin begonnen. In der Kantine unterhalten Sie sich mit der neuen Kollegin über die Urlaubspläne.

64. AUFGABE ☐ Z

Die neue Kollegin ist etwas verunsichert: In ihrem Arbeitsvertrag steht eine andere Zahl an Urlaubstagen als im Bundesurlaubsgesetz. Wie können Sie ihr das erklären?

1. Das Bundesurlaubsgesetz legt lediglich Mindestbedingungen fest, die im Arbeitsvertrag aber überschritten werden können.
2. Da ein Gesetz höher steht als ein Arbeitsvertrag, gilt die gesetzliche Regelung.
3. Bei solchen Abweichungen muss die Einigungsstelle eine abschließende Beurteilung treffen.
4. Da Vertragsfreiheit herrscht, gilt auf jeden Fall die Vereinbarung im Arbeitsvertrag.
5. Während der Probezeit gilt die gesetzliche Regelung, danach der Arbeitsvertrag.

65. AUFGABE ☐ Z

Zu Beginn des 3-wöchigen Urlaubs in Ägypten hat sich Natalie Dürer eine Fischvergiftung zugezogen und war 1 Woche mit ärztlichem Attest arbeitsunfähig geschrieben. Prüfen Sie die Rechtslage.

1. Da der Urlaub außerhalb der Europäischen Union stattfand, gelten keine besonderen Schutzvorschriften.
2. Sie muss in diesem Fall den Betriebsrat einschalten und eine Einigung suchen.
3. Die hälftige Zeit der Arbeitsunfähigkeit (2,5 Tage) wird nicht auf den Urlaub angerechnet.
4. Die Zeit der nachgewiesenen Arbeitsunfähigkeit wird nicht auf den Urlaub angerechnet.
5. Da durch die Erkrankung der ganze Urlaub beeinträchtigt wurde, erhält Natalie Dürer weitere 3 Wochen Urlaub.

66. AUFGABE ☐ Z

Die Dialogfix GmbH beschäftigt mehrere Schwerbehinderte. Welche Besonderheiten muss das Unternehmen bei diesen Arbeitsverhältnissen beachten?

1. Es besteht ein besonderer Kündigungsschutz.
2. Auf das Grundgehalt wird ein Schwerbehindertenzuschlag von 20 % gezahlt.
3. Die Arbeitszeit darf maximal die Hälfte der üblichen Wochenarbeitszeit betragen.
4. Mindestens 4 Pausen pro Tag sind zu gewähren.
5. Bildschirmarbeit ist untersagt.

67. AUFGABE

Gemäß dem Kündigungsschutzgesetz (KSchG) ist eine Kündigung unwirksam, wenn sie sozial ungerechtfertigt ist. Prüfen Sie mithilfe des nachstehenden Gesetzesauszugs, welche zwei der angeführten Kündigungsgründe demnach unwirksam ist.

AUSZUG AUS DEM KÜNDIGUNGSSCHUTZGESETZ

§ 1 Sozial ungerechtfertigte Kündigungen

(1) Die Kündigung des Arbeitsverhältnisses gegenüber einem Arbeitnehmer, dessen Arbeitsverhältnis in demselben Betrieb oder Unternehmen ohne Unterbrechung länger als sechs Monate bestanden hat, ist rechtsunwirksam, wenn sie sozial ungerechtfertigt ist.

(2) Sozial ungerechtfertigt ist die Kündigung, wenn sie nicht durch Gründe, die in der Person oder in dem Verhalten des Arbeitnehmers liegen, oder durch dringende betriebliche Erfordernisse, die einer Weiterbeschäftigung des Arbeitnehmers in diesem Betrieb entgegenstehen, bedingt ist. [...]

1. Die Aufträge sind um 20 % eingebrochen.
2. Ständige Verspätung
3. Mitgliedschaft in der Gewerkschaft
4. Die vorgegebene Verkaufsquote wurde mehrfach nicht erreicht.
5. Dauerhafte Erkrankung seit 12 Monaten
6. Mehrfach alkoholisiert am Arbeitsplatz erschienen

Situation zu den Aufgaben 68 bis 84:

Derzeit arbeiten Sie in der Personalabteilung der KommunikativAktiv KG. Zu Ihren Aufgaben gehört auch die Betreuung der neuen Auszubildenden Elena, Carl und Sandro. Heute planen Sie, den Azubis das System der Sozialversicherung zu erklären und auf ihre Fragen zu antworten.

Z 68. AUFGABE

Sie möchten den neuen Auszubildenden die Grundprinzipien der gesetzlichen Sozialversicherung erläutern. Mit welcher Aussage können Sie dies zutreffend tun?

1. Die Leistungen der Sozialversicherungen können individuell vereinbart werden.
2. Die Beitragshöhe der Sozialversicherungen richtet sich nach den persönlichen Risiken der Versicherten.
3. Es handelt sich um Pflichtversicherungen, für die ein gesetzlicher Zwang besteht.
4. Die Finanzierung wird zu 75 % von den Arbeitgebern getragen.
5. Die Beiträge zur Sozialversicherung bemessen sich nach dem Nettogehalt.

69. AUFGABE ☐ Z

Die Auszubildenden erkundigen sich nach den Trägern der gesetzlichen Sozialversicherung. In welcher Zeile findet sich eine passende Zuordnung?

1. Rentenversicherung – Barmer Ersatzkasse
2. Krankenversicherung – Pflegekasse der AOK
3. Pflegeversicherung – Verwaltungsberufsgenossenschaft
4. Arbeitslosenversicherung – Bundesagentur für Arbeit
5. Unfallversicherung – Deutsche Rentenversicherung Bund

70. AUFGABE ☐ Z

Mit welcher Aussage beschreiben Sie den neuen Auszubildenden eine Besonderheit der gesetzlichen Unfallversicherung zutreffend?

1. Die Beiträge werden ausschließlich vom Arbeitgeber aufgebracht.
2. Die Beiträge werden maximal bis zur Höhe der Beitragsbemessungsgrenze erhoben.
3. Die Höhe der Beiträge wird per Gesetz festgelegt.
4. Die Beitragssätze sind für alle Arbeitnehmer gleich.
5. Statt der gesetzlichen kann alternativ auch eine private Unfallversicherung abgeschlossen werden.

71. AUFGABE Z

An Beispielen machen Sie den drei Auszubildenden deutlich, dass viele Risiken bereits durch die gesetzlichen Sozialversicherungen abgedeckt sind. Ordnen Sie die nachfolgenden fünf Leistungen den entsprechenden Zweigen der Sozialversicherung zu.

- ☐ Krankenversicherung
- ☐ Rentenversicherung
- ☐ Arbeitslosenversicherung
- ☐ Pflegeversicherung
- ☐ Unfallversicherung

1. Berufsberatung
2. Gewährung eines Zuschusses für Kosten der Heimunterbringung
3. Zahlung von Mutterschaftsgeld
4. Zahlung von Altersruhegeld
5. Zahlung von Verletztengeld

72. AUFGABE ☐ Z

Die gesetzliche Sozialversicherung trägt nur einen Teil des Sozialstaates in Deutschland. Prüfen Sie, welche Leistung nicht von der gesetzlichen Sozialversicherung erbracht, sondern durch Steuermittel finanziert wird.

1. Arbeitsvermittlung
2. Arbeitslosengeld I
3. Arbeitslosengeld II
4. Kurzarbeitergeld
5. Leistungen bei Berufskrankheiten

Z **73.** AUFGABE ☐

In welcher Sozialversicherung müssen kinderlose Arbeitnehmer ab dem 23. Lebensjahr einen höheren Beitrag entrichten, als Arbeitnehmer mit Kindern?

1. Rentenversicherung
2. Krankenversicherung
3. Unfallversicherung
4. Arbeitslosenversicherung
5. Pflegeversicherung

Z **74.** AUFGABE

Ordnen Sie der jeweiligen Versicherung das zugrunde liegende Vorsorgeprinzip zu.

- ☐ Gesetzliche Krankenversicherung
- ☐ Arbeitslosenversicherung
- ☐ Pflegezusatzversicherung
- ☐ Berufsunfähigkeitsversicherung
- ☐ Haftpflichtversicherung
- ☐ Gesetzliche Unfallversicherung

1. Individuelle Vorsorge
2. Staatlich geregelte Vorsorge

Z **75.** AUFGABE ☐

Carl möchte seine gesetzliche Krankenkasse wechseln. Elena behauptet, dass Carl bei seiner Krankenkasse pflichtversichert sei und somit kein Wechsel in eine andere Kasse möglich wäre. Prüfen Sie, welche der nachfolgenden Aussagen zu dieser Behauptung zutreffend ist.

1. Ja, weil alle Sozialversicherungen Pflichtversicherungen sind, ist ein Wechsel der Krankenkasse ausgeschlossen.
2. Nein, denn sowohl Kranken- als auch Rentenversicherung sind frei wählbar.
3. Ja, denn der Arbeitgeber bestimmt die Wahl der Krankenkasse, da er die Hälfte des Beitrages bezahlen muss.
4. Nein, denn nach Absprache mit dem Arbeitgeber ist ein Wechsel möglich.
5. Nein, denn die Krankenkasse ist vom Arbeitnehmer frei wählbar.

Z **76.** AUFGABE ☐

Ein Zweig der Sozialversicherung ist die gesetzliche Rentenversicherung. Welche der folgenden Leistungen wird nicht von der Rentenversicherung gewährt?

1. Berufsunfähigkeitsrente
2. Hinterbliebenenrente
3. Umschulungsmaßnahmen
4. Rente nach Renteneintritt
5. Entgeltfortzahlung im Krankheitsfall

77. AUFGABE ☐ Z

Renate prüft ihre monatliche Abrechnung der Ausbildungsvergütung. Stellen Sie fest, welche Position sie dort nicht finden wird.

1. Beitrag zur gesetzlichen Rentenversicherung
2. Beitrag zur gesetzlichen Arbeitslosenversicherung
3. Beitrag zur gesetzlichen Haftpflichtversicherung
4. Beitrag zur gesetzlichen Pflegeversicherung
5. Beitrag zur gesetzlichen Krankenversicherung

78. AUFGABE ☐ Z

Der Beitragssatz zur gesetzlichen Rentenversicherung wurde erhöht. Stellen Sie fest, welche Auswirkungen dies auf die Personalkosten der Dialogfix GmbH hat.

1. Die Erhöhung hat keine Auswirkung, da der Beitrag zur gesetzlichen Rentenversicherung ausschließlich von den Arbeitnehmern entrichtet wird.
2. Die Personalkosten erhöhen sich nicht, da Beitragserhöhungen zur gesetzlichen Rentenversicherung aus dem Bundeshaushalt finanziert werden.
3. Die Personalkosten erhöhen sich, da Arbeitgeber und Arbeitnehmer die Hälfte der Beiträge zur gesetzlichen Rentenversicherung tragen.
4. Wenn sich die Beiträge zur Rentenversicherung erhöhen, wird die Beitragsbemessungsgrenze automatisch vermindert, damit die Gesamtbelastung gleich bleibt.
5. Wenn sich die Beiträge zur gesetzlichen Rentenversicherung erhöhen, sinkt der ausgezahlte Lohn. Daher hat die Änderung keine Auswirkung.

79. AUFGABE ☐ Z

Prüfen Sie, welche Information zur gesetzlichen Sozialversicherung zutrifft.

1. Die gesetzliche Sozialversicherung basiert auf dem Solidaritätsprinzip.
2. Die gesetzliche Sozialversicherung arbeitet gewinnmaximierend.
3. Alle Arbeitnehmer können jederzeit von der gesetzlichen in die private Rentenversicherung wechseln.
4. Die Beiträge zur gesetzlichen Krankenversicherung steigen stets in Abhängigkeit von Lebensalter und Familienstand.
5. Die Beiträge zur gesetzlichen Unfallversicherung sind für alle Arbeitnehmer gleich

80. AUFGABE ☐ Z

Sandro ist auf dem Nachhauseweg von der KommunikativAktiv KG. Da er etwas verspannt ist, joggt er eine Runde in einem nahe gelegenen Wald und rutscht dort aus Prüfen Sie, welcher Leistungsträger für die Übernahme der Kosten zuständig ist.

1. Die Pflegekasse
2. Das Gesundheitsamt
3. Die Deutsche Rentenversicherung Bund
4. Die zuständige Berufsgenossenschaft als Träger der Unfallversicherung
5. Die gesetzliche Krankenkasse von Sandro

Z **81. AUFGABE** ☐

Nach einigen Monaten Ausbildungszeit stolpert Carl im Büro und zieht sich einen schmerzhaften Bänderriss zu, der ärztlich behandelt werden muss. Welcher der folgenden Institutionen muss Carls Unfall unverzüglich gemeldet werden?

1. Krankenkasse
2. Bundesnetzagentur
3. Berufsgenossenschaft
4. Industrie- und Handelskammer (IHK)
5. Technischer Überwachungsverein (TÜV)

Z **82. AUFGABE** ☐

Carl kann aufgrund des Unfalls die Ausbildung derzeit nicht weiterführen. Stellen Sie fest, wie viele Wochen die Dialogfix GmbH maximal eine Lohnfortzahlung nach den gesetzlichen Vorschriften leisten muss.

Z **83. AUFGABE** ☐

Die drei Auszubildenden Elena, Carl und Sandro tauschen sich über die Leistungen der einzelnen Zweige der Sozialversicherung aus. Prüfen Sie, in welchem Fall eine Leistung durch die Deutsche Rentenversicherung Bund erbracht wird.

1. Frau Fröhlich erhält nach einer mehrwöchigen Erkrankung Krankengeld.
2. Herr Kästner erhält nach 40-jähriger Betriebszugehörigkeit eine Betriebsrente.
3. Herr Wilhelm erhält aufgrund einer chronischen Erkrankung eine Erwerbsminderungsrente.
4. Herr Birk erhält Kurzarbeitergeld, da aufgrund der schlechten wirtschaftlichen Lage seine betriebliche Arbeitszeit verringert werden musste.
5. Frau Bös-Orthmüller verlässt das Unternehmen und erhält aus arbeitsmarktpolitischen Gründen eine Umschulungsmaßnahme.

Z **84. AUFGABE** ☐

Der 19-jährige Max wurde nach 3-jähriger erfolgreich bestandener Ausbildung nicht in ein Arbeitsverhältnis übernommen. Max hat sich persönlich und fristgerecht arbeitslos gemeldet. Prüfen Sie, ob Max einen Anspruch auf Arbeitslosengeld I besitzt.

1. Er hat Anspruch auf Arbeitslosengeld I, da er bereits volljährig ist.
2. Er hat Anspruch auf Arbeitslosengeld I, weil er während der Ausbildungszeit ausreichend lange Beiträge zur Arbeitslosenversicherung geleistet hat.
3. Er hat erst nach Ablauf der Sperrfrist von vier Wochen Anspruch auf Arbeitslosengeld I.
4. Er hat keinen Anspruch auf Arbeitslosengeld I, weil er als Auszubildender keine Beiträge zur Arbeitslosenversicherung geleistet hat.
5. Er hat keinen Anspruch auf Arbeitslosengeld I, weil er noch keine 60 Monate Beiträge zur Arbeitslosenversicherung geleistet hat.

Situation zu den Aufgaben 85 bis 88:
In der Dialogfix GmbH betreuen Sie als Personalreferent die Personalangelegenheiten aller Mitarbeiter und beantworten auch deren Fragen.

85. AUFGABE ☐ Z

Die Auszubildende Katharina Kleist ist mit den Leistungen ihrer gesetzlichen Krankenversicherung unzufrieden und möchte sich gerne privat versichern. Mit diesem Anliegen wendet sie sich an Sie. Welche Antwort müssen Sie ihr geben?

1. Ein Austritt aus der gesetzlichen Krankenversicherung ist generell unmöglich
2. Dies ist möglich, muss allerdings vom Arbeitgeber genehmigt werden.
3. Eine private Krankenversicherung ist erst nach einer mindestens 5-jährigen Pflichtmitgliedschaft in der gesetzlichen Krankenversicherung möglich.
4. Solange das Einkommen geringer ist als die Beitragsbemessungsgrenze, besteht eine Versicherungspflicht in der gesetzlichen Krankenversicherung.
5. Nur wenn das Einkommen die Versicherungspflichtgrenze überschreitet, kann statt der gesetzlichen eine private Krankenversicherung gewählt werden.

86. AUFGABE ☐ Z

Katharinas Vater verstarb an einem Herzinfarkt, als sie 2 Jahre alt war. Welcher Sozialversicherungszweig leistete für die Familie die Hinterbliebenenversorgung?

1. Gesetzliche Rentenversicherung
2. Gesetzliche Krankenversicherung
3. Gesetzliche Pflegeversicherung
4. Gesetzliche Arbeitslosenversicherung
5. Gesetzliche Unfallversicherung

87. AUFGABE ☐☐ Z

Katharina Kleist prüft ihre monatliche Gehaltsabrechnung, die mit einer neuen Personalverwaltungssoftware erstellt wurde. In welchen zwei Zeilen muss sie einen Fehler feststellen?

1. Krankenversicherung (Arbeitnehmeranteil):	49,77 €
2. Pflegeversicherung (Arbeitnehmeranteil):	6,14 €
3. Arbeitslosenversicherung (Arbeitnehmeranteil):	8,82 €
4. Berufshaftpflichtversicherung (Arbeitnehmeranteil):	5,27 €
5. Rentenversicherung (Arbeitnehmeranteil):	62,69 €
6. Unfallversicherung (Arbeitnehmeranteil):	4,23 €

Z **88.** AUFGABE ☐

Melanie Diedrich ist als Servicefachkraft für Dialogmarketing bei der Dialogfix GmbH beschäftigt. Früher arbeitete sie als Goldschmiedin. Nachdem sie bei winterlichen Straßenverhältnissen auf dem Weg zur Arbeit einen schweren Unfall erlitt, konnte sie jedoch ihren ursprünglichen Beruf nicht mehr ausüben. Welcher Zweig der Sozialversicherung war für die Finanzierung der notwendigen Umschulung zuständig?

1. Rentenversicherung
2. Unfallversicherung
3. Arbeitslosenversicherung
4. Pflegeversicherung
5. Krankenversicherung

Situation zu den Aufgaben 89 bis 93:

Sie unterstützen die Personalabteilung der Dialogfix GmbH bei der Berechnung der Sozialversicherungsbeiträge. Für die gesetzliche Krankenversicherung gilt eine Beitragssatz von 15,7 % (einschließlich 1,1% Eigenbeitrag Arbeitnehmer), wobei die Versicherungspflichtgrenze bei 5 362,50 € und die Beitragsbemessungsgrenze bei 4 837,50 € im Monat liegen. Für die gesetzliche Pflegeversicherung gelten ein Beitragssatz von 3,05 % und ggf. ein Kinderlosenzuschlag von 0,25 %. Der Beitragssatz für die gesetzliche Rentenversicherung liegt bei 18,6 %, der Beitragssatz der gesetzlichen Arbeitslosenversicherung bei 2,4 %.

Z **89.** AUFGABE ☐

Michaela Weinmann ist 36 Jahre alt, verheiratet, hat 2 Kinder und arbeitet seit 4 Jahren bei der Dialogfix GmbH. Ihr monatliches Bruttogehalt liegt bei 2 400,00 €. Berechnen Sie den Beitrag zur gesetzlichen Krankenversicherung, den Frau Weinmann selbst zu tragen hat.

Z **90.** AUFGABE ☐

Teamleiterin Petra Gunzenhauser ist 45 Jahre alt, verheiratet, keine Kinder. Sie arbeitet seit 10 Jahren bei der Dialogfix GmbH. Ihr monatliches Bruttogehalt liegt bei 3 800,00 €. Berechnen Sie den Arbeitgeberbeitrag zur gesetzlichen Pflegeversicherung.

Z **91.** AUFGABE ☐

Teamleiterin Petra Gunzenhauser (45 Jahre alt, verheiratet, keine Kinder, seit 10 Jahren bei der Dialogfix GmbH, monatliches Bruttogehalt 3 800,00 €) möchte die Höhe der Sozialabgaben wissen, die sie als Arbeitnehmerin zahlen muss.

92. AUFGABE ☐ Z

Bei der Ermittlung der Beiträge zur Sozialversicherung sind eine Versicherungspflichtgrenze und eine Beitragsbemessungsgrenze zu beachten. Stellen Sie fest, welche Aussage zutreffend ist.

1. Die Beitragshöhe der Unfallversicherung ist auf 75 % der Beitragsbemessungsgrenze der Rentenversicherung begrenzt.
2. Bei der Rentenversicherung gilt keine Beitragsbemessungsgrenze.
3. Bei der Pflegeversicherung ist keine Versicherungspflichtgrenze zu berücksichtigen.
4. Die Versicherungspflichtgrenze bei der Krankenversicherung entspricht der Beitragsbemessungsgrenze bei der Pflegeversicherung.
5. Bei Arbeitslosenversicherung und Rentenversicherung hat die Beitragsbemessungsgrenze die gleiche Höhe.

93. AUFGABE ☐ Z

Prüfen Sie, welcher der folgenden Beschäftigten der Dialogfix GmbH sich ausschließlich privat krankenversichern könnte.

1. Eduard Schreiner, Auszubildender im 3. Lehrjahr, Ausbildungsvergütung 843,00 €
2. Joachim Schwarz, Prokurist der Dialogfix GmbH, monatliches Bruttogehalt seit 3 Jahren 6 200,00 €
3. Petra Gunzenhauser, Teamleiterin, monatliches Bruttogehalt 3 800,00 €, leidet an chronischen Rückenschmerzen
4. Michelle Keller, Mitarbeiterin der Marketing-Abteilung, monatliches Bruttogehalt 2 800,00 €, hat bereits eine private Pflegezusatzversicherung abgeschlossen
5. Gustav Mahr, umsatzstärkster Agent, monatliches Bruttogehalt 2 600,00 €, hatte seit 5 Jahren keinen Krankenschein mehr

Situation zu den Aufgaben 94 bis 109:

In der Dialogfix GmbH stehen die Wahlen zum Betriebsrat und zur JAV an. Sie wurden als Mitglied in den Wahlvorstand berufen. Ihnen liegen folgende Informationen zum aktuellen Stand der Belegschaft vor:

Mitarbeiter insgesamt: 110

Alter	**Unter 18**	**18 bis einschl. 24**	**25 bis einschl. 35**	**35 und älter**
Reguläre MA	0	20	65*	10
Auszubildende	10	4	1	0

* davon 5 Mitarbeiter erst vor 3 Monaten eingestellt

AUSZUG AUS DEM BETRIEBSVERFASSUNGSGESETZ

§ 9 Zahl der Betriebsratsmitglieder

Der Betriebsrat besteht in Betrieben mit in der Regel 5 bis 20 wahlberechtigten Arbeitnehmern aus einer Person,
21 bis 50 wahlberechtigten Arbeitnehmern aus 3 Mitgliedern,
51 wahlberechtigten Arbeitnehmern bis 100 Arbeitnehmern aus 5 Mitgliedern,
101 bis 200 Arbeitnehmern aus 7 Mitgliedern,
201 bis 400 Arbeitnehmern aus 9 Mitgliedern,
401 bis 700 Arbeitnehmern aus 11 Mitgliedern,
701 bis 1 000 Arbeitnehmern aus 13 Mitgliedern,
1 001 bis 1 500 Arbeitnehmern aus 15 Mitgliedern,
1 501 bis 2 000 Arbeitnehmern aus 17 Mitgliedern,
2 001 bis 2 500 Arbeitnehmern aus 19 Mitgliedern,
2 501 bis 3 000 Arbeitnehmern aus 21 Mitgliedern,
3 001 bis 3 500 Arbeitnehmern aus 23 Mitgliedern,
3 501 bis 4 000 Arbeitnehmern aus 25 Mitgliedern,
4 001 bis 4 500 Arbeitnehmern aus 27 Mitgliedern,
4 501 bis 5 000 Arbeitnehmern aus 29 Mitgliedern,
5 001 bis 6 000 Arbeitnehmern aus 31 Mitgliedern,
6 001 bis 7 000 Arbeitnehmern aus 33 Mitgliedern,
7 001 bis 9 000 Arbeitnehmern aus 35 Mitgliedern.
In Betrieben mit mehr als 9 000 Arbeitnehmern erhöht sich die Zahl der Mitglieder des Betriebsrats für je angefangene weitere 3 000 Arbeitnehmer um 2 Mitglieder.

§ 60 Errichtung und Aufgabe der Jugend- und Auszubildendenvertretung

(1) In Betrieben mit in der Regel mindestens fünf Arbeitnehmern, die das 18. Lebensjahr noch nicht vollendet haben (jugendliche Arbeitnehmer) oder die zu ihrer Berufsausbildung beschäftigt sind und das 25. Lebensjahr noch nicht vollendet haben, werden Jugend- und Auszubildendenvertretungen gewählt.

(2) Die Jugend- und Auszubildendenvertretung nimmt nach Maßgabe der folgenden Vorschriften die besonderen Belange der in Absatz 1 genannten Arbeitnehmer wahr.

§ 61 Wahlberechtigung und Wählbarkeit der JAV

(1) Wahlberechtigt sind alle in § 60 Abs. 1 genannten Arbeitnehmer des Betriebs.

(2) Wählbar sind alle Arbeitnehmer des Betriebs, die das 25. Lebensjahr noch nicht vollendet haben […]. Mitglieder des Betriebsrats können nicht zu Jugend- und Auszubildendenvertretern gewählt werden.

Z **94.** AUFGABE ☐

Stellen Sie fest, wer in den Betriebsrat gewählt werden kann.

1. Nur Wahlberechtigte, die dem Betrieb mindestens 6 Monate angehören
2. Alle volljährigen Betriebsangehörigen
3. Alle Betriebsangehörigen, die das 21. Lebensjahr vollendet haben
4. Nur die Wahlberechtigten, die über 24 Jahre alt sind
5. Alle Betriebsangehörigen, die dem Betrieb mindestens 6 Wochen angehören

95. AUFGABE ☐ Z

Prüfen Sie, für welche Aufgabe der Betriebsrat gemäß dem Betriebsverfassungsgesetz zuständig ist.

1. Für den Abschluss von Manteltarifverträgen
2. Für die Beratung der Betriebsleitung in allen kaufmännischen Angelegenheiten
3. Für die regelmäßige Abhaltung von Betriebsversammlungen
4. Für die Durchführung von Streikmaßnahmen
5. Für die Gewährung der Mutterschutzfrist

96. AUFGABE ☐ Z

Welche Aussage über den Betriebsrat ist <u>nicht</u> zutreffend?

1. Betriebsräte können in Betrieben mit 3 wahlberechtigten Arbeitnehmern, die mindestens 6 Monate im Betrieb sind, gewählt werden.
2. Der Betriebsrat ist vor jeder Kündigung zu hören. Eine Kündigung ohne Anhörung des Betriebsrats ist unwirksam.
3. Eine ordentliche Kündigung von Betriebsratsmitgliedern während ihrer Amtszeit und 1 Jahr danach ist unzulässig.
4. Betriebsratssitzungen finden in der Regel während der Arbeitszeit statt.
5. Der Betriebsrat sollte sich aus Arbeitnehmern der einzelnen Organisationsbereiche und der verschiedenen Beschäftigungsarten zusammensetzen.

97. AUFGABE Z

Ermitteln Sie, wie viele Arbeitnehmer in der Dialogfix GmbH bei der Wahl zum Betriebsrat wahlberechtigt sind (aktives Wahlrecht).

98. AUFGABE Z

Wie viele Arbeitnehmer sind bei der Dialogfix GmbH in den Betriebsrat wählbar (passives Wahlrecht)?

99. AUFGABE Z

Wie viele Betriebsratsmitglieder sind in der Dialogfix GmbH zu wählen?

100. AUFGABE ☐ Z

Welcher Mitarbeiter der Dialogfix GmbH ist bei der Betriebsratswahl <u>nicht</u> wahlberechtigt?

1. Herr Vollmers, Auszubildender, 19 Jahre, 2 Jahre Betriebszugehörigkeit
2. Herr Sahir, Callcenter-Agent, tunesische Staatsangehörigkeit, 40 Jahre, 3 Jahre Betriebszugehörigkeit
3. Frau Salzmann, Verwaltungsfachkraft, 35 Jahre, 2 Monate Betriebszugehörigkeit
4. Frau Russ, Geschäftsführerin, 40 Jahre, 15 Jahre Betriebszugehörigkeit
5. Herr Prahl, Callcenter-Agent, 26 Jahre, 8 Monate Betriebszugehörigkeit

Z **101. AUFGABE**

Welchen Sachverhalt dürfen Sie als Beispiel für die Informations- und Beratungsrechte des Betriebsrats anführen?

1. Versetzung eines Mitarbeiters vom Backoffice in die Hotline
2. Einstellung von 3 neuen Auszubildenden
3. Geplante Erweiterung des Geschäftsgebäudes im nächsten Jahr
4. Neuregelung der Mittagspause
5. Vorübergehende Einführung von Überstunden

Z **102. AUFGABE**

Zwischen der Geschäftsleitung der Dialogfix GmbH und dem Betriebsrat des Unternehmens wurde eine Betriebsvereinbarung abgeschlossen. Welche zwei der aufgeführten Sachverhalte können in einer Betriebsvereinbarung geregelt werden?

1. Anzahl der gesetzlichen Feiertage
2. Gleitende Arbeitszeit
3. Maßnahmen der Qualitätsmessung
4. Tarifliche Mindestlöhne
5. Mindesturlaubsansprüche
6. Tarifvertragliche Wochenarbeitszeit

Z **103. AUFGABE**

Stellen Sie fest, welche Behauptung über Betriebsvereinbarungen der Dialogfix GmbH zutreffend ist.

1. Sie enthalten Vereinbarungen über Lohn- und Gehaltstarife und gelten für alle Betriebe der Dialogmarketingbranche.
2. Sie sind Vereinbarungen zwischen dem Arbeitgeberverband und der Gewerkschaft über Arbeitszeiten, Urlaub usw.
3. Sie werden abgeschlossen zwischen dem Betriebsrat und der Jugendvertretung der Dialogfix GmbH und regeln deren Zusammenarbeit.
4. Sie werden zwischen der Geschäftsführung der Dialogfix GmbH und dem Betriebsrat abgeschlossen.
5. Sie werden vom Geschäftsführer ausgefertigt und den Beschäftigten zur Unterschrift vorgelegt.

Z **104. AUFGABE**

Die Interessen jugendlicher Arbeitnehmer in der Dialogfix GmbH werden von der Jugend- und Auszubildendenvertretung wahrgenommen. Wie viele Personen dürfen bei der Wahl zur JAV wählen?

105. AUFGABE

Z

Prüfen Sie, welcher Personenkreis nicht in die JAV gewählt werden kann.

1. Auszubildende unter 18 Jahren
2. Jugendliche Arbeitnehmer unter 18 Jahren
3. Auszubildende unter 24 Jahren
4. Jugendliche Arbeitnehmer unter 24 Jahren
5. Auszubildende, die das 25. Lebensjahr vollendet haben

106. AUFGABE

Z

Für die bevorstehende JAV-Wahl in der Dialogfix GmbH sollen Sie für den Personalleiter eine Liste der Mitarbeiter erstellen, die ein aktives Wahlrecht besitzen. Stellen Sie fest welche zwei der folgenden Mitarbeiter der Dialogfix GmbH wahlberechtigt sind (aktives Wahlrecht).

1. Maria Friedrich, Auszubildende, 22 Jahre, 5 Monate Betriebszugehörigkeit
2. Jana Schmidt, Angestellte, 24 Jahre, 1 Jahr Betriebszugehörigkeit
3. Guido Schopp, Auszubildender, 27 Jahre, 2 Jahre Betriebszugehörigkeit
4. Jens Grün, Hilfsarbeiter im Lager, 17 Jahre, 7 Monate Betriebszugehörigkeit
5. Tom Hirche, Ausbilder, 40 Jahre, 17 Jahre Betriebszugehörigkeit
6. Claudia Berg, Leiharbeitnehmerin, 26 Jahre, seit 3 Jahren im Betrieb beschäftigt

107. AUFGABE

Z

Welche der folgenden Aussagen über die Wahlen zur Jugend- und Auszubildendenvertretung (JAV) in der Dialogfix GmbH ist richtig?

1. Die Mitglieder der JAV werden nach geheimer Wahl im Betriebsrat durch dessen Vorsitzenden bestellt.
2. Die Wahlen zur JAV finden im selben Rhythmus wie die Betriebsratswahlen statt.
3. Die Geschäftsführer legen alle 2 Jahre den Wahltermin für die JAV fest, sobald mehr als die Hälfte der Auszubildenden die Ausbildung abgeschlossen haben.
4. Die Gewerkschaften bestellen aus dem Kreis ihrer Mitglieder die Jugend- und Auszubildendenvertreter.
5. Die Wahlen zur JAV finden alle 2 Jahre im Oktober bzw. November statt.

108. AUFGABE

Z

Der neu gewählte Betriebsrat hat zu einer Betriebsversammlung eingeladen. Prüfen Sie, welche Aussage in diesem Zusammenhang zutreffend ist.

1. Die Betriebsversammlung muss mindestens monatlich stattfinden.
2. Teilnahmeberechtigt sind nur unbefristet beschäftigte Arbeitnehmer.
3. Auf Wunsch des Betriebsrats kann auch der Arbeitgeber eingeladen werden.
4. Die Teilnahme an der Betriebsversammlung wird als Arbeitszeit vergütet.
5. Die Teilnahme ist erst ab dem 18. Lebensjahr möglich.

Z **109.** AUFGABE ☐

Samantha Ritter, Auszubildende bei der Dialogfix GmbH, interessiert sich für die Arbeit des neu gewählten Betriebsrats und der JAV. Welche Aussage dürfen Sie ihr gegenüber nicht treffen?

1. Mitglieder der JAV sind zeitgleich auch automatisch Mitglieder des Betriebsrats.
2. Die regelmäßigen Wahlen der Jugend- und Auszubildendenvertretung finden alle 2 Jahre in der Zeit vom 1. Oktober bis zum 30. November statt.
3. Die Amtszeit der JAV beträgt 2 Jahre, die des Betriebsrats 4 Jahre.
4. Die JAV kann zu allen Sitzungen des Betriebsrats einen Vertreter entsenden.
5. Die JAV vertritt die Interessen von Jugendlichen und Auszubildenden im Betriebsrat.

Situation zu den Aufgaben 110 bis 111:

Die Unternehmensleitung der Dialogfix GmbH will ein neues flexibles Arbeitszeitmodell. Ihr Vorgesetzter gibt Ihnen den Auftrag, die Rechte des Betriebsrates für diesen Fall zu prüfen.

AUSZUG AUS DEM BETRIEBSVERFASSUNGSGESETZ (BetrVG)

Dritter Abschnitt. Soziale Angelegenheiten: § 87 Mitbestimmungsrechte

(1) Der Betriebsrat hat, soweit eine gesetzliche oder tarifliche Regelung nicht besteht, in folgenden Angelegenheiten mitzubestimmen:

1. Fragen der Ordnung des Betriebs und des Verhaltens der Arbeitnehmer im Betrieb;
2. Beginn und Ende der täglichen Arbeitszeit einschließlich der Pausen sowie Verteilung der Arbeitszeit auf die einzelnen Wochentage;
3. vorübergehende Verkürzung oder Verlängerung der betriebsüblichen Arbeitszeit; [...]

(2) Kommt eine Einigung über eine Angelegenheit nach Absatz 1 nicht zustande, so entscheidet die Einigungsstelle. Der Spruch der Einigungsstelle ersetzt die Einigung zwischen Arbeitgeber und Betriebsrat.

Z **110.** AUFGABE ☐

Was müssen Sie Ihrem Vorgesetzten nach eingehender Prüfung des Betriebsverfassungsgesetzes mitteilen?

1. Das neue Arbeitszeitmodell kann ohne Benachrichtigung des Betriebsrates eingeführt werden.
2. Der Betriebsrat muss lediglich vor der Einführung unterrichtet werden.
3. Der Betriebsrat muss informiert werden, aber seine Alternativvorschläge müssen lediglich angehört werden.
4. Der Betriebsrat muss in diesem Fall deshalb informiert werden, weil er ein Benachrichtigungsrecht hat.
5. Der Betriebsrat hat nach BetrVG ein Mitbestimmungsrecht.

111. AUFGABE ☐ Z

Die Dialogfix GmbH und der Betriebsrat können sich nicht auf eine gemeinsame Lösung verständigen. Wie muss nach BetrVG weiter vorgegangen werden?

1. Das zuständige Arbeitsgericht entscheidet den Fall.
2. Stimmen 75 % der Mitarbeiter in einer Urabstimmung dafür, wird der Betriebsrat durch Streik seine Vorstellungen durchzusetzen versuchen.
3. Durch die Verweigerungshaltung des Betriebsrates gilt die alte Bestimmung fort und die Einführung des neuen Arbeitszeitmodells ist endgültig gescheitert.
4. Die Einigungsstelle unter einem unparteiischen Vorsitz entscheidet den Fall abschließend.
5. Das neue Arbeitszeitmodell wird eingeführt, der Betriebsrat abgesetzt.

Situation zu den Aufgaben 112 bis 120:
Die Bearbeitung des vorangegangenen Falles hat Ihren Vorgesetzten zufriedengestellt. Er beschäftigt Sie daher mit weiteren Fragestellungen zum Betriebsverfassungsgesetz.

112. AUFGABE ☐ Z

Welche Aussage zu Betriebsvereinbarungen ist nach dem BetrVG richtig?

1. Die Geschäftsleitung der Dialogfix GmbH schließt Betriebsvereinbarungen mit dem zuständigen Gewerkschaftsbezirk schriftlich ab.
2. In der Dialogfix GmbH werden Betriebsvereinbarungen zwischen dem Betriebsrat und allen Arbeitnehmern beraten und beschlossen.
3. Betriebsvereinbarungen sind von allen volljährigen Mitarbeitern der Dialogfix GmbH zu erarbeiten und dem Betriebsrat zur Zustimmung vorzulegen.
4. Betriebsvereinbarungen sind vom Betriebsrat und der Geschäftsleitung der Dialogfix GmbH gemeinsam zu beschließen und schriftlich niederzulegen.
5. Betriebsvereinbarungen sind von der Geschäftsleitung auszuarbeiten und dem Betriebsrat zur Kenntnisnahme vorzulegen.

113. AUFGABE ☐ Z

Die Dialogfix GmbH hat mit dem Betriebsrat eine Einigung über die Durchführung von „Silent Monitoring“ als Methode zur Arbeits- und Qualitätskontrolle erzielt. Stellen Sie fest, in welcher Form diese Einigung geschlossen werden muss.

1. Manteltarifvertrag
2. Betriebsverfassungsgesetz
3. Arbeitsplatzverordnung
4. BGB-Vertrag
5. Betriebsvereinbarung

Z **114. AUFGABE**

Welches Recht steht dem Betriebsrat in diesem Fall zu?

1. Mitbestimmungsrecht
2. Mitwirkungsrecht
3. Informationsrecht
4. Diskussionsrecht
5. Prüfungsrecht

Z **115. AUFGABE**

Die Dialogfix GmbH möchte wegen Auftragsmangel der Mitarbeiterin Franziska Kreutz eine betriebsbedingte Kündigung aussprechen. Stellen Sie fest, welche Rechte der Betriebsrat in diesem Fall hat.

1. Rechte des Betriebsrats bestehen in diesem Fall nicht.
2. Der Betriebsrat hat hier ein Mitbestimmungsrecht und kann die geplante Kündigung damit verhindern.
3. Ohne vorherige Anhörung des Betriebsrats ist die Kündigung unwirksam.
4. Damit die Kündigung wirksam wird, muss der Betriebsrat binnen 14 Tagen informiert werden.
5. Die Kündigung ist nur mit ausdrücklicher und einstimmiger Zustimmung des Betriebsrats wirksam.

Z **116. AUFGABE**

Stellen Sie fest, bei welcher Angelegenheit der Betriebsrat ein Mitbestimmungsrecht gemäß Betriebsverfassungsgesetz (BetrVG) hat.

1. Gewinnverteilung an die Gesellschafter
2. Aufbau eines Modells zur leistungsgerechten Bezahlung der Mitarbeiter
3. Versetzung eines Mitarbeiters
4. Strategische Unternehmensplanung
5. Schließung einer Betriebsstätte

Z **117. AUFGABE**

In einer mitbestimmungspflichtigen Angelegenheit können Arbeitgeber und Betriebsrat keine Übereinkunft erzielen. Prüfen Sie, wie dennoch eine Entscheidung getroffen werden kann.

1. Durch den Lenkungsausschuss
2. Durch das Amtsgericht
3. Durch das Fürsorgegremium
4. Durch Befragung aller Arbeitnehmer
5. Durch die Einigungsstelle

118. AUFGABE

Z

In einigen Angelegenheiten hat der Betriebsrat ausschließlich Beratungsrechte. Geben Sie an, in welcher Zeile ein zutreffendes Beispiel genannt ist.

1. Angelegenheiten, die den Arbeitsablauf betreffen
2. Personelle Angelegenheiten
3. Soziale Angelegenheiten
4. Wirtschaftliche Angelegenheiten
5. Angelegenheiten, die die Gestaltung des Arbeitsplatzes betreffen

119. AUFGABE

Z

Sonja Adler denkt darüber nach, bei der nächsten Betriebsratswahl zu kandidieren. Von welchem Vorteil könnte sie bei einer erfolgreichen Wahl profitieren?

1. Sie erhält für ihre Tätigkeit eine tariflich festgelegte Erschwerniszulage.
2. Jedes Jahr der Betriebsratszugehörigkeit erhöht die gesetzliche Rente.
3. Ihre Kündigung ist nur mit Zustimmung des Betriebsrats aus wichtigem Grund möglich.
4. Der Urlaubsanspruch steigt um 5 Werktage.
5. Auf Antrag ist eine Freistellung von der Arbeit möglich, das Gehalt wird aus der Betriebskasse weitergezahlt.

120. AUFGABE

Z

Im Betriebsverfassungsgesetz (BetrVG) werden auch die Rechte des einzelnen Arbeitnehmers aufgeführt. Welche zwei Rechte lassen sich jedoch nicht aus dem genannten Gesetz ableiten?

1. Der Arbeitnehmer kann die Erörterung seiner beruflichen Entwicklungsmöglichkeiten im Unternehmen verlangen.
2. Der Arbeitnehmer kann die Erläuterung der Zusammensetzung und der Berechnung seines Gehaltes verlangen.
3. Der Arbeitnehmer kann die kostenlose Bereitstellung von Getränken und kleinen Snacks während der Arbeitszeit verlangen.
4. Der Arbeitnehmer hat das Recht, in eine andere Abteilung versetzt zu werden, wenn er seiner Ansicht nach gemobbt wird.
5. Der Arbeitnehmer hat das Recht, seine Personalakte einzusehen und Erläuterungen zum Inhalt abzugeben, die auf sein Verlangen der Personalakte beigefügt werden müssen.
6. Der Arbeitnehmer hat das Recht, sich zu beschweren, wenn er sich benachteiligt fühlt.

Lösungen zu Kapitel 19

Web

1. 1, 5
2. 3
3. 5
4. 4
5. 4
6. 4
7. 5
8. 2
9. 4
10. 4
11. 3, 4
12. 4
13. 2, 5, 6, 4, 3, 1
14. 4
15. 1
16. 5
17. 3
18. 4
19. 1
20. 3
21. 4
22. 2
23. 5
24. 4
25. 4
26. 1
27. 3
28. 3
29. 2
30. 1
31. 2, 5
32. 1, 2, 4, 5, 3
33. 3
34. 1
35. 4, 6
36. 3
37. 3
38. 4
39. 3
40. 4
41. 5
42. 1
43. 2
44. 5
45. 4
46. 4
47. 4
48. 3
49. 4
50. 3
51. 2
52. 3
53. 3
54. 2, 4
55. 1
56. 3, 4
57. 4
58. 4
59. 2
60. 4
61. 3
62. 3
63. 3
64. 1
65. 4
66. 1
67. 3, 4
68. 3
69. 4
70. 1
71. 3, 4, 1, 2, 5
72. 3
73. 5
74. 2, 2, 1, 1, 1, 2
75. 5
76. 5
77. 3
78. 3
79. 1
80. 5
81. 3
82. 6 Wochen
83. 3
84. 2
85. 5
86. 1
87. 4, 6
88. 2
89. 201,60 €
90. 57,95 €
91. 785,65 €
92. 5
93. 2
94. 1
95. 3
96. 1
97. 100 AN
98. 95 AN
99. 5
100. 4
101. 3
102. 2, 3
103. 4
104. 14
105. 5
106. 1, 4
107. 5
108. 4
109. 1
110. 5
111. 4
112. 4
113. 5
114. 1
115. 3
116. 2
117. 5
118. 4
119. 3
120. 3, 4

20 Steuern

Hinweis: Dieses Kapitel enthält die Themen
- Steuerpolitik (Aufgabe 1 bis 2 und 13 bis 20),
- Grundzüge der Besteuerung (Aufgabe 3 bis 12, nur für KDM!).

Situation zu den Aufgaben 1 bis 12:
Die folgende Abbildung und einige Daten aus der Personalabteilung der KommunikativAktiv KG liegen Ihnen heute vor:

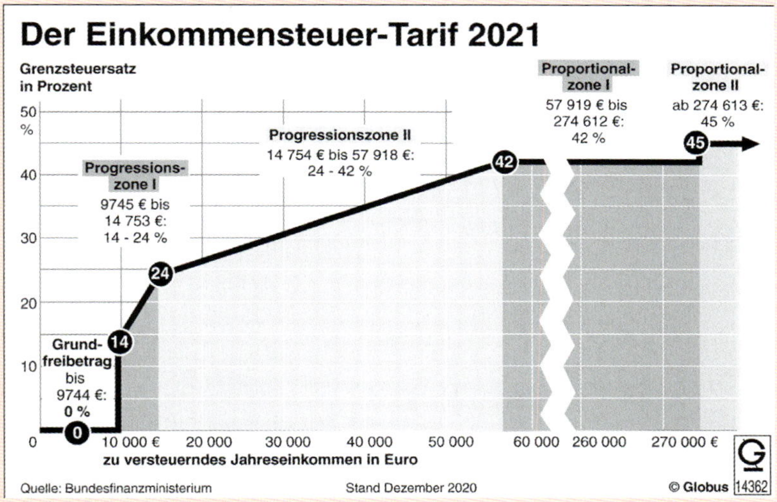

Lisa Backes, zu versteuerndes monatliches Einkommen 2604 €, ledig, 38 Jahre alt, keine Kinder.

1. AUFGABE

Prüfen Sie, welche zwei Aussagen über den Steuertarif sich anhand der Abbildung treffen lassen.

1. Der Grenzsteuersatz sinkt mit zunehmendem Einkommen.
2. Der Grenzsteuersatz ist immer höher als der Durchschnittssteuersatz.
3. Grundlage des Steuertarifs ist ein linearer Verlauf.
4. Nach dem Grundfreibetrag schließt sich die Proportionalzone (gleicher Steuersatz) an, anschließend die Progressionszone (steigender Steuersatz).
5. Innerhalb des Grundfreibetrags wird keine Einkommensteuer fällig.
6. Die Progressionszone endet bei 45 %.

2. AUFGABE

☐

Lisa Backes befindet sich mit ihrem Einkommen in der Progressionszone. Stellen Sie fest, welche Aussage diese Situation richtig beschreibt.

1. Je mehr Lisa verdient, umso geringer ist der anzuwendende Steuersatz.
2. Da das Einkommen von Lisa unterhalb des Existenzminimus liegt, muss keine Einkommensteuer gezahlt werden.
3. Der Steuersatz in der Progressionszone beträgt allgemein 14 %.
4. Mit zunehmendem Einkommen steigt für Lisa auch der Steuersatz auf jeden hinzuverdienten Euro.
5. Mit zunehmendem Einkommen zahlt Lisa mehr Steuern. Der Steuersatz bleibt jedoch unverändert.

3. AUFGABE

☐

Welche Steuerklasse muss auf der Lohnsteuerkarte von Lisa Backes zwingend eingetragen sein?

1. Lohnsteuerklasse 1
2. Lohnsteuerklasse 2
3. Lohnsteuerklasse 3
4. Lohnsteuerklasse 4
5. Lohnsteuerklasse 5
6. Lohnsteuerklasse 6

4. AUFGABE

☐

Berechnen Sie, welchen Betrag (in Euro) Lisa Backes vom Arbeitgeber überwiesen bekommt. Berücksichtigen Sie dabei folgende Daten zur Sozialversicherung:
Krankenversicherung 15,7 % (inklusive Zusatzbeitrag 1,1 %), Pflegeversicherung 3,05 % (ggfs. zuzüglich Kinderlosenzuschlag 0,25%), Rentenversicherung 18,6 %, Arbeitslosenversicherung 2,4 %.
Der in der Tabelle aufgeführte Kirchensteuersatz (9 %) ist in der Höhe korrekt und muss bei Lisa Backes auch berücksichtigt werden.

Bruttolohn	StKl	Lohnsteuer	KiSt
2604,00	I	300,58	27,05
	II	256,33	14,71
	III	73,66	6,62
	IV	300,58	27,05
	V	586,33	52,76
	VI	620,16	55,81

Abzüge an Lohnsteuer und Kirchensteuer (KiSt), in €

5. AUFGABE

Lisa Backes möchte demnächst heiraten und fragt nach, wo sie die Änderung der Lohnsteuerklasse vornehmen lassen muss. Wie reagieren Sie richtig?

1. Die Informationen zur Lohnsteuerklasse werden von der gesetzlichen Rentenversicherung verwaltet. Diese muss Frau Backes anschreiben.
2. Frau Backes kann die Steuerklasse online beim Ordnungsamt ändern lassen.
3. Sie verweisen Frau Backes an das Finanzamt ihres Wohnortes.
4. Sie schicken Frau Backes in die Personalabteilung. Dort kann die Änderung vorgenommen werden.
5. Sie empfehlen Frau Backes den Betriebsrat aufzusuchen, da dieser für solche persönlichen Belange zuständig ist.

6. AUFGABE

Lisa Backes fragt sich, wodurch ihre Steuerklasse beeinflusst wird. Welche Antwort müssen Sie ihr geben?

1. Die Steuerklasse hängt von der Höhe des Einkommens ab. Je mehr Lisa verdient, umso höher die Steuerklasse.
2. Die Steuerklasse bezieht sich auf die Rechtsform des Arbeitgebers (hier: GmbH).
3. Die Steuerklasse ist hauptsächlich von der Entfernung von Lisas Wohnung zu ihrem Arbeitsplatz abhängig. Je mehr Kilometer Lisa fährt, desto niedriger ist ihre Steuerklasse.
4. Die Steuerklasse ist unter anderem von Lisas Familienstand abhängig.
5. Die Steuerklasse ist vom geltenden Steuersatz an Lisas Wohnort abhängig.

7. AUFGABE

Lisa Backes trägt die Unterlagen für ihre Steuererklärung zusammen. Dabei muss sie auch die Einkünfte aus nichtselbstständiger Arbeit ermitteln. Prüfen Sie, welche Einkünfte Lisa dabei zu berücksichtigen hat.

1. Mieteinnahmen aus einer Ferienwohnung an der Ostsee
2. Erfolgsabhängige Vergütung (Verkaufsprämien)
3. Zinsen (Sparbuch)
4. Geldgeschenk (100,00 €) von der Großmutter
5. Dividendenzahlungen aus einer Aktienanlage

8. AUFGABE

Welche Aufwendungen gehören in Lisas Steuererklärung zu den Werbungskosten?

1. Mitgliedsbeitrag Gewerkschaft
2. Kosten für das Mittagessen in der Kantine
3. Sozialversicherungsbeiträge
4. Eigenbeitrag jährlicher Betriebsausflug
5. Spende für ein Tierheim

9. AUFGABE

☐

Lisa Backes legt bis zu ihrem Arbeitsplatz bei der Dialogfix GmbH 28 km mit dem Pkw zurück. Wie wirken sich diese Kosten steuerlich aus?

1. Überhaupt nicht
2. Es handelt sich hier um abzugsfähige Sonderausgaben.
3. Diese Kosten können als Werbungskosten geltend gemacht werden.
4. Die angefallenen Kosten werden maximal bis zur Höhe der gezahlten Mineralölsteuer erstattet.
5. Lisa bekommt sämtliche angefallenen Fahrtkosten vom Finanzamt zurück.

10. AUFGABE

☐

Prüfen Sie, welche Aufwendungen von Lisa zu den Sonderausgaben (Vorsorgeaufwendungen) nach dem Einkommensteuergesetz gehören.

1. Der Sozialversicherungsanteil von Lisa
2. Die Beiträge für einen monatlichen Sparvertrag bei ihrer Bank
3. Die Zinszahlungen für einen Kredit zur Finanzierung einer Eigentumswohnung
4. Die Aufwendungen für die Berufskleidung von Lisa
5. Die Mitgliedsbeiträge zur Gewerkschaft

11. AUFGABE

☐

In Lisas Steuerunterlagen finden sich u. a. folgende Belege:

Teilnahmegebühr für den Kurs „Coaching im Callcenter“	899,00 €
Gezahlte Kirchensteuer	265,00 €
Bewerbungskosten	182,00 €
Private Rentenversicherung	1 200,00 €
Sozialversicherungsbeiträge (Arbeitnehmeranteil)	2 845,00 €

Ermitteln Sie, welchen Betrag (Euro) Lisa als Werbungskosten in der Steuererklärung geltend machen kann.

12. AUFGABE

☐

Lisa Backes möchte beim Finanzamt für höhere Werbungskosten ein monatlicher Freibetrag in Höhe von 250,00 € vermerken lassen. Wie wirkt sich diese Eintragung finanziell für Lisa aus?

1. Lisa zahlt nur den 250,00 € übersteigenden Betrag der Lohnsteuer.
2. Lisas Sozialversicherungsbeiträge sinken um 250,00 €.
3. Bei der monatlichen Berechnung der Lohnsteuer wird das steuerpflichtige Bruttoentgelt um 250,00 € gemindert.
4. Lisas zu zahlende Lohnsteuer verringert sich monatlich um 250,00 €.
5. Der Freibetrag stellt eine staatliche Transferleistung dar und ermöglicht es Lisa, Vorsorgeaufwendungen in gleicher Höhe zu tätigen.

13. AUFGABE

Die Dialogfix GmbH möchte an einem neuen Standort in Deutschland ein Callcenter eröffnen. Bei der Beurteilung der Standortalternativen wird auch die jährliche Steuerbelastung am jeweiligen Standort betrachtet. Welcher der folgenden Steuersätze fließt daher in die Beurteilung mit ein?

1. Einkommensteuersatz
2. Körperschaftssteuersatz
3. Satz der Gewerbesteuer
4. Satz der Grunderwerbssteuer
5. Satz der Mineralölsteuer

14. AUFGABE

Steuern lassen sich unter anderem nach dem Empfänger der Steuern einteilen. Geben Sie an, welche Steuer ausschließlich den Gemeinden zufließt.

1. Tabaksteuer
2. Erbschaftssteuer
3. Grundsteuer
4. Sektsteuer
5. Umsatzsteuer

15. AUFGABE

Der Staat möchte seine Einnahmen erhöhen. Stellen Sie fest, welche Maßnahme dazu <u>ungeeignet</u> ist.

1. Einführen einer neuen Steuer
2. Erhöhung des Einkommensteuersatzes
3. Steuerliche Abzugsmöglichkeiten einschränken
4. Steuerbefreiungen streichen
5. Einführen einer neuen Subvention

16. AUFGABE

Welche Aussage zu den Steuerarten trifft <u>nicht</u> zu?

1. Die Einkommensteuer wird auf Bund, Länder und Gemeinden verteilt.
2. Die Gewerbesteuer ist eine Steuer, deren Höhe von der Gemeinde beeinflusst werden kann, der sie als Einnahme zufließt.
3. Die Umsatzsteuer wird zwischen Bund und Ländern aufgeteilt.
4. Die Mineralölsteuer ist eine Gemeinschaftssteuer, da sie gemeinschaftlich von allen Autofahrern zu zahlen ist.
5. Die Kaffeesteuer ist eine Verbrauchssteuer, da sie die Menge des konsumierten Kaffees besteuert.

17. AUFGABE

Prüfen Sie, welche Aussage zur Besteuerung nicht zutreffend ist.

1. Der Solidaritätszuschlag wird vom Arbeitgeber an das Finanzamt überwiesen.
2. Charakteristisch für das deutsche Steuersystem ist die Steuerprogression.
3. Solidaritätszuschlag und Kirchensteuer sind abhängig von der Höhe der Lohnsteuer.
4. Die Lohnsteuer wird durch den Arbeitnehmer vom Verdienst einbehalten und von ihm an das zuständige Finanzamt abgeführt.
5. Die Höhe der zu zahlenden Kirchensteuer ist vom Bundesland und von der Höhe der Lohnsteuer abhängig.

18. AUFGABE

Die Bundesregierung möchte die Bezieher niedriger Einkommen steuerlich entlasten. Welche der folgenden Maßnahmen ist dazu geeignet?

1. Anheben des Spitzensteuersatzes
2. Erhöhen des Grundfreibetrages
3. Anheben des Eingangssteuersatzes
4. Erhöhen des Solidaritätszuschlags
5. Abzugsfähigkeit von Werbungskosten beschränken

19. AUFGABE

Der Bundestag diskutiert den aktuellen Haushaltsentwurf und fordert eine 5%ige Senkung der Ausgaben aller Haushaltsbereiche. Welcher Ausgabenbereich hätte in diesem Fall den höchsten Einsparungsbeitrag (in Mrd. Euro) zu leisten?

1. Ausgaben für Bildung und Forschung
2. Ausgaben für Verteidigung
3. Ausgaben für Verkehr und Bau
4. Ausgaben für Arbeit und Soziales
5. Ausgaben für Entwicklungshilfe

20. AUFGABE

Durch zahlreiche Hilfsmittel versucht der Staat, die gewünschten wirtschafts- und verteilungspolitischen Effekte herbeizuführen. In welchem Fall handelt es sich um eine Subvention?

1. Förderung der Ansiedlung von Callcentern durch direkte Beihilfe
2. Förderung der Mitarbeiterbeteiligung an der Dialogfix GmbH über Belegschaftsaktien
3. Bei der Vermietung und Verpachtung von Grundstücken wird generell keine Umsatzsteuer erhoben.
4. In Abhängigkeit von Anzahl und Alter der Kinder erhalten Eltern Kindergeld.
5. In Abhängigkeit von der Bedürftigkeit des Empfängers wird Wohngeld gewährt.

Web

Lösungen zu Kapitel 20

1. 2, 5
2. 4
3. 1
4. 1 752,31 €
5. 3
6. 4
7. 2
8. 1
9. 3
10. 1
11. 1 081,00 €
12. 3
13. 3
14. 3
15. 5
16. 4
17. 4
18. 2
19. 4
20. 1

21 Markt und Preis/Wirtschaftsordnung

Hinweis: Dieses Kapitel enthält die Themen
- Begriff, Funktion und Arten des Marktes (Aufgabe 1 bis 25),
- Kooperation und Konzentration in der Wirtschaft (Aufgabe 26 bis 44),
- Soziale Marktwirtschaft und staatliche Wettbewerbspolitik (Aufgabe 45 bis 57).

1. AUFGABE

☐

Märkte lassen sich grundsätzlich in vollkommene und unvollkommene Märkte unterscheiden. Stellen Sie fest, welche Aussage auf einen vollkommenen Markt zutrifft.

1. In der Bundesrepublik Deutschland sind sämtliche Märkte vollkommene Märkte.
2. In einem vollkommenen Markt haben die Käufer Präferenzen für bestimmte Verkäufer, z. B. aufgrund von Lieferzeiten und räumlicher Nähe.
3. Die vollkommene Transparenz des Marktes ist das einzige Kriterium für das Vorliegen eines vollkommenen Marktes.
4. Vollkommene Märkte können nur innerhalb eines Monopols oder eines Oligopols vorliegen.
5. Ist auch nur ein einziges Merkmal des vollkommenen Marktes nicht erfüllt, handelt es sich bereits um einen unvollkommenen Markt.

2. AUFGABE

☐

In welcher Beschreibung wird ein Merkmal eines unvollkommenen Markts zutreffend charakterisiert?

1. Verschiedene Barrieren behindern den Zugang zum Markt.
2. Die gehandelten Güter sind homogen.
3. Es herrscht vollkommene Markttransparenz.
4. Käufer und Verkäufer reagieren sofort auf Veränderungen der Marktsituation.
5. Es existieren ausschließlich Polypole.

3. AUFGABE

☐

Prüfen Sie, in welchem Fall es sich um ein Nachfrageoligopol handelt.

1. Ein Anbieter, viele Nachfrager
2. Viele Anbieter, wenige Nachfrager
3. Wenige Anbieter, ein Nachfrager
4. Viele Anbieter, viele Nachfrager
5. Ein Anbieter, ein Nachfrager

4. AUFGABE ☐

Geben Sie an, welche Aussage über das Marktgeschehen in der sozialen Marktwirtschaft richtig ist.

1. Sämtliche Preise werden durch vollständige Konkurrenz bestimmt.
2. Die Verbraucher können auf einen Preisvergleich verzichten, da die Preise durch Angebot und Nachfrage auf dem Markt festgelegt werden.
3. Die Preisangabenverordnung (PAngV) garantiert verbraucherfreundliche Preise.
4. Das Bundeskartellamt bestimmt Höchst- und Mindestpreise.
5. Das Verhalten der Verbraucher kann die Preise beeinflussen.

5. AUFGABE ☐

Welche Aussage zum Käufermarkt trifft zu?

1. Bei einem Käufermarkt verfügen die Verkäufer über eine besonders starke Verhandlungsposition.
2. Die Nachfrage übersteigt das Angebot nur minimal.
3. Es handelt sich um einen sogenannten ungesättigten Markt.
4. Das Angebot übersteigt die Nachfrage.
5. Ein typisches Beispiel für einen Käufermarkt stellt der Markt für Benzin dar.

6. AUFGABE ☐

Prüfen Sie, welche Marktform vorliegt, wenn als Marktteilnehmer Autofahrer als Nachfrager und Mineralölgesellschaften als Anbieter agieren.

1. Zweiseitiges Oligopol
2. Beschränktes Angebotsmonopol
3. Polypol
4. Angebotsoligopol
5. Nachfrageoligopol

7. AUFGABE ☐

Die Avantasia AG bietet ihre Produkte auf einem Markt an, der als Angebotsoligopol beschrieben werden kann. Welche Ziffer in der nachfolgenden Matrix kennzeichnet diese Marktform zutreffend?

	Ein Nachfrager	Wenige Nachfrager	Viele Nachfrager
Ein Anbieter	1	2	3
Wenige Anbieter	4	5	6
Viele Anbieter	7	8	9

Situation zu den Aufgaben 8 bis 13:
An der New Yorker Kaffeebörse wird Rohkaffee in ganzen Säcken zu 60 kg gehandelt. Ihnen steht eine aktuelle Übersicht mit Kauf- und Verkaufsaufträgen zur Verfügung.

Kaufaufträge

Käufer	Kaufmenge in Sack	Akzeptierte Preisobergrenze €/Sack
A	3 500	95,00
B	500	98,00
C	2 200	100,00
D	800	102,00

Verkaufsaufträge

Verkäufer	Verkaufsmenge in Sack	Akzeptierte Preisuntergrenze €/Sack
E	1 400	95,00
F	2 100	98,00
G	1 700	100,00
H	2 300	102,00

8. AUFGABE

Ermitteln Sie, wie viele Sack Kaffee bei einem Preis von 100,00 €/Sack auf dem Markt angeboten werden.

9. AUFGABE

Ermitteln Sie, wie viele Sack Kaffee bei einem Preis von 100,00 €/Sack auf dem Markt nachgefragt werden.

10. AUFGABE

Ermitteln Sie den Gleichgewichtspreis (in Euro) für einen Sack Rohkaffee.

11. AUFGABE

Stellen Sie fest, welche Marktsituation bei einem Preis von 102,00 € für den Sack Rohkaffee vorliegt.

1. Käufermarkt, Nachfrageüberhang
2. Vollkommener Markt, Angebots-/Nachfrageausgleich
3. Käufermarkt, Angebotsüberhang
4. Verkäufermarkt, Nachfrageüberhang
5. Verkäufermarkt, Angebotsüberhang
6. Es bildet sich kein Marktpreis.

12. AUFGABE

In welchem Fall kann ein Anbieter von Rohkaffee am ehesten Preiserhöhungen durchsetzen?

1. Wenn weitere Anbieter von Rohkaffee auf den Markt drängen
2. Wenn der Kaffeekonsum steigt
3. Wenn die Konkurrenz die Preise senkt
4. Wenn ein russisches Unternehmen Aktien des Anbieters kauft
5. Wenn es infolge von Unwettern bei diesem Anbieter zu Ernteausfällen kommt

13. AUFGABE

Der Preis für Rohkaffee verändert sich Tag für Tag. In welchem Fall erfolgt die Preisänderung aufgrund einer nicht marktkonformen Situation?

1. Der Preis sinkt, da ein Überangebot an Kaffeebohnen besteht.
2. Der Preis steigt, da die Kaffeebohnen aufgrund von Unruhen in den Erzeugergebieten schwieriger zu beschaffen sind.
3. Der Preis steigt, da der Staat einen Mindestpreis festlegt, um fairen Handel zu fördern.
4. Der Preis sinkt aufgrund von Preissenkungen der Konkurrenten, die durch einen harten Wettbewerb hervorgerufen werden.
5. Der Preis steigt aufgrund der gestiegenen Nachfrage.

14. AUFGABE

Die Dialogfix GmbH ist u. a. auf dem Markt für Personal Digital Assistants (PDA) tätig. Stellen Sie anhand der Abbildung fest, welche der folgenden Situationen zu einer Verschiebung der Nachfragekurve nach links führt.

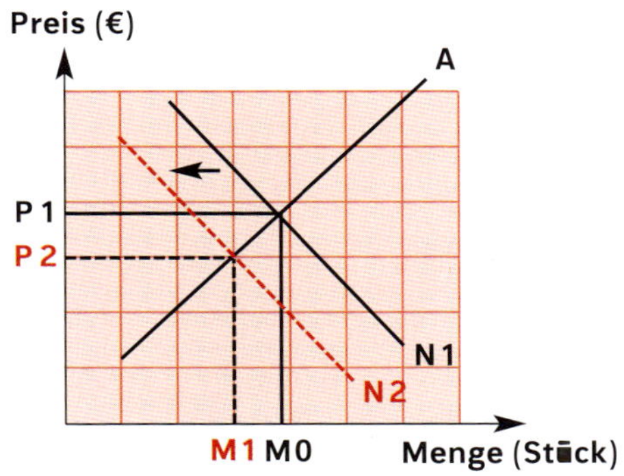

1. Verbesserte Produktionsabläufe bei den Herstellern führen dazu, dass größere Mengen auf dem Markt angeboten werden können.
2. Immer mehr Nutzer steigen vom Handy auf einen vollwertigen PDA mit Telefonfunktion um.
3. Die Verbraucher sehen zunehmend in Netbooks eine Alternative zum PDA.
4. Infolge des heiß umkämpften Marktes entschließen sich mehrere PDA-Hersteller zur Aufgabe der PDA-Produktion.
5. Die Einkommensteuersätze werden gesenkt.

15. AUFGABE

☐

Die Dialogfix GmbH möchte überprüfen, ob die Absatzmärkte für ihre Produkte Käufer- oder Verkäufermärkte sind. Stellen Sie fest, in welchem Fall ein Verkäufermarkt beschrieben wird.

1. Es herrscht ein starker Wettbewerb unter den Anbietern.
2. Die Preise auf dem Markt fallen in regelmäßigen Abständen.
3. Eine hohe Nachfrage trifft auf ein knappes Angebot.
4. Der Staat legt Höchst- und Mindestpreise fest.
5. Es liegt ein Angebotsüberschuss vor.

16. AUFGABE

Ordnen Sie die Funktionen des Marktpreises den einzelnen Situationen zu:

☐ Der Markt informiert über die Verfügbarkeit eines Gutes. Preisänderungen zeigen Veränderungen in der Verfügbarkeit an.

☐ Ist der Marktpreis hoch, motiviert dies die Nachfrager, sparsamer mit diesem Gut umzugehen.

☐ Marktteilnehmer, die bei hohen Preisen nicht nachfragen bzw. bei niedrigen Preisen nicht anbieten wollen, scheiden aus dem Markt aus.

☐ Über den Marktpreis ergibt sich ein Gleichgewicht zwischen Angebot und Nachfrage.

☐ Anbieter werden Produktion und Verkauf danach ausrichten, wo die größte Nachfrage (und der höchste Preis) zu erwarten ist. Damit ist sichergestellt, dass nur angeboten wird, was der Markt auch nachfragt.

1. Ausgleichsfunktion
2. Signalfunktion
3. Lenkungsfunktion
4. Erziehungsfunktion
5. Ausschaltungsfunktion

17. AUFGABE

☐

Prüfen Sie, welcher Vorgang im Modell der freien Marktwirtschaft tendenziell zu einer Preissenkung führt.

1. Nachfrage steigt stärker als das Angebot.
2. Nachfrage sinkt stärker als das Angebot.
3. Nachfrage steigt bei gleich bleibendem Angebot.
4. Bei sinkendem Angebot steigt die Nachfrage
5. Angebot und Nachfrage ändern sich nicht.

18. AUFGABE

Die Haus und Garten GmbH hat die Verkaufsmöglichkeiten eines neu entwickelten Toasters in einer Marktanalyse prüfen lassen. Folgende Informationen liegen vor:

Preis/Toaster	mögliche Verkaufsmenge	dabei anfallende Gesamtkosten
32,00 €	12 000 Stück	227 000,00 €
30,00 €	14 000 Stück	259 000,00 €
28,00 €	16 000 Stück	291 000,00 €

Zu welchem Preis muss der Toaster angeboten werden, wenn die Haus und Garten GmbH Gewinnmaximierung anstrebt?

19. AUFGABE

Ordnen Sie folgende Begriffe den Buchstaben A bis E auf dem Schaubild zu und tragen Sie die Zahlen von links nach rechts in die Lösungskästchen ein.

1. Gleichgewichtspreis
2. Angebot
3. Nachfrage
4. Nachfrageüberhang
5. Angebotsüberhang

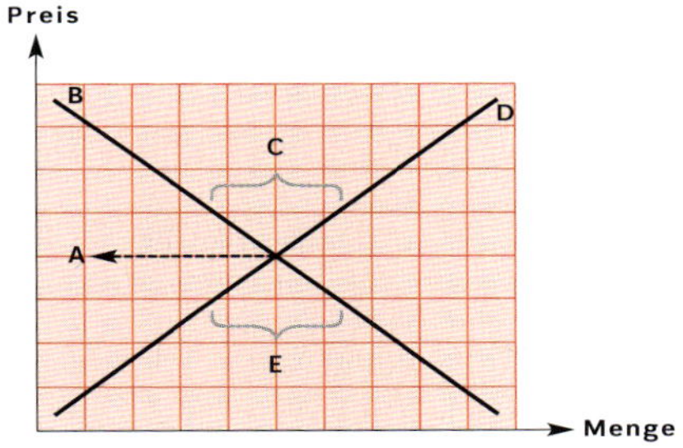

20. AUFGABE

Der Preis „P1“ ist kleiner als der Gleichgewichtspreis. Stellen Sie fest, welche Situation zum Preis „P1“ zutrifft.

1. Zum Preis P1 besteht ein Angebotsüberhang.
2. Zum Preis P1 besteht dann kein Angebot.
3. Die zum Preis P1 abgesetzte Menge kann an der Angebotskurve abgelesen werden.
4. Die zum Preis P1 abgesetzte Menge kann an der Nachfragekurve abgelesen werden.
5. Durch den Preis P1 werden zusätzliche Anbieter am Markt aktiv.

21. AUFGABE

Geben Sie an, in welcher Situation die Tendenz besteht, dass die Preise steigen.

1. Angebot und Nachfrage bleiben gleich.
2. Die Nachfrage steigt stärker als das Angebot.
3. Das Angebot steigt bei gleichbleibender Nachfrage.
4. Die Nachfrage sinkt, wohingegen das Angebot steigt.
5. Das Angebot steigt stärker als die Nachfrage.

22. AUFGABE

Die Saar-Musik GmbH ist Hersteller eines seltenen Musikinstruments. Dieses Instrument wird weltweit nur noch von zwei weiteren Anbietern hergestellt. Nachgefragt wird das Instrument nur von sehr wenigen Kunden. Prüfen Sie, welche Marktform in diesem Fall vorliegt.

1. Polypol
2. Beschränktes Angebotsmonopol
3. Angebotsoligopol
4. Zweiseitiges Oligopol
5. Beschränktes Nachfragemonopol

Situation zu den Aufgaben 23 bis 25:
Ein Marktforschungsinstitut hat für die Haus und Garten GmbH das Nachfrageverhalten für Induktionsherde ermittelt und die entsprechenden Daten in ein Diagramm übertragen. Um den Marktauftritt zu optimieren, sollen die Ergebnisse nun analysiert werden.

23. AUFGABE

Welchen Umsatz kann die Haus und Garten GmbH erzielen, wenn sie ihren neuen Induktionsherd zu einem Preis von 1 000,00 € am Markt anbietet?

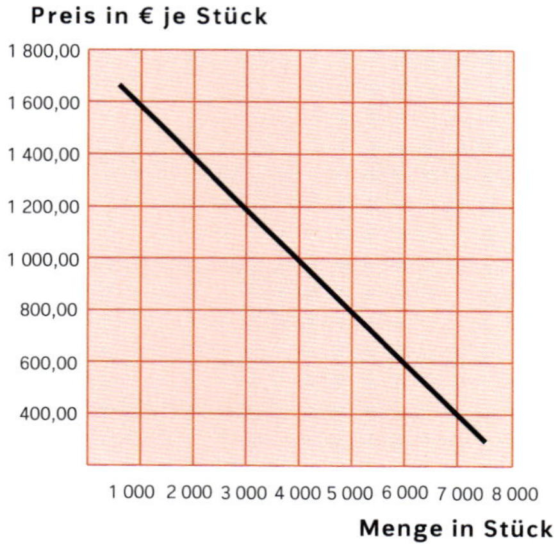

24. AUFGABE

Die Haus und Garten GmbH plant, zur besseren Auslastung der Produktionskapazität den Preis um 100,00 € zu senken. Um wie viel Euro würde der Umsatz mit dieser Maßnahme steigen?

25. AUFGABE

☐

Da viele neue Hersteller auf den Markt drängen, steigt das Angebot von Induktionsherden. Welche Aussage zum Angebot trifft zu?

1. Das Angebot verteuert sich, wodurch sich die Angebotskurve nach links verschiebt.
2. Als Ergebnis der Angebotssteigerung steigen die Gleichgewichtsmenge und der Gleichgewichtspreis.
3. Das steigende Angebot hat keine Auswirkung auf die Gleichgewichtsmenge und den Gleichgewichtspreis.
4. Die Nachfragekurve verschiebt sich nach rechts, wodurch der Gleichgewichtspreis sinkt.
5. Die Angebotskurve verschiebt sich nach rechts.

Situation zu den Aufgaben 26 bis 40:
Im Rahmen der Vorbereitung zur Abschlussprüfung haben Sie sich einer Lerngruppe angeschlossen, um Fragen zur wirtschaftlichen Kooperation und Konzentration zu besprechen.

26. AUFGABE

☐

Welche Aussage über wirtschaftliche Kooperation ist richtig?

1. Durch wirtschaftliche Kooperation sinkt die Zahl der Unternehmen.
2. Bei wirtschaftlicher Kooperation geben Unternehmen ihre rechtliche und wirtschaftliche Unabhängigkeit auf.
3. Kartellbildung ist eine Form der Kooperation, die ordnungspolitisch unkritisch betrachtet werden sollte.
4. Die Ziele einer Kooperation liegen meist darin, die Leistungsfähigkeit der einzelnen Teilnehmer zu stärken und auf dem Markt wettbewerbsfähig zu bleiben.
5. Ein Preiskartell bedeutet die Absprache maximaler Produktionsquoten.

27. AUFGABE

☐

Die Haus und Garten GmbH verhandelt mit einem Mitbewerber über die Bildung eines Konzerns. Prüfen Sie, wie sich ein solcher Zusammenschluss auf die Selbstständigkeit der beiden Unternehmen auswirken würde.

1. Ein solcher Zusammenschluss ist rechtlich ausgeschlossen.
2. Wirtschaftliche Selbstständigkeit bleibt erhalten, rechtliche Selbstständigkeit wird aufgegeben.
3. Rechtliche Selbstständigkeit bleibt erhalten, wird aber unter einer einheitlichen Leitung zusammengefasst.
4. Rechtliche und wirtschaftliche Selbstständigkeit werden aufgegeben, eine neue Gesellschaft entsteht.
5. Rechtliche und wirtschaftliche Selbstständigkeit bleiben bestehen, es wird lediglich kooperiert.

28. AUFGABE

Welche Art von Zusammenarbeit beschreibt eine Fusion (Trust) zutreffend?

1. Im Mittelpunkt stehen gemeinsame Interessen, die im Verbund leichter durchgesetzt werden können.
2. Vertragliche Absprache zwischen Unternehmen derselben Branche, bei denen es z. B. um Preise, Produktionsmengen oder Geschäftsbedingungen geht.
3. Sowohl die wirtschaftliche als auch die rechtliche Selbstständigkeit geht verloren, wobei es entweder zu einer Übernahme eines Unternehmens durch ein anderes oder zu einer Neugründung kommt.
4. Unternehmen kooperieren zur Durchführung eines gemeinsamen Projekts oder eines Auftrags.
5. Die Unternehmen geben ihre wirtschaftliche Selbstständigkeit auf, bleiben aber rechtlich selbstständig.

29. AUFGABE

Welche der von der Haus und Garten GmbH geplanten Maßnahmen würde zu einem Verstoß gegen das Wettbewerbsrecht führen?

1. Die Auslaufmodelle im Bereich Brotbackmaschinen sollen zu Sonderpreisen angeboten werden.
2. Teile des Sortiments sollen an verschiedene Zielgruppen zu unterschiedlichen Preisen verkauft werden.
3. Die Marketing-Abteilung plant folgenden Slogan für den neuen Induktionsherd: „Der beste Induktionsherd, den es von der Haus und Garten GmbH je gab!“
4. Um den Absatz anzukurbeln, soll der neue Induktionsherd für 6 Monate unter den Herstellungskosten verkauft werden.
5. Das Unternehmen vergleicht in Zeitungsanzeigen die Größe der Kochfelder mit denen der Konkurrenz.

30. AUFGABE

Führende Unternehmen der Dialogmarketingbranche vereinbaren zur Gewinnmaximierung, in Zukunft einen einheitlichen Preis in Abhängigkeit von der Dauer des Gespräches pro Nettokontakt zu verlangen. Wie ist diese Absprache gesetzlich zu bewerten?

1. Das Kartellgesetz verbietet generell alle Preisabsprachen.
2. Das Kartellgesetz besagt, dass die Preisabsprache vorher von der Kartellbehörde geprüft und genehmigt werden muss.
3. Das Kartellgesetz verbietet gemeinsame Preisabsprachen, wenn sie zu einer Preiserhöhung führen.
4. Die Preisabsprache ist zulässig, sobald sie der Kartellbehörde angezeigt wird.
5. Die Preisabsprache ist überflüssig, da bereits eine gesetzliche Preisbindung pro Call existiert.

31. AUFGABE

Grundlage des Kartellrechts in Deutschland ist das Gesetz gegen Wettbewerbsbeschränkungen (GWB). Stellen Sie fest, welche der aufgeführten Aussagen zur Fusionskontrolle nicht zutrifft.?

1. Sobald ein Zusammenschluss nach den Bestimmungen des GWB vorliegt, ist dieser immer vor dem Vollzug beim Bundeskartellamt anzumelden.
2. Die missbräuchliche Ausnutzung einer marktbeherrschenden Stellung durch ein oder mehrere Unternehmen ist verboten.
3. Ein Unternehmen ist nach dem GWB marktbeherrschend, wenn es keinem Wettbewerb ausgesetzt ist.
4. Ist das Unternehmen nach der Fusion marktbeherrschend und der Zusammenschluss wurde rechtzeitig angezeigt, bestehen vonseiten des Bundeskartellamtes keine Bedenken gegen die Fusion.
5. Liegt ein Zusammenschluss nach dem GWB vor, ist dieser lediglich anzumelden, wenn bestimmte Umsatzzahlen nicht überschritten werden.

32. AUFGABE

Unter bestimmten Voraussetzungen ist eine Freistellung vom Kartellverbot nach § 2 GWB möglich. Prüfen Sie anhand des nachstehenden Gesetzesauszugs, welche der unten aufgeführten Voraussetzungen dazu nicht notwendig ist.

AUSZUG AUS DEM GESETZ GEGEN WETTBEWERBSBESCHRÄNKUNGEN (GWB)
§ 2 Freigestellte Vereinbarungen
(1) Vom Verbot des § 1 freigestellt sind Vereinbarungen zwischen Unternehmen, Beschlüsse von Unternehmensvereinigungen oder aufeinander abgestimmte Verhaltensweisen, die unter angemessener Beteiligung der Verbraucher an dem entstehenden Gewinn zur Verbesserung der Warenerzeugung oder -verteilung oder zur Förderung des technischen oder wirtschaftlichen Fortschritts beitragen, ohne dass den beteiligten Unternehmen
1. Beschränkungen auferlegt werden, die für die Verwirklichung dieser Ziele nicht unerlässlich sind, oder
2. Möglichkeiten eröffnet werden, für einen wesentlichen Teil der betreffenden Waren den Wettbewerb auszuschalten. [...]

1. Der Verbraucher muss aus dem gebildeten Kartell Vorteile ziehen können.
2. Das Kartell muss einen wirtschaftlichen Nutzen haben (Effizienzgewinn).
3. Die am Kartell beteiligten Unternehmen müssen verschiedene soziale Projekte als Ausgleichsmaßnahme fördern.
4. Die vereinbarten Absprachen müssen für das Funktionieren des Kartells unverzichtbar sein. Sonst darf nichts vereinbart werden (Unerlässlichkeit).
5. Das Kartell darf nicht zur Ausschaltung des Wettbewerbs führen.

33. AUFGABE

☐

Prüfen Sie, welche Einrichtung für die Überwachung des Wettbewerbs nach den Bestimmungen des GWB (Gesetz gegen Wettbewerbsbeschränkungen) zuständig ist?

1. Industrie- und Handelskammer
2. Handwerkskammer
3. Finanzministerium
4. Bundeskartellamt
5. Bundesbank

34. AUFGABE

☐

Unternehmenszusammenschlüsse können in verschiedenen Formen erfolgen. In welcher Zeile ist ein Unternehmenszusammenschluss zu einem Konzern richtig beschrieben?

1. Zwischen Unternehmen A und Unternehmen B wird vereinbart, bei der Beschaffung zu kooperieren.
2. Unternehmen A übernimmt das Unternehmen B. Das Unternehmen B erlischt.
3. Unternehmen A und Unternehmen B vereinbaren, ihre Produkte über eine gemeinsame Zweigstelle im Ausland abzusetzen.
4. Das Unternehmen B erwirbt mehr als die Hälfte der Anteile des Unternehmens A und bestimmt die wirtschaftlichen Geschicke des Unternehmens A, indem es Einfluss auf die Leitung nimmt.
5. Unternehmen A ist Zulieferer von Unternehmen B und hat mit Unternehmen B einen langfristigen Vertrag ausgehandelt.

35. AUFGABE

Prüfen Sie, ob es sich bei den folgenden Fällen jeweils um eine Kooperation oder eine Konzentration handelt.

☐ Die Haus und Garten GmbH ist im Verband der Haushaltsgerätehersteller organisiert.

☐ Zwei Hersteller von Haushaltsgeräten planen, Absatzgebiete in Norddeutschland untereinander aufzuteilen.

☐ Ein Onlineanbieter von Haushaltsgeräten wird von einem Anbieter mit Filialnetz übernommen.

☐ Zwei mittelständische Bauunternehmen bilden ein Konsortium zur Abwicklung einer Großbaustelle.

☐ Die Haus und Garten GmbH kauft die Firma Heimwerk Möller KG.

1. Kooperation
2. Konzentration

36. AUFGABE

☐

Die Dialogfix GmbH und die KommunikativAktiv KG stehen in geschäftlicher Beziehung zueinander. Welche Situation ist gemäß § 1 GWB als kritisch einzustufen?

AUSZUG AUS DEM GESETZ GEGEN WETTBEWERBSBESCHRÄNKUNGEN (GWB)
§ 1 Verbot wettbewerbsbeschränkender Vereinbarungen
Vereinbarungen zwischen Unternehmen, Beschlüsse von Unternehmensvereinigungen und aufeinander abgestimmte Verhaltensweisen, die eine Verhinderung, Einschränkung oder Verfälschung des Wettbewerbs bezwecken oder bewirken, sind verboten.

1. Die Dialogfix GmbH beauftragt die KommunikativAktiv KG, den Service für eine bestimmte Produktsparte für sie zu übernehmen.
2. Dialogfix GmbH und KommunikativAktiv KG vereinbaren, sich in Peak-Zeiten gemäß Vertrag zu unterstützen.
3. Dialogfix GmbH und KommunikativAktiv KG teilen sich den regionalen Markt auf. Die Dialogfix GmbH übernimmt alle Kunden nördlich von Köln, die KommunikativAktiv KG alle Kunden südlich von Köln.
4. Dialogfix GmbH und KommunikativAktiv KG werben gemeinsam einen Auftrag ein, den sie zusammen erfüllen.
5. Dialogfix GmbH und KommunikativAktiv KG beteiligen sich gemeinsam an einem Institut zur Fortbildung von Callcenter-Führungskräften.

37. AUFGABE

☐

Der Markt für Küchengeräte ist hart umkämpft. Die Geschäftsführung der Haus und Garten GmbH führt daher mit mehreren ähnlich großen Mitbewerbern intensive Gespräche über einen Kooperationsvertrag. Prüfen Sie, für welche der nachstehend aufgeführten vertraglichen Absprachen keine Freistellung nach dem Kartellrecht möglich ist.

1. Die beteiligten Unternehmen verpflichten sich vertraglich zur Einführung einer gemeinsamen Vertriebsstruktur zur bundesweiten Belieferung von Großhändlern.
2. Die beteiligten Unternehmen verpflichten sich vertraglich zur Festlegung von Mindestpreisen, um damit den Wettbewerb zu reduzieren und die Gewinne zu erhöhen.
3. Die beteiligten Unternehmen verpflichten sich vertraglich zur Einführung eines technisch neuartigen Warenwirtschaftssystems, um Prozesse zu optimieren.
4. Die beteiligten Unternehmen verpflichten sich vertraglich, bei einem Großlieferanten für elektronische Bestandteile gemeinsam einzukaufen. Die Bestellmenge richtet sich jeweils nach den Anforderungen der einzelnen Unternehmen.
5. Die beteiligten Unternehmen verpflichten sich vertraglich, zukünftig ein standardisiertes Qualitätsmanagementsystem zur Erhöhung der Kundenzufriedenheit zu entwickeln.

38. AUFGABE ☐

Die Geschäftsführer der führenden Hersteller von Küchengeräten treffen sich zu einem informellen Gespräch über die zukünftige Marktentwicklung der Branche. Die Teilnehmer halten dabei eine generelle Preiserhöhung um 5 % für erforderlich. Ohne eine weitere vertragliche Vereinbarung zu treffen, setzen die beteiligten Unternehmen diese Preiserhöhung in den nächsten Wochen um. Prüfen Sie die rechtliche Zulässigkeit dieser Vorgehensweise.

1. Zulässig, wenn vorab das Bundeskartellamt über die Maßnahme informiert wurde.
2. Zulässig gemäß Kartellgesetz, da dadurch das Eigenkapital der Unternehmen steigt.
3. Zulässig, wenn eine sogenannte Ministererlaubnis den gesamtwirtschaftlichen Nutzen bestätigt.
4. Verboten, da die Vereinbarungen zwischen den Unternehmen nicht schriftlich festgehalten und notariell beurkundet wurden.
5. Verboten, da es sich um ein zwischen den Unternehmen abgestimmtes Verhalten handelt, welches nach dem Kartellgesetz untersagt ist.

39. AUFGABE ☐

Ein Onlinehändler für Haushaltsgeräte wird von einem Haushaltsgerätehändler mit Filialnetz übernommen und verliert dabei seine rechtliche und wirtschaftliche Selbstständigkeit. Welche Begriffskombination trifft auf diese Situation zu?

1.	Vertikaler Zusammenschluss	Fusion	Übernahme
2.	Horizontaler Zusammenschluss	Fusion	Neugründung
3.	Vertikaler Zusammenschluss	Fusion	Neugründung
4.	Vertikaler Zusammenschluss	Konzern	Neugründung
5.	Horizontaler Zusammenschluss	Fusion	Übernahme

40. AUFGABE ☐

Wenn sich gleichartige Unternehmen zu einem Kartell zusammenschließen, hat dies Auswirkungen auf ihre wirtschaftliche und rechtliche Selbständigkeit. Prüfen Sie, in welcher Zeile der folgenden Auflistung die Auswirkungen richtig dargestellt sind.

	Rechtliche Selbstständigkeit	Wirtschaftliche Selbstständigkeit
1	Wird aufgegeben	Bliebt vollständig erhalten
2	Bleibt erhalten	Wird vollständig aufgegeben
3	Wird aufgegeben	Wird teilweise aufgegeben
4	Bleibt erhalten	Wird teilweise aufgegeben
5	Wird aufgegeben	Wird vollständig aufgegeben

Situation zu den Aufgaben 41 bis 44:
Die Dialogfix GmbH muss stets das Gesetz gegen Wettbewerbsbeschränkungen (GWB, Kartellgesetz) sowie weitere Gesetze beachten.

41. AUFGABE

Prüfen Sie, in welchen zwei Fällen die Dialogfix GmbH gegen dieses Gesetz verstößt.

1. Um eine bessere Wettbewerbsposition zu erhalten, soll die Gesprächszeit um 10 Sekunden verkürzt werden.
2. Bei Neukunden wird ein Rabatt von 10 % gewährt.
3. Bei verschiedenen Ausschreibungen von Projekten werden Preisabsprachen mit Mitbewerbern getroffen.
4. Konkurrenzbedingt ist der Preis je Call im letzten Quartal um 8 % gesunken.
5. Um die Buchhaltung effizienter zu gestalten, erwirbt das Unternehmen eine neue Softwarelizenz.
6. Auf einer Fachmesse wird mit führenden Unternehmen der Branche stillschweigend vereinbart, die Angebotspreise je Call um 50 Cent zu erhöhen.

42. AUFGABE

Welches vorrangige Ziel verfolgt der Staat mit dem Gesetz gegen Wettbewerbsbeschränkungen?

1. Schutz der Verbraucher vor zu großer Marktmacht der Unternehmen
2. Erhalt von Arbeitsplätzen
3. Beschränkung der unternehmerischen Aktivitäten
4. Achtung von Arbeitnehmerrechten
5. Einhaltung von Mindestpreisen zum Schutz der Unternehmen

43. AUFGABE

Bei der Fusion von Unternehmen kann es zu Wettbewerbsstörungen in der Marktwirtschaft kommen. Welche Auswirkung beschreibt diese zutreffend?

1. Die Preise für den Verbraucher bleiben konstant, da die Nachfrage das Angebot dominiert.
2. Über den intensiveren Wettbewerb pendelt sich der Preis wieder auf dem Ursprungsniveau ein.
3. Der Preis steigt, da die Unternehmen dadurch ihre marktbeherrschende Stellung ausnutzen.
4. Die Preise sinken, da die Unternehmen bei bestehender Nachfrage ihr Angebot ausweiten.
5. Die Wettbewerbskräfte des Marktes führen zum Zerfall der Fusion.

44. AUFGABE ☐

Die Dialogfix GmbH nennt in telefonischen Verkaufsgesprächen mit Verbrauchern immer den Verkaufspreis inklusive Mehrwertsteuer (Bruttopreis). Stellen Sie fest, welche rechtliche Vorgabe hier umgesetzt wird.

1. Recht der Allgemeinen Geschäftsbedingungen (AGB)
2. Preisangabenverordnung (PAngV)
3. Bruttopreisgesetz (BPG)
4. Gesetz gegen Wettbewerbsbeschränkungen (GWB)
5. Handelsgesetzbuch (HGB)

Situation zu den Aufgaben 45 bis 57:
Im Berufsschulunterricht diskutieren Sie über die Aufgaben des Staates in der Wirtschaft.

45. AUFGABE ☐

Wodurch wird die Rolle des Staates im Modell der freien Marktwirtschaft zutreffend charakterisiert?

1. Die optimale Verteilung der Produktionsmittel obliegt dem Staat.
2. Aufgabe des Staates ist die Aufstellung und Durchsetzung von Investitionsplänen für die Industrie.
3. Der Staat gewährleistet lediglich die Rahmenbedingungen für einen störungsfreien Ablauf des Wirtschaftsgeschehens.
4. Der Staat kümmert sich nur um die sozial Schwachen und die Arbeitslosen.
5. Neben der Gewährung von Subventionen legt der Staat auch Mindestpreise fest.

46. AUFGABE ☐

Stellen Sie fest, in welchem Fall ein Merkmal der sozialen Marktwirtschaft der Bundesrepublik Deutschland korrekt beschrieben wird.

1. In der sozialen Marktwirtschaft besteht ausschließlich Privateigentum an Produktionsmitteln.
2. Die richtungsweisenden Wirtschaftsentscheidungen werden von der Bundesregierung in Fünfjahresplänen niedergeschrieben.
3. Es besteht eine Übereinkunft darin, den Wettbewerb in keinerlei Form über wettbewerbsordnende Gesetze zu reglementieren.
4. Verschiedene einkommensschwache Gruppen erhalten staatliche Zuwendungen (Sozialleistungen).
5. Der Staat spielt beim Zusammentreffen von Angebot und Nachfrage auf dem Markt eine aktive Rolle, da er stets die Preise festlegt.

47. AUFGABE

Welche Handlungsmöglichkeit hat der Staat auch in der freien Marktwirtschaft?

1. Gesetzliche Maßnahmen zu ergreifen, um die Gewerbefreiheit zu sichern
2. Die Produktion in der Landwirtschaft zu begrenzen, um eine Überproduktion zu verhindern
3. Aktive Eingriffe in die Tarifverhandlungen
4. Gestaltung von Verbrauchssteuern, um Konsumentscheidungen zu lenken
5. Sozialbindung des Eigentums vorschreiben

48. AUFGABE

Prüfen Sie, welche zwei Aussagen die Wirtschaftsordnung der Bundesrepublik Deutschland zutreffend beschreiben.

1. Die Investitionsentscheidungen werden von den Unternehmen getroffen.
2. Alle Tarifverträge müssen vom Staat genehmigt werden.
3. Für Grundnahrungsmittel werden Höchstpreise festgesetzt.
4. Die Preisbildung auf dem Markt erfolgt ausschließlich durch Angebot und Nachfrage.
5. Unternehmen können jederzeit unbeeinflusst vom Staat agieren.
6. Die Produktionsmittel befinden sich überwiegend in Privateigentum.

49. AUFGABE

In der sozialen Marktwirtschaft greift der Staat in das Wirtschaftsgeschehen ein. Welches der aufgeführten Ziele findet dabei keine Berücksichtigung?

1. Erfüllung gemeinschaftlicher Bedürfnisse
2. Soziale Sicherheit
3. Ausbau bestehender großer Einkommensunterschiede
4. Kontrolle der Aufrechterhaltung des Wettbewerbs
5. Schaffung gerechter Arbeitsverhältnisse

50. AUFGABE

Welche Aussage über die staatlichen Aktivitäten in der sozialen Marktwirtschaft ist zutreffend?

1. Der Staat kontrolliert die Preise für Güter des täglichen Bedarfs und setzt den volkswirtschaftlich optimalen Preis fest.
2. Die vom Staat gewährten Subventionen können zu einer Verzerrung des Wettbewerbs führen.
3. Bei Tarifverhandlungen greift der Staat zum Schutz der Arbeitnehmer ein.
4. Der Staat sorgt stets für vollständige Konkurrenz auf den Gütermärkten.
5. Durch die Fusionskontrolle schützt der Staat seine Bürger vor ökonomischen und ökologischen Risiken.

51. AUFGABE

☐

Im Rahmen der Wettbewerbspolitik greift der Staat gelegentlich in das Geschehen der sozialen Marktwirtschaft ein. Welcher der folgenden Gründe ist vor diesem Hintergrund zutreffend?

1. Der Staat greift ein, um jeglichen Wettbewerb zu verhindern.
2. Der Staat greift ein, um seine Steuereinnahmen zu erhöhen.
3. Der Staat greift ein, um sich Beteiligungen an erfolgsversprechenden jungen Unternehmen zu sichern.
4. Der Staat greift ein, um jegliche Form der Kooperationen zwischen Unternehmen zu unterbinden.
5. Der Staat greift ein, um sozial unerwünschte Folgen des Marktgeschehens zu vermindern.

52. AUFGABE

☐

Welches Merkmal unterscheidet die soziale Marktwirtschaft zwingend von der freien Marktwirtschaft?

1. Privateigentum an Produktionsmitteln
2. Angebot und Nachfrage bestimmen den Preis
3. Erwerbswirtschaftliches Prinzip
4. Wirtschaftspolitische Eingriffe des Staates
5. Nutzenmaximierung bei den Verbrauchern

53. AUFGABE

☐

Um die soziale Lage von Familien mit Kindern zu verbessern, erwägt die Bundesregierung einige Maßnahmen. Prüfen Sie, welche Maßnahme <u>nicht</u> den Grundsätzen der sozialen Marktwirtschaft entspricht.

1. Erhöhung des Kindergeldes ab dem dritten Kind um 50,00 €
2. Befreiung einkommensschwacher Familien von den Kindergartenbeiträgen
3. Vergabe kostenloser Schulbücher
4. Steuervorteile für kinderreiche Familien
5. Festsetzen von Höchstpreisen für Babynahrung

54. AUFGABE

☐

Welcher staatliche Eingriff in das Wirtschaftsgeschehen ist mit der sozialen Marktwirtschaft in der Bundesrepublik Deutschland unvereinbar?

1. Den Mineralölkonzernen werden Preisabsprachen verboten.
2. Verbrauchsarme Pkw erhalten eine vorübergehende Befreiung von der Kfz-Steuer.
3. Die Ökosteuer auf Benzin wird verdoppelt.
4. Der Kauf von Benzin für Pkw wird mengenmäßig beschränkt.
5. Elektroautos werden staatlich subventioniert.

55. AUFGABE ☐

Stellen Sie fest, in welchem Fall gegen die Wettbewerbsregeln der sozialen Marktwirtschaft verstoßen wird.

1. Die Landesregierung von Bayern nutzt Steuergelder, um strukturschwache Regionen zu fördern.
2. Die führenden LKW-Produzenten einigen sich auf eine zeitgleiche Preiserhöhung ihrer Fahrzeuge um 7,5 %.
3. Eine Erhöhung der Mineralölsteuer wird zur Finanzierung der Rentenversicherung genutzt.
4. Die Hersteller eines Grippe-Impfstoffs verkaufen ihre Produkte zum Selbstkostenpreis.
5. Obwohl der Bundesminister für Wirtschaft zur Zurückhaltung aufgerufen hat, können die Gewerkschaften in den Tarifverhandlungen eine deutliche Lohnerhöhung durchsetzen.

56. AUFGABE ☐

In welcher Beschreibung wird die Vertragsfreiheit als Merkmal der Wirtschaftsordnung der Bundesrepublik Deutschland zutreffend dargestellt?

1. Die Vertragspartner können beim Abschluss von Verträgen die Inhalte grundsätzlich frei festlegen. Dabei müssen sie jedoch die geltenden Gesetze beachten.
2. Die Vertragsfreiheit bezieht sich sowohl auf Form als auch auf die Inhalte der Verträge.
3. Die Vertragsfreiheit betrifft lediglich juristische Personen.
4. Die Vertragspartner sind frei, ob sie die Inhalte der Verträge erfüllen möchten oder nicht.
5. Die Vertragspartner können beim Abschluss von Verträgen die Inhalte grundsätzlich frei festlegen. Gesetzliche Beschränkungen dieser Freiheit sind nicht möglich.

57. AUFGABE ☐

Die Bundesregierung möchte die Höhe der Arbeitslosigkeit reduzieren. Welche der folgenden Maßnahmen ist mit der Wirtschaftsordnung der Bundesrepublik Deutschland <u>nicht</u> vereinbar?

1. Gespräche mit Arbeitgebern und Gewerkschaften, um über Beschäftigungsanreize zu diskutieren
2. Gezielte staatliche Investitionen in die Erforschung von Zukunftstechnologien an Spitzenuniversitäten
3. Einführung eines Höchstlohns im Dienstleistungssektor, um die Kosten der Unternehmen dauerhaft zu senken
4. Die Qualität der Arbeitsvermittlung erhöhen durch Umorganisation der Beratung in den Arbeitsagenturen
5. Belebung strukturschwacher Regionen durch gezielte Infrastrukturmaßnahmen

Lösungen zu Kapitel 21

1. 5
2. 1
3. 2
4. 5
5. 4
6. 4
7. 6
8. 5 200 Sack
9. 3 000 Sack
10. 98,00 €
11. 3
12. 2
13. 3
14. 3
15. 3
16. 2, 4, 5, 1, 3
17. 2
18. 30,00 €
19. 1, 3, 5, 2, 4
20. 3
21. 2
22. 4
23. 4 000 000,00 €
24. 50 000,00 €
25. 5
26. 4
27. 3
28. 3
29. 4
30. 1
31. 4
32. 3
33. 4
34. 4
35. 1, 1, 2, 1, 2
36. 3
37. 2
38. 5
39. 5
40. 4
41. 3, 6
42. 1
43. 3
44. 2
45. 3
46. 4
47. 1
48. 1, 6
49. 3
50. 2
51. 5
52. 4
53. 5
54. 4
55. 2
56. 1
57. 3

22 Grundzüge der Wirtschaftspolitik in der sozialen Marktwirtschaft

Hinweis: Dieses Kapitel enthält die Themen
- Ziele und Zielkonflikte der Wirtschaftspolitik (Aufgabe 1 bis 17),
- Konjunkturpolitik (Aufgabe 18 bis 24).

1. AUFGABE

Welches der folgenden Ziele wird nicht in § 1 des Stabilitätsgesetzes (Gesetz zur Förderung der Stabilität und des Wachstums der Wirtschaft) aufgeführt?

1. Gerechte Lohnentwicklung
2. Hoher Beschäftigungsstand
3. Außenwirtschaftliches Gleichgewicht
4. Stetiges und angemessenes Wirtschaftswachstum
5. Preisniveaustabilität

2. AUFGABE

Das „magische Viereck" der wirtschaftspolitischen Ziele ist im Laufe der Zeit um einige Zielerweiterungen ergänzt worden. Welches Ziel ist erst nachträglich aufgenommen worden?

1. Preisniveaustabilität
2. Außenwirtschaftliches Gleichgewicht
3. Angemessener Haushaltsüberschuss
4. Umweltschutz
5. Einfaches und gerechtes Steuersystem

3. AUFGABE

Prüfen Sie, welche Aussage zu den wirtschaftspolitischen Zielen des „magischen Vierecks" zutreffend ist.

1. Die einzelnen wirtschaftspolitischen Ziele sind voneinander unabhängig.
2. Ein hohes Wirtschaftswachstum wirkt sich stets positiv auf das Ziel der Preisniveaustabilität aus.
3. Von einem gesamtwirtschaftlichen Gleichgewicht spricht man, wenn das Wirtschaftswachstum bei genau 0 % liegt.
4. Die wirtschaftspolitischen Ziele können quantitativ nicht gemessen werden.
5. Ein hoher Beschäftigungsstand wird durch ein starkes Wirtschaftswachstum unterstützt (Zielharmonie).

4. AUFGABE

Die wirtschaftliche Leistung einer Volkswirtschaft wird durch das Bruttoinlandsprodukt (BIP), den Wert aller hergestellten Güter und Dienstleistungen, ausgedrückt. Dabei wird zwischen dem nominalen und dem realen BIP unterschieden. Prüfen Sie, welche Aussage auf das reale Bruttoinlandsprodukt einer Volkswirtschaft zutrifft.

1. Es unterscheidet sich vom nominalen Bruttoinlandsprodukt durch die Preisbereinigung.
2. Es entspricht dem Bruttoeinkommen aller Arbeitnehmer einer Volkswirtschaft eines Jahres.
3. Es unterscheidet sich nicht vom nominalen Bruttoinlandsprodukt.
4. Es werden nur die jährlichen Importe, jedoch nicht die Exporte erfasst.
5. Es ist in jedem Fall größer als das nominale Bruttoinlandsprodukt.

5. AUFGABE

Ob die wirtschaftspolitischen Ziele erreicht wurden, lässt sich mit verschiedenen Maßgrößen überprüfen. Welche Größe ist geeignet, das Wirtschaftswachstum zu messen?

1. Veränderung des realen Bruttoinlandsprodukts
2. Zahl der neu geschaffenen Stellen
3. Handelsbilanz
4. Auftragseingänge
5. Zunahme der Lohnsumme

6. AUFGABE

In welcher Zeile ist die jeweilige Maßgröße den Zielen der Wirtschaftspolitik korrekt zugeordnet?

1. Außenbeitrag – stetiges und angemessenes Wirtschaftswachstum
2. Veränderung des realen BIP – hoher Beschäftigungsstand
3. Verbraucherpreisindex – Preisniveaustabilität
4. Human Development Index – außenwirtschaftliches Gleichgewicht
5. Arbeitslosenquote – hoher Lebensstandard

7. AUFGABE

Geben Sie an, in welchen <u>zwei</u> Fällen eine Steigerung des Beschäftigungsstandes in einer Volkswirtschaft zu erwarten ist.

1. Die Investitionsneigung der Unternehmen bleibt unverändert.
2. Die Preise für Importgüter erhöhen sich deutlich.
3. Die Staatsausgaben steigen durch ein Konjunkturprogramm deutlich an.
4. Zur Sanierung des Staatshaushaltes wird die Umsatzsteuer deutlich erhöht.
5. Das Wirtschaftswachstum liegt dauerhaft über 3 %.
6. Der Außenbeitrag schrumpft über einen längeren Zeitraum.

8. AUFGABE

Prüfen Sie, welche Aussage zum Wirtschaftswachstum zutreffend ist.

1. Wirtschaftswachstum liegt immer dann vor, wenn das BIP sinkt.
2. Wirtschaftswachstum tritt stets zeitgleich mit einer Verminderung der Arbeitslosigkeit ein.
3. Wirtschaftswachstum schont automatisch die Umwelt.
4. Wirtschaftswachstum zeichnet sich durch konstante Wachstumsraten aus.
5. Wirtschaftswachstum führt bei gleichbleibenden Steuersätzen zu höheren Staatseinnahmen.

9. AUFGABE

Welche der folgenden Aussagen gibt die wirtschaftlichen Zusammenhänge richtig wieder?

1. Stetiges Wirtschaftswachstum tritt stets gleichzeitig mit Preisniveaustabilität auf.
2. Die Gewinner einer Inflation sind die Schuldner.
3. Für Deutschland ist das außenwirtschaftliche Gleichgewicht unwichtig, da Deutschland exportunabhängig ist.
4. Die Ziele „bedingungsloses Grundeinkommen für alle“ und „ökologisches Wirtschaften“ ergänzen das magische Viereck zum magischen Sechseck.
5. Ein steigender Export hat zwingend ein Ansteigen der Arbeitslosigkeit zur Folge.

10. AUFGABE

Bei der Messung des außenwirtschaftlichen Gleichgewichts wird die Zahlungsbilanz betrachtet, die sich wiederum aus einigen anderen Teilbilanzen zusammensetzt. Welcher Vorgang beeinflusst dabei die Dienstleistungsbilanz?

1. Import von Spielwaren aus China
2. Ausgaben deutscher Urlauber in den USA
3. Kauf von spanischen Aktien durch deutsche Anleger
4. Überweisungen von ausländischen Erntehelfern in ihre Heimatländer
5. Export pharmazeutischer Erzeugnisse nach Algerien

11. AUFGABE

Der Staat greift auf vielfältige Weise in das Wirtschaftsgeschehen ein. Stellen Sie fest in welchen zwei Fällen es sich um eine Transferzahlung handelt.

1. Ausbau der Förderung von Solarenergie
2. Bezug von Wohngeld
3. Erhöhung der Beamtenbezüge
4. Zahlung des Kindergeldes
5. Gewährung von Bürgschaften an Banken
6. Vergabe von Subventionen, um die Ansiedlung von Unternehmen zu unterstützen

12. AUFGABE

Ein vielbeachteter wirtschaftspolitischer Indikator ist die Lohnquote. Geben Sie an, was damit gemessen wird.

1. Grad der Verschuldung der privaten Haushalte
2. Anteil des Arbeitnehmereinkommens am Volkseinkommen
3. Entwicklung des Reallohns der Arbeitnehmer
4. Verhältnis von Einkommen und Ausgaben der privaten Haushalte
5. Anteil der Konsumausgaben am verfügbaren Einkommen der Arbeitnehmer

13. AUFGABE

In den Nachrichten hören Sie, dass die Lohnquote in Deutschland derzeit bei 68,3 % liegt. Ermitteln Sie die Höhe der Arbeitnehmerentgelte, wenn das gesamte Volkseinkommen bei 2 338 Mrd. Euro liegt, runden Sie auf volle Mrd. auf.

14. AUFGABE

Bei welchem wirtschaftspolitischen Ziel ist infolge eines langanhaltenden, überdurchschnittlichen Wirtschaftswachstums tendenziell eine unerwünschte Entwicklung zu erwarten?

1. Preisniveaustabilität
2. Außenwirtschaftliches Gleichgewicht
3. Hoher Beschäftigungsstand
4. Umweltschutz
5. Gerechte Einkommens- und Vermögensverteilung

15. AUFGABE

Stellen Sie fest, welche Maßnahme eine inflatorische Wirkung erwarten lässt.

1. Die Tarifabschlüsse liegen unter dem Produktivitätsfortschritt.
2. Die Sparneigung der privaten Haushalte steigt an.
3. Der Staat baut Subventionen ab.
4. Aufgrund negativer Erwartungen reduzieren Unternehmen ihre Investitionen.
5. Eine starke Zunahme der Staatsausgaben wird kreditfinanziert.

16. AUFGABE

Welche Aussage beschreibt das ökonomische Phänomen der Deflation zutreffend?

1. Löhne und Gehälter steigen über einen längeren Zeitraum kräftig an.
2. Deflation tritt vorrangig während des Aufschwungs und der Hochkonjunktur auf.
3. In einer Deflation ist die gesamtwirtschaftliche Nachfrage geringer als das Angebot.
4. Bei einem allgemein ansteigenden Preisniveau spricht man von Deflation.
5. Deflationäre Phasen sind von einer hohen Konsumfreudigkeit geprägt.

17. AUFGABE

In welcher Zeile sind die Maßnahmen gegen Inflation bzw. Deflation richtig zugeordnet?

	Maßnahmen gegen Inflation	Maßnahmen gegen Deflation
1	Staatliche Investitionen vorziehen	Staatsausgaben kürzen
2	Steuervergünstigungen für Arbeitnehmer streichen	Kindergeld kürzen
3	Staatliche Konsumgutscheine verteilen	Aktive Wirtschaftsförderung betreiben
4	Staatliche Infrastrukturprojekte zeitlich verschieben	Einkommensteuer senken
5	Sozialausgaben erhöhen	Zur Lohnzurückhaltung auffordern

18. AUFGABE

Die wirtschaftliche Entwicklung einer Volkswirtschaft lässt sich anhand der vier Konjunkturphasen Aufschwung, Hochkonjunktur, Abschwung und Depression beschreiben. Welche zwei Merkmale lassen sich der Phase Hochkonjunktur zuordnen?

1. Die Arbeitslosenquote steigt an.
2. Die Produktionskapazitäten der Volkswirtschaft sind nahezu ausgelastet.
3. Das Vertrauen der Unternehmen in die wirtschaftliche Entwicklung steigt langsam an.
4. Das Preisniveau steigt spürbar an.
5. Die Konsumneigung der privaten Haushalte ist gering ausgeprägt.
6. Das Zinsniveau ist sehr niedrig.

19. AUFGABE

In der Tageszeitung lesen Sie, dass sich die Wirtschaft in Deutschland derzeit im konjunkturellen Aufschwung befindet. Welche Entwicklungen können Sie demnach beobachten?

1. Wirtschaftswachstum sinkt, Inflationsrate steigt
2. Wirtschaftswachstum steigt, Arbeitslosigkeit sinkt
3. Inflationsrate sinkt, Wirtschaftswachstum stagniert
4. Arbeitslosigkeit steigt, Inflationsrate sinkt
5. Arbeitslosigkeit sinkt, Inflationsrate sinkt

20. AUFGABE

Prüfen Sie, wobei es sich um einen konjunkturellen Spätindikator handelt.

1. Arbeitslosigkeit
2. Industrielle Produktion
3. Kapazitätsauslastung
4. Zukunftserwartungen in der Wirtschaft
5. Aktienkurse

21. AUFGABE ☐

Bei welchem Indikator handelt es sich um einen konjunkturellen Frühindikator?

1. Nachfrage nach Arbeitskräften
2. Veränderung der Verbraucherpreise
3. Auftragseingänge in der Industrie
4. Entwicklung von Löhnen und Gehältern
5. Mehrwertsteueraufkommen

22. AUFGABE ☐

Der Staat möchte durch seine Wirtschaftspolitik die Konjunktur beleben. Stellen Sie fest, welche Maßnahme dazu <u>nicht</u> geeignet ist.

1. Investitionen in den Straßenbau
2. Erhöhung des Solidaritätszuschlags
3. Verbesserte Abschreibungsmöglichkeiten für Unternehmen
4. Förderung neuer Arbeitsplätze durch Steuervergünstigungen
5. Ausbau der Subventionen für Windkraftanlagen

23. AUFGABE ☐

In einer Phase der Konjunkturüberhitzung will der Staat dämpfend eingreifen und zugleich der Inflation entgegentreten. Prüfen Sie, welches Maßnahmenbündel dazu geeignet ist.

1. Abschreibungsmöglichkeiten einschränken, Steuern senken
2. Abschreibungsmöglichkeiten einschränken, öffentliche Ausgaben erhöhen
3. Steuern erhöhen, Abschreibungsmöglichkeiten verbessern
4. Öffentliche Ausgaben senken, Steuern senken
5. Öffentliche Ausgaben senken, Steuern erhöhen

24. AUFGABE ☐

Im Jahreswirtschaftsbericht der Bundesregierung lesen Sie, dass im vergangenen Jahr die Wirtschaft nominal um 3,6 % und real um 1,4 % gewachsen ist. Welche zutreffende Schlussfolgerung können Sie daraus ziehen?

1. Im vergangenen Jahr herrschte Rezession.
2. Im vergangenen Jahr lag der Außenbeitrag bei 2,2 %.
3. Im vergangenen Jahr sind die Preise um 2,2 % gefallen.
4. Im vergangenen Jahr sind die Preise um 2,2 % gestiegen.
5. Im vergangenen Jahr lag das staatliche Defizit bei 2,2 %.

Lösungen zu Kapitel 22

1. 1
2. 4
3. 5
4. 1
5. 1
6. 3
7. 3, 5
8. 5
9. 2
10. 2
11. 2, 4
12. 2
13. 1 597 Mrd. Euro
14. 1
15. 5
16. 3
17. 4
18. 2, 4
19. 2
20. 1
21. 3
22. 2
23. 5
24. 4

Anhang: Prüfungsraster

Die einzelnen Themengebiete finden sich wie folgt in den Prüfungen wieder:

	Themengebiet lt. Ausbildungsordnung	ZP	AP SFK	AP KDM
1	Dienstleistungsangebot	□	✎	□
2	Arbeitsorganisation, Kooperation, Teamarbeit	□	✎	□
3	Betriebliche Prozessorganisation, qualitätssichernde Maßnahmen	–	✎	□
4	Sprachliche und schriftliche Kommunikation	□	✎	□
5	Kundenbetreuung	□	✎	□
6	Kundenbindung	□	✎	□
7	Kundengewinnung	–	✎	□
8	Vertrieb und Marketing	–	–	□
9	Informations- und Kommunikationssysteme	□	□	□
10	Projektvorbereitung	–	□	✎
11	Projektdurchführung	–	□	✎
12	Projektcontrolling	–	□	✎
13	Personal	–	–	✎
14	Kaufmännische Steuerung und Kontrolle, Qualitätssicherung der Auftragsdurchführung	–	–	✎
15	Sicherheit und Gesundheitsschutz bei der Arbeit	□	✎	✎
16	Umweltschutz	□	✎	✎
17	Notwendigkeit des Wirtschaftens	–	□	□
18	Rechtliche Rahmenbedingungen des Wirtschaftens	□	□	□
19	Menschliche Arbeit im Betrieb	□	□	□
20	Steuern	–	□	□
21	Markt und Preis/Wirtschaftsordnung	–	□	□
22	Grundzüge der Wirtschaftspolitik in der sozialen Marktwirtschaft	–	□	□

ZP: Zwischenprüfung (identisch für SFK/KDM)
AP SFK: Abschlussprüfung Servicefachkraft für Dialogmarketing
AP KDM: Abschlussprüfung Kaufmann/Kauffrau für Dialogmarketing
□ : Programmierte (gebundene) Fragen
✎ : Offene (ungebundene) Fragen

Sachwortverzeichnis

T

U

W

Z